ABHANDLUNGEN DER DEUTSCHEN AKADEMIE
DER WISSENSCHAFTEN ZU BERLIN

Klasse für Bergbau, Hüttenwesen und Montangeologie
Jahrgang 1966 Nr. 1

BERICHT

ÜBER DAS
7. LÄNDERTREFFEN DES INTERNATIONALEN BÜROS FÜR GEBIRGSMECHANIK

Rahmenthema

„Der Mechanismus der Gebirgsschläge“
— Synthese der Erfahrungen aus den Gebirgsschlagrevieren der Welt —

Leipzig, 3. bis 6. November 1965

Herausgegeben von
Prof. Dr.-Ing. Dr. e. h. GEORG BILKENROTH
Leiter des Internationalen Büros für Gebirgsmechanik

Bearbeitet von
Dr.-Ing. KARL-HEINZ HÖFER
Wissenschaftlicher Sekretär des Internationalen Büros für Gebirgsmechanik

Mit 202 Abbildungen, und 22 Tabellen

AKADEMIE-VERLAG · BERLIN
1966

Vorgelegt von Hrn. BILKENROTH in der Klassensitzung vom 16. 12. 1965

Zum Druck genehmigt am gleichen Tage, ausgegeben am 10. 10. 1966

Erschienen im Akademie-Verlag GmbH, 108 Berlin, Leipziger Straße 3 – 4

Lizenznummer: 202 · 100/532/66
Kartengenehmigung: Nr. 567/66
Gesamtherstellung: VEB Druckerei „Thomas Müntzer“, 582 Bad Langensalza
Bestellnummer 2001/66/III/1 · ES 20 F1, 18 F2, 18 E2
63,50

INHALTSVERZEICHNIS

Referate zum Thema

Zum 7. Ländertreffen des Internationalen Büros für Gebirgsmechanik vorgelegte Arbeiten

Wissenschaftliche Aussprache

Berichte über die Arbeit des Internationalen Büros für Gebirgsmechanik und seiner Arbeitsgruppen im Jahre 1965

Anhang

Arbeitsprogramm für 1966 und Schlußwort

BEGRÜSSUNGSANSPRACHE

des Leiters des Internationalen Büros für Gebirgsmechanik bei der Deutschen Akademie der Wissenschaften zu Berlin,
Herrn Professor Dr.-Ing. Dr. e. h. G. Bilkenroth

Meine sehr geehrten Herren!

Als Leiter des Internationalen Büros für Gebirgsmechanik begrüße ich Sie zu unserer Arbeitstagung 1965 in Leipzig, dem 7. Ländertreffen des Internationalen Büros für Gebirgsmechanik, auf das herzlichste. Wenn ich zu unserem diesjährigen Symposium wiederum Wissenschaftler der Gebirgsdruckforschung aus den wichtigsten bergbautreibenden Ländern begrüßen kann, so beweist es das Interesse an der gemeinsamen Arbeit und die Richtigkeit des eingeschlagenen Weges wissenschaftlicher Zusammenarbeit auf internationaler Basis.

In den sieben Jahren unserer gemeinsamen Tätigkeit ist die vom IBG eingeleitete Art der Diskussion grundlegender geomechanischer Probleme im engen Kreis von Fachleuten zu einem festen Bestandteil der gebirgsmechanischen Arbeit geworden, die offensichtlich von großem Nutzen und daher nicht mehr wegzudenken ist. Es ist jedoch darauf hinzuweisen, daß auch in Zukunft der Teilnehmerkreis zahlenmäßig begrenzt bleiben muß, um den Arbeitsstil unseres Kreises und damit seine Bedeutung nicht zu gefährden.

Ich kann feststellen, daß am 7. Ländertreffen Wissenschaftler der Gebirgsdruckforschung aus 19 Ländern teilnehmen. Es freut mich, daß Sie auch in diesem Jahre wiederum den Weg nach Leipzig gefunden haben, und ich hoffe, daß unserem 7. Ländertreffen ein gleicher Erfolg wie den vorhergehenden Tagungen beschieden sein möge zum Nutzen für die gebirgsmechanische Forschung in allen Ländern.

Zu Beginn des 7. Ländertreffens des IBG ist es mir eine angenehme Pflicht und ein besonderes Bedürfnis, dem Herrn Präsidenten der Deutschen Akademie der Wissenschaften zu Berlin für die großzügige Förderung und Unterstützung zu danken, die die Wertschätzung unserer gemeinsamen Arbeit besonders kennzeichnet. Die besondere Verbundenheit zu unserer Arbeit wird auch in diesem Jahre wiederum dadurch unterstrichen, daß der Präsident der Deutschen Akademie der Wissenschaften zu Berlin sich die Ehre gibt, die Teilnehmer an unserem 7. Ländertreffen zu einem Empfang am Freitag, dem 5. November, einzuladen.

Wie bereits erwähnt, nehmen am 7. Ländertreffen Wissenschaftler aus 19 Ländern teil. Die meisten davon sind langjährige Mitarbeiter und Freunde des IBG, die sich zum größten Teil durch unsere gemeinsamen Treffen in den vergangenen Jahren kennen. Ihnen allen gilt ein besonders herzlicher Willkommensgruß. Ebenso herzlich begrüße ich auch alle Herren, die zum ersten Male an einem Ländertreffen teilnehmen und mit uns arbeiten wollen. Ich hoffe, daß Sie sich in unserem Kreise wohl fühlen und daß die Tage in Leipzig für alle interessant und erfolgreich verlaufen werden. Obwohl sich eine persönliche Vorstellung in den meisten Fällen erübrigt, möchte ich es doch nicht versäumen, Sie hier alle namentlich zu begrüßen:

Ich begrüße als langjährige Mitarbeiter im IBG

aus Belgien

Herrn Liegeois, Lüttich

aus der Volksrepublik Bulgarien

die Herren	Popjordanov,	Sofia
	Ganev,	Sofia

aus der Chinesischen Volksrepublik

Herrn	Wu,	Peking

aus Frankreich

Herrn	Tincelin,	Briey

aus Großbritannien

Herrn	Shepherd,	Isleworth

aus Jugoslawien

Herrn	Kobliška,	Beograd

aus den Niederlanden

Herrn	Seldenrath,	Delft

aus der Sozialistischen Republik Rumänien

Herrn	Fodor,	Bukarest

aus der Sowjetunion

Herrn	Averšin,	Leningrad

aus der Tschechoslowakischen Sozialistischen Republik

die Herren	Sibek,	Prag
	Kvapil,	Košice — z. Z. Schweden

aus der Volksrepublik Ungarn

die Herren	Martos,	Budapest
	Richter,	Miskolc

aus den Vereinigten Staaten von Amerika

die Herren	Grosvenor,	Golden, Colorado
	Kiersch,	Ithaca/New York

aus der Deutschen Bundesrepublik

die Herren	Dreyer,	Clausthal-Zellerfeld
	Everling,	Essen
	Hoffmann,	Aachen
	Mohr,	Clausthal-Zellerfeld
	Wöhlbier,	Clausthal-Zellerfeld

aus der Deutschen Demokratischen Republik

die Herren	Berger,	Leipzig
	Gimm,	Freiberg
	Höfer,	Leipzig
	Meisser,	Freiberg
	Neubert,	Freiberg
	Watznauer,	Freiberg
	Menzel,	Leipzig
	Rotter,	Freiberg.

Von unseren langjährigen Mitarbeitern mußten 6 Herren die Zusage zur Teilnahme in letzter Minute zurückziehen, und zwar

die Herren	Litwiniszyn und Knothe,	Krakow
Herr	Janelid,	Stockholm
Herr	Kuznecov,	Leningrad
Herr	Müller,	Salzburg
Herr	Petyrek,	Prag.

Absagen mußten wegen Krankheit oder aus anderen Gründen

die Herren	Borecki,	Katowice
	Denkhaus und Hill,	Südafrika
	Gogala,	Ljubljana
	Hiramatsu,	Kyoto
	Hochstetter,	Wien
	Potts,	Newcastle upon Tyne
	Protodjakonov,	Moskau
	Stassen,	Lüttich
	Wardell,	Doncaster.

Alle genannten Herren haben schriftlich die besten Wünsche zum Erfolg unserer Arbeit übermittelt und mich gebeten, die Teilnehmer des 7. Ländertreffens zu grüßen. Ich hoffe, Sie sind damit einverstanden, daß ich den Herren mit unserem Dank ihrer aller Grüße übersende.

Es ist mir eine besondere Freude, Ihnen zum diesjährigen Ländertreffen Wissenschaftler aus Ländern vorstellen zu können, mit denen wir zwar bisher schon fachliche Verbindungen hatten, aus denen aber noch keine Vertreter an unseren Ländertreffen teilgenommen haben.

Ich begrüße herzlich

aus Indien

Herrn Krishnamurthy,

der uns in seinem gemeinsamen Vortrag mit Professor Potts seine Erfahrungen über die Gebirgsschläge im Kolar Gold Field, Südindien, darlegen wird, und

aus Portugal

Herrn Serafim,

der insbesondere auf dem Gebiet der Felsmechanik kein Unbekannter in der Fachwelt ist.

Aus Österreich nimmt von Seiten des Bergbaues auch

Herr Fettweis, Leoben

an unserer Arbeit teil, den ich ebenfalls herzlichst begrüße.

Da Schweden bis jetzt nur mit einem Wissenschaftler im Internationalen Büro für Gebirgsmechanik vertreten war, wurde verabredet, einen zweiten Ländervertreter zu benennen. Als solchen begrüße ich herzlichst

Herrn Helfrich aus Boliden.

Als Gäste zu unserem diesjährigen Ländertreffen begrüße ich

die Herren	Vigier,	Mulhouse
	Hanságı,	Kiruna
	Gočman,	Katowice
	Liu,	Peking
	Paraschkewov,	Sofia

Besonders herzlich begrüße ich

die Herren	Fine,	Paris,
	Jahns,	Essen,
	Miller,	Newcastle upon Tyne,
	Pforr,	Freiberg,
	Znanski,	Katowice,

die sich als Referenten zur Verfügung stellten und über Erfahrungen bei Gebirgsschlägen in ihren Ländern berichten werden.

Meine sehr geehrten Herren!

Das diesjährige Ländertreffen steht unter dem Rahmenthema:

„Der Mechanismus der Gebirgsschläge"

— Synthese der Erfahrungen aus den Gebirgsschlagrevieren der Welt —

Nachdem wir in den zurückliegenden Jahren Themen in den Mittelpunkt unserer Diskussion gestellt hatten, die es ermöglichten, einen detaillierten wissenschaftlichen Überblick über Methoden und internationale Erfahrungen auf einzelnen Teilgebieten der Gebirgsmechanik zu gewinnen und folgerichtige Auswertungen vorzunehmen, soll in diesem Jahr ein Thema von grundlegender Bedeutung behandelt werden, auf das alle bisher erörterten Faktoren — wie Zeitfaktor, Gebirgsfestigkeit, Spannungen usw. — einen mehr oder weniger großen Einfluß haben.

Das Interesse an einer derartigen Diskussion besteht seit langem, denn Gebirgsschläge sind eines der wichtigsten ungelösten Probleme des Bergbaues in der ganzen Welt. Sie fordern Menschenleben, verursachen Produktionsverluste und sind wegen ihres plötzlichen und unerwarteten Auftretens eine ständige Gefahr. Die Erforschung der Ursachen und des Wesens der Gebirgsschläge ist daher eine vordringliche Aufgabe.

Wir können bei der Kompliziertheit des Problems nicht erwarten, daß uns am Ende der Diskussion eine durch Erfahrungen und Versuchsergebnisse bestätigte Theorie vorliegt. Aber ich hoffe, daß unsere Aussprache mehr Klarheit in die bestehenden Probleme bringt, die uns gestattet, wenigstens gewisse Prognosen zu treffen, und den Weg zu einer endgültigen Lösung freimacht.

Der hier versammelte Kreis von Spezialisten aus den Gebirgsschlagrevieren der ganzen Welt erscheint mir berechtigt, dieses so schwierige Problem mit Erfolg zu diskutieren und von allen Seiten zu beleuchten.

ANSPRACHE

im Auftrage des Präsidenten der Deutschen Akademie der Wissenschaften zu Berlin,
Herrn Prof. Dr. HARTKE,
vertreten durch das Präsidiumsmitglied Herrn Prof. Dr. E. LEHMANN

Meine hochverehrten Damen und Herren!

Der Präsident der DAW, Herr HARTKE, hat mich beauftragt, Sie zu dem Empfang zu begrüßen, den sich die DAW die Ehre gibt, Ihnen hier und heute zu bereiten. Ich übernahm äußerst kurzfristig und überraschend den ehrenvollen Auftrag mit dem Ausdruck des Bedauerns, daß es Herrn Präsident HARTKE und dem Herrn Vizepräsidenten für die naturwissenschaftlichen Fachbereiche, Herrn STEENBECK, durch eine ganze Kette widriger Umstände nicht vergönnt ist, Ihrer Tagung beizuwohnen und insbesondere durch diesen Empfang die Dankbarkeit und die aufmerksame Beachtung zu bekunden, die die DAW durch die Tat, durch praktische Förderung dem Internationalen Büro für Gebirgsmechanik und zugleich seinem Leiter, dem hochverdienten und hochverehrten Mitglied unserer Akademie, Herrn BILKENROTH, immer erneut entgegenbrachte.

Zu Ihrem 7. Ländertreffen sind wiederum bedeutende Experten aus 19 europäischen und außereuropäischen Staaten zusammengetroffen. Sie widmen sich in diesen Tagen nicht Leistungsübersichten, wie sie auf Großtagungen geboten zu werden pflegen, sondern wiederum einem speziellen Problem: Die Untersuchung von Gebirgsschlägen sowie deren Bekämpfung und Verhinderung stehen im Mittelpunkt Ihrer Beratungen. Diese Thematik ist ein überzeugendes Argument für die wechselseitige Wirkung von Forschung und Wissenschaft. Weder die Forschung noch die Technik sind für sich zur vollen Entfaltung aller in ihnen liegenden Potenzen fähig. In ihrer Verbundenheit aber sind sie die stärksten Triebkräfte der modernen Wissenschaft.

Die Probleme, um die Ihre Beratungen wie um einen Pol kreisen, gehören in den weiten Bereich der Geowissenschaften. Selbst für eine Ihrer Problematik ferner liegende Wissenschaft wie die Geographie, der ich selbst zu dienen suche, ergeben sich aus der Untersuchung gebirgsmechanischer Phänomene Anregungen, z. B. im Hinblick auf die Einwirkung eindeutig nachweisbarer tektonischer Komponenten auf eine beschleunigte Abtragung. Ich denke in diesem Zusammenhang an die ausgezeichneten Ergebnisse, die von dem mit Ihnen engstens zusammenarbeitenden Arbeitskreis über „rezente Krustenbewegungen" unter Leitung unseres Akademiemitgliedes, des Herrn MEISSER, vorgelegt werden konnten.

Kein Punkt auf der Erde befindet sich in Ruhe. Von Natur aus gibt es keine Ruhe, sondern nur Bewegung. Vom Menschen aus ist dies nicht weniger der Fall: das Problem der Gebirgsschläge, das Rahmenthema Ihrer Zusammenkunft, zeigt es ebenso deutlich wie die Gesamtthematik Ihres „Büros" für Gebirgsmechanik, in dem das Problem der Formveränderung der Erde, ein globales Problem, eine so hervorragende wissenschaftliche und organisatorische Heimstatt gefunden hat.

Unsere Akademie betrachtet, wie es Präsident HARTKE knapp und klar einmal formulierte, das Prinzip gleichberechtigter, freier Zusammenarbeit als wesentliche Grundlage aller Wissenschaft, wie es der guten Tradition entspricht — und wie es Pflicht jeder Gesellschaftsordnung ist, diese Zusammenarbeit zu ermöglichen.

Je weiter das „Büro“ auf seiner Forschungsbahn vorwärts geht, um so mehr werden Sie von der Arbeit selbst gefesselt werden, — um so mehr werden die Bande gestärkt werden, die Sie mit der DAW verbinden und die Sie immer erneut nach Leipzig führen!

Lassen Sie mich die Aufgeschlossenheit, die die DAW Ihren Arbeiten gegenüber zeigt, dadurch bekunden, daß ich das Glas erhebe und die herzlichen Wünsche des Präsidiums übermittele, — Ihnen, verehrter Herr BILKENROTH, und Ihnen, meine Damen und Herren, die Sie ein Gremium verkörpern, das durch seine Forschungen letzten Sinnes auf humanitäre Ziele gerichtet ist.

Glück auf!

REFERATE ZUM THEMA

„Der Mechanismus der Gebirgsschläge"
— Synthese der Erfahrungen aus den Gebirgsschlagrevieren der Welt —

Zum Rahmenthema

Der Mechanismus der Gebirgsschläge

— Synthese der Erfahrungen aus den Gebirgsschlagrevieren der Welt —

von G. BILKENROTH, Berlin

Das Internationale Büro für Gebirgsmechanik hat als Rahmenthema des 7. Ländertreffens eine Diskussion über den Mechanismus der Gebirgsschläge in den Mittelpunkt seiner Betrachtungen gestellt. Dieses Thema ist von großer praktischer Bedeutung und von großem sicherheitlichem und ökonomischem Interesse für den Bergbau der ganzen Welt.

Die Bedeutung einer wissenschaftlichen Aussprache über den Mechanismus der Gebirgsschläge in dem weltweiten Rahmen des IBG wird besonders deutlich, wenn man bedenkt, daß nur die wenigsten Bergbaureviere in der ganzen Welt von Gebirgsschlägen verschont geblieben sind und Gebirgsschläge als plötzliche Zusammenbrüche des Gebirges in die Grubenbaue in fast allen Bergbaudistrikten der Schrecken der Bergleute sind.

Trotz der immensen Bedeutung der Gebirgsschläge in der gebirgsmechanischen Forschung ist es fast verwunderlich, daß es bis jetzt keine einzige große internationale Gebirgsdrucktagung gab, die ausschließlich der Erforschung der Gebirgsschläge galt.

Gebirgsschlagfragen wurden auf den Gebirgsdrucktagungen der letzten Jahre mehr und mehr in die Betrachtung einbezogen. In Heerlen 1947, Leoben 1950 und 1952 war diesem Problem nur am Rande Aufmerksamkeit gewidmet worden.

Die ,,Internationale Tagung über Gebirgsdruck und Ausbau am Abbaustoß“ in Lüttich 1951 befaßte sich in den Vorträgen von

KEGEL:	Bergmännische Gebirgsmechanik im Abbau bei festem und losem Gebirge,
COEUILLET:	Die Vermeidbarkeit von Gebirgsschlägen, ein Vergleich heimgesuchter und verschonter Gebiete,
LANGECKER:	Ein Beitrag zur Gebirgsschlagfrage

mit dem Problem der Gebirgsschläge.

Ein wesentlicher Anlaß zur Gebirgsdrucktagung 1956 in Essen waren die wichtigen Arbeiten der Forschungsgemeinschaft Neumühl, die die Ergebnisse ihrer Messungen auf dem gebirgsschlaggefährdeten Flöz Girondelle in den Arbeiten von NIEMCZYK, JACOBI, EVERLING, GRÄBSCH und HOFFMANN vorlegte. Im Rahmen dieser wissenschaftlichen Konferenz wurde jedoch das Problem der Gebirgsschläge von anderen Seiten nicht behandelt.

Einen größeren Anteil haben die Vorträge über die Gebirgsschläge auf der ,,Internationalen Gebirgsdrucktagung 1958“ in Leipzig, wo mit den Arbeiten von AVERŠIN, BUDRYK, DENKHAUS, KVAPIL und TSCHERNIG sowohl theoretische als auch praktische Probleme der Gebirgsschlagforschung verschiedener Länder vorgetragen wurden.

Der ,,Internationale Kongreß für Gebirgsdruckforschung“ in Paris 1960 brachte Arbeiten von DENKHAUS und HILL, SPACKELER/GIMM/HÖFER und DUCHROW, TINCELIN und SINOU, VIGIER und PANCZUK, BORECKI und SALUSTOWICZ, AVERŠIN sowie ZNANSKI, die Fragen der Gebirgsschläge im Kohlen-, Erz- und Kalibergbau behandelten.

Schließlich muß noch die ,,Internationale Konferenz über Schichtenkontrolle und Gebirgsmechanik“ in New York 1964 erwähnt werden, wo der Vortrag von FINE/MAURIN/MICHEL/SINOU/TINCELIN und VIGIER über die Gebirgsschläge in Frankreich, und zwar in den Kohlengruben der Provence, in den Kaligruben des Elsaß und in den Erzgruben Lothringens berichtete.

Über die Erfahrungen mit Gebirgsschlägen im Goldbergbau Kanadas sprachen Cochrane/Carter und Barron und mit dem Vortrag „Messungen der Verformungen um Grubenbaue in den harten gebirgsschlaggefährdeten Gesteinen in großer Teufe“ berührten Ortlepp und Cook das Gebirgsschlagsystem in Südafrika.

Die Arbeit von Black und Starfield zur dynamischen Erklärung der Gebirgsbeherrschung in Theorie und Praxis galt ebenfalls der Lösung des Problems der Gebirgsschläge in Südafrika.

In New York berichteten weiter

Averšin und Petuchov über Gebirgsschläge und Maßnahmen zu deren Bekämpfungen in den Bergwerken der Sowjetunion,

Sibek/Šimane und Buben über Methoden der Gebirgschlagforschung in der Tschechoslowakischen Sozialistischen Republik sowie

Gimm und Pforr über das Problem des Bruchverhaltens von Salzgesteinen bei Gebirgsschlägen und Gasausbrüchen.

Wenn auch anteilmäßig an den Gesamtvorträgen die Arbeiten über Gebirgsschläge immer zahlreicher wurden, so war doch der Rahmen der großen Tagungen nicht recht geeignet, das Problem des Mechanismus der Gebirgsschläge so eingehend zu diskutieren, wie dies in unserem Rahmen des Internationalen Büros für Gebirgsmechanik im kleinen Kreise mit den Gebirgsschlagspezialisten aus aller Welt möglich ist.

Die vorgelegten Referate aus den wichtigsten Gebirgsschlagrevieren der Welt im Erzbergbau, Kohlenbergbau und Kalibergbau zeigen den wesentlichen Fortschritt, der auf diesem für den praktischen Bergbau so wichtigen Gebiete in den letzten Jahren errungen werden konnte.

Am Anfang der Gebirgsschlagforschung stand vor 40 Jahren die Hypothese von Jarlier, der zufolge Gebirgsschläge durch Bruch auf Biegung beanspruchter hangender Schichten entstehen.

In der Zwischenzeit behandelten zahlreiche Veröffentlichungen das Problem der Gebirgsschläge. In den Gebirgsschlagdistrikten wurden spezielle Kommissionen zur Erforschung des Mechanismus der Gebirgsschläge und zur Erarbeitung von Richtlinien zur Vermeidung von Gebirgsschlägen eingesetzt, wie beispielsweise die Kommission unter Lindemann, die speziell die Gebirgsschläge im oberschlesischen Steinkohlenbergbau bearbeitete; die Gebirgsschlagkommission des Glowny Instytut Gornictwa in Katowice; die Forschungsgruppen in Südafrika mit Hill und Denkhaus; die Kommissionen in Indien mit Isaacson und neuerdings mit Prof. Potts als wissenschaftlichem Berater; die Teams in der Tschechoslowakischen Sozialistischen Republik zur Erforschung der Gebirgsschläge in Kladno und Přibram oder die Forschungsgemeinschaft Neumühl im Ruhrgebiet. Sie alle und die vielen ungenannten Forscher leisteten eine wertvolle Arbeit zur Erforschung des Mechanismus der Gebirgsschläge unter den Bedingungen ihres Bergbaureviers.

Die Möglichkeit des Auftretens von gebirgsschlagbegünstigenden Faktoren im Verein mit dem Vorhandensein von mächtigen Sandsteinschichten wurde von Niemczyk für den Kohlenbergbau systematisiert.

Niemczyk zeigte, daß in ein und demselben Flöz die Möglichkeit von Gebirgsschlägen gegeben ist, wenn

1. die Feldesteile zu stark durchörtert sind;
2. der Ablauf der einer Abbau- oder Strebfront vorauswandernden Druckzone, z. B. beim Abbau einer Kohleninsel bestimmter Form und Größe gehemmt wird;
3. Zonen erhöhten Druckes vor der Abbau- oder Strebfront sich auswirken;

und schließlich bei wechselseitiger Beeinflussung zweier oder mehrerer Flöze
4. die Folgen von Abbaukantenwirkungen eintreten;
5. unter oder über Flözteilen Restpfeiler anstehen, die den Abbau beeinflussen.

Nach dieser Systematik lassen sich auch heute noch viele der aufgetretenen Gebirgsschläge systematisieren. Eine qualitative Systematik allein kann aber nicht mehr genügen.

In Südafrika wurde von Roux, Hill und Denkhaus für Fall 3 dieser Systematik im sogenannten „Destressing" ein wertvolles Mittel zur Bekämpfung der Gebirgsschläge entwickelt und mit sichtlichem Erfolg eingesetzt. Dem gleichen Zwecke dient auch das im Steinkohlenbergbau angewandte Entlasten durch Stoßtränken oder durch Herausbohren der Gebirgsschlaggefahr aus dem Flöz.

Im Kalibergbau versucht man durch genügende Pfeilerdimensionierung besonders im sprödbruchempfindlichen Carnallit den Fall 1 der Systematik unter Inkaufnahme großer Abbauverluste zu vermeiden.

In vielen Einzelarbeiten wurden wertvolle Erkenntnisse gewonnen über Faktoren, die zum Gebirgsschlag führen können. Hoffmann erkannte den Mechanismus der Überwindung der Haftreibung zwischen Flöz und Hangendem als Ursache für Gebirgsschläge. Tincelin und Sinou erweiterten dies für die Reibungsverhältnisse in mächtigen biegungssteifen Hangendschichten Höfer erkannte die Wechselwirkung zwischen biegungssteifen Hangendschichten und sprödbruchempfindlichem Material im Lagerhorizonte, und Kvapils neue Ansichten vermittelten eine Anschauung darüber, unter welchen Bedingungen es zum Zersplittern der Gesteine kommt. Denkhaus schuf mit der relativen Schlagempfindlichkeit einen wertvollen Maßstab für die Einschätzung der Gebirgsschlaggefährlichkeit verschiedener Gesteine, und Pforr erarbeitete auf dieser Grundlage Skalen für wichtige in der DDR vorkommende Gesteine.

Von großem Wert sind auch die Untersuchungen von Jahns in Westdeutschland und Averšin, Petuchov und Bič — Sowjetunion — unter Tage in situ, die einen direkten Einblick in die Gebirgsschlaggefährlichkeit des betreffenden Abschnittes geben.

Eine besondere Hilfe sind den Bergleuten die von seiten der Geophysik durchgeführten seismischen Arbeiten, die auch mit helfen, einen besseren Einblick in den Mechanismus der Gebirgsschläge zu bekommen.

Trotz aller Fortschritte in der Gebirgsschlagforschung können wir jedoch noch nicht behaupten, daß dieses große Problem gelöst sei. Das ist nicht verwunderlich, denn es ist das schwierigste Problem gebirgsmechanischer Forschung überhaupt. Man kann es nicht nur von der Spannungsverteilung und dem Spannungszustand allein lösen, aber auch nicht nur vom Materialverhalten aus.

Das Problem der Lösung des „Mechanismus der Gebirgsschläge" erfordert eine komplexe Analyse aller zu Gebirgsschlägen führenden Faktoren, liegen sie nun im Material oder aber im Spannungszustand, bedingt durch Material, Teufe und Abbauzuschnitt, begründet.

Wir können uns glücklich schätzen, in diesem Kreise den Mechanismus der Gebirgsschläge behandeln zu können, in einem wissenschaftlichen Arbeitsgremium, das nach seiner Zusammensetzung wie kein anderes in der Welt berufen sein dürfte, dieses Problem im weltweiten Rahmen mit den Erfahrungen der Fachkollegen aus all den Bergbaurevieren, in denen die Bergleute von der Gefahr des Erschlagenwerdens durch den Berg besonders bedroht sind, einer Lösung näherzubringen.

In den Vorträgen referieren hier Wissenschaftler aus den wichtigsten gebirgsschlaggefährdeten Revieren der Welt. Aber nicht nur ihre Referate sollen das Wesen unserer Arbeitstagung ausmachen, sie sollen Anregung zu einer freimütigen Diskussion sein, zu der alle hier Versammelten ihre Erfahrungen beisteuern, um im Endziel zu einer Synthese über den Mechanismus der Gebirgsschläge zu kommen.

Erfahrungen und Gedanken zum Problem der Gebirgsschläge in Südafrika

von H. G. Denkhaus, Pretoria

1. Einleitung

Gebirgsschläge sind eins der wichtigsten ungelösten Probleme des Bergbaus. Sie fordern Menschenleben und verursachen Produktionsverluste, und ihre Unheimlichkeit liegt vor allem in ihrem plötzlichen und unerwarteten Auftreten.

Gebirgsschläge sind nicht nur ein Problem der Goldgruben großer Teufe in Südafrika, sondern treten in vielen Revieren der Welt auf; sie wurden sogar in Tunneln in geringer Teufe unter der Stadt New York und selbst gelegentlich an der Tagesoberfläche beim Ausrichten von Schachtabteufarbeiten beobachtet.

Um die südafrikanische Situation beispielhaft zu beleuchten, sei hier erwähnt, daß die Statistik von sechs großen Goldgruben im Jahre 1963 bei einer Förderung von 8,5 Millionen Tonnen Erz 281 Gebirgsschläge zeigt. Die Gebirgsschlaghäufigkeit für die einzelnen sechs Gruben lag zwischen 9 und 73 Gebirgsschlägen je Million Tonne Förderung.

Offensichtlich ist daher die Erforschung der Ursachen und des Wesens der Gebirgsschläge eine der vornehmsten Aufgaben der Bergbauforschung, vor allem der Gebirgsmechanik. Kennt man den Mechanismus der Gebirgsschläge, so ist es leichter, Gebirgsschläge zu vermeiden oder doch wenigstens ihre Häufigkeit und Heftigkeit zu vermindern oder ihr Auftreten vorauszusagen. So war es vor allem das Problem der Gebirgsschläge, das zur Forschungstätigkeit auf dem Gebiete der Gebirgsmechanik in Südafrika geführt hat.

Wie eingangs erwähnt, ist das Gebirgsschlagproblem noch nicht gelöst. Es kann daher von dem vorliegenden Referat nicht erwartet werden, daß es eine abgerundete und durch Erfahrungen oder Versuchsergebnisse bestätigte Theorie vorlegt. Trotzdem oder gerade deshalb ist es nützlich und notwendig, da es zu Kritik und Besprechungen anregen soll, um die Auffassungen zu klären und vielleicht neue Wege zu eröffnen. Der Verfasser ist sich jedoch bewußt, daß seine Darlegungen nur fragmentarisch sein können und gewisse Überlegungen sogar den Vorwurf der Oberflächlichkeit auf sich ziehen mögen.

2. Definition der Gebirgsschläge

In Südafrika wird ein Gebirgsschlag definiert als ein plötzliches und heftiges Hereinbrechen von Gestein in einen bergmännischen Hohlraum, wobei die Ursache weder das Eigengewicht der hereinbrechenden Massen noch Kräfte sind, die durch Werkzeuge, Sprengstoffe oder ähnliche Mittel absichtlich hervorgerufen werden.

Diese Definition schließt ein gewöhnliches Hereinbrechen des Hangenden aus offensichtlicher Ursache aus, also etwa das örtliche Ablösen einer Lage als Folge ungenügenden Ausbaus oder das Hereinbrechen zwischen ungünstig orientierten Klüften. Weiterhin schließt sie natürlich den kontrollierten Ausbruch des Erzes beim Schießen aus, obwohl das Schießen durchaus einen Gebirgsschlag auslösen kann.

Die Definition schließt aber auch schlagartige Brüche aus, die im Gebirge nahe dem Hohlraum auftreten, daher durch den Abbau verursacht und nicht etwa orogenetischen Ursprungs sind, aber trotz ihrer Heftigkeit den bergmännischen Hohlraum nicht beschädigen. Messungen mit seismischen Methoden haben gezeigt, daß weitaus mehr solcher Schläge in Baunähe auftreten als Gebirgsschläge, die Hereinbrechen von Gestein bewirken. Selbstverständlich ist der Mechanismus dieser Erscheinungen identisch dem der eigentlichen Gebirgsschläge, sie werden aber aus praktischen Gründen nicht als solche klassifiziert.

Ein Gebirgsschlag ist nicht auf das Hangende beschränkt, er kann aus dem Stoß hervorbrechen oder das Liegende kann plötzlich aufpuffen. Naturgemäß bricht das Hangende meistens herein, oft aber lediglich als Folgeerscheinungen der Erschütterung oder aber weil der Ausbau weggestoßen wird.

Die Ausdehnung eines Gebirgsschlages reicht vom plötzlichen Hereinspringen eines Stückchens Gestein bis zum Zusammenbruch mehrerer Strebe. Die Heftigkeit eines Gebirgsschlages kann sich an der Tagesoberfläche fühlbar machen und die Erschütterung des Grubengebäudes kann zum Hereinbrechen des Hangenden in entfernten Grubenabteilungen führen.

3. Wege der Gebirgsschlagforschung

Wie in jeder Forschung so kann man auch bei der Gebirgsschlagforschung zwei Methoden unterscheiden, nämlich:

1. die empirisch-statistische oder phänomenologische Richtung, bei der man möglichst viele Gebirgsschläge hinsichtlich ihrer praktischen Auswirkungen und der Betriebsbedingungen (Bauhöhe, Verhiebgeschwindigkeit, Geometrie der Weitung, geologische Gegebenheiten wie Gänge und Verwerfungen usw.), unter denen sie auftreten, beschreibt und dann aus der Vielzahl der Beschreibungen jene Bedingungen abzuleiten versucht, die allen Gebirgsschlägen oder gewissen Typen gemeinsam sind;
2. die physikalische oder genetische Richtung, bei der man anhand theoretischer Überlegung oder durch Versuche an Modellen oder am Prototyp das Verhalten des Gebirges erforscht und daraus die besonderen Bedingungen zu erkennen versucht, unter denen Gebirgsschläge auftreten können.

Beide Methoden ergänzen und überschneiden einander und beide wurden und werden noch von den südafrikanischen Forschungsgruppen angewendet.

4. Methoden und Ergebnisse der empirisch-statistischen Gebirgsschlagforschung

Aus Beobachtungen und Beschreibungen einiger Gebirgsschläge in den Goldgruben Südafrikas lassen sich die folgenden summarischen Feststellungen ableiten:

1. Die meisten und vor allem die heftigen Gebirgsschläge treten in Gruben auf, deren Hangendes und Liegendes aus hartem, festem, zu Sprödbruch neigendem Quarzit besteht, wogegen Gruben mit Liegendem aus (im Vergleich zu Quarzit) weichem, plastischem Tonschiefer (jedoch mit Quarzit als Hangendem) wenig von Gebirgsschlägen heimgesucht werden. Das Flöz ist stets ein Konglomerat mit einer harten Quarzitmatrix.
2. Bergleute vor Ort behaupten, daß ein harter, glasig erscheinender, ungeklüfteter Stoß zu Gebirgsschlägen neigt, wogegen ein stark zerklüfteter Stoß als sicher gilt.
3. Die meisten Gebirgsschläge treten an der Ortsbrust auf, jedoch werden auch Gebirgsschläge im Alten Mann beobachtet, besonders beim Abräumen von lange gelagertem Haufwerk beim Magazinbau-Verfahren.
4. Die Gebirgsschlaghäufigkeit und -heftigkeit ist besonders groß bei jeglichen Unregelmäßigkeiten des Grubenplans, seien sie geometrischer Art oder durch örtliche geologische Störungen bedingt, z. B. an Restpfeilern, an Ortsbrüsten vor Aufhauen, Gängen oder Verwerfungen usw.

5. Der Einfluß des Ausbaus auf die Gebirgsschlaghäufigkeit ist umstritten. Sicher ist jedoch, daß guter und wohlüberlegter Ausbau zumindest die katastrophalen Auswirkungen eines Gebirgsschlages mildern kann, obwohl z. B. Standholzpfeiler oft und Stempel fast immer zerstört werden.

Allgemein wird starke Zerklüftung des Hangenden, Liegenden und der Stöße der Weitung beobachtet. Diese Art der Durchklüftung besteht, wie Beobachtungen in Bohrlöchern, Vorbaustrecken u. dgl. zeigen, nicht im unverritzten Gebirge und ist eine Folge des Abbaus. Sie reicht auch nicht notwendigerweise bis zur Tagesoberfläche.

Hieraus muß geschlossen werden, daß das Gebirge aus zwei Zonen besteht, der „Bruchzone", die den Hohlraum unmittelbar umschließt, und der „Festzone" außerhalb der Bruchzone. Die Frage nach Größe und Form der Bruchzone und ob sie scharf oder vielmehr durch eine Übergangszone begrenzt ist, bleibe hier offen. Der Einfluß des Abbaus reicht natürlich über die Bruchzone hinaus, innerhalb der Bruchzone führt er zur Durchklüftung, außerhalb jedoch lediglich zu Verformungen des Gebirges.

Beobachtungen deuten darauf hin, daß Gebirgsschläge in beiden Zonen ihren Ursprung haben können. Man kommt damit zu einer Klassifizierung von Gebirgsschlägen in „Bruchzonen-Schläge" (intradosal bursts) und „Festzonen-Schläge" (extradosal bursts).

Die Bruchzonen-Schläge stellen einen plötzlichen, meist örtlich begrenzten, Zusammenbruch des Gleichgewichtssystems der Bruchzone dar. Da die Bruchzone ein Gebäude aus ineinander verkeilten, unregelmäßig geformten Blöcken oder Platten ist, beruht ihre Stabilität auf der Reibung und dem letztlich von ihrem Eigengewicht herrührenden Verkeilungsdruck zwischen den einzelnen Blöcken, ähnlich wie bei einem aus Steinen ohne Mörtel errichteten Bogen. Durch jede Ausdehnung der Weitung durch Verhieb wird das Gleichgewicht gestört, und die inneren Kräfte der Bruchzone müssen sich neu orientieren. Die damit verbundenen Verschiebungen können als Folge der Reibung kriechend sein, und es kann Stunden oder Tage dauern, bis ein neues stabiles Gleichgewicht gefunden ist. Jedoch wird dieser Vorgang durch neue Schießarbeit wieder völlig aus der Bahn geworfen. Es sind Bedingungen denkbar, unter denen in einem örtlich begrenzten Bereich stabiles Gleichgewicht nicht erreicht wird und dort ein plötzlicher Zusammenbruch, ein Bruchzonen-Schlag, eintritt. Solche Zusammenbrüche können auch ausgelöst werden von der Erschütterung durch Schießen oder durch einen Gebirgsschlag oder schlagartigen Bruch in der Festzone, vorausgesetzt, daß das Gleichgewicht in einem Bereich der Bruchzone bereits labil war.

Die Festzonen-Schläge treten in einem weitgehend kompakten und kohärenten Gebirgsbereich auf und stellen eine besondere Art von Brüchen dieses Gesteins dar. Brüche treten auf, wenn die Spannungen die Festigkeit überschreiten, und die Ursachen der Festzonen-Schläge sind daher grundsätzlich in zwei Bedingungen zu suchen, besonderen Festigkeitseigenschaften des Gesteins und besonderen Spannungsverteilungen.

Gestein, das zu Gebirgsschlägen neigt, verhält sich stets spröde beim Bruch, d. h., der Bruch ist kaum von plastischer Verformung begleitet. Durch plastische Verformung wird Energie in Wärme umgesetzt und damit unschädlich gemacht, wogegen durch elastische Verformung Energie im Gestein aufgespeichert wird, die beim Bruch freigesetzt werden und Arbeit leisten, d. h. Schaden anrichten kann. Der Grund, warum Bruchzonen-Schläge im allgemeinen weniger heftig sind als Festzonen-Schläge, liegt darum in dem durch die Reibung zwischen Gesteinsblöcken bedingten plastischen Verhalten der Bruchzone. Das (im Vergleich zu Quarzit) plastische Verhalten des Tonschiefers ist auch der Grund für die bereits erwähnte Seltenheit von Gebirgsschlägen in Revieren mit Tonschiefer als Liegendem. Plastisches Verhalten des Gesteins oder Gebirges führt auch zum Abbau von Spannungsspitzen und wirkt damit dem Auftreten von Gebirgsschlägen entgegen.

Bekanntlich verändert das Durchörtern die ursprünglich gleichförmige[1]) Spannungsverteilung im Gebirge derart, daß sich Spannungsanhäufungen um den bergmännischen Hohlraum bilden. Wenn diese Spannungen die Festigkeit überschreiten, braucht das nicht zu Gebirgsschlägen zu führen, wohl aber zur Bildung bzw. Erweiterung der Bruchzone. Dieser Vorgang kann kurzzeitig sein, kann sich aber auch über einen gewissen Zeitraum nach dem Schießen, das ihn auslöst, hinziehen und sich dann durch Geräusche, das „Sprechen" (talking) der Grube äußern. Man muß annehmen, daß ein solcher Vorgang zu einem Gebirgsschlag wird, wenn die Spannungsanhäufung sich über einen hinreichend großen Bereich erstreckt, so daß genügend Energie plötzlich freigesetzt wird, um Zerstörungsarbeit zu leisten, und die Spannungsanhäufung an der Grenze zwischen Bruch- und Festzone nahe genug am Stoß auftritt. Liegt sie tiefer in der Festzone oder ist die Bruchzone tief, so werden die vom plötzlichen Bruch ausgehenden Erschütterungen gedämpft und brauchen den Hohlraum nicht zu beschädigen.

Derartige „gefährliche" Spannungsanhäufungen treten nicht nur an geologischen Störungen des Gebirges, wie an Gängen, Verwerfungen und stark ausgebildeten Einzelklüften, auf, sondern auch an Unregelmäßigkeiten der Geometrie der Weitung. Man soll daher Restpfeiler, Kapbildungen und Halbinseln[2]) der Festzone, Aufhauen vor der Ortsbrust, ja sogar Vorbaustrecken und unbeplante Über- oder Unterbauung vermeiden.

Die phänomenologische Behandlung des Gebirgsschlagsproblems erlaubt es kaum, über diese vereinfachenden Spekulationen hinauszugehen. Bevor jedoch auf die physikalisch-genetische Methode eingegangen wird, sei die Krönung der phänomenologischen Methode, nämlich die statistische Analyse praktischer Gebirgsschlagdaten, kurz besprochen.

Die südafrikanische Gebirgsschlagforschung hat schon früh von der statistischen Auswertung einer hinreichend großen Anzahl von Beobachtungen Gebrauch gemacht, da sie ein machtvolles Mittel zur Bewertung der Bedeutung verschiedener Einflußfaktoren auf eine bestimmte Erscheinung, hier die Gebirgsschläge, darstellt.

In sechs großen, nicht benachbarten Goldgruben wurden über einen Zeitraum von sechs Jahren jeder Gebirgsschlag sowie die näheren Umstände und Betriebsbedingungen mit Hilfe von Fragebogen katalogisiert. Die Faktoren, die Häufigkeit und Heftigkeit von Gebirgsschlägen beeinflussen könnten, sind im Anhang aufgeführt. Es war praktisch jedoch nicht möglich, sie alle in Fragebögen zu erfassen.

Bei der Datensammlung ist zu beachten, daß der Einfluß der Faktoren statistisch nur dann ausgewertet werden kann, wenn nicht nur ihre Werte beim Auftreten von Gebirgsschlägen erfaßt werden, sondern auch wie häufig sie dieselben Werte annehmen, ohne daß Gebirgsschläge auftreten. Es genügt z. B. nicht zu wissen, bei wievielen Gebirgsschlägen ein Gang 3 m vor dem Stoß lag, sondern auch wie häufig Gänge 3 m vor dem Stoß lagen, ohne daß ein Gebirgsschlag auftrat.

Die bei der Datensammlung angewandten Verfahren und ihre Verbesserungen sowie die Methoden der Auswertung wurden a. O. [1] beschrieben. Von den Ergebnissen, deren Erarbeitung teilweise noch nicht abgeschlossen ist, seien hier nur zwei typische Beispiele mitgeteilt:

1. Die Gebirgsschlaghäufigkeit[3]) nimmt annähernd linear mit der Bauhöhe zu, die bei den untersuchten Gruben von 1,5 bis 2,5 m reicht.

---

[1]) Abgesehen von orogenetisch bedingten Spannungsanhäufungen.

[2]) In Südafrika hat sich eine qualitative Beschreibung der Geometrie der Weitung eingebürgert und als nützlich erwiesen, die von geographischen Begriffen Gebrauch macht und die Weitung als Ozean und das in der Flözebene umgebende Gebirge (die sogenannten „Auflager" oder „abutments" der Druckbögen über der Weitung) als Festland, Halbinsel, Kap usw. beschreibt, wie in Bild 1 schematisch dargestellt).

[3]) Die Gebirgsschlaghäufigkeit wird gemessen in Anzahl der Gebirgsschläge je 1000 Quadratfaden Verhieb (1000 Quadratfaden = 3334,508 qm).

2. Die Beziehung zwischen Gebirgsschlaghäufigkeit[1]) und Vortriebsgeschwindigkeit (von 100 bis 200 m je Monat) hängt vom Typ des „Auflagers“ (abutment, siehe Bild 1) ab, an dem der Streb liegt. Hohe Verhiebgeschwindigkeit ist nicht immer die sicherste.

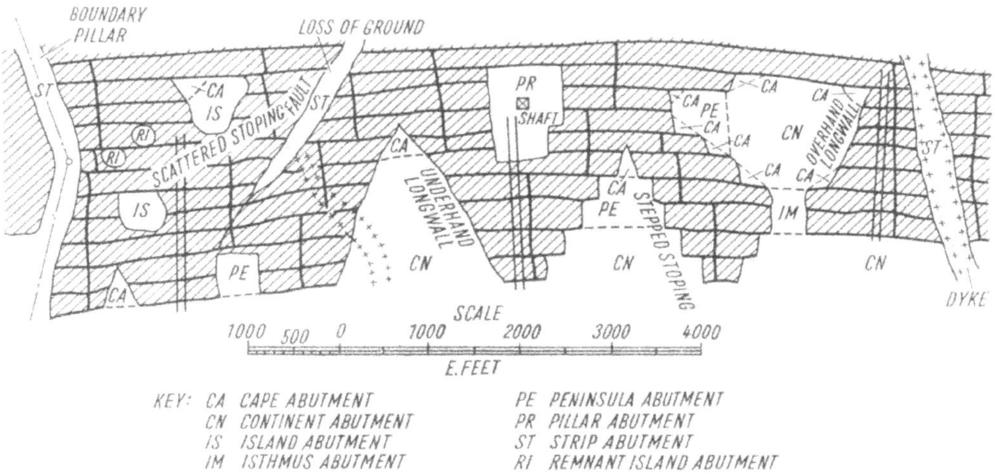

Bild 1. Plan der Anordnung und Form der Restpfeiler

Es braucht hier nicht betont zu werden, daß diese Beziehungen nur im statistischen Sinne gelten und im übrigen nur über den Einfluß eines bzw. zweier Faktoren aussagen. Die Darstellung eines möglichst vollständigen Bildes des kombinierten Einflusses aller Faktoren sowie deren gegenseitiger Beeinflussung ist das Endziel der statistischen Arbeit.

5. Methoden und Ergebnisse der physikalisch-genetischen Gebirgsschlagforschung

Da Gebirgsschläge Brüche des Gesteins oder Gesteinsverbandes sind, erhebt sich bei der Erforschung des Gebirgsschlagmechanismus zunächst die Frage nach den Bedingungen, unter denen Gestein bricht. HOEK [2, 3] hat gezeigt, daß die Hypothese von GRIFFITH mit gewissen Erweiterungen eine für die praktischen Zwecke der Gebirgsmechanik hinreichende Bruchhypothese für Gestein darstellt. Diese Hypothese geht davon aus, daß sich an der Spitze einer Diskontinuität in einem belasteten Material eine Zugspannungsspitze bildet, deren Größe von den Hauptspannungen und von der Orientierung der Diskontinuität zu den Hauptspannungsrichtungen des Belastungsfeldes abhängt. Überschreitet diese Zugspannung die Trennfestigkeit des Materials, so geht ein Riß von der Spitze aus. Ist die Diskontinuität bereits ein Riß, so pflanzt sich dieser fort. Die erweiterte Hypothese behandelt auch „geschlossene“ Diskontinuitäten, d. h. solche, die Querdruck übertragen (zusammengedrückte Risse, Einschlüsse). Dann hängt die Rißbildung bzw. -fortpflanzung sowohl von der Trennfestigkeit als auch vom Koeffizienten der inneren Reibung des Materials ab. Da in jedem Gestein feine und feinste Diskontinuitäten verschiedener Orientierung und Art vorhanden sind, vor allem in Gestalt von Korngrenzen, sind die Voraussetzungen für die Anwendbarkeit der Hypothese gegeben.

Ein fortschreitender Riß ändert die Spannungsverteilung in seiner unmittelbaren Umgebung. Das kann unter Umständen dazu führen, daß er stehen bleibt (vorausgesetzt, daß die Belastung sich nicht ändert) und nicht zum Bruch führt. Es ist daher das Ziel gegenwärtiger

[1]) Siehe Fußnote [3]) auf Seite 19.

Untersuchungen, den Mechanismus der Rißfortpflanzung, vor allem auch den Einfluß einer Vielzahl regelmäßig angeordneter Diskontinuitäten, zu erkennen und damit jene Bedingungen festzulegen, unter denen die Risse derartige Ausdehnungen annehmen, daß man von Bruch sprechen kann.

Gebirgsschläge sind jedoch nicht Brüche schlechthin. Das Durchörtern des Gebirges verursacht ständig Brüche, wodurch sich die bereits erwähnte Bruchzone erweitert, ohne daß Gebirgsschläge auftreten. Auch gibt es Reviere ohne Gebirgsschläge. Die Bruchfestigkeit ist daher noch keine Kenngröße der Gebirgsschlagneigung eines Gesteins. Die Gebirgsschlagneigung eines Gesteins ist vielmehr gekennzeichnet durch die Energiemenge, die es beim Bruch freizusetzen vermag. Um zu einer solchen Materialkenngröße, ähnlich der Bruchfestigkeit, zu gelangen, mögen folgende Überlegungen dienen:

Die einem Probestück, Gebirge oder Gebirgsbereich durch äußere oder Massenkräfte aufgezwungene Belastungsenergie (ein Produkt aus Last und Versetzung) wandelt sich — solange kein Bruch eintritt — um, teils in als potentielle Energie aufgespeicherte elastische Verformungsenergie und teils in Arbeit zur Erzeugung plastischer Verformung (und dann in Wärmeenergie). Ähnlich wie man (in erster Annäherung) durch den Quotienten von Last und Fläche zur Spannung als einer von der Körpergröße unabhängigen Belastungsgröße kommt, erhält man durch den Quotienten von Energie und Volumen eine von der Körpergröße unabhängige Energiegröße, die spezifische Energie (ein Produkt aus Spannung und Verformung). Ebenso wie die Spannung beim Bruch (in erster Annäherung) eine Materialkenngröße ist, stellt dann auch die spezifische Energie beim Bruch eine Materialkenngröße dar. Beim Bruch kann jedoch höchstens die elastische Verformungsenergie freigesetzt werden, da die plastische Verformungsenergie bereits verbraucht ist. In dem Quotienten von elastischer zu gesamter spezifischer Belastungsenergie beim Bruch hätte man dann eine erste grobe Materialkenngröße der Gebirgsschlagneigung. Man könnte sie als Sprödigkeit[1]) definieren. Eine andere, weniger genaue, aber praktischere Definition der Sprödigkeit wäre das Verhältnis von elastischer zu gesamter Verformung beim Bruch[2]). Ebenso wie die Bruchfestigkeit ist auch die Sprödigkeit bzw. Zähigkeit von einer Reihe äußerer Faktoren abhängig, vor allem von der Mehrachsigkeit des Spannungszustandes. Ähnlich wie für die Bruchfestigkeit in einem Festigkeitsschaubild kann auch der Einfluß der Mehrachsigkeit auf die Sprödigkeit bzw. Zähigkeit in einem Zähigkeitsdiagramm dargestellt werden (Denkhaus [4]).

Obwohl die Sprödigkeit bereits ein nützliches Kriterium ist, um gebirgsschlagfähiges Gestein von anderem zu unterscheiden, und somit eine Erklärung dafür liefert, daß mehr Gebirgsschläge im „spröden" Quarzit auftreten als im „weniger spröden" (zähen ?) Tonschiefer, ist es noch nicht exakt genug. Es ist nämlich durchaus nicht so, daß beim Bruch die gesamte gespeicherte elastische Verformungsenergie in Arbeit zur Bildung neuer Oberflächen durch Überwindung der Kohäsion (d. h. Bruch) umgesetzt wird. Beim Bruch eines Gebirgsbereichs in situ kann ein Teil dieser Energie in den Bruchfragmenten (die weiterhin unter Spannung stehen) gespeichert bleiben, und beim Bruch eines Probestücks im Laboratorium kann ein Teil dieser elastischen Energie „Rückverformungsarbeit" an den Bruchfragmenten leisten. Denkhaus [4] hat vorgeschlagen, mit Hilfe eines Stoßmessers bei Bruchversuchen an Proben jenen Teil der freigesetzten Energie zu messen, der nicht in Bruch umgewandelt wird, sondern von der Prüfmaschine aufgenommen wird. Da der Stoßmesser nur die durch den Stoß beim Bruch bewirkte Geschwindigkeitsänderung v mißt und die effektive Masse m ($E = 1/2\, m\, v^2$) der bewegten Teile der Prüfmaschine mit Fundament und Probe schwierig zu ermitteln ist,

---

[1]) Das Verhältnis von plastischer zu gesamter spezifischer Belastungsenergie beim Bruch kann entsprechend als Zähigkeit definiert werden.

[2]) Das Verhältnis von plastischer zu gesamter Verformung beim Bruch kann entsprechend als Zähigkeit definiert werden.

liefert die Messung lediglich Vergleichswerte, und zwar nur dann, wenn die Versuche an derselben Maschine an Proben gleicher Größe durchgeführt werden. DENKHAUS (1958) nannte die Größe „relative Bruchheftigkeit", irrte jedoch, wenn er behauptete, daß er damit die in Bruch umgesetzte Energie messen würde. Die bis zum Bruch einer Probe zugeführte spezifische Energie ist gegeben durch die Fläche unter der Spannungs-Verformungs-Kurve (Bild 2). Zieht man vom Bruchpunkt aus eine Parallele zum geradlinigen Teil der Kurve, so stellt in erster Annäherung die Fläche unter dieser Parallele die beim Bruch aufgespeicherte spezifische elastische Verformungsenergie dar (und die Fläche zwischen der Spannungskurve und der Parallele die spezifische plastische Verformungsenergie). Die spezifische elastische Verformungsenergie ist jenes Potential, das beim Bruch zur Freisetzung zur Verfügung steht, aber nicht notwendigerweise vollständig in Bruch umgesetzt wird, d. h. zur Schaffung neuer freier Oberflächen verbraucht wird. Der Stoßmesser mißt nun jenen Teil der spezifischen elastischen Verformungsenergie, der frei wird, aber *nicht* in Bruch umgesetzt wird. Die Gebirgsschlagneigung eines Gesteins ist also um so größer, je größer der Quotient von „relativer Bruchheftigkeit" zur beim Bruch aufgespeicherten spezifischen elastischen Verformungsenergie, dem halben Produkt aus Bruchspannung und *elastischem* Verformungsanteil beim Bruch (siehe Bild 2), ist. Die relative Bruchheftigkeit ist also tatsächlich ein Maß der beim Bruch freiwerdenden kinetischen Energie, also der Gebirgsschlagneigung.

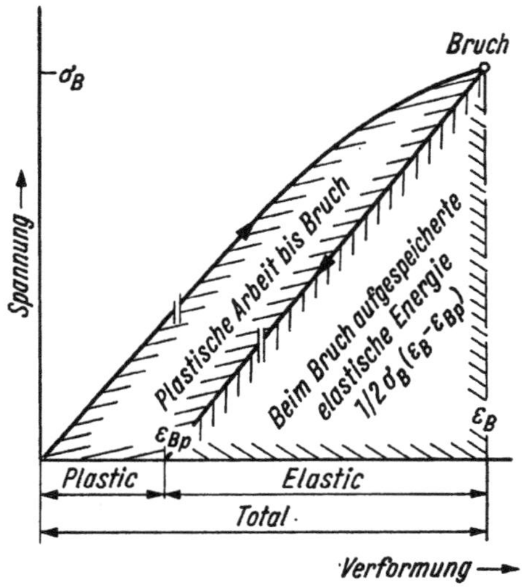

Bild 2. Spannungsverformungsschaubild einer plasto-elastischen Probe

Zweifellos ist die Gebirgsschlagneigung des Gesteins oder Gesteinsverbandes nicht der allein bestimmende, ja nicht einmal der auslösende Faktor für Gebirgsschläge, denn dort, wo Bergbau in solchem Gestein umgeht, treten ja nun nicht dauernd Gebirgsschläge auf. Dies führt nun zum zweiten Fragenkomplex, nämlich der Rolle der im Gebirge bzw. in einem Gebirgsabschnitt herrschenden Spannungen bei der Auslösung von Gebirgsschlägen.

Ein Flöz im unverritzten Gebirge ist belastet durch den vom Eigengewicht der überlagernden Gesteinsmassen herrührenden senkrechten Gebirgsdruck, dem von der seitlichen Ausdehnungsbehinderung abhängigen seitlichen Gebirgsdruck und Kräften orogenetischen Ursprungs, z. B. elastischen Verklemmungen an Gängen oder Verwerfungen.

Diese Belastung steht im Gleichgewicht mit elastischen Spannungen, die man in erster Annäherung und abgesehen von denen orogenetischen Ursprungs als gleichförmig verteilt ansehen kann. Diesen elastischen Spannungen entspricht ein Energiepotential, bezogen auf das Flöz, im wesentlichen die potentielle Gravitationsenergie des Gebirges für den Flözhorizont.

Wird das Flöz nun abgebaut, dann wird dieses Energiepotential bezüglich der Weitung frei, und das Gebirge muß die freiwerdende Energie irgendwie verarbeiten.[1]) Im allgemeinen Falle wird die freiwerdende Energie E sich umsetzen wie folgt:

$$E = U_e + V_e + U_i + V_i + U_s + V_s + B + K\,.$$

[1]) Streng gesprochen wird dem Gebirge beim Schießen auch noch Energie zugeführt, die ebenfalls mitverarbeitet werden muß.

Hierbei ist:

U_e die elastische Verformungsenergie, zusätzlich gespeichert in Spannungsanhäufungen in der Festzone;
V_e die plastische Verformungsenergie, verbraucht in Spannungsanhäufungen in der Festzone;
U_i die elastische Verformungsenergie, zusätzlich aufgenommen von der Bruchzone;
V_i die plastische Verformungsenergie, verbraucht in der Bruchzone;
U_s die elastische Verformungsenergie, die sich im Ausbau speichert;
V_s die Energie, die vom Ausbau aufgenommen wird und diesen plastisch verformt;
B die Energie, die Bruch des Gesteins bewirkt, d. h. neue freie Oberflächen (in Rissen) schafft und u. a. zur Bildung bzw. Vertiefung der Bruchzone führt;
K die beim Bruch freigesetzte Energie, die nicht zu Bruch verarbeitet wird, sondern zu heftigen Entladungen führt.

Die von der Festzone, Bruchzone und vom Ausbau aufgenommenen elastischen und plastischen Energien (U und V) äußern sich in Verformungen und Spannungsneuverteilungen in Form von Spannungsanhäufungen um die Weitung. Dem entspricht eine Konvergenz des bergmännischen Hohlraums, so daß man auch schreiben kann

$$W_c = (U_e + U_i + U_s) + (V_e + V_i + V_s) ,$$

wobei W_c das Produkt aus Gebirgsdruck p und volumetrischer Konvergenz Θ ist. Es gilt dann $E = W_c + B + K$.

Die elastischen Spannungen und ihre Verteilung um die Weitung und damit die Energie U_e lassen sich mit Hilfe der Elastizitätstheorie ermitteln. Dabei ist zu bemerken, daß die der Energie U_e in obiger Bilanz entsprechenden Spannungen die Differenzen zwischen Spannungserhöhungen und der normalen Gebirgsdruckspannung sind, wie in Bild 4 schematisch dargestellt.

Wenn eine Berechnung [5] für bergmännische Hohlräume mit verwickelter Geometrie zu schwierig wird, benutzt man spannungsoptische Verfahren [6] oder das von SALAMON [7] entwickelte Analogverfahren, das von einem elektrolytischen Trog Gebrauch macht. Bewegungsmessungen in Grubenabteilungen in Quarzit haben eine gute Übereinstimmung mit dem erwähnten Analogverfahren für die Festzone (nicht für die Bruchzone) ergeben [8]. Praktisch verhält sich also die Festzone im harten Quarzit elastisch.

Betrachtet man nun die obige Energiebilanz (Bild 3), so darf man folgende Überlegungen im Hinblick auf Gebirgsschläge wagen:

Diejenigen Energieanteile, die zu plastischer Verformung der Festzone (V_e), Bruchzone (V_i) und des Ausbaus (V_s) führen, kommen für die Auslösung von Gebirgsschlägen nicht mehr in Frage.

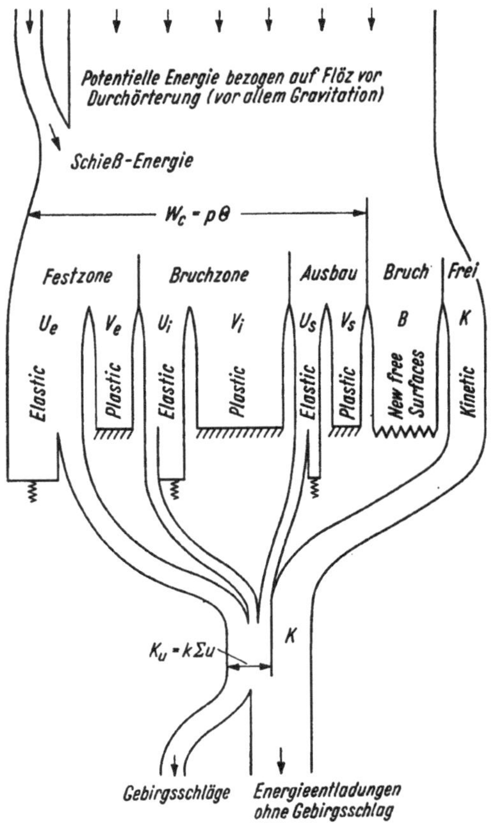

Bild 3. Versuch einer Energiebilanz für den Vorgang Durchörterung

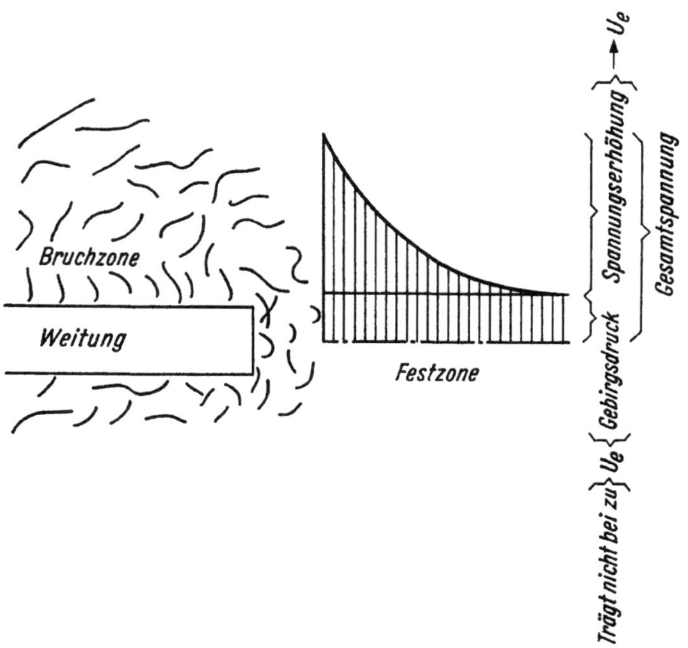

Bild 4. Verteilung der elastischen Spannungen in der Festzone vor der Ortsbrust

Der Energieanteil K ist jener, der sich in heftigen Entladungen freisetzt, d. h. Gesteinsmassen in plötzliche Bewegung bringen kann. Vermutlich ist jede solche Entladung auch von Bruch begleitet, aber die kinetische Energie K, von der hier die Rede ist, ist nicht jene Energie, die sich in Bruch, d. h. Schaffung neuer Riß- bzw. Bruchflächen, umsetzt und damit „verbraucht" wird (B), sondern eine beim Bruch freiwerdende überschüssige Energie.

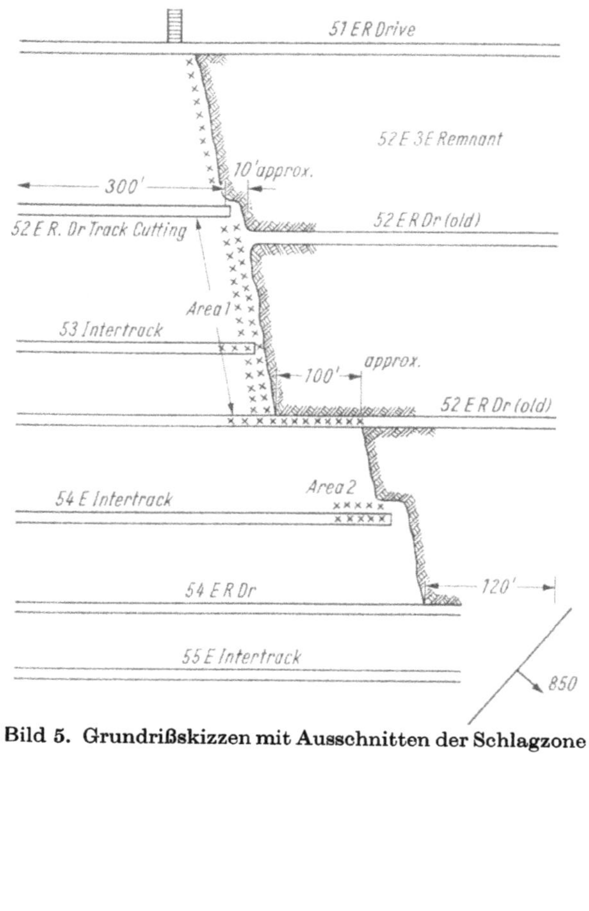

Bild 5. Grundrißskizzen mit Ausschnitten der Schlagzone

Die Freisetzung der Energie K bewirkt Aussendung mechanischer Wellen, die man mit seismischen Methoden erfassen kann [9]. Bei derartigen Messungen, um den Ursprungsort, die Häufigkeit und Menge solcher Energieentladungen zu bestimmen, wurde gefunden [9], daß alle Entladungen in der Nähe der Weitung auftraten, woraus man schließt, daß sie vom Abbau herrühren. Während einer Aufnahmezeit von 2280 Stunden in einer Grubenabteilung wurden 445 Entladungen mit je über 100×10^9 erg registriert. Die Gebirgsschläge, die während dieser Zeit in der Abteilung auftraten, konnten mit Entladungen von je über 500×10^9 erg in Zusammenhang gebracht werden, doch äußerten sich nur 7 von 187 Entladungen über 500×10^9 erg als Gebirgsschläge in den Streben. Es wurde auch eine größere Entladungshäufigkeit zwischen 15 und 17 Uhr gefunden, d. h. für die Schießzeit der betreffenden Grubenabteilung. Weitere leicht erhöhte Häufigkeit wurde für 13 Uhr registriert, wenn die Schießzeit für andere Abteilungen begann, und für 22 Uhr, wenn die Nachtschicht in der untersuchten Abteilung mit dem Abräumen der Ortsbrust begann. Untersuchungen dieser Art werden fortgesetzt und seismische Netzwerke in anderen Goldgruben installiert.

Die Überschußenergie K, die in der obigen Energiebilanz eine direkte Abbaufolge ist, kann jedoch Zuwachs erhalten aus jenen potentiellen Energien, die sich beim Verhieb als elastische Verformungen in Festzone (U_e), Bruchzone (U_i) und Ausbau (U_s, diese praktisch wohl kaum bedeutend) gespeichert haben. Überschreiten die diesen Energien entsprechenden elastischen Spannungen die Festigkeit, so wird der größte Teil wohl zur Schaffung neuer Riß- und Bruchflächen verbraucht, d. h., die Bruchzone erweitert sich auf Kosten der Festzone (U_e) oder die Bruchzone „bricht noch mehr" (U_i). Ein Überschuß $K_U = k\,(U_e + U_i)$ jedoch[1]), der sich nicht in Bruch umsetzt, muß sich mit Heftigkeit entladen und kann damit einen Gebirgsschlag (sogar einen aus der Bruchzone) bewirken (Bild 3).

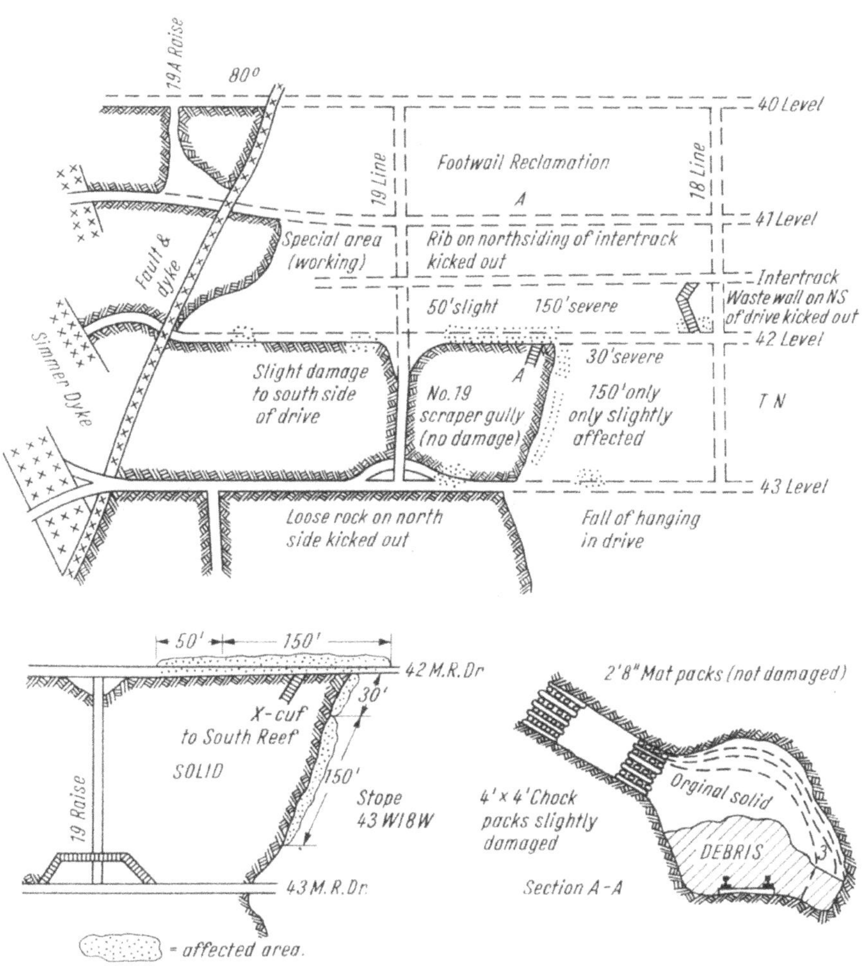

Bild 6. Grundrißskizzen mit Ausschnitten der Schlagzone

[1]) k bedeutet einen Faktor unbekannter Größe, jedoch kleiner als Eins.

Bild 7. Wirkung eines Gebirgsschlages
in einer dem Abbau vorgesetzten Strecke

Bild 8. Wirkung eines Gebirgsschlages in einem Aufhauen

Dieser Vorgang der Entladung aus dem Energiepotential in elastischen Spannungsanhäufungen kann ausgelöst werden durch eine von einem anderen Entladungszentrum (freigesetzte Energie K) ausgestrahlte Energiewelle, die dem Potential in der Spannungsanhäufung genug Energie zuführt, um die bereits hohe Spannung zum Überschreiten der Festigkeit zu bringen. Er kann sich auch selbst auslösen, einfach weil die Spannungen bereits hoch sind, aber der Spannungszustand oder das Gestein derart sind, daß ein Zeitfaktor (Kriechbruch) wirksam wird.

Es steht also ein Energiebetrag $K + K_U$ zur Verfügung, der sich entladen muß. Es wird angenommen, daß jene Entladungen, die sich nicht als Gebirgsschlag im bergmännischen Hohlraum äußern, das bereits erwähnte dauernde Sprechen (talking) der Grube bewirken. Ob die von einem größeren oder kleineren Gebirgsbereich ausgehenden Entladungen genügend Energie ($K + K_U = 500 \times 10^9$ erg) für einen Gebirgsschlag freisetzen, hängt ab von den örtlichen

Materialeigenschaften, die bereits besprochen wurden, von der Mehrachsigkeit der örtlichen Spannungen und der Größe des Bereichs, über den sich die Spannungsanhäufung erstreckt. Es ist jedoch noch nicht deutlich, warum nur ein Bruchteil der Entladungen über 500×10^9 erg sich als Gebirgsschlag äußert. Folgende mögliche Erklärungen seien hier vorgelegt: Die Bruchzone, die sich überwiegend plastisch verhält, kann die vom Entladungszentrum ausgestrahlte

Bild 9. Wirkung eines Gebirgsschlages vor Ort

Energie zum Teil absorbieren und in weitere plastische Verformung, d. h. „ungefährliche" gegenseitige Verschiebung der einzelnen Blöcke, umsetzen. Die Festzone kann, wenn sie sich teilweise plastisch verhält (Tonschiefer), die Energie in plastische Verformung umsetzen (kaum Gebirgsschläge im Tonschiefer!) oder, wenn sie weitgehend elastisch ist, bereits bestehende Spannungsanhäufungen erhöhen oder über einen weiteren Bereich ausdehnen, ohne daß die Spannungen so hoch werden, daß Bruch eintritt; es kann schließlich auch teilweise Bruch eintreten, der lediglich die Bruchzone erweitert, aber nicht die Auswirkungen eines Gebirgsschlages hat.

6. Einige Schlußfolgerungen

Im Hinblick auf die vorausgegangenen Erörterungen seien die folgenden vorläufigen Schlußfolgerungen kurz zusammengefaßt:

1. Ein Gebirge ist um so mehr gebirgsschlaggefährdet, je weniger es in der Lage ist, die bei der Durchörterung freiwerdende potentielle Energie durch plastische Verformungen aufzunehmen, und je mehr das Gestein zu sprödem Bruch neigt.
2. Eine Grubenabteilung ist um so mehr gebirgsschlaggefährdet, je intensiver elastische Spannungsanhäufungen vor den Stößen (oder im Liegenden oder Hangenden) sind. Solche Spannungsanhäufungen treten an geologischen Störungen auf und an geometrischen Unregelmäßigkeiten des bergmännischen Hohlraums. Letztere sind daher bei der Planung des Abbaus zu vermeiden.
3. Die Bruchzone sollte so tief wie möglich sein, da sie nicht nur durch plastisches Verhalten elastische Spannungsspitzen abbaut, sondern auch Energieentladungen durch plastische Verformung absorbieren kann und als Puffer für Energiestöße aus der Festzone wirkt.

Als eine Möglichkeit zur künstlichen Vertiefung der Bruchzone wurde das Entspannungsschießen erprobt. Die Versuchsergebnisse jedoch widersprachen einander, und die Meinungen sind geteilt. Möglicherweise lag das Versagen jedoch an der bisher angewandten Technik (Bohrlöcher senkrecht zur Ortsbrust 5 bis 10 Fuß tief im Abstand von 5 bis 10 Fuß, etwa wöchentliches Schießen), und weitere Forschung zur Entwicklung einer wirksameren Technik erscheint angezeigt.

4. Der Einfluß des Ausbaues auf die Gebirgsschlaggefahr ist noch unklar. Immerhin dürfte ein Ausbau, der möglichst viel der beim Durchörtern freiwerdenden Energie plastisch absorbiert, sich günstig auswirken. Dies gilt jedoch wohl nur bei geringer Teufe, da die Energie, die der Ausbau aufnehmen kann, bei großer Teufe nur ein vernachlässigbar kleiner Bruchteil der freiwerdenden Energie ist.

5. Wenig ist bekannt über die Rolle der Zeit und mit der Zeit verknüpfter Größen (Verhiebsgeschwindigkeit, Kriechverhalten des Gebirges usw.) bei den besprochenen Vorgängen, die zu Gebirgsschlägen führen können. Viel hängt davon ab, wie bald nach dem Schießen die Gebirgsmassen im Hangenden in Bewegung geraten und Energie frei wird und wie schnell das Gebirge darauf reagiert und ein neues Gleichgewichtssystem aufbaut. Plötzliche Entladungen können dabei „mit Verzögerung" auftreten. Überdies kann ein langsames Stabilisieren des Gebirges wieder gestört werden durch neues Schießen (in Abständen von 24 Stunden), so daß, z. B., die Verhiebgeschwindigkeit zweifellos Einfluß auf die Gebirgsschlaghäufigkeit hat.

ANHANG

Faktoren, die möglicherweise das Auftreten von Gebirgsschlägen beeinflussen

1. Faktoren, die naturgegebene Bedingungen beschreiben

1.1 Teufe
1.2 Einfallen
1.3 Schichtungsebenen und andere natürliche Klüftungen (Klaffdicke, Abstand, Orientierung, Kohärenz)
1.4 Gänge (Ausdehnung, Dicke, Orientierung, Material)
1.5 Verwerfungen
1.6 Gebirgseigenschaften (Homogenität, Isotropie, Festigkeit, Verformungsmoduln, Sprödigkeit)

2. Faktoren, die Betriebsbedingungen beschreiben

2.1 Strebanlage (longwall, Streubau, Stufenbau)
2.2 Lage der Ortsbrust (overhand, underhand, einfallend, streichend)
2.3 Abbauverfahren (offen, shrinkage, Kammerbau usw.)
2.4 Ausbau
2.5 Breite der Ortsbrust
2.6 Bauhöhe
2.7 Verhiebsgeschwindigkeit
2.8 Lage von Aufhauen und Vorbaustrecken
2.9 Vorlauf und Nachlauf von Ortsbrüsten
2.10 Form des unverritzten Berggebäudes
2.11 Größe des unverritzten Berggebäudes
2.12 Form und Größe der Weitung
2.13 Schießverfahren und Entspannungsverfahren (wenn angewendet)

3. Faktoren, die Erscheinungen beschreiben, die vom Abbau herrühren

3.1 Größe der Konvergenz und des Verschiebens
3.2 Verteilung der Konvergenz und des Verschiebens
3.3 Richtung des Verschiebens
3.4 Geschwindigkeit der Konvergenz und des Verschiebens
3.5 Bruchflächen, die vom Abbau herrühren (Ausdehnung, Abstand, Orientierung, Art)
3.6 Zeit des Gebirgsschlages nach dem letzten Schießen

Literatur

[1] Pretorius, J. P. G.: Bemerkungen zur Sammlung und Analyse von Gebirgsschlagdaten in einigen Goldgruben in großer Teufe in Südafrika. III. Intern. Bergbaukongreß, Salzburg 1963.
[2] Hoek, E.: Rock fracture around mining excavations. Proc. Internat. Conf. Strata Control Rock Mech., New York 1964.
[3] Hoek, E.: Fracture of anisotropic rock. J. S. Afr. Inst. Min. Metall, **64** (1964) 501—518.
[4] Denkhaus, H. G.: Über die Bedeutung einiger Eigenschaften des Gesteins für das Problem der Gebirgsschläge in Gruben großer Teufe. Internat. Gebirgsdrucktagung, Leipzig 1958.
[5] Denkhaus, H. G.: The application of the mathematical theory of elasticity to problems of stress in hard rock at great depth. Pap. Ass. Min. Mngrs. S. Afr. 1958/59, p. 271—310.
[6] Hoek, E.: The design of a centrifuge for the simulation of gravitational force fields in mine models. J. S. Afr. Inst. Min. Metall, **65** (1965) p. 455—487.
[7] Salamon, M. D. G.: Elastic analysis of displacements and stresses indiced by mining of seams or reef deposits. J. S. Afr. Inst. Min. Metall., **64** (Nov. 1963) p. 128—149; (Jan. 1964) p. 197—218; (März 1964) p. 468—500; **65** (Dez. 1964) p. 319—338.
[8] Ortlepp, W. D. und Nicoll, A.: The elastic analysis of observed strata movements by means of an electrical analogue. J. S. Afr. Inst. Min. Metall., **65** (Nov. 1964) p. 214—235.
[9] Cook, N. G. W.: The basic mechanics of rockbursts. J. S. Afr. Inst. Min. Metall., **64** (Okt. 1963) p. 71—81.

Gebirgsschläge und Maßnahmen zu ihrer Bekämpfung in der Sowjetunion

von S. G. Averšin, J. M. Petuchov und J. A. Bič, Leningrad und Frunse

Der Gebirgsschlag ist eine Form der plötzlichen explosionsartigen Zerstörung des Gebirges. Das den Grubenbau umgebende Gestein und die Kohle befinden sich unter großen Belastungen und in stark gespanntem Zustand.

Es gibt Anlässe, wo die potentielle Energie der elastischen Deformationen des Gesteins zu einer Wirkung führt, die sich in einer heftigen, explosionsartigen Zerstörung ausdrückt, unterschiedlich in Ausmaß und Reichweite — vom Abreißen einzelner Stücke von den Stößen (sogenannte „Gesteinsschüsse") bis zu kolossalen „Explosionen" gewaltiger Gesteinsmassen, die Flächen von tausenden von Quadratmetern umfassen und wo Grubenbaue und Ausrüstungen vernichtet und Menschen verletzt oder getötet wurden.

Solche Gebirgsschläge werden durch seismische Stationen in Entfernungen von hunderten und tausenden Kilometern registriert.

Ein so großer Gebirgsschlag, der sich im Jahre 1958 auf der Kaligrube Ernst Thälmann in Merkers (DDR) ereignete, wurde von den seismischen Stationen in Moskau, der Türkei und in Spanien registriert. Dieser Gebirgsschlag zerstörte Grubenbaue auf einer Fläche von mehr als einer Million Quadratmetern.

Die wesentlichsten Voraussetzungen, die die Entstehung von Gebirgsschlägen begünstigen, sind folgende:

a) die Bildung von Zonen großer Belastungen, die die einachsige Druckfestigkeit des Gesteins übersteigen,

b) hohe Elastizität des Gesteins oder des Kohlenflözes und seine Neigung zu Sprödbruch bei statischen Grenzbelastungen,

c) hohe Festigkeit des Gesteins von Firste und Sohle der abgebauten Lagerstätte.

Die unter diesen Bedingungen entstehenden Bereiche mit einer Konzentration von potentieller elastischer Energie können bei einer Reihe von Ursachen zu Ausgangsstellen von Gebirgsschlägen werden, unter anderem zum Beispiel infolge der Impulse von Schießarbeiten.

Hieraus folgen als Schwerpunktaufgaben des Studiums dieser Erscheinungen die Erforschung der Bedingungen und Ursachen, die zu Gebirgsschlägen führen können, und das Studium des Mechanismus der Gebirgsschläge mit dem Ziel der Schaffung einer Gebirgsschlagtheorie. Damit werden gleichzeitig die Möglichkeiten einer Gebirgsschlagprognose und einer Erarbeitung von Maßnahmen zu ihrer Bekämpfung geklärt.

Durch den Abbau von gebirgsschlaggefährdeten Flözen und durch die Untersuchung der zu Gebirgsschlägen führenden Bedingungen und Ursachen konnten bereits einige Maßnahmen zu ihrer Bekämpfung vorgeschlagen werden. Jedoch zur Schaffung von noch wirksameren Methoden zur Verhinderung von Gebirgsschlägen sind noch weitere fundamentale Untersuchungen der Prozesse notwendig, die zur Entstehung von Gebirgsschlägen führen können.

Die Entstehung großer Belastungen und Spannungen

Wenn im ungestörten Gebirgsmassiv die Intensität der Belastung gleich γH ist (Produkt aus spezifischem Gewicht und Teufe), so wird in der Umgebung eines Grubenbaues die Verteilung der vertikalen Belastung längs eines horizontalen Schnittes so sein, wie das in den Bildern 1a und 1b dargestellt ist, d. h., es entsteht eine Konzentration der Vertikalkomponente, die anderthalb bis zweimal größer ist als im ungestörten Massiv. Die Stelle einer solchen Konzentration ist in Kohleflözen mittlerer Mächtigkeit 1—2 Meter vom Grubenbau entfernt in Abhängigkeit von den Eigenschaften der abgebauten Lagerstätte und dem Nebengestein.

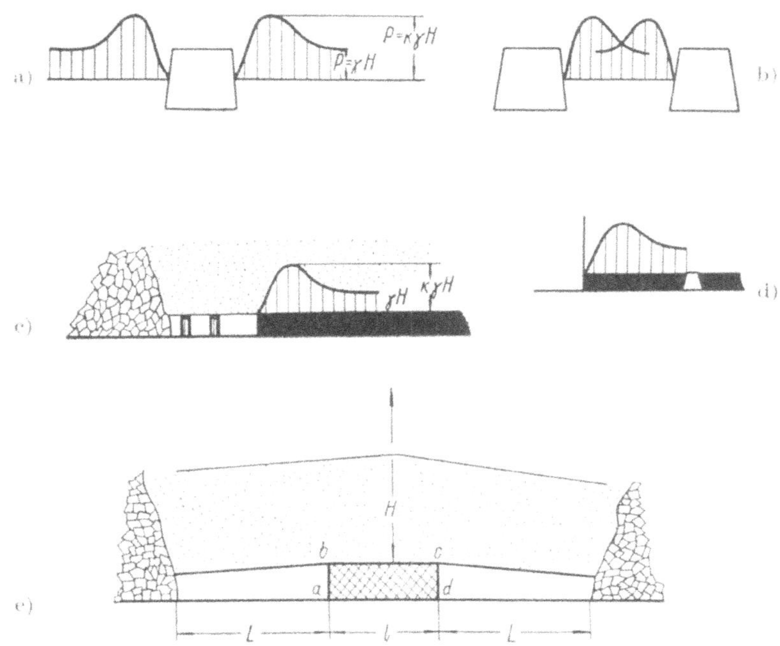

Bild 1. Verteilung der vertikalen Belastung in der Umgebung von Grubenbauen

Bei der gegenseitigen Beeinflussung benachbarter Grubenbaue (Bild 1c und 1d) werden sich die Zonen der Stützlasten überlagern, und dabei kann der Koeffizient der Spannungskonzentration in Abhängigkeit vom Abstand zwischen den Grubenbauen, von seiner Dimensionierung und den Gesteinseigenschaften einen Wert von 3—4 erreichen.

Bei mächtigen Schichten aus sehr festem Gestein kann die Firste auf einer großen Fläche zusammenhängen. Das Gewicht der freihängenden Gesteinsschichten wird auf den Pfeiler *a b c d* (Bild 1e) übertragen. Die Intensität der Belastung wird gleich

$$\frac{\gamma H (l + L)}{l} n$$

und kann sehr große Werte in Abhängigkeit von H, l und L erreichen.

Es gibt auch andere Ursachen, die zu Belastungskonzentrationen führen.

Wir wollen noch auf einige Besonderheiten des Spannungszustandes in der Stützdruckzone aufmerksam machen.

In der Umgebung von Vorrichtungsbauen entsteht ein Spannungszustand, der sich später langsam ausgleicht, wenn keine Vergrößerung der Belastung auf Grund des Grubenbauvortriebs oder anderer Ursachen einsetzt. Im allgemeinen Falle wird der Gesteinszustand in dieser Zone durch teilweise Zerstörung des Gesteins in der Nähe der Grubenbauwand und durch eine Verschiebung der Spannungsmaxima in das Innere des Massivs charakterisiert, wie das in Bild 1 dargestellt ist.

Von Interesse ist das Gebiet, das einen Punkt mit maximaler Spannungskonzentration umgibt. Zwischen diesem Punkt und der Grubenbauwand befindet sich ein Punkt mit maximaler Änderung der vertikalen Spannungskomponente in senkrechter Richtung zur Grubenbauachse.

Wir verwenden für die Spannungskomponenten die Bezeichnungen, die in Bild 2 angegeben sind.

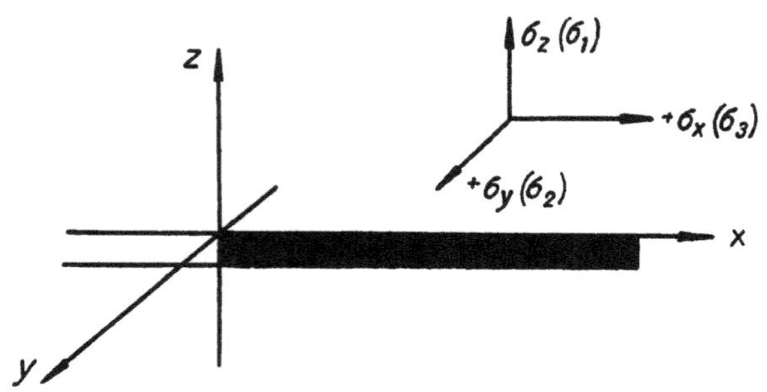

Bild 2. Schematische Darstellung des verwendeten Koordinatensystems

Gesteine und Kohle neigen in der Regel zu Sprödbruch, aber in Gesteinen gehen einer derartigen Zerstörung plastische Deformationen verschiedenen Grades und unterschiedlicher Entwicklung voraus. In Kohlen und Gesteinen, die zu Gebirgsschlägen neigen, sind die plastischen Deformationen sehr klein, aber ausreichend dafür, um Störungen des Verbandes einzuleiten, die eine heftige Entwicklung der Zerstörung in Form von Rissen begünstigt. Somit kann man voraussetzen, daß in Gesteinen, die zu Gebirgsschlägen neigen, geringe Schubdeformationen zur Zerstörung führen, und die entscheidende Bruchphase äußert sich in Form der Rißbildung. Deshalb muß man die Bedingungen, die zum Beginn der Verbandszerstörung führen, auch bei Gesteinen, die zu Sprödbruch neigen, unter denjenigen Bedingungen suchen, die zum Einsetzen der plastischen Verschiebungen führen.

Obwohl die Bedingungen noch nicht den Bruch bestimmen, kann unmittelbar nach der Entstehung des genannten Prozesses jene Form der Zerstörung folgen, die wir Gebirgsschlag nennen. Natürlich ist das nur dann richtig, wenn kein Grund für eine heftige, augenblickliche Veränderung des Spannungszustandes gegeben ist, bei der auch nicht im geringsten Maße plastische Deformationen vor dem Zerreißen entstehen.

Auf dieser Grundlage können wir zur Beurteilung der Teufe, bei der im Gestein oder in der Kohle, die bestimmte mechanische Eigenschaften haben, Gebirgsschläge zu erwarten sind, die bekannten Thesen zur Beurteilung der Übergangsbedingungen des Materials in einen Grenzzustand ausnutzen. Letztere charakterisieren natürlich die Bedingung der Standfestigkeitsabnahme und das Eintreten des Bruches nur ungenau, aber sie bescheinigen die Annäherung an einen kritischen Zustand, der die Voraussetzung für den Beginn der Zerstörung des Verbandes ist und die Zerstörung durch Zerreißen erleichtert. Die Kriterien des Grenzzustandes können in unseren Aufgaben als ein gewisser bedingter Gradmesser für die Annäherung an einen kritischen Zustand verwendet werden.

Wenn man eine solche Hypothese akzeptiert, so kann man zur Beurteilung der kritischen Teufe in bezug auf die Möglichkeit der Entstehung von Gebirgsschlägen z. B. die Bedingung benutzen, daß die Intensität der Schubspannungen konstant ist:

$$\sqrt{\frac{1}{6}[(\sigma_2-\sigma_3)^2+(\sigma_1-\sigma_3)^2+(\sigma_1-\sigma_2)^2]}=K=\frac{\sigma_s}{\sqrt{3}} \qquad (1)$$

oder

$$\sqrt{\frac{1}{2}[(\sigma_2-\sigma_3)^2+(\sigma_1-\sigma_3)^2+(\sigma_1-\sigma_2)^2]}=\sigma_s\,,$$

wobei σ_s die Fließgrenze bei Druckbeanspruchung ist.

Für unsere Zwecke genügt es, die bekannten Daten über die drei Spannungskomponenten (σ_1, σ_2, σ_3) im Punkte des maximalen Stützdruckes auszunutzen.

Aus experimentellen Untersuchungen in der Zone des Stützdruckes kann man schließen, daß nach der teilweisen Zerstörung des Gesteins oder der Kohle unmittelbar an der Grubenbauwand der Punkt des maximalen Stützdruckes sich in das Innere des Massivs verschiebt. Zum Beispiel schwankt dieser Abstand in Kohleflözen mittlerer Mächtigkeit ($\sim$2 Meter), die zu Gebirgsschlägen neigen, von $0{,}5\,\overline{m}$ bis zu $1{,}0\,\overline{m}$, wobei $\overline{m}$ die Flözmächtigkeit ist. Der Wert des maximalen Stützdruckes beträgt im Mittel ungefähr $1{,}6\,\gamma\,H$, wobei γ das spezifische Gewicht des Gesteins und H die Abbauteufe ist.

Bei horizontaler Lagerung wird die vertikale Komponente σ_1 am größten, d. h. $\sigma_1 = K\cdot\gamma\,H$, wobei K der Koeffizient der Spannungskonzentration ist, der für das erwähnte Kohlenflöz gleich 1,6 wird.

Von den zwei anderen Komponenten (horizontalen) ist σ_3 die kleinste und ist senkrecht zur Grubenbauwand gerichtet, und die mittlere Komponente σ_2 verläuft parallel zur Grubenbauwand. Im Punkte des maximalen Stützdruckes werden diese Komponenten folgendermaßen ausgedrückt:

$$\sigma_3=\lambda\,\sigma_1=\lambda\,K\,\gamma\,H\,,\qquad \sigma_2=\frac{\sigma_1+\sigma_3}{2}=\frac{1}{2}(1+\lambda)\,K\cdot\gamma\,H\,. \qquad (2)$$

Die Größe $\lambda = \frac{\mu}{1-\mu}$, wobei μ die Poissonsche Konstante ist.

Im Punkt des maximalen Auflagerdruckes wird es durch die Relaxations- und Fließprozesse innerhalb der Zeitspanne des Bestehens der meisten Grubenbaue nicht erreicht, die Spannungen vollkommen auszugleichen, und mit Ausnahme von sehr schwachen Gesteinen muß man deshalb für den Poissonschen Koeffizienten in der Auflagerdruckzone einen Wert $\mu \neq 0{,}5$ verwenden. Im Durchschnitt ist $\mu = 0{,}3$ und folglich $\lambda = 0{,}4$.

Daraus ergibt sich im Punkt mit maximalen Druck

$$\sigma_3 = 0{,}64\,\gamma\,H\,,\qquad \sigma_2 = 1{,}12\,\gamma\,H\,.$$

Mit diesen Werten für σ_1, σ_2 und σ_3 erhält man

$$\sigma_2-\sigma_3=0{,}48\,\gamma\,H\,,\qquad \sigma_1-\sigma_2=0{,}48\,\gamma\,H\,,\qquad \sigma_1-\sigma_3=0{,}96\,\gamma\,H$$

und letztlich

$$\sqrt{\frac{1}{2}[(\sigma_2-\sigma_3)^2+(\sigma_1-\sigma_3)^2+(\sigma_1-\sigma_2)^2]}\approx 0{,}85\,\gamma\,H\,.$$

Somit kann man die Bedingung der kritischen Teufe hinsichtlich der Möglichkeit der Entstehung von Gebirgsschlägen in Kohleflözen oder Gesteinen, die zu Sprödbruch neigen, wie folgt schreiben:

$$\left.\begin{aligned} 0{,}85\,\gamma\,H_K &\geqq \sigma_s\,,\\ H_K &= \frac{\sigma_s}{0{,}85\,\gamma}\,.\end{aligned}\right\} \qquad (3)$$

Wenn wir γ durchschnittlich mit 2,5 Mp/m³ annehmen, so wird

$$H_K \approx 0{,}5\, \sigma_s \left[\frac{\text{m}^3}{\text{Mp}} \frac{\text{Mp}}{\text{m}^2}\right] = 0{,}5\, \sigma_s\, [\text{m}]\,. \qquad (4)$$

Dabei ist $\sigma_s = C\, \sigma_d$, wobei sich C innerhalb großer Schranken bewegt. So ändert sich C für Gesteine in den Grenzen von 1/5 bis 1/10, d. h. von 0,2 bis 0,1.

Es ist richtiger, für Gesteine $C = 0{,}2$ zu nehmen.

Ferner erhalten wir zum Beispiel bei $\sigma_d = 500$ kp/cm² und bei $C = 0{,}2$

$$H_K = 0{,}5 \cdot 1000 = 500 \text{ m}\,.$$

Wir bemerken noch, daß sich diese Überlegungen auf den Fall eines isolierten Grubenbaues oder eines Grubenbaues, der durch breite Kohlepfeiler geschützt ist, beziehen. Wenn auf einen Pfeiler die Belastungen von mehreren Grubenbauen einwirken, so kann die summarische Belastung die kritische Teufe H_K herabsetzen. In diesem Fall muß man die kritische Teufe dadurch bestimmen, daß man von der summarischen Belastung ausgeht.

Einen fast gleichen Wert H_K erhalten wir, wenn wir

$$\sigma_3 - \sigma_1 = \sigma_s$$

annehmen. In unserem Falle ist $\sigma_3 - \sigma_1 = -0{,}96\, \gamma\, H$, und bei $\gamma = 2{,}5$ Mp/m³ erhält man

$$H_K = \frac{\sigma_s}{2{,}4} = 0{,}4\, \sigma_3\ [\text{m}]\,.$$

Zu diesem Zwecke kann man auch die Bedingung verwenden

$$\sigma_1 - \sigma_3 = \frac{2\, \sigma_S}{\sqrt{3 + \mu_s^2}}\,,$$

wobei

$$\mu_s = 2\, \frac{\sigma_2 - \sigma_3}{\sigma_1 - \sigma_3} - 1\,.$$

In unserem Falle ist

$$\mu_s = 2 \cdot \frac{0{,}5}{0{,}96} - 1 \approx 1{,}04$$

und

$$\sigma_1 - \sigma_3 = 0{,}96\, \gamma\, H\,,$$

$$0{,}96\, \gamma\, H_K = \frac{2\, \sigma_s}{\sqrt{3 + (1{,}04)^2}} \approx \sigma_s$$

oder

$$H_K = \frac{\sigma_s}{0{,}96 \cdot \gamma}\,. \qquad (5)$$

Zum Beispiel bei $C = 0{,}2$, $\sigma_d = 500$ kp/cm², $\sigma_s = 1000$ Mp/m², $\gamma = 2{,}5$ wird

$$H_K = \frac{1000}{0{,}96 \cdot 2{,}5} = 416 \approx 420 \text{ m}\,.$$

Es ist nicht schwer zu sehen, daß die Formeln (3) und (5) verschiedene Resultate ergeben, aber praktisch wird durch beide Formeln H_K in der gleichen Größenordnung bestimmt. Nach der Formel (5) erhält man für H_K einen Wert, der mit einer gewissen Sicherheit versehen ist.

Wir kommen jetzt zur Frage der Entstehung von Stellen mit einer Konzentration der potentiellen Energie zurück. Über den Charakter der Spannungsverteilung in der Stützdruckzone haben wir bereits eine ausreichende Vorstellung bekommen.

Im Moment der Grubenbauauffahrung wird das Gebirgsmassiv in der Zone des Auflagerdruckes ein elastisches Medium mit einem entsprechenden Spannungszustand darstellen, der durch die Verteilungskurven der Spannungskomponente σ_x, σ_z charakterisiert wird, die in Bild 3a gestrichelt dargestellt sind. Die Spannungskonzentration tritt dabei gerade an der Grubenbauwand auf, und hier wird der größte Gradient der Komponente σ_z und die größte Differenz zwischen den Hauptspannungen vorhanden sein. Daraus ergeben sich die Unvermeidbarkeit der Entstehung plastischer Deformationen und die Änderung der Spannungsverteilung im Bereich der Konzentration. Für die Komponente σ_z wird anstelle der Kurve *CBD*, die bei elastischem Zustand gilt, die Spannungsverteilung durch die Kurve *ABMD* charakterisiert.

In den Bildern 3b und 3c ist der Charakter der Verteilung des Stützdruckes im Moment der elastischen Deformationen und in der Folgezeit, wenn die plastischen Deformationen beendet sind und ein elastisch-plastisches Gebiet entstanden ist, dargestellt.

Im Bild 3c wird durch *S* das Gebiet bezeichnet, in welchem hinreichend große plastische Deformationen und teilweise Zerstörung aufgetreten sind und die Tragfähigkeit des Gebirges wesentlich geringer geworden ist. Das Spannungsmaximum von σ_z verlagerte sich weiter ins Innere des Massivs, und an dieser Stelle wurden die Gesteine oder die Kohle verdichtet (Gebiet *N*). Infolgedessen ist der Gradient der Dichte $\frac{\partial \varrho}{\partial x}$ verschieden von Null.

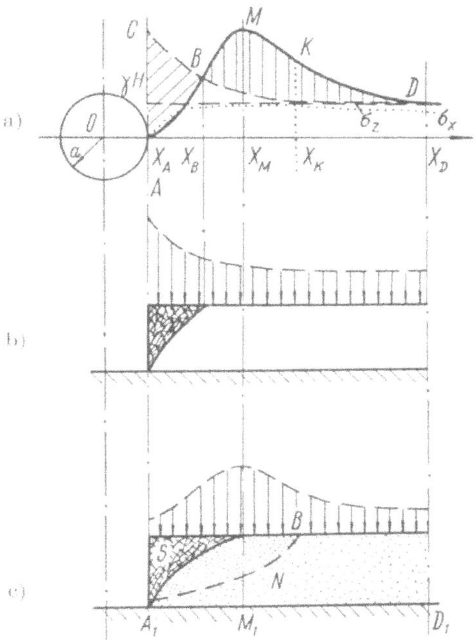

Bild 3. Stützdruckverteilung im Moment der elastischen Verformung und in der Zeit der plastischen Deformationen

Die zu einer Änderung des Spannungs- und Deformationsfeldes führenden Prozesse verlaufen mit unterschiedlicher Geschwindigkeit in Abhängigkeit von den technologischen Vorgängen und dem Gebirgszustand. Diese Veränderungen und ihre Geschwindigkeit spielen eine gewaltige Rolle in bezug auf das Verhalten des Gesteins oder der Kohle in der Umgebung von Grubenhohlräumen. Je mehr wir über die Prozesse wissen, die in der Zone des Stützdruckes stattfinden, um so größer sind die Möglichkeiten zur Bekämpfung der Gebirgsschläge. Jedoch über die Zone des Stützdruckes und die Prozesse, die in ihr vor sich gehen und Gebirgsschläge hervorrufen, ist noch wenig bekannt.

Wiederholen wir, daß man die allgemeinen Vorstellungen über den Stützdruck, die bereits allgemein bekannt sind, zur Klärung einiger Fragen ausnutzen kann, z. B. für die Berechnung der oberen Grenze des möglichen Vorrats an elastischer und potentieller Energie in der Umgebung von Grubenbauen.

Heutzutage besitzen wir schon hinreichend begründete Angaben über quantitative Kennziffern, die gewisse Elemente der Stützdruckzone charakterisieren. Während der Entwicklung der plastischen Deformationen sinkt die Tragfähigkeit der Kohlepfeiler, und ein Teil der Belastung geht ins Innere des Pfeilers in starrere Gebiete über, so daß sich die Spannungsverteilung ändert. Diese Veränderung kann durch die Verteilungskurven von σ_z charakterisiert werden, die in Bild 4b zu sehen sind (die Kurven *4* und *5*). Im Bereich *FE* werden elastisch-plastische Deformationen mit vorwiegend plastischen Anteilen stattfinden, jedoch weiter im Inneren des Massivs kann man annehmen, daß man es mit elastischen Gebieten zu tun hat.

Die Spannungsverteilung in der Umgebung eines Grubenbaues kann dadurch charakterisiert werden, daß sich die Spannungskomponenten von $\sigma_x = 0$, $\sigma_y \neq 0$, $\sigma_z \neq 0$ an der Hohlraumwand (freie Oberfläche) zu $\sigma_x = \sigma_y = \sigma_z = \gamma H$ in einiger Entfernung vom Grubenbau verändern. Die Veränderungen der Komponente σ_z erstrecken sich auf die maximalen Werte mit ihrer Entfernung von der Hohlraumkontur ins Innere des Massivs. Die Lage dieses Maximums ist hinreichend sicher geklärt worden.

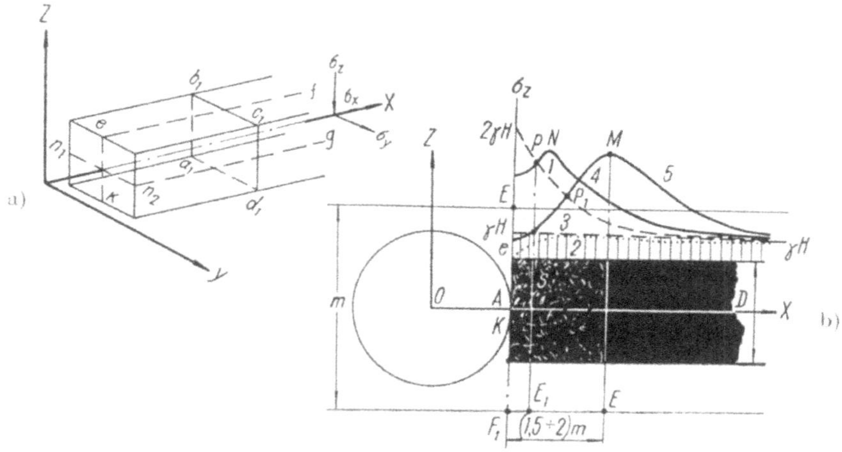

Bild 4. Spannungsverteilung in der Umgebung eines Grubenbaues

Die Spannungsänderung längs der Achse OX erreicht große Werte. Zum Beispiel ist im Wendepunkt der Kurve $\sigma_z = \sigma_z(x)$ auf dem Abschnitt zwischen der Hohlraumkontur und dem Punkt des Maximums von σ_z:

$$\left(\frac{\partial \sigma_z}{\partial x}\right)_{\max} \approx (1{,}5 \div 2{,}0)\left(\frac{\partial \sigma_z}{\partial x}\right)_{\text{Mittel}} = (1{,}5 \div 2{,}0)\frac{(\sigma_z)_{\max}}{a},$$

wobei a der Abstand von der Grubenbauwand bis zum Maximum von σ_z ist.

Nehmen wir $(\sigma_z)_{\max} = 2\,\gamma\,H$ an, so bekommen wir

$$\left(\frac{\partial \sigma_z}{\partial x}\right)_{\max} \approx (3 \div 4)\frac{\gamma H}{a}.$$

Der Mittelwert für $a \approx 2$ m wird deshalb

$$\left(\frac{\partial \sigma_z}{\partial x}\right)_{\max} \approx (1{,}5 \div 2{,}0)\,\gamma\,H\,\frac{\text{Mp}}{\text{m}^2}$$

auf 1 Meter Vertiefen ins Massiv.

Bei $H = 500$ m, $\gamma = 2{,}5$ Mp/m^3 und $a = 2$ m wird die größte Änderung von σ_z mit der Entfernung vom Grubenbau längs der Achse OX, gleich 2500 Mp/m^2 pro laufendes Meter.

Bei sehr fester Kohle, wie wir sie beispielsweise im Kizelovsker Becken haben, liegt das Maximum von σ_z ungefähr im Abstand von 1 Meter vom Grubenbau entfernt. In diesen Fällen kann der Spannungsgradient in der Nähe des Hohlraumes die Größe von $2\,\gamma\,H$ pro Meter Vertiefung ins Massiv erreichen.

Der größte Gradient kann (1,5 — 2,0) $\sigma_{\max}$ pro Meter betragen.

Experimentelle Untersuchungen zeigen, daß bei den meisten Kohleflözen mit geringer und mittlerer Mächtigkeit der Punkt mit maximalen σ_z, nachdem sich der Spannungszustand in der Stützdruckzone eingestellt hat, im Intervall $(1{,}0 \div 2{,}0)\,\overline{m}$ liegt, wobei $\overline{m}$ die Mächtigkeit des Flözes (oder die normale Grubenbauhöhe) ist.

Der Zweig der Kurve (5), die in Bild 4b zu sehen ist, hat im Bereich FE einen Wendepunkt aber häufiger ist dieser Wendepunkt von der Mitte aus etwas in Richtung auf den Punkt des maximalen Stützdruckes zu verschoben.

Die wahrscheinlichste Lage des Wendepunktes der Kurve (*5*) ist im Abstand von 0,75 FE von der Hohlraumwand. Mit diesem Punkt ist das Maximum der Änderung des Stützdruckes verknüpft.

Bis der Zustand erreicht ist, der durch die Kurve (*5*) mit dem Maximum M charakterisiert wird, durchlaufen das Gestein und die Kohle eine Reihe von Zwischenstadien. Ein solches Zwischenstadium wird durch die Kurve (*4*) beschrieben. Im Bereich FE sind die Spannungen, nachdem sich die plastischen Deformationen eingestellt haben, bis zum Punkt P zurückgegangen und in diesem Zwischenstadium wird die Verteilung der Auflagebelastung, die die Verteilung σ_z charakterisiert, durch die Kurve (*4*) mit dem Maximum N dargestellt.

Wir berechnen die elastische Energie, die im Volumen des Prismas mit quadratischem Querschnitt A_I, B_I, C_I, D_I (Bild 4a) entstanden ist. Das Prisma, das aus dem Kohlenflöz mit der Mächtigkeit $EF = \overline{m}$ herausgeschnitten wurde, hat eine Seitenlänge von einem Meter. Die Achse AX dieses Prismas ist senkrecht zur Grubenbauoberfläche gerichtet.

Wir nehmen einen Grubenbau mit kreisförmigem Querschnitt und dem Radius $OA = a$ an. Den Ursprung des Koordinatensystems legen wir in das Zentrum des Hohlraums. Die Richtung der Koordinatenachsen ist aus Bild 4a zu ersehen. In Bild 4b wurde ein vertikaler Schnitt längs der Linie OX (Schnitt kef) dargestellt. Wir werden voraussetzen, daß die Spannungen in allen Punkten eines beliebigen Querschnitts des Prismas gleich sind und sich nur von Schnitt zu Schnitt ändern.

Wir werden diese Spannungen als gleich den Spannungen in den Punkten der Achse OX annehmen.

Wir wenden uns jetzt dem Bild 4b zu, in dem ein vertikaler Schnitt kef in Längsrichtung des Prismas dargestellt ist. Hierbei ist $EF = \overline{m}$ die Mächtigkeit des Flözes, aus welchem das Prisma mit seiner freien Fläche $e\,k$ (Grubenbauwand) herausgeschnitten wurde. Der Grubenbau wird als kreisförmig vorausgesetzt (*5*).

Im ersten Moment des Auffahrens (z. B. nach dem Schießen am Ortsstoß des Grubenbaues) entstehen elastische Deformationen, und es stellt sich ein elastisches Gleichgewicht ein. Die Spannungsverteilung wird in diesem elastischen Medium durch den Verlauf der Komponente σ_z längs der Achse OX charakterisiert.

In Bild 4b zeigt die Kurve (*1*) den Verlauf von σ_z, die Kurve (*2*) den Verlauf von σ_x und die Kurve (*3*) der Verlauf von σ_z vor der Schaffung des Hohlraumes. Die Kurven (*4*) und (*5*) zeigen den Verlauf der Spannungen während der Entwicklung der plastischen und pseudoplastischen Deformationen, deren Bereich an der Grubenbaukontur in dem Bild 4b durch eine dichtere Schraffierung gekennzeichnet wurde. Im ersten Moment der Auffahrung wird der maximale Wert von σ_z an der Kontur selbst auftreten, und insbesondere bei $\mu = 0{,}5$ wird er gleich $2\,\gamma\,H$ sein.

Wir bemerken noch, daß der Übergang des Stützdruckes von dem durch die Kurve CBD dargestellten Verlauf zum Verlauf entsprechend der Kurve $ABMD$ unter Beibehaltung gewisser Eigenschaften der Verteilung der elastischen potentiellen Energie erfolgt.

Im Anfangsmoment der elastischen Deformationen kann der Energievorrat in der Stützdruckzone auf dem Horizont OX (Bild 4a) in einem horizontalen Prisma mit einer Querschnittsfläche von einem Quadratmeter durch die Größe

$$W = \frac{1}{2\,E} \int\limits_{X_A}^{X_0} [\sigma_z^2 + \sigma_y^2 + \sigma_x^2]\,dx$$

abgeschätzt werden. Zur Bestimmung der Größenordnung von W kann man $\sigma_x = \sigma_y = \sigma_z$ annehmen, dann wird

$$W \approx \frac{3}{2\,E} \int\limits_{X_A}^{X_D} \sigma_z^2(x)\, dx\,. \tag{6}$$

Weiter ändert sich die Energiebilanz in der Stützdruckzone folgendermaßen:

Im Bereich S wird ein Teil der Energie für die plastischen Deformationen verbraucht, infolgedessen sinkt die Starrheit des Massivs in diesem Gebiet, und ein Teil der Belastung von Abschnitt $A_I\,M_I$ (Bild 3c) wandert tiefer ins Massiv auf den Abschnitt $M_I\,D_I$ und bildet in der Zone $X_B\,X_D$ eine zusätzliche Belastung, die so dargestellt werden kann:

$$P_D = \int\limits_{X_B}^{X_D} (\sigma_z^{pl} - \sigma_z)\, dx\,,$$

wobei σ_z^{pl} die allgemeine Spannung ist, die nach den plastischen Deformationen entstand. Die zusätzliche Belastung auf dem Abschnitt $X_B\,X_D$ muß man der „Abnahme“ der Belastung auf dem Abschnitt $X_A\,X_B$ gleichsetzen, d. h.

$$\int\limits_{X_B}^{X_D} [\sigma_z^{pl} - \sigma_z]\, dx = \int\limits_{X_A}^{X_B} [\sigma_z^{pl} - \sigma_z]\, dx\,.$$

Über die tatsächliche Spannungsverteilung, insbesondere über $\sigma_z(x)$ wissen wir noch nicht genügend, um die Formel (6) verwenden zu können. Nachdem wir uns den Sinn dieser Formel klar gemacht haben, berechnen wir jetzt die potentielle Energie auf eine andere Weise.

Laboruntersuchungen an Modellen, die Messung der Spannungen und Verformungen Untertage und schließlich die Messung der Zerstörungsbereiche von Gestein und Kohle an den Stellen, wo sich Gebirgsschläge in im Flöz verlaufenden Vorrichtungsbauen ereignet haben, liefern mehr oder weniger bestimmte Werte von einigen wichtigen Parametern in der Stützdruckzone. So kann man auf der Kurve $ABMD$ folgende Punkte unterscheiden:

Den Punkt B mit der Abszisse X_B — der Punkt mit maximalen $\frac{\partial \sigma_z}{\partial x}$ (der Wendepunkt der Kurve $ABMD$).

Den Punkt M mit der Abszisse X_M — der Punkt mit dem größten Wert von σ_z.

Den Punkt K mit der Abszisse X_K — der Punkt mit maximalen $\frac{\partial \sigma_z}{\partial x}$ (zweiter Wendepunkt).

Auf dem Abschnitt $X_K - X_B$ ist die Wahrscheinlichkeit der Herausbildung eines Gebirgsschlagherdes am größten.

Die Größe des Abschnittes $(X_M - X_K)$ ist ungefähr $(1{,}5 \div 2{,}0) \cdot \overline{m}$, wobei $\overline{m}$ die Mächtigkeit des Kohleflözes oder die Bauhöhe ist.

Der Abstand von $(X_B - X_A)$ ist ungefähr $(0{,}5 \div 0{,}75) \cdot (X_M - X_A)$ und der Abstand $(X_K - X_A)$ beträgt ungefähr $1{,}5 \cdot (X_M - X_A)$.

Die im Kohleflöz auf dem Abschnitt $X_K - X_B$ aufgespeicherte Energie muß als eine Energie angesehen werden, die die „Explosion“ und die Zerstörung im Gebirgsschlagherd hervorruft und beim Herauschleudern der Gesteinsmassen in den Grubenbau beteiligt ist. Man muß aber dabei noch einen Vorbehalt machen und zwar den, daß das nicht die einzige Energiequelle ist, die die Zerstörungen bei einem Gebirgsschlag hervorruft, sondern die im Flöz oder im Gestein auf dem Abschnitt $X_K - X_B$ aufgespeicherte Energie stellt einen beträchtlichen Teil der gesamten Energiebilanz des Gebirgsschlages dar. Wir bezeichnen diesen Teil der Gesamtenergie mit P. Den oberen Grenzwert von P erhalten wir, wenn wir auf dem Abschnitt $X_K - X_R$ $\sigma_z = \sigma_{z\,\max} = \text{const}$ setzen.

Dann ergibt sich

$$P = \frac{3\,(\sigma_{z\,\max})}{2\,E}\,(X_K - X_B)\,\overline{m}\cdot l\,. \tag{7}$$

Die gesamten Maßnahmen zur Bekämpfung der Gebirgsschläge kann man in drei Gruppen einteilen:

a) In die Grubenbaue wird ein ausreichend dimensionierter Ausbau eingebracht, der in der Lage ist, die Standfestigkeit des Grubenbaues zu gewährleisten,
b) die Ausschaltung der Bedingungen, die das Entstehen von Gebirgsschlägen begünstigen,
c) die Entwicklung und Anwendung von Methoden und Geräten, die die Gebirgsschlaggefahr voraussagen.

Der Berechnung der Größe des Ausbauwiderstandes werden die Kräfte zugrunde gelegt, die im Ergebnis der Bewegungen der Kohle- und Gesteinsmassen entstehen, die beim Gebirgsschlag herausgeschleudert werden. Offensichtlich muß man eine Gleichung verwenden, die das Gesetz der Bewegungsgröße zum Ausdruck bringt.

Solange noch keine Gebirgsschlagtheorie geschaffen worden ist, sind wir nicht in der Lage, genaue Berechnungen durchzuführen. Unsere ingenieurmäßigen Berechnungsmethoden liefern nur Näherungswerte der uns interessierenden Größen; zum Beispiel ihre obere und untere Schranke. Aber auch ein solches Ergebnis ist bereits für die Analyse praktischer Aufgaben nützlich.

Wir bemerken noch, daß man aus unseren vorangegangenen Überlegungen, wie die Auswertung der Gebirgsschlagauswirkungen zeigt, für einige spezielle Verhältnisse die Zerstörungszone des Kohle- und Gesteinsmassivs bestimmen kann.

So erstreckt sich z. B. in Kohleflözen mit einer Mächtigkeit von 1,5 ÷ 3,0 m das Gebiet der unmittelbaren Gebirgsschlagzerstörungen und des Hereinschleuderns der Bruchmassen in den Grubenbau bis in eine Tiefe von 1,5 ÷ 3,0 Metern ins Massiv, von der Grubenbauwand an gerechnet. Nur in seltenen Fällen reichen sie weiter als 3 Meter ins Massiv.

Das Volumen des Zerstörungsbereiches kann man gleich

$$V = 1{,}3\,\overline{m}$$

annehmen, bezogen auf die Längeneinheit des Grubenbaues. Dabei ist $\overline{m}$ wieder die Mächtigkeit des Kohlenflözes. Da die Zerstörung nicht die gesamte Flözmächtigkeit umfaßt, wird der genannte Wert von V noch eine gewisse Sicherheit enthalten, und jedenfalls wird er nicht kleiner als der tatsächliche Wert von V sein.

Gewöhnlich wird bei Gebirgsschlägen in Kohleflözen die obere Hälfte des Flözes zerstört und herausgeschleudert. Wenn wir uns diese Masse im Schwerpunkt des herausgeschleuderten Flözteiles konzentriert und sich im Augenblick des Gebirgsschlages mit einer mittleren Geschwindigkeit v bewegend vorstellen, und wenn wir weiter voraussetzen, daß die potentielle Energie P vollständig in die kinetische Bewegungsenergie der herausgeschleuderten Massen übergeht, so kann man schreiben:

$$P = \frac{M\,v^2}{2}, \qquad \text{wobei} \qquad v = \sqrt{\frac{2\,P}{M}}\,. \tag{7a}$$

Hierbei ist $M = \frac{\gamma}{g}\cdot 1\cdot(X_K - X_A)\cdot\frac{\overline{m}}{2}$, wobei γ das spezifische Gewicht des herausgeschleuderten Gesteins und $g = 9{,}81$ m/sec² die Erdbeschleunigung sind.

Wenn man weiter die Gleichung der Bewegungsgröße benutzt und beachtet, daß die Endgeschwindigkeit der Massenbewegung infolge des Ausbauwiderstandes gleich null wird, so kann man schreiben

$$M\cdot v = Q\cdot T\,, \tag{8}$$

wobei Q — der Ausbauwiderstand, den wir als konstant annehmen und T — die Zeit, während der die sich bewegenden Massen auf den Ausbau wirkten, sind.

Die Größe ist $T = \frac{S}{v_0}$, wobei S der Wert der erforderlichen Ausbaunachgiebigkeit ist, damit bei gegebenem Widerstand Q die Bewegungsgröße $M \cdot v$ aufgenommen wird, bevor der Ausbau zerstört wird. Die Geschwindigkeit $v_0 = \frac{v}{2}$ ist die mittlere Geschwindigkeit der gemeinsamen Bewegung der herausgeschleuderten Massen und des sich deformierenden Ausbaus.

Jetzt schreiben wir anstatt des Ausdrucks (8)

$$\frac{M \cdot v^2}{2} = Q \cdot S = P ,$$

und daraus folgt

$$Q = \frac{M \cdot v^2}{2\,S} = \frac{P}{S} . \tag{9}$$

Somit kann man bei gegebener Nachgiebigkeit S die Größenordnung von Q berechnen.

Der Mechanismus der Gebirgsschläge

Der Gebirgsschlag stellt einen Sprödbruch des Gesteins dar, der in ganz kurzer Zeit verläuft, deren Größenordnung sich zu Bruchteilen einer Sekunde bestimmt. Die Wirkung der potentiellen Energie während so kurzer Zeit führt zu gewaltigen Zerstörungen.

Der Mechanismus der Gebirgsschläge ist sehr wenig geklärt, obwohl die Wichtigkeit dieser Frage offensichtlich ist.

In der Gebirgsschlagzone muß man gewisse Zerstörungsbereiche unterscheiden. Vor allem ist es notwendig, das Gebiet zu bestimmen, das den Herd des Gebirgsschlages darstellt. Dort finden heftige explosionsartige Zerstörungen statt.

Hier wird das Material oft bis zu einem staubförmigen Zustand zerstört.

Im Bild 3 wird dieses Gebiet mit dem Buchstaben A bezeichnet. Die Energiequelle, die die explosionsartige Brucharbeit leistet, ist die potentielle Energie, die in den zertrümmerten Gesteinsmassen aufgespeichert war. Ein Teil dieser Energie wird für die Bildung neuer Oberflächen, zur Wärmeentwicklung infolge der Reibung und für Schwingungsbewegungen aufgewendet; der übrige Teil der Energie wird als ,,Detonationswelle'' in das umgebende Medium vordringen. Die Gleichung für die Energiebilanz wird im Gebirgsschlagherd folgende Form haben:

$$P - W_p - W_t = W_0 ,$$

wobei P die vor dem Gebirgsschlag gespeicherte potentielle Energie ist.

- W_p ist die Energie, die zur Bildung neuer Oberflächen aufgewendet wird,
- W_t ist die Energie, die in Wärme, in Schwingungsbewegungen und anderes umgewandelt wird,
- W_0 ist die Energie, die sich über den Gebirgsschlagherd hinaus als ,,Detonationswelle'' fortpflanzt.

Von großem praktischen Interesse ist dabei der sogenannte ,,weggehende'' Teil der Energie — die Komponente W_0. Sie stellt die Energie des Zusammenwirkens des Gebirgsschlagsherdes mit dem umgebenden Medium, mit dem Gebirgsmassiv und den freien Grubenräumen dar, in deren Nähe der Gebirgsschlag stattfand. Deshalb muß man vom praktischen Standpunkt aus W_0 seinerseits als Summe einiger Komponenten auffassen, dabei muß man einen

Teil W_K unterscheiden, der für die Zerstörung und das Herausschleudern des Gesteins oder der Kohle in den Grubenbau verbraucht wird, und einen Teil W_0', der die Austauschenergie mit dem übrigen Gebirge darstellt. Dieser letzte Teil geht als seismische Schwingung ins Massiv und ruft die Deformation der in der Nähe des Gebirgsschlagherdes liegenden Gesteinsschichten hervor. Es ist sehr schwierig, eine quantitative Bewertung der Komponente W_0' anzugeben. Ein Teil dieser Energie kann unter gewissen Bedingungen an der Kontaktoberfläche der Schichten oder an Spalten und Rissen reflektiert werden und kann dadurch zum Gebirgsschlagherd zurückkehren, und ein Teil davon kann als Energie der seismischen Wellen im Gebirge zerstreut werden.

Zu diesen Komponenten der Energiebilanz muß man noch eine Energiequelle hinzufügen, die eine wesentliche Rolle spielen kann. Die Entspannungswelle kann im Moment des Gebirgsschlages einen Zufluß elastischer Energie aus dem umgebenden Gestein auslösen, das sich in einem Spannungs-Verformungszustand befand und eine ausreichend große Energiemenge akkumuliert hat. Das wird in Form eines Energieaustausches zwischen den Gesteinen im Gebirgsschlagherd und dem umgebenden Gebirge geschehen. Wir bezeichnen diese Komponente des Energieaustausches mit W_0''. Jetzt nimmt nun die Gleichung der Energiebilanz des Gebirgsschlages am Herd die Form an:

$$P + W_0'' - W_p - W_t - W_K - W_0' = 0 .$$

Eine genaue Sondierung und quantitative Bewertung aller Komponenten dieser Gleichung ist sehr schwer, aber die Untersuchungen der letzten Jahre erlauben es, die Größenordnung dieser Komponenten zu beurteilen. In Gesteinen, in denen eine Vielzahl von verschiedenartigen Mikrodislokationen verteilt sind, ist die Komponente W_p verhältnismäßig klein. Ebenso klein im Verhältnis zu W_0 ist die Komponente W_t. Die Größen W_0' und W_0'' hängen wesentlich vom Verhältnis der Schallhärten (ϱ, C) der Gesteinsschichten ab und wurden bisher ganz wenig erforscht. Die Untersuchungen bilden den Grund zu der Annahme, daß W_K nicht weniger als 50% von P ausmacht.

Deshalb muß man bei praktischen Aufgaben $W_K \approx P$ annehmen und ins Auge fassen, daß man infolge des geringen Studiums dieser Seite des Problems eine „Sicherheit" braucht. Das Studium der Gebirgsschlagauswirkungen auf den Kohleschächten gestattet die Berechnung der Größe P [1].

Die Energie W_0 wird zur Zerstörung des umgebenden Gesteins, des Grubenausbaus und zum Herausschleudern des zerstörten Gesteins oder der Kohle in den Grubenbau gebraucht.

In dem Bild 3 wird durch den Buchstaben B das Gebiet bezeichnet, in dem die Zerstörung durch die „Detonationswelle" geschieht, die die Energie W_0 trägt, und dessen Masse zusammen mit der Masse des Gebiets A in den Grubenbau geschleudert wird.

Die Masse des unmittelbar an den Grubenbau angrenzenden Bereichs C_1 wird in den Grubenbau hineingedrückt. Der Bereich D ist ein Teil des zerstörten Massivs, der an der Stelle bleibt. Diese Einteilung ist natürlich nur bedingt richtig, aber sie liefert eine allgemeine schematische Beschreibung dessen, was in vielen Fällen bei Gebirgsschlägen in Kohleflözen beobachtet wird.

Wenn wir den elementaren Vorrat an potentieller elastischer Energie als $W = \frac{\sigma^2}{2E}$ abschätzen und annehmen, daß außerhalb des schmalen Streifens zerstörten Gesteins in unmittelbarer Nähe der Grubenbauwand die Gleichheit

$$\sigma_x = \sigma_y = \sigma_z$$

gilt, dann können wir schreiben: $W = 3 \cdot \frac{\sigma_z^2}{2E}$.

Bei $H = 1000$ m, $\gamma = 2{,}5$ Mp/m³, $E = 2 \cdot 10^5$ kp/cm² und einem Konzentrationskoeffizienten von zwei erhalten wir als elementaren potentiellen Energievorrat (in einem m³) in der Zone der Spannungskonzentration ungefähr 20 Mp m. Im Gebirgsschlagherd, der eine Masse mit dem Volumen V einschließt, wird die potentielle Energie

$$P = W \cdot V .$$

Bei unserem Beispiel ist $P = 20 \cdot V$ Mp m.

Die Komponente W_p und die Komponente W_t betragen nur einige Prozent von P.

Insbesondere ist W_p deshalb klein, weil Gesteine und ganz besonders Kohle dem Zerreißen nur einen ganz schwachen Widerstand entgegensetzen und deshalb zur Bildung neuer Oberflächen wenig Energie aufgewendet wird.

Eine sehr wichtige Komponente ist $W_0 = W_K + W_0' + W_0''$, deren Größe und Vorzeichen von vielen Ursachen und besonders vom Verhältnis der Schallhärten der Gesteine abhängt, in welchen der Gebirgsschlag auftritt und die an den Gebirgsschlagherd angrenzen. Die Komponente W_0 stellt den Austauschanteil der Energie dar und wurde sehr wenig untersucht. Erste Laboruntersuchungen, die im VNIMI von A. N. Stavrogin durchgeführt wurden, zeigten, daß bei einigen reellen Verhältnissen von $\varrho \cdot C$ des Kohleflözes und des Gesteins von Firste und Sohle der Anteil W_0 positiv wird und 10% von P erreicht. In diesem Falle strebt die Energie, die die Zerstörung und das Herausschleudern der Massen in den Grubenbau bewirkt, gegen einen Wert in der Nähe von P und womöglich auch größer als P.

Die Komponente W_K, die die kinetische Energie der in den Grubenbau geschleuderten Gesteinsmassen darstellt, bildet einen bedeutenden Anteil von P.

So betrug nach den Angaben von A. N. Stavrogin die Größe W_K bei der Zerstörung von spröder Kohle unter Laborbedingungen und bei der Zerstörung von Glasproben ungefähr 50% von P. Deshalb muß man bei ingenieurmäßigen Berechnungen, über die weiter oben gesprochen wurde, die Gleichung der Energiebilanz in folgender Form annehmen:

$$P - W_K = 0 .$$

Wir wenden uns noch einer besonderen Eigenschaft der zu Gebirgsschlägen neigenden Gesteine zu. Ungeachtet der vielen Untersuchungen über das Gesteinsverhalten bei Belastung sind dennoch die Gesetzmäßigkeiten der zu verschiedenen Bruchformen führenden Prozesse wenig studiert worden.

Die Abhängigkeit zwischen den Spannungen und Verformungen ist für Gesteine sehr verschiedenartig. In den diese Beziehung ausdrückenden Kurven kann in einigen Fällen der geradlinige Abschnitt der Kurve praktisch fehlen, und wieder in anderen Fällen bleibt die lineare Abhängigkeit bis zum Bruch erhalten.

Die Gesteine der ersten Gruppe stellen bei Entlastung ihr ursprüngliches Volumen und ihre Form fast vollständig wieder her. Der Bruch solcher Gesteine ist auch bei statischen Belastungen sehr heftig (Sprödbruch).

Die Untersuchungen zeigten, daß Gesteine, bei denen die elastische Deformation mehr als 50% der Gesamtdeformation beträgt, zu Sprödbruch und daher zu Gebirgsschlägen neigen. Diese These erfordert noch eine Präzisierung und weitere Klärung, aber sie wurde bis jetzt durch viele praktische Fälle bestätigt und erlaubte es, den Grad der Gebirgsschlaggefahr bei gegebenen Gesteins- und Kohlearten abzuschätzen.

Einige Ursachen von Gebirgsschlägen

Weiter oben beleuchteten wir die Bedingungen, unter denen Gebirgsschläge auftreten können. Unter diesen Bedingungen ist das Vorhandensein mächtiger Schichten sehr fester Gesteine im Hangenden und Liegenden der abzubauenden Lagerstätte, die über hohe Elastizität verfügen, wichtig. Außerdem sind die Abbauverfahren und Gewinnungsmethoden von Bedeutung, bei denen Abschnitte mit mehrfacher Überlagerung von Stützdruckzonen, dynamische Beanspruchungen und andere Faktoren auftreten können, die zur Bildung großer Spannungshäufungen, zu deren schneller zeitlicher und räumlicher Änderung und zu großer Ungleichförmigkeit in der Verformung des die Grubenbaue umgebenden Gesteins führen.

Unter diesen Bedingungen werden sehr häufig verschiedene Prozesse dynamischen Charakters zur Ursache von Gebirgsschlägen. So stellen die Schießarbeiten in vorgespannten Gesteinen oft das „i-Tüpfelchen" dar, indem sie Gebirgsschläge großer Wucht imitieren, die weite Teile des Grubengebäudes erfassen. Unter derartigen Bedingungen können Gebirgsschläge sogar durch solch unbedeutende Ursachen wie das Eindringen des Bohrers oder Schrämmeißels in das Gestein oder die Kohle hervorgerufen werden.

Das Zubruchgehen mächtiger Schichten sehr fester Gesteine im Hangenden, das von einer schnellen Umverteilung der Belastungen begleitet wird, kann ebenfalls zur Ursache von Gebirgsschlägen werden, wenn im Massiv Abschnitte mit hohen Spannungskonzentrationen in sehr elastischen Gesteinen oder in Kohlenflözen entstehen.

Alle diese Vorgänge zählen wir zu der Gruppe der Bedingungen und Ursachen von Gebirgsschlägen, im Unterschied zu der Gruppe von Fragen, die den Mechanismus der Gebirgsschläge behandeln.

Für eine allgemeine Charakterisierung der Erscheinungen, die in der Nähe des Grubenbaues auftreten, muß auf die möglichen Beträge der Spannungsänderungen in Abhängigkeit von der Tiefe im Gesteinsmassiv hingewiesen werden.

Über Maßnahmen zur Sicherung bergmännischer Arbeiten in gebirgsschlaggefährdeten Flözen

Im Rahmen des Vortrages erscheint es nicht möglich, den gesamten Komplex der gegen die Gebirgsschläge gerichteten Maßnahmen sowie der Fragen zur sicheren Nutzung des Gebirgsdruckes für die Kohlegewinnung in gebirgsschlaggefährdeten Flözen zu beleuchten. Diese Fragen werden in den Arbeiten [1, 2, 3, 4] behandelt. In Schema I sind die Sicherungsmaßnahmen angeführt, die in den Schächten der UdSSR angewendet werden. Wir befassen uns hier nur mit einzelnen Fragen.

Schema I

Sicherungsmaßnahmen in gebirgsschlaggefährdeten Flözen

Senkung des Gebirgsdrucks	Beseitigung von Objekten, die zu Gebirgsschlägen führen		Senkung der Elastizität des Kohlenflözes		Anwendung eines speziellen Arbeitsprogrammes auf der Grundlage der Gebirgsschlagprognose		
Schutzflöze	Pfeilerloser Abbau	Ersatz des äußersten Teils des Flözes durch Bergemauern	Stoßtränken	Auflockerungsschießen	Mannloser Abbau	Ferngesteuerte Gewinnung	Durchführung der Bohr- und Schießarbeiten nach vorgeschriebenem System

Vor allem verweilen wir bei der Frage der Anwendung von Schutzflözen.

Abgesehen davon, daß der günstige Einfluß des Abbaus von Schutzflözen im Bergbau der ganzen Welt schon lange bekannt ist, sind der Mechanismus der Schutzwirkung, die Grenzen und die Zeitdauer ihres Auftretens und daher auch die Bedingungen der rationellsten Anwendung von Schutzflözen noch ungenügend geklärt.

Für das Auftreten von Gebirgsschlägen sind zwei Grundbedingungen notwendig, nämlich eine genügende Elastizität des Kohlenflözes und ein auf das Flöz wirkender hoher Gebirgsdruck. Der Abbau von Schutzflözen beseitigt die zweite der genannten Bedingungen, d. h., das gebirgsschlaggefährdete Flöz wird entlastet. Es wurde festgestellt, daß bei genügender Belastung des nachfolgend abgebauten Flözes dasselbe erneut zu einem gebirgsschlaggefährdeten Flöz werden kann. Dies wird z. B. durch die Erfahrungen des Schachtes Urickij des Kizelovsker Beckens bestätigt, wo eine Reihe von Gebirgsschlägen in Flöz 11 erfolgte, das gebirgsschlaggefährdet war, obgleich das Schutzflöz 13 über diesem Flöz abgebaut war.

Somit muß die Feststellung der Grenzen der Schutzwirkung in Raum und Zeit in Abhängigkeit von den geologischen und technologischen Bedingungen Gegenstand der Untersuchungen sein. Unter diesen Bedingungen sind u. E. die Hauptbedingungen die Mächtigkeit des Schutzflözes und dessen Abstand von dem gebirgsschlaggefährdeten Flöz, die Gesteinsschichten zwischen den Flözen, die Abmessungen des im Schutzflöz abgebauten Raums sowie die Teufe und der zeitliche Abstand des Abbaus.

Durch die Untersuchungen wurde festgestellt, daß der Einfluß eines Einzelabbaus senkrecht nach oben bis zu der Entfernung von 1,5 a bis 3 a und nach unten bis zu der Entfernung 2 a merkbar ist, wobei a die geringste Abmessung des Grubenbaus darstellt (im vorliegenden Fall seine Breite).

Bei genügend großer Mächtigkeit des Schutzflözes kann sich die Zone der vollständigen Absenkung bis zur Ablösung der in ihr enthaltenen Gesteine vom Gewicht des darüberlagernden Massivs ausbilden. In diesem Falle wird offensichtlich der Druck auf das Liegende des Flözes in der Mitte des abgebauten Raums gleich dem Gewicht der Säule des Gesteins, welches innerhalb der Zone der vollständigen Absenkung liegt. Wenn hierbei die Höhe der Zone der vollständigen Absenkung geringer wird als die Teufe H_0, bei welcher in der gegebenen Lagerstätte Gebirgsschläge eintreten, so können bei beliebigem Vorauseilen des Schutzflözes keine gefährlichen Spannungen hinter der Abbaufront dieses Flözes entstehen. Dies gilt unter der Bedingung, daß

$$a < 2\,H_0 \cdot \operatorname{ctg} \psi \,,$$

wobei ψ — der Winkel der vollständigen Absenkung (Grenzwinkel) ist, der für die unterschiedlichen Verhältnisse 50 bis 60° beträgt.

Ist die Breite a des Grubenbaues so groß, daß die Höhe der Zone der vollständigen Absenkung größer wird als H_0, so treten im mittleren Teil des abgebauten Raumes Belastungen auf, die zum erneuten Entstehen von Gebirgsschlägen in einem bestimmten Abstand L_1 hinter der Abbaufront ausreichen. Der Abstand L_1 kann aus folgender Bezeichnung bestimmt werden:

$$L_1 = H_0 \cdot \operatorname{ctg} \psi \,.$$

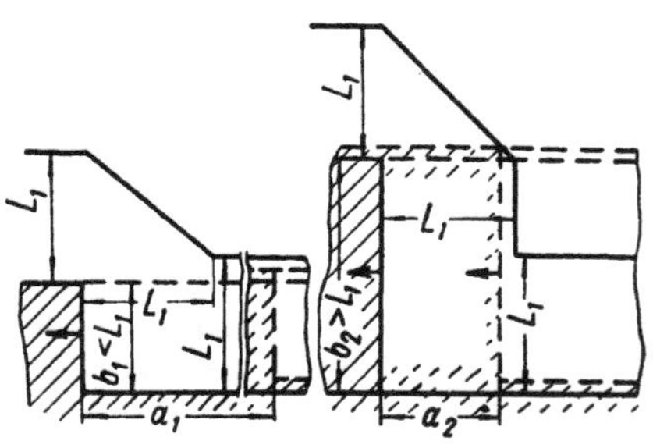

Bild 5. Verhältnis der Abbaufronten im Schutzflöz und in dem zu schützenden Flöz

Besitzt man die Größe L_1, kann man den optimalen Abstand der Abbaufronten von Schutzflöz und schlaggefährdetem Flöz auch für die Fälle bestimmen, in denen der Abbau ohne Stehenlassen von Pfeilern auf der Wettersohle erfolgt.

Auf Bild 5 wird ein Schema zur Bestimmung des größtmöglichen Abstandes der Abbaufronten im gefährdeten Flöz und im Schutzflöz in Abhängigkeit von der Breite der zu schützenden Zone L_1 und von der flachen Bauhöhe der Teilsohle angeführt.

Wenn die Projektion der Abbaufront des schlaggefährdeten Flözes auf das Schutzflöz innerhalb der durch L_1 bestimmten Zone liegt (Bild 5), so kann der Abstand a_1 der Abbaufront in dem schlaggefährdeten Flöz beliebig sein. Wenn jedoch die genannte Projektion außerhalb der Grenzen von L_1 liegt, so darf der Abstand der Abbaufront im gefährdeten Flöz von der Abbaufront im Schutzflöz nicht größer sein als der Ausdruck:

$$a_2 \leqq L_1 .$$

Aus den Betrachtungen ist ersichtlich, daß eine günstige, anhaltende Wirkung des Schutzflözes nicht so sehr von der Zeitdauer abhängt, die nach seinem Abbau verstreicht, wie von den Abmessungen der Fläche, auf welcher der Abbau des Schutzflözes erfolgt, und auch davon, in welchem Einflußbereich dieser Fläche das schlaggefährdete Flöz abgebaut wird.

Verweilen wir weiter bei dem Einfluß der Mächtigkeit des Schutzflözes auf den Grad seiner Schutzwirkung.

Für die orientierungsmäßige Berechnung der Konvergenz von Firste und Sohle auf Grund der Belastung muß man den Abstand kennen, auf welchen sich die Entlastung in der Firste und Sohle des Flözes erstreckt, muß man die Größe der relativen Verformung des Gesteins von Firste und Sohle sowie die Gesetzmäßigkeit des Abklingens der Deformationen mit der Entfernung vom Flöz kennen.

Auf der Grundlage der Ergebnisse von Modellversuchen aus äquivalenten Materialien ist die Größe der Konvergenz in der Mitte des Abbaus infolge der Entlastung des Gesteins gleich

$$l = K\, a\, \varepsilon_0 ,$$

wo a — die Breite des abgebauten Raumes,
ε_0 — die relative Verformung im Flözhorizont,
K — einen Koeffizienten, der von der Gesteinsfestigkeit abhängt und etwa zwischen 0,4 und 0,8 liegt,

bedeuten.

Um somit die größtmögliche Entlastung unter gegebenen Bedingungen zu erzielen, darf die Flözmächtigkeit nicht geringer sein als die Konvergenz des Gesteins, d. h. $\overline{m} \geqq K\, a\, \varepsilon_0$, und die Grenzspannweite, bei welcher die Berührung von Firste und Sohle erfolgt, darf

$$a_{\text{gr.}} = \frac{\overline{m}}{K\, \varepsilon_0}$$

betragen.

Die markscheiderischen Verformungsmessungen an Gestein und Kohle beim Überbauen und Unterbauen von Grubenbauen und Großbohrlöchern zeigen, daß nahe dem abgebauten Flöz die relativen Verformungen ε_0 des Gesteins und der Kohle in der Entlastungszone die Werte 0,001—0,01 und mehr erreichen. Die weiter oben angeführten Abhängigkeiten müssen als vorläufige Beziehungen angesehen werden, die nur qualitativ den Charakter des Einflusses der Flözmächtigkeit auf den Entlastungsgrad des Gesteinsmassivs beim Abbau von Schutzflözen widerspiegeln.

Auf der Grundlage der weiter oben dargelegten Vorstellungen, Ergebnisse von Messungen auf Schächten und der Modellversuche mit äquivalenten Materialien und Walzmasse werden Näherungsverfahren zur Berechnung der zu schützenden Zonen ausgearbeitet. Hierbei werden folgende Hauptschemen betrachtet, die den Spannungszustand in der Entlastungszone charakterisieren:

1. Firste und Sohle des Grubenbaus im Schutzflöz berühren sich nicht;
2. es bildet sich eine Zone der vollen Absenkung mit der Trennung des Gesteins vom Massiv entlang der Kontur der Zone aus;
3. die Zone der vollen Absenkung erreicht die Erdoberfläche;
4. die Zone der vollen Absenkung ist ausgebildet, jedoch fand infolge der geringen Mächtigkeit des abgebauten Flözes keine Trennung des Gesteins vom Massiv entlang der Kontur der Zone statt.

Unter den Maßnahmen zur Bekämpfung von Gebirgsschlägen in Einzelflözen wurde in letzter Zeit verbreitet die Zerstörung des äußeren Teils des Flözes in besonders gefährdeten Abschnitten durch Hochdrucktränken mit 200—300 at Druck oder durch Erschütterungsschießen angewendet. Die Breite des Kohlestreifens, der abgebaut wird, darf nicht geringer als $3\,\overline{m} + b$ sein, wobei $\overline{m}$ die Flözmächtigkeit und b der Abbaufortschritt je Zyklus sind. Somit muß sich vor dem Abbaustoß immer ein Streifen gelockerter Kohle der Mindestbreite $3\,\overline{m}$ befinden, der die Funktion eines Puffers ausübt.

Die gleiche Maßnahme wird für die Auffahrung der Aus- und Vorrichtungsbaue im nicht schlaggefährdeten Zustand angewendet, wobei die erforderliche Breite der Schutzzone nicht geringer als $(4 \div 6) \cdot \overline{m}$ nach jeder Seite des Grubenbaus sein darf.

Die Anwendung des Stoßtränkens oder Erschütterungsschießens zur Überführung des Flözes oder eines Teils desselben in den ungefährdeten Zustand erfordert die Ausarbeitung von Methoden zur Bewertung und Kontrolle der Wirksamkeit der angewandten Mittel über der Zeit.

Bei unseren Untersuchungen wurden grundsätzlich zwei Methoden ausgearbeitet und angewendet: Untersuchungen der Kohleflöze in situ, welche die Bewertung der Festigkeits- und Elastizitätsveränderungen unter Versuchsbedingungen zulassen [3, 4], und Beobachtung der Änderung der seismoakustischen Aktivität des Flözes bei der Einführung eines Bohrgerätes.

Die Untersuchungen in situ erfolgen mit Hilfe einer Druckanlage, die aus einer Anzahl Hydraulikzylindern besteht, von denen jeder bei 600 at Innendruck bis 47 Mp übertragen kann. Die Anlage wird in einer schmalen Nische (Schlitz) am äußersten Teil des Kohleflözes installiert.

Mit Hilfe der Druckanlage können Drücke auf das Flöz bis 330 kp/cm² übertragen werden. Mit der nacheinanderfolgenden Be- und Entlastung werden gleichzeitig die Verformungen des Kohlenflözes gemessen. In Bild 6 ist zur Illustration ein Diagramm von der Untersuchung eines Kohleflözes mit Hilfe der Druckanlage angeführt. Die Untersuchung erfolgte je nach dem Fortschreiten des Ortsstoßes nach der Stoßtränkung. Aus dem Diagramm ist zu ersehen, daß in einem Intervall von 1,3—1,8 m von der Ortsbrust die Stoßtränkung ein

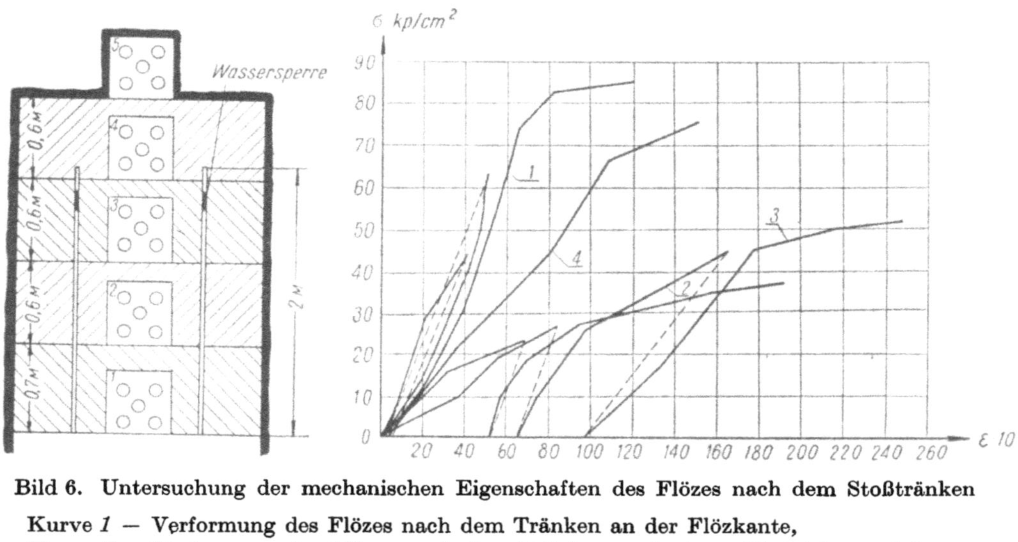

Bild 6. Untersuchung der mechanischen Eigenschaften des Flözes nach dem Stoßtränken

Kurve *1* — Verformung des Flözes nach dem Tränken an der Flözkante,
Kurve *2* — Verformung des Flözes nach dem Tränken nach einem Vortrieb von 1,3 m,
Kurve *3* — Verformung des Flözes nach dem Tränken nach einem Vortrieb von 1,8 m,
Kurve *4* — Verformung des Flözes nach dem Tränken nach einem Vortrieb von 3 m

Absinken der Festigkeit und der Elastizität hervorrief. Im äußersten Teil und in 3 m Tiefe wurde das Flöz nicht durch das Stoßtränken beeinflußt. Wenn unter den gegebenen Bedingungen die vorherige Bearbeitung des Flözes bis zu der Tiefe des geplanten Abbaufortschritts erfolgt, kann offensichtlich eine ausreichende Sicherheit bei der Durchführung des Abbaus gewährleistet werden.

Die seismoakustische Methode der Kontrolle der Flözauflockerung durch Stoßtränken oder Erschütterungsschießen besteht in der Registrierung der Impulszahlen je lfd. m Bohrlochlänge. Die Verringerung der Impulszahlen nach dem Stoßtränken im Vergleich zu der vor dem Tränken gemessenen Zahl weist auf ein Absinken der Flözspannung hin und folglich auch auf die Verringerung der Schlaggefährlichkeit.

Beide beschriebenen Methoden zur Bewertung der Wirksamkeit der angewandten Mittel zur Bekämpfung von Gebirgsschlägen bedürfen der weiteren Vervollkommnung.

Wir kommen jetzt zur Frage der Prognose von Gebirgsschlägen, die zur Verhinderung gefährlicher Folgen derselben dienen kann.

Die Aufgabe der Gebirgsschlagprognose besteht in der Auffindung schlaggefährdeter Flöze, in der Bestimmung der Gebirgsschlagherde und in der Voraussage des Zeitpunktes ihres Auftretens (Schema 2).

Auf den bestehenden Schächten kann die Prognose der Schlaggefährdung der Flöze durch Analyse der technischen Bedingungen und des Auftretens von Anzeichen für die Schlaggefährlichkeit erfolgen. Anzeichen, die auf eine Schlaggefährdung des Flözes schließen lassen, sind Stöße, Knalle oder, wie wir sie nennen, Mikroschläge, die während des Arbeitens der Kombine, der Schrämmaschine, der Abbauhämmer, der Seilsägen, aber auch während des Bohrens und Schießens in Kohlenabbauen auftreten.

Schema II

Prognose von Gebirgsschlägen

Feststellung der Schlaggefährlichkeit der Flöze		Prognose nach dem Ort		Prognose nach der Zeit	
Vorausgehendes Anzeichen bei der Gewinnung der Kohle und bei Auffahrung der Grubenbaue (Stöße, Knalle, Schüsse usw.)	Untersuchung der mechanischen Eigenschaften des Flözes in situ	Analyse des technischen Zustandes	Mikroseismische Ortung	Lenkung der Produktionsprozesse	Neigungsmessungen, seismoakustische und elektrometrische Beobachtungen

Hierbei wächst die Intensität des Auftretens der genannten Anzeichen vor allem mit der Eindringtiefe der Werkzeuge (Schramtiefe, Bohrlochtiefe u. a.) und mit der Teufe des Abbaus. In vielen Fällen reichen die beschriebenen Angaben aus, um die Schlaggefährdung von Flözen vorauszusagen. Jedoch liefert dieses Verfahren in einer Reihe von Fällen keine zuverlässigen Ergebnisse, weil es subjektiv ist. Seine Vervollkommnung erfolgt im Kizelovsker Becken durch Anwendung der seismoakustischen Methode der Geräuschaufnahme beim Arbeiten der Gewinnungsgeräte im Kohlenflöz.

Seit 1953 wird im VNIMI eine Methode zur Gebirgsschlagprognose in Kohlenflözen ausgearbeitet, die sich auf Untersuchungen der mechanischen Eigenschaften der Flöze in situ gründet. Diese Arbeiten werden anfangs unter Verwendung hydraulischer Kupferpolster und später mit Hilfe einer speziellen Druckanlage durchgeführt [4].

Auf der Grundlage der Untersuchungen der Kohlenflöze in situ, die auf den Schächten mehrerer Bezirke und Lagerstätten durchgeführt wurden, wurde eine Klassifizierung der Kohlenflöze nach ihrer Neigung zu dynamischen Erscheinungen verschiedener Art in Abhängigkeit von den mechanischen Eigenschaften der Flöze und von den Belastungsbedingungen ausgearbeitet, die es gestattet, die Wahl der Mittel zur Gebirgsschlagbekämpfung stärker zu begründen.

Zur ersten Gruppe gehören Flöze, die weiche, zerdrückte, hochplastische Kohlenlagen besitzen. Solche Flöze werden durch ständige Verformung und intensives Auswalzen der Kohle nach der freigelegten Fläche hin bei konstanter Belastung von 8—16 kp/cm² charakterisiert. Mit der Zerstörung der Kohle erfolgt ihre Zerkleinerung, was in gasreichen Flözen zu intensiver Ausgasung und zu möglicher Freisetzung der Energie dieses Gases führt.

Die Konzentration großer Mengen an potentieller Energie ist nahe der freigelegten Flächen in Flözen der ersten Gruppe wenig wahrscheinlich. Solche Flöze neigen am häufigsten zu plötzlichen Ausbrüchen.

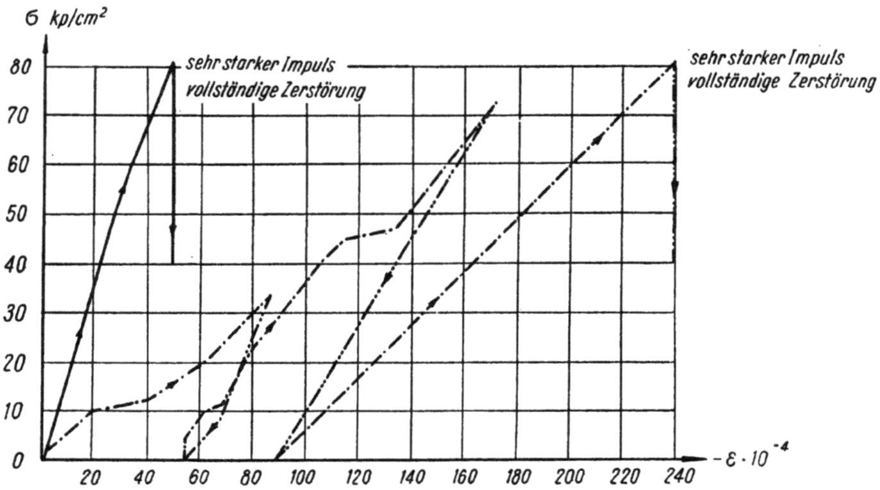

Bild 7. Verformungscharakter des Flözes Kemerovskij (Kuzbass) in einem zu Gebirgsschlägen und plötzlichen Gasausbrüchen neigenden Abschnitt

Die zweite Gruppe umfaßt Flöze, die sowohl feste, elastische Kohlenschichten als auch brüchige, jedoch sehr spröde Kohlen enthalten, die bei Belastungen der Größenordnung 10—20 kp/cm² zu Bruch gehen (Bild 7). Die zerstörte Kohle der spröden Schichten wird bei steigender Belastung nicht nach der Freifläche hin ausgewalzt, sondern wird nur verdichtet und zusätzlich zerkleinert. Demzufolge kann sich einmal die Ausgasung bedeutend verstärken, was zur Freisetzung der Gasenergie in den Gasflözen führen kann, zum anderen können die festen, elastischen Schichten unter dem Einfluß des Gebirgsdruckes potentielle Energie aufspeichern und diese praktisch plötzlich bei ihrer Zerstörung in Form von Gebirgsschlägen freisetzen.

In Zonen, in denen Stützdruckspannungen konzentriert werden, können in den Grubenbauen Gebirgsschläge und plötzliche Ausbrüche sowohl einzeln als auch in gegenseitiger Verknüpfung auftreten.

Zur dritten Gruppe zählen Flöze, die sich hauptsächlich aus festen, monolithischen und elastischen Kohleschichten zusammensetzen. Die Festigkeit solcher Flöze ist in der Nähe der Freifläche gleich 180—250 kp/cm², d. h. um das zwei- bis dreifache höher als der Gebirgsdruck im nicht freigelegten Massiv bei den gegenwärtig erreichten Abbauteufen. Die Zerstörung solcher Flöze erfolgt bei den in situ durchgeführten Versuchen plötzlich und wird von einem starken Lauteffekt, der Bildung tiefer Risse im Massiv, dem Abplatzen einzelner Stücken und der Entstehung einer relativ geringen Menge Kohlenstaubs begleitet.

Bei den erreichten Abbauteufen sind in den betrachteten Flözen Gebirgsschläge nur im Abbau möglich, besonders an den Stellen, an denen mehrere Stützdruckzonen zusammenfallen und feste Hangendpartien länger hängenbleiben.

Die vierte Gruppe umfaßt Flöze aus fester, elastischer, monolithischer und gleichartiger Kohle, jedoch mit relativ geringer Standfestigkeit, die im nicht freigelegten Massiv in 250—300 m Teufe, d. h. bei 70—85 kp/cm², erreicht wird. In den Flözen dieser Gruppe können Gebirgsschläge in den Vorrichtungsbauen innerhalb der Stützdruckzone und auch in Kohlepfeilern, die vom abgebauten Raum umgeben werden, auftreten.

Zur fünften Gruppe gehören Flöze mit sehr festen, elastischen, jedoch schlechten führenden Kohlen. Bei feiner Schlechtenführung erreicht die Festigkeit solcher Flöze 170 kp/cm². Die Zerstörung der Flöze dieser Gruppe erfolgt von der freigelegten Fläche aus und wird von Schüssen begleitet. Diese Schüsse beobachtet man auch bei der Änderung der Art des Spannungszustandes, z. B. bei der Bildung einer zweiten Freifläche im Kohlenmassiv. In diesem Falle erfolgt die Zerstörung bei etwa 1/3 der Belastung wie im ersten Falle, in der Größenordnung von 65—75 kp/cm², was ungefähr einem Gebirgsdruck im nicht freigelegten Massiv in 260—300 m Teufe entspricht.

Die zuverlässigste dynamische Erscheinung in diesen Flözen ist in den erreichten Teufen das Auftreten von Bergschüssen bei Vorrichtung und Abbau in der Kohle (beim Bohren, beim Arbeiten mit dem Abbauhammer usw.). Bei grober Schlechtenführung hängt das Verhalten des Flözes unter Belastung vom Einfallwinkel der Schlechten im Verhältnis zur Richtung der wirkenden Belastung und von der Lage der Freifläche ab. In Abhängigkeit von diesen Faktoren kann die Verformung der Flöze ähnlichen Typs entweder pseudoplastischen Charakter mit langsamer Zerstörung bei Belastungen von 55—60 kp/cm² tragen, oder das Flöz wird vorwiegend elastisch verformt und bei Belastungen von 150—160 kp/cm² durch Gebirgsschläge zerstört (Bild 8). In Flözen dieser Gruppe treten die Gebirgsschläge

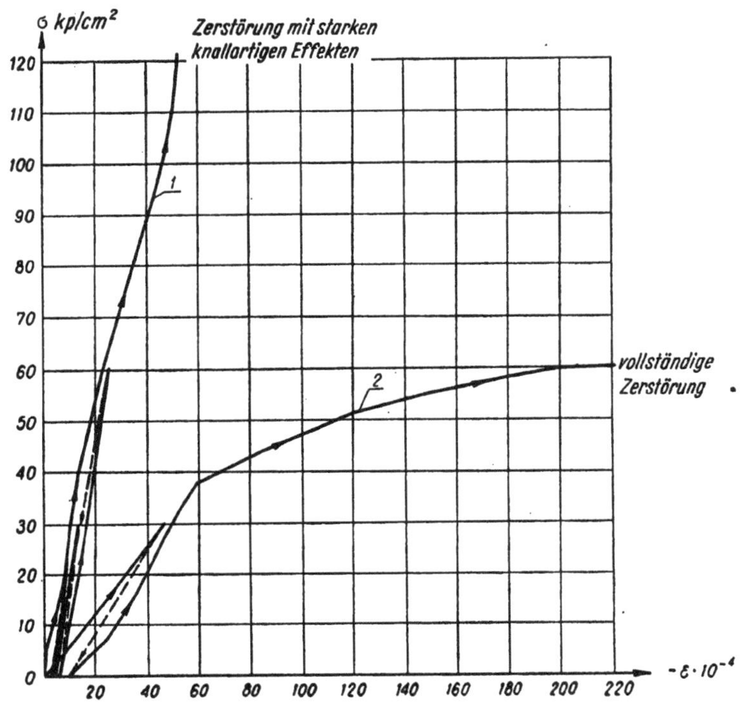

Bild 8. Verformungscharakter des Flözes Moscuyj (Kuzbass)
Kurve *1* bei untergesteckten Schlechten; Kurve *2* bei aufgesteckten Schlechten

in den Orten von Vorrichtungsbauen, in Abbauen und in Bauen, welche durch Stützdruckzonen aufgefahren werden, auf. Die Beobachtungen zeigen, daß die Stärke und Intensität der Gebirgsschläge, aber auch die Stelle ihrer Entstehung, in hohem Maße von dem oben beschriebenen Einfluß der Schlechtenführung abhängen.

Letzen Endes umfaßt die sechste Gruppe Flöze mit gleichartiger oder spröder Kohle mit einer Druckfestigkeit in der Nähe der Freifläche in der Größenordnung von 30—35 kp/cm². Die Kohle solcher Flöze wird bei der Zerstörung stark zerkleinert, ist jedoch nach der Zerstörung brikettierfähig, was sich in einem bedeutendem Widerstand der tiefen Teile des Massivs zeigt. Auf Grund dessen steigt die Festigkeit der Kohle solcher Flöze schnell mit der Eindringtiefe ins Massiv an, wie Untersuchungen in situ zeigten.

Auf Flözen dieses Typs zeigt sich in Abbauteufen von 350—400 m ein Kohlenstreifen von 2 m Breite um die Vorrichtungsbaue vollständig zerstört und wieder verfestigt. An Grubenbauen, welche durch Stützdruckzonen des Abbaus führen, erhöht sich die Breite dieses Streifens bis auf 4 m. In Flözen dieser Gruppe sind in der betrachteten Teufe plötzliches Auslaufen der Kohle und verstärkte Ausgasung am wahrscheinlichsten.

Beim Zusammenfallen von drei oder vier Stützdruckzonen auf Pfeiler bedeutender Abmessungen oder auf Abschnitte des Massivs sowie beim Hängenbleiben großer Hangendflächen aus festem Gestein sind sogenannte „Gebirgsschläge des tiefen Typs" oder das gemeinsame Auftreten plötzlicher Kohlenauswalzungen und Gebirgsschläge möglich.

Die Möglichkeiten der Bestimmung relativer Kennziffern in situ, welche die mechanischen Eigenschaften der Kohlenflöze charakterisieren, werden durch die alleinige Bestimmung der Schlaggefährdung der Flöze nicht ausgeschöpft. Diese Methode fand auch für die Untersuchung des Mechanismus der Zerstörung von Kohlenflözen Anwendung, da sie gestattet, unter natürlichen Bedingungen künstlich kleine Gebirgsschläge hervorzurufen und das Verhalten der Kohle bis zum Schlag, während des Schlages und nach demselben zu untersuchen.

Während der Jahre 1962—64 wurde eine Reihe natürlicher Untersuchungen von Kohlenflözen auf großer Fläche (bis zu 1 m²) bei verschiedenen Belastungsgeschwindigkeiten und verschiedenen Arten des Spannungszustandes durchgeführt (Bild 9). Diese Arbeiten erfolgten auf den Schächten der Sučansker und Šurabsker Lagerstätten. Die Kohleflöze verformten sich bei diesen Untersuchungen unter den Bedingungen eines komplizierten und zusammengesetzten Spannungszustandes. Bei einigen Belastungsabläufen verformten sich die Flöze unter Bedingungen, welche dem einfachen, homogenen Spannungszustand nahekamen.

Bei den weiter oben beschriebenen Untersuchungen versuchten wir vor allem, in erster Annäherung Belastungsvorgänge durchzuführen, bei denen das Zusammenwirken benachbarter, in unterschiedlicher Weise belasteter Abschnitte bis unmittelbar an die Zerstörung heran verfolgt werden konnte (diese Abschnitte verformten sich bei unterschiedlichen Arten des Spannungszustandes). Die Untersuchungen wurden für eine Reihe von Flözen mit verschiedenen mechanischen Eigenschaften durchgeführt.

Aus den Ergebnissen der durchgeführten Versuche an Kohlenflözen können folgende Schlüsse gezogen werden:

Das Auftreten großer Klüfte im Flöz, die sich an irgendeiner Stelle von der Ortsbrust in das Innere des Kohlenmassivs ziehen, führt nicht nur zu einer örtlichen Konzentration der Spannungen in unmittelbarer Nähe des Stoßes, sondern zieht eine schnelle Änderung des Charakters des Spannungszustandes nach sich und wird folglich auch von einer Änderung der Verformungsbedingungen der Kohle in den dieser Kluft benachbarten Flözabschnitten begleitet. Das Auftreten solcher großen Klüfte kann durch teilweise Zerstörung des Flözes in einem bestimmten Stoßabschnitt hervorgerufen werden (besonders auf den Schlechten).

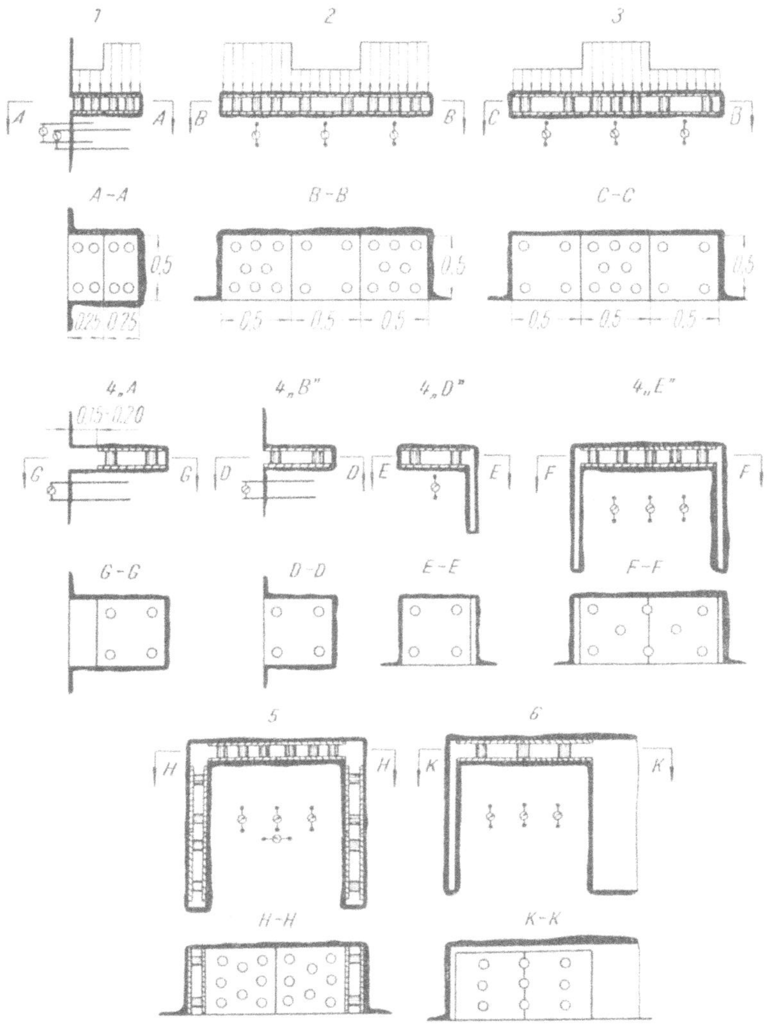

Bild 9. Belastungsschema eines Kohleflözes bei Versuchen in situ

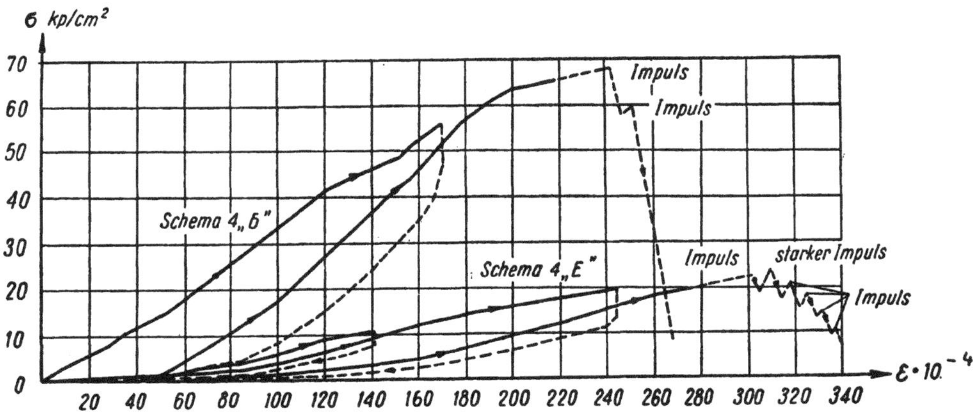

Bild 10. Verformungscharakter des Flözes „V" (Sural) bei Untersuchung nach dem Schemen 4 „B" und 4 „E" (Abb. 8)

In den gebirgsschlaggefährdeten Flözen beobachtet man beim Übergang vom dreiachsigen zum einachsigen Druckspannungszustand eine Verringerung der Festigkeit der Flöze auf 1/3—1/4 des Wertes, jedoch bleibt hierbei der Verformungscharakter der Kohle und ihre Fähigkeit zu vorwiegend elastischer Verformung, zur Aufspeicherung von potentieller Energie und zum Sprödbruch erhalten (Bild 10).

Bei annähernd einachsigem Spannungszustand erfolgt in den schlaggefährdeten Flözen eine vollständige Zerstörung der Kohle, und im Zusammenhang damit treten stärkere ,,Mikroschläge" auf.

In Flözen mit gut ausgeprägten plastischen Eigenschaften erfolgt beim Übergang vom dreiachsigen zum einachsigen Spannungszustand eine schroffe Verringerung der Festigkeit der Kohle und eine Veränderung des Verformungscharakters.

In Flözen dieses Typs wird bei der Änderung des Spannungszustandes vom dreiachsigen zum zweiachsigen und einachsigen Druck ein plastisches Fließen der Kohle bei geringen Belastungen beobachtet. Dies führt zur Änderung der Bedingungen und des Charakters der Verformung in der Tiefe des Kohlenmassivs. Auf solchen Flözen können nur dynamische Erscheinungen des ,,tiefen Typs" auftreten. Die Anhäufung potentieller Energie erfolgt in Flözen dieser Gruppe in der Tiefe des Massivs unter den Bedingungen des dreiachsigen Spannungszustandes, ihre Freisetzung ist jedoch nur bei plötzlicher Änderung der Art des Spannungszustandes möglich.

Die Entwicklung des Verfahrens zur Untersuchung der mechanischen Eigenschaften der Kohlenflöze in situ erfolgt außer in den angenommenen und oben aufgezählten Richtungen auch unter Anwendung eines in das Kohlenmassiv eindringenden Druckzapfens, der Beobachtungen an Bohrlöchern durchzuführen gestattet. Große Möglichkeiten bergen auch die Untersuchungen von Kohlenflözen mit unterschiedlichen Belastungsgeschwindigkeiten in sich.

Die örtliche Gebirgsschlagprognose kann vor allem auf dem Weg der Analyse des technischen Zustands durchgeführt werden. Für das Kizelovsker Becken wurde zum Beispiel festgestellt, daß von einer Teufe von $H_0 = 200—250$ m an Pfeiler, hervorstehende Abschnitte des Kohlenflözes, aber auch Flözabschnitte, die unter Pfeilern höherer Flöze liegen, Gebirgsschlagzentren darstellen; von einer Teufe von $2\,H_0$ an können Gebirgsschläge in Abbauen und vorauseilenden Flözstrecken auftreten; von einer Teufe von $3\,H_0$ an können Gebirgsschläge schon in Grubenbauen auftreten, die unter dem Stützdruckeinfluß des Abbaus stehen, weiterhin in Bauen, die an den abgebauten Raum angrenzen und sogar in Gesteinsstrecken oder in Flözstrecken, in denen das Nebengestein zerstört wird. Es wurde weiter festgestellt, daß in allen Teufen unter sonst gleichen Bedingungen die gefährlichsten bzw. gefährdetsten Stellen diejenigen sind, in deren Nähe bergmännische Arbeiten durchgeführt werden, d. h. Stellen, an denen die Belastungsbedingungen des Kohlenflözes nicht stabil sind, sondern mit der Zeit Veränderungen unterliegen.

Somit ist der Bergmann bei der Durchführung seiner Arbeiten in jedem konkreten Fall in der Lage, die gefährdetsten Stellen zu bestimmen und die notwendigsten Maßnahmen zur sicheren Durchführung der Arbeit zu ergreifen. Diese Art der Prognose der möglichen Gebirgsschlagherde wird in der Praxis des Bergbaus verbreitet angewendet und erweist sich in der Mehrzahl der Fälle als richtig. Man kann sagen, daß dank ihrer Anwendung grundlegende Ergebnisse für die erfolgreiche Bekämpfung von Gebirgsschlägen im Kizelovsker Becken erhalten wurden; in den letzten zehn Jahren sank die Häufigkeit von Gebirgsschlägen (die Anzahl der Schläge pro Jahr in einem Flöz eines Schachtes) von 7 auf 0,5, d. h. auf den vierzehnten Teil.

Für die Gebirgsschlagprognose nach Ort und Zeitpunkt ist es erforderlich, zwei Typen von Schlägen zu unterscheiden, nämlich Schläge, deren unmittelbare Ursache der Abbau der Kohle ist, und Schläge, die in großer Entfernung vom Abbau erfolgen und an die Umverteilung der Belastungen in großen Bereichen des Grubenfeldes oder an die Ausschöpfung der Tragfähigkeit eines oder mehrerer Pfeiler mit der Zeit gebunden sind.

Schläge des ersten Typs, welche man provozierte Gebirgsschläge nennen kann, erfolgen an Stellen, an denen Abbau oder Streckenvortrieb umgeht; sie sind häufig an ganz bestimmte Arbeitsprozesse gebunden und können deshalb ohne große Schwierigkeit nach Ort und Zeitpunkt vorausgesagt werden, besonders, wenn einzelne Elemente des Gewinnungsprozesses (Schramtiefe, Eindringgeschwindigkeit u. a.) zur Erleichterung der genannten Prognose festgestellt werden. Somit ist diese Prognose von Gebirgsschlägen nach Ort und Zeitpunkt auf den aktiven Eingriff in den Belastungs- und Zerstörungsprozeß des Kohlenflözes mit Auslösung von Gebirgsschlägen gegründet.

Eine andere Sache ist die Prognose von Gebirgsschlägen des zweiten Typs. Obgleich die Objekte dieser Schläge auch leicht festgestellt werden können, ist jedoch die Bestimmung des im jeweiligen Zeitpunkt gefährlichsten Objekts oft schwierig. Dies ist darin begründet, daß die Schläge des zweiten Typs mit der Umverteilung der Belastungen in einem großen Bereich des Grubenfeldes verbunden sind und es folglich für die Prognose dieser Schläge erforderlich ist, den Charakter und die Richtung der Umverteilung der Belastungen auf die Restpfeiler und Randteile des Massivs zum gegebenen Zeitpunkt zu kennen.

Die genannte Prognose kann nur auf dem Wege instrumenteller Beobachtungen durchgeführt werden, mit deren Hilfe man den Prozeß der „Umverteilung" der potentiellen Energie, die vom Gesteins- und Kohlenmassiv gespeichert wird, innerhalb des gesamten Grubenfeldes oder zumindest in seinen größten Abschnitten verfolgen kann. Folglich muß sich die Prognose im gegebenen Fall auf die Bewertung der Änderung des Spannungszustandes des Gesteinsmassivs, auf die Erfassung der Bewegungen, Verformungen und feinen Zerstörungen im Massiv im Verlaufe der Zeit gründen, d. h. auf die Registrierung von Erscheinungen, die den Gebirgsschlägen vorausgehen.

Zur Prognose von Gebirgsschlägen des zweiten Typs nach Ort und Zeitpunkt werden mikroseismische, seismoakustische Untersuchungen und Neigungsmessungen durchgeführt.

Das mikroseismische Verfahren gestattet, die Änderungen des Spannungszustandes von Gestein und Kohle über der Zeit innerhalb des Grubenfeldes im Ganzen zu erkunden. Mit Hilfe dieses Verfahrens können auf der Grundlage instrumenteller seismischer Beobachtungen die Koordinaten von Gebirgsschlagherden mit einer Genauigkeit von $\pm$ 100—200 m bestimmt werden, auch werden die energetischen und kinematischen Parameter der Gebirgsschläge festgestellt (Größe der seismischen Energie, Frequenz, Amplitude usw.), und es kann eine Klassifikation der Gebirgsschläge nach der seismischen Energie ausgearbeitet werden.

Die Anwendung dieses Verfahrens gestattet, für das Grubenfeld des Schachtes Urickij des Kizelovsker Beckens eine Karte der mikroseismischen Ortung aufzustellen, welche zu einem bestimmten Zeitpunkt die Auffindung seismisch aktiver Zonen erlaubt, in denen schwere Gebirgsschläge auftreten können, d. h., es ist eine Prognose der Gebirgsschläge nach ihrem Standort möglich.

Auf Bild 11 kann man z. B. sehen, daß vor dem großen Gebirgsschlag II/IX — 1960 viele Stöße erfolgten, die von der seismischen Station registriert wurden und innerhalb der Zonen lagen, in denen der künftige Gebirgsschlag erfolgte. Unten ist eine andere Kontur aufgezeichnet, innerhalb welcher Stöße erfolgten, die dem schweren Gebirgsschlag vom 24. Mai 1961 vorausgingen, der 7 Stunden nach einem Massen-Erschütterungsschießen im Nördlichen Flankenberg auftrat.

Zur Unterstützung der mikroseismischen Untersuchungsmethode wird noch die Verformung von Gestein und Kohle in einzelnen Punkten gemessen, die sich in Grubenbauen über das gesamte Grubenfeld verteilt in der Schachtanlage Urickij befinden.

Die weitere Vervollkommnung der mikroseismischen Methode ist auf die Erhöhung der Genauigkeit der Koordinaten der Gebirgsschläge gerichtet; sie erfolgt unter Anwendung einer größeren Anlaufgeschwindigkeit, indem Geräte mit Magnetbändern benutzt werden und die Beobachtungen an einer untertägigen seismischen Station durchgeführt werden.

Die Prognose schwerer Gebirgsschläge nach dem Zeitpunkt ihres Auftretens ist am schwersten, sie erfordert die Durchführung ausgedehnter wissenschaftlicher Untersuchungen.

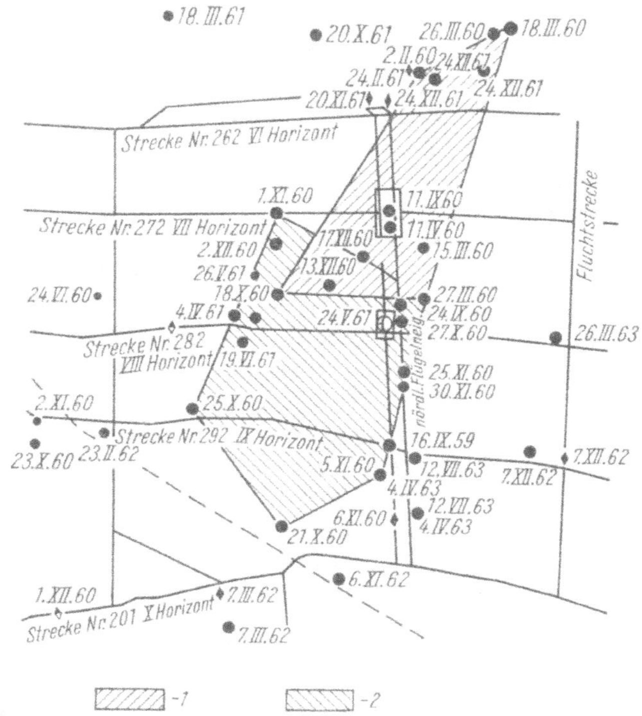

Bild 11. Gebirgsschlagortung mit Hilfe mikroseismischer Verfahren im Schacht Urickij (nach V. A. Smirnov)

1 — Schlaggefährdete Zone, die vor dem Gebirgsschlag vom 11. 3. 1960 erkannt wurde
2 — Schlaggefährdete Zone, die vor dem Gebirgsschlag vom 24. 5. 1961 erkannt wurde

Auf das Vorhandensein von Erscheinungen, die den Gebirgsschlägen vorausgehen, deutet eine Reihe früher durchgeführter Beobachtungen hin. Eine dieser Erscheinungen ist zum Beispiel der Verzögerungseffekt bei der Verformung von Kohle und Gestein vor dem Gebirgsschlag, der erstmals im Jahre 1952 durch Beobachtungen auf den Schächten des Kizelovsker Beckens entdeckt wurde [2]. Durch diese Beobachtungen wurde ein Anwachsen des Gebirgsdruckes in dem umgebenden Massiv vor dem Auftreten eines Gebirgsschlages festgestellt.

Die seismoakustischen Beobachtungen, die vom IFZ AN UdSSR in Zusammenarbeit mit dem IGD AN UdSSR in der tschechoslowakischen Grube „Anna" durchgeführt wurden, zeigten, daß 1—2 Tage vor einem Gebirgsschlag die Anzahl der Impulse in der Zeiteinheit um den 1,5- bis 2fachen Betrag steigt, während unmittelbar vor dem Gebirgsschlag eine Pause von 30—40 min mit vollständiger Ruhe eintritt. Ebenfalls wurde festgestellt, daß vor dem Gebirgsschlag eine Änderung des Frequenzspektrums der Impulse zu beobachten ist. Durch Neigungsmessungen, die vom Geophysikalischen Institut der AN UdSSR durchgeführt wurden, entdeckte man auf der Grube „Anna" anomale Änderungen der Neigungen mehrere Stunden vor verschiedenen Gebirgsschlägen.

Ausgehend von dem Dargelegten kann gesagt werden, daß die Ausarbeitung von Methoden zur Prognose schwerer Gebirgsschläge nach dem Zeitpunkt ihres Auftretens umfassend unter Anwendung von Neigungsmessungen, seismoakustischen und tensometrischen Beobachtungen erfolgen muß. Zu diesem Zweck wurden von VNIMI Untersuchungen auf den Schächten des Kizelovsker Beckens mit Hilfe von Neigungsmessern mit einem magnetoelektronischen Umformer des Typs ŠNU—1 und ŠNU—2, mit fotoelektrischen Neigungsmessern der Konstruktion von A. E. Ostrovskij und mit der seismoakustischen Anlage des Typs ZUA—2 begonnen.

Literatur

[1] Averšin, S. G.: Gebirgsschläge. Ugletechizdat 1955.
[2] Petuchov, J. M.: Gebirgsschläge im Kizelovsker Becken. Permizdat 1957.
[3] Averšin, S. G. und Petuchov, J. M.: Bedingungen und Auswirkungen von Gebirgsschlägen und Maßnahmen zu deren Bekämpfung in den sowjetischen Bergbaubetrieben. IV. Internat. Kongreß f. Gebirgsdruckfragen, New York 1964.
[4] Bič, J. A. und Baženov, A. O.: Fragen der Untersuchung der mechanischen Eigenschaften der Kohlenflöze in den Schächten des Kemerovsker und Prokop'evsker Reviers des Kuzbass. Ugol, Nr. 3 (1963).

Polnische Untersuchungen auf dem Gebiet der Gebirgsschläge

von J. Znanski, Katowice

1. Der Druck der einen Grubenbau umgebenden Gesteinsschichten kann sich sofort in Rißbildung und Verrückungsenergie[1]) der Gesteinsbrocken in Richtung Grubenhohlraum umwandeln oder aber in Form elastischer Energie sich aufspeichern. In einigen Metern Entfernung von den Stößen haben wir dann überwiegend mit Energie der Gestaltsänderung, im Gesteinsinneren dagegen überwiegend mit Energie der Volumenänderung zu tun.

Die elastische Energie, welche sich in der Nähe der Grubenbaustöße ansammelt, wandelt sich mit ihrem Anwachsen und mit der Zeit in Energie um, die sich in Brechen, Entlastung und Verschiebung von losen Gesteinsschollen, also in Verrückung, auslöst.

Die Umgebung eines Grubenraums neigt zur allmählichen oder schlagartigen Verrückung (Druckwirkungen und Entspannungsschläge) [5].

Es besteht eine deutliche Abhängigkeit der Verrückbarkeit und Gebirgsschlagneigung nicht nur von den physikalischen Gesteinseigenschaften, sondern auch von den Druckbedingungen, deren Einfluß von den verschiedenartigen Schichten des Gebirges in der gegebenen Zeche gestaltet wird. Unter den Druckbedingungen sind folgende hervorzuheben:

— Begrenzung der Verformungsfreiheit des Flözes in den Grubenhohlraum durch Reibung und sogar Verzahnung der Hangend- und Liegendschichten mit dem Flöz, wobei Zusammenhaltbarkeit und Steifheit dieser Schichten größer sind als im Flöz,
— Größe der Belastungskonzentration des Flözes sowie deren lokale und zeitliche Unterschiede, hervorgerufen durch verschiedene Druckeinwirkungen des Schichtenkomplexes im Hangenden und Liegenden.

Mit dem Brechen und Entlasten des Gebirges sind visuelle oder meßbare Verschiebungen der Grubenbaustöße, knallartige Rißbildungseffekte sowie auch elastische Schwingungen des Gebirges verbunden.

Beobachtung und Registrierung dieser Erscheinungen im Untertagebetrieb und durch seismographische Warten, wie auch Modellieren im Laboratorium sind Gegenstand der in Polen auf dem Gebiet der Gebirgsschläge angestellten Untersuchungen. Ziel dieser Untersuchungen ist das Erkennen und in Zukunft das eventuelle Voraussagen der Gebirgsschlaggefahr wie auch Entwicklung entsprechender Vorbeugungsmaßnahmen.

2. Zur Beobachtung und Registrierung der vor oder während Gebirgsschlägen auftretenden Erscheinungen werden in Polen folgende Methoden herangezogen:

— Registrierung und statistische Analyse von Gebirgsschlägen in der Grube,
— Messungen des Spannungs- und Verformungszustandes wie auch der Verrückung an Gesteinsproben beim Modellieren im Laboratorium,
— Beobachtungen wie auch Messungen der Verformungen und plötzlichen Flöz- und Gesteinsverrückung durch Nachbildung im Grubenbaustoß mittels Druckaggregaten;
— seismologische Beobachtungen und Messungen,
— seismoakustische Beobachtungen und Messungen.

[1]) Unter Verrückung sind ruckartige Bewegungen zerklüfteter Gesteinsschichten zu verstehen.

Vom wissenschaftlichen und praktischen Standpunkt aus gesehen sind bei diesen Untersuchungen hervorzuheben:

— Entspannungsschläge (Flözentspannungsschläge),
— lokale Hangendschläge,
— regionale Hangendschläge.

Flözentspannungsschläge sind mit bedeutenden Druckspannungen verbunden, die durch Überlagerungsteufe und Spannungskonzentration in den Grubenbaustößen hervorgerufen sind. Am häufigsten treten Flözentspannungsschläge beim Anwachsen elastischer Spannungen und Verformungen und damit elastischer Energie im Flöz auf.

In mächtigen Flözen und besonders in Flözen mit Durit- oder Claritkohlen wird die Verformungszunahme und damit die Ansammlung elastischer Energie größer, was zu häufigerer Gefährdung durch Flözentspannungsschläge führt, als es in Flözen mittlerer Mächtigkeit der Fall ist.

Hangendschläge unterscheiden sich von den Flözentspannungsschlägen durch gewaltsameren Verlauf und oft größeren Wirkungsbereich. Hangendschläge treten bei allen Flözmächtigkeiten und fast unabhängig von der Kohlenart auf. Nicht nur das Flöz, sondern auch das Liegende unterliegt ungewöhnlichen Strukturzerstörungen. Solch ein Verlauf kommt zustande, da im Entspannungsschlag des Flözes und eventuell des Liegenden auch die elastische Energie des Hangenden eine wesentliche Rolle spielt. Diese elastische Energie wird durch das Zerspalten eines kompakten und steifen Hangenden in Gesteinsblöcke von bedeutenden Ausmaßen ausgelöst, wobei eine Erschütterungswelle sowohl in der Grube wie auch an der Tagesoberfläche registriert wird (Schema in Bild 3) [6].

Als lokale Hangendschläge bezeichnen wir diejenigen Hangendschläge, die in der Nähe der laufenden Abbaufront auf Grund eines Hangendbruches zustande kommen. Diese Schläge können aber auch unerwartet in Kohlenrest- und Schutzpfeilern in weiter Entfernung von der laufenden Abbaufront auftreten, wobei die Ursache in einem ausgedehnten Deckgebirgsbruch (Dislokation), nicht nur im Bereich einer, sondern mehrerer Bergwerke liegt. Solche Gebirgsschläge werden als regionale Hangendschläge bezeichnet, und es wäre nicht richtig, diesen Erscheinungen tektonische Herkunft zuzuschreiben.

3. Die Methoden und Analyse der langjährigen Statistik von Gebirgsschlagerscheinungen im Grubenbetrieb können Informationen für die Erkenntnis dieser Probleme wie auch für die Bestimmung der Gesetzmäßigkeiten eines Gebirgsschlagauftretens erbringen.

Die Aufschreibungen werden im Główny Instytut Górnictwa in der sogenannten Gebirgsschlagkartothek auf Grund monatlicher Registrierungen zusammengestellt, zu denen alle Gruben verpflichtet sind. An Hand 15jähriger Kartothekangaben ermöglichte die statistische Gebirgsschlaganalyse die Erkenntnis eines Zusammenhanges zwischen dem Charakter und der Anzahl der Gebirgsschläge einerseits und der Art wie auch dem Gefüge des Nebengesteins in der Grubenbauumgebung, der Abbauteufe und der Abbauführung andererseits.

Gewisse Abweichungen der einzelnen Schachtanlagen bei der Berichterstattung über Ursachen, Umstände und Auswirkungen der Gebirgsschläge machten es schwierig, die Aufschreibungen richtig zu beurteilen und zu deuten sowie allgemeingültige Schlüsse zu ziehen.

Daher wurde in den Jahren 1952 bis 1960 im Główny Instytut Górnictwa parallel zu den Aufschreibungen Untersuchungen der Ursachen, Umstände und Auswirkungen von Gebirgsschlägen direkt auf den Zechen angestellt. Die Zweckmäßigkeit solcher Untersuchungen war schon seit 1948, als man auf 8 ausgewählten Bergwerken diese Untersuchungen begann, bekannt. Als Ergebnis dieser Untersuchungsaktion wurde im Jahre 1953 von den Mitgliedern der Gebirgsschlagkommission der Bericht Nr. 153 des Główny Instytut Górnictwa veröffentlicht. Die in diesem Bericht angegebenen Schlußfolgerungen lassen sich auf die allgemein bekannten Vorschriften zurückführen:

- Strebbau mit gerader, langer Abbaufront, welcher ein dichtes Streckennetz nicht benötigt,
- entsprechende Reihenfolge des Abbaus mit Vorbau eines Schutzflözes (entspannendes Flöz),
- entsprechender sicherer Abbau der ersten Scheibe (Schutzschicht) bei mächtigen Flözen,
- entsprechender Abstand zwischen den Abbaufronten der einzelnen Schichten und Flöze,
- Vermeiden von Kohleninseln und Kohlenrestpfeilern,
- vorsichtige Hereingewinnung unter bereits ausgekohlten oder noch anstehenden Kohlenresten in Nachbarflözen,
- Einhaltung eines begrenzten Abbaufortschrittes.

Basierend auf diesen Untersuchungen und den Ergebnissen eines von den Schachtanlagen ausgefüllten Fragebogens wurden von einem Ausschuß der Mitarbeiter des Główny Instytut Górnictwa die „Richtlinien sicherer Abbauführung in gebirgsschlaggefährdeten Flözen" erarbeitet. Nach entsprechender Analyse durch die Gebirgsschlagkommission wurden diese Richtlinien bis zum Jahre 1961 zur Vorschrift, und nach einer späteren Umarbeitung verpflichten sie bis heute die gebirgsschlaggefährdeten Schachtanlagen.

Gegenwärtig werden weitere, systematische Registrierungen für die Gebirgsschlagkartothek angestellt. Wichtigere Fälle von Gebirgsschlägen, die durch Gruben- und Verwaltungsausschüsse nicht umfassend geklärt werden können, sind Konsultationsgegenstand der Gebirgsschlagkommission beim Główny Instytut Górnictwa.

4. Messungen und Beobachtungen des Spannungs- und Verformungszustandes bei Gebirgsschlag-Modellversuchen im Laboratorium werden im Główny Instytut Górnictwa und am Lehrstuhl für Lagerstättenabbau der Berg- und Hüttenmännischen Akademie durchgeführt.

Beim Betrachten des Grubenraumes vor und nach Eintreten des Gebirgsschlages kann man an den Kohlenstößen eine Verrückung bemerken, die in einer Trennung der Stöße in zwischen Hangendes und Liegendes gedrückten Säulen und Blöcken besteht (Bild 1). Eine ähnliche Trennung kann an den Seitenwänden eines einaxial gedrückten Probekörpers aus verhältnismäßig homogener Kohle (z. B. Duritkohle) bemerkt werden, und zwar bevor die Probe einem plötzlichen Zerfall unterliegt.

Es wurde festgestellt, daß diese ersten Trennflächen, also Längsrisse, nach Überschreiten der Druckfestigkeit der Kohle auftreten, und zwar mit charakteristischen Knister- und Knalleffekten auf Grund zerreißender Spannungen [4]. Nach weiterem Anstieg der Belastung kommt es zu einem Absplittern an einem der Längsrisse (Bild 2a), was sich entweder auf andere Risse übertragen oder einen lawinenartigen Zerfall der Probe (Bild 2b), ähnlich einem Gebirgsschlag, bewirken kann.

Diese Ähnlichkeit wurde zur Grundlage für die Erklärung des Wesens und der Bedingungen eines Flözentspannungsschlages mittels Druckversuchen an Probekörpern [5].

Die Gebirgsschlagneigung bestimmte man als Fähigkeit der Kohlenprobe und analog auch die des Flözes zum Entspannungsschlag in Abhängigkeit von den geometrischen und strukturellen Parametern wie auch den Druckbedingungen, unter anderen der Spannungsaufteilung, die mit dem Anliegen des Probekörpers an die Preßflächen der Presse zusammenhängt.

Bei allmählichem Anstieg des einaxialen Druckes eine Probe zwischen steifen Preßflächen und mit Grundflächenreibung kann man Kohlen mit geringerer Gebirgsschlagneigung (z. B. Streifenkohle) und mit großer Gebirgsschlagneigung (z. B. Durit- und Kennelkohle) unterscheiden. Auch anderes Gestein (z. B. Schiefer) kann mehr oder weniger schlaggefährlich sein.

Bild 1a. Schlechtenbildung im Streb nach einem Gebirgsschlag in einem Flöz mittlerer Mächtigkeit (Zeche Wirek)

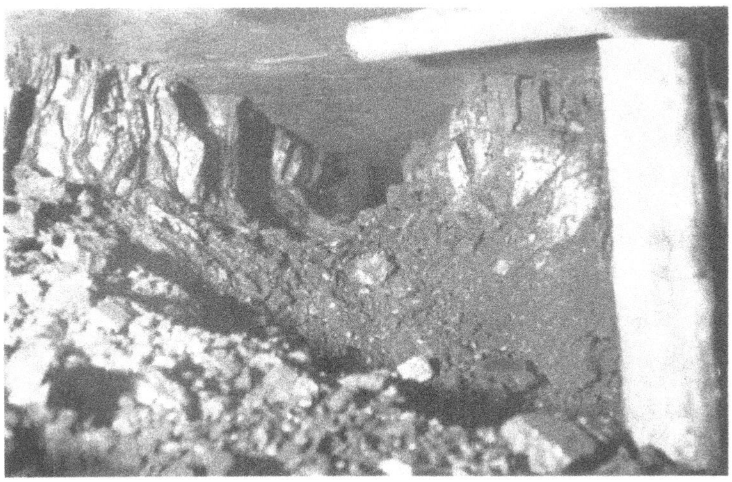

Bild 1b. Schlechtenbildung im Streb nach einem Gebirgsschlag in einem dünnen Flöz (Zeche Zabrze)

Tafel 2

Bild 2a. Probekörper mit sichtbarer Bruchfläche und einem abgeschlagenen Gesteinsfragment (ähnlich wie beim örtlichen Spannungsschlag)

Bild 2b. Probekörper schlagartig zerstört in der Presse (ähnlich wie bei einem Gebirgsschlag)

Die Neigung zu einem schlagartigen Zerfall ist an bestimmte Materialeigenschaften gebunden:

— Kornaufbau und mineralogisches Gefüge sind verhältnismäßig gleichartig, homogen, kompakt und zusammenhaltbar,
— ausreichende Differenz zwischen der wirklichen Festigkeit und der maximalen Spannung nach Überschreiten der Festigkeit; diese Differenz steigt mit Zunahme der Steifigkeit und Rauheit der Preßflächen,
— große und überwiegend elastische Verformbarkeit (Zusammendrückbarkeit der Probe),
— verhältnismäßig hohe Verformbarkeit beim Zerfall der Probe.

Einige der gepreßten Proben unterlagen einer plötzlichen und völligen Aufteilung in gesonderte Gesteinselemente. Diese Teilbarkeit, wie auch der anschließend heftige Zerfall (Entspannungsschlag) der Gesteinselemente, hängen in besonderem Maße von der Geschwindigkeit ab, mit welcher die Trennung vor sich geht.

Ein plötzliches Zerbrechen der Probe in Gesteinselemente wurde von bedeutendem Belastungsabfall (festgestellt am Pressenmanometer), Schwingungen der Probe und Presse wie auch wiederholtem Belastungsanstieg begleitet. Auf beiden Seiten des Trennbruches entsteht eine ansehnliche Druckanhäufung, da diese sich unabhängig voneinander verformen. Diese Unabhängigkeit bewirkt einen plötzlichen Anstieg der Verformungsgröße eines der beiden Gesteinselemente, welches bei Belastungsschwankungen schlagartig zerfällt (Entspannungsschlag), und zwar wegen des übergroßen Anstiegs der Verformbarkeit.

Bei plötzlicher Belastung eines Probeelementes mit einem Druck P geht in diesem eine dynamische Verformung vor sich, die zweimal größer wird als die Verformung bei allmählich ansteigendem Druck P.

Diese Interpretation des Laborversuches kann zur Erklärung eines Hangendschlages dienen [6].

Wie aus dem Angeführten hervorgeht, ist der Gebirgsschlag nicht nur ein Problem der physikalischen Gesteinseigenschaften, sondern hängt auch von den Druckbedingungen, u. a. von der Größe und Art der Druckausübung, ab.

So kann man also aus den Untersuchungsergebnissen von Proben in der Presse über das Verhalten von zwischen Grubenbaustößen gepreßten Gesteinsbrocken Schlüsse ziehen, und das sowohl im Falle von Entspannungs- wie auch Hangendschlägen.

5. Für die Erforschung der Verformungen, Brüche und des gewaltsamen Zerfalls des Flözes in situ wurden zwei Methoden herangezogen:

A. Interpretation der Ergebnisse aus Laboruntersuchungen und deren Bestätigung in Grubenverhältnissen ohne Durchführung von Messungen.
B. Anpassung der im Laboratorium entwickelten Untersuchungsmethode für technische Untersuchungen und Messungen in Grubenverhältnissen wie auch deren gegenseitige Verknüpfung [5].

A. Mit der ersten Methode erzielte man eine qualitative Erklärung der Erscheinungen vor dem Gebirgsschlag und während seines späteren Verlaufes. Visuelle und akustische Erscheinungen sowie mechanische Schwingungen beim Trennbruch der Probekörper, also während des Anstiegs und Abfalls der Probenbelastung, konnten in den Grubenverhältnissen ausgenutzt werden. Diese Erscheinungen wurden zum Maßstab eines ähnlichen Verhaltens der Grubenbauumgebung. In gebirgsschlaggefährdeten Flözen kommt es zum Bruch der Grubenbaustöße und des Gebirgsinneren, was hörbar ist und seismoakustisch registriert werden kann.

Die Bedeutung der Impulse, die einen Gebirgsschlag auslösen, findet wiederum in den Laboruntersuchungen Bestätigung, bei welchen deutlich die Eigen- oder Fremdauslösung des gewaltsamen Zerfalls der Probe erkannt wurde.

Der Entspannungsschlag eines einzelnen Gesteinsbrockens im Grubenbaustoß kann also von selbst eintreten und ortsgebunden abgesondert bleiben. Ein lokaler Entspannungsschlag kann jedoch lawinenartig auf große Stoßlängen übergreifen. Erschütterungen durch Schießarbeit oder Hangendbruch kann gleichfalls zu Entspannungsschlägen führen.

Die Schaffung äquivalenter Verhältnisse für einen Entspannungsschlag der Proben im Laboratorium ermöglichte, daß die Einzelheiten eines Gebirgsschlagverlaufes beobachtet und näher erkannt werden konnten, was bei dem gefährlichen und mit großer Geschwindigkeit sich abspielenden Entspannungsschlag in situ bisher nicht möglich war.

Ähnlich wie bei den Probekörpern ist das Auftreten von Entspannungsschlägen im Flöz bedingt durch [5]:

- genügende makroskopische Gleichartigkeit des Flözes mit festem Gefüge, wobei Struktur, Textur, Teilbarkeit, Porosität und Feuchtigkeit eine Rolle spielen,
- hohe und überwiegend elastische Zusammendrückbarkeit des Flözes (verhältnismäßig niedriger Elastizitätsmodul),
- die Möglichkeit der Ausbildung eines Spannungszustandes im Stoß, der die wirkliche Gesteinsfestigkeit überschreitet, was spezielle Verhältnisse erfordert, unter anderem: die Zusammenhaltbarkeit, Festigkeit und Steifheit der pressenden Gebirgsschichten,
- die Möglichkeit, im Moment des Zerfalls eine starke Verformung zu erreichen.

Wie aus den Laborversuchen zu erkennen war, hängt ein Entspannungsschlag auch von Art und Größe des Gebirgsdruckes ab. Die vom Hangenden ausgehende und vom Flöz übertragene Druckverteilung ist abhängig von den Druckverhältnissen, unter anderem von der Festigkeit und Steifigkeit des Haupthangenden und der Verschiebungsfreiheit des Flözes in Richtung Grubenhohlraum. Der Druck kompakter und steifer Hangendschichten (z. B. Sandsteinbänke) konzentriert sich in einigen Metern Entfernung vor der Strebfront, wodurch

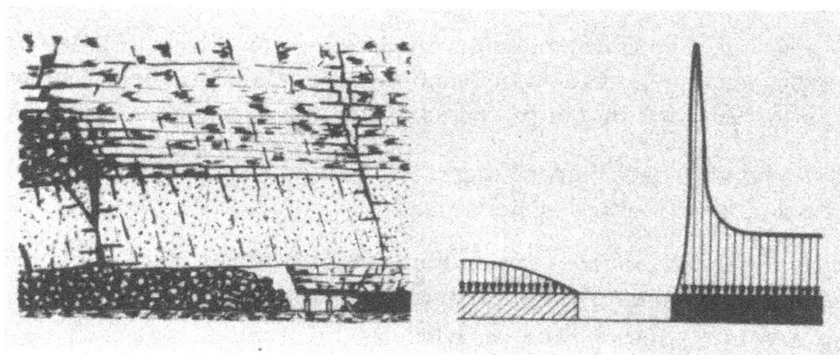

Bild 3. Abschnittsweises Zubruchgehen einer undicht unterstützten kompakten Hangendschicht (Firstenschläge)

im Flöz überwiegend Volumenverformungen eintreten. Jedoch in bestimmten Abständen erfolgt ein Zerbrechen des Hangenden in Blöcke, was an der Spaltungsstelle zu Spannungsansammlungen und gewaltsamem Auslösen elastischer Energie der Hangendschichten führt (Bild 3). Solche Spaltungsstellen (Bruchkante) sieht man am Hangenden (Bild 1b). Dieser Vorgang ähnelt dem plötzlichen Reißen gepreßter Proben in einzelne Gesteinsteile (Bild 4). Gleichzeitig wird im Flöz die Energie der Volumenverformung und die durch Hangendentlastung aufgenommene Energie frei. Diese beiden Energiearten rufen überraschende

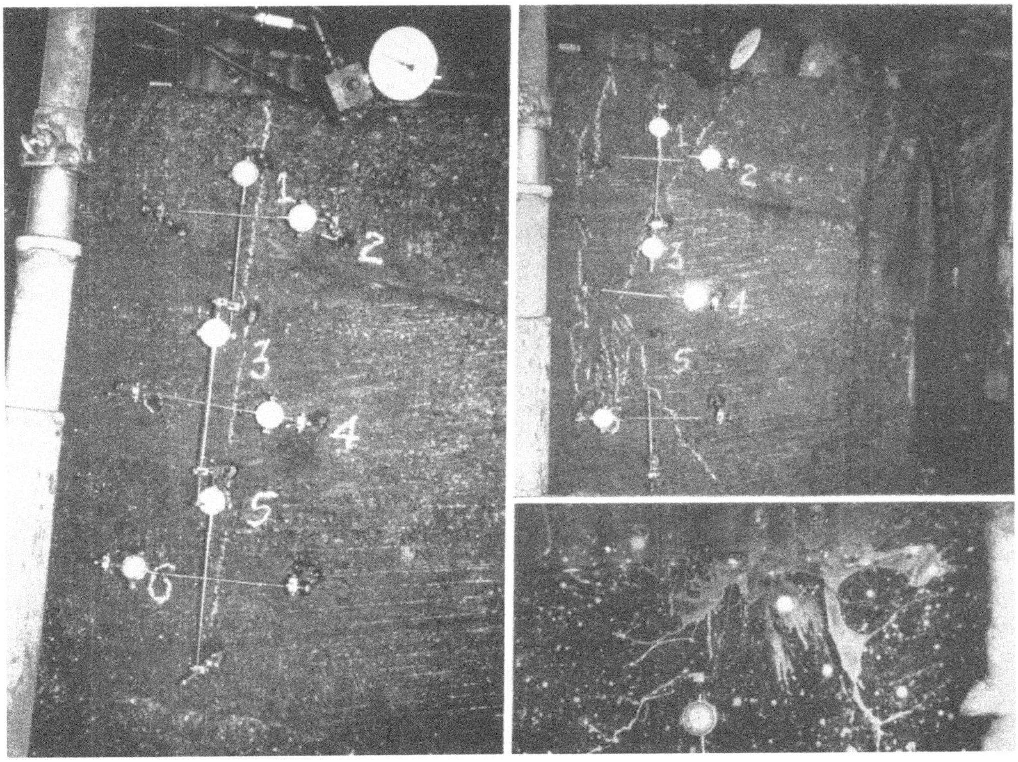

Bild 5. Block im Anstehenden — belastet mittels Druckaggregat

Hangendschläge an solchen Grubenbaustößen hervor, die sich mit der Spaltungslinie des Hangenden kreuzen. Gleichzeitig entstehen auf Grund veränderlicher, dynamischer Flözverformungen Schwingungen, die sich in anderen Grubenbauen und an der Tagesoberfläche als sogenannte Erschütterung bemerkbar machen. So können also die Hangendschläge durch die Laboruntersuchungen als geklärt angesehen werden.

Bild 4. Probekörper aus Duritkohle nach einem vollständigen Bruch in zwei sich unabhängig voneinander verformende Teile

In Übereinstimmung mit den Laborversuchen zeichnen sich Hangendschläge in situ dadurch aus, daß auf Grund der überwiegenden Volumenverformung in der Ansammlung und Auslösung von Energie auch ein verhältnismäßig gut zu Bruch gehendes Flöz Anteil nehmen kann. Damit ist die erste bei Entspannungsschlägen maßgebende Bedingung, nämlich ein festes Gefüge, in diesem Fall nicht erfüllt.

B. Die den Untersuchungen von Entspannungs- und Gebirgsschlägen in Grubenverhältnissen angepaßte Labormethode beruht auf Messungen der Verformung, des Zerreißens und der Verrückung eines Flözblockes, der im Anstehenden markiert, aber nicht herausgeschnitten wurde, wie auch eines zwischen Hangendem und Liegendem quer zum Flöz herausgeschnittenen Blocks. Der durch eine Universal-Schrämmaschine herausgeschnittene Flözblock wird mit einem Druckaggregat (Kolbenaggregat) mechanisch belastet, wobei die Verformungen auf mechanischem und elektrischem Wege, die Schwingungen dagegen auf seismoakustischem Wege gemessen werden (Bild 5).

An den Meßstellen werden Kohlenproben mit Abmessungen von 5 bis 20 cm entnommen, welche dann im Laboratorium Druckversuchen unterworfen werden mit gleichzeitiger Messung der Spannungen und Verformungen. Ziel dieser Laborversuche ist die Bestimmung vergleichbarer Elastizitäts- und Festigkeitsparameter.

6. Ein Netz seismischer Warten des Główny Instytut Górnictwa stellt Beobachtungen und Messungen im Rahmen folgender Untersuchungen an:

— Gebirgserschütterung und deren Ursprung in einem bestimmten Gebiet, in welchem Entspannungs- und Gebirgsschläge auftreten, sowie auch Registrierungen für die Erschütterungsstatistik,
— Lokalisierung des Erschütterungsherdes und Fortpflanzung der Schwingungen aus einem Gebirgsschlaggebiet,

— physiko-mechanische Parameter der die seismischen Wellen übertragenden Gebirgskörper,
— Berechnung der Fortpflanzungsgeschwindigkeit seismischer Wellen,
— andere Parameter des Gebirgsschlagmechanismus.

Die täglichen Aufschreibungen von über 10 Erschütterungen durch die seismischen Warten in Bytom, Zabrze, Dabrowa Górnicza und Mikołów stellen viel interessantes Informationsmaterial dar, welches dann im Seismologischen Laboratorium des Główny Instytut Górnictwa bearbeitet wird.

Informationen über ausländische Beobachtungen von Gebirgsschlägen und Erschütterungen [1, 2] wie auch die Analyse der Erschütterungen und Lokalisierung der Erschütterungsherde in Oberschlesien [3] führten zu der Überzeugung, daß die Genesis der Gebirgsschläge und Erschütterungen im polnischen Steinkohlenrevier in überwiegender Anzahl die gleiche ist. Diese Feststellung ist von großer Bedeutung für die komplexe Erkenntnis der Gebirgsschlagerscheinungen und stimmt mit den an Hand von Gebirgsschlagmodellversuchen erzielten Ergebnissen überein [4].

Im Zusammenhang damit wie auch für die Berechnung anderer Parameter des Gebirgsschlagmechanismus wurde in den Bergwerken das Netz dicht beieinander gelegener seismischer Warten weiter ausgebaut.

7. Seismoakustische Beobachtungen und Messungen dienen zur Untersuchung der sogenannten Eigenimpulse, welche in einem elastischen Medium entstehen, wenn die von außen ansetzende Belastung zu einem Trennbruch führt. Wie aus Beobachtungen und Messungen in Grubenverhältnissen zu entnehmen ist, verläuft das vor einem Hangendschlag eintretende Brechen der Hangendschichten in Verbindung mit Erscheinungen seismischer und akustischer Aktivität.

Seismoakustische Messungen werden in ihrem Anfangsstadium vom Główny Instytut Górnictwa an Meßstellen in den Bergwerken durchgeführt.

Literatur

1] Roumigieures, M.: Les coups de toit. Revue de l'Industrie Minerale Saint Etienne 1954.
2] Spackeler, G., Gimm, W., Höfer, K.-H. und Duchrow, G.: Neue Erkenntnisse über Gebirgsschläge im Kalibergbau. Revue de l'Industrie Minerale Saint Etienne 1961.
[3] Wierzchowska, Z.: Przyczyny wstrzasów górotworu na Górnym Slasku. Komunikat nr 260, GIG, Katowice 1961.
[4] Znański, J.: Tapanie w świetle badań laboratory jnych. Komunikat GIG nr 143, Katowice 1954.
[5] Znański, J.: Kryteria powolnego i gwałtownego zruszenia środowiska do wyrobisk. Cześć I. Komunikat GIG nr 250, Katowice 1960 (Teil II in Vorbereitung).
[6] Znański, J.: Zapobieganie zagrożeniu wyrobisk przeztzw. tapania stropowe. Przeglad Górniczy nr 10, Katowice 1961.

Über den gegenwärtigen Stand der Erkenntnisse und Untersuchungsmethoden bei der Erforschung der Gebirgsschläge im Kalibergbau der DDR

von W. Gimm, H. Pforr und A. Krausse, Freiberg/Sa.

1. Bedeutung der Gebirgsschlaggefahr für den Kalibergbau

Im deutschen Kalibergbau sind bisher in drei Flözen („Staßfurt", „Hessen" und „Thüringen") Gebirgsschläge eingetreten. Bis vor wenigen Jahren wurden Gebirgsschläge jedoch nur im Flöz „Staßfurt" erwartet, weil nur hier die seinerzeit für erforderlich gehaltene Voraussetzung gegeben war, nämlich eine schlagende Schicht im Hangenden. Die in den letzten Jahren im Kalibergbau eingetretenen schweren Gebirgsschläge und die zur Erforschung ihrer Voraussetzungen durchgeführten Arbeiten haben unsere Kenntnisse erweitert. Wir sind heute in der Lage, die Gruben bzw. Feldesteile in prinzipiell gebirgsschlaggefährliche oder ungefährliche einzuteilen, also bis zu einem gewissen Grad den Ort der Gebirgsschläge vorauszusagen. Eine genaue Prognose des Ortes oder gar des Zeitpunktes eines Gebirgsschlages ist bisher im Kalibergbau nicht gelungen. Wegen dieses grundsätzlichen Mangels können daher auch die Maßnahmen zur Bekämpfung vorerst nur unvollkommen sein; eine vollkommene Beherrschung der Gebirgsschläge im Kalibergbau ist noch nicht gewährleistet. Trotzdem sind wir bereits beim heutigen Stand unseres Wissens nicht mehr so stark dem Zufall ausgeliefert, wie dies noch vor wenigen Jahren der Fall war.

Im deutschen Kalibergbau hat es bisher 7 schwere Gebirgsschläge und 2 großräumige Firstzusammenbrüche gegeben (Tabelle 1). Das sind im Vergleich zu anderen Bergbauzweigen niedrige Zahlen. Die durch Gebirgsschläge im Kalibergbau bestehende Gefahr ist trotzdem sehr hoch einzuschätzen, weil die Intensität der Katastrophen extrem groß ist. Die Größe der Bruchfelder erreichte annähernd 3 km^2, die seismischen Wirkungen einiger Gebirgsschläge können mit kleinen bis mittleren Erdbeben verglichen werden. Besonders groß ist die Gefahr für die in gebirgsschlaggefährdeten Gruben arbeitende Belegschaft, weil die Katastrophen plötzlich und ohne ausreichende Vorankündigung eintreten. So fanden beim Gebirgsschlag Krügershall 1940 42 Bergleute den Tod. Neben der Gefahr für die Grubenbelegschaft muß natürlich auch mit sehr hohen materiellen Verlusten gerechnet werden. In einem Falle wurde das gesamte Grubengebäude einer mittleren Werksanlage zerstört, in einem anderen Falle wurden unter anderem technische Ausrüstungen im Werte von etwa drei Millionen Mark verschüttet. Außerdem haben eine solche ungewollte plötzliche Stillegung ganzer Gruben oder großer Feldesteile und die dadurch erforderliche Neuanlage von Aus- und Vorrichtungsstrecken sowie Abbaubetrieben erhebliche zusätzliche finanzielle Aufwendungen zur Folge.

Wenn man der Forderung nach höchstmöglicher Sicherheit und Wirtschaftlichkeit in den deutschen Kaligruben gerecht werden will, muß neben der Forschung auf den Gebieten der plötzlichen Ausbrüche von Gas und Salz und der hydrologischen Gefährdung auch die Erforschung der Voraussetzungen von Gebirgsschlägen weiter betrieben werden. Das kann jedoch nicht nur eine Aufgabe der theoretisch-experimentellen Arbeit sein. Die möglichen Maßnahmen z. B. hinsichtlich der Änderung der Abbauverfahren oder der Abbauführung müssen auf jeden Fall im praktischen Betrieb erprobt und ihre Auswirkungen meßtechnisch überwacht werden.

Tabelle 1. Charakteristische Angaben zu den im deutschen Kalibergbau bisher stattgefundenen Gebirgsschlägen und Firstzusammenbrüchen, nach Pforr [4]

Grube	Jahr	Durch Zersplittern zerstörte Gesteine	Durch Zerklüften zerstörte Gesteine	Bezeichnung des Bruchvorgangs	Maxim. Boden-amplitude (Jena) mm · 10^{-3}	Bruchfeld-größe km²	Flöz
Ludwig II	1901	Geschichteter Carnallitit		Gebirgsschlag		0,06	Staßfurt
Hallesche Kaliwerke	1916	Carnallitit		Gebirgsschlag		0,03	Staßfurt
Krügershall	1940	Carnallitit	Steinsalz	Gebirgsschlag	140	0,6	Staßfurt
Neustaßfurt VI	1959	Geschichteter Carnallitit	Steinsalz	Gebirgsschlag	1,5	(steile Lagerung)	Staßfurt
Kleinschierstedt (Ostfeld)	1943	keine!	Hartsalz, Steinsalz	Firstzusammenbruch	1	0,3	Staßfurt
Schierstedt (Westfl.)	1955					0,6	Staßfurt
Heringen	1953	Weißer Carnallitit	Hartsalz, Steinsalz	Gebirgsschlag		0,7	Hessen und Begleitflöz
Merkers	1958	a) Weißer Carnallitit	Hartsalz, Sylvinit und Steinsalz	Gebirgsschlag		2,8	Hessen (Begleitflöz)
		b) Trümmercarnallitit				2,0	Thüringen
Merkers	1961	Trümmercarnallitit	Hartsalz, Sylvinit und Steinsalz	Gebirgsschlag	10	0,2	Thüringen

Wir beabsichtigen, in unserem Beitrag einen Überblick über den derzeitigen Stand bei der Erforschung und Bekämpfung der Gebirgsschläge im Kalibergbau zu geben.

In vier, z. T. mehrsprachigen Veröffentlichungen [1—4] wurde bereits über Einzelheiten zum Problem der Gebirgsschläge im Kalibergbau berichtet. Wir verweisen auf diese Arbeiten als Ergänzung zu den vorliegenden Ausführungen.

2. Typische Zerstörungen und Beobachtungen bei Gebirgsschlägen und Firstzusammenbrüchen im Kalibergbau

In Tabelle 1 sind charakteristische Angaben zu den im deutschen Kalibergbau bisher stattgefundenen Gebirgsschlägen und Firstzusammenbrüchen enthalten. Bis auf eine Ausnahme (Neustaßfurt VI, 1959) handelt es sich um Gruben oder Feldesteile mit flacher Lagerung (2—8°) und Teufen in der Größenordnung von 400—740 m. Es wurde allgemein Kammerbau mit langen Pfeilern angewandt.

2.1 Gebirgsschläge

Bei Gebirgsschlägen wurden stets nur die Pfeiler, die immer ganz oder teilweise aus Carnallitit bestanden, zerstört. Auf Grund des Zerstörungsbildes (Bilder 1 und 2) kann gefolgert werden, daß die Pfeiler schlagartig zerborsten sind und nach dem Schlag keine Tragfähigkeit mehr besitzen. Es trat Zerstörung durch Zersplittern im Sinne von Kvapil [5] ein. Das

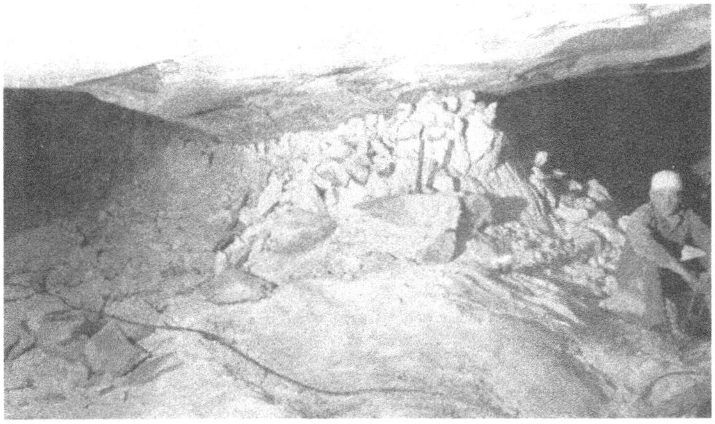

Bild 1. Durch Gebirgsschlag zerstörter 5 m breiter Pfeiler aus brekziösen Carnallitit des Flözes „Thüringen“, Kaligrube Merkers, nach PFORR

Bild 2. wie Bild 1; Ansicht des ehemaligen Pfeilerstoßes, nach PFORR

Bild 3. Unzerstört gebliebene Firste aus Carnallitit im Gebirgsschlagfeld Krügershall, nach PFORR [4]

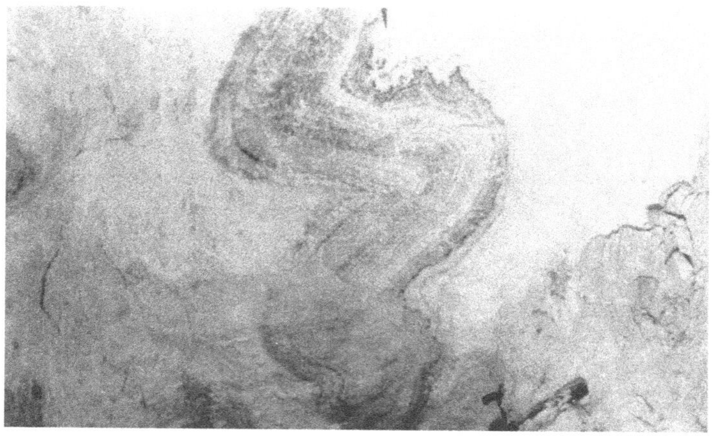

Bild 4. Übergang von Flöz „Hessen“ zum Begleitflöz, siehe auch Flözprofil in Bild 6

Pfeilermaterial wurde in Richtung Kammer- oder Streckenmitte geschleudert. Die Firste blieb dagegen in der Regel unzerstört. Es kam lediglich zu lokalen Firstfällen, die aber erst nach der Pfeilerzerstörung eingetreten sind. Die Firste bestand meistens aus Steinsalzschichten, manchmal jedoch auch aus Carnallitit wie die Pfeiler selbst. Bild 3 zeigt eine solche unzerstörte Firste aus Carnallitit in unmittelbarer Nachbarschaft eines total zerstörten Pfeilers.

An komplex zusammengesetzten Pfeilern (z. B. Bild 4), bei denen Schichten aus reinem Carnallitit, Carnallitit mit Steinsalzbrekzien, Steinsalz, Hartsalz und Sylvinit am Aufbau des Pfeilers beteiligt waren, wurden interessante und wichtige Beobachtungen bezüglich des

Bild 5. Schematisches Grubenbild des Bruchfeldes der oberen Sohle (Flöz Hessen) der Grube Merkers, Gebirgsschlag 1958, nach Spackeler u. a. [2]

unterschiedlichen Bruchverhaltens der Gesteine bei gleichen Belastungsbedingungen gemacht, die in Tabelle 2 zusammengefaßt sind. Danach wurden Carnallitit durch Zersplittern, Hartsalz, Sylvinit und Steinsalz jedoch nur durch Zerklüften zerstört. Im gleichen Sinne kann das in Bild 5 dargestellte Gebirgsschlagfeld der Kaligrube „Ernst Thälmann“ II/III Merkers zum Beweis angeführt werden. Die einzige Schlagzone (= Gebiet mit Zerstörung der Pfeiler durch Zersplittern) der oberen Sohle befindet sich hier in dem Feldesteil, in welchem das carnallitisch ausgebildete Begleitflöz des Flözes „Hessen“ abgebaut wurde (siehe Normalprofil in Bild 6). In den unmittelbar angrenzenden Feldesteilen kam es nur zu der schwächeren Zerstörung durch Zerklüften (Schalenzone, Quetschungszone). Die Erklärung für diesen Umstand wird darin gesehen, daß hier die Pfeiler aus anderen Gesteinen gebildet wurden, nämlich überwiegend aus Hartsalz (= Hauptflöz K 1 H in Bild 6) (Tabelle 2).

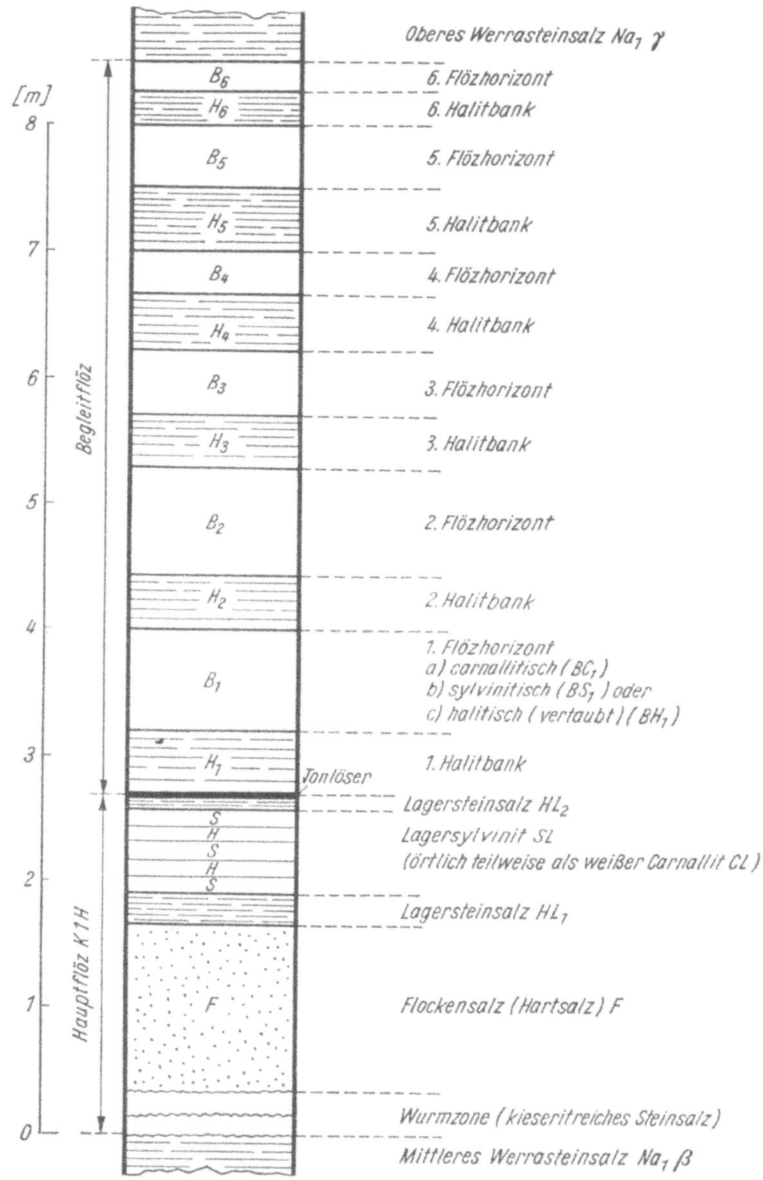

Bild 6. Normalprofil aus dem südlichen Teil des Werrakalirevieres für Flöz Hessen, nach Pforr, Rosetz [8]

Ein weiteres typisches Merkmal für die Bruchvorgänge bei Gebirgsschlägen ist die kurze Zeitdauer und das Freiwerden großer Energiemengen, das sich z. B. in extremer Gesteinszerstörung des Pfeilermaterials, Umkehr der Wetterführung und erdbebenartigen Erschütterungen an der Erdoberfläche bemerkbar gemacht hat.

Auch die Ergebnisse von Senkungs-, Konvergenz- und Pfeilerquerdehnungsmessungen können Anhaltspunkte zur Beurteilung der Vorgänge bei Gebirgsschlägen liefern. Leider ist das Informationsmaterial wegen der zu kleinen Zahl der Meßstellen in den von Gebirgsschlägen betroffenen Feldesteilen nicht vollkommen. Aus den Unterlagen ist jedoch auf jeden Fall ersichtlich, daß durch die schlagartige Zerstörung der Pfeiler eine starke Zunahme der Konvergenz zumindest nach dem Gebirgsschlag eingetreten ist. Bild 7 zeigt als Beispiel die

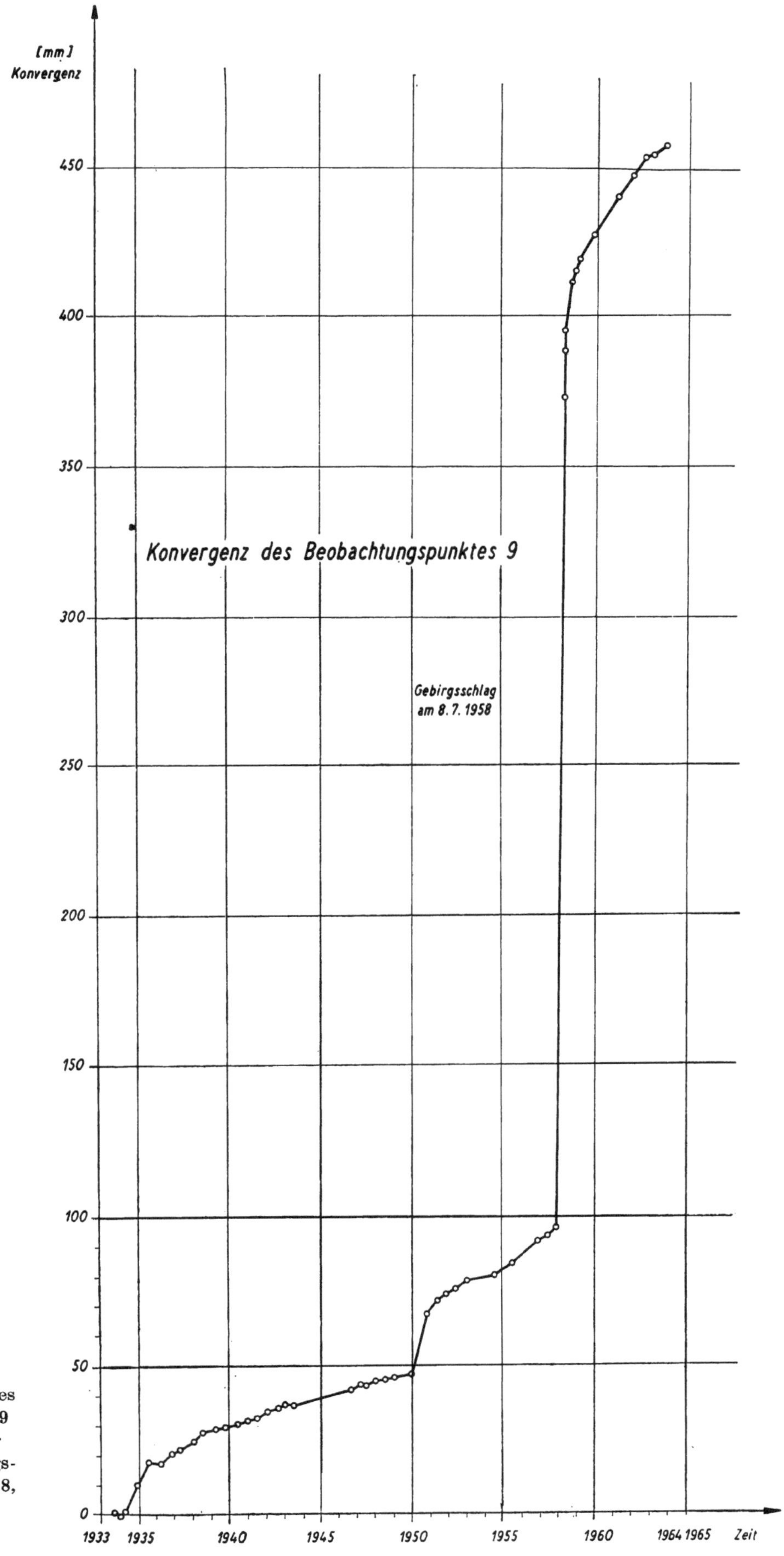

Bild 7. Konvergenz des Beobachtungspunktes 9 in der Schlagzone der oberen Sohle des Gebirgsschlagfeldes Merkers 1958, nach HOTTEWITZ [14]

Tabelle 2. Typische Zerstörungen von Pfeilern beim Gebirgsschlag Merkers 1958, nach GIMM/PFORR [3]

	Gestein	Charakter der Zerstörungen	
1	Weißer Carnallitit (etwa 90% Carnallitanteil)	Pfeiler völlig zu Haufwerk mit verschiedener Stückgröße zerstört, zum großen Teil pulverisiert	Zerstörung durch Zersplittern
2	Brekziöser Carnallitit (50 bis 70% Carnallititanteil)	wie 1, aber nur zum Teil pulverisiert	
3	Kieseritisches Hartsalz	Pfeiler teilweise zerklüftet längs unregelmäßiger, zum Teil oberflächenparalleler Rißbildungen	Zerstörung durch Zerklüften
4	Kieseritarmes Hartsalz	Charakter wie bei 3, jedoch schwächer zerstört	
5	Sylvinit		
6	Steinsalz	nur sehr geringe Zerstörungen, unregelmäßige Risse in großen Abständen	

Konvergenz eines Beobachtungspunktes aus dem Gebirgsschlagfeld Merkers 1958. Die Messungen in den Jahren nach dem Gebirgsschlag zeigen, daß die Konvergenzgeschwindigkeit sich vermindert.

Die über den Gebirgsschlagfeldern an der Erdoberfläche durchgeführten Senkungsmessungen zeigen Beträge bis ca. 0,5 m. Bedenkt man, daß z. B. über den Grubenfeldern des Werra-

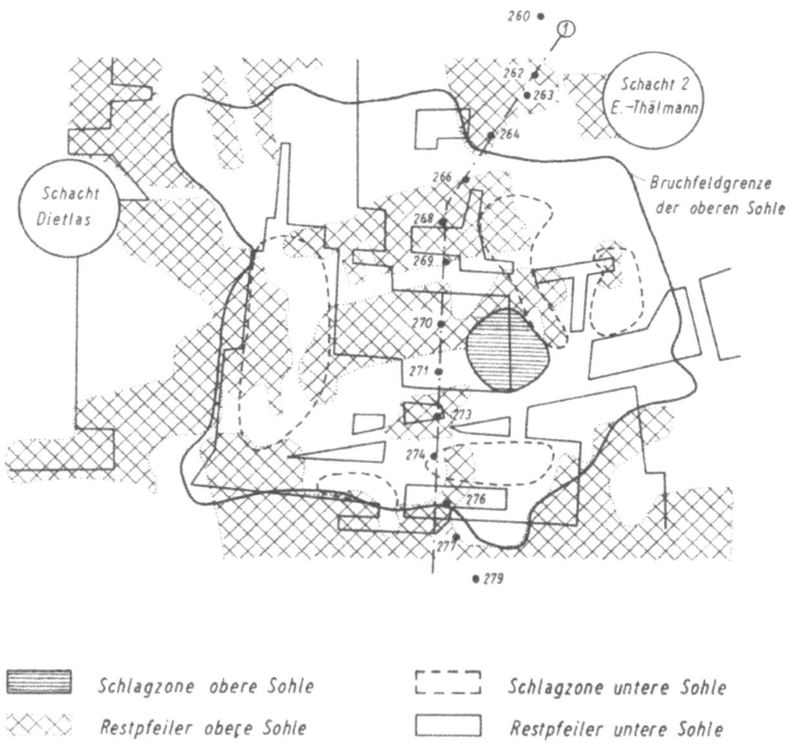

Bild 8a. Schematischer Grundriß mit eingetragenen Zerstörungszonen der Gebirgsschlagfelder auf beiden Sohlen in Merkers

Kalireviers (hierzu gehört die Gebirgsschlaggrube Merkers) normalerweise nur eine Bodensenkung von 1—5 mm pro Jahr gemessen wird, so bedeutet das eine außerordentlich hohe und plötzliche Senkung. Wie Bild 8b an einem Beispiel zeigt, wird die Senkungsgeschwindigkeit in den Jahren nach einem Gebirgsschlag bald wieder normal. Bezeichnend ist, daß das Senkungsmaximum über der Schlagzone, also dem Gebiet mit totaler Pfeilerzerstörung liegt.

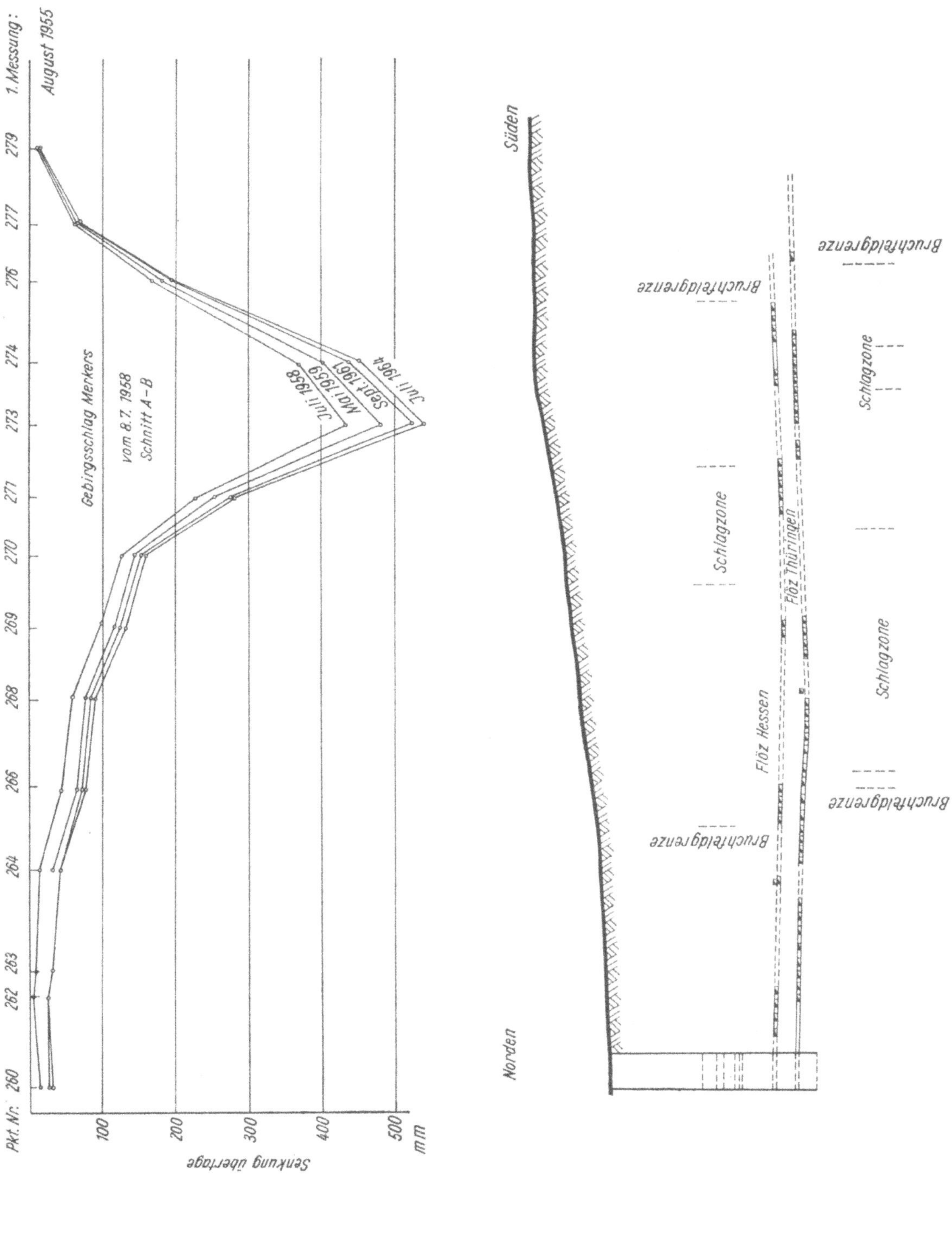

Bild 8b. Senkungsprofile mit Senkungsmaxima über der Schlagzone (Schnitt *1*, siehe Bild 8a), nach Hottewitz [14]

Trotz der teilweise beträchtlichen plötzlichen Senkungen über den Gebirgsschlagfeldern ist es bisher in keinem Falle zu hydrologischen Schwierigkeiten gekommen, obwohl im Deckgebirge der betroffenen Reviere „Werra" und „Mitteldeutschland" recht wasserreiche Horizonte vorhanden sind.

2.2 Firstzusammenbrüche

Firstzusammenbrüche (siehe Tabelle 1) sind Vorgänge, die sich sowohl in ihrem Ablauf als auch in ihrer Gefährdung der Grubensicherheit grundsätzlich von den Gebirgsschlägen unterscheiden.

Während die typischen Erscheinungen von Gebirgsschlägen nur in carnallitischen Feldesteilen aufgetreten sind, haben sich große Firstzusammenbrüche in Hartsalz- oder Sylvinitfeldern ereignet. Auch in Steinsalzgruben könnte es zu solchen Zusammenbrüchen kommen.

Die wesentlichen Unterschiede der Firstzusammenbrüche im Vergleich zu Gebirgsschlägen sind:

a) Anderes Pfeilermaterial (z. B. Hartsalz).
b) Weitaus geringere Intensität und längere Zeitdauer der Bruchvorgänge, die bis zu mehreren Wochen betragen kann. Die Hauptbruchvorgänge bei Gebirgsschlägen sind dagegen im Minutenbereich abgelaufen.
c) Die Pfeiler werden nicht wie bei Gebirgsschlägen durch Zersplittern, sondern nur durch Zerklüften zerstört. Außerdem werden bei normalen Zusammenbrüchen die in der Firste anstehenden Schichten, vor allem der graue Salzton über dem Kaliflöz „Staßfurt", von den Zerstörungen mit betroffen, so daß die Hohlräume verfüllt werden.

3. Prinzipien zur Erforschung und Bekämpfung von Gebirgsschlägen im Kalibergbau

Nach den uns vorliegenden Informationen hat es Gebirgsschläge im Kalibergbau nur in Deutschland gegeben. Das dürfte vor allem dadurch begründet sein, daß im deutschen Kalibergbau mehr als in anderen Ländern auch carnallitisch ausgebildete Flöze abgebaut werden und infolge des langjährigen Bestehens der Gruben (50 und mehr Jahre) ausgedehnte Grubengebäude (Kammerbau) offenstehen. Es unterliegt keinem Zweifel, daß das Gebirgsschlagproblem in enger Beziehung zum Problem der Pfeilerdimensionierung und dem Materialverhalten bei jahrzehntelanger Standzeit der Pfeiler steht. Dabei spielen insbesondere wechselnde Beanspruchungen eine Rolle. Beispielsweise können Pfeiler über viele Jahre unter konstanter Last stehen, so daß die bekannten Kriecherscheinungen auftreten. Die gleichen Pfeiler können aber plötzlich eine Spannungsumlagerung erfahren, indem z. B. benachbarte Pfeiler brechen oder in der Nachbarschaft neue Hohlräume geschaffen werden. Hierbei sind wiederum Fragen der Abbauführung, insbesondere der Restpfeiler- und Inselbildung sowie des Abbaufortschrittes und der Lage der Pfeiler zum Einfallen des Flözes (Schubwirkung) von Bedeutung.

Leider haben die früheren Gebirgsschlaghypothesen [6] und [7] die Rolle der sogenannten schlagenden Schicht im Hangenden zu stark betont und dabei die Fragen des Verformungs- und Bruchverhaltens der Gesteine in unmittelbarer Nähe der Grubenhohlräume vernachlässigt. Die noch bis 1958 vorherrschende Lehrmeinung [6] suchte entsprechend dem aus dem Steinkohlenbergbau in Form der hangenden kompakten Sandsteinschicht gegebenen Vorbild nach einer schlagenden Schicht mit möglichst hochelastischen Eigenschaften. Da das Verformungs- und Bruchverhalten der Gesteine aus dem Salinar seinerzeit weitaus weniger bekannt war als heute (vor allem war das Carnallitgestein fast nicht untersucht worden!), wurde damals die im Hangenden des Kaliflözes „Staßfurt" anstehende Hauptanhydritschicht zur einzigen

„schlagenden Schicht" erklärt. KEGEL [7] versuchte, diese Eigenschaften einer anderen Hangendschicht, und zwar einer Steinsalzschicht über dem Hauptanhydrit, zuzuschreiben.

Als sich im Jahre 1958 der bisher größte Gebirgsschlag der Welt in der Kaligrube Merkers im Werrakalirevier ereignete, waren wir gezwungen, die bis dahin geltenden Meinungen wegen des nunmehr offensichtlich gewordenen Widerspruches zwischen Hypothese und Praxis aufzugeben und nach neuen Erkenntnissen zu suchen. Dabei wurden folgende wesentliche Arbeiten durchgeführt:

1. Systematische Erfassung der makroskopischen und sonstigen Beobachtungen beim Gebirgsschlag Merkers durch das Kalikombinat „Werra" sowie Erarbeitung einer Monographie über die Erfahrungen und Messungen bei allen Gebirgsschlägen und Firstzusammenbrüchen im Kalibergbau durch das Institut für Bergbaukunde der Bergakademie Freiberg [1].
2. Ermittlung von Gesetzmäßigkeiten und Festlegung erster Maßnahmen, insbesondere in Hinblick auf die Abbauführung. Dabei wurde erstmalig der Nachweis erbracht, daß auch bei Gebirgsschlägen im Kalibergbau die in der Gebirgsschlagsystematik nach NIEMCZYK genannten Fehler der Abbauführung (Bild 8a, Restpfeiler bei Zweiflözbau und Inseln beim Einflözbau) von Bedeutung sind [1], [2].
3. Im Werra-Kalibergbau setzte eine intensive Meß- und Beobachtungstätigkeit ein. Insbesondere wurden geologische und geophysikalische Forschungen (z. B. Erfassung von Schnitten in Kaliflözen und Deckgebirge, Ermittlung der Mächtigkeit des Steinsalzzwischenmittels zwischen den Flözen „Thüringen" und „Hessen" und Messen der elastischen Konstanten dieser Schicht) sowie umfangreiche markscheiderische Messungen durchgeführt, an deren erster Auswertung zur Zeit von HOTTEWITZ gearbeitet wird [14]. Hervorzuheben ist die Erkenntnis, daß beim Zweiflözbau die Restpfeilerwirkung vorzugsweise dann eingetreten ist, wenn das Steinsalzzwischenmittel nur 30—40 m mächtig war.
4. Die Erkenntnisse bezüglich schädlicher Wirkung bei Restpfeilern und Inseln werden in der Praxis soweit wie möglich berücksichtigt, vor allem wird angestrebt, eine Restpfeilerwirkung auf in Verhieb stehende Abbaue in carnallitischen Feldesteilen der unteren Sohle (Flöz „Thüringen") zu vermeiden.

Außerdem sind die Abbauparameter in gebirgsschlaggefährdeten Gruben des Werrakalireviers geändert worden. Bei dem zunächst nach dem Gebirgsschlag im Jahre 1958 angewandten Abbauschema mit planmäßigen 76 m starken Barrierepfeilern und 5 m starken „Ausbaupfeilern" ([1], Seite 109, Bild 99) fand ein neuer Gebirgsschlag statt (Merkers 1961, Tabelle 1). Anschließend wurden in Feldesteilen des carnillitischen Flözes „Thüringen" in Teufen von ca. 700 m Doppelabbaukammern von je 16 m Breite und einem dazwischenliegenden 10 m breiten Pfeiler aufgefahren; der Doppelabbau war links und rechts von einem 40 m breiten Pfeiler umgeben. Heute versucht man, den Pfeilern gleiche Tragfähigkeit zu verleihen, indem z. B. die unterschiedlichen Teufen, die Gesteinsfestigkeiten und die Geometrie der Kammern und Pfeiler berücksichtigt werden. Die Pfeiler werden möglichst in Einfallrichtung gesetzt.

Insgesamt kann festgestellt werden, daß man die höhere Sicherheit vorerst mit einer Erhöhung der Abbauverluste in carnallitischen Feldesteilen erkauft hat. Die intensivere Beschäftigung mit der zweckmäßigen Dimensionierung von Pfeilern hat jedoch erfreulicherweise dafür eine Senkung der Abbauverluste im Hartsalz ermöglicht. Die heutigen Grundlagen zur Pfeilerdimensionierung sind zweifellos besser als die frühere Empirie, jedoch keinesweg vollkommen, insbesondere in Hinblick auf die dabei getroffenen Lastannahmen (es wird mit dem Teufendruck gerechnet). Auch der Faktor Zeit, der gerade beim Carnallit von hervorragender Bedeutung ist, geht in die bisherigen Berechnungsgrundlagen nur ungenügend ein.

5. Parallel zu den beschriebenen Untersuchungen und praktischen Experimenten des Werrakombinates wurden an der Arbeitsstelle für Geomechanik in Freiberg gesteinsmechanische Laboruntersuchungen durchgeführt mit dem Ziel, das Verformungs- und Bruchverhalten der wichtigsten Gesteine aus den Kaliflözen und dem Deckgebirge zu ermitteln. Insbesondere wurde eine Klassifikation der Gesteine nach ihrer Gebirgsschlaggefährlichkeit vorgenommen ([3], [4] und [8]). An diesem Untersuchungskomplex wird weiter gearbeitet, wobei Fragen des Temperatureinflusses und der komplexen, d. h. aus verschieden festen Schichten zusammengesetzten, Probekörper neu hinzugekommen sind.
6. Um den Einfluß von Abbauparametern und Abbauführung auf die Gebirgsschlagneigung abschätzen zu können, wurden an der Arbeitsstelle für Geomechanik in Freiberg [9] für die Verhältnisse des Werra-Kalibergbaues Modellversuche mit äquivalenten Materialien durchgeführt.

Auf die in Freiberg laufenden Forschungsarbeiten wollen wir im folgenden eingehen.

4. Untersuchungen über die Gebirgsschlaggefährlichkeit von Gesteinen des Kalibergbaues

Über die Untersuchungen zur Klassifizierung der Gesteine nach ihrer Neigung zu Gebirgsschlägen wurde in zwei neueren Arbeiten [3] und [4] berichtet, auf die hingewiesen sei.

Ausgehend von der Tatsache, daß Gebirgsschläge durch plötzliches Freiwerden großer Energiemengen charakterisiert sind, haben wir folgende Hauptfaktoren bei Zimmertemperatur meßtechnisch erfaßt und in Schlaggefährlichkeitsgraden ausgedrückt:

a) Größe der im Moment des Gesteinsbruchs freiwerdenden Energie;
b) Verhältnis der freiwerdenden Energie zur Druckfestigkeit der Gesteine;
c) Änderung der freiwerdenden Energie bei Änderung der Belastungsgeschwindigkeit.

Zur Messung von relativen Zahlenwerten für die freiwerdende Energie (Bruchheftigkeit) wurde eine seismoakustische Apparatur (Bild 9) eingesetzt. Außerdem wurde der Elastizitätsgrad ermittelt, d. h. der elastische Anteil an derjenigen Verformung, die bei ca. 50—70% der Bruchspannung erreicht war.

Im Ergebnis kann folgendes festgestellt werden:

Bild 9. Seismoakustische Apparatur zur Messung der Bruchheftigkeit von Gesteinsproben, nach Pforr [4]

4.1. Schlaggefährliche Gesteine

Gebirgsschläge können nur bei Vorhandensein bestimmter Gesteine auftreten, die unter gewissen Voraussetzungen die Fähigkeit haben, größere Energiemengen zu akkumulieren und bei ihrer Zerstörung schlagartig abzugeben. Als solche gebirgsschlaggefährlichen Gesteine erwiesen sich Carnallitit, Anhydrit und Sandstein, als ungefährlich dagegen Steinsalz, Sylvinit und Hartsalz.

In Tabelle 3 sind die Ergebnisse der Schlaggefährlichkeitsuntersuchungen und die Beobachtungen über das Bruchverhalten in situ und im Labor zusammengestellt. Daraus geht hervor, daß die im Labor gewählten Belastungsbedingungen Zerstörungen an den Gesteinen hervorriefen, die sich prinzipiell mit den Beobachtungen in situ decken.

Tabelle 3. Durchschnittsergebnisse der Schlaggefährlichkeitsuntersuchungen an Gesteinen im Vergleich zum Bruchverhalten des Gebirges bei Gebirgsschlägen, nach PFORR [4]

Gestein	σ_D kp/cm²	E_v 10^{-6} kpm/cm²	$S°$ %	S^x %	$E°$ %	Bruchverhalten in situ	Bruchverhalten im Labor	Gebirgsschlaggefährlichkeit
Carnallitit	129	107	100	16	100	Zersplittern	Zersplittern	gefährlich
Anhydrit	509	2630	16	100	88	(unbekannt)	Zersplittern	
Sandstein	465	1330	22	55	86	(unbekannt)	Zersplittern	
Hartsalz	349	20	0,2	0,01	32	Zerklüften	Zerklüften	
Steinsalz	330	0,4	0,0	0,00	14	Zerklüften	Zerklüften	nicht
Sylvinit	340				8	Zerklüften	Zerklüften	gefährlich

Zeichenerklärung:

σ_D — Druckfestigkeit von zylindrischen Probekörpern ($l:d = 1$; $d = 70$ mm) bei konstanter Belastungsgeschwindigkeit von ca. 7 kp/cm² · s

E_V — Relative freiwerdende Energie beim Bruch der Gesteinsproben

$S°$ — Komplexer Schlaggefährlichkeitsgrad, in den die Größen E_V, σ_D und die variable Belastungsgeschwindigkeit eingehen (bezogen auf Carnallitit)

S^x — Einfacher Schlaggefährlichkeitsgrad, in den die Größen E_V und σ_D bei einheitlicher Belastungsgeschwindigkeit eingehen

$E°$ — Elastizitätsgrad (elastischer Anteil an der Gesamtverformung), durch Zwischenentlastung in der Nähe der Bruchspannung ermittelt

4.2. Einfluß der Belastungsgeschwindigkeit

Für eine Beurteilung der Gebirgsschlaggefährlichkeit eines Gesteins scheint bei konstantem Belastungscharakter insbesondere die Belastungsgeschwindigkeit von großer Bedeutung zu sein. Sehr deutlich kommt das bei der Untersuchung von Carnallitit zum Ausdruck. Das Verformungsverhalten ändert sich bei einachsigen Druckversuchen (ohne Schmierung) an Probezylindern in der in Bild 10 (Spannungs-Stauchungskennlinien) und in Bild 11 (Spannungs-Querdehnungskennlinien) gezeigten Weise. Vereinfacht ausgedrückt heißt das: Mit steigender Belastungsgeschwindigkeit verhält sich Carnallitit in zunehmendem Maße wie ein elastischer Körper. Diese Tendenz äußert sich auch im Bruchverhalten, d. h., Carnallitit kann allmählich zu Bruch gehen, kann jedoch auch sehr plötzlich und mit großer Heftigkeit zerstört werden. Letzteres ist offensichtlich bei Gebirgsschlägen der Fall.

Zum Ländertreffen 1964 wurde der Versuch unternommen, dieses Verhalten des Carnallitits in mathematische Modellvorstellungen (BURGERS-Modell) einzuordnen [10].

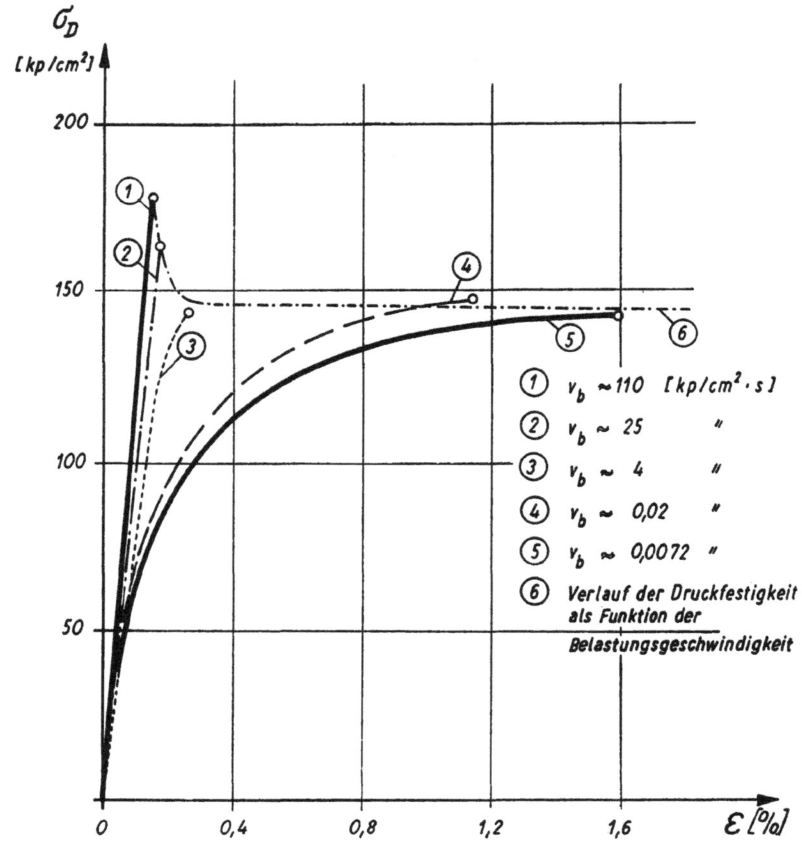

Bild 10. Spannungs-Stauchungs-Kennlinien von Gesteinsserien aus brekziösen Carnallitit (Flöz „Thüringen") bei verschiedenen Belastungsgeschwindigkeiten v_b an Zylinderproben ($l:d = 2:1$; $d = 70$ mm), nach Pforr-Rosetz [8]

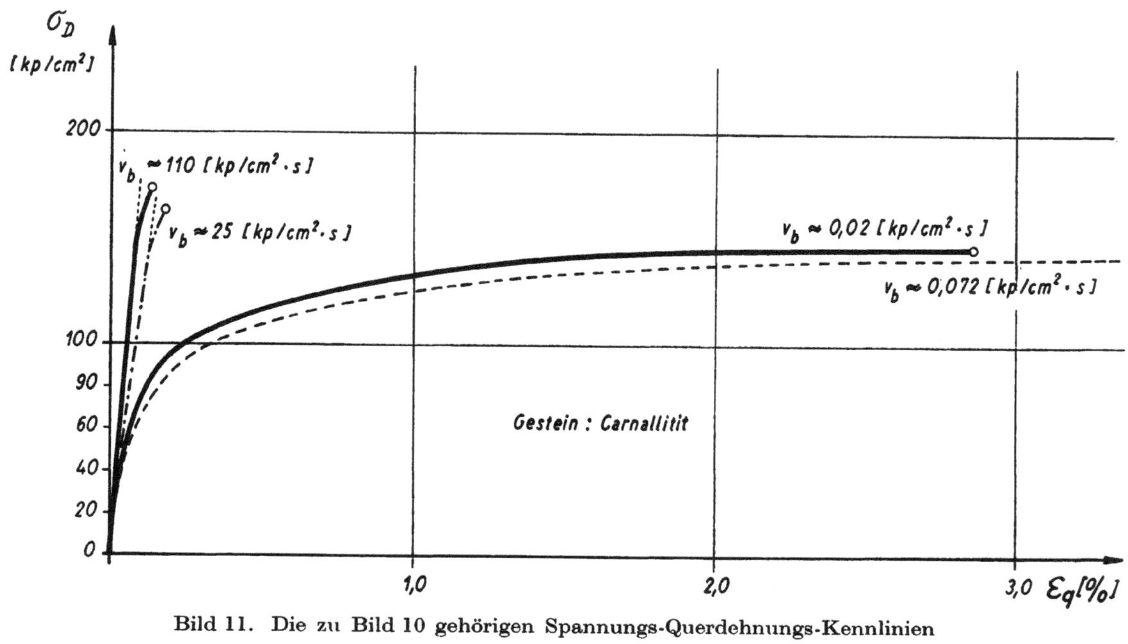

Bild 11. Die zu Bild 10 gehörigen Spannungs-Querdehnungs-Kennlinien

In dem früher [4] vorgeschlagenen komplexen Schlaggefährlichkeitsgrad S° wird neben der relativen freiwerdenden Energie und der Druckfestigkeit auch die Belastungsgeschwindigkeit berücksichtigt. Dabei erscheint Carnallitit als das schlaggefährlichste Gestein (S° = 100%), während bei Vernachlässigung der Belastungsgeschwindigkeit Anhydrit und Sandstein schlaggefährlicher erschienen als Carnallitit (vgl. Tabelle 3, S^x und S°).

4.3. Einfluß des Schlankheitsgrades

Von beachtlichem Einfluß auf die Größe der Druckfestigkeit (Bild 12 zeigt ein Beispiel für Carnallitit) und vor allem auf die Größe der beim Bruch freiwerdenden Energie ist der Schlankheitsgrad. Das zeigen makroskopische Beobachtungen an Pfeilern in Gebirgsschlagfeldern.

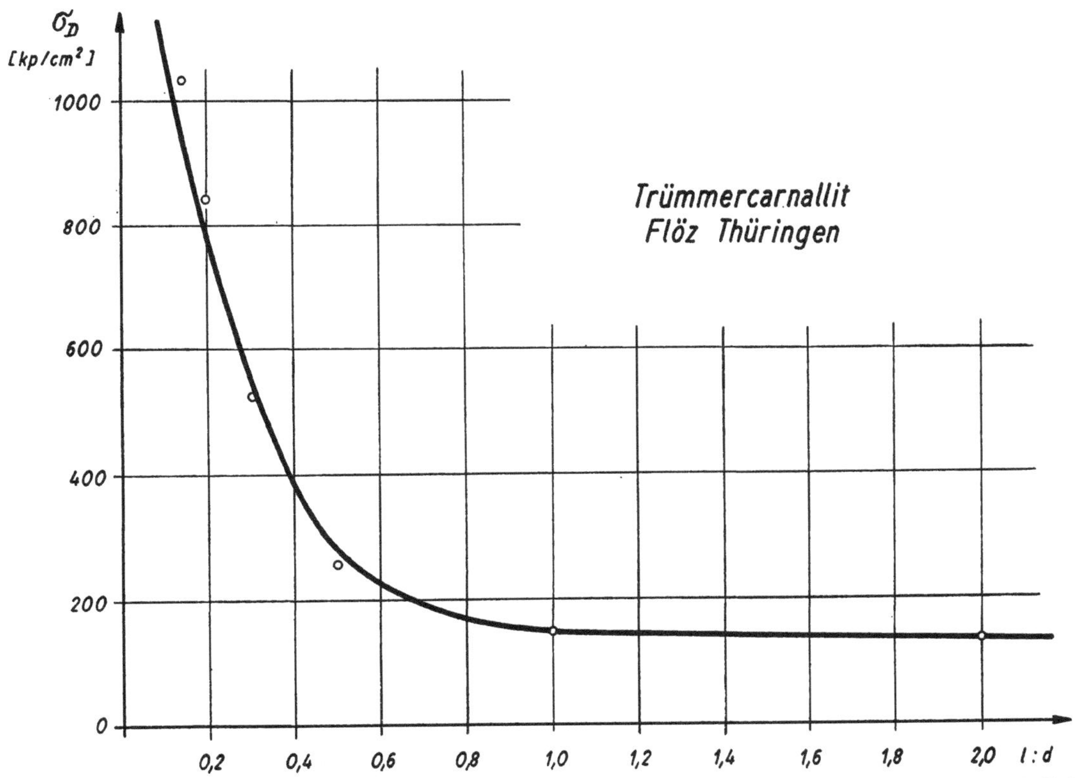

Bild 12. Abhängigkeit der Druckfestigkeit vom Schlankheitsgrad bei einer Belastungsgeschwindigkeit von ca. 7 kp/cm² · s, nach PFORR [8]

Beim Gebirgsschlag Krügershall z. B. sind die Streckenpfeiler mit einem Schlankheitsgrad von 0,3 wesentlich stärker zerstört worden als die Kammerpfeiler mit einem Schlankheitsgrad von 1,5—2,5. Nicht zuletzt dürfte gerade diese Tatsache mit dazu beigetragen haben, daß die niedrigen Strecken mit herausgeschleudertem Pfeilermaterial verfüllt wurden, so daß den nach dem Gebirgsschlag zunächst noch lebenden Bergleuten der Fluchtweg zum Schacht versperrt war.

Die Ergebnisse für die an Proben kleinen Schlankheitsgrades gemessene relative freiwerdende Energie bestätigen diese Tendenz. Carnallititproben mit einem Schlankheitsgrad $l:d$ = 0,5 hatten etwa 20mal höhere Energiewerte als solche mit $l:d$ = 1,0.

4.4. Bruchverformung

Interessant ist auch ein Vergleich der Bruchverformung unter vergleichbaren Laborbedingungen. So kann z. B. Steinsalz im Vergleich zu Carnallitit etwa die vierfache Verformung bis zum Bruch aushalten.

4.5. Schlußfolgerungen für die Praxis

Aus den bisherigen bei Zimmertemperatur im Labor ermittelten Ergebnissen (Schlaggefährlichkeitsgrade S° und S^x, Elastizitätsgrad E°) und der daraus abgeleiteten Gesteinsklassifikation können einige prinzipielle Schlußfolgerungen für die praktische Einschätzung der Gebirgsschlaggefahr gezogen werden [4], auch wenn die Ergebnisse an Gesteinsproben im Labor und nicht in situ erhalten wurden. Wir betrachten dabei vor allem die Salzpfeiler, deren Ähnlichkeit zur Labordruckprobe noch relativ am besten vorhanden ist. Außerdem können wir uns auf Arbeiten in sowjetischen Gebirgsschlaggruben stützen [11]. Dort wurde bei den in situ und im Labor erzielten Ergebnissen genügende Übereinstimmung für den zur Beurteilung der Gebirgsschlaggefährlichkeit der Kohlenflöze herangezogenen Elastizitätsgrad erzielt.

Aus diesen und ähnlichen Überlegungen glauben wir zu Recht ableiten zu können, die Ergebnisse der Schlaggefährlichkeitsuntersuchungen im Labor auf die Verhältnisse in situ prinzipiell übertragen zu können. Es ergibt sich daraus die sehr wichtige Schlußfolgerung, daß es zu Gebirgsschlägen im Kalibergbau kommen kann, wenn Carnallitit abgebaut wird (es ist möglich, daß auch noch andere seltenere Kaligesteine, wie z. B. Kainit, ähnliche Eigenschaften wie Carnallitit haben; diese Gesteine werden jedoch bei uns zur Zeit nicht abgebaut und wurden deshalb nicht untersucht). Beim Abbau von Hartsalz, Sylvinit oder Steinsalz sind Gebirgsschläge dagegen nicht zu erwarten, sondern lediglich allmähliche Firstzusammenbrüche.

Anhand dieser Einteilung ist es also möglich, die Feldesteile in prinzipiell schlaggefährliche und nicht schlaggefährliche einzuteilen, was für die Projektierung der Abbauparameter und des Baufeldzuschnitts von großer sicherheitlicher und wirtschaftlicher Bedeutung ist.

Die Schlußfolgerungen vom Gestein Anhydrit auf die Hauptanhydritschicht sind etwas schwieriger, weil unsere Kenntnis über die Verbandseigenschaften (Klüftigkeit) dieser Schicht wegen zu weniger Aufschlüsse sehr gering sind. Die bekannten Aufschlüsse weisen den Hauptanhydrit als überwiegend stark zerklüftet aus. Außerdem läßt die Tatsache, daß es trotz Vorhandensein von Hauptanhydrit in zwei Feldesteilen mit Hartsalzpfeilern nicht zu Gebirgsschlägen, sondern lediglich zu allmählichen Firstzusammenbrüchen gekommen ist, die Ansicht wahrscheinlich werden, daß die Hauptanhydritschicht nicht als „schlagende Schicht" wirkt.

Inwieweit der beim Abbau des Flözes „Staßfurt" in die Kammern eingebrachte Spülversatz zur Vermeidung von Gebirgsschlägen beiträgt, kann bisher nicht eindeutig beurteilt werden. Es ist zwar erwiesen, daß in Gruben mit Spülversatz bisher keine Gebirgsschläge aufgetreten sind, doch kann die primäre Ursache hierfür im nicht schlaggefährlichen Pfeilermaterial (Hartsalz) gesehen werden. Berücksichtigt man neuere Untersuchungen über die gebirgsmechanische Wirkung des Versatzes beim Kammerbau im Kalibergbau [12], wonach nur der nicht in Versatz eingebettete, freie obere Teil des Pfeilers für die Tragfähigkeit maßgebend ist, so könnte man eine positive Wirkung des Versatzes zur Vermeidung von Gebirgsschlägen vermuten. Durch diese Erhöhung der Tragfähigkeit würde der freie obere Teil des Pfeilers entsprechend seinem kleinen Schlankheitsgrad erst bei sehr hohen Belastungen zerstört werden können, d. h., ein Gebirgsschlag würde erst unter weitaus ungünstigeren Bedingungen entstehen können, als dies beim Abbau ohne Versatz der Fall wäre. Betrachtet man stellvertretend für Pfeiler die in Bild 12 gezeigte Abhängigkeit der Druckfestigkeit von Carnallitproben vom Schlankheitsgrad, so ergibt sich z. B. eine Erhöhung der Druckfestigkeit von ca. 130 auf 800 kp/cm², wenn der Schlankheitsgrad von 2,0 auf 0,2 zurückgeht.

4.6. Gebirgsschlaggefährlichkeit und Temperatur

Es wurde bereits darauf hingewiesen, daß die bisherigen Untersuchungen zur Gebirgsschlaggefährlichkeit der Gesteine unter Zimmertemperatur (17—20 °C) durchgeführt wurden. Es interessiert jedoch auch die Frage, ob und inwieweit die Schlaggefährlichkeit bzw. überhaupt das Verformungs- und Bruchverhalten der Gesteine von der Temperatur beeinflußt werden. Derartige Untersuchungen im Temperaturbereich von 20—100 °C werden zur Zeit an der Arbeitsstelle für Geomechanik in Freiberg [13] durchgeführt. Die vorläufigen Ergebnisse zeigen, daß gerade bei Salzgesteinen ein derartiger Einfluß ausgeprägt ist, wie z. B. aus einem Vergleich der Spannungs-Stauchungskennlinien des Steinsalzes bei 20 und 80 °C (Bild 13) hervorgeht. Die vorläufigen Ergebnisse der Bruchheftigkeitsmessungen an Carnallititproben zeigen aber, daß der Carnallitit selbst bei 80 °C noch schlagartig zerstört wird.

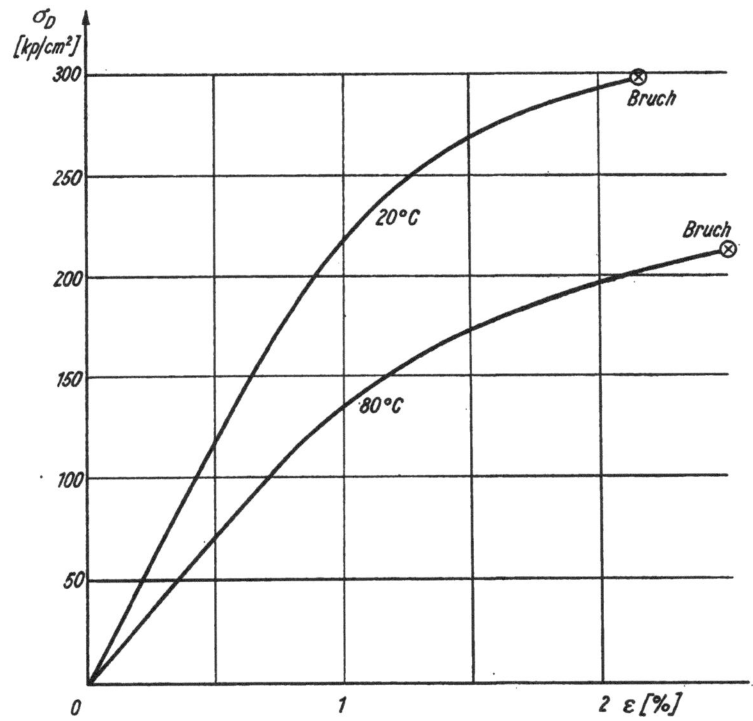

Bild 13. Spannungs-Stauchungs-Kennlinien von Steinsalzprobezylindern in Abhängigkeit von der Temperatur ($l:d = 2{,}0$; $d = 70$ mm; Belastungsgeschwindigkeit ca. 5 kp/cm² · s), nach THIRUMALAI [13]

5. Ergebnisse von Modellversuchen mit äquivalenten Materialien bei offenem Kammerbau in gebirgsschlaggefährdeten Gruben des Werra-Kalireviers

Ziel der in den vergangenen Jahren an der Arbeitsstelle für Geomechanik, Freiberg, durchgeführten ebenen Modellversuche aus äquivalenten Materialien war es, unter Berücksichtigung der Gesteinseigenschaften, Lagerungsverhältnisse und Abbauverfahren im Werra-Kalibergbau Fragen der Gebirgsschlaggefahr im Labor zu klären [9].

Für diese Untersuchungen stand ein Modellprüfrahmen (Bild 14) von 3 m Länge, 2,25 m Höhe und 0,40 m Breite zur Verfügung. Durch eine hydraulische Druckeinrichtung (als Ersatz für die oberen Deckgebirgsschichten) war die Möglichkeit gegeben, die Grubenverhältnisse im Maßstab 1:50 in einer Teufe von 700—800 m nachzubilden. Die durch den hohen Zusatz-

Bild 14. Gesamtansicht des Modellprüfrahmens mit Zusatzbelastung zur Nachahmung der Last der höheren Deckgebirgsschichten, nach KRAUSSE [9]

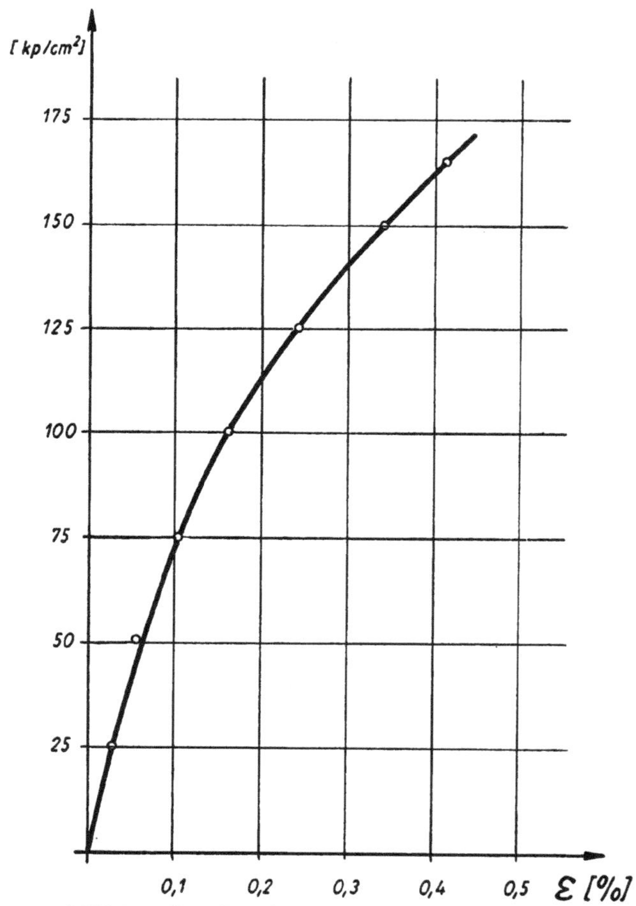

Bild 15. Im Druckversuch erhaltenes Spannungs-Stauchungs-Diagramm von Carnallititzylinderproben, nach KRAUSSE [9] ($l = d = 70$ mm, $v_B = 7$ kp/cm^2 · sec)

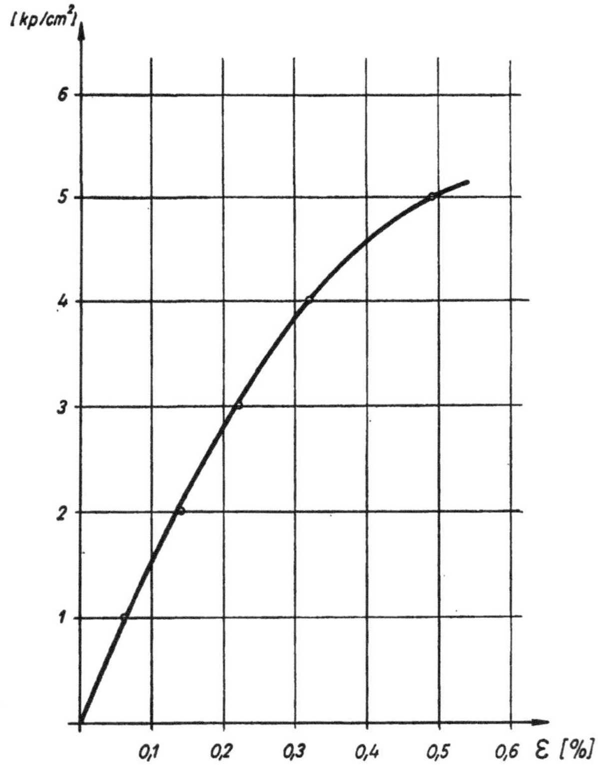

Bild 16. Im Druckversuch erhaltenes Spannungs-Stauchungs-Diagramm von Würfelproben aus Wasser-Gips-Sand-Mischungen, nach KRAUSSE [9] ($a = 50$ mm, $v_{\text{Verformung}} = 5$ mm/min)

druck auftretende Querdehnung des relativ schlanken Modellkörpers wurde im zweiten Modellversuch durch Ankerung verhindert.

Als Modellmaterial wurden wäßrige Mischungen von Anhydritbinder und Sand unter Zusatz von Wasser für die Nachbildung von Steinsalz- und Hartsalzschichten und Mischungen von Gips und Sand für die Nachbildung von Carnallitit verwendet.

Mit diesen Materialien wurde neben den gewünschten Zug- und Druckfestigkeiten vor allem das erforderliche Verformungsverhalten der Salzgesteine nachgeahmt. Als Beispiele werden je ein Spannungs-Stauchungsdiagramm von Proben aus Carnallitit und Gips-Sand-Mischungen (Bilder 15 und 16) angeführt, die das ähnliche Verformungsverhalten der natürlichen Gesteine und der Ersatzstoffe demonstrieren. Zur Nachahmung von Schichtflächen wurde ein Flüssigwachs verwendet.

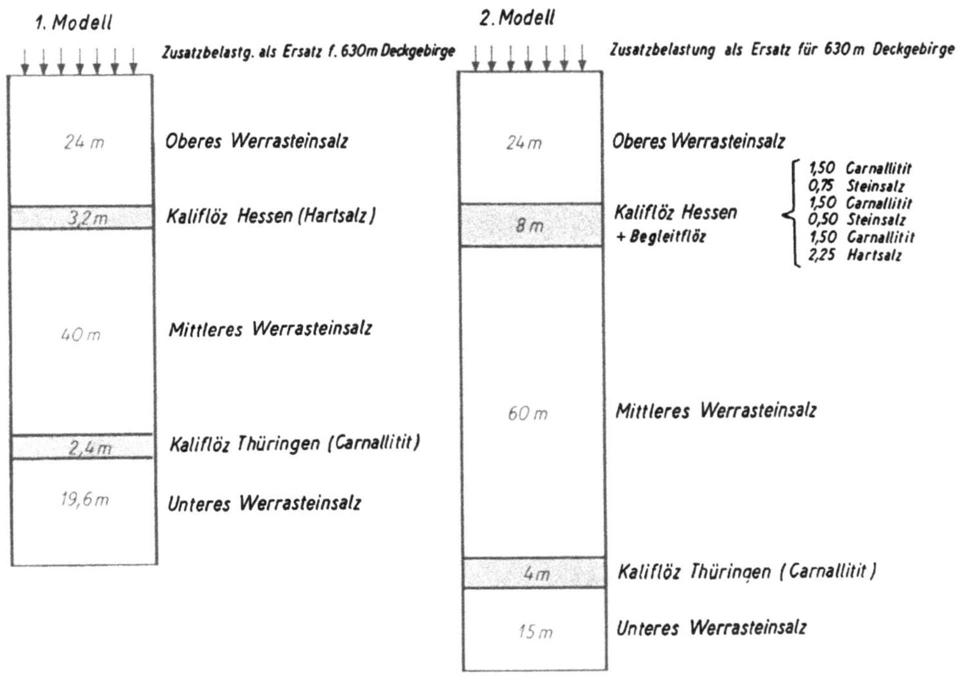

Bild 17. Schematische Darstellung der nachgebildeten Schichtenfolge bei den Modellversuchen, nach Krausse [9]

In Bild 17 sind die nachgebildeten Schichten schematisch dargestellt.

Beide Flöze wurden im Kammerbau ohne Versatz abgebaut. An ca. 80 über das gesamte Modell verteilten Meßpunkten konnten die Bewegungen fotogrammetrisch erfaßt werden.

Außerdem wurden mit Hilfe von induktiven Wegmessern und mechanischen Meßuhren die Konvergenz in den Abbaukammern und die Stauchung der Pfeiler gemessen.

Modell I

Im ersten von uns durchgeführten Modellversuch wurden die einzelnen Abbaukammern nacheinander bei einem Kammer-Pfeiler-Verhältnis von 1:1,2 abgebaut, und zwar zuerst im oberen und danach im unteren Flöz.

Während der Zeit der Belastung trat im unteren Teil des Modellkörpers eine erhebliche Querdehnung auf, die zu einer Ablösung von Schalen von 2—7 cm Stärke führte und den tragenden Querschnitt der Pfeiler im unteren Flöz um ca. 10—35% verminderte. Das Kammer-Pfeilerverhältnis verringerte sich hierdurch bis auf 2:1.

Die Standfestigkeit einzelner Pfeiler wurde hierdurch stark herabgesetzt, und es kam zu Schalenablösungen an den Stößen einiger Pfeiler, die bis zum plötzlichen Bruch der Pfeiler laufend zunahmen.

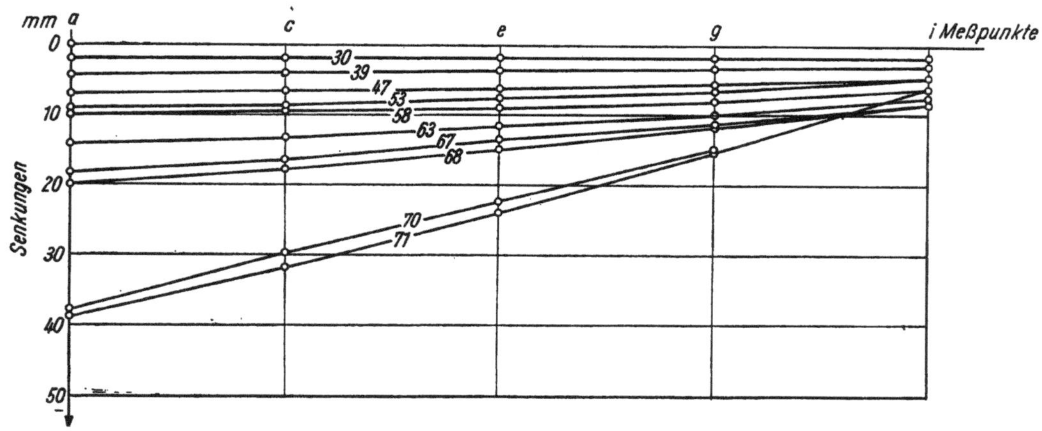

Bild 18. Senkungskurven einer oberhalb des unteren Flözes („Thüringen") angebrachten Punktreihe während des 1. Modellversuches (die Meßpunkte *a—i* waren gleichmäßig horizontal über das gesamte Modell verteilt)

In Bild 18 sind die Bewegungen einer Punktreihe über dem unteren Flöz dargestellt. Bis zur Punktlinie 58 (Zeitraum 3 Wochen) erfolgte im unteren Flöz kein Abbau, die gemessenen Senkungen sind nur eine Folge der Querdehnung des Modellkörpers. Auch die ersten aufgefahrenen Kammern beeinträchtigten die Standfestigkeit der Pfeiler nur wenig (Punktlinie 63).

Erst nach Abschluß der Auffahrungen kam es zu einer erheblichen Stauchung (innerhalb von 3 Tagen bis Punktlinie 68), die mit der plötzlichen Zerstörung der Pfeiler im unteren Horizont abgeschlossen wurde (Punktlinie 70).

Die Bilder 19 und 20 zeigen eine Kammer im unteren Horizont vor und nach der schlagartigen Zerstörung, die der bei Gebirgsschlägen beobachteten Zerstörung im Prinzip gleichkommt (siehe Bilder 1 und 2).

Bild 19. Kammer vor der schlagartigen Zerstörung im unteren Horizont (1. Modellversuch), nach Krausse [9]

Modell II

Im Gegensatz zum I. Modell, bei dem Flöz „Hessen“ als Hartsalzflöz ohne Begleitflöz dargestellt worden war, wurde beim II. Modell das Flöz „Hessen“ als Hartsalzflöz mit carnallitischem Begleitflöz nachgebildet. Außerdem wurden die Abbaukammern nach einem anderen Prinzip als im ersten Modell hergestellt. Um das kritische Kammer-Pfeiler-Verhältnis zu ermitteln, wurden im oberen wie im unteren Flöz zunächst schmale Abbaukammern aufgefahren, die während des Versuches ständig verbreitert wurden. Mit der Schwächung der Pfeiler um 1—2 cm im Modell wurde normalerweise dann begonnen, wenn keine Änderungen der Verformungen mehr gemessen werden konnten.

Bild 20. Kammer wie Bild 19 nach der schlagartigen Zerstörung im unteren Horizont (1. Modellversuch), nach Krausse [9]

Makroskopisch konnten während des gesamten Versuchs von 8 Monaten (über diesen Zeitraum blieb die Belastung des Modellkörpers konstant) keine Rißbildungen an den Pfeilern und im Hangenden und Liegenden festgestellt werden.

Während der Pfeilerschwächung im *oberen Horizont* auf ein Kammerpfeilerverhältnis von 2:1 gingen zwei Pfeiler am Rande des Modells plötzlich ohne vorherige Anzeichen zu Bruch. Dabei ist zu bedenken, daß die Pfeiler teilweise aus carnallitähnlichen Materialien bestanden. Dieser Bruch bewirkte ein Abreißen der Hangendschicht bis in den Bereich des dritten Pfeilers. Nach dem Abfangen der Hangendschichten durch untergebaute Stahlplatten wurde das Modell ein zweites Mal voll belastet. Es zeigten sich bei einer erneuten, sehr geringen Schwächung der verbliebenen Pfeiler im oberen Flöz keine Rißbildungen oder Konvergenzen. 5 Tage nach dieser Schwächung gingen diese Pfeiler des oberen Flözes jedoch plötzlich unter Herausschleudern des Materials zu Bruch. Eine Rißbildung oder sonstige auf den bevorstehenden Bruch hindeutende Erscheinungen traten nicht auf.

Im *unteren Horizont* konnten in dieser Zeit gewisse Stauchungsbeträge gemessen werden, doch eine Rißbildung bzw. ein Bruch von Pfeilern blieb aus. Das Kammer-Pfeilerverhältnis war hier zu dieser Zeit 2,1:1,0. Nach dem Unterbauen des gesamten oberen Flözes mit Stahlplatten wurde der Modellkörper zum dritten Mal langsam belastet. Beim Erreichen von ca. 70% der normalen Teufenlast gingen sämtliche Pfeiler des unteren Flözes nach kurz vorher einsetzender Rißbildung und Erhöhung der Verformungsgeschwindigkeit zu Bruch. Hierbei dürften die bei der Ent- und Wiederbelastung des Modellkörpers eingetretenen Spannungsänderungen in den Pfeilern des unteren Flözes als Ursache für den vorzeitigen Bruch angesehen werden.

Bei allen diesen Pfeilerzusammenbrüchen blieben Hangendes und Liegendes unzerstört, wenn man von zwei sekundären Rissen oberhalb des oberen Flözes absieht, die auf Grund der starken Durchbiegung der Schichten nach der schrittweisen Zerstörung der Pfeiler auftraten.

Die Bilder 21—23 sollen eine Vorstellung vom Grad der Zerstörung der Pfeiler vermitteln. Ohne vorher erkennbare Rißbildungen wurde das Pfeilermaterial beim Bruch herausgeschleudert. Die vollkommen erhaltengebliebenen Hangend- und Liegendschichten sowie der Einfluß der unterschiedlichen Festigkeit der einzelnen Schichten und das damit im Zusammenhang stehende unterschiedliche Bruchverhalten lassen sich aus den Bildern gut erkennen und zeigen den gleichen Bruchcharakter wie die Pfeiler und Firste in Gebirgsschlaggruben (vgl. Bilder 1 und 2).

Wenn auch in der Grube das Überschreiten der kritischen Belastung der Pfeiler nicht durch Schwächung derselben erfolgte, sondern durch die Vergrößerung des Baufeldes und des Abbaues größerer Restpfeiler, so ist beiden Zerstörungen doch gemeinsam, daß der Bruch ohne vorhergehende Anzeichen durch Rißbildung plötzlich erfolgte, das Hangende und Liegende unzerstört blieben und die einzelnen kaliführenden Schichten je nach ihrer Festigkeit mehr oder weniger stark zerstört wurden.

Auch der Vergleich der Konvergenz der Hangendschichten im Modell (s. Bild 24), die aus den fotogrammetrischen Messungen ermittelt wurde, einerseits und der Konvergenz im Gebirgsschlagfeld der Grube Merkers (Bild 7) andererseits zeigt eine weitgehende Übereinstimmung. Wir können somit feststellen, daß

a) das Bruchverhalten der Pfeiler im Modell und in Gebirgsschlaggruben gleich war;
b) erst die Zerstörung der Pfeiler die große Senkung der Deckgebirgsschichten verursacht hat.

Zur Zerstörung der Pfeiler im Modell können nach unseren bisherigen Erkenntnissen folgende Belastungsfälle führen:

1. Eine ungleichmäßige Belastung der einzelnen Pfeiler führt unter Bildung von Rissen in den einzelnen überbeanspruchten Pfeilern zur Umverlagerung der Last (siehe Modellversuch I, unteres Flöz, wo durch die eingetretene Querdehnung des Modellkörpers ein unterschiedlicher tragender Querschnitt der einzelnen Pfeiler sich ergab) auf die noch standfesten Pfeiler, die diese zusätzliche Belastung bis zur Erreichung der kritischen Last übernehmen können, dann aber auf Grund des Sprödbruchverhaltens des Materials plötzlich zu Bruch gehen.
2. Beim Schwächen der Pfeiler wird die kritische Belastung um einen gewissen Betrag überschritten, es kommt sofort während der Schwächung zur plötzlichen Zerstörung der Pfeiler (siehe Modellversuch II, Zerstörung von zwei Pfeilern) ohne vorherige Rißbildung.
3. Beim Schwächen der Pfeiler wird die kritische Belastung fast erreicht. Durch das Kriechverhalten des Materials kommt es ohne weitere Schwächung der Pfeiler bzw. Erhöhung der Belastung zum plötzlichen Bruch der Pfeiler (siehe Modellversuch II, Zerstörung im oberen Flöz bei der 1. Wiederbelastung der Pfeiler.)
4. Durch die mehrmalige Ent- und Wiederbelastung des Modellkörpers während des Versuches kam es zu einer schnellen Wechselbelastung der Pfeiler, die hierdurch überbeansprucht werden und bereits beim Erreichen einer wesentlich geringeren Last zu Bruch gehen (siehe Modellversuch II, Zerstörung im unteren Flöz).

Die Ergebnisse dieser Modellversuche können natürlich nicht unmittelbar auf die Praxis übertragen werden, da das Modell in seinen Abmessungen begrenzt ist und somit nur ein kleiner Gebirgsausschnitt dargestellt wird. Weiterhin müssen die geologischen Verhältnisse

Bild 21. Zerstörter Pfeiler im oberen Flöz
(2. Modellversuch — 1. Bruch), nach KRAUSSE [9]

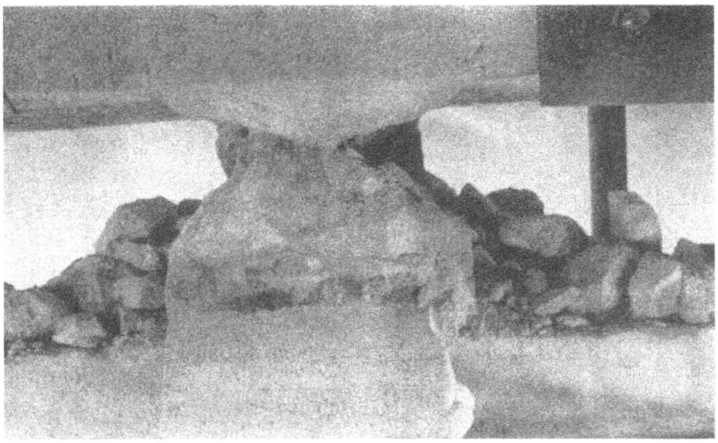

Bild 22. Zerstörter Pfeiler im oberen Flöz
(2. Modellversuch — 2. Bruch), nach KRAUSSE [9]

Bild 23. Zerstörter Pfeiler im unteren Flöz
(2. Modellversuch — 3. Bruch), nach KRAUSSE [9]

im Modell abstrahiert werden. Die auf Grund anderer Überlegungen und Messungen ([1] und [4]) gewonnene Meinung, daß zur Auslösung eines Gebirgsschlages nicht unbedingt eine schlagende Schicht im Hangenden vorhanden sein muß, sondern das Verformungs- und Bruchverhalten des in den Pfeilern anstehenden Materials in erster Linie für die Entstehung eines Gebirgsschlages verantwortlich ist, konnte trotzdem bestätigt werden.

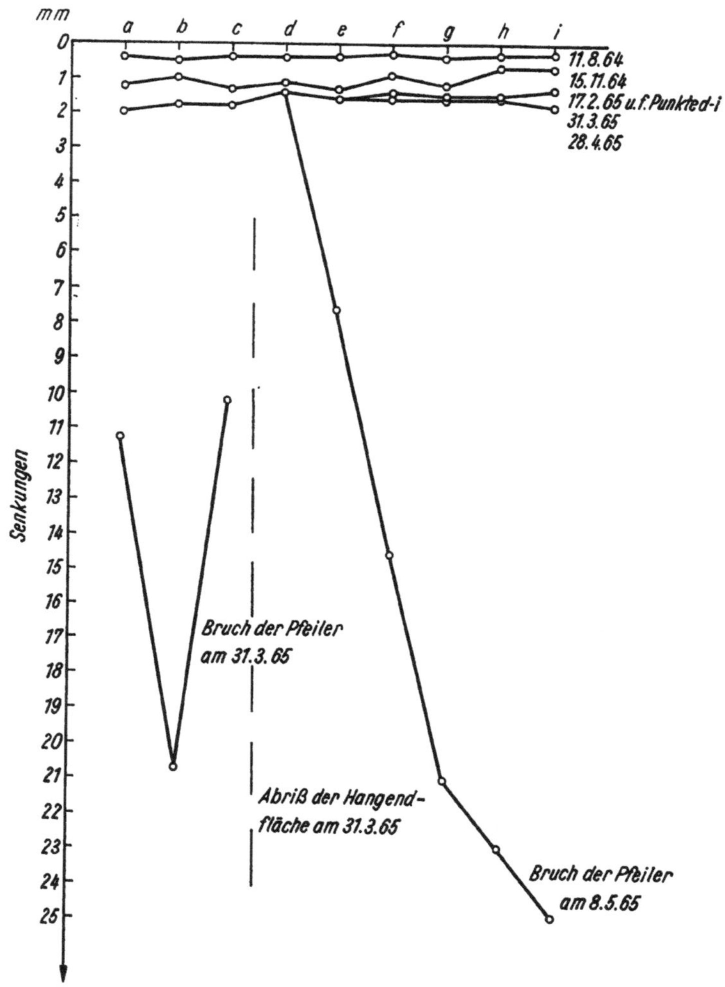

Bild 24. Senkungskurven einer oberhalb des oberen Flözes angebrachten Punktreihe während des 2. Modellversuchs, nach Krausse [9]

Über genaue Abbauparameter zur Vermeidung von Gebirgsschlägen können anhand der Modellversuche bisher keine Angaben gemacht werden, da einige wichtige, die Situation auf jeden Fall negativ beeinflussende Faktoren, wie Größe des Grubenfeldes, Unregelmäßigkeit der Ablagerung, Erschütterungen des Gebirges durch die Sprengarbeit u. a. m., nicht nachgeahmt werden konnten.

Als Empfehlung für die Dimensionierung der Carnallit-Pfeiler in situ kann aber auf Grund der Modellversuche angegeben werden, daß ein Kammer-Pfeilerverhältnis von $\leqq 2:1$ grundsätzlich als gefährlich angesehen werden kann.

6. Gesamteinschätzung

Wir wollen abschließend versuchen, eine kurze Einschätzung der allgemein in der Gebirgsschlagforschung als wichtig angesehenen Faktoren aus der Sicht des im Kalibergbau der DDR erreichten Standes zu geben.

Die in allen Bergbauzweigen gültigen Gebirgsschlagbedingungen konnten auch bei den Gebirgsschlägen beim Kammerbau des Kalibergbaues nachgewiesen werden [1]:

a) Vorhandensein von Gesteinen in unmittelbarer Nachbarschaft der Lagerstätte oder in dieser selbst, welche die Fähigkeit zur Akkumulation und zur plötzlichen Freigabe großer Mengen potentieller Energien haben. Von uns [4] konnte nachgewiesen werden, daß die aus Carnallitgestein bestehenden Pfeiler als ein derartiger Energielieferant bei Gebirgsschlägen fungieren können.

b) Vorhandensein genügend großer Teufen und ausreichend großer Störungen des primären Spannungsgleichgewichts im Gebirge durch entsprechend große Grubenfelder bzw. Grubenbaue. In den Kaligruben werden bei Teufen von 400—800 m extrem große Grubenfelder bis zu ca. 20 km^2 erreicht; ebenso haben die planmäßig offenbleibenden Grubenbaue große Dimensionen (ca. 50—300 m^2 große Querschnitte in den Abbaukammern). Leider läßt sich bisher keine kritische Grenze für Teufe und Größe der Grubenfelder zahlenmäßig angeben, von denen an es zu Gebirgsschlägen kommen kann. Man muß damit rechnen, daß in allen im deutschen Kalibergbau zur Zeit erreichten Teufen Gebirgsschlaggefahr besteht, wenn carnallitische Feldesteile abgebaut werden und andere gebirgsschlagbegünstigende Faktoren hinzukommen.

c) Fehler in der Abbauführung im Sinne der Gebirgsschlagsystematik nach Niemczyk [1] können Gebirgsschläge oder sonstige stärkere schädliche gebirgsmechanische Auswirkungen verursachen. Beispiele für den Nachweis solcher Fehler sind vorhanden [1]. Sie haben beim Gebirgsschlag Merkers 1958 (Restpfeilerwirkung bei Zweiflözbau) und beim großräumigen Firstzusammenbruch Schierstedt 1955 (falscher Abbau einer Insel) mitgewirkt. Von nicht zu unterschätzender Wirkung ist auch die durch Schubwirkung hervorgerufene Änderung des Belastungscharakters, welche die Zerstörung durch Zersplittern begünstigen kann. Bild 25 zeigt in einem Schema, wie sich der wirksame Querschnitt in einem Pfeiler in Abhängigkeit von der Schubrichtung ändern kann.

Von den gebirgsschlagbegünstigenden Faktoren seien folgende nochmals besonders genannt:

1. Zur Frage des Vorhandenseins einer sogenannten „schlagenden Schicht“, d. h. einer Schicht im Hangenden mit der Fähigkeit zur Speicherung und plötzlichen Freigabe großer potentieller Energiemengen nehmen wir, wie bereits früher betont ([1] und [4]), den Standpunkt ein, daß es einer solchen Hangendschicht zum Zustandekommen eines Gebirgsschlages nicht unbedingt bedarf. Dabei stützen wir uns auf die Tatsache, daß bei den Gebirgsschlägen im Kalibergbau bisher keine derartige

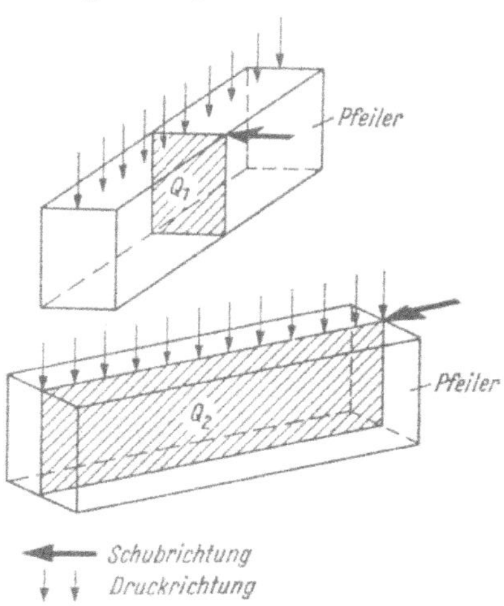

Bild 25. Wirksamer Querschnitt von langen Pfeilern in Abhängigkeit von der Schubrichtung, nach Kvapil/Pforr [15]
a) Schubkräfte wirken rechtwinklig zur Längsachse des Pfeilers (gefährlich, da kleinster Querschnitt Q_1);
b) Schubkräfte greifen parallel zur Längsachse des Pfeilers an (weniger gefährlich, da größter Querschnitt Q_2 Widerstand leistet)

Schicht nachgewiesen werden konnte. Es hat sich im Werra-Kalirevier im Gegenteil sogar gezeigt, daß die im Hangenden anstehende Schicht, nämlich das ca. 100 m mächtige obere Werrasteinsalz, die Eigenschaften einer solchen „schlagenden Schicht" nicht haben kann. Darüber hinaus scheint das obere Werrasteinsalz nicht einmal die früher ([2], Seite 595) angenommene Biegesteifigkeit zu haben. Hierauf deuten die inzwischen erhaltenen Festigkeitsprofile (Bild 26) sowie die beobachteten stärkeren tonigen

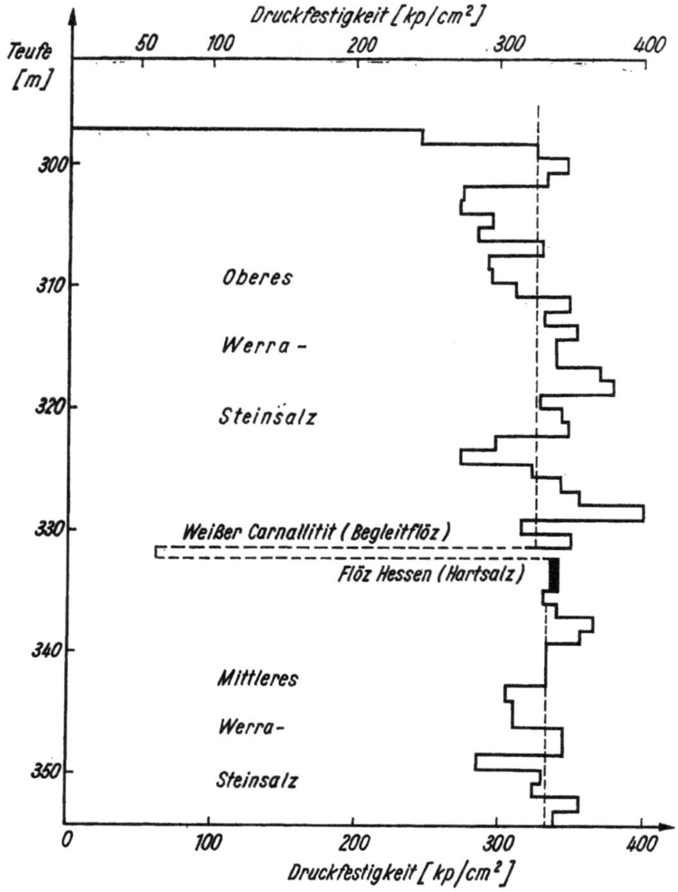

Bild 26. Festigkeitsprofil des Oberen und Mittleren Werra-Steinsalzes sowie des Flözes „Hessen", bestimmt an Bohrkernen der Tiefbohrung Frauensee 3 (Druckfestigkeit wurde einheitlich an zylindrischen Proben mit $1:d = 1$ und einer Belastungsgeschwindigkeit von ca. 10 kp/cm² · s ermittelt), nach Pforr/Rosetz [8]

Zwischenschichten hin, die die Gesamtschicht in mehrere Bänke geringerer Mächtigkeit unterteilen. Vor allem sprechen aber neuere Meßergebnisse von Hottewitz [14] gegen die angenommene Biegesteifigkeit. Bild 27 zeigt z. B., daß in der Kaligrube Merkers die Querdehnungsgeschwindigkeit eindeutig von der in dieser Grube sehr unterschiedlichen Teufe (ca. 400—700 m) abhängig ist. Wenn ein Verformungsparameter derartig ausgeprägt auf Änderungen der Teufe reagiert, so kann man wohl kaum die Annahme einer biegungssteifen Hangendschicht aufrechterhalten, zumal die Mächtigkeit dieser Schicht im Untersuchungsgebiet etwa gleichgroß ist.

Im übrigen sei nochmals auf die Untersuchungen zur Ermittlung der Gebirgsschlaggefährlichkeit [4] hingewiesen, aus denen klar hervorgeht, daß Steinsalz im Gegensatz zu den von KEGEL [7] und STORCK [18] vertretenen Meinungen vom Gestein her nicht in der Lage ist, größere Mengen potentieller Energie zu speichern, also nicht als schlagende Schicht wirken kann.

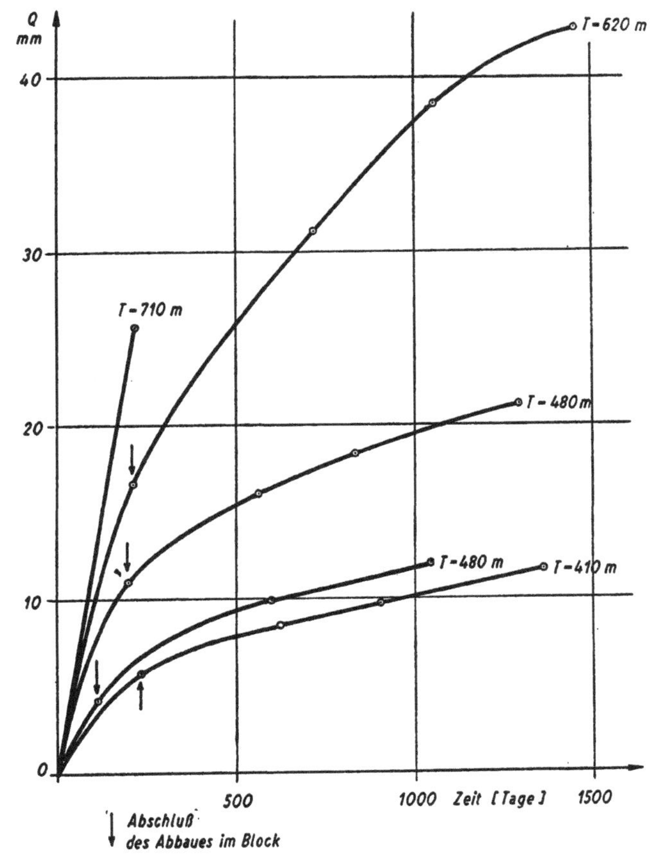

Bild 27. Nachweis des Einflusses der Teufe T auf die Pfeilerquerdehnung Q bei 5 m breiten Carnallititpfeilern in der Kaligrube Merkers bei durchschnittlicher Vortriebsgeschwindigkeit von 2800 m²/Monat, nach HOTTEWITZ [14]

2. Die Gebirgsschlaggefährlichkeit der carnallitisch ausgebildeten Flöze bzw. Pfeiler ist der bisher wichtigste Faktor zur Prognose einer prinzipiellen Gebirgsschlaggefahr. Das wurde durch die gesteinsmechanischen Untersuchungen und die Modellversuche bewiesen ([3], [4], [9]). Bei einer Beibehaltung des derzeitigen Abbauverfahrens in carnallitischen Feldesteilen muß daher vorläufig eine wesentlich stärkere Dimensionierung der Pfeiler und dadurch eine Erhöhung der Abbauverluste hingenommen werden.

3. Die Mächtigkeit (bzw. die Pfeilerhöhe) einer schlaggefährlichen Kalilagerstätte hat zweifellos einen Einfluß auf die Gebirgsschlaggefahr. Bei großen Mächtigkeiten und dadurch bedingten großen Schlankheitsgraden der Pfeiler kann der Bruch bereits eher eintreten als bei Pfeilern mit niedrigem Schlankheitsgrad. Letztere werden aber besonders intensiv zerstört. Auch die im beschriebenen 2. Modellversuch vorgenommene Schwächung von carnallitischen Pfeilern (Übergang zu einem höheren Schlankheitsgrad unter Last) bestätigt diese Annahme.

4. Ein gebirgsschlagbegünstigender Einfluß von geologischen Störungen und dgl. ist in manchen Fällen im Kalibergbau als wahrscheinlich anzusehen, kann jedoch vorerst nicht näher eingeschätzt werden.
5. Durch den Nachweis, daß auch bei Gebirgsschlägen im Kalibergbau Fehler in der Abbauführung vorgelegen haben [1], wurde die Notwendigkeit erkannt, die Richtlinien für richtige Abbauführung im Sinne Niemczyks auch bei der Planung im Kalibergbau weitgehend einzuhalten. Diese Fragen müssen insbesondere beim Zweiflözbau im Werra-Kalirevier (Restpfeilerwirkung) beachtet werden.
6. Die im Erzbergbau teilweise mit Erfolg zur Gebirgsschlagprognose angewandte seismoakustische Erfassung der Impulsfähigkeit [16] führte im Kalibergbau bisher zu keinen praktisch verwertbaren Ergebnissen. Die Untersuchungsmöglichkeiten sind wegen der geringen Zahl der Gebirgsschläge oder ähnlicher Erscheinungen im Kalibergbau von vornherein ungünstiger als in anderen Bergbauzweigen.
7. Der im Steinkohlenbergbau des Ruhrgebietes erfolgreich zur Prognose von Gebirgsschlägen angewandte Bohrtest [17] eignet sich für den Kalibergbau leider nicht, da das Salzgestein nicht so intensiv wie die Kohle in das Bohrloch gedrückt wird. Die Wahrnehmung von Gestängeverklemmungen scheint dagegen als qualitatives Merkmal für die Feststellung gefährlicher Spannungen im Salzgebirge vielleicht geeignet zu sein.
8. Wie in anderen Bergbauzweigen gilt auch im Kalibergbau, daß Gebirgsschläge durch die Sprengarbeit ausgelöst werden können, jedoch nicht ausgelöst werden müssen. Die Durchführung der Sprengarbeit bei zurückgezogener Belegschaft ist also auch im Kalibergbau kein sicherer Schutz vor Unfällen durch Gebirgsschlag.

Wir haben versucht, einen Überblick über den im Kalibergbau der DDR erreichten Stand der Gebirgsschlagforschung zu geben. Die Kaliindustrie und einige Forschungseinrichtungen der DDR sind in gemeinsamer Arbeit bemüht, die Gebirgsschlaggefahr im Kalibergbau weiterhin zu reduzieren, weshalb Anstrengungen gemacht werden, die wissenschaftlichen Erkenntnisse auf diesem Gebiet möglichst schnell zu verbessern. Man muß dabei allerdings bedenken, daß weitere Fortschritte in der Gebirgsschlagforschung nur im Zusammenhang mit den Fortschritten auf dem Gesamtgebiet der Gebirgsmechanik erwartet werden können.

Literatur

[1] Gimm, W. und Pforr, H.: Gebirgsschläge im Kalibergbau unter Berücksichtigung von Erfahrungen des Kohlen- und Erzbergbaus. Freiberger Forschungshefte A 173, S. 1—181, Akademie-Verlag, Berlin 1961.

[2] Spackeler, G., Gimm, W., Höfer, K.-H. und Duchrow, G.: Neue Erkenntnisse über Gebirgsschläge im Kalibergbau. Vortrag G 5 zum Internationalen Kongreß für Gebirgsdruckforschung, Paris 16.—20. Mai 1960. Edition de la Revue de l'Industrie Minerale, Saint-Etienne, S. 583—596.

[3] Gimm, W. und Pforr, H.: Bruchverhalten von Salzgesteinen bei Gebirgsschlägen und Gasausbrüchen. 4th International Conference on Strata Control and Rock Mechanics, Columbia University New York, 4.—8. 5. 1964 in New York.

[4] Pforr, H.: Untersuchungen zur Gebirgsschlaggefährlichkeit von Gesteinen des Kalibergbaus. Freiberger Forschungshefte A 332, S. 1—89, VEB Deutscher Verlag für die Grundstoffindustrie, Leipzig 1965.

[5] Kvapil, R.: Über natürliche Gesteinszerstörung und über den Mechanismus der Gesteinszerstörung durch Zersplittern bei Gebirgsschlägen. Freiberger Forschungshefte A 156, S. 1—124, Akademie-Verlag, Berlin 1961.

[6] Spackeler, G.: Lehrbuch des Kali- und Steinsalzbergbaus. Verlag Wilhelm Knapp, Halle 1957.

[7] Kegel, K.: Die Gebirgsschlaggefahr im Kalisalzbergbau. Bergakademie 9 (1957), Heft 9.

[8] Pforr, H. und Rosetz, G. P.: Ergebnisse und Erfahrungen bei Druck- und Zugversuchen an Gesteinen des Kalibergbaus (Beitrag zum Festigkeitskatalog und zur Erfassung des natürlichen Gesteinsverhaltens). Freiberger Forschungshefte A 376, VEB Verlag für die Grundstoffindustrie, Leipzig 1966 (im Druck).

[9] KRAUSSE, A.: Ebene Modellversuche mit äquivalenten Materialien als Beitrag zur Klärung von Gebirgsschlagfragen beim Kammerbau. Dissertation, Bergakademie Freiberg, 1966.

[10] DÖRING, T., HEINRICH, F., PFORR, H.: Zur Frage des Verformungs- und Festigkeitsverhaltens statistisch isotroper und homogener Gesteine mit inelastischen Verformungseigenschaften. Abhandlungen der DAW zu Berlin, Klasse für Bergbau, Hüttenwesen und Montangeologie, Jg. 1965, Akademie-Verlag, Berlin 1965.

[11] BITSCH, J. A. und FEDOTOV, A. P.: Die wichtigsten Eigenschaften von Kohlenflözen, die deren Neigung zu Gebirgsschlägen bestimmen (Osnonye svoistva ugol'nych plastov, opredeljajuščije ich sklonostj k gornym udaram). Ugol (1961), Heft 1, S. 31—34.

[12] MICHALZIK, A.: Die Bedeutung des Versatzes für die planmäßige Senkung der Abbauverluste im Kalibergbau. Dissertation, Bergakademie Freiberg, 1965.

[13] THIRUMALAI, K.: Einfluß der Temperatur auf das Verformungs- und Festigkeitsverhalten von Gesteinen in Hinblick auf deren Neigung zu Gebirgsschlägen. Geplante Dissertation, Bergakademie Freiberg, 1966.

[14] HOTTEWITZ, K.: Beitrag zur Gebirgsmechanik im Werra-Kalibergbau unter besonderer Berücksichtigung des Hangendverhaltens. Dissertation, Bergakademie Freiberg, 1966.

[15] KVAPIL, H. und PFORR, H.: Über statische Bedingungen zur Entstehung des Gebirgsschlags Merkers am 8. 7. 1958. Freiberger Forschungshefte A 173, S. 182—190, Akademie-Verlag, Berlin 1961.

[16] SIBEK, V., ŠIMANE, J., BUBEN, J.: Methoden der Gebirgsschlagforschung in der ČSSR. 4th International Conference on Strata Control and Rock Mechanics. Columbia University New York, 4.—8. 5. 1964 in New York.

[17] JAHNS, H.: Erkennen und Beseitigen gefährlicher Spannungen im Kohlenstoß einer Abbaustrecke des gebirgsschlaggefährdeten Flözes Sonnenschein. Glückauf **101** (1965), S. 184—191.

[18] STORCK, U.: Auswertung jüngster Erkenntnisse der Gebirgsdruckforschung für die Praxis im Kalibergbau. Bergbauwissenschaften **9** (1962), S. 341—351.

Betriebsverfahren zum Erkennen und Beseitigen der Gebirgsschlaggefahr im Ruhrgebiet

von H. Jahns, Essen

Als Gebirgsschlag bezeichnet man im Ruhrgebiet einen Bruch des Gebirges, bei dem eine vom Grubenbau angeschnittene Gesteinsschicht — meistens das Flöz — mit großer Gewalt bankparallel in den Grubenhohlraum hineingeschoben wird, etwa so, wie sich die Schublade eines Schrankes bewegen würde, wenn man ihr vom Schrankinnern her plötzlich einen starken Stoß versetzt. Im französischen Bergbau spricht man daher auch treffend von dem „Schubladeneffekt".

Die Größe oder Stärke eines solchen Schlages messen wir durch die Fläche des Liegenden (in m^2), über die der Flözstoß dabei vorgeschoben wurde.

Diese Gebirgsschläge kündigen sich im Gegensatz zu den Strebbrüchen nicht vorher an. Sie treten mit ihren verheerenden Wirkungen vielmehr ganz plötzlich auf und waren daher schon mehrfach Anlaß schwerer Unfälle.

Im Ruhrgebiet haben die Gebirgsschläge in der Zeit von 1917 bis 1954 nach [1] durchschnittlich 4,5 und von 1955 bis 1964 3,5 tödliche Unfälle pro Jahr verursacht. Das sind erheblich weniger als durch andere Unfallursachen, z. B. durch Stein- und Kohlenfall, der in den Jahren 1950 bis 1954 nach [1] durchschnittlich 217 und von 1955 bis 1964 durchschnittlich 136 tödliche Unfälle pro Jahr zur Folge hatte.

Dieses Zurücktreten der Gebirgsschläge als Gefahrenquelle liegt erstens daran, daß die Voraussetzungen für das Auftreten eines Gebirgsschlages in den Flözen des Ruhrgebietes nicht oft erfüllt sind. So sind nach einer in [1] enthaltenen Zusammenstellung die Gebirgsschläge der Jahre 1917 bis 1954 in 13 verschiedenen Flözen aufgetreten, das sind rd. 20 bis 25% der damals als bauwürdig geltenden Flöze. Dabei ist aber zu beachten, daß dieser Anteil bei Vordringen des Abbaus in größere Teufe allmählich zunehmen wird und daß sich unter den gebirgsschlaggefährdeten Flözen viele besonders reine und wertvolle Flöze befinden.

Das Zurücktreten liegt zweitens aber auch daran, daß die Gebirgsschläge wegen ihres überraschenden Auftretens besonders gefürchtet sind und daher ihrer Erforschung und Bekämpfung im Ruhrgebiet ein verhältnismäßig großer Anteil an wissenschaftlicher Arbeit gewidmet wurde.

Das letzte größere Forschungsvorhaben dieser Art war das der Forschungsgemeinschaft Neumühl in den Jahren 1952 bis 1956. Darüber wurde in zwei Heften der Zeitschrift „Glückauf" berichtet [2]. Mitte 1962 hat der Steinkohlenbergbauverein auf Anregung einiger Zechen diese Untersuchungen in engerem Rahmen wieder aufgenommen, und zwar mit dem Ziel, die Betriebsverfahren zum Erkennen und Beseitigen der Gefahr zu verbessern und neue zu entwickeln.[1])

Bisher erschienen über diese Arbeiten drei Veröffentlichungen. Eine davon [3] behandelt die Mechanik der Gebirgsschläge, die Voraussetzungen für ihr Entstehen und Gegenmaßnahmen, wobei besonders auch das neuere ausländische Schrifttum berücksichtigt wird. In den beiden anderen Arbeiten [4] und [5] werden die Ergebnisse der in den Jahren 1962 und 1963

---

1) Diese Untersuchungen werden wegen ihrer sicherheitlichen Bedeutung mit Mitteln des Ministers für Wirtschaft, Mittelstand und Verkehr des Landes Nordrhein-Westfalen gefördert.

Tabelle 1, Teil I. Bekämpfung der Gebirgsschlaggefahr im Ruhrgebiet. I (Stand Mitte 1965)
I. Vorbeugung der Gebirgsschlaggefahr durch Beseitigen ihrer Voraussetzungen

	Voraussetzung für das Entstehen der Gebirgsschlaggefahr	Wege zum Erkennen der Voraussetzung			Maßnahmen zum Beseitigen der Voraussetzung			Ergebnisse der Überlegungen	
		vorgeschlagen	im Ruhrgebiet erprobt	Erfolg	vorgeschlagen	im Ruhrgebiet erprobt	Erfolg	Maßnahme zuverlässig ?	Maßnahme zu empfehlen ?
1	2	3	4	5	6	7	8	9	10
A	Herstellen des Hohlraumes in einer Teufe von mehr als 300 m	keine Eintragung erforderlich			Stillegen des Betriebspunktes	ja	ja	ja	nein, unerwünscht
B	„Biegesteifes" Nebengestein	Bergmännische Erfahrung, Aufschlüsse in Strecken oder Bohrlöchern	ja	begrenzt	*Flache Lagerung:* Abbau eines Schutzflözes *unter* dem gefährdeten Betriebspunkt [3]	ja	ja	ja	ja, wenn möglich
		Konvergenzmessung in Abbaustrecken [3]	wird z. Z. untersucht	?	*Steile Lagerung:* Abbau eines Schutzflözes *unter* dem gefährdeten Betriebspunkt	wird z. Z. untersucht	?	?	?
C	Zusatzdruck im Hohlraumvorfeld	Auf dem Grubenbild nach möglichen Ursachen für den Zusatzdruck suchen [9]	ja	begrenzt	*Flache Lagerung:* Bessere Abbauführung	ja	ja	ja	ja, aber selten anwendbar
		„Punktsystem" [6]	ja	sehr begrenzt	Abbau eines Schutzflözes über oder unter dem gefährdeten Betriebspunkt [3]	ja	ja	ja für begrenzte Zeit	ja, wenn Abbau dem des Schutzflözes bald folgt
		Konvergenzmessungen im Streb [4]	ja	nein	*Steile Lagerung:* Bessere Abbauführung Abbau eines Schutzflözes über oder unter dem gefährdeten Betriebspunkt	wird z. Z. noch untersucht	?	?	?
D	Besondere Eigenschaften der Flözkohle	Bergmännische Beobachtung und Erfahrung	ja	sehr begrenzt	Abbau eines Schutzflözes	zusammen mit I *B* und und I *C*	?	?	?
		Messung des Anteils elastischer Verformung unter Tage Ausgasungsmessungen Laboruntersuchungen der Kohle [12]	in Arbeit oder dafür vorgesehen	?	Hochdrucktränken	vgl. Teil II	?	?	?

Tabelle 1, Teil II. Bekämpfung der Gebirgsschlaggefahr im Ruhrgebiet (Stand Mitte 1965)

II. Beseitigen der Gefahr selber in der Nähe des Hohlraumes

	Entstehen der Gebirgsschlaggefahr	Wege zum Erkennen der Gefahr			Maßnahmen zum Beseitigen der Gefahr			Bemerkungen
		vorgeschlagen	im Ruhrgebiet erprobt	Erfolg	vorgeschlagen	im Ruhrgebiet erprobt	Erfolg	
1	2	3	4	5	6	7	8	9
A^+ B^+ C^+ D	Konzentration des Zusatzdruckes in der Nähe des Hohlraumes durch Zusammenwirken von A bis D	Bergmännische Beobachtung und Erfahrung	ja	zuweilen	Beseitigen der Gebirgsschlaggefahr durch			
		Messung der Auswanderung des Kohlenstoßes [4]	ja	noch fraglich				
		Ultraschallmessung der Stärke der Auflockerungszone [14]	vorläufig noch zurückgestellt	?	a) Gewinnung mit Fernsteuerung	ja	ja	
		Messung von Art und Stärke der Geräusche im Flöz [15]		?	b) Lockerungsschießen [4]	ja	bisher ja	Untersuchungen laufen noch
					c) Hochdrucktränken [16], [5]	ja	bisher ja	
					d) Ausblasen [5]	wenig	?	
					e) Ausbohren [17]	ja	bisher ja	
		Bohrteste I und II [5]	ja	bisher ja	f) Gewinnungsschießen	ja	ja	

auf zwei Gruben des Ruhrgebietes durchgeführten Untersuchungen beschrieben, und zwar in [4] die Wirksamkeit des Entspannungsschießens und in [5] die Erprobung der Bohrteste und des Hochdrucktränkens.

Der vorliegende Bericht beruht auf dem Inhalt dieser drei Veröffentlichungen und auf den Ergebnissen der danach in den Jahren 1964 und 1965 bisher in 21 Streben des Ruhrgebietes fortgesetzten Untersuchungen.

Er beginnt mit dem im Jahre 1962 aufgestellten Forschungsprogramm [4], welches zu der in Tabelle 1 stehenden Übersicht „Bekämpfung der Gebirgsschlaggefahr im Ruhrgebiet (Stand Mitte 1965)" erweitert wurde.

Spalte 2 dieser Tabelle enthält die für das Entstehen eines Gebirgsschlages bestehenden Voraussetzungen.

In [4] waren dafür noch sieben Voraussetzungen genannt und anschließend die Frage aufgeworfen worden, ob ein Gebirgsschlag nur dann auftreten kann, wenn diese sieben Voraussetzungen zugleich vorliegen. Diese Frage läßt sich z. Z. in dieser allgemeinen Form noch nicht beantworten, besonders weil wir noch zu wenig über den Einfluß der damals als Voraussetzungen D, F und G genannten Eigenschaften der Flözkohle wissen. Sicher ist nur, daß gewisse Eigenschaften der Kohle für das Entstehen der Gebirgsschlaggefahr entscheidend sind. Deshalb wurde in der Übersicht nach den Voraussetzungen (A) „Herstellen eines Hohlraumes", (B) „Biegesteifes Nebengestein" und (C) „Zusatzdruck im Hohlraumvorfeld" als vierte Voraussetzung ganz allgemein (D) „Besondere Eigenschaften der Flözkohle" genannt, wozu u. a. auch der CH_4-Gehalt des Flözes rechnet, der besonders im französischen Bergbau als Gebirgsschlagursache gilt und wahrscheinlich auch im Ruhrgebiet schon mehrmals die Heftigkeit der Schläge verstärkt hat.

Die Maßnahmen gegen die Gebirgsschlaggefahr lassen sich je nach Zielsetzung in zwei Gruppen einordnen, nämlich

Gruppe I: man verhindert in einem größeren Abbaufeld die Entstehung der Gebirgsschlagneigung;

Gruppe II: man nimmt die Entstehung der Gebirgsschlagneigung in Kauf und beseitigt die Gefahr für den jeweils laufenden Arbeitsabschnitt.

Dementsprechend besteht auch die Übersicht aus zwei Hauptteilen:

I. Vorbeugen der Gebirgsschlagneigung durch Beseitigen ihrer Voraussetzungen;

II. Beseitigen der Gefahr selber.

Die Bekämpfung wird bei beiden Methoden erschwert durch den Umstand, daß sich die Gebirgsschläge nicht vorher ankündigen. Infolgedessen gewinnen alle Merkmale, an denen man das Vorliegen der Gefahr oder ihrer vier Voraussetzungen erkennen kann, große Bedeutung. In den Spalten 3 bis 5 der Übersicht werden daher die bisher vorgeschlagenen Wege zum Erkennen der Voraussetzungen für die Entwicklung der Gebirgsschlaggefahr (Teil I) oder auch der Gefahr selber (Teil II) behandelt und in den Spalten 6 bis 10 die Maßnahmen zur Beseitigung dieser Voraussetzungen bzw. der Gebirgsschlaggefahr. Dabei unterrichten die Spalten 4 und 5 bzw. 7 und 8 darüber, ob und mit welchem Erfolg die betreffende Maßnahme im Ruhrgebiet erprobt wurde. In den Spalten 9 und 10 folgt als Ergebnis der Überlegungen für jede der vorgeschlagenen Maßnahmen eine Beurteilung, ob sie im Ruhrbergbau die Gebirgsschlaggefahr zuverlässig beseitigt, und ob und notfalls unter welchen Einschränkungen ihre Anwendung empfohlen werden kann. Die vier Voraussetzungen werden nunmehr einzeln erörtert.

Zu I *A*, *Herstellen eines Hohlraumes in mehr als 300 m Teufe*

Die Mindestteufe, bei deren Überschreitung im Ruhrgebiet erstmals Gebirgsschläge aufgetreten sind, ist nachträglich nicht mehr festzustellen. Der Wert 300 m wurde von anderen Bergbaurevieren übernommen. Die heutige Abbauteufe des Ruhrgebietes ist durchweg tiefer.

Mit der Voraussetzung *A* ist das Herstellen oder Erweitern des gefährdeten Hohlraums selber gemeint, und um zu erkennen, ob in einer Teufe von mehr als 300 m ein Hohlraum geschaffen wurde, bedarf es keiner besonderen Meßverfahren. Deshalb waren in den Spalten 3 bis 5 keine Eintragungen erforderlich. Das in Spalte 6 als Gegenmaßnahme angegebene Stilllegen des Betriebspunktes ist aus volks- und privatwirtschaftlichen Gründen höchst unerwünscht und daher nur im Notfall vertretbar, d. h., wenn sich keine andere bessere Abhilfemaßnahme bietet. Leider wird es im Ruhrgebiet auch heute noch angewendet. Es beseitigt die Voraussetzung *A* sicher und ebenso auch die Gefährdung der Belegschaft. Daher steht in Spalte 9 der Vermerk „Ja“ und in Spalte 10 die Beurteilung: „Nein, unerwünscht“.

Zu I *B*, *Biegesteifes Nebengestein*

Der Bergmann weiß meistens aus Erfahrung, welche seiner Flöze gebirgsschlagverdächtig sind und welche Art von Nebengestein die Voraussetzung für diesen Verdacht bildet. Um bei einem geplanten Abbau im voraus zu erkennen, ob dort diese Voraussetzung vorliegen wird, braucht er in der Nähe dieses Abbaus Aufschlüsse oder notfalls Kernbohrungen.

Die petrographische Ausbildung des Nebengesteins verändert sich aber oft schnell von einem Aufschluß zum anderen. Infolgedessen ist dieser Weg zum Erkennen der Voraussetzung *B* um so unsicherer, je weiter entfernt die Aufschlüsse von dem zu untersuchenden Flözteil liegen.

Zudem ist der Begriff „biegesteif" nicht genau definiert, so daß man auch an nahe gelegenen Aufschlüssen nicht immer erkennen kann, ob die Voraussetzung zutrifft. Fester Sandstein von mindestens 10 m Mächtigkeit im Hangenden und Liegenden des Flözes erfüllt zweifellos die Bedingung der Biegesteifigkeit, denn bei der Mehrzahl der bisher beschriebenen Gebirgsschläge bestand das Nebengestein des betroffenen Flözes aus solchen mächtigen Sandsteinbänken.

Das darf uns aber nicht zu dem Schluß verleiten, daß diese Sandsteinbänke eine Voraussetzung für das Auftreten der Gebirgsschlaggefahr sind! [6]. Vielmehr werden in [8] zwei Gebirgsschläge in Flözen des Ruhrgebietes beschrieben, bei denen im Hangenden der Flöze vorwiegend Schieferton anstand, bei einem dritten lagen über dem Flöz zunächst etwa 6 m Schieferton und erst darüber 12 m Sandstein.

Offenbar hängt die Eigenschaft „biegesteif" nicht allein von der petrographischen Ausbildung des Gesteins, sondern auch noch von der Form des Hohlraums ab. So erfuhr kürzlich ein Aufhauen des Flözes Präsident den in Bild 1 wiedergegebenen Gebirgsschlag.

Bild 1. Auswirkung des Gebirgsschlages im Aufhauen von Flöz Präsident

Der wenige Meter von dem Aufhauen entfernt aufgenommene Schichtenschnitt des Bildes 2 zeigt unmittelbar über dem Flöz 5 m schwach sandigen Schieferton mit mehreren gut ausgebildeten Lösen, 4 Pflanzenhorizonten und Toneisensteinbänder, darüber liegen rd. 10 m sandstreifiger Sandschiefer und schwach sandiger Schieferton und sogar ein Flöz (Nr. 15). Erst danach folgt fester Sandstein. Der Schieferton über dem Flöz war, wie das nach dem Schlag aufgenommene Foto Bild 2 und 3 erkennen läßt, stark von Klüften durchsetzt. Offenbar war dieses Hangende trotzdem biegesteif genug, um in der Nähe des Aufhauens großen Druck auf das Flöz zu übertragen. Über einem Strebhohlraum hätte es sich wahrscheinlich durchgebogen und infolgedessen keinen großen Druck auf den Flözrand ausüben können.

An den Ergebnissen der petrographischen Aufnahme allein kann man also nicht erkennen, ob sich das betreffende Gestein biegesteif verhalten und die Gebirgsschlaggefahr hervorrufen wird. Aus diesem Grunde steht bei dieser Voraussetzung in Spalte 5 das Urteil „begrenzt".

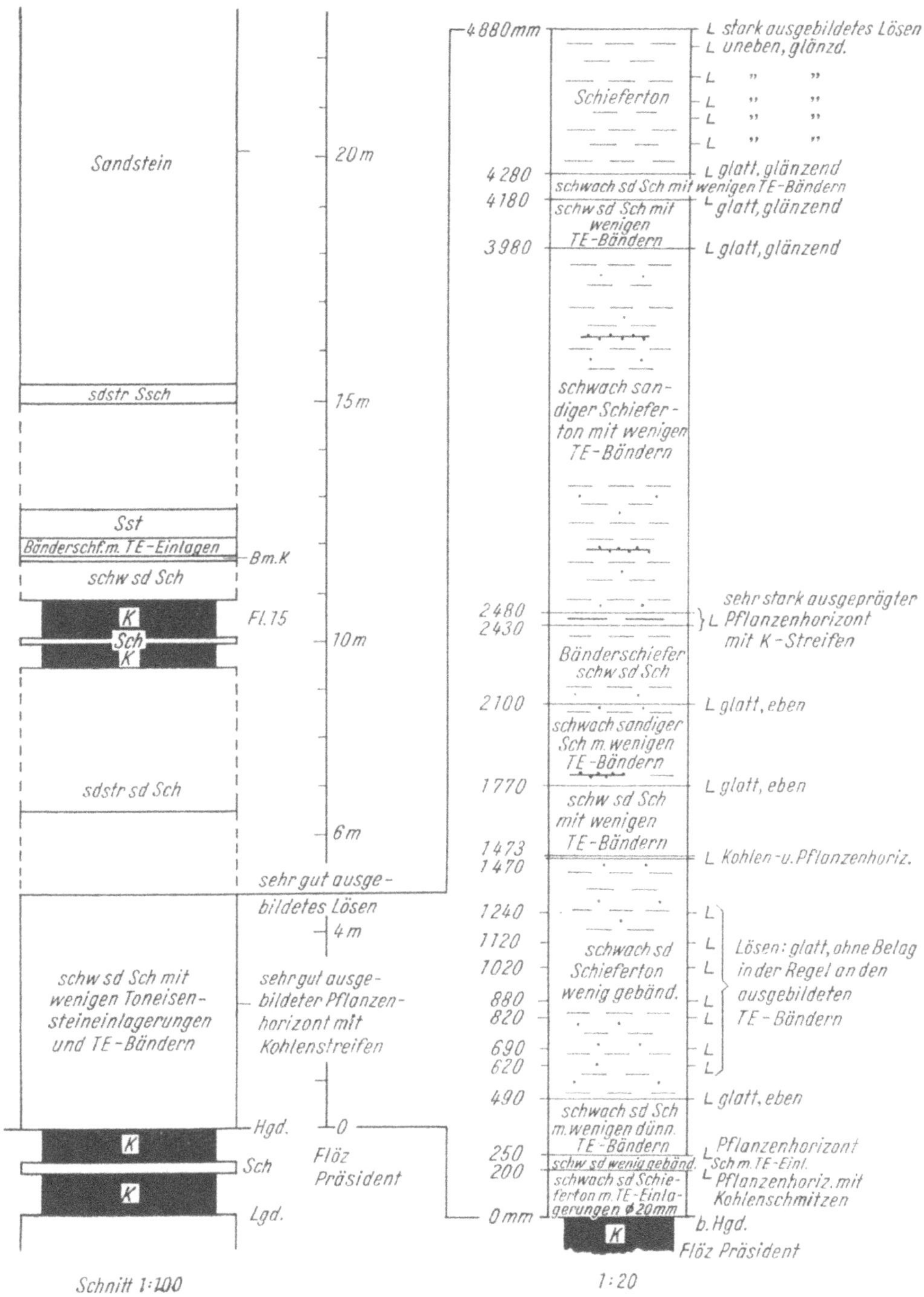

Bild 2. Die Hangendschichten über dem Gebirgsschlagherd im Flöz Präsident

Eine gewisse Aussicht, in der Nähe eines Strebs das Vorhandensein einer die Gebirgsschlaggefahr bedingenden Biegesteifigkeit zu erkennen, bieten Konvergenzmessungen in den Abbaustrecken dieses Strebs (vgl. das der Arbeit [3] entnommene Bild 4). Ob Messungen dieser Art sich zu praktischen Betriebsverfahren ausbauen lassen, wird z. Z. untersucht.

Das in Spalte 6 als Gegenmaßnahme genannte Unterbauen des gefährdeten Flözes durch ein Schutzflöz wird in der flachen Lagerung bis zu Flözabständen von 50 bis 100 m als wirksame Maßnahme empfohlen. Ob es auch bei noch größeren Flözabständen sicher wirkt, muß

Bild 3. Hangendes von Flöz Präsident, 15 m nordöstlich der Stelle mit der stärksten Auswirkung des Gebirgsschlages

noch untersucht werden. Dabei ist zu beachten, daß die Schutzwirkung wahrscheinlich auch darauf beruht, daß die Voraussetzungen C und D wenigstens zeitweise beseitigt werden.

Dieses Verfahren kann man natürlich nur dann anwenden, wenn ein als Schutzflöz geeignetes Flöz vorhanden ist und wenn der betriebliche Zuschnitt dessen Abbau zuläßt.

Bei Flözen der steilen Lagerung hängt die Schutzwirkung des Unterbauens von der vorläufig noch offenen Frage ab, wie sich die schützenden Wirkungen ins Hangende fortpflanzen.

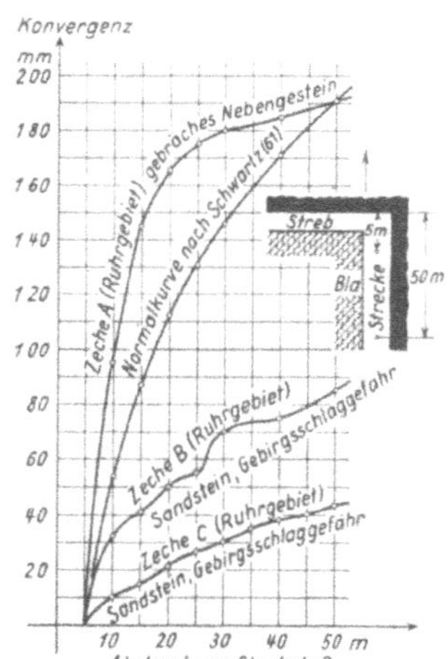

Bild 4. Streckenkonvergenz bei verschiedenem Nebengestein, einflügligem Abbau und Vollversatz

In [6] wird angenommen, daß dies bankrecht geschieht, in [3] wird dem entgegengehalten, daß das nur zutreffen kann, wenn auf bankparallelen Schichtflächen Gleitungen auftreten. Der Verfasser hält es auf Grund eigener Beobachtungen für möglich, daß diese Wirkung zuweilen angenähert senkrecht oder innerhalb der von Bergschadenüberlegungen bekannten Bruchwinkel verläuft.

Solange diese Frage noch nicht eindeutig geklärt ist, besteht die Gefahr, daß man bei der Planung des Schutzflözabbaus einen falschen Einwirkungswinkel annimmt und dadurch in dem gebirgsschlaggefährdeten Flöz stellenweise statt einer Entlastung Druckanhäufungen erhält und somit die Gefahr unter Umständen vergrößert.

Wir werden im Zuge unserer dauernden Untersuchungen über diese Frage noch weiteres Beobachtungsmaterial sammeln.

Die Empfehlungen zu Zeile B in der Spalte 10 lautet somit: In der flachen Lagerung „Ja, wenn die betrieblichen Verhältnisse es zulassen", und in der steilen Lagerung „Nein".

Zu I *C*, *Zusatzdruck im Hohlraumvorfeld*

Als mit Sicherheit druckerhöhend wirkende Einflüsse werden für das Ruhrgebiet in [3], [6] und [9] genannt:

große Abbauteufe,
zu starke Durchörterung durch Strecken,
Abbau auf den Alten Mann zu,
Kreuzung zweier Druckzonen, z. B. bei der Grenze eines Abbaus gegenüber dem Alten Mann,
Abbaukanten in benachbarten meist hangenden Flözen,
Restpfeiler in Nachbarflözen.

Außerdem sind als mögliche Einflüsse zu nennen:

Wülste am Hangenden,
Störungen und tektonische Spannungen,
Auslaufen der Kohle, sowie
in einem benachbarten Flöz
eine nicht gebaute Vertaubungszone,
eine Änderung der gebauten Mächtigkeit,
eine Änderung des Versatzverfahrens,
Brandfelder, von denen man nie weiß, in welchem Umfang sie das Hangende seiner Unterstützung beraubt haben.

Von diesen Einflüssen wirken einige, z. B. die Restpfeiler und Abbaukanten in demselben oder in einem dicht benachbarten Flöz, sicher druckerhöhend. Bei anderen Ursachen nehmen wir diese Wirkung nur als wahrscheinlich zutreffend an, wie z. B. bei den Wülsten im Hangenden, der Änderung der Versatzart. Dazu kommt in der flachen Lagerung die Frage, wie weit die Druckerhöhung ins Hangende oder Liegende reicht, und bei der geneigten Lagerung wieder, ob sie bankrecht oder senkrecht wirkt. Die Lage und Stärke tektonischer Spannungen ist meistens völlig ungewiß. Daher lautet die Eintragung in Spalte 5: ,,begrenzt".

Mehrere auf denselben Streb wirkende Ursachen werden sich wahrscheinlich gegenseitig verstärken. Vorläufig ist aber noch unbekannt, welche von ihnen mehr, welche weniger wirkt, ob außer den bisher erkannten noch weitere Einflüsse bestehen und ob man das gesuchte Maß für das Zusammenwirken aller Einflüsse durch Addition oder durch einen anderen Rechengang erhält.

Es ist somit sehr fraglich, ob das ,,Punktsystem", bei dem die an einem Betriebspunkt erkennbaren druckerhöhenden Ursachen ohne Ansehen ihres wirklichen Einflusses kurzerhand zusammengezählt werden, ein brauchbares Maß für die Gebirgsschlaggefahr ergibt. Man wird es vielmehr, wie auch in [6] vorgeschlagen, nur benutzen können, um in einem Flözteil, von dem man schon aus anderen Anzeichen weiß, daß er gebirgsschlaggefährdet ist, einen Überblick über die Lage der vielleicht stärker gefährdeten Gebiete zu erhalten. Daher in Spalte 5 das Urteil: ,,sehr begrenzt".

Mehrfach — darunter auch bei unseren eigenen Untersuchungen — wurde versucht, aus der Größe der im Streb auftretenden Konvergenz (gerechnet in mm/m Abbauweg) oder aus Änderungen der Konvergenz im Laufe der Zeit Aufschluß über die Größe der Druckbelastung des Kohlenstoßes oder über dessen Änderung vor Auftreten eines Gebirgsschlages zu erhalten. Die Beobachtungen ergaben kein Anzeichen für das rechtzeitige Erkennen der Gebirgsschlaggefahr [4].

Von den in Spalte 6 für die flache Lagerung angegebenen Gegenmaßnahmen hat sich die bessere Abbauführung, bei der Kohleninseln (in demselben Flöz) oder Restpfeiler (in benachbarten Flözen) vermieden werden, zwar bewährt, aber leider ist es nicht immer möglich, Inseln und Reste zu vermeiden und schon gar nicht, die früher in dieser Hinsicht unterlaufenen Fehler nachträglich zu bereinigen.

Beurteilung daher in Zeile 10 „Ja, aber selten anwendbar".

Der an zweiter Stelle genannte Abbau eines Schutzflözes über oder unter dem gefährdeten Flöz reicht oft aus, die Druckerhöhungen auf ein größeres Gebiet zu verteilen und dadurch unschädlich zu machen. Allerdings darf man zwischen dem Abbau des Schutzflözes und dem des gebirgsschlaggefährdeten nicht zuviel Zeit vergehen lassen, denn auch eine entspannte, sogar eine bereits gelockerte Kohle kann durch nochmaliges Einwirken der genannten drucksteigernden Einflüsse wieder Zusatzdruck erfahren und dabei gebirgsschlaggefährlich werden [5].

Das Urteil lautet daher: „Ja, wenn der Abbau dem des Schutzflözes bald folgt".

In der steilen Lagerung hängt sowohl die Frage, ob die Abbauführung schlecht ist und wie man sie in diesem Fall verbessern kann, als auch die Wirkung des Schutzflözabbaues wieder davon ab, in welcher Richtung ein Abbau ins Hangende oder Liegende weiterwirkt. Da dies noch nicht geklärt ist, konnte in Spalte 10 noch nichts eingetragen werden.

Zu I *D*, *Besondere Eigenschaften der Flözkohle*

Die Festigkeit der Kohle und ihre Reibung am Nebengestein verzögern das erwünschte langsame Auswandern des Flözstoßes in den Hohlraum, die Elastizität und ggf. auch der CH_4-Gehalt verleihen der schließlich doch eintretenden Bewegung die gefahrbringende große Wucht.

Anzeichen für eine große Festigkeit der Kohle und in begrenztem Umfange auch für ihre größere Reibung am Nebengestein könnte man durch Beobachtungen unter Tage erhalten, nicht aber solche für eine gefahrbringende größere Elastizität und im Hohlraumvorfeld etwa drohende CH_4-Ansammlungen. Die im Schrifttum dafür vorgeschlagenen Meßverfahren werden z. Z. im Ruhrgebiet erprobt oder sind dafür vorgesehen. Über Erfolge kann in Spalte 5 noch nichts gesagt werden.

Von den in Spalte 6 angegebenen Maßnahmen zur Beseitigung der Voraussetzung *D* ist der Abbau eines Schutzflözes bereits bei den Voraussetzungen *B* und *C* erwähnt worden. Er wurde hier lediglich deswegen nochmals aufgeführt, weil anzunehmen ist, daß durch den Abbau eines Schutzflözes zeitweise auch die Festigkeit der Kohle und deren Reibung am Nebengestein herabgesetzt werden. Irgendwelche Beobachtungen darüber, ob diese Annahme zutrifft und ob diese Wirkung auf die Dauer anhält, sind im Ruhrgebiet bisher noch nicht bekannt geworden. Gegen eine solche durchgreifende Wirkung spricht die bereits erwähnte Beobachtung, daß eine einmal gelockerte Kohle durch nochmaliges Einwirken drucksteigernder Einflüsse wieder gebirgsschlaggefährlich werden kann.

Das gleiche gilt für das Hochdrucktränken. Dieses wird mit Erfolg angewandt, um eine bereits bestehende Gebirgsschlagneigung zu beseitigen, und daher in der Übersicht Teil II behandelt.

Folgerungen aus der Übersicht Teil I

Die Eintragungen in Spalte 5 der Übersicht, Teil I, zeigen, daß man im Ruhrgebiet von den vier Voraussetzungen der Gebirgsschlaggefahr nur eine (*A*) sicher erkennen kann und daß dies bei den drei anderen (*B*, *C*, *D*) nur in begrenztem Umfang möglich ist.

Folglich ist es gar nicht möglich, die Gebirgsschlaggefahr am Zutreffen ihrer Voraussetzungen im voraus sicher zu erkennen. Das ist der Grund für das so gefürchtete überraschende Auftreten der Gebirgsschläge.

Nach Spalte 9 der Übersicht, Teil I, kann man die Gebirgschlaggefahr beheben, indem man nur eine der drei ersten Voraussetzungen beseitigt, nämlich entweder 1. das Herstellen des Hohlraumes (A) durch Stillegen des betreffenden Betriebspunktes

oder — allerdings nur in der flachen Lagerung —

2. das biegesteife Verhalten des Nebengesteins (B) durch Unterbauen des Betriebspunktes

oder — ebenfalls nur in der flachen Lagerung —

3. den Zusatzdruck im Hohlraumvorfeld (C) durch bessere Abbauführung

oder 4. — ebenfalls nur in der flachen Lagerung — den Zusatzdruck im Abbauvorfeld durch Unter- oder Überbauen des Betriebspunktes.

Von diesen Gegenmaßnahmen sind aber

1. unerwünscht und
2. bis 4. nicht immer anwendbar und
4. nur für eine gewisse Zeit wirksam.

Damit erhalten die nunmehr in der Übersicht, Teil II, behandelten Verfahren, die Gefahr wenigstens in der Nähe des gefährdeten Hohlraums zu beseitigen, Bedeutung.

Diesen Weg haben wir in den letzten vier Jahren verfolgt. Er beruht

erstens auf der zuerst in [10] ausgesprochenen Vermutung, daß ein im Kohlenstoß herrschendes starkes Spannungsgefälle zum Bruch der Kohle und zum Freiwerden der im Flözstoß gespeicherten Energie (also zum Gebirgsschlag) führt;

zweitens auf der Überlegung, daß es möglich sein müßte, in einem kleinen Bereich des gefährdeten Strebs zu einem Zeitpunkt, an dem sich dort niemand aufhält, diesen Bruch durch absichtliches Verstärken des Druckgefälles herbeizuführen;

drittens auf der Erwartung, daß infolge des dadurch ausgelösten kleinen Gebirgsschlages das Druckgefälle sich tiefer in das anstehende Flöz verlagern wird, und

viertens auf der Hoffnung, daß die entspannte Kohle zwischen dieser neuen Zone starken Spannungsgefälles und dem Hohlraum fest genug ist, um einen Bruch der Kohle an der Stelle des starken Spannungsgefälles entweder zu verhindern oder dessen Wirkungen abzufangen.

Ob die hohen Spannungen an den Kohlenstoß herangerückt sind, erkennen erfahrene Bergleute unter bestimmten Voraussetzungen am Aussehen und Verhalten des Kohlenstoßes, und dank solcher Beobachtungen konnte schon manches Unheil verhütet werden. So hatte beispielsweise die Ortsbelegschaft des Aufhauens vor dem in Bild 1 dargestellten Gebirgsschlag gemeldet, daß der Kohlenstoß plötzlich fester wurde und stärker werdende Arbeitsgeräusche hören ließ. Obwohl der am Hangenden anstehende Schieferton keine Gebirgsschlaggefahr erwarten ließ, wurde das Aufhauen auf Schießbetrieb umgestellt. Bei dem Abtun der ersten Schüsse erfolgte dann der Gebirgsschlag, der das Aufhauen auf 40 m Länge so zusammenschlug, wie es das Bild 1 zeigt.

Derartige Beobachtungen und Erfahrungen sind aber „unzuverlässig und in zu großem Maße subjektiver Beurteilung unterworfen“ [3]. Sie gelten auch nur solange, wie die geologischen und besonders die petrographischen Verhältnisse die gleichen bleiben.

In der Spalte 5 steht daher das Urteil: „Zuweilen“.

Bei unseren ersten Untersuchungen bemühten wir uns, durch Messung der Auswanderung des Kohlenstoßes Aussagen über die Lage der gefährlichen Druckkonzentration zu erhalten. Wir fanden zwar einige Stunden vor den Gebirgsschlägen gewisse Abweichungen des Auswanderungsbetrages von den normalen Werten, die Ergebnisse weisen aber noch große Widersprüche auf, so daß es z. Z. noch nicht möglich ist, daraus irgendwelche Folgerungen über die Größe der Gebirgsschlaggefahr aufzubauen [4].

Im Goldbergbau Südafrikas stellt man durch Ultraschallmessungen fest, wie dick die Zerrüttungszone ist, die den Grubenhohlraum in Form eines Mantels umgibt und geeignet ist, die Wucht des Gebirgsschlages abzufangen [14].

Andere Forscher versuchen, aus der Art und der Änderung der im Kohlenstoß auftretenden Geräusche irgendwelche Anhaltspunkte zur Beurteilung der Druck- und Bewegungsvorgänge im Hohlraumvorfeld zu gewinnen [15].

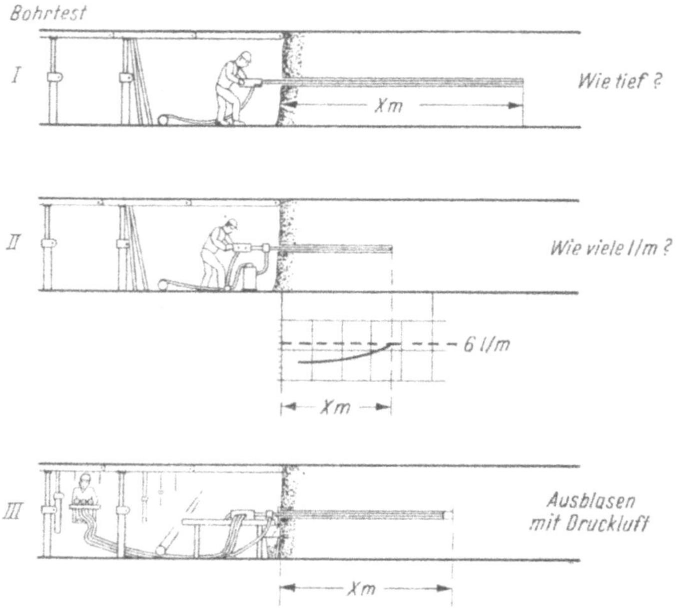

Bild 5. Bohrteste zum Erkennen der Gebirgsschlaggefahr

Diese physikalischen und die von uns durchgeführten markscheiderischen Meßverfahren, wie z. B. die Messung der Konvergenz, Auswanderung usw., haben den Nachteil, daß das Anbringen der Meßvorrichtung, die Messung selber und ihre Auswertung recht zeitraubend sind, so daß sie wohl für wissenschaftliche Untersuchungen, kaum aber für den laufenden praktischen Betrieb Bedeutung erlangen können. Unsere Versuche in dieser Richtung haben wir daher zurückgestellt, als wir die in [5] beschriebenen Bohrteste entwickelten.

Das diesem Aufsatz entnommene Bild 5 zeigt die Ausführung der drei Bohrteste I, II und III. Bohrtest II, also die Absaugung des Bohrkleins aus einem mit 40 mm Durchmesser gebohrten Bohrloch ergibt bei einem nicht zu Gebirgsschlägen neigenden Flöz unabhängig von der erreichten Bohrlochtiefe je Meter Bohrlochlänge die gleiche Bohrkleinmenge von 2 bis 3 l/m (vgl. Bild 6).

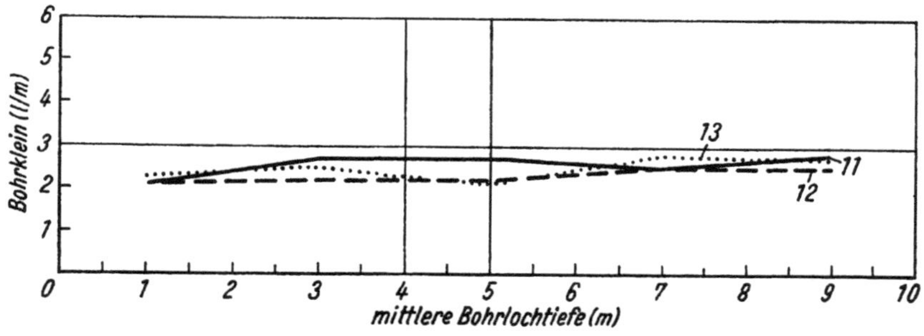

Bild 6. Bohrtest II von Flöz O Nr. 11, 12 und 13

In einem Flöz mit Gebirgsschlaggefahr steigt diese Bohrkleinmenge auf ein Vielfaches dieses Betrages an, so z. B. in Bild 7 bei Bohrtest 83 auf 12 l/m.

Die Wirkung eines Gebirgsschlages auf die Ergebnisse der Bohrteste II ist aus Bild 8 zu erkennen. Die Bohrkleinmenge von 6 l/m wurde *vor* dem Schlag schon in einer Bohrlochtiefe von 2,6 m erreicht. Ein *nach* dem Gebirgsschlag dort ausgeführter Bohrtest ergab 6 l/m erst bei einer Tiefe von 5,5 m.

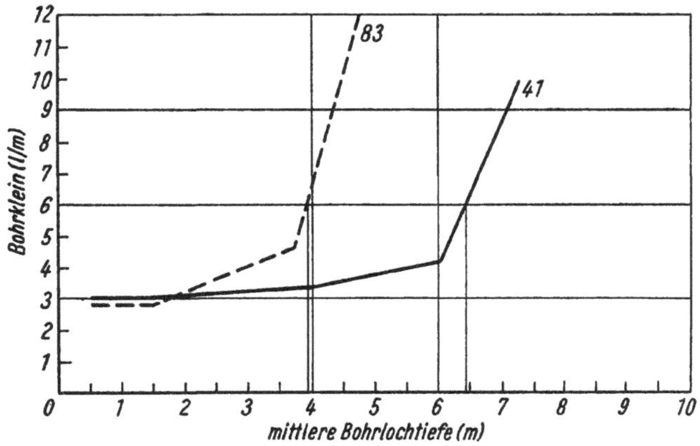

Bild 7. Bohrtest II in Flöz Sonnenschein; Hangendes: Sandstein

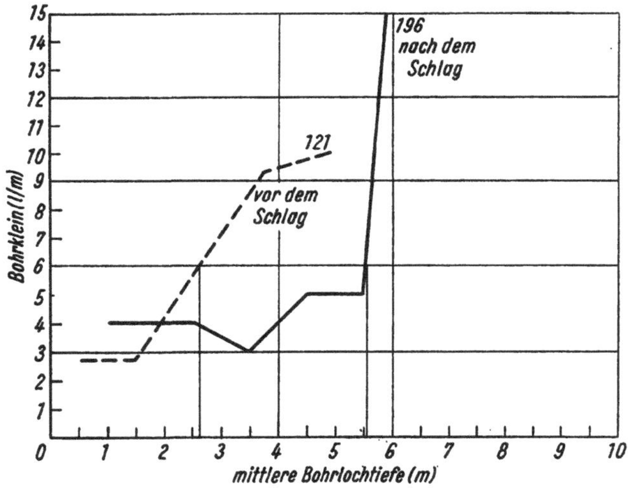

Bild 8. Bohrtest V in Flöz Sonnenschein vor und nach einem Gebirgsschlag

Die Bohrteste haben sich im Ruhrgebiet bisher in der flachen Lagerung in 18 Streben der Flöze Sonnenschein, 0, Dickebank, Baldur, Wasserfall, 16, 18, 24 und Zollverein V als brauchbar erwiesen. Die wichtigsten aus den Ergebnissen dieser Versuche empirisch abgeleiteten und nur für diese Flöze und nur für die flache Lagerung geltenden Faustformeln lauten:

> Bei Verdacht größerer Spannung werden als erstes einige Bohrteste I durchgeführt. Wenn man dabei mit der Bohrmaschine Fortschritt II der Turmag von Hand Löcher von 6 m Tiefe und tiefer bohren kann und beim Bohren weder viel Bohrklein anfällt noch Knälle oder andere auffälligen Geräusche auftreten, ist der betreffende Strebteil ungefährlich.
>
> Wenn sich dagegen Anzeichen für größere Spannungen ergeben, geht man zu den Bohrtesten II über.

Wenn diese in der flachen Lagerung die Bohrkleinmenge von 6 l/m schon in 4 m Bohrlochtiefe oder früher erreichen und wenn beim Bohren Knälle oder andere Anzeichen höheren Drucks auftreten, ist der Stoß gebirgsschlagverdächtig.

Weitere Einzelheiten können dem Aufsatz [5] entnommen werden.

In der steilen Lagerung verfügen wir z. Z. über Erfahrungen aus 3 Streben des Flözes Sonnenschein. Hier kann erhöhter Bohrmehlanfall in geringer Bohrlochtiefe sowohl Gebirgsschlaggefahr als auch Auslaufgefahr der Kohle bedeuten. Diese beiden Gefahren erfordern verschiedene Gegenmaßnahmen, daher ist ihre Unterscheidung wichtig. Das gelingt durch die Beobachtung der bei den Bohrtesten I oder II auftretenden Entspannungsgeräusche der Kohle. Wenn solche Geräusche auftreten, besteht Gebirgsschlaggefahr, wenn nicht, und trotzdem viel Bohrklein anfällt, Auslaufgefahr.

Die Versuche laufen noch und sollen in weiteren Flözen wiederholt werden. Aus diesem Grunde steht in der Übersicht unter Spalte 5 (Erfolg) bei der Aussage „Ja" noch die Einschränkung „bisher".

Die Maßnahmen zur Beseitigung der Gefahr (in Spalte 6 der Übersicht) beruhen darauf, daß die Belegschaft für einige Stunden aus dem gefährdeten Betrieb herausgezogen wird, und daß in dieser Zeit versucht wird, eine in den Hohlraum gerichtete Entspannungsbewegung der Flözkohle zu erzwingen.

Dafür wurden bisher 6 verschiedene Verfahren vorgeschlagen, die wir z. Z. im Rahmen unserer Forschung auf mehreren Schachtanlagen des Ruhrgebietes und in mehreren Flözen erproben. Eine solche Erprobung wäre bisher nur dadurch möglich gewesen, daß man die betreffende Maßnahme so lange aussetzte, bis wieder Gebirgsschläge auftraten, und das war wegen des damit verbundenen Risikos unstatthaft. Hier halfen uns die Bohrteste weiter. Sie lassen schon nach kurzem Aussetzen der Gegenmaßnahme erkennen, ob infolge des Aussetzens die Gebirgsschlagneigung zunimmt. Mit diesem Ergebnis kann man die Untersuchung beenden und die Gegenmaßnahmen wieder in Gang setzen, lange bevor die Gebirgsschläge wieder auftreten.

Die Erprobung der Gegenmaßnahmen ist noch nicht abgeschlossen. Insbesondere läßt sich noch nicht sagen, ob die zunächst ziemlich willkürlich gewählte Ausführungsform der Verfahren die jeweils wirkungsvollste ist, welches Verfahren bei den gerade vorliegenden Gebirgs- und Betriebsverhältnissen das beste ist und wie die Verfahren notfalls miteinander kombiniert werden können. Darüber soll jeweils nach Abschluß einer Untersuchung ausführlich berichtet werden.

Ich muß mich heute darauf beschränken, einen kurzen Abriß über den heutigen Stand dieser Arbeiten zu geben.

a) *Gewinnen mit Fernsteuerung*

In einem 200 m langen Streb war ein 50 m langer Abschnitt gefährdet (vgl. Bild 5 in [5]). Die Gewinnung mit Fernsteuerung wurde als zusätzliche Sicherung zusammen mit dem Hochdrucktränken angewendet. Sie bestand darin, daß sich während des Hobelns in dem 50-m-Abschnitt des Strebs keine Leute aufhalten durften und daß auch der Hobelbegleiter den Hobel nur aus der Entfernung zu beobachten hatte. Wegen der guten Wirkung des Verfahrens lautet das Urteil in Spalte 9 „empfehlenswert".

b) *Lockerungsschießen*

Dieses Verfahren wurde bisher in 2 Streben der steilen Lagerung des Flözes Sonnenschein angewandt, in denen sowohl Gebirgsschlag- als auch Auslaufgefahr der Kohle befürchtet wurden.

Die Gebirgsschlaggefahr erforderte ein rechtzeitiges Lockern der Flözkohle, und wegen der Auslaufgefahr durfte diese Lockerung nicht zu weit gehen. Hochdrucktränken schien ungeeignet, da anzunehmen war, daß das Druckwasser bevorzugt in die Bereiche geringer Festigkeit eindringen und dort die Auslaufgefahr vergrößern würde. Bei dem Lockerungsschießen kann man dagegen die Größe der zu lockernden Zone und den Grad ihrer Auflockerung durch Länge, Richtung und Patronenzahl der Löcher bestimmen.

Die Streben wurden durch Bohrteste überwacht. Bei der Gewinnung trat einmal ein kleiner Gebirgsschlag von wenigen m² auf, und ein anderesmal lief das zu gewinnende Feld aus. Außerdem ist 10mal ein kleiner Teil des Feldes ausgelaufen.

Das Urteil lautet: „Brauchbar, aber wegen der erforderlichen Beurteilung des Stoßes durch den Schießmeister nicht sehr zu empfehlen".

c) *Hochdrucktränken* [16], [5]

Das Verfahren wurde bisher in 6 Streben erprobt. Meistens wurden ein Lochabstand von 6 m und eine Lochtiefe von 6 m angestrebt. Der Standort des Tränkers lag 20 m von dem Tränkloch entfernt.

Der Wasserdruck betrug zu Beginn des Tränkens in einigen Löchern 250 at, meistens aber weniger. Die Löcher wurden einzeln getränkt, und zwar so lange, bis der Tränkdruck auf 50 at gesunken war. Mehrmals mußten zu diesem Zweck mehr als 1000 l Wasser in ein Bohrloch gedrückt werden.

Die Tränkschicht lag kurz vor der Gewinnungsschicht.

Nach Gewinnung von 1,25 m wurde erneut getränkt. Dabei wurden die neuen Tränklöcher in die Mitte zwischen je zwei Tränklöcher des vorhergehenden Tränkens gebohrt.

Nachteile:

Das eingepreßte Tränkwasser erschwert zuweilen das Absaugen des Bohrkleins bei Bohrtest II. Dieser ist aber selten erforderlich, denn das Bohren der 6 m tiefen Tränklöcher wird zugleich als Bohrtest I durchgeführt.

Beim Auffahren von Flözstrecken war es bisher mehrfach schwierig, mit diesem Verfahren den Kohlenstoß zu entspannen.

Vorteile:

Bisher wurden mit diesem Verfahren mehr als 50 kleine und mittlere Gebirgsschläge ausgelöst. In der Gewinnungsschicht traten Gebirgsschläge nur dann auf, wenn abweichend von der Anweisung zwei Felder hintereinander gehobelt wurden, ohne daß dazwischen nochmals getränkt wurde.

Das Urteil lautet: „Brauchbar".

d) *Ausblasen* [5]

Dieses Verfahren wurde bisher nur gelegentlich angewendet. Über seine Brauchbarkeit kann noch nichts gesagt werden.

e) *Ausbohren* [17]

Das Ausbohren wurde bisher nur in einem Streb der steilen Lagerung des Flözes Sonnenschein erprobt. Gebirgsschlaggefährdet war nur der zweite Knapp dieses Strebs von oben.

Die Löcher wurden von der Kopfstrecke aus abwärts gebohrt. Bohrlochdurchmesser 100 mm, Bohrlochtiefe bis 16 m, gegenseitiger Abstand der Bohrlöcher 5 m.

Bohrkleinförderung erfolgte durch sog. Schlangenbohrer. Sie wurde unterstützt durch Spülluft, die durch die Bohrrohre bis zum Bohrtiefsten geleitet wurde.

Bild 9 ist ein Foto der benutzten Bohreinrichtung mit Fernsteuerung. Das Verfahren wurde während eines streichenden Abbaus von 150 m mit Erfolg durchgeführt, die Staubentwicklung war erträglich. Es war in diesem Fall dem Verfahren b) überlegen.

Die Beurteilung lautet: „gut brauchbar".

Bild 9. Bohreinrichtung zum „Ausbohren" gebirgsschlaggefährlicher Spannungen im Kohlenstoß

f) *Gewinnungsschießen*

Bisher wurde es erprobt in einem Streckenvortrieb und in einem Aufhauen. Als Vorteil ist zu nennen, daß das Bohren der Schußlöcher zugleich als Bohrtest I ausgeführt werden kann. Die Erschütterung beim Schießen wirkt zugleich entspannend auf den Kohlenstoß.

Von Nachteil ist, daß die Entspannungsgeräusche der Kohle durch die Schießgeräusche überdeckt werden. Das Verfahren erhielt das Urteil „Brauchbar."

Folgerungen aus dem Inhalt der Übersicht Teil II:

Die Bohrteste sind den anderen Verfahren zum Erkennen der Gebirgsschlaggefahr überlegen. Sie wurden bisher bei der Untersuchung der Größe der Gebirgsschlaggefahr in 23 Streben, Aufhauen und Strecken benutzt. In 14 dieser Streben usw. ergaben sie, daß keine Gebirgsschlaggefahr bestand, in den übrigen ermöglichten sie es, Gegenmaßnahmen zu ergreifen und diese auf ihre Wirksamkeit hin ständig zu überprüfen.

Es besteht begründete Aussicht, bei den im Ruhrgebiet vorliegenden geologischen und betrieblichen Verhältnissen die Gebirgsschlaggefahr durch erzwungene Entspannungsbewegungen der Kohle sicher zu beseitigen.

Zusammenfassung

Es ist nicht möglich, im Ruhrgebiet das Entstehen der Gebirgsschlaggefahr an irgendwelchen Kennzeichen im voraus sicher zu erkennen.

Man kann die Gefahr zwar durch Stillegen der Betriebe, die man für gefährdet hält, umgehen. Dieser Weg ist aber unerwünscht. Es gibt noch andere Verfahren, der Gebirgsschlaggefahr vorzubeugen, indem man die Voraussetzungen für ihr Entstehen beseitigt; diese sind aber im Ruhrgebiet nicht überall und nicht immer anwendbar.

Mehr Aussicht bietet das Verfahren, die Entstehung der Gebirgsschlagneigung in Kauf zu nehmen und die Gefahr in der Nähe des Arbeitsraumes durch erzwungene Entspannungsbewegungen der Flözkohle zu beseitigen.

Dabei ermöglichen es die Bohrteste:

a) die entstandene Gebirgsschlagneigung zu erkennen und ihrer Größe nach abzuschätzen;
b) die Gegenmaßnahmen rechtzeitig zu ergreifen;
c) dort, wo keine Gefahr besteht, Ausgaben für unnötige Gegenmaßnahmen zu vermeiden;
d) die Verfahren zum Herbeiführen der Entspannungsbewegungen auf ihre Wirksamkeit hin zu überprüfen.

Die Untersuchungen werden fortgesetzt mit dem Ziel, die für die verschiedenen Betriebsverhältnisse am besten geeigneten Methoden oder auch ggf. Kombination mehrerer Methoden herauszufinden.

Literatur

[1] Sanders, H.: Die Forschungsgemeinschaft Neumühl und ihre Aufgabe. Glückauf **92** (1956) S. 353—58.

[2] Forschungsgemeinschaft Neumühl: Die Untersuchungen der Forschungsgemeinschaft Neumühl in dem gebirgsschlaggefährdeten Flöz Girondelle.
Erster Teil Untersuchungsverfahren, Glückauf **72** (1956) H. 13—14, S. 353—420;
Zweiter Teil Untersuchungsergebnisse, Glückauf **96** (1960) H. 7, S. 377—450.

[3] Bräuner, G.: Zur Beurteilung und Bekämpfung der Gebirgsschläge im Ruhrbergbau. Bergbau-Archiv **25** (1964) H. 5, S. 1—14.

[4] Jahns, H.: Die Wirksamkeit des Entspannungsschießens in einem gebirgsschlaggefährdeten Flöz. Glückauf **99** (1963) S. 1100—1109.

[5] Jahns, H.: Erkennen und Beseitigen gefährlicher Spannungen im Kohlenstoß einer Abbaustrecke des gebirgsschlaggefährdeten Flözes Sonnenschein. Glückauf **101** (1965) S. 184—191.

[6] Jacobi, O.: Auftreten, Ursachen und Bekämpfung von Gebirgsschlägen im Ruhrgebiet. Glückauf **100** (1964) Nr. 13, S. 741—750.

[7] Maevert, W.: Die Entstehung von Gebirgsschlägen und die Bekämpfung ihrer Auswirkungen. Glückauf **74** (1938) S. 869—878.

[8] Patteisky, K.: Gebirgsschläge beim Abbau von Steinkohlenflözen. Bergfreiheit **20** (1955) S. 397—410, 440—444; **21** (1956) S. 222—241.

[9] Niemczyk, O.: Bergschadenkunde. Verlag Glückauf, Essen 1949.

[10] Hoffmann, H.: Messungsergebnisse in einem gebirgsschlaggefährdeten Flöz. Glückauf **87** (1951) S. 101—113.

[11] Averšin, S. G., u. a.: Der Kampf gegen den schädlichen Einfluß der Gebirgsschläge auf den Gruben der Sowjetunion. Ugol **37** (1962) Nr. 8, S. 22—30.

[12] Averšin, S. G.: Neue Methoden und Ergebnisse von Versuchen über den Gebirgsdruck im Steinkohlenbergbau. Internationaler Kongreß für Gebirgsdruckforschung. Paris 1960. Dt. Text S. 569—581.

[13] Bič, I. A., und Baženov, A. I.: Ergebnisse von Prüfungen der mechanischen Eigenschaften der Kohlenflöze auf den Gruben der Bezirke Kemerowo und Prokopjewsk im Kusnezkbecken. Ugol **38** (1963) N. 3, S. 28—32.

[14] Denkhaus, H. G. und Hill, D. G.: Der Zustand der Wandungen von Grubenbauen und hartem Gestein bei großer Teufe. Internationaler Kongreß für Gebirgsdruckforschung. Paris 1960. Dt. Text S. 255—265.

[15] Sibek, V.: Maßnahmen zur Betriebssicherheit in den von Gebirgsschlägen bedrohten Erzgruben. III. Internationaler Bergbaukongreß. Salzburg 1963.

[16] Kucerskij, L. V.: Stoßtränkung als Mittel zur Verhütung von Gebirgsschlägen. Ugol **37** (1962) Nr. 3, S. 52—54.

[17] Talman, W. G. und Schröder, J. L.: Control of Mountain Bumps in the Pocahontas No. 4 Seam. Min. Engng. **10** (1958) S. 888—891.

Gebirgsschläge und Maßnahmen zu ihrer Bekämpfung in der Volksrepublik China

von Hu Kä-tschy, Ma Guan, Liu Pao-schen und Tschio Ga-kuj

Gebirgsschläge sind eine besondere Erscheinungsform des Gebirgsdrucks. Unter bestimmten technischen und geologischen Bedingungen tritt mit der Entwicklung der bergmännischen Arbeiten eine Umverteilung der Spannungen ein, und es bildet sich eine Zone hoher Spannungskonzentrationen um die Grubenbaue. Im Kohlenmassiv wird infolgedessen in hohem Maße Spannungsenergie gespeichert. Unter der Wirkung der äußeren Belastung (z. B. verschiedenartige Stoßwellen, plötzliches Bewegen oder Zubruchgehen der Firste usw.) übersteigt der Gebirgsdruck im Gesteins- und Kohlenmassiv dessen Festigkeitsgrenze, und Gestein und Kohle werden plötzlich und schlagartig zerstört. Dies führt dazu, daß die Energieanhäufungen im Massiv schnell freigesetzt werden, wobei dieser Prozeß häufig von Knallen, Herausschleudern großer Mengen von Gestein und Kohle in den freien Raum, von unter- und übertägigen Erschütterungen sowie von einem Luftstoß begleitet wird, wodurch die Bergleute gefährdet und der normale Betriebsablauf gestört werden.

Die Gebirgsschläge in den Steinkohlengruben der Volksrepublik China

In den letzten Jahren begannen mit der Intensivierung des Abbaues und dem Vorrücken in größere Teufe Gebirgsschläge aufzutreten, wobei die Tendenz der Entwicklung der Gebirgsschläge ständig steigt. Nach den Angaben der Grubenbetriebe treten die Gebirgsschläge gewöhnlich bei Abbauteufen von mehr als 200 m auf, in einzelnen Gruben entstehen Gebirgsschläge sogar bei weniger als 150 m Teufe. In unserem Land werden Gebirgsschläge nicht nur in Flözen mit einem Hangenden aus festem Sandstein beobachtet, sondern auch dort, wo das Hangende und Liegende mächtiger Flöze aus Schiefer besteht.

Da sich die technischen und geologischen Bedingungen, unter denen Gebirgsschläge auftreten, im einzelnen wesentlich voneinander unterscheiden, sind auch die Zerstörungswirkungen in den Grubenbauen und die Gefährdung der Belegschaft in hohem Maße unterschiedlich. Schwere Gebirgsschläge zerstören mehrere 100 m Grubenbaue, rufen erdbebenartige Erschütterungen hervor und beschädigen Wohnhäuser. Leichte Gebirgsschläge treten als Erschütterungen in den Kohlenflözen und als Knallen auf, bewirken Verformungen der Pfeiler und zerstören zuweilen kleinere Streckenabschnitte.

Im folgenden sollen Angaben über das Auftreten von Gebirgsschlägen in einigen Steinkohlengruben gemacht werden.

Steinkohlenbecken Fušun

Das Steinkohlenbecken Fušun gehört zur dritten Abfolge des Känozoikums. Die Mächtigkeit der Überdeckung beträgt 15—20 m, darunter lagern Tonschiefer von 300—600 m Mächtigkeit und 50—100 m mächtiger Brandschiefer. Die bauwürdigen Flöze werden in zwei Serien geteilt. In der oberen Serie sind drei Flöze enthalten, in der unteren zwei Flöze. Die Gesamtmächtigkeit der bauwürdigen Steinkohlenflöze beträgt im Mittel 60 m. Das

Liegende der Flöze in der unteren Serie besteht aus Tonschiefern und Basalten, das Einfallen der Flöze beträgt 30°.

Während des Abbaus durch die Japaner erreichte die Abbauteufe 200 m, und in den Gruben dieses Kohlenbeckens traten die ersten Gebirgsschläge auf. Nach den Angaben erreichte 1933—1935 im Verlaufe von drei Jahren die Anzahl der bei Gebirgsschlägen ums Leben gekommenen und verletzten Bergarbeiter mehrere Dutzend. In den letzten Jahren wurden verschiedene Maßnahmen zur Bekämpfung der Gebirgsschläge angewendet, so daß Todesfälle unterblieben, jedoch erhöht sich mit der Vergrößerung der Teufe die Häufigkeit des Auftretens von Gebirgsschlägen. Auf der Grube „Sieg“ treten besonders häufig Gebirgsschläge

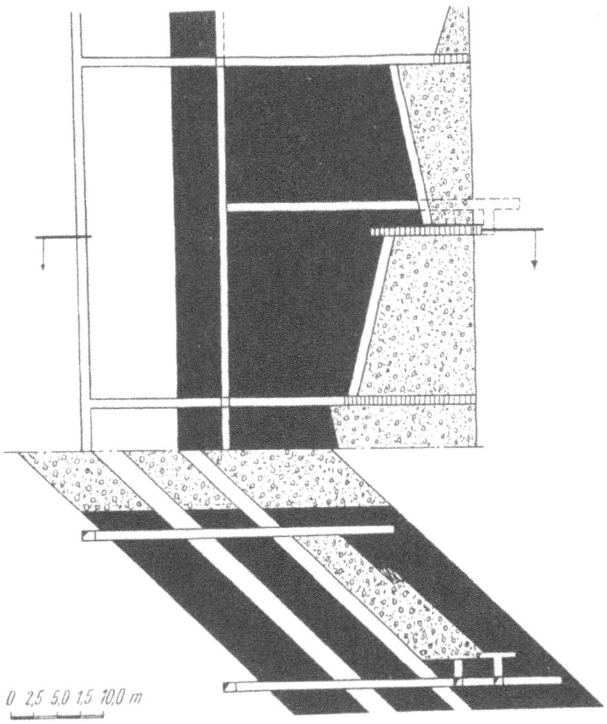

Bild 1. Abbauschema in der Grube „Sieg“

auf. Von 1952—1957 erfolgten in dieser Grube beim Abbau mehrerer Pfeiler, die von den Japanern stehengelassen wurden, ungefähr 200 Gebirgsschläge verschiedener Größe. Die Zerstörung an Grubenbauen erreicht 1500—2000 m im Jahr.

Nach 1959 wurde der Abbau auf einer neuen Sohle in 540 m Teufe begonnen. Hier werden V-förmige Abbaue angewendet, der Verhieb erfolgt bankweise und schwebend mit Spülversatz. Der Abbau der einzelnen Bänke geht vom Liegenden zum Hangenden (Bild 1). Auf der Grube werden verschiedene Methoden zur Verhütung von Gebirgsschlägen angewendet, weshalb sich die Intensität der Gebirgsschläge um ein Vielfaches verringerte. 1963—1964 ereigneten sich nur noch 30 Gebirgsschläge, die ernsthafte Betriebsstörungen hervorriefen. Unter ihnen waren nur fünf schwere Gebirgsschläge; die Zerstörung an Grubenbauen betrug 10 m. Die restlichen Gebirgsschläge traten in der Form innerer Erschütterungen auf.

Die Beobachtungen über mehrere Jahre auf der Grube „Sieg“ zeigen:

1. Die Gebirgsschläge ereigneten sich hauptsächlich im dritten Flöz, dessen Mächtigkeit ungefähr 20—40 m beträgt. Die Kohle dieses Flözes ist mittelhart, weicher als die Kohle

der Flöze 4 und 5, aber härter als die der Flöze 1 und 2. Die Kohle ist sehr elastisch und von Schlechten durchsetzt. Laboruntersuchungen zeigen, daß die Druckfestigkeit der Kohle aus dem genannten Flöz in gebirgsschlaggefährdeten Bereichen 390 kp/cm² erreicht.

2. Die Gebirgsschläge treten in verschiedenen Formen auf:

   a) Der leichte Gebirgsschlag wird durch die Verformung des Kohlenpfeilers und durch Knalle charakterisiert. Die Verformung erstreckt sich gewöhnlich 0,5—1,0 m tief in den Stoß und ist mit knallartigen Geräuschen verbunden (ähnlich dem Knattern eines Maschinengewehrs). Eine Erschütterung erfolgt nicht, hingegen wird eine Zerstörung der Firste und das Zerdrücken der Stöße usw. beobachtet. Die Knalle erfolgen tiefer im Hangenden oder Liegenden des Kohlenflözes mit großer, donnerartiger Lautstärke.

   Beim Auftreten von Knallen werden relativ starke Erschütterungen im Hangenden oder Liegenden beobachtet, und zuweilen werden einige Meter Grubenbaue zerstört.

   b) Die schweren Gebirgsschläge erfolgen im Kohlenpfeiler; sie werden von sehr starken Geräuschen, dem Auswurf großer Kohlenmengen, dem Aufwölben der Sohle (manchmal bis 1,5 m) und starker Erschütterung des umgebenden Gesteins begleitet, welche an der Erdoberfläche zu verspüren ist und die Zerstörung von 10—50 m Grubenbau nach sich zieht.

3. Stellen mit großer Anhäufung von Pfeilern werden auf der Grube „Sieg" durch das Auftreten häufiger und starker Gebirgsschläge charakterisiert. Hierbei unterscheidet man folgende zwei Fälle:

   a) Die Gebirgsschläge ereignen sich unmittelbar bei der Gewinnung der Pfeiler verschiedener Form, wie Inseln, Halbinseln, lange schmale Pfeiler, verschiedene Streckenpfeiler und Schachtpfeiler.

   b) Die Auffahrung von Strecken in Streckenpfeilern oder unter Pfeilern, die im Alten Mann stehengelassen werden, ruft ebenfalls Gebirgsschläge hervor.

4. Bei der Auffahrung von Grubenbauen treten Gebirgsschläge gewöhnlich in 10—20 m Entfernung von der Ortsbrust auf. Hierbei ist die Möglichkeit des Auftretens von Gebirgsschlägen bei der Auffahrung von Strecken größer als bei der Auffahrung von Querschlägen. In letzteren treten häufiger Gebirgsschläge auf, wenn vom Hangenden zum Liegenden hin gefahren wird als umgekehrt.

   Bei der Auffahrung zweier paralleler Strecken, deren Abstand voneinander geringer als 15 m ist und welche man mit Durchhieben untereinander verbindet, treten häufig Gebirgsschläge auf. Das gleiche gilt, wenn sich zwei Strecken kreuzen und sich die Orte beider Strecken auf weniger als 15 m Entfernung einander genähert haben.

5. In den Abbauen treten Gebirgsschläge gewöhnlich in der ersten Bank auf. Nach Beendigung der ersten Bank ereignen sich in den folgenden Bänken fast keine Gebirgsschläge mehr.

   Die Gebirgsschläge erfolgen in den Abbauen gewöhnlich im mittleren Teil oder an der Überquerung der Spülstrecke in Abständen von 6—10 m von der Überquerungsstelle.

   In den streichend aufgefahrenen Förderstrecken treten Gebirgsschläge besonders häufig auf. Zum Beispiel erfolgte Anfang 1952 ein schwerer Gebirgsschlag in einer Kopfstrecke, die sich in der Zone des Stützdruckes befand. Hierbei wurden die Kopfstrecke auf 65 m Länge zerstört, die Sohle angehoben und die Förderwagen umgestoßen.

6. In Zonen verschiedener geologischer Störungen, z. B. an einer Muldenachse, in Falten oder Verwerfungen, die durch den Horizontaldruck bei der tektonischen Bewegung der Erdkruste entstehen, werden bei der Auffahrung von Grubenbauen häufig Gebirgsschläge beobachtet.

Aus dem oben Angeführten lassen sich folgende Besonderheiten für das Auftreten von Gebirgsschlägen im Steinkohlenbecken Fusün ableiten:

Die Gebirgsschläge erfolgen nicht in den mächtigen, festen Nebengesteinsschichten, sondern in den mächtigen Kohlenflözen, die im Hangenden und Liegenden durch weichere Schiefer begrenzt werden. Der Grund hierfür besteht darin, daß die Kohle des Flözes Nr. 3 im Vergleich zu den anderen Flözen geringere Festigkeit aufweist.

Beim bankweisen Abbau von unten nach oben unter Anwendung von Spülversatz wird zuerst das Flöz Nr. 3 abgebaut, wobei sich ein Teil der Flözfläche im Bereich des Stützdruckes befindet, der durch den Abbau auf der darüberliegenden Teilsohle bewirkt wurde. Andererseits hängt während des Abbaues auf Grund der geringen Tragfähigkeit und Dichte des Versatzes die Firste über eine große Fläche frei und senkt sich allmählich ab, wodurch sich ebenfalls eine Zone des Stützdruckes herausbildet. Die unrationelle Abbauführung und der Einfluß der Tektonik führen zur Ausbildung von Stützdruckzonen unterschiedlicher Art. Die Auffahrung von Grubenbauen in derartigen Zonen führt leicht zu Gebirgsschlägen. In der Grube „Sieg" treten die Gebirgsschläge ab 200 m Teufe auf.

Infolge der geringen Festigkeit der Kohle ist die mit der Änderung der äußeren Belastungen im Kohlenmassiv verbundene Anhäufung von Spannungen gering, daher ist auch die Intensität der Gebirgsschläge unbedeutend. Die Beobachtungen zeigen, daß der schwerste Gebirgsschlag der Grube nur die Zerstörung von 70—80 m Strecke bewirkte. Die Mehrzahl der Gebirgsschläge tritt auf dieser Grube in der Form aufreißender und zerdrückter Stöße oder als relativ schwache Knallgeräusche, d. h. vorwiegend in geringer Tiefe des Massivs auf. Mit zunehmender Abbauteufe und dem Einfluß technischer Bedingungen steigt die Häufigkeit solcher Gebirgsschläge, welche sich tiefer im Massiv ereignen, unweigerlich an.

Die Gebirgsschläge werden in dieser Grube durch Geräusche in der Firste charakterisiert (mit Maschinengewehr- und Kanonengeräuschen vergleichbar), mit schwächerer bis stärkerer horizontaler Bewegung des Kohlenmassivs sowie mit einer Erhöhung der Belastung des Ausbaues.

Die Schächte Myntaogou

Das Grubenfeld ist durch Mulden und Sättel gegliedert. Die kohleführende Schicht gehört dem Jura an. Von unten nach oben werden insgesamt fünf bauwürdige Hauptflöze unterschieden (Nr. 1, 2, 5, 7 und 9). Die mittlere Flözmächtigkeit beträgt 1,5—2,0 m. Außer dem Flöz Nr. 1 stellen die Kohlen der bauwürdigen Flöze harte Anthrazite dar ($f = 3$). Der bankrechte Abstand zwischen den Flözen beträgt im Mittel 80 m. Das Nebengestein wird durch Sandsteine und feste Sandschiefer gebildet. Eine Ausnahme bildet das Flöz Nr. 1, dessen Nebengestein weiches, quellendes Material ist. Von der gesamten Mächtigkeit nehmen die monolithischen festen Sandsteine und Sandschiefer 80% ein. Das Dach der Flöze Nr. 2, 5 und 7 besteht aus besonders festen Gesteinen. Größere Firstfälle kommen daher selten vor. Das Einfallen ändert sich stark in den Grenzen von 15—90°.

Bis zur Befreiung des Landes wurde im Grubenfeld eine große Anzahl von Pfeilern im Alten Mann stehen gelassen. Dies führte zu einer akuten Gefährdung des Betriebes, da durch die Auflagerung des mächtigen, festen Hangenden erhöhter Gebirgsdruck entstand.

Nach der Befreiung wurde zur besseren Beherrschung des schwer zu Bruch gehenden Hangenden in den Flözen Nr. 2, 5 und 7 ein Abbauverfahren mit Anwendung langer Stützpfeiler eingeführt, bei welchem alle 50 m ein 5 m breiter, langgestreckter Pfeiler über die gesamte Abbaulänge (bis zu 100 m) stehenblieb und ein 20—30 m breiter Barrier-Pfeiler eingeschaltet wurde, wenn das verhauene Feld 70000 m² erreichte. Die Streckenpfeiler erhielten gewöhnlich eine Breite von 10—15 m. Seit 1957 traten bei 270 m Abbauteufe in den Flözen Nr. 2 und 5 schwere Gebirgsschläge in den Pfeilern auf, die mit Erdbeben verbunden waren. Je größer das Grubenfeld wurde, um so stärker waren die Gebirgsschläge.

Häufig zerstörten die Gebirgsschläge Hunderte Meter an Grubenbauen und sogar Häuser über Tage.

Aus den Angaben seismischer Stationen, die sich über Tage auf dem Grubengelände befinden, geht hervor, daß seit September 1960 bis Ende 1962 in diesem Gebiet 4187 Erdbeben verschiedener Stärke stattfanden. Von ihnen waren nur 120 Beben als tektonische Beben nachweisbar (Tabelle 1). Von den restlichen Beben ist zu bemerken, daß sich das Epizentrum ständig verschiebt, und zwar in der gleichen Richtung, in welcher sich das Grubenfeld entwickelt. Tabelle 1 zeigt die Erdbeben auf den Schächten Myntaogou von 1961 bis 1963.

Tabelle 1

Jahr	Anzahl der Beben		
	tektonischer Herkunft	von menschlichen Sinnesorganen wahrnehmbar	insgesamt
1961	96	62	2794
1962	25	47	884
1963	8	130	994

In der Mehrzahl der Fälle wurden die Erdbeben durch Gebirgsschläge oder durch plötzliche Firstabsenkungen hervorgerufen. Dieses Ergebnis wird durch verschiedene untertägige Beobachtungen untermauert: Im Bereich Si-si-tan der Schachtanlage Myntaogou ereigneten sich im 2. Flöz insgesamt 14 sehr starke Gebirgsschläge (Bild 2—4). Im 5. Flöz des Schachtes

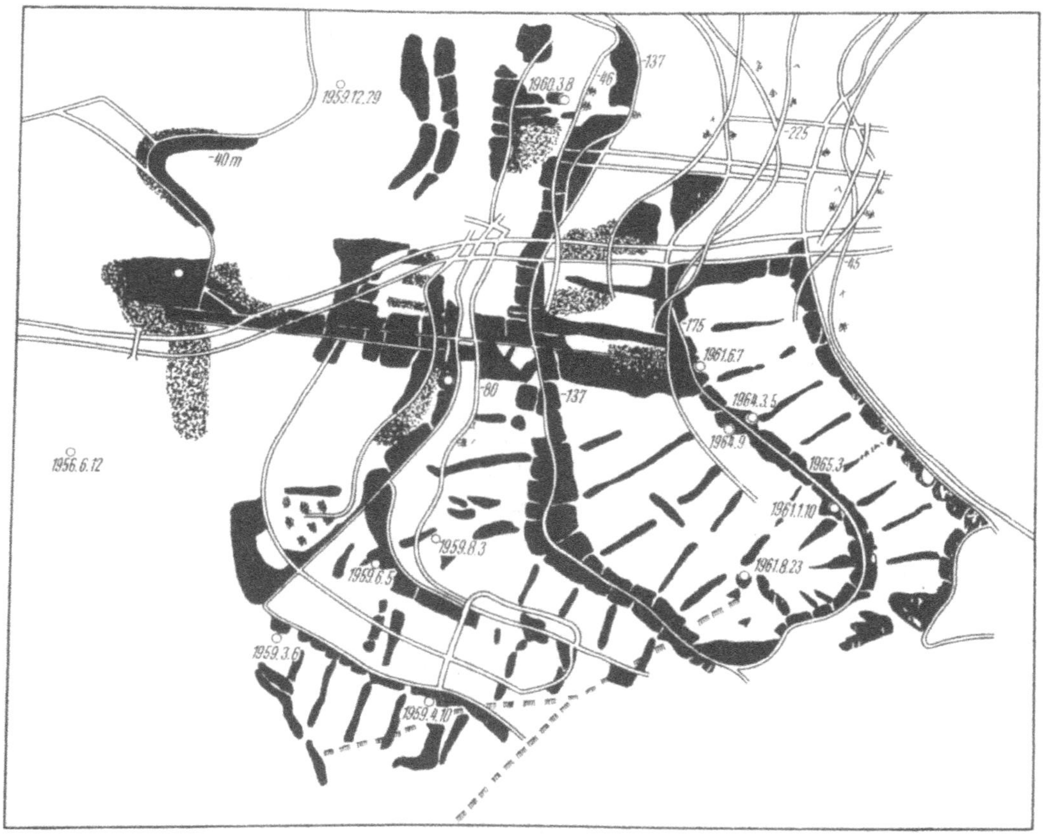

Bild 2. Riß der Grube Myntaogou im Revier Si-si-tan

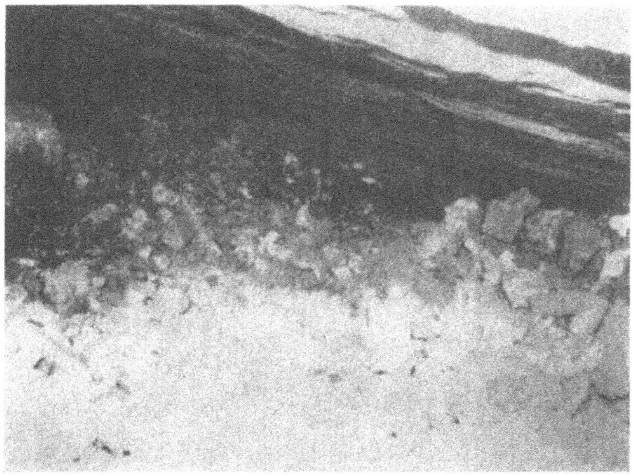

Bild 3. Gebirgsschlagauswirkungen im Flöz 2
der Grube Myntaogou

Bild 4. Gebirgsschlagauswirkungen im Flöz 2
der Grube Myntaogou

Čän'ze ereigneten sich 6 überschwere Gebirgsschläge (Bild 5). Diese Gebirgsschläge waren von Erdbeben verschiedener Stärke begleitet.

In Untersuchungen wurden folgende Besonderheiten beim Auftreten von Gebirgsschlägen auf den Schächten Myntaogou festgestellt:

1. Die Gebirgsschläge ereignen sich in den Flözen Nr. 2 und Nr. 5, deren Kohle fest ist und hohe Elastizität besitzt. Das Hangende besteht hauptsächlich aus feinschichtigen, festen Sandsteinen oder Sandschiefern und nur am Kontakt mit der Kohle aus weniger festem feinschichtigem Sandstein oder Sandschiefer.

2. Die Gebirgsschläge ereignen sich in den Streckenpfeilern und Restpfeilern. Der Alte Mann des Flözes Nr. 2 befindet sich unter dem Alten Mann des Flözes Nr. 5 und anderer Flöze. Der Abstand zwischen den Flözen beträgt 60—80 m.

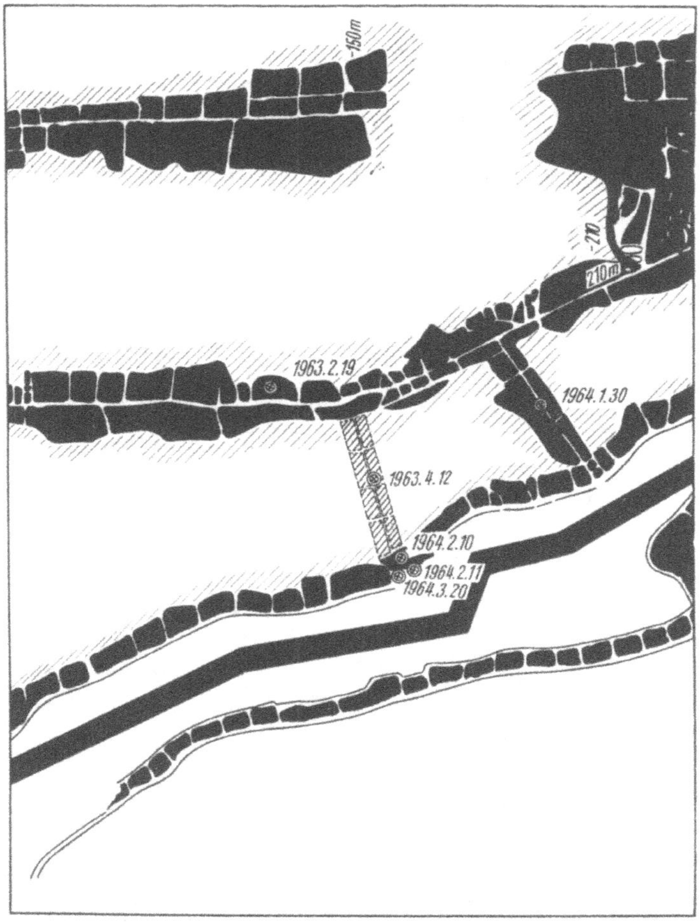

Bild 5. Grube Čän'ze im Revier Si-si-tan

3. Die Schießarbeiten oder die Kohlegewinnung mit Hacken führen beim Abbau der Pfeiler oder bei Aufwältigungsarbeiten in den Strecken häufig zu Gebirgsschlägen, manchmal werden Gebirgsschläge auch beim plötzlichen Absenken der Firste ausgelöst, wenn größere Firstflächen über längere Zeiträume offenstehen.

   Vor dem Gebirgsschlag senkt sich die Firste in großen Abbauräumen merkbar ab. Die maximale Absenkung beträgt 200—300 mm. Der Zusammenhang zwischen Gebirgsschlägen und Erdbeben einerseits und der Absenkung der Firste andererseits geht aus Bild 7 hervor. Gleichzeitig erfolgt einer merkbare Zerklüftung der Pfeiler senkrecht zur Schichtung.

   Die Oberfläche der Pfeiler wird dabei in zahlreiche kleinere Blöcke zerlegt (Bild 6), und in den Kohlenpfeilern bildet sich ein „Kern".

4. Die Gebirgsschläge besitzen in den genannten Schächten große Zerstörungskraft. Die Zerstörung der Strecken erreicht maximal 600—700 m. Das Kohlenmassiv wird stark in den freien Raum hereingedrückt. Der Kohlenpfeiler wird wie beim Schießen stark zerstört, und die Kohlestücke werden mehrere Meter weit geschleudert. Die Firste, die nicht zerstört wird, senkt sich merkbar um Beträge von 300—800 mm. Der Abbau wird zerstört. Manchmal wird auch der Betonausbau im Füllort in Mitleidenschaft gezogen.

Die Sohle wird gehoben und häufig überkippt. Es bildet sich hierbei ein bis zu 0,2 m breiter Riß, der mit 45° zur Streckenachse verläuft.

5. Die Gebirgsschläge rufen übertägige Erderschütterungen hervor. Es ereigneten sich drei Gebirgsschläge dieser Art. Der Radius der Erschütterung betrug 3—5 km. Von diesen Gebirgsschlägen wurden z. B. am 3. 8. 59 und am 10. 3. 64 80 Wohnhäuser und ein Ziegel-

Bild 6. Absenkung der Firste vor einem Gebirgsschlag in der Grube Čän'ze

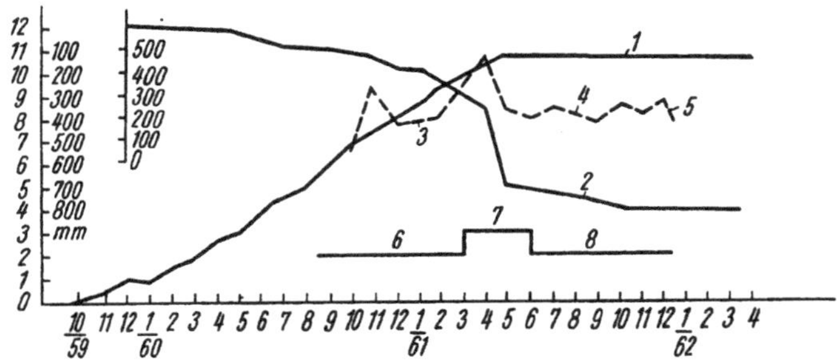

Bild 7. Zusammenhang zwischen Gebirgsschlägen bzw. Erdbeben und der Absenkung der Firste

Kurve *I* — Vergrößerung der freigelegten Fläche
Kurve *II* — Absenkung der Firste
Kurve *III* — Anzahl der aufgetretenen Gebirgsschläge

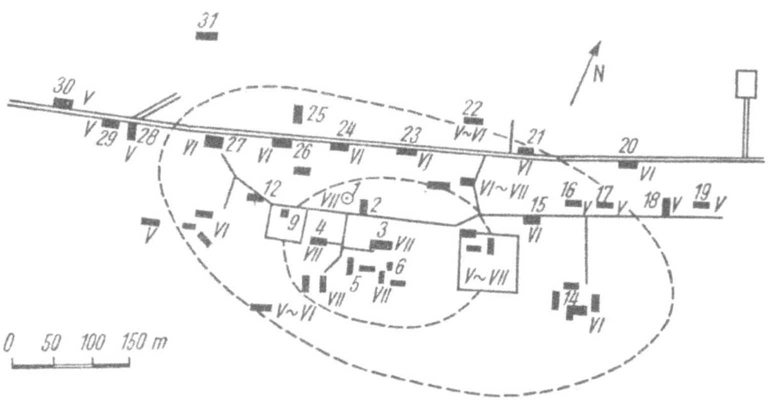

Bild 8. Zerstörungs- und Erschütterungszone über einem Gebirgsschlagfeld

schornstein von 8 m Länge zerstört (Bild 8—12). Der Radius der Zerstörung erreichte 100—200 m.

Die Zerstörungs- und Erschütterungszone hat elliptische Form (Bild 8), deren lange Achse mit der Richtung des Einfallens der Flöze übereinstimmt.

Bild 9. Übertägige Zerstörungen als Folge der Erderschütterungen beim Gebirgsschlag

Bild 10. Übertägige Zerstörungen als Folge eines Gebirgsschlages

Bild 11. Übertägige Zerstörungen als Folge eines Gebirgsschlages

Bild 12. Übertägige Zerstörungen als Folge eines Gebirgsschlages

6. Die Gebirgsschläge treten hauptsächlich in flach einfallenden Flözen auf. Änderungen der Mächtigkeit und des Einfallens führen häufig zu Bedingungen, welche Gebirgsschläge und Bergschüsse begünstigen.

Die Gebirgsschläge erfolgen ab 270 m Teufe. Mit zunehmender Teufe steigen Häufigkeit und Intensität der Gebirgsschläge.

Auf Grund des vorliegenden Beobachtungsmaterials können die Gebirgsschläge auf den Schächten Myntaogou folgendermaßen charakterisiert werden:

Die Gebirgsschläge erfolgen in Pfeilern verschiedener Zweckbestimmung in den Flözen Nr. 2 und Nr. 5. Kohle und Nebengestein besitzen hohe Festigkeit. Infolgedessen speichert das Kohlenmassiv während der Verformung und Gebirgsbewegung große Spannungsenergien. Die hiesigen Gebirgsschläge sind daher schwer und von großer zerstörender Wirkung. Beim Abbau mit Stehenlassen langgestreckter, schmaler Pfeiler werden große Firstflächen freigelegt (einige zehntausend m^2). Ungeachtet dessen, daß sich das Flöz Nr. 2 unter dem Alten Mann des Flözes Nr. 5 befindet, ist Flöz Nr. 2 nicht vor Gebirgsschlägen geschützt, weil Restpfeiler im Alten Mann verblieben sind und die Struktur der Gesteinsschichten ebenfalls gebirgsschlagfördernd wirkt. In den Pfeilern des Flözes Nr. 2, die im Alten Mann stehen bleiben, bilden sich daher Zonen maximaler Druckkonzentration. Die Gebirgsschläge erfolgen gerade in diesen Zonen.

Die Beobachtungen in situ zeigen, daß vor schweren Gebirgsschlägen eine merkbare Verlagerung der Spannungen erfolgt, welche eng mit dem Betrag und der Geschwindigkeit der Absenkung in Verbindung steht. Im ersten Moment der Absenkung der Firste wird die Oberfläche der Kohlenpfeiler häufig zerdrückt, wobei Schüsse in geringer Tiefe des Pfeilers erfolgen. Im Pfeiler zeigen sich Risse und Spalten. Die Tiefe der Risse erreicht 1,5—2,0 m. Somit verringert sich die effektive Auflagefläche der Firste, und in dem Pfeiler bildet sich ein „harter Kern". All das führt zu einer noch stärkeren Spannungskonzentration. Andererseits erhöht sich die Absenkungsgeschwindigkeit der Firste. Der beschriebene Prozeß entwickelt sich pausenlos weiter und beschleunigt das Auftreten von Gebirgsschlägen. Wenn die Absenkung der Firste eine bestimmte Grenze erreicht, erfolgen unter der Wirkung der äußeren Belastung sowohl im Innern als auch am Rand des Pfeilers Gebirgsschläge. Sie führen zu einer raschen Absenkung oder zum Bruch der Firste, wodurch stärkere Gebirgsschläge im übrigen Teil des Pfeilers ausgelöst werden, welche bereits von großen Zerstörungen und Erderschütterungen begleitet werden.

Man kann daher annehmen, daß die Gebirgsschläge in den Schächten Myntaogou gleichzeitig in den Kohlenpfeilern und in der Firste auftreten.

Kohlenbecken Datun

Die Grundsituation dieses Beckens ist ähnlich wie die des Grubenfeldes von Myntaogou.

Im Datuner Becken wird z. Z. jurassische Kohle abgebaut. Es sind insgesamt sieben bauwürdige Flöze ausgebildet. Hangendes und Liegendes aller Flöze besteht aus Sandsteinen, Sandschiefern und Konglomeraten, welche hohe Druckfestigkeit und einen hohen Elastizitätsmodul besitzen und schwer zu Bruch gehen. Die Mächtigkeit der Flöze beträgt 1,2—7,0 m, das Einfallen 0—5°. Die beim Auftreten von Gebirgsschlägen angetroffene Kohle besitzt eine hohe Druckfestigkeit (450 kp/cm^2). Die mittlere Teufe beläuft sich auf 100 m. Im Kohlenbecken ist der Abbau mit Stehenlassen langgestreckter Pfeiler in großen Abständen, der Kammer-Pfeilerbau und der Abbau in kurzen Pfeilern weit verbreitet.

Weil die Firste nur schwer zu Bruch geht, werden große Firstflächen freigelegt, die sich bei Überschreiten eines Grenzwertes plötzlich absenken oder über große Bereiche zu Bruch gehen, wobei starke Wetterschläge sowie Gebirgsschläge an den Pfeilern auftreten. Die Flöze F, E und A sind die Flöze mit der größten Gebirgsschlaggefährdung.

Im genannten Kohlenbecken sind die schweren Wetterschläge gefährlicher als die in den Pfeilern erfolgenden Gebirgsschläge, da erstere zahlreiche Todesopfer und die Zerstörung vieler Grubenbaue hervorrufen.

Von 1959 bis April 1965 ereigneten sich in den Gruben dieses Beckens 13 große Firstzusammenbrüche (12700 bis 128210 m^2). Die in der Bruchzone verbliebenen Pfeiler machen 17—36 % der verhauenen Gesamtfläche aus. Bild 13 zeigt einen dieser Firstbrüche auf dem Schacht Tin-Jan-van. Aus den 13 Firstbrüchen kann abgeleitet werden:

1. Der Bruch erfolgt beim Abbau der stehengebliebenen Pfeiler. Unter sonst gleichen Bedingungen ereignen sich derartige Brüche an Störungs- und Grabenzonen leichter.

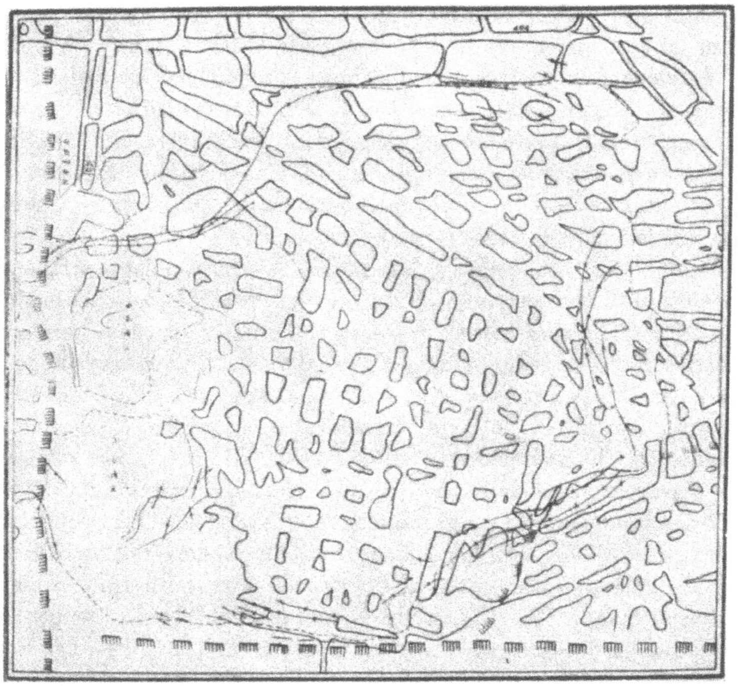

Bild 13. Schematischer Grundriß mit eingetragener Zone der Firstzusammenbrüche in der Grube Tin-Jan-van

2. Vor dem Bruch wird in der Firste ein Geräusch vernommen, das sich im Verlaufe einiger Tage bis Monate ständig verstärkt, bis plötzlich der Bruch erfolgt. Die Geräusche fallen manchmal mit Erderschütterungen zusammen, die von den seismischen Stationen aufgenommen werden.
3. Bis zum Bruch senkt sich das Hangende merkbar ab. Zu Beginn erfolgt ein Aufblättern der Pfeiler, oder es ereignen sich Schläge in geringer Tiefe des Massivs, wobei die zerstörten Kohlestücken abspringen. Zwischen benachbarten Pfeilern (Abstand 15—20 m) erfolgen schußartig Ablösungen von Kohlestücken. Die Sohle blättert auf.
4. Beim Zubruchgehen der Firste auf große Flächen werden die Kohlepfeiler zerdrückt, wobei sie den gesamten Querschnitt der Grubenbaue ausfüllen. Die Abmessungen der zerdrückten Kohlestücken sind gleichartig und betragen ungefähr 8—10 cm. Die Stöße der Grubenbaue blättern zu einem gewissen Grade auf. Die Firste geht in Blöcken zu Bruch, jedoch manchmal senkt sich die gesamte Firste auch um 1—2 m. Hierbei treten auch über Tage Senkungen ein. Die übertägige Absenkung entspricht der Absenkung (dem Bruch) der Firste im abgebauten Raum. Der Bruch wird gewöhnlich von einer Erderschütterung begleitet.
5. Bei einem derartigen Bruch tritt ein sehr starker Luftstoß auf (wie ein Taifun). Wetterkreuze, Wettertüren und Grubenbaue, durch welche die Luft abströmt, werden zerstört.

Die genannten Fakten deuten darauf hin, daß das Freilegen großer Firstflächen die Bildung hoher Spannungskonzentrationen in den Pfeilern begünstigt, die sich mit dem Wachsen der Firstfläche und der Pfeilerdeformation erhöhen. Unter dem Einfluß der äußeren Belastung wird der Pfeiler im ersten Moment nur an seinen Rändern durch Zerklüftung zerstört, welche wiederum die Absenkung der Firste begünstigt und die Spannungskonzentration in den Pfeilern verstärkt. Die Zerstörung dringt in das Innere der Pfeiler vor.

Somit führt der Prozeß der sich gegenseitig bedingenden Einwirkungen (Deformation und Absenkung der Firste, Umverteilung der Spannungen und Zerklüftung) letztlich zu den zwingenden Voraussetzungen der Gebirgsschläge, die vom Bruch großer, freigelegter Firstflächen begleitet werden.

Schacht Fan-šan

Der Schacht Fan-šan befindet sich auf dem Nordflügel der Bäi-lin-Mulde im Pekinger Kohlenbecken. Die im Vorhieb stehenden Flöze gehören zum System des Jura von Myntaogou. Im produktiven Gestein sind 17 Flöze ausgebildet (Nr. 1—17, von unten nach oben gezählt). Unter ihnen sind die Flöze Nr. 1, 3, 4, 6, 9, 10, 11 und 15 gering- bis mittelmächtig (einige dieser Flöze besitzen industrielle Bedeutung). Alle Flöze führen Anthrazit. Es herrscht uneinheitliche Lagerung vor. Das Einfallen ändert sich von Westen nach Osten zwischen 20 und 90°.

Die Firste der Flöze Nr. 3, 4 und 6 besteht aus feinkörnigem Sandstein. Die Firste des Flözes Nr. 15 besteht aus Sandsteinen und Konglomeraten. Die Firste der genannten Flöze ist fest und geht nur schwierig zu Bruch. Die Firste der Flöze Nr. 1 und 9 besteht aus kohleführenden Alevroliten, die durch Klüfte zerstört sind. Die Kohle der Flöze Nr. 1, 4 und 3 ist locker und brüchig. Die Kohle der restlichen Flöze ist fest; jedoch von Schlechten und Klüften durchsetzt. Die Oberfläche der Kohle ist glatt.

Früher wurde Langfrontenbau angewendet. Um die großen Mächtigkeitsschwankungen und den komplizierten geologischen Bau in einzelnen Feldesteilen zu beherrschen, ging man zu einem kombinierten Abbauverfahren über (Bild 14).

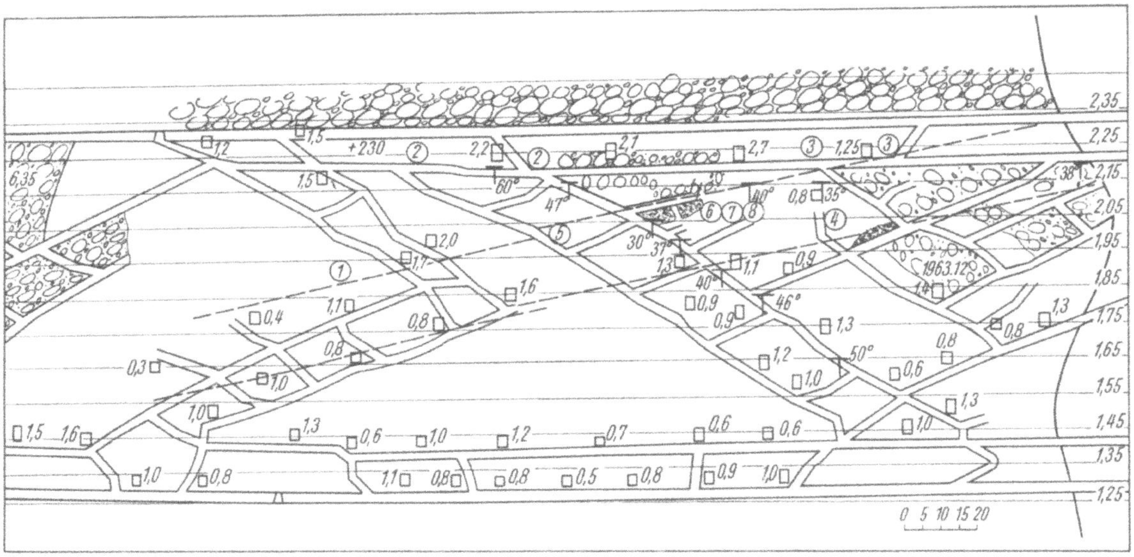

Bild 14. Schematische Darstellung angewandten Abbauverfahrens in der Grube Fan-šan

Beim Abbau sowie beim Vortrieb erfolgen häufig Bergschüsse. Bis 1958 war die Teufe geringer als 400 m und die Schüsse besaßen gewöhnlich keine weitere Bedeutung. In den steil einfallenden Flözen wurden die Stöße der Abbaue zerdrückt, was teilweise sogar für die Produktion genutzt werden konnte.

Nach 1958 (die Teufe stieg über 400 m) erhöhten sich Häufigkeit und Intensität der auftretenden Schüsse. Besonders in Flöz Nr. 15 wurden 8 stärkere Gebirgsschläge in einem Baufeld registriert (Bild 15). Die Arbeit wurde deshalb dort eingestellt.

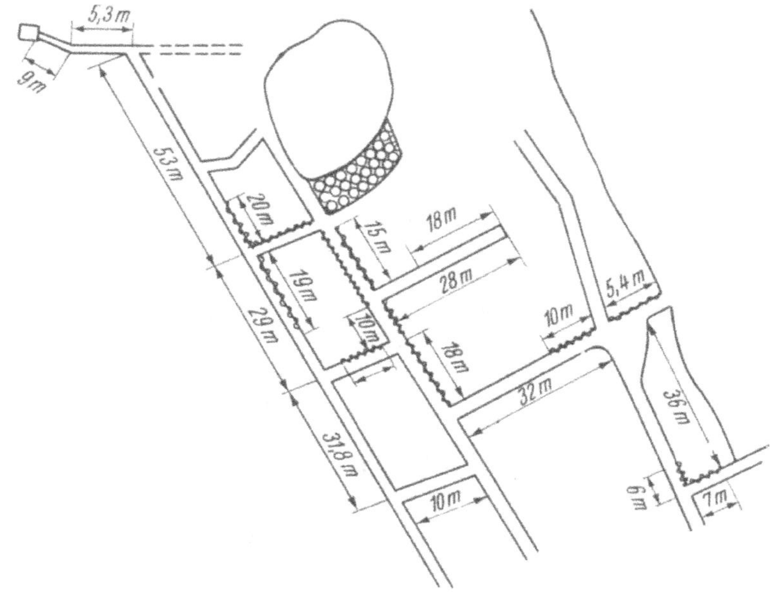

Bild 15. Baufeld in Flöz Nr. 15, Grube Fan-šan, wo acht stärkere Gebirgsschläge auftraten

Die Gebirgsschläge auf dem Schacht Fan-šan werden auf Grund der Beobachtungen folgendermaßen charakterisiert:

1. In sämtlichen Flözen erfolgen Bergschüsse, eine Art von Gebirgsschlägen. In den Flözen Nr. 11 und 15 erfolgen auch stärkere Gebirgsschläge.
2. In den lockeren und weichen Kohlenmassiven, auch bei Entwicklung von Schlechten und glatten Trennflächen derselben, sind Bergschüsse am häufigsten.

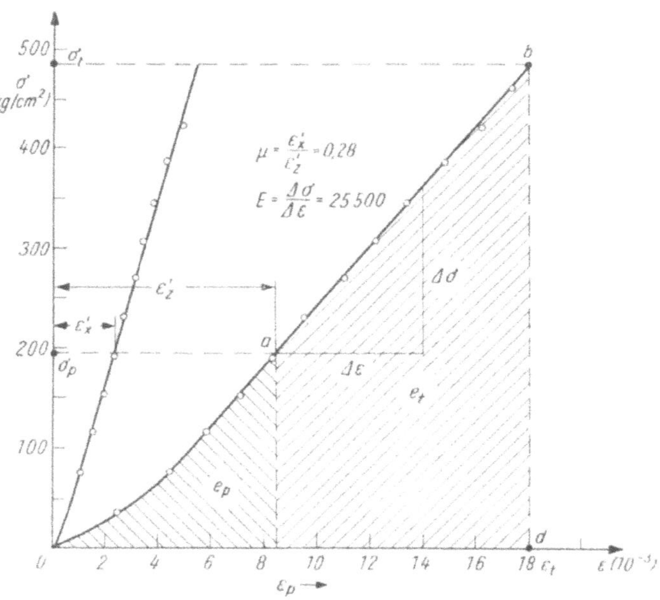

Bild 16. Spannungs-Dehnungs-Diagramm für Kohle mit und ohne Endflächenreibung zur Ermittlung der aufgespeicherten Energie

3. In den Bereichen, in welchen Mächtigkeit und Einfallen sowie Festigkeit der Kohle sich ändern, erhöht sich die Zahl der auftretenden Bergschüsse ebenfalls.
   Acht stärkere Gebirgsschläge erfolgten im Flöz Nr. 15 im Bereich der Änderung des Einfallens (Bild 16). In trockener Kohle treten leicht Gebirgsschläge auf. Selbst der Betrieb von Zusatzlüftern fördert das Auftreten von Bergschüssen.
4. Stärkere Gebirgsschläge ereignen sich vorwiegend im Flöz Nr. 15. Die Firste des Flözes Nr. 15 besteht aus festem Sandstein oder Konglomerat. Die Kohle ist mittelhart und von Schlechten durchsetzt. Die Trennfläche der Schlechten sind glatt. Die Sohle des Flözes besteht aus 0,4—0,6 m mächtigem, festem Alevrolit, der typische Elastizitätseigenschaften besitzt. Unter demselben lagert 0,2—0,3 m schichtige, weiche Kohle und plastischer Schiefer. Darunter folgt monolithischer Sandstein.
5. Die Gebirgsschläge im Flöz Nr. 15 ereignen sich hauptsächlich beim Vortrieb. Außer dem Auswurf zerstörter Kohle und der Zerstörung des Ausbaues blättert die unmittelbare Sohle über der Kohleneinlagerung stark auf. Das aufgetriebene Gestein fällt in großen

Es bedeuten:
1 — Presse (20 Mp)
2 — Platten aus Sandstein
3 — Kohlenprobe
4 — Hydraulikleitung
5 — Fundament der Presse
6 — Piezoquarz
7 — Verstärker
8 — Registratur
9 — Mikroseismischer Apparat
10 — Seismischer Apparat
11 — Oszillograph
12 — Stabilisator

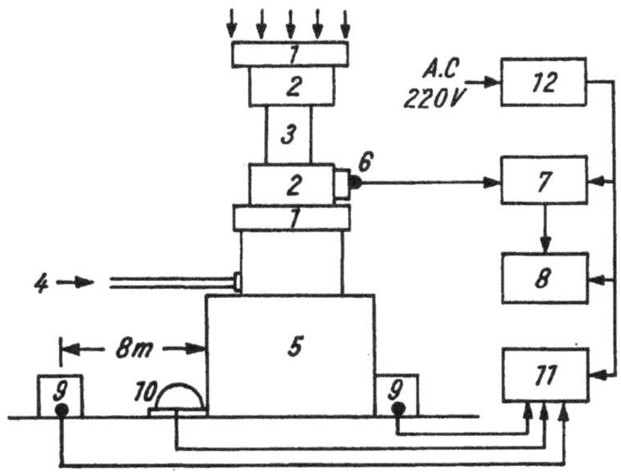

Bild 17. Schematische Darstellung der Versuchseinrichtung zur Bestimmung der Druckfestigkeit der Kohle.

Platten an, die Roste an den Rollöchern verbiegen sich. Die Schienen deformieren sich wellenförmig. Die am Ort des Schlages Arbeitenden können das Bewußtsein verlieren.
   1963 ereignete sich z. B. bei Vorrichtungsarbeiten im Südquerschlag des Flözes Nr. 15 auf der 130-m-Sohle ein plötzlicher Gebirgsschlag. 164 m Strecke wurden zerstört (Bild 17). In einigen Strecken riß die Sohle auf 1—7 m Länge auf. Im vierten Durchhieb wurde die Sohle stark zerstört. Teilweise zerriß hier die Sohle in 2 m² große Platten, welche gekippt wurden.
6. Auf den oberen Sohlen des Flözes Nr. 15, auf denen Langfrontenbau angewendet wurde, traten keine Gebirgsschläge auf.

Die Besonderheiten der auf dem Schacht Fan-šan auftretenden Gebirgsschläge

Die Gebirgsschläge erfolgen überwiegend an den Stellen, an welchen Änderungen in der Mächtigkeit und im Einfallen des Flözes auftreten.

Das Flöz Nr. 15 ist das gefährdetste Flöz auf dem Schacht. Das Hängenbleiben großer freigelegter Firstflächen und die Anwendung eines kombinierten Abbauverfahrens, bei welchem der Hauptteil der Kohle in vielzähligen Abbauen gewonnen wird, schaffen günstige Bedingungen für die Bildung von Zonen hoher Druckkonzentrationen, und die Auffahrung von Grubenbauen in solch einer Zone führt leicht zu Gebirgsschlägen.

Durch den besonderen Aufbau der Sohle aus feinschichtigem, festem Sandstein und darunterliegenden weichen Schiefern und Kohleschmitzen beginnen die Schiefer sich unter der Wirkung des Auflagedruckes plastisch zu verformen. Dies führt zu einem Schwellen des Sandsteins oder zu Gebirgsschlägen im Liegenden, wobei letztere ihrerseits Gebirgsschläge im Kohlenmassiv auslösen.

Man kann deshalb die Gebirgsschläge auf dem Schacht Fan-šan als typische Beispiele für das gemeinsame Auftreten von Liegendschlägen und Schlägen im Flöz ansehen.

Daher kann man die in unserem Land auftretenden Gebirgsschläge in folgende Typen unterteilen:

1. Gebirgsschläge im Kohlenmassiv.

   a) Oberflächennahe Schläge und Schläge in geringer Tiefe:

   Sie ereignen sich gewöhnlich in geringer Tiefe des Pfeilers; man rechnet etwa mit 1—2 m Tiefe bei Kohle geringer Druckfestigkeit. Hierbei bilden sich Schlechten; der Gebirgsschlag erfolgt in Form von Schüssen. Die Stärke derartiger Schläge ist gering. Solche Schläge können auch während der ersten Etappe des Auftretens von tiefer im Massiv stattfindenden Gebirgsschlägen erfolgen.

   b) Gebirgsschläge in großer Tiefe des Pfeilermassivs:

   Sie treten im Massiv oder im „Pfeilerkern" auf. Derartige Schläge besitzen große Zerstörungskraft und führen zum Auswurf großer Mengen Kohle und Gestein.

2. Gebirgsschläge im Nebengestein.

   a) Gebirgsschläge im Hangenden:

   Besteht die Firste aus festem, monolithischem Gestein mit hoher Elastizität, so bleibt die Firste nach dem Abbau der Kohle häufig über große Flächen hängen und geht nicht zu Bruch. Erreicht die Firstfläche einen bestimmten Grenzwert, so erfolgt ein plötzlicher Abriß und das Aufblättern der Firste.

   Dies zieht die schnelle Absenkung der Firste nach sich, wobei das Massiv des Kohlepfeilers verstärkt belastet und der Gebirgsschlag ausgelöst wird. Gleichzeitig wird das darüberliegende Gestein erschüttert. Dieser gesamte Vorgang führt zu schweren Gebirgsschlägen und Erderschütterungen.

   b) Gebirgsschläge im Liegenden:

   Sie entstehen, wenn das unmittelbar Liegende feinschichtig ausgebildet ist und aus festem Gestein besteht, besonders oft jedoch, wenn unter dieser Schicht gebräches oder plastisches Gestein und Kohleschmitzen folgen. Unter der Wirkung des Auflagedruckes und tektonischer Spannungen (z. B. im untersten Muldenteil) reißt die Sohle plötzlich und zerbricht. Auch diese Schläge führen oft zur Zerstörung von Grubenbauen und zur Auslösung von Gebirgsschlägen im Kohlenmassiv um die Grubenbaue.

Der Mechanismus von Gebirgsschlägen und die Ursache ihres Auftretens

Das Auftreten von Gebirgsschlägen ist an zwei Bedingungen geknüpft; an eine notwendige und eine zusätzliche Bedingung.

Die notwendige Bedingung besteht in der Konzentration von Spannungen im Gestein oder Kohlenmassiv und in einer schnellen Änderung dieses Zustandes.

Wenn die Spannungskonzentration die Festigkeit des Gesteins oder der Kohle übersteigt, entstehen Gebirgsschläge.

Es ist bekannt, daß der hydrostatische Druck mit der Teufe wächst. Seine Größe ist $B_u = \frac{\gamma H}{10}$ kp/cm². Hierbei ist γ das spezifische Gewicht des Gesteins und H die Teufe.

Beim Abbau in der Nähe von Grubenbauen bilden sich Spannungskonzentrationen (d. h. Auflagedrücke), deren Größe gleich $K \frac{\gamma H}{10}$ kp/cm² ist. K ist der Koeffizient der Spannungskonzentrationen.

Die Größe des Koeffizienten K ändert sich in weiten Grenzen und hängt vom Bau und den Eigenschaften des Nebengesteins und der Kohle, vom Abbauverfahren und von der Lage der Spannungskonzentrationen im Kohlenmassiv um die Grubenbaue ab.

Unter dem Einfluß der Gewinnungsarbeiten ist der Koeffizient K im Kohlenmassiv um die Grubenbaue ungefähr gleich 1,5—3,0. Je fester das Gestein der Firste und je größer die freigelegte Fläche derselben ist, um so höher ist auch der Wert des Koeffizienten K. An Stellen, an denen das Kohlenmassiv als Vorsprung in den abgebauten Raum hineinsteht, an denen ein dichtes Netz von Pfeilern angeordnet ist, und an solchen Stellen, an denen sich Strecken dem Abbau nähern, entstehen hohe Spannungskonzentrationen.

Beim Abbau eines Flözes mit festem Gestein im Hangenden nach dem Verfahren mit Anwendung langgestreckter, weniger Pfeiler wird die durch die Auflage der großen Firstfläche auf die Kohlepfeiler entstehende Spannungskonzentration durch folgende Formel ausgedrückt:

$$\sigma_y = K'\left(1 + \frac{1-\beta}{\beta}\right)\frac{\gamma H}{10} = K_1 \frac{\gamma H}{10}\ \text{kp/cm}^2 .$$

Hierin bedeuten:

β — Anteil der verschiedenen Pfeiler im abgebauten Raum an der Gesamtfläche;
K' — Koeffizient der Spannungskonzentrationen in den Pfeilern; $K' > 1$.

Offenbar gilt $K_1 > K$. Hierbei wächst die Zone der Spannungskonzentrationen mit der Vergrößerung der freigelegten Firstfläche sowie deren Deformation und Absenkung. Diese Zone dringt von außen nach innen vor, und die faktische Tragfähigkeit des Gesteins und der Kohle sinkt. Dementsprechend erhöht sich die Spannung im Kohlenpfeiler. Letzten Endes bildet sich ein „fester Kern“ hoher Spannungskonzentration, der auch die Quelle der Spannungsenergie für die schweren Gebirgsschläge darstellt. Die plötzliche Zerstörung eines solchen Kerns führt zum Auswurf großer Mengen bereits früher zerdrückter Kohle oder zum Hineindrücken des Kohlenmassivs in den freien Raum. Deshalb senkt sich bei großer freigelegter Firstfläche vor Auslösung der starken Gebirgsschläge die Firste merkbar ab, begleitet von Knallen und dem Hereindrücken der Kohle aus dem Rand des Kohlenpfeilers. Danach erhöhen sich die Absenkungsbeträge und die Absenkungsgeschwindigkeit schnell. Dieser sich gegenseitig bewirkende Prozeß läuft zuweilen schnell (im Verlaufe weniger Tage) oder auch langsam (in einigen Jahren) ab.

All dies deutet darauf hin, daß bei gleichen mechanischen Eigenschaften und bei gleicher Struktur des Kohlenmassivs, jedoch bei unterschiedlichen Abbauverfahren, sich die Mindestteufen, in welchen Gebirgsschläge auftreten, in hohem Grade unterscheiden. Zum Beispiel erreicht in unserem Land die Druckfestigkeit der Kohle beim Auftreten von Gebirgsschlägen im Becken von Datun und Myntaogou 400—500 kp/cm², doch die Teufe, in welcher Gebirgsschläge auftreten, beträgt nur 150—250 m, was dem weiter oben Dargelegten dann auch entspricht.

Andererseits bilden tektonische Störungen, zum Beispiel das Muldentiefste oder die Achse von Falten usw., Stellen natürlicher Spannungskonzentrationen.

Außerdem senkt sich in von mehreren Störungen durchzogenen Bereichen die Firste plötzlich im ganzen. Dies kann zur Erhöhung der Spannungskonzentration und zur Änderung der Belastungssituation führen (zu einer Erhöhung der inneren Belastungsgeschwindigkeit).

Außer dem Gewicht des überlagernden Gesteins, das die Spannungskonzentrationen hervorruft, führen auch verschiedene Stoßwellen, Schüsse und Erschütterungen sowie die plötzliche Absenkung oder das Abreißen der Firste zu Situationen, welche die schnelle Umverteilung der Spannungen begünstigen und oft die Überschreitung der Festigkeit von Gestein und Kohle bedingen. So bildet sich ein für das Auftreten von Gebirgsschlägen typischer Zustand heraus, der durch folgende Formel ausgedrückt wird:

$$\sigma > \alpha \sigma_t ,$$

wobei σ — die Gesamtspannungen, zusammengesetzt aus den beim Abbau der Kohle entstehenden Spannungen, aus den tektonischen Spannungen und der inneren dynamischen Spannung;

σ_t — die Druckfestigkeit beim Auftreten von Gebirgsschlägen und

α — der Druckfestigkeitskoeffizient, abhängig von der Struktur und der Klüftung, $\alpha > 1$

sind.

Wegen der schwierigen Bestimmung der Absolutwerte von σ und α zeigt obige Formel nur qualitativ den Zusammenhang zwischen inneren und äußeren gebirgsschlagbegünstigenden Faktoren, d. h. die Abhängigkeit zwischen Teufe, Bau und mechanischen Eigenschaften des Gesteins und der Kohle sowie den Betriebsbedingungen. Hieraus folgt, daß sich die Möglichkeit des Auftretens von Gebirgsschlägen mit der Teufe in festem Hangendgestein und fester Kohle ebenso vergrößert wie die Zerstörungskraft der Gebirgsschläge. Es darf nicht angenommen werden, daß die Mindestteufe für das Auftreten von Gebirgsschlägen größer ist als 250—300 m oder daß Gebirgsschläge in festem Nebengestein erfolgen müßten, weil das Auftreten von Gebirgsschlägen auch noch von der Festigkeit der Kohle selbst sowie von den Betriebsbedingungen abhängt. Zum Beispiel treten unter bestimmten Bedingungen auf einigen Gruben unseres Landes Gebirgsschläge bei Teufen von weniger als 200 m oder auch in mächtigen Flözen mit Tonschiefer als Nebengestein auf.

Die Neigung von Nebengestein und Kohle zu Gebirgsschlägen ist eine hinreichende Bedingung für das Auftreten von Gebirgsschlägen.

Während der Gewinnungsarbeiten und des Streckenvortriebs sind das Speichervermögen an Energie und der Weg ihrer Freisetzung die inneren Bedingungen für das Auftreten von Gebirgsschlägen.

Bei der Zerstörung des Gesteins und der Kohle wird die freigesetzte potentielle Energie benötigt:

1. Zur Überwindung des Zusammenhalts und der inneren Reibung von Gestein und Kohle, d. h. zur Zerstörung der Struktur (e_R),
2. zum Auswurf der zerstörten Kohle und zum Hereindrücken des Kohlenmassivs in den freien Raum (kinetische Energie e_K),
3. zur Verursachung des Geräusches (Tonenergie e_T) und
4. zur Erschütterung des Nebengesteins (e_E).

Daher kann pro Volumeneinheit des Gesteins oder der Kohle während der Belastung eine Gesamtenergie konzentriert sein, die angenähert gleich der Summe der oben angegebenen Energien ist:

$$e \geqq e_R + e_K + e_T + e_E .$$

In der Formel bestimmen die Werte e_K und e_E und ihr spezifischer Anteil an der gesamten potentiellen Energie die Zerstörungskräfte der Gebirgsschläge sowie die Neigung zum Auftreten von Gebirgsschlägen. Daher können wir die Zerstörungskraft von Gebirgsschlägen anhand der für ihre Entstehung aufgewendeten absoluten Energie e_t und die Gebirgsschlagneigung des Kohlenmassivs mit Hilfe der relativen Schlagenergie t beurteilen:

$$e_t = e_K + e_E = e - e_R - e_T\,.$$

Weil der Wert von e_T sehr klein ist, kann er vernachlässigt werden. Die Formel vereinfacht sich deshalb zu

$$e = e_t + e_R\,.$$

Die relative Schlagenergie ist

$$t = \frac{e_t}{e}\,.$$

Da es gegenwärtig noch schwierig ist, die Werte e_K und e_E genau zu bestimmen, ermitteln wir sie angenähert über die reine Druckfestigkeit σ_r der Kohle (ohne Einfluß der Endflächenreibung) und die Druckfestigkeit σ_t der Kohle beim Auftreten von Gebirgsschlägen (mit Einfluß der Endflächenreibung) (Bild 16).

Die Werte e_t und t hängen nicht nur von den Eigenschaften des Gesteins und der Kohle ab, sondern auch vom Belastungszustand.

Dementsprechend führten wir labormäßige Untersuchungen der Druckfestigkeit σ_t von Kohle durch, wobei Knistergeräusche bei der Zerstörung der Probe, die Geschwindigkeit der Erschütterungen, die Abhängigkeit vom Schlankheitsgrad, von der Feuchtigkeit und vom Belastungszustand an Kohlen des Flözes D (Becken Datun), des Flözes T (Schacht Tanšän im Becken Käjlnan) und der Flöze Nr. 3 und Nr. 4 des Beckens Fušun festgestellt wurden.

Bei den Untersuchungen brachte man zwischen den Stempeln und den Proben zwei Sandsteinscheiben aus der Firste der Kohlenflöze der Becken Datun und Käjlnanan. Hiermit sollten die natürlichen Lagerungsbedingungen nachgeahmt werden. Die Anordnung für die Durchführung eines solchen Versuchs wird auf Bild 17 gezeigt.

Die Ergebnisse der Untersuchungen sind in den Tabellen 2—7 angeführt. Tabelle 2 zeigt einen Vergleich der Druckfestigkeiten beim Auftreten von Gebirgsschlägen für vier Kohlensorten. Die Probekörperabmessungen betrugen 50 × 50 × 75 mm.

Tabelle 2

	σ_t	e_t	e	t	K	γ	ϱ	ϱ_s	S_m	β	E	ν
D	450,3	2,947	3,636	0,811	0,092	1,97	0,496	0,105	9,30	0,969	28,7	0,27
T	102,2	0,357	0,450	0,793	0,122	2,21	0,690	0,635	3,04	0,873	17,4	0,50
Nr. 3	391,6	2,725	3,260	0,838	0,267	3,54	0,996	0,232	2,29	0,452	32,9	0,35
Nr. 4	271,3	0,932	1,275	0,726	0,148	2,43	1,110	0,251	8,74	0,777	29,8	—

Hierin bedeuten:

σ_0 — Spannung, bei welcher Knistergeräusche auftreten

$$K = \frac{\sigma_0}{\sigma_t}$$

γ — Winkelkoeffizient der Linie der Verteilung der Mikroimpulse (vgl. Bild 18);
ϱ — Dichte der Mikroimpulse;
ϱ_s — Dichte der Mikroimpulse mit einer Amplitude von 4,5—6 mm;
S_m — Intensität der Erderschütterung;
β — Koeffizient der maximalen Schwingungsenergie;
E — Spannungsmodul;
ν — Poissonsche Konstante.

Tabelle 3 zeigt die Druckfestigkeit beim Auftreten von Gebirgsschlägen in Abhängigkeit vom Schlankheitsgrad. Die Auflagefläche der Probekörper ist gleich 50×50 mm².

Tabelle 4 zeigt die Gebirgsschlagneigung der Kohle aus den Flözen D und T bei freier Deformation in einer horizontalen Richtung und bei Begrenzung der Deformation in den anderen Richtungen durch dicke Stahlplatten. Die Abmessungen der Probekörper betrugen $50 \times 50 \times 75$ mm.

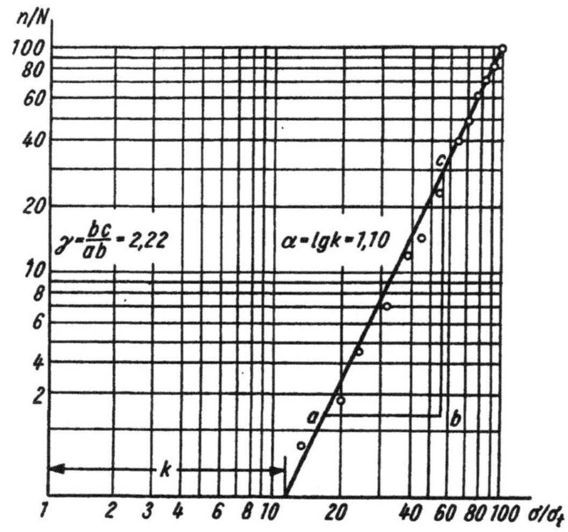

Bild 18. Verteilung der Mikroimpulse

Die Tabellen 5 und 6 zeigen den Einfluß der Feuchtigkeit auf die Druckfestigkeit beim Auftreten von Gebirgsschlägen. Es wurden zwei Versuchsserien an Kohle des Flözes T durchgeführt. Die eine Serie (T_1) bestand aus Kohle mit natürlicher Feuchtigkeit, die anderen (T_2) aus Kohle, die feuchtigkeitsgesättigt war. Die Abmessungen der Probekörper betrugen $50 \times 50 \times 75$ mm. Weiterhin wurden drei Versuchsserien an Kohlen des Flözes D durchgeführt, und zwar Serie D_1 mit vollkommen durchnäßter Kohle, Serie D_2 mit natürlicher Feuchtigkeit und Serie D_3 mit Feuchtigkeitssättigung. Die Abmessungen der Probekörper betrugen $25 \times 25 \times 37,5$ mm.

Tabelle 3

h/a	σ_t	e_t	e	t	K	γ	ϱ	ϱ_s	S_m	β	E	ν
0,5	516,9	4,772	5,566	0,859	0,214	3,02	1,488	0,368	25,0	0,892	25,5	0,15
1,0	474,6	3,388	4,067	0,833	0,052	1,58	0,792	0,126	24,5	0,967	32,8	0,32
1,5	450,3	2,947	3,636	0,811	0,092	1,97	0,496	0,105	9,3	0,969	28,7	0,27
2,0	418,5	2,610	3,278	0,296	0,156	2,54	0,284	0,061	13,0	1,000	29,5	0,38

Tabelle 4

Flöz	σ_t	e_t	e	t	K	γ	ϱ	ϱ_s	S_m	β	E	ν
D	533,5	4,511	5,277	0,862	0,109	2,10	1,355	0,361	21,2	0,960	28,0	0,28
T	212,5	1,191	1,255	0,947	0,088	1,91	2,040	0,610	0,455	0,857	24,7	0,81

Tabelle 5

Probe	σ_t	e_t	e	t	S_m	β	E	ω	K	γ	ϱ	ϱ_s	ν
T_1	102,2	0,357	0,450	0,739	3,04	0,873	17,40	0,0194	0,122	2,21	2,69	0,635	0,50
T_2	159,3	0,549	0,647	0,849	—	—	20,20	—	0,169	2,62	0,47	0,083	—

Tabelle 6

Probe	σ_t	e_t	e	t	S_m	β	E	ω
D_1	453,5	4,911	3,929	0,800	11,7	0,933	22,57	0,000
D_2	562,8	4,926	5,642	0,873	18,4	0,986	29,77	0,0528
D_3	443,7	3,691	4,730	0,780	8,2	0,993	22,39	0,0722

Tabelle 7

Flöz	σ_p	e_p	ϱ	ϱ_b	S_m	B	E	ν
D	194,0	0,689	1,269	0,354	0,633	0,761	23,52	0,32
T	50,0	0,095	0,460	0,135	—	—	—	—
F_1	166,7	0,530	0,389	0,080		—	—	—
F_2	140,4	0,343	0,736	0,293	—	—	—	—

Tabelle 7 zeigt Untersuchungsergebnisse von Proben ohne Endflächenreibung (die Endflächen der Probekörper wurden mit einer dünnen Paraffinschicht überzogen). Die Abmessungen der Probekörper betrugen $50 \times 50 \times 75$ mm.

In unseren Untersuchungen schwankt die Kennziffer der relativen Schlagenergie t nur gering in den Grenzen von 0,726 bis 0,811, d. h., die beim Schlag aufgewendete absolute Energie dieser Kohlen ist ungefähr 4mal so groß wie die Zerstörungsenergie. Die Druckfestigkeit beim Auftreten von Gebirgsschlägen schwankt zwischen 102 und 450 kp/cm². Alle untersuchten Kohlenarten neigen zu Gebirgsschlägen. Die Kohlen mit geringerer Festigkeit neigen stärker zu Gebirgsschlägen; jedoch zu solchen mit geringer Zerstörungskraft. Die Kohlen mit größerer Festigkeit hingegen besitzen große Zerstörungskraft, neigen aber weniger zu Gebirgsschlägen (Kohlen des Beckens von Datun).

Die Messung der Knistergeräusche zeigt, daß Kohlen mit geringer Druckfestigkeit beim Auftreten von Gebirgsschlägen eine größere Geräuschdichte besitzen (die Geräuschdichte der Kohle aus Flöz T ist zum Beispiel 6,4mal so groß wie diejenige der Kohle aus Flöz D). Die Spannung, bei welcher Knistergeräusche auftreten, ist 0,092—0,267mal geringer als die Elastizitätsgrenze. Man kann daher annehmen, daß in Kohlen mit geringerer Festigkeit die Gebirgsschläge in der Form von Bergschüssen vor sich gehen, wobei vor dem Auftreten starker Gebirgsschläge sich ebensolche Bergschüsse ereignen. Hieraus folgt, daß die Gebirgsschläge unter solchen Bedingungen keine plötzlichen Erscheinungen darstellen, sondern im Ergebnis einer langdauernden Entwicklung des Prozesses der Spannungsverlagerung erfolgen.

Die Erschütterungen, die mit den Gebirgsschlägen einhergehen, unterscheiden sich je nach den Eigenschaften der Kohle. Der Koeffizient der Erschütterung bewegt sich zwischen 0,45 und 0,97. In Kohlen mit geringeren Erschütterungskoeffizienten treten im Verlaufe der Zerstörung mehrmals Erschütterungen auf, wodurch die Gesamtenergie geteilt wird. Die Kohle des Flözes D besitzt große Erschütterungswirkung. Bei Zerstörung einer Probe erreicht die Ausbreitungsgeschwindigkeit der seismischen Welle in 8 m Abstand von der Presse 40,6 mm/s.

Die Feuchtigkeit spielt eine bestimmte Rolle für die Eigenschaften des Schlages. Die Erhöhung der Feuchtigkeit führt bei weichen Kohlen zu einer Vergrößerung der Druckfestigkeit und der Schlagenergie beim Auftreten von Gebirgsschlägen, sie verringert gleichzeitig die Dichte der Knistergeräusche um ein mehrfaches des ursprünglichen Betrages. Man kann daher annehmen, daß für weiche Kohlen die Erhöhung der Feuchtigkeit zwar die Zahl der Bergschüsse verringert, daß sie jedoch das Auftreten stärkerer Gebirgsschläge begünstigt. Bei festen Kohlen ist kein merkbarer Einfluß der Feuchtigkeit auf den Charakter der Gebirgsschläge nachzuweisen. Diese Frage muß weiterhin bearbeitet werden.

Die Belastungsbedingungen beeinflussen den Charakter der Gebirgsschläge in der Kohle. Die Stärke der Schläge in der Kohle erhöht sich bei einseitiger Deformation. Zum Beispiel erhöht sich die Festigkeit σ_i der Kohle aus Flöz D um 18% und die Schlagenergie um 53%.

Für weiche Kohlen des Flözes T erhöht sich erstere um 108% und letztere um 222%.

Hieraus folgt, daß in Kohleninseln leichter Gebirgsschläge entstehen als in langen, schmalen Pfeilern, im Ortsstoß oder tiefer im Kohlenmassiv, nur ist ihre Zerstörungskraft geringer als die der an den letztgenannten Stellen auftretenden Gebirgsschläge.

Der Schlankheitsgrad besitzt ebenfalls Einfluß auf die Gebirgsschlagneigung. Unter sonst gleichen Bedingungen führt die Verringerung der Probekörperhöhe zu einer Verringerung der Gebirgsschlagneigung.

Wenn die Probekörperhöhe verdoppelt wird, so verringert sich die Festigkeit um 11% und die Energie e_i um 35%. Deshalb hängt die Intensität der Gebirgsschläge stark von den Pfeilerabmessungen ab. Allgemein kann man sagen, daß die Zerstörungskraft der Gebirgsschläge um so größer ist, je geringer das Verhältnis von Pfeilerhöhe zu Pfeilerbreite ausfällt, nur kommt es hierbei relativ selten zur Entstehung von Gebirgsschlägen.

Maßnahmen zur Verhinderung von Gebirgsschlägen

Auf Grund dessen, daß das Auftreten von Gebirgsschlägen an zwei Bedingungen gebunden ist (an eine notwendige und an eine zusätzliche Bedingung), wählt man die Maßnahmen zur Bekämpfung von Gebirgsschlägen in Übereinstimmung mit dieser Sachlage, d. h., man muß die Bedingungen ändern, welche die Gebirgsschläge hervorrufen.

Allgemeine Maßnahmen zur Bekämpfung von Gebirgsschlägen sind:

1. Die Änderung der mechanischen Eigenschaften der Gesteine und Kohlen:
   Abbau eines Schutzflözes, Erschütterungsschießen und Hochdrucktränken usw.
2. Vermeidung der Ansammlung hoher Spannungen um die Grubenbaue (in der Stützdruckzone) oder Verringerung dieser Spannungskonzentrationen. Zum Beispiel die Anwendung rationeller Abbauverfahren, die rationelle Anlage der Strecken, richtige Reihenfolge und Richtung der Grubenbaue, Verringerung des Aufwands an Vorrichtungsbauen je 1000 t Förderung. Keine Kohlenpfeiler im Alten Mann stehen lassen.
3. Senkung der Zerstörungsgefahr der Gebirgsschläge:
   Anwendung nachgiebigen Metallausbaues, Erhöhung des Widerstands des Ausbaues, Breitauffahrung der Strecken mit Versatz und Polstern zur Aufnahme der Deformationen, Anwendung einer erprobten Methode zur Prognose von Gebirgsschlägen.

Entsprechend den Bedingungen, unter denen Gebirgsschläge entstehen, kann man verschiedene Arten von Gebirgsschlägen unterscheiden. Um das Auftreten von Gebirgsschlägen wirksam zu verhindern, muß man daher für verschiedene Schächte die jeweils geeigneten Maßnahmen wählen. Gegenwärtig werden auf unseren Gruben folgende Maßnahmen zur Bekämpfung von Gebirgsschlägen angewendet:

1. Becken von Fušun:

1.1 Abbau von Schutzflözen:

Ist die Bauhöhe der Teilsohle gering und das Einfallen steil, wird das Flöz von oben nach unten abgebaut, weil der Abbau in der oberen Teilsohle zu einer Senkung der Spannungskonzentrationen im Kohlenmassiv der unteren Teilsohle führt. Dies trifft besonders für die Flöze 3, 4 und 5 zu. Ist das Einfallen gering, die Bauhöhe der Teilsohle aber größer, so müssen zuerst die nicht gefährdeten Flöze Nr. 4 und 5 abgebaut werden. Jedoch wegen des geringen Abstandes zwischen den Flözen 3 und 4 muß beim

Abbau des Flözes Nr. 4 dichter Spülversatz angewendet werden. Wenn die erste Bank des Flözes Nr. 3 (von unten nach oben) abgebaut ist, ist der restliche Teil des Flözes aus dem gefährdeten Zustand befreit.

1.2 Die Abbaumethode der ersten Bank (der untersten Bank) des Flözes Nr. 3 ist zu verbessern, die V-förmige Anordnung des Stoßes wird ausgetauscht durch knappweisen Verhieb, um Ausfälle durch die Zerdrückung des Kohlenmassivs zu vermeiden. Gleichzeitig müssen alle Abbaue in einer Linie gehalten werden.

1.3 Die Grubenbaue sind rationell anzulegen. Die Hauptgrubenbaue müssen in festem Gestein des Liegenden oder in einer Zone verringerten Gebirgsdruckes angelegt werden. Es wird Langfrontenbau mit vorauseilenden Strecken betrieben. Bei Parallelstrecken muß der Abstand zwischen den beiden Strecken ungefähr 20—40 m betragen. Ein Teil der Grubenbaue wird erst nach Abbau der ersten Bank aufgefahren.

1.4 Die Baufelder sind rationell anzulegen. Die Flügel sind gleichmäßig abzubauen und die Bildung isolierter, hervorstehender schmaler Pfeiler ist zu vermeiden.

Es laufen deshalb z. Z. Bemühungen, die streichende Länge der Baufelder zu vergrößern, die gegenwärtig zwischen 240 und 320 m liegt. Die Bauhöhe einer Teilsohle ist nicht größer als 35 m.

2. Maßnahmen zur Bekämpfung von Gebirgsschlägen bei festen Hangendgesteinen:

2.1 Verbesserung der anzuwendenden Abbauverfahren: Zur Zeit wird Spülversatz eingeführt. Wir sind jedoch der Meinung, daß das schrittweise Zubruchschießen der Firste mit tiefen Bohrlöchern die bessere Methode zur Verhinderung der plötzlichen Absenkung großer, freigelegter Firstflächen sowie zur Verhinderung von Gebirgsschlägen ist.

2.2 Maßnahmen zur Bekämpfung der Luftstöße:

a) Bei Stehenlassen von Barrierepfeilern werden alle Durchhiebe, welche den abgebauten Raum mit den Förderstrecken verbinden, zuverlässig abgeschlossen und die nach dem Abwetterstrom führenden Baue zeitweilig geöffnet. Eine solche zeitweilig geöffnete Anlage wird beim Auftreten starker Luftstöße zerstört und läßt die Luft abströmen. Sie verringert dadurch die Gefährdung der Belegschaft und die Zerstörung der Förderstrecke.

b) An den Baugrenzen läßt man Barrierepfeiler von 15 m Breite stehen. Damit soll das Absenken großer, freigelegter Hangendflächen begrenzt werden.

3. Beim Abbau von Flözen, die durch Schläge aus dem Liegenden gefährdet sind, wendet man folgende Maßnahmen an:

3.1 Verbesserung des Abbauverfahrens: Das Abbauverfahren auf den Gruben Fan-šan, bei welchem das Bruchwerfen von den Strecken aus erfolgte, wurde durch einen Langfrontenbau ersetzt, die Zahl der Strecken verringert und der Zustand der Spannungsverteilung verbessert.

3.2 Alle im Liegenden aufzufahrenden Strecken werden unter Mitnahme einer festen Gesteinsschicht und der unteren quellenden Gesteinsschichten aufgefahren, um die Ursache von Gebirgsschlägen zu beseitigen.

Gebirgsschlaguntersuchungen im Kolar Gold Field, Südindien

von R. Krishnamurthy, Kolar, E. Miller und E. L. J. Potts, New Castle upon Tyne

Einführung

Bekannte Minerallagerstätten geringerer Teufe gehen schnell ihrer Erschöpfung entgegen, und viele Gruben sehen sich nun vor die Probleme gestellt, die der Bergbau in größerer Teufe aufwirft. Eine der größten Schwierigkeiten ist dabei die Gebirgsbewegung, insbesondere dann, wenn die Lage durch das Auftreten von Gebirgsschlägen erschwert wird.

In dieser Hinsicht sind die Gruben im Goldbergbaurevier von Kolar von besonderem technischen Interesse, da sich dort häufig Gebirgsschläge, die zudem von besonderer Schwere sind, ereignen.

Nach dem Auftreten von zwei schweren Gebirgsschlägen im April und Juni des Jahres 1952 berief die Firma John Taylor and Sons, später die Direktoren, ein Komitee, das die bergbaulichen Probleme des Reviers zu untersuchen hatte. Der Bericht des Komitees, 1955 erstattet, enthält umfassende Empfehlungen, wie durch bergmännische Einflüsse das Auftreten und die Schwere von Gebirgsschlägen verringert werden können [1]. Weiterhin wurde eine Abteilung für Gebirgsschlagforschung gebildet und Professor E. L. J. Potts für die Beratung und Leitung der systematischen Messungen der Gebirgsbewegungen und für die Entwicklung von Instrumenten sowie von Meßverfahren gewonnen.

In den Jahren 1955 bis 1960 war für die Gebirgsschlagforschung im Revier Herr E. De St.Q. Isaacson verantwortlich. Während dieser Zeit wurden in Zusammenarbeit mit der Fakultät für Bergbau der Universität Newcastle upon Tyne Verfahren zur Messung von Gebirgsverschiebungen und des Gebirgsdrucks entwickelt. Eine allgemeine Analysierung der dabei gewonnenen Unterlagen ist bereits in früheren Veröffentlichungen vorgenommen worden [2], [3].

Zwei größere Programme über die Verwendung von Instrumenten wurden im Jahre 1960 angenommen. Der Einbau der Meßgeräte begann im Jahre 1961 auf der 96. Sohle im nördlichen Flügel des Glen-Erzfalls der Grube Champion-Reef. Das erste Vorhaben konnte aber infolge eines größeren Gebirgsschlags, der sich im November 1962 ereignete, nicht zu Ende geführt werden, da durch ihn die gesamte Lagerstätte zwischen der 85. und 107. Sohle in Mitleidenschaft gezogen wurde. Deswegen wurde ein ähnliches Vorhaben im Jahre 1964 in der Grube Nundydroog im Westreefgebiet neu begonnen, und der Einbau der Instrumente ist jetzt zu Ende geführt worden.

Dieser Vortrag geht kurz auf die Geologie des Kolar Gold Fields ein und befaßt sich dann mit der allgemeinen Erscheinungsform von Gebirgsbewegungen, die durch den Bergbau hervorgerufen werden. Danach werden die allgemeinen Gesichtspunkte von Gebirgsschlägen besprochen, und zum Schluß wird die Herausbildung einer neuen Abbauanordnung für den Südflügel des Glen-Erzfalls, die auf Forschungsergebnissen basiert, erläutert.

Geologie des Kolar Gold Fields (Bild 1):

Die fördernden Gruben im Kolar Gold Field nehmen eine Länge von etwa 5 Meilen (8 km) ein. Die Lagerstätten sind in einen Gürtel von Hornblendenschiefer des älteren Dharwar (Archaikum) eingebettet und von Granit und Gneis umgeben. Die basischen Eruptivgesteine

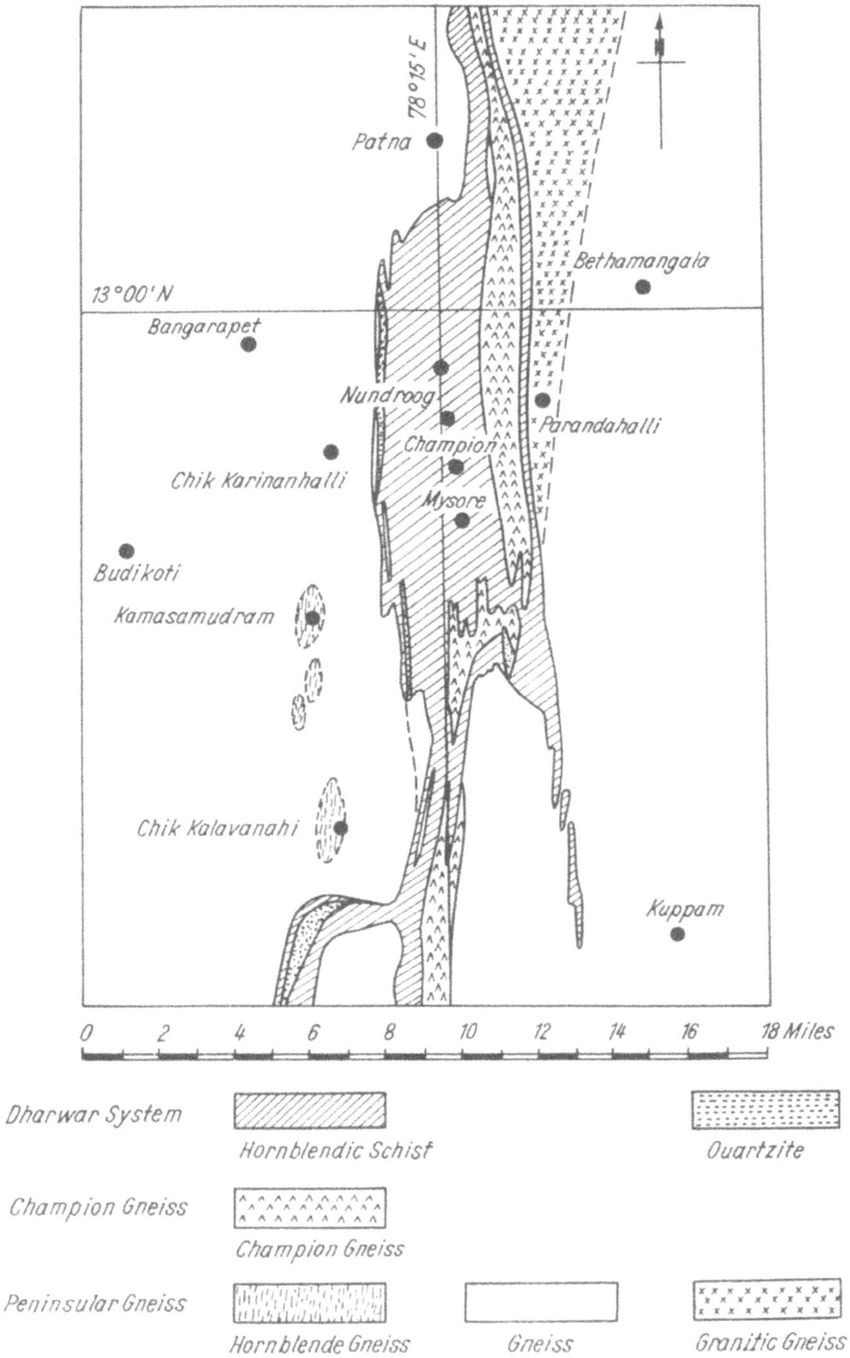

Bild 1. Geologische Karte des Kolar-Gold-Reviers

sind bei ihrem Absinken in eine Geosynklinale in Hornblendeschiefer umgewandelt und gleichzeitig granitisiert worden, wobei sich eine mannigfaltige Fazies des peninsularen Gneis entwickelt hat. Im Hornblendeschiefer bildeten sich nach der Abscherung Quarzgänge mit anschließender Sprungbildung. Pegmatite und Aplite drangen in das Primärgestein in späterer Zeit ein, und zum Abschluß wurden die Gesteine von Doleritgängen intrudiert.

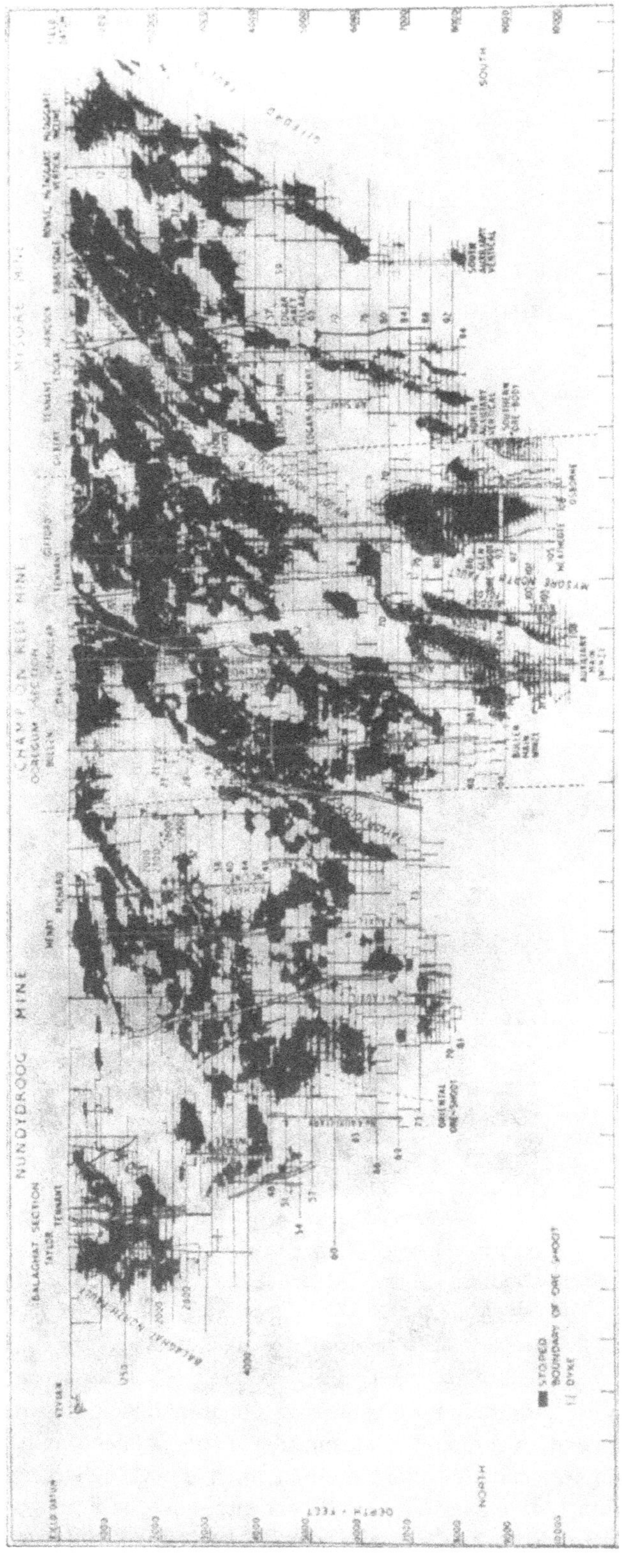

Bild 2. Längsriß durch den Champion-Gang

Von den zahlreichen goldführenden Gängen im Quarz sind aber im Revier nur die mit Champion, Oriental und Mo Taggert bezeichneten Gänge mit ihren Nebengängen von wirtschaftlichem Interesse. Der Hauptteil der Erzförderung stammte in der Vergangenheit aus dem Champion-Goldgang. Er streicht nördlich und hat damit ein fast paralleles Streichen mit dem Hornblendegürtel. Das Einfallen des Gangs schwankt zwischen 40 und 50° im Westen nahe der Erdoberfläche und fast senkrechtem Einfallen in der Teufe. Die durchschnittliche Mächtigkeit des Ganges bewegt sich zwischen 3 und 4 Fuß (etwa 0,9 bis 1,2 m); an einigen Stellen erreicht sie jedoch bis zu 20 Fuß (6,1 m), und zwar infolge der Ausbildung von charakteristischen „Zickzacks“, auch „Falten“ genannt. Es gibt zwei wichtige Verwerfungssysteme, wobei das eine NNW streicht und ihm der Champion-Gang zugesellt ist, während das andere NE streicht und ihm der Oriental-Gang zugesellt ist.

Im Bild 2, einem Längsriß, sind die Ausrichtung und der Abbau im Champion-Goldgang dargestellt. Im Glen-Erzfall liegen die Abbaue zwischen den Sohlen 85 und 107; sie umfassen einen Raum von annähernd 1000 Fuß (305 m) im Streichen und 2000 Fuß (610 m) in der seigeren Erstreckung. Dieser Erzfall wird von einer größeren Störung, bekannt als die Mysore North-Störung, durchzogen, die ein Streichen in NNW bei einem Winkel von 10° aufweist. In söhliger Richtung durchörtert eine Pegmatitintrusion den Erzfall zwischen der 91. und 93. Sohle; ihre seigere Erstreckung von 150 Fuß (46 m) bleibt ungebaut. Biddicks „Falten“ liegen in Norden der Durchörterung von der Mysore-North-Störung und dem goldführenden Gang. Der Hauptteil der Förderung der Grube kam bis zum November 1962 aus diesen beiden Abteilungen, als sich eine Reihe von schweren Gebirgsschlägen ereignete, die das gesamte Gebiet des Glen-Erzfalls zerstörten. Als Folge dieser Gebirgsschläge mußte die Arbeit in diesem Gebiet eingestellt werden.

Abbaumethoden (Bild 3):

In der Grube Champion-Reef wird das Erz durch Schrägfirstenbau abgebaut, wobei eine Folge von V-Stößen eine Art Sägezahnabbau ergibt. Der abgebaute Raum wird durch starre Bergemauern aus Granit gesichert, die eine Zusammendrückbarkeit von etwa 15% aufweisen.

Die Gewinnung des Oriental-Goldgangs wurde ursprünglich durch Strossenbau mit Granitversatz betrieben, aber die gegenwärtig angewandte Methode ist die geplante Fortsetzung von Flachfirstenkammern, wobei der abgebaute Raum mit Sand versetzt wird. Beide Abbaumethoden sind in Bild 3 dargestellt.

Allgemeine Bemerkungen über Gebirgsschläge im Kolar Gold Field

Das Problem der Gebirgsschläge ist in der Grube Champion-Reef, besonders aber im Glen-Erzfall und den Biddicks „Falten“ akut. Im Glen-Erzfall (Bild 4) war der nördliche Flügel Gebirgsschlägen mehr ausgesetzt als der südliche Flügel, wobei der Grund in der Nähe der Mysore-North-Störung zu suchen ist. In der Grube Nundydroog sind Gebirgsschläge sowohl in den alten Strossenkammern als auch den mit Sand versetzten Abbauen aufgetreten.

Im Champion-Gang sind „Kämpferschläge“ besonders charakteristisch, vor allem im nördlichen Flügel. Zerstörungen beschränken sich meist auf die Gangstrecken oder Aufhauen im Vorfeld der Abbaustöße, obgleich gelegentlich auch schon Beschädigungen der Abbaue beobachtet wurden. Gebirgsschläge können erwartet werden, wenn ein Paar von Schrägfirsten bis zu dem Stadium entwickelt wurde, daß sie sich vom Zentralaufhauen trennen und zu eigenen Abbauen entwickeln. Abweichungen von dieser Form stellten sich jedoch im März 1960 und April 1962 ein, als die beobachteten Zerstörungen auf die Fußstrecken und Querschläge im Osten der Mysore-North-Störung begrenzt waren.

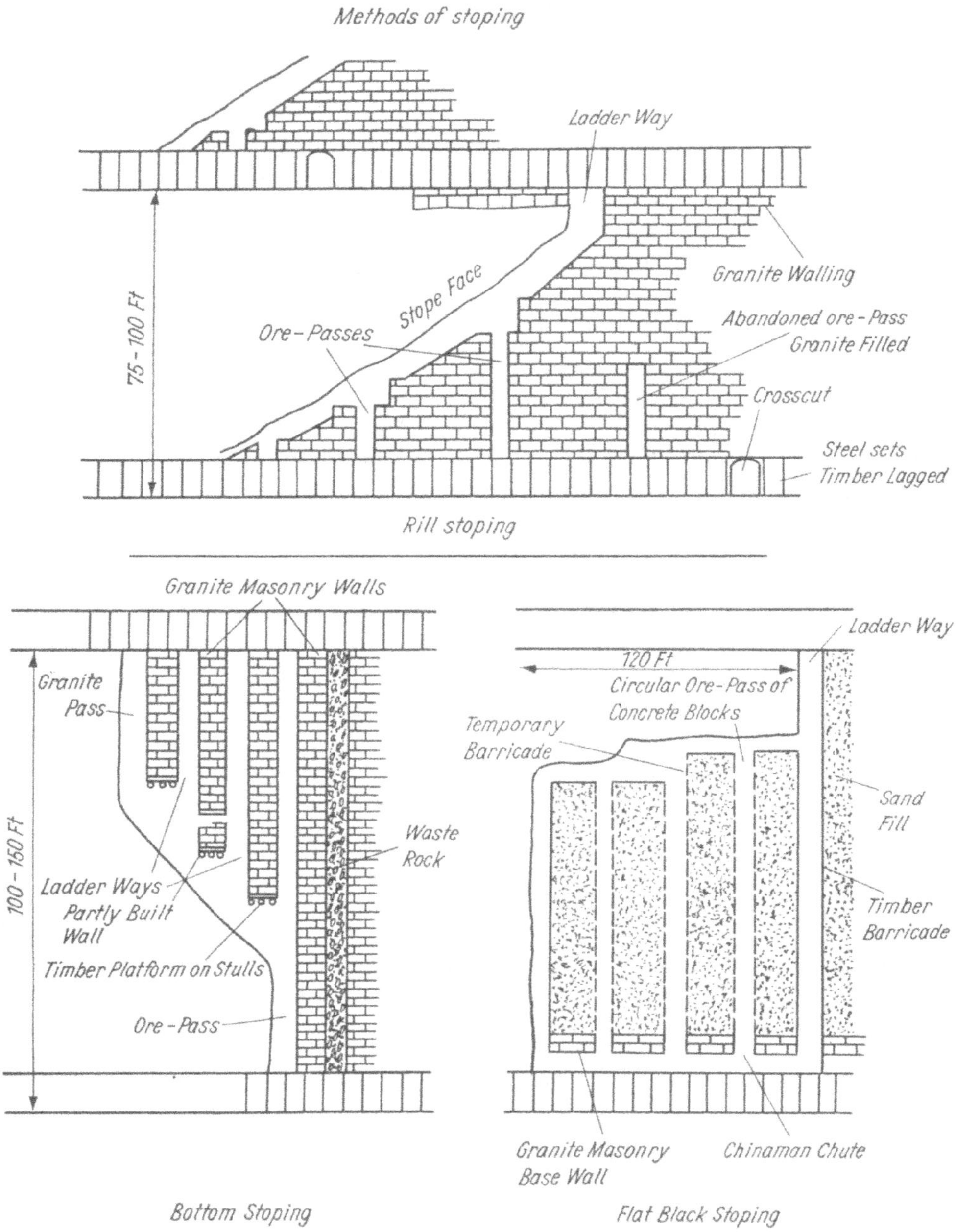

Bild 3. Abbaumethoden im Champion-Reef

Die Erscheinungen der Gebirgsschläge im westlichen Ganggebiet (Oriental-Gang) in der Grube Nundydroog zeigten ein völlig unterschiedliches Bild, nachdem dort keine Zerstörungen an den Auflagern der Abbaue festgestellt wurden, wie sie typisch für die Gebirgsschläge im Glen-Erzfall sind. Zerstörungen sind hier konzentriert auf das Hangende und Liegende in den Abbauen und auf die Aufhauen und Sohlen unmittelbar über bzw. unter den Abbauen. Gebirgsschläge können insbesondere dann erwartet werden, wenn eine waagerechte Firsten-

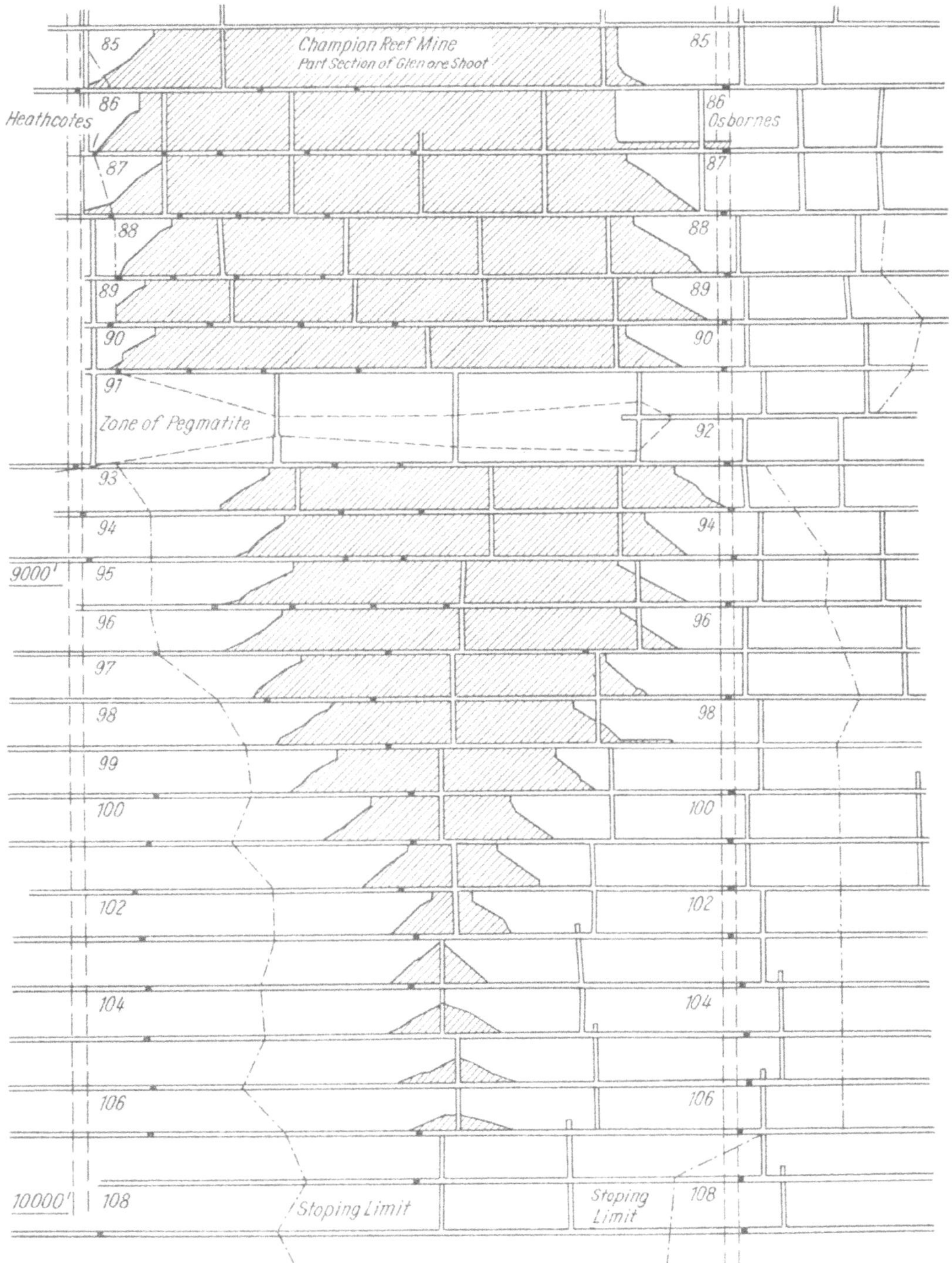

Bild 4. Teilriß durch den Glen-Erzfall des Champion-Reef

kammer mit Sandversatz die obere Sohle erreicht, wobei eine söhlige Schwebe von Gestein von unterschiedlicher Mächtigkeit zwischen Abbau und Sohle angebaut wird, besonders aber dann, wenn das Abbaugebiet die zahlreichen kleinen Störungen und Gänge erreicht, die im westlichen Lagerstättenteil so häufig sind.

Der große „Revierschlag" vom 27. November 1962

In der Nacht des 27. November 1962 ereignete sich ein Gebirgsschlag von sehr großer Stärke. Durch ihn wurden das gesamte Abbaugebiet im nördlichen und südlichen Flügel des Glen-Erzfalles zwischen den Sohlen 85 und 107 und die südliche Erzlagerstätte zerstört, wobei sehr starker Gesteinsfall und kräftige Bewegungen in den Querschlägen, Fußstrecken und den zu ihnen gehörenden Querschlägen in den Schächten Heathcote und Osborne auftraten. Dem ersten Beben folgte eine Serie von Beben ähnlicher Stärke über einen Zeitraum von mehreren Tagen. Der Seismograph registrierte insgesamt 59 Beben während der ersten 24 Stunden; die anomalen Schläge dauerten bis zum 8. Dezember 1962 an.

Unglücklicherweise brach im gleichen Revier, wahrscheinlich zur gleichen Zeit, zu der sich der Gebirgsschlag ereignete, ein Grubenbrand aus, so daß der gesamte Glen-Erzfall abgedämmt werden mußte. Aus diesem Grunde war es erst während des Monats Februar 1963, nachdem das Brandfeld geöffnet worden war, möglich, eine vorläufige Besichtigung der betroffenen Sohlen vorzunehmen. Die Befahrung zeigte starke Zerstörungen der sägeblattartigen Auflagen, insbesondere zwischen dem Fußende der oberen Firste und dem Durchlaß der Firste darunter in einigen Fuß nördlicher Richtung, kulminierend in einem Bruch, sowie an den Verbindungsstellen von Abbaustrecke und Schachtquerschlägen oder dem ersten zugehörigen Querschlag, der das Auflager durchfährt. Schwere Zerstörungen wurden in einem Bereich von 25 Fuß (7,5 m) an der Einmündung der Querschläge in die Abbaustrecke festgestellt. Eine sichtbare Bewegung des Nebengesteins konnte sowohl im Hangenden als auch im Liegenden festgestellt werden, sie äußerte sich in der Verformung von Ausbaurahmen und im Zubruchgehen der Auflager der Abbaue. Starke Streckenbrüche hatten sich insbesondere in den unausgebauten Teilen der Abbaustrecken in beträchtlicher Entfernung von den Abbauen, in den Schachtquerschlägen und zugehörigen Querschlägen und in den Fußstrecken ereignet, und zwar besonders dort, wo sich diese Hohlräume in oder gegenüber einem noch ungebauten Gebiet befanden. Im allgemeinen sind die Zerstörungen in Schwächungsbereichen ausgeprägter, z. B. in der Mysore-North-Störung und in den Pegmatit-Intrusionen. Querschläge gegenüber einem vollständig abgebauten Gebiet sind am wenigsten in Mitleidenschaft gezogen worden, während Querschläge gegenüber einem noch nicht in Verhieb genommenen Gebiet und in der Kämpferzone der Abbaue schwere Zerstörungen erlitten haben.

Über den Sohlen 91 und 93, also über der Zone der Pegmatite, scheint die Bewegung der Begleitgesteine vernachlässigbar klein zu sein gegenüber den Auswirkungen unter dem Pegmatit; in der Abbaustrecke in der 93. Sohle zwischen den Schächten Heathcote und Osborne wurde keine Zerstörung festgestellt.

Das Ausmaß der Zerstörung in den Abbauen ist unbekannt, da sie nicht befahren worden sind. Aber nach der Natur des Gebirgsschlages zu urteilen, ist es nicht als so groß anzunehmen, wie das in den Auflagern vor der Abbaufront. Die Abbaue sind wahrscheinlich vollständig oder teilweise mit Gestein, das sich aus dem Hangenden, Liegenden und den Stößen gelöst hat, verfüllt.

Aufzeichnungen der Gebirgsschläge und Ergebnisse der Messungen der Gebirgsverschiebung

Detaillierte Aufzeichnungen der Gebirgsschläge sind seit 1956 verfügbar, und zwar nach der Einführung von speziellen Berichtsbögen, die 1955 vom Gebirgsschlagkomitee empfohlen worden sind. Tabelle 1 gibt einen Überblick über die Anzahl der Gebirgsschläge, die sich im Glen-Erzfall (Grube Champion-Reef) und im West-Reef (Grube Nundydroog) ereigneten, und in Gegenüberstellung die Gesamtzahl der Gebirgsschläge in den beiden Gruben für den Zeitraum 1957 bis 1962. Von der Gesamtanzahl der Gebirgsschläge, die in den Gruben Cham-

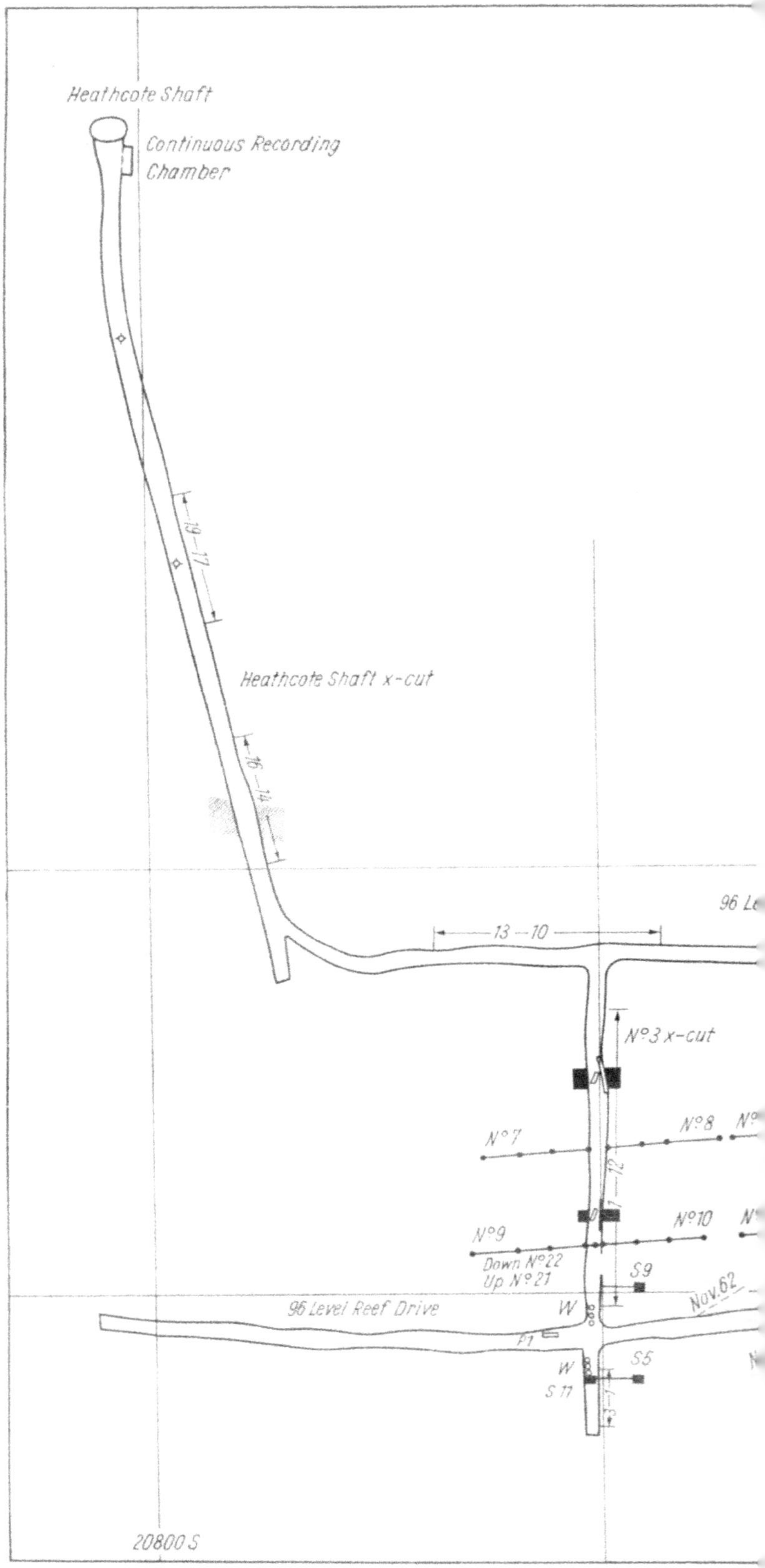

Bild 5. Anordnung der Meßgeräte au

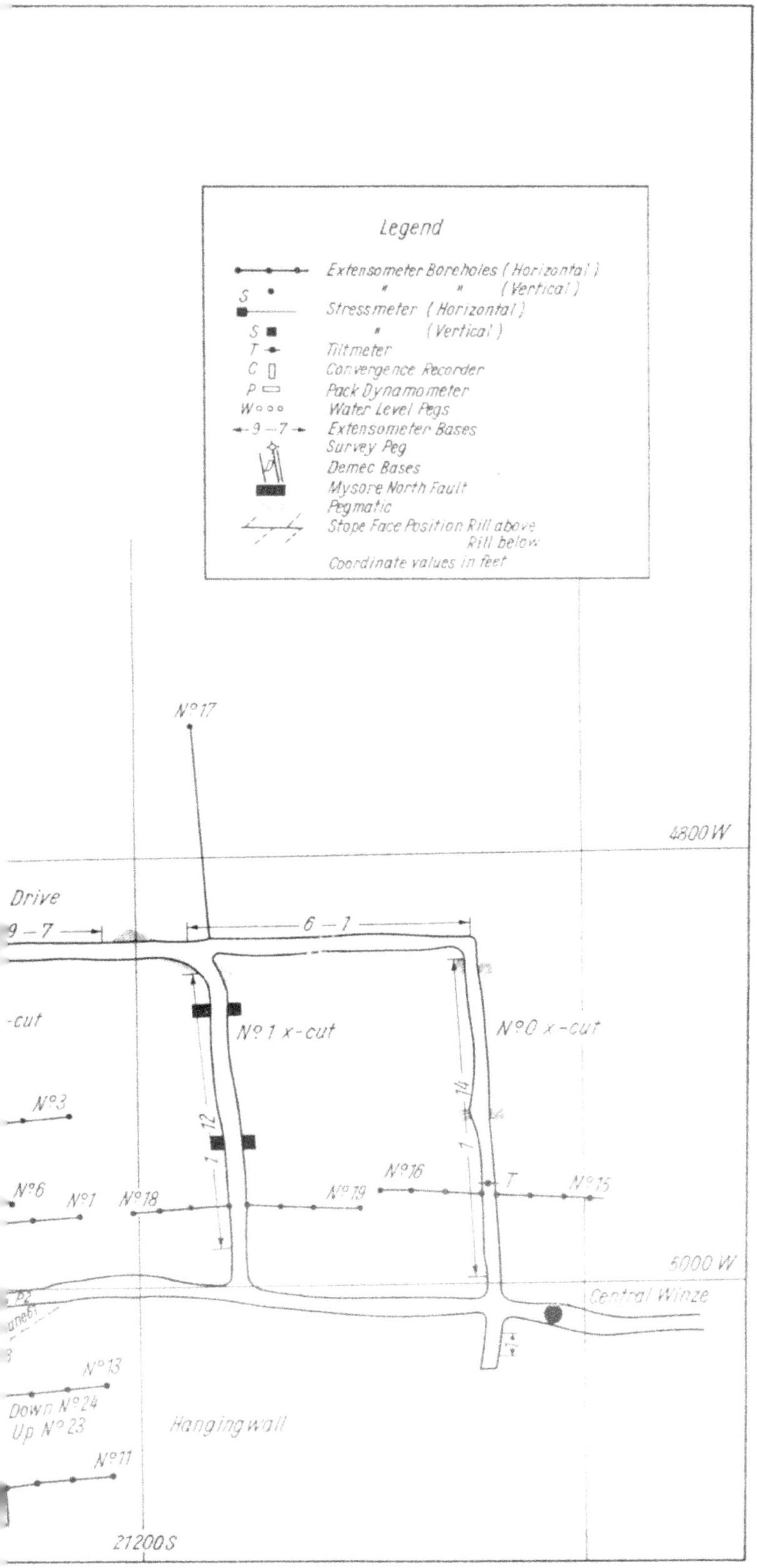

des Glen-Erzfall im Champion-Reef

pion-Reef und Nundydroog erfaßt worden sind, sind annähernd 56 bzw. 80% im Glen-Erzfall bzw. im Gebiet des West-Reefs zu verzeichnen gewesen.

Von 1956 bis 1961 wurden Messungen für den gesamten Glen-Erzfall vorgenommen, insbesondere anhand der Verformung von stählernen Ausbaurahmen, um das Ausmaß der Annäherung des Hangenden und Liegenden einzuschätzen. 1961 wurde beschlossen, die Messungen auf eine besondere Örtlichkeit zu konzentrieren, nämlich die 96. Sohle (Bild 5); seit dieser Zeit werden auch hochentwickelte Geräte und Meßverfahren geprüft und erprobt [4]. Detaillierte Messungen über die Natur der Bewegung des Gebirgsmassivs wurden über einen eineinhalbjährigen Zeitraum vorgenommen; während dieser Zeit verzeichnete die Abbaufront der Abbaue im nördlichen Flügel einen Fortschritt von annähernd 45 Fuß (14 m). Die über den Zeitraum von mehr als 6 Jahren gewonnenen Informationen reichten aus, das allgemeine Modell der Verschiebung des Gebirgsmassivs infolge des Bergbaus zu entwickeln und einige Angaben über die verschiedenen Auswirkungen von Gebirgsschlägen zu erhalten. Die gesammelten Erkenntnisse waren die Grundlage für die Entwicklung von verschiedenen neuen Arten der Anordnung von Abbauen, wodurch das Eintreten und die Auswirkungen von Gebirgsschlägen vermindert werden, und zwar unter gebührender Berücksichtigung eines ökonomischen Abbaues.

Tabelle 1

Champion-Reef Mine

Jahr	Anzahl der Gebirgsschläge in der Grube: Kleinere und örtliche	Größere und mittlere	Gesamt	Anzahl der Gebirgsschläge im Glen-Erzfall: Kleinere und örtliche	Größere und mittlere	Gesamt
1957	2	5	7	2	4	6
1958	5	7	12	2	6	8
1959	3	8	11	1	4	5
1960	12	10	22	4	7	11
1961	11	6	17	5	4	9
1962	4	11	15	2	6	8
Gesamt	37	47	84	16	31	47

Nundydroog Mine

Jahr	Anzahl der Gebirgsschläge in der Grube: Kleinere und örtliche	Größere und mittlere	Gesamt	Anzahl der Gebirgsschläge in den West-Reefs (Oriental-Gang): Kleinere und örtliche	Größere und mittlere	Gesamt
1957	4	6	10	3	4	7
1958	0	2	2	0	2	2
1959	1	1	2	1	1	2
1960	5	1	6	4	1	5
1961	18	4	22	15	3	18
1962	20	4	24	17	2	19
Gesamt	48	18	66	40	13	53

Gebirgsverschiebungen infolge von Bergbau und Gebirgsschlägen

Die gewonnenen Ergebnisse in bezug auf die Fläche des goldführenden Gangs waren ähnlich denen, die für horizontale Lagerstätten ermittelt wurden [5], [6]. Senkrecht zum Gang und vor dem Abbaustoß waren der Gang und das Nebengestein zusammengedrückt, während sich hinter dem Abbaustoß das Nebengestein entspannte und ausdehnte. Erneute Zusammendrückung des Gesteins trat nicht ein, bis sich die mittlere Abbaustoßlinie in einer Entfernung von 130 Fuß (40 m) von dem in Frage stehenden Punkt bei einer Spannweite von 730 Fuß (223 m) befand. Messungen der Belastung der Granitversatzmauern wurden nicht über die gesamte Zeit ausgeführt, jedoch haben die Messungen der Gesteinsverschiebungen in den Querschlägen nachgewiesen, daß das Nebengestein in einem Bereich von 150 Fuß (46 m) des Gangs bei einer Spannweite von 730 Fuß (223 m) nicht auf das Maß wieder zusammengedrückt worden ist, bevor der Abbau einsetzte. Unter Berücksichtigung des großen Revierschlages vom 27. November 1962, der sich in einer nur 12%igen Verminderung der vorherigen gesamten Nebengesteinsausdehnung äußerte, ist die gesamte erneute Zusammendrückung der unmittelbaren 150 Fuß (46 m) des Nebengesteins im Mittelteil der Spannweite infolge der Gebirgsschläge und der Bewegung des Gebirgsmassivs mit etwa 60% anzunehmen.

210 Fuß (64 m) vor dem Abbaustoß wurde über die gesamte Länge eines Querschlages eine Zusammendrückung des Nebengesteins festgestellt, wobei die mittlere Abbauspannweite 300 Fuß (91,5 m) betrug. Ein etwa 25 Fuß (7,5 m) vor dem Abbaustoß in den Goldgang eingebautes Spannungsmeßgerät hat nachgewiesen, daß die Spannungsspitze in der Kämpferzone, horizontal in Ost-West-Richtung senkrecht zum Gang gemessen, zwischen 4 und 5 Fuß (1,2 bis 1,5 m) vom Grubenbau entfernt liegt und einen Wert von annähernd 12000 psi (845 kp/cm²) zusätzlich zum Überlagerungsdruck aufweist (Bild 6).

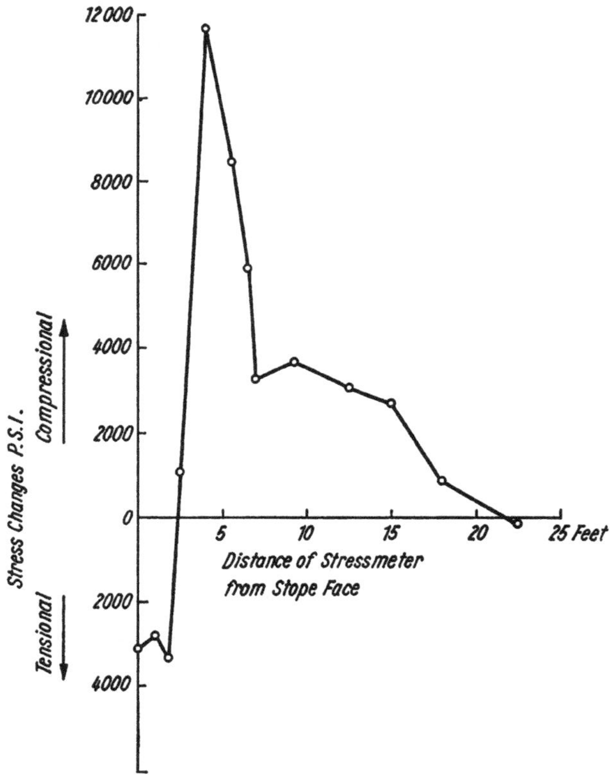

Bild 6. Spannungsverteilung in der Kämpferzone im 97. nördlichen Schrägstoß

Messungen mit dem Dehnungsmeßgerät parallel zur Richtung des Abbaufortschritts wiesen die Entwicklung einer Zerrungszone vor und einer Pressungszone hinter der Abbaustoßlinie nach. Das Verschiebungsbild zeigt eine starke Ähnlichkeit zu Senkungsmessungen über Hohlräumen in söhligen Flözen (Bild 7). Dabei ist es wichtig, darauf hinzuweisen, daß die Messungen nur die Änderungen im Verschiebungsbild erfaßten, die bereits vor dem Einbau der Meßgeräte vorhanden waren.

Wenn man die graphischen Darstellungen der Verschiebungen des Gebirgsmassivs infolge des Abbaues untersucht (Bild 8), findet man, daß sie glatt und regulär ausgebildet sind; Abweichungen von den allgemeinen Trends scheinen oft durch Gebirgsschläge verursacht, die sich in der Nachbarschaft der Meßstellen ereigneten. Die auftretenden Abweichungen, die auf Gebirgsschläge zurückzuführen sind, können Belastungsänderungen durch größere Gesteinsmassen zugeschrieben werden. In Querschlägen ist bemerkt worden, daß gelegentlich einige Tage vor dem Auftreten eines Gebirgsschlages das unmittelbare Nebengestein eine beschleunigte Zusammendrückung erfährt. Zum Zeitpunkt des Gebirgsschlages kann eine plötzliche Schließung quer zu den Granitversatzmauern auftreten. Wenn der Gebirgsschlag schwerer Natur ist, können sich plötzliche vertikale Relativbewegungen zwischen dem Lie-

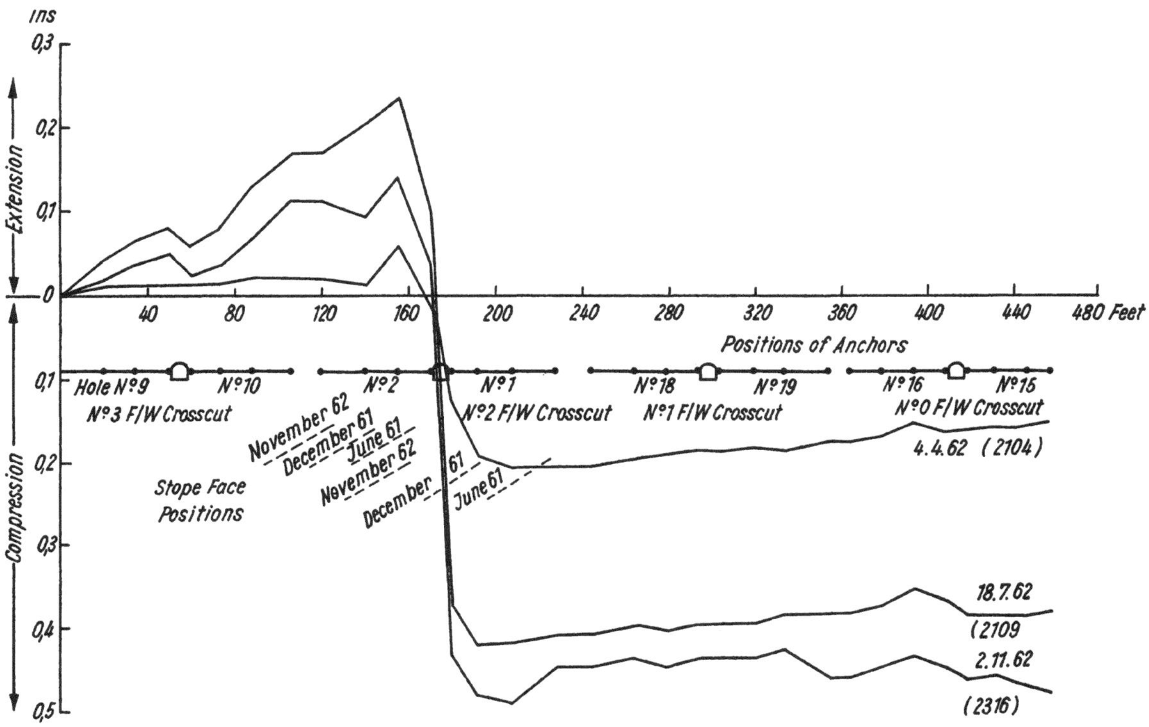

Bild 7. Zeitliche Änderung der in den Bohrlöchern 9—15 gemessenen Verschiebungen

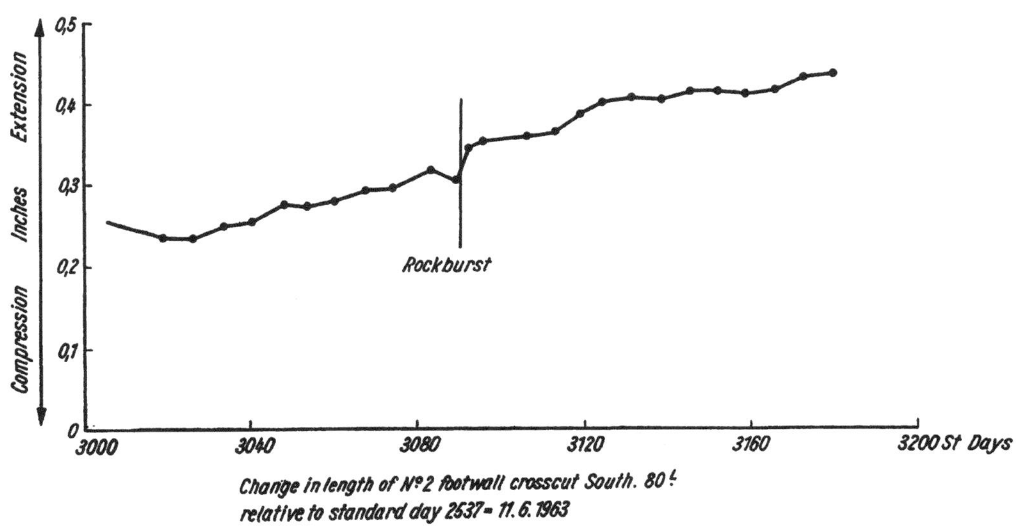

Bild 8. Verformungs-Zeit-Kurve des Gebirgsmassivs im Glen-Erzfall

genden und Hangenden einstellen. Nach dem Gebirgsschlag dehnt sich über einen Zeitraum von etwa einem Tag das Nebengestein in senkrechter Richtung aus; danach geht die allgemeine Bewegung des Nebengesteins in ihrer früheren Form weiter.

Die folgende Beschreibung des Ablaufs von Ereignissen, die zu Gebirgsschlägen führen, kann als gegeben vorausgesetzt werden: Die zusätzliche Belastung eines größeren Gebirgsmassivs wirkt auf das Abbaufeld. Die Granitversatzmauern verhindern, daß die Stöße sich schließen können, so daß damit das unmittelbare Nebengestein eine Pressung erfährt. Zur gleichen Zeit wirkt die vergrößerte Auflast auf das bereits unter hoher Spannung stehende Gestein in der Kämpferzone und bewirkt einen Schlag. Die unzulässige Formänderung im Kämpfer ist der Anlaß, daß nunmehr das unmittelbare Nebengestein, das jetzt eine etwas größere Spannweite besitzt, eine Stoßbelastung auf den Granitversatzstreifen ausübt, der damit im Moment der Schlagauslösung zusätzlich zusammengedrückt wird. Die verminderte Dicke des Granitversatzstreifens gestattet jetzt dem unmittelbaren Nebengestein, sich auszudehnen. Diese Beweisführung setzt voraus, daß die von dem großen Gesteinsmassiv ausgeübte Belastung in einer Reihe von ruckartigen Bewegungen übertragen wird, und zwar infolge des Zusammenbrechens der durch geologische Diskontinuitäten gebildeten Brücken zwischen dem abgebauten Gebiet und der Tagesoberfläche. Beobachtungen nach dem großen Gebirgsschlag im Glen-Erzfall, als sich kein Abbau im Verhieb befand, haben jedoch gezeigt, daß die Bewegungen gleichmäßig andauern; sie werden gegenwärtig viskoelastischen Erscheinungen zugeschrieben. Diese Erscheinungen müßten auch auftreten, wenn der Abbau betrieben wird, und damit könnte auch der Mechanismus für eine vergrößerte Auflast auf das Nebengestein ausgelöst werden. Durch eine solche Übertragung der Belastung auf eine hochgespannte Gesteinszone, die nicht langsam oder regelmäßig zu Bruch geht, wenn der Abbau fortschreitet, könnte ein Gebirgsschlag entstehen.

Folgerungen aus den Ergebnissen der Untersuchungen

Der Bergbau unter Tage machte das Einbringen eines nicht zusammendrückbaren Versatzauflagers hinter einer geplanten Abbaureihenfolge nötig. Tatsächlich hat der „starre“ Granitversatz eine Zusammendrückbarkeit von etwa 15%. Bei einer Teufe von 9000 Fuß (2750 m), wenn hydrostatischer Spannungszustand angenommen wird, haben die seitlichen horizontalen Kräfte vor Aufnahme der bergmännischen Arbeiten eine Größenordnung von 12000 psi (845 kp/cm²). Entsprechend der Größe der erneuten Zusammendrückung des Hangenden und Liegenden im Zentrum der Spannweite muß die maximal übertragene Belastung auf die Granitversatzstreifen in der Größenordnung von 7000 psi (492 kp/cm²) liegen. Da das Granitauflager sich nicht so wirkungsvoll wie gedacht erwiesen hat, ist es interessant, über die unterschiedlichen Spannungsauswirkungen, sofern überhaupt welche auftreten, eines lockeren Versatzes von vielleicht 75% Wirksamkeit in einer abgebauten Zone von 3 Fuß (0,9 m) Weite im Vergleich mit einem Granitversatz von 85% Wirksamkeit in einer abgebauten Zone von 5 Fuß (1,5 m) Breite auf die umgebenden Gebirgsschichten nachzudenken. In beiden Fällen würde die Konvergenz im Zentrum der Spannweite die gleiche sein. Die Streitfrage kann ausgedehnt werden, da ja in bestimmten Teilen der Grube, wo die Mächtigkeit des Goldganges 20 Fuß (6 m) übersteigt, die resultierende Konvergenz annähernd 3 Fuß (0,9 m) betragen muß. Wenn dieser Betrag der Konvergenz als sicher angenommen wird, dann kann wenig Einwand dagegen erhoben werden, lockeren Versatz im größeren Teil der Grube zu verwenden, wo der Goldgang 5 Fuß (1,5 m) mächtig ist.

Eine der augenfälligen Auswirkungen des Granitversatzes war seine bremsende Wirkung auf die seitliche Bewegung des Nebengesteins parallel zum Goldgang, die ein starkes Spannungsgefälle im unmittelbaren Nebengestein nahe der Kämpferzone der Abbaue hervorruft

(Bild 6). Der vordere Kämpfer weist eine sehr hohe Spannungsspitze etwa 4 bis 5 Fuß (1,2 bis 1,5 m) vor dem Abbaustoß auf, wie Messungen mit dem Spannungsmeßgerät ergeben haben. Die Wirkung des Spannungsmeßgerätes beruht auf der Verformung eines Bohrloches, wobei das Zusammendrücken oder der Bruch des Bohrlochs infolge hoher Spannungen ein Sinken des Meßgeräteausschlages bewirkt. Aus diesem Grunde ist es wahrscheinlich, daß sich die Spannungsspitze im ungebauten Goldgang näher am Abbaustoß befindet. Bei der Betrachtung von Gebirgsschlagproblemen ist das Profil des vorderen Kämpfers von großer Wichtigkeit. Das Ziel sollte darin bestehen, ein Profil zu erhalten, das eine kleinere Spitze hat; das erfordert eine gleichmäßigere Verteilung der Spannung vor dem Abbaustoß. In Südafrika hat das Verfahren zur Entspannung des Goldgangs große Aufmerksamkeit erregt und ist hinreichend beschrieben worden [6]. Da jedoch das Profil des vorderen Kämpfers in bestimmtem Maße vom Zustand des unmittelbaren Nebengesteins abhängig ist, ist es interessant, über die Verwendung eines systematischen Ausbausystems am Abbaustoß, wie es im Kohlenbergbau üblich ist, nachzudenken, um den Bruch des Hangenden hinter einen kräftigen Bruchkastenausbau zu verlegen und auf diese Weise das Profil des vorderen Kämpfers zu modifizieren. Letzteres könnte nützlich sein, um das Abscheren des unmittelbaren Hangenden und Liegenden am Abbaustoß in der Grube Nundydroog zu vermeiden.

In Anbetracht der Anzahl der Faktoren, die sich vom Bergmann nicht beeinflussen lassen, könnte es scheinen, daß es unwahrscheinlich ist, das Auftreten von kleinen örtlichen Gebirgsschlägen in sehr tiefen Gruben in die Hand zu bekommen. Der große Gebirgsschlag vom 27. November 1962 zeigte jedoch, daß entweder das System der geplanten Abbaureihenfolge in der „V"-Form mit starrem Granitversatz der abgebauten Lagerstättenteile, das für den Glen-Erzfall entwickelt worden war, falsch war oder, wenn es richtig sein sollte, sich unter den herrschenden Umständen große Revierschläge nicht vermeiden lassen.

Im Goldgang tritt eine vertikale Relativbewegung zwischen Hangendem und Liegendem auf, die als „Fahrt" bekannt ist (Bild 9). Nach dem großen Gebirgsschlag wurde festgestellt, daß das Liegende ein Absinken um 1,1 Zoll (2,8 cm) gegenüber dem Hangenden aufzuweisen

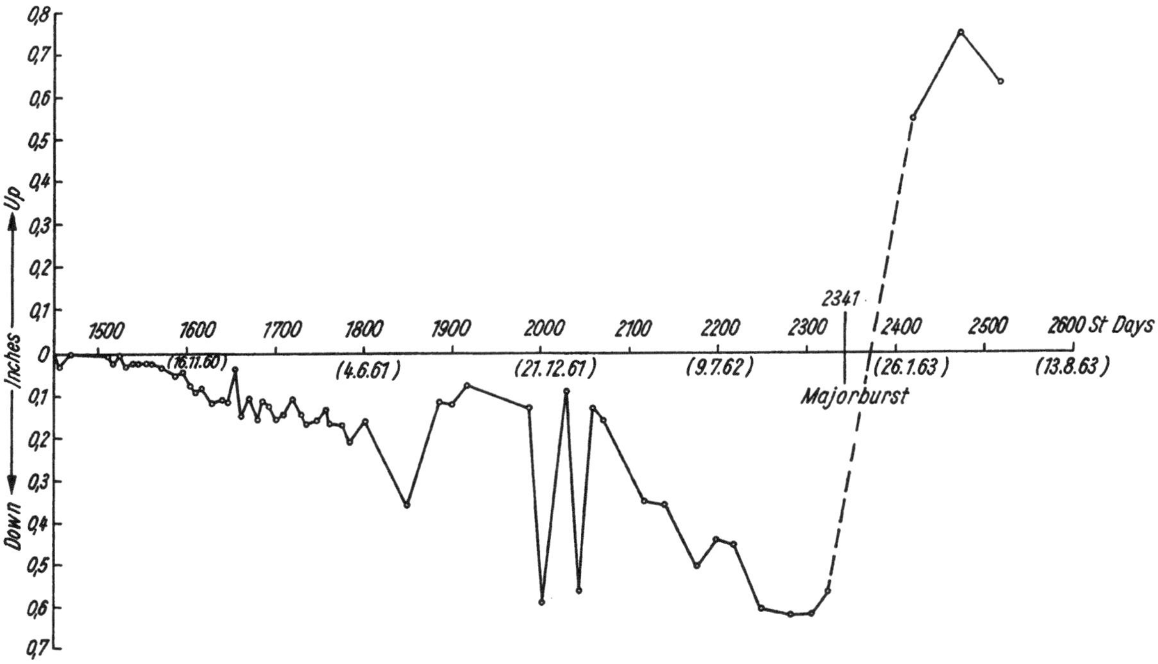

Bild 9. Zeitlicher Verlauf der Konvergenz des Hangenden und Liegenden

hatte. Zu gleicher Zeit übten sowohl das Hangende als auch das Liegende eine stoßartige Belastung auf ihre Unterstützung in den Kämpfern aus. Zu erkennen war das durch die Dehnungsbewegung entlang der Querschläge gegenüber den Abbaustößen und eine vergrößerte Pressung in der Zone der erneuten Zusammendrückung. Letztere hatte eine Größe, die der dem Fortschritt des Abbaus von etwa 50 Fuß (15 m) auf jedem Flügel entsprach. Die Richtung der Verschiebungswechsel infolge des Gebirgsschlags, gemessen durch die installierten Spannungs- und Dehnungsmeßgeräte, befand sich in guter Übereinstimmung. Dabei ist es interessant zu bemerken, daß die Spannungsmeßgeräte, die sich in durch den Zusammen-

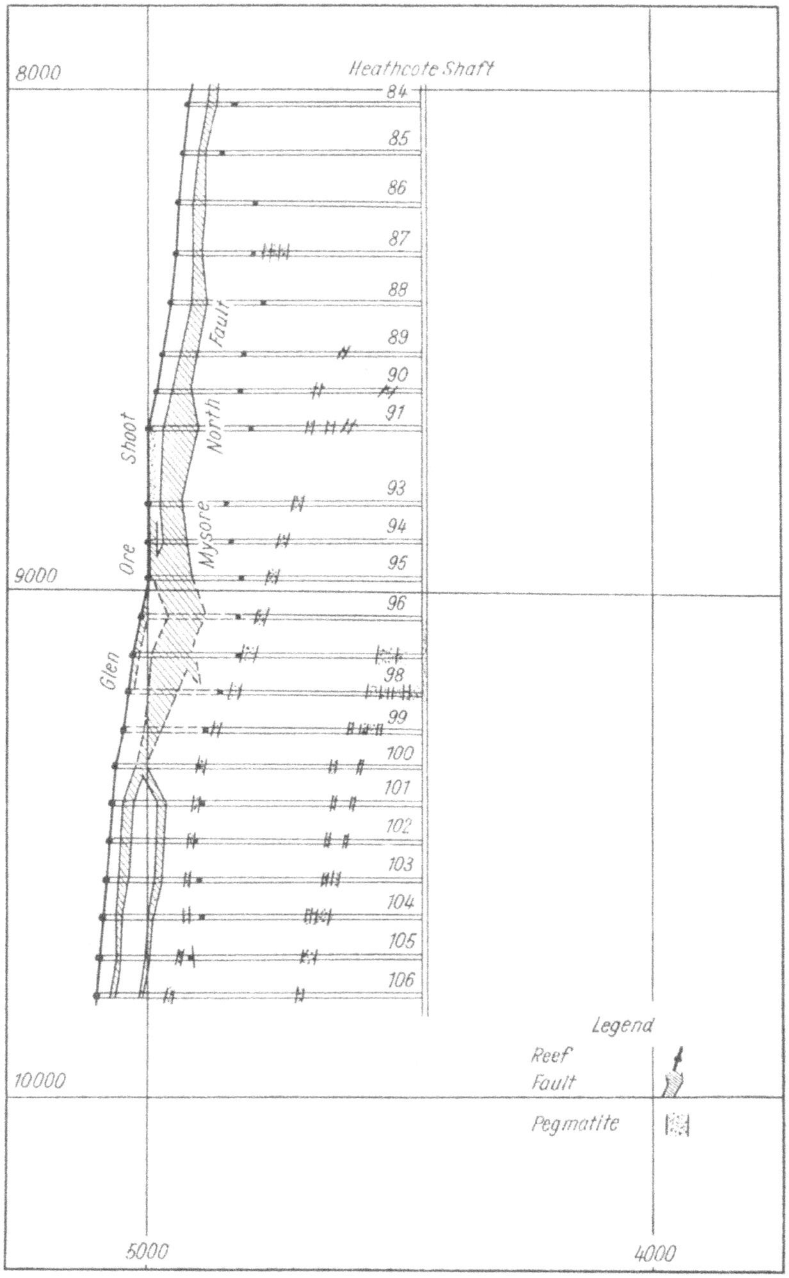

Bild 10. Schnitt durch den Glen-Erzfall beim Schacht Heathcote 20800 Fuß südlich

bruch der Querschläge und Strecken unzugänglichen Bohrlöchern befinden, bei denen aber die Kabel in Rohrleitungen geschützt verlegt sind, jetzt noch, also 3 Jahre nach ihrem Einbau, in einem Gestein mit einer Temperatur von 152 °F (67 °C) einwandfrei arbeiten.

Die Gebirgsschläge, die sich im März 1961 und im April 1962 ereigneten, sind von besonderem Interesse, da die Zerstörung auf die Fußstrecken und Querschläge der Sohlen 93 bis 104 begrenzt war und die Kämpfer der Abbaustöße nicht in Mitleidenschaft gezogen worden waren. Die Schläge traten im Bereich des Pegmatits, dargestellt im Querprofil des Glen-Erzfalls (Bild 10), auf, wobei Stöße der Querschläge und Strecken örtlich erhebliche Zerstörungen erfahren hatten. Die eingebauten Dehnungsmesser auf der 96. Sohle ließen entlang und quer zu dieser Schwächungszone Verschiebungen erkennen, die dem letzteren Gebirgsschlag zuzuschreiben sind. Durch die Entspannung des Nebengesteins senkrecht zum Goldgang muß eine Tendenz zur Aufblätterung quer zu dieser Ebene hervorgerufen worden sein, wodurch eine Zugspannung entstanden ist.

Zurückblickend läßt sich damit feststellen, daß die Entwicklung des „V"-Abbausystems auf den unteren Sohlen zum Unterbauen eines sich bereits im instabilen Zustand befindlichen Nebengesteins geführt zu haben scheint. Der hohe Modul des Nebengesteins äußerte sich in einer nur geringen Zusammendrückung in den unteren Sohlen, wo die Spannweiten der Abbaue gering waren und der Granitversatz, wobei es keine Frage ist, daß er gut eingebracht worden war, nicht voll wirksam werden konnte. Wie im Falle des Zusammenbruchs von großen Bauwerken, wie z. B. den Böschungen im Vajont-Damm, traf eine Kombination von hohen Spannungen und einem schwachen geologischen Aufbau zusammen. Jedes Abbausystem, das auf das Einbringen von Handversatz angewiesen ist, ist notwendigerweise ein Verfahren, bei dem das Lösen des Erzes langsam vor sich geht; um jedoch die Förderung auf einer lebensfähigen Höhe zu halten, muß eine lange Abbaustoßlinie betrieben werden. Das gibt dem Verfahren eine Art von Inelastizität, ohne daß die Möglichkeit besteht, die Methode der Beeinflussung des Hangenden den besonderen Verhältnissen anzupassen; über die schädlichen Auswirkungen der Zeitdehnung kann man nur mutmaßen.

Vorschlag eines Abbausystems, das den beschriebenen geologischen Verhältnissen angepaßt ist

Dem Schutz der Zugangs- und Abgangswege gilt die erste Überlegung. Oft würde der Schachtansatzpunkt geändert werden, wenn die beteiligten Bergingenieure eingehende Kenntnis von den Grenzen des abzubauenden Erzkörpers hätten. Die Druckspannungen senkrecht zum Goldgang in den Kämpfern einer gebauten Abteilung dürfen nicht auf den Schacht oder die zu ihm führenden Strecken wirken. Diese Spannungen können nicht nur an der Peripherie des Schachtes zu Brüchen führen, sie können auch seine Anfälligkeit gegenüber Stoßwellen, die von Gebirgsschlägen ausgelöst werden, erhöhen. Die Erfahrung hat gezeigt, daß bergmännische Hohlräume gegenüber dem Feldesteil, das abgebaut worden ist, bedeutend weniger von Stoßwellen, die von Gebirgsschlägen ausgelöst werden, beeinflußt werden, als Hohlräume, die sich gegenüber dem noch nicht in Verhieb genommenen Goldgang befinden. In einem senkrecht einfallenden Goldgang würde es vernünftig erscheinen, zuerst das Nebengestein gegenüber dem Schacht mit Hilfe einer Firstenkammer zu entspannen. Diese Kammer sollte mit einem zusammendrückbaren Versatz versehen und von ausreichender streichender Länge sein, um eine Annäherung von Hangendem und Liegendem zu ermöglichen und so eine gewisse Verdichtung des Versatzes zuzulassen.

Falls sich eine plötzliche größere Verschiebung des Nebengesteins ereignet und in einem plötzlichen Setzen äußert, wird die Belastung infolge der Schwerkraft auf die unteren Teile des Hohlraumes übertragen. Die daraus abzuleitende Erklärung scheint es ratsam sein zu lassen, die in Verhieb befindlichen Abbaue auf der oberen Sohle zu haben, so daß Belastungen infolge plötzlichen Setzens nur auf die bereits ausgeerzten Abbaue darunter übertragen werden. Wenn weiterhin nicht die Verwendung eines systematischen Ausbaues in den Abbaukammern möglich ist, dann sollte irgendeine Ausbauform an der Versatzkante gefunden werden, die wenigstens geringsten Ansprüchen in ökonomischer Hinsicht und in bezug auf die Abbaugeschwindigkeit genügt, aber doch flexibel genug ist, um eine angemessene Beeinflussung des Hangenden zuzulassen.

Eine der wirtschaftlichsten Abbaumethoden ist der Magazinbau, doch kann das Nebengestein von leeren Abbauen in großer Teufe unter Umständen zu Bruch gehen. Deswegen kann das Zusammenbrechen von leeren Abbauen in einem größeren Gebiet leicht zu unkontrollierten Vorgängen führen.

In Bild 11 ist das betrachtete Abbausystem in schematischer Form dargestellt. Dimensionsangaben sind fortgelassen, da die entsprechenden Werte von der Abbauteufe und gelegentlich von der Art der Ausrichtung abhängen.

Zuerst wird das Gebiet gegenüber dem Schacht im Firstenbau mit söhligen Firsten abgebaut und ein loser, verdichtungsfähiger Versatz eingebracht. Dann werden schmale Baufelder im Streichen abgebaut und mit einem „losen“ Versatz versehen. Das kann durch Schrägbau erfolgen, wobei die Abmessungen solche sind, daß die Verformung der Kammerwände den Versatz verdichtet; die benachbarten Abbaue sollten jedoch in einer solchen Entfernung liegen, daß die dazwischenliegende Zunge von Erz (nachfolgend durch Magazinbau abzubauen) davor bewahrt wird, ein unter hoher Spannung stehender Restpfeiler zu werden. Die versetzten Baufelder müssen auch die Grundlage für die Fördersohlen für den Magazinbau darstellen, wobei die Stöße der Sohlen in genügender Weise mit zerkleinertem Gestein zu polstern und mit nachgiebigem Ausbau zu sichern sind. Das Ausmaß des Ausbaus, das ein kontrolliertes Zubruchgehen der leeren Magazinbaue gestattet, kann durch den Abstand der Versatzdämme bestimmt werden, der sie voneinander trennt.

Eine wichtige Voraussetzung in gebirgsschlaggefährdeten Abteilungen ist der Einbau von kontinuierlich anzeigenden Meßgeräten, um eine Kontrolle über das Verhalten des Gebirges zu haben. Die bis heute vorliegende Erfahrung zeigt, daß drei Zonen dem Angriff von Gebirgsschlägen ausgesetzt sind:

a) *Die Zone vor dem spitzen Kämpfer vor dem Abbaustoß*

Diese Zone sollte mit einem unempfindlichen Spannungsmeßgerät mit hohem Modul ausgestattet werden, da die Spannungen senkrecht zum Stoß, dem es ausgesetzt ist, hoch sein werden.

b) *Die Zone der erneuten Zusammendrückung*

In dieser Zone, wo die Drücke gering sind, sollte entweder ein Spannungsmeßgerät von geringem Modul, das auch geringe Spannungsänderungen anzeigt, oder Dehnungsmeßgeräte in Bohrlöchern senkrecht zum Abbau eingebaut werden.

c) *Querzonen einer geologischen Schwächung*

Da der Zugang zu ihnen oft beschränkt ist, sind Methoden entwickelt worden, um senkrechte Hochbohrlöcher mit Dehnungsmeßgeräten in Entfernungen von mehr als 200 Fuß (60 m) auszustatten; in noch größeren Entfernungen können diese Instrumente in söhligen oder in senkrechten Tiefbohrlöchern eingebracht werden.

Fortlaufende Registrierung der von den Spannungs- und Dehnungsmeßgeräten gemessenen Werte kann ohne Schwierigkeit erreicht werden; das ist wichtig, weil es notwendig ist, sich anhand kontinuierlicher Aufzeichnungen Kenntnisse über den Charakter nahe bevorstehender Gebirgsschläge zu verschaffen.

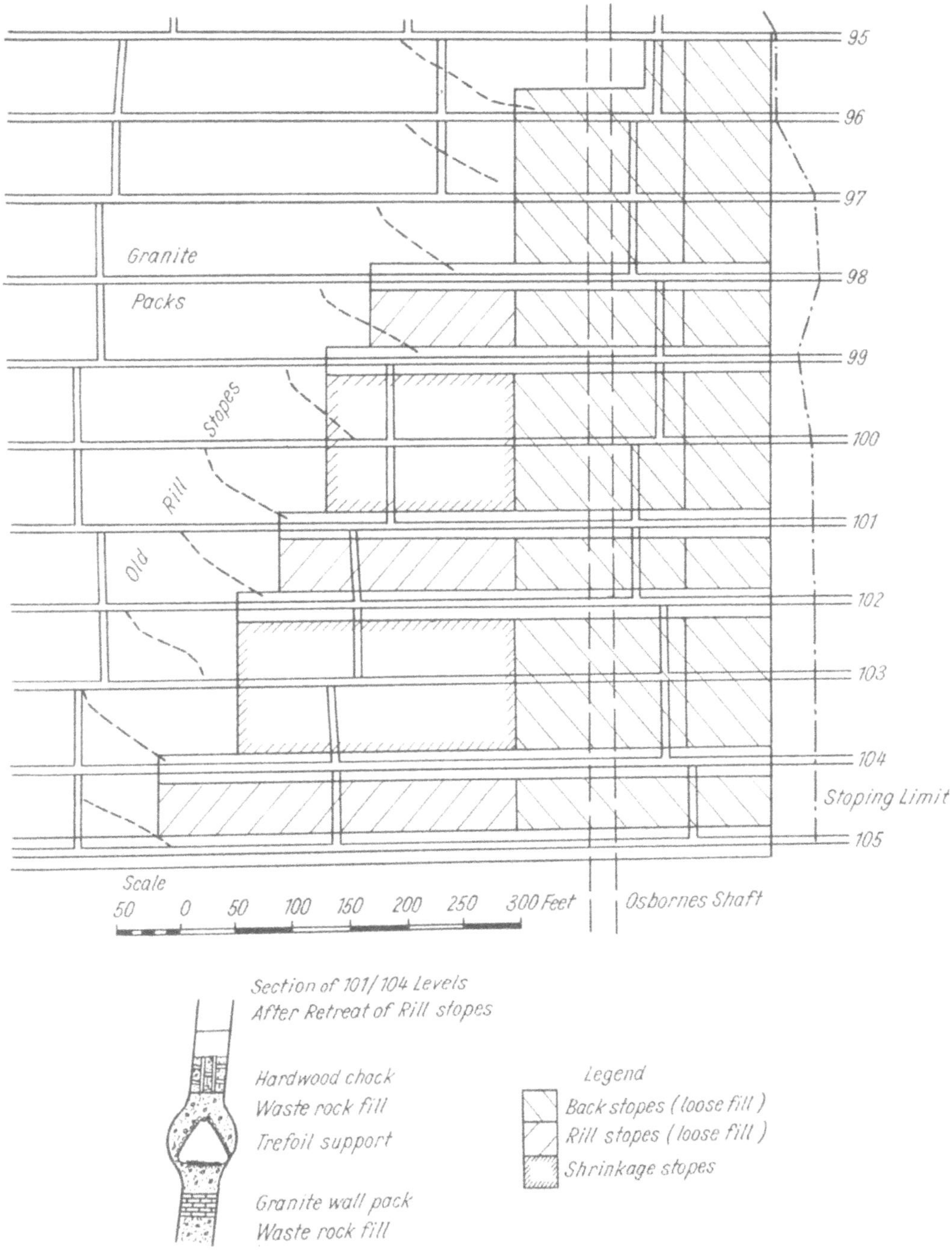

Bild 11. Vorgeschlagenes Abbauschema für den südlichen Flügel des Glen-Erzfalls

Untersuchungen zur Ermittlung des Charakters der Bewegungen des Gebirges um mit Sand versetzten Abbauen in beträchtlicher Teufe in der Grube Nundydroog werden von der Universität Newcastle und den Kolar Gold Mining Undertakings durchgeführt. Zusätzlich ist eine seismische Untersuchung von Gebirgsschlägen geplant.

Die Verfasser drücken ihren Dank dem Managing Director der Kolar Gold Mining Undertakings für seine Genehmigung zur Veröffentlichung dieses Vortrages und den Officern des

Undertakings für ihr fortgesetztes Interesse und die Förderung der Untersuchungsarbeiten aus. Die Consulting Engineers, John Taylor & Sons, haben ständig die Entwicklung der Untersuchungen gefördert und durch Diskussion sachlich bereichert.

Literatur

[1] Report of the Special Committee on the Occurrence of Rockbursts in the Mines of the Kolar Gold Field, Mysore State, South India. 1955 (Oorgaum, S. India: John Taylor & Sons (India), 1955). 156 p.

[2] TAYLOR, J. T. M.: Research on Ground Control and Rockbursts on the Kolar Gold Field, India. Trans. Inst. Min. Metall, Lond., 72 (1962—63). (Bull. Inst. Min. Metall., Lond., No 675, February 1963), p. 317—338.

[3] ISAACSON, E. DE ST. Q.: Rock Pressure in Mines. London: Mining Publications, Ltd. 1962. 260 p.

[4] POTTS, E. L. J.: The „In situ" measurement of Rock Stress based on Deformation Measurements. International Conference on State of Stress in the Earth's Crust. Santa Monica, California. 13—14th June, 1963. p. 397—407.

[5] POTTS, E. L. J. and EDWARDS, D. B.: Contributions to the paper on „Mining Practice on the Kolar Gold Field" given by J. T. M. Taylor. Trans. Inst. Min. Metall., Lond. 71 (1961—62). (Bull. Inst. Min. Metall., Lond. No. 661, December 1961), p. 180—186 and 188—190.

[6] POTTS, E. L. J.: Current investigations in Rock Mechanics and Strata Control. Fourth International Conference on Strata Control & Rock Mechanics, New York 1964, pp. 29—45. (Krumb School of Mines, Columbia University).

[7] ROUX, A. J. A., LEEMAN, E. R., DENKHAUS, H. G., HILL, F. G. und PLEWMAN, R. P.: Destressing — a means of Ameliorating Rockburst Conditions. Association of Mine Managers of South Africa. Papers and Discussions. 1957.

Zu den Fragen des Mechanismus der Gebirgsschläge und ihre Prognosen

von V. Sibek, Prag

Zur Verminderung bzw. zur Verhütung der Gebirgsschlaggefahr müssen folgende Fragen geklärt sein:

a) Ursachen der Gebirgsschlagerscheinungen,
b) Mechanismus dieser Erscheinungen,
c) Methoden zur Vorhersage der Gefahr eines Gebirgsschlages,
d) technische Möglichkeiten, um die Gebirgsschlaggefahr zu vermindern oder zu beseitigen.

Als Voraussetzung für eine Gebirgsschlaggefahr gelten die Hauptfaktoren:

Ungünstige geomechanische und geologische Charakteristik des Gebirges und der Lagerstätte, genügend große Teufe und die eigentliche Bergbautätigkeit.

Wie bekannt, kann man mit der Bergbautätigkeit, insbesondere mit der Gestaltung der Grubenbaue, mit der Planung der Durchführung der Vorrichtungs- und Abbauarbeiten, mit ihrer Aufeinanderfolge und Intensität, die Gefahr der Gebirgsschläge in gewissen Grubenverhältnissen verkleinern oder vergrößern. So ist z. B. im Erzrevier Příbram nach der statistischen Analyse der Jahre 1910—1960, die von B. Cernik [1] durchgeführt wurde, die Häufigkeit der Gebirgsschläge im allgemeinen direkt von der Größe der abgebauten Grubenräume abhängig [2]. Auch die Änderung des Beginns und die Länge der Arbeitszeit sowie die Intensität und die Dauer der Sprengarbeiten hatten Einfluß auf die zeitliche Verteilung der Gebirgsschläge. Durch die Verlegung der Hauptsprengarbeiten auf das Schichtende verschob sich während der letzten Jahre das Maximum der Häufigkeit der Gebirgsschläge auf diese Zeit.

Bei der Beobachtung des Einflusses der Bergbautätigkeit auf die seismoakustische Aktivität des Gebirges wurde in diesem Revier festgestellt, daß durch das Einstellen von Bergbauarbeiten in der Zeit des Gesamturlaubs die Anzahl der Impulse im beobachteten Gebiet im Laufe von 4 Tagen auf die Hälfte zurückgegangen ist. Nach Wiederaufnahme der Gewinnungsarbeiten stieg die Häufigkeit der Impulse praktisch sofort auf ihren ursprünglichen Wert [3].

Die Gebirgsschlagerscheinungen äußern sich hauptsächlich in Gesteinen, die zu Sprödbruch neigen. Nach den Ergebnissen der Forschung in den Příbramer Erzgruben sind die Gebirgsschläge komplizierte Erscheinungen, sowohl in der Zeit vor dem eigentlichen Gebirgsschlag, wie auch beim Gebirgsschlag selbst und bei seinem Abklingen. In Gesteinen dieses Reviers (Grauwacken und Diabase) bei gewöhnlicher Druckfestigkeit von ca. 1200—2200 kp/cm^2 beginnt schon einige Tage (2—6 Tage) vor dem Gebirgsschlag eine Zerstörung der Gesteinsteilchen an der Elastizitätsgrenze, d. h. im Bereich bleibender Deformationen. Die entstehende mechanische Energie verursacht elastische Schwingungen im Tonfrequenzbereich, deren Intensität unter der Grenze der normalen Hörbarkeit ist. Man kann sie jedoch durch seismoakustische Geber aufnehmen. Eine wesentliche Erhöhung der seismoakustischen Aktivität ist somit eine Begleiterscheinung in diesen Gesteinen vor den Gebirgsschlägen [6].

Der eigentliche Gebirgsschlag, der von mechanischen Auswirkungen, akustischen und seismischen Effekten begleitet ist, beginnt an der Grenze der Zerstörung des Gebirges. In einigen Fällen [7] folgen nacheinander in einem kurzen oder längeren Zeitintervall ein oder mehrere

Gebirgsschläge verschiedener Intensität (Bild 1 und 2). Im Gebirge beginnt also eine regelrechte Kettenreaktion dieser Erscheinungen, die mit fortschreitendem Erreichen der Zerstörungsgrenze einzelner Gesteinspartien zusammenhängt. Die Grenze der Gebirgszerstörung ist kein konstanter Wert, sondern sie verändert sich nach der Art und Richtung der Beanspruchung [8], [9]. So ist z. B. bei dreiachsiger Beanspruchung die Zerstörungsgrenze eine andere als bei einer einachsigen Beanspruchung. Ebenfalls bei Druck-, Zug-, Biege- oder Scherbeanspruchung sind diese Werte unterschiedlich. Damit hängt auch die verschiedene Fähigkeit der Akkumulation der potentiellen Energie und die Art ihrer Änderung in kinetische

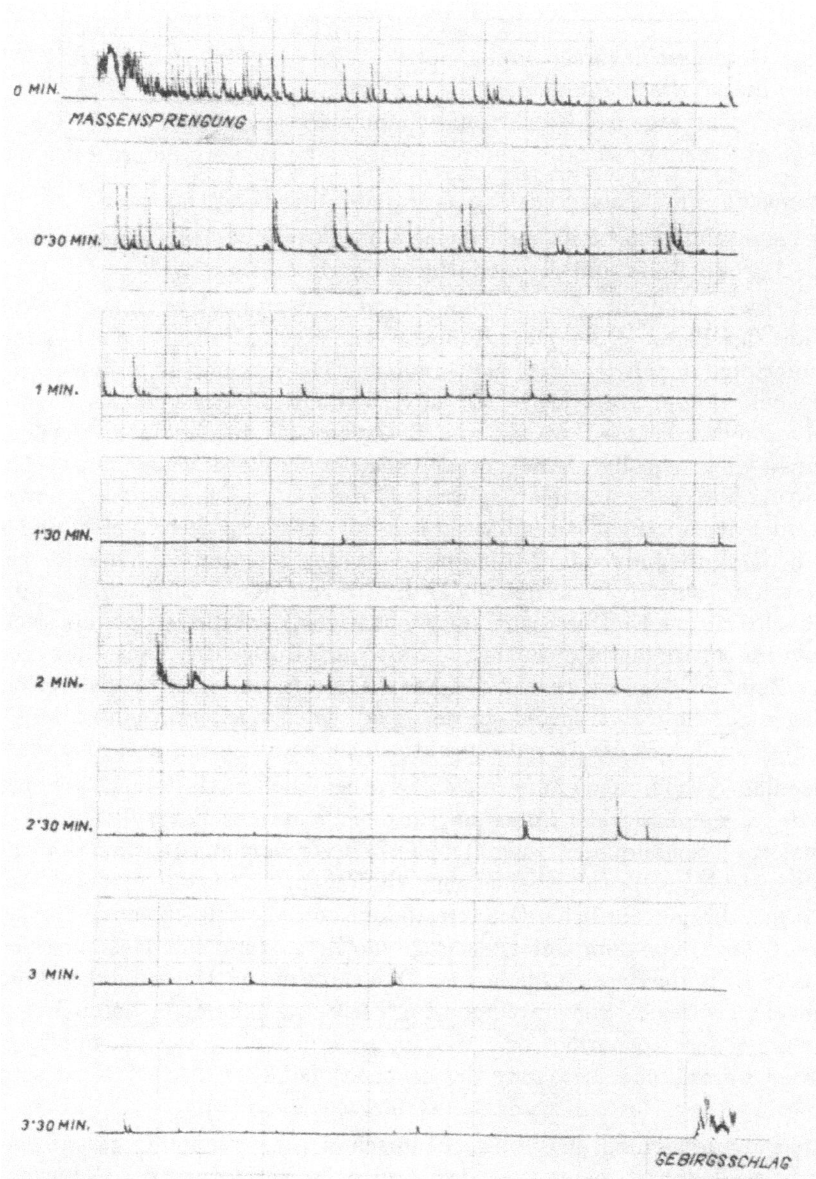

Bild 1. Amplitudendiagramm der akustisch-seismischen Effekte nach der Massensprengung

Energie im Augenblick der Gesteinszerstörung zusammen [10]. Die Änderung der Art der Beanspruchung der Gesteine und damit auch die Festigkeitsgrenze der Gesteinsschichten oder ihrer Teile wird durch die Bergbautätigkeit (z. B. durch Grubenbaue oder durch die Sprengarbeit) als auch durch den eigentlichen Bruch- und Deformationsprozeß der Gesteine beeinflußt.

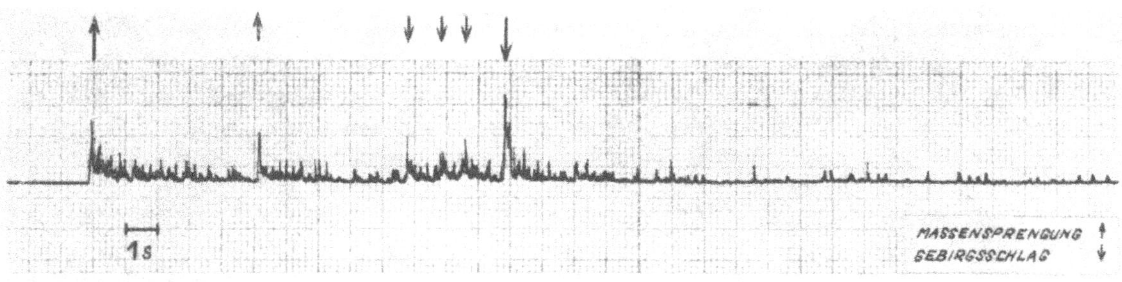

Bild 2. Amplitudendiagramm der akustisch-seismischen Effekte nach der Massensprengung

Die Erreichung der Zerstörungsgrenze der Gesteinsschichten und des Gebirges mit Sprödbruch-Charakter und somit die Gefahr der Gebirgsschläge kann durch den Einfluß der Teufe, den Einfluß der Zusatzdrücke und ihrer plötzlichen Änderungen, infolge der Änderung der Richtung und der Art der Beanspruchung der Gesteinsschichten oder ihrer Teile entstehen.

Nach den Gebirgsschlägen entsteht in den Gesteinen eine Phase des Abklingens, die sich durch eine höhere seismoakustische Aktivität äußert. Diese Erscheinung dauert zuweilen auch einige Tage an, und ihr Verlauf hat gewöhnlich den Charakter einer Potenzfunktion (Bild 3). In einigen Fällen kann jedoch nach vorübergehendem Abfall der Häufigkeit der Impulse wieder ihre Erhöhung wie auch ein neuer Gebirgsschlag erfolgen. Der Normalstand der Spannung in dem Gesteinsbereich entsteht also nach Erreichung der durchschnittlichen normalen Häufigkeit der Gesteinsimpulse mit einer längeren Zeitdauer von z. B. 2 Tagen [3].

Die seismische Forschung im Gebirgsschlagsgebiet des Kladnoer Kohlenreviers hat gewisse weitere Gesetzmäßigkeiten des Mechanismus der Gebirgsschlagerscheinungen angedeutet. In

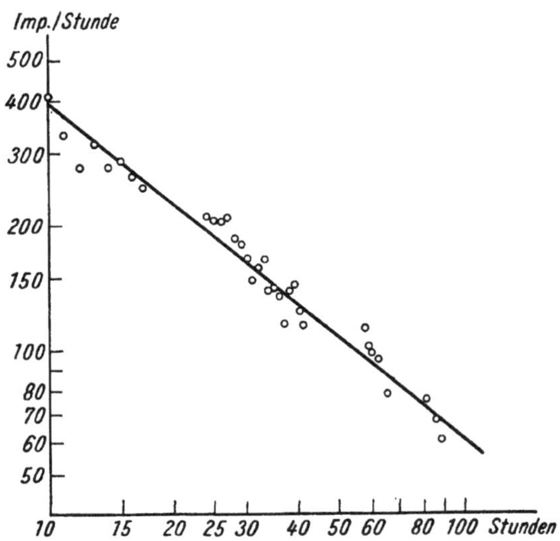

Bild 3. Abklingen der Impulshäufigkeit nach dem Gebirgsschlag vom 21. 3. 1964 im Revier Příbram

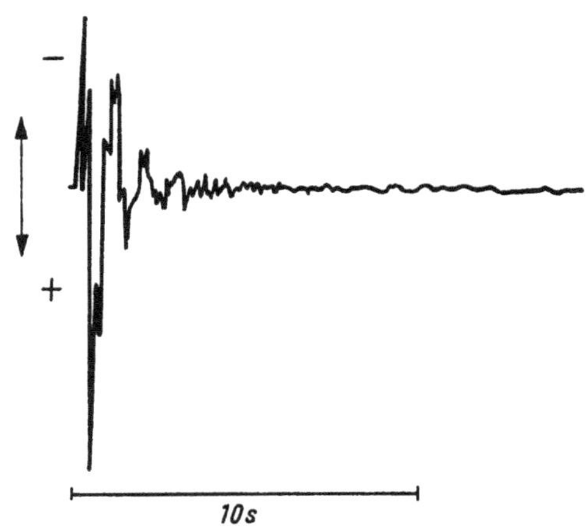

Bild 4. Aufgenommene Registrierung der Vertikalseismographen

diesem Gebiet werden durch lokale Seismographen ca. 4000 bis 5000 seismische Impulse jährlich registriert, von denen die kräftigsten (200 bis 300) in den Gruben als Gebirgsschläge oder Detonationen festgestellt werden.

Die Registrierung der Vertikalseismographen, die an der Oberfläche aufgestellt sind (Bild 4), zeigt beim Ansetzen der seismischen Welle immer eine Dilatation. Das heißt, daß die erste Bewegung des Gebirges im Gebirgsschlaggebiet in vertikaler Richtung verläuft. Die Voraussetzung dazu ist, daß auch die Kräfte, die in den Gesteinen im Moment der Zerstörung vor dem Gebirgsschlag wirken, generell eine vertikale Richtung aufweisen. Bei Aufstellung von Seismographen an der Oberfläche und in verschiedenen Teufen kann man nach dem ersten Einsetzen der seismischen Longitudinalwelle auf den einzelnen Aufzeichnungen auf die Tiefe des Gebirgsschlagherdes wie auch auf seinen Mechanismus schließen.

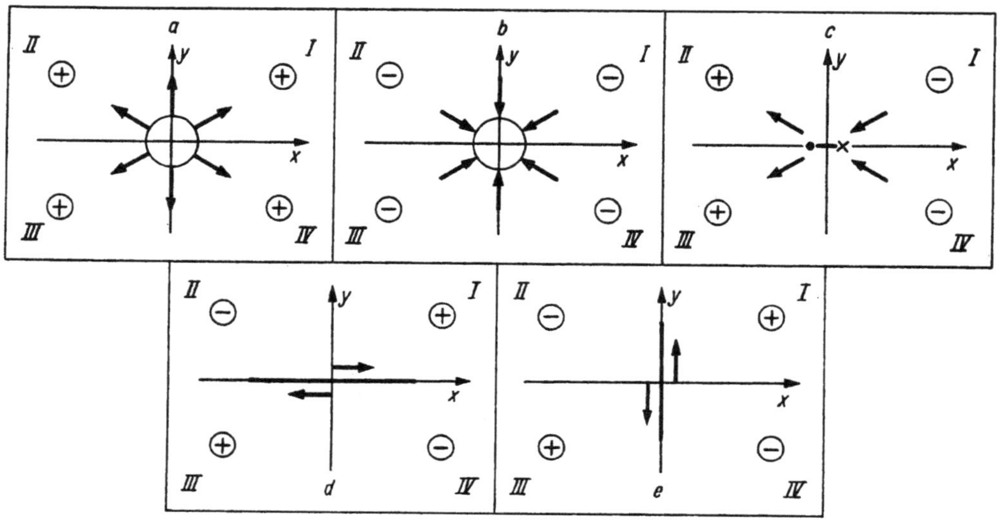

Bild 5. Modelle für den „Herdmechanismus"

Das Modell der Gesteinszerstörung durch einen Gebirgsschlag kann man sich als eine Kräftewirkung vorstellen, durch deren Effekt, z. B. ein plötzliches Abreißen oder Bruch der Gesteinsschichten, evtl. auch ihre Zersplitterung und Zubruchgehen der abgebauten Grubenräume (Implosion) eintreten kann. Bei der seismischen Forschung der Gebirgsschlagserscheinungen wurde also keine Wirkung von Kräftepaaren, wie es oft aus den Erdbeben bekannt ist, beobachtet. Das Schema der ersten Verschiebungen des Gebirges bei einigen Modellen des „Mechanismuszentrums" ist auf Bild 5 dargestellt. Auf diesem Bild ist gezeigt:

a) *Modell einer Explosion*

Die erste Bewegung kommt aus der Richtung des Zentrums. Auf der Oberfläche ist das Einsetzen der Längswellen immer eine Kompression.

b) *Modell einer Implosion*

Die erste Bewegung erfolgt in die Richtung des Zentrums. Auf der Oberfläche ist das Einsetzen der Längswellen immer eine Dilatation.

c) *I. Modell des Scherzentrums*

Die Fläche der Scherverschiebung ist senkrecht, d. h. (y, z). Die erste Bewegung erfolgt senkrecht, in den Quadranten I und IV nach unten, in den Quadranten II und III nach oben. Auf der Oberfläche in den Quadranten I und IV ist das Ansetzen der Längswelle eine Dilatation (—), in den Quadranten II und III eine Kompression (+).

d) *II. Modell des Scherzentrums*

Die Fläche der Scherverschiebung ist senkrecht (x, z). Die erste Bewegung liegt in der Horizontalfläche. In den Quadranten II und IV in der Richtung zum Zentrum.
Auf der Oberfläche ist das Ansetzen der Längswelle in den Quadranten I und III eine Kompression (+), in den Quadranten II und IV eine Dilatation (—).

e) *III. Modell des Scherzentrums*

Die Fläche der Scherverschiebung ist senkrecht (y, z). Die erste Bewegung geschieht in der Horizontalfläche. In den Quadranten I und III geht die Bewegung vom Zentrum aus, in den Quadranten II und IV zum Zentrum hin. Auf der Oberfläche ist das Einsetzen der Längswelle in den Quadranten I und III eine Kompression (+) und in den Quadranten II und IV eine Dilatation (—).

Die Aufspeicherung der potentiellen Energie im Gesteinsmassiv, deren Folge ein erhöhter Spannungszustand des Gebirges bis zum kritischen Wert ist, der zur gebirgsschlagartigen Zerstörung führt, kann man durch Beobachtung des zeitlichen Verlaufes der Energieentspannung in dem Gebirgsschlagzentrum verfolgen. Nach den seismischen Aufzeichnungen kann man die Energie der Zentren (E) der Gebirgsschläge auf Grund der max. Amplituden (A_r) der seismischen Wellen, die auf eine Einheitsentfernung (km) reduziert sind, feststellen

$$A_r = k \cdot E \, .$$

Nach den Resultaten der Beobachtungen bewegt sich die Energie der Gebirgsschläge in den Grenzen 10^3 bis 10^7 Joule. Grundsätzlich wurde eine regelmäßige Spannungszunahme und Entspannung der Energie im Verlauf der Zeit festgestellt.

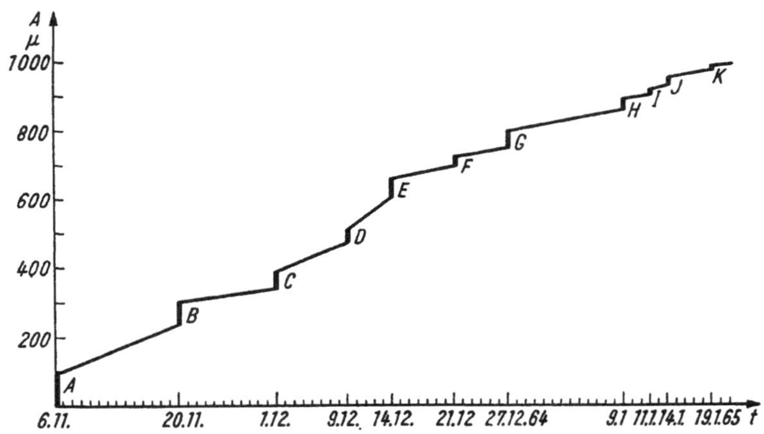

Bild 6. Kumulatives Amplitudendiagramm der Gebirgsschläge A bis K und der seismischen Störung im Gebiet des Einfallens der Grube Gottwald II

Auf Bild 6 ist die Abhängigkeit der Energieentspannung durch Gebirgsschläge und seismische Impulse in der Grube Gottwald II angeführt.

Ein Gebirgsschlagzentrum kann dann einen konstanten, einen ansteigenden oder abfallenden Charakter der Spannungszunahme und der Entspannung der Energie aufweisen. Diese Gesetzmäßigkeit gibt die Möglichkeit, mit einer gewissen Wahrscheinlichkeit Gebirgsschläge nach der Zeit und Heftigkeit vorauszusagen.

Das Beispiel einer Korrelation zwischen den Gebirgsschlagsamplituden, die in Bild 6 angegeben sind, und ihrem Zeitintervall, ist auf Bild 7 dargestellt. Mit Hilfe dieses Diagrammes kann man auf Grund der Intensität jedes Gebirgsschlages, der durch seine Amplitude (A) gegeben ist, die wahrscheinliche Zeit der Entstehung eines weiteren Gebirgsschlages im beobachteten Gebiet bestimmen.

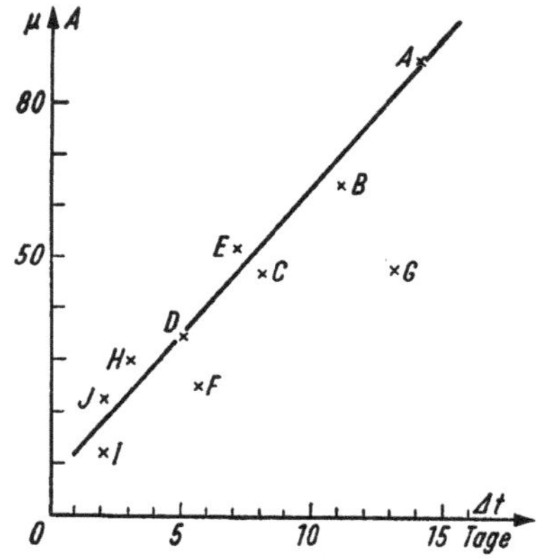

Bild 7. Korrelation zwischen den in Bild 6 angegebenen Amplituden der Gebirgsschläge und ihren Zeitintervallen

Diese angeführten Gesetzmäßigkeiten haben jedoch ihre Gültigkeit nur in solchen Fällen, wenn die bergbauliche Tätigkeit immer gleicher Art ist und wenn keine Änderung in der Form der Speicherung und der Entspannung der Energie im Gebirgsmassiv vorliegt.

Die angeführten ersten Resultate sollten weiter in verschiedenen Bergbaurevieren mit unterschiedlichen geologischen Verhältnissen überprüft und präzisiert werden. Die seismoakustische Forschung, die in dieser Arbeit angeführt ist, wurde von Dr. J. Šimane und die seismische Forschung von den Physikern J. Buben und V. Rudajev durchgeführt.

Literatur

[1] Černik, B.: Statistická analýza dulních otřesu březohorského rudneho masivu za léta 1910—1960. Výzkumná zpráva RD Příbram, 1963.
[2] Síbek, V.: Maßnahmen zur Betriebssicherheit in den von Gebirgsschlägen bedrohten Erzgruben. III. Internationaler Bergbaukongreß Salzburg 1963.
[3] Šimáně, J.: Seismoakustický výzkum v dulnich otřesových oblastech. HOÚ ČSAV kandid. disert. práce, 1965. Seismoakustische Untersuchung der Gebirgsschläge im Erzrevier „Březové Hory" Příbram. Freiberger Forschungshefte C 174.
[4] Kvapil, R.: Über den Mechanismus der Gesteinszerstörung durch Zersplittern bei Gebirgsschlägen. Freiberger Forschungshefte A 156/1961.
[5] Gimm, W. und Pforr, H.: Gebirgsschläge im Kalibergbau unter Berücksichtigung von Erfahrungen des Kohlen- und Erzbergbaus. Freiberger Forschungshefte A 173.
[6] Síbek, V., Šimáně, J. und Buben, J.: Methoden der Gebirgsschlagforschung in ČSSR. Hornický kongres 1964, New York.
[7] Síbek, V. und Roček, Vl.: Vliv hromadné trhaci práce v porubech na sníženi nebezpečí dulních otřesu v příbramském rudném revíru. Rudy 1965.
[8] Salustowicz, A.: Gebirgsschlagprobleme. III. Internationaler Bergbaukongreß Salzburg, 1963.
[9] Averšin, S. G.: Maßnahmen zur Bekämpfung schädlicher Einflüsse von Gebirgsschlägen in Kohlengruben. III. Internat. Bergbaukongreß Salzburg, 1963.
[10] Sibek, V.: Přehled poznatku výzkumu dulních otřesu. Uhlí 11/1964.

Seismologische Gebirgsschlagbeobachtungen in der DDR

von O. Meisser (Teil A) und D. Rotter (Teil B), Jena

Teil A

Das Studium von Erdbeben und die Behandlung der damit zusammenhängenden Fragen ist sehr verwandt mit den Problemen, die bei den „Gebirgsschlägen" in der Praxis auftreten. In beiden Fällen handelt es sich um Bodenerschütterungen. Auch die physikalischen Ursachen, das Auslösen von Spannungen, sind bis auf die Größenordnung in der Energie grundsätzlich gleich.

Die moderne Seismologie will bei den auftretenden Erdbeben die Schadenwirkung nach Möglichkeit durch eine gezielte Prognose nach Ort und Zeit und durch erdbebensichere Baumaßnahmen auf ein Minimum reduzieren. Die gleichen Forderungen liegen für die Überwachung und Bekämpfung der Schäden durch Gebirgsschläge vor. Der Bergmann möchte sowohl für über Tage wie für unter Tage den Ort des Gebirgsschlages, sein zeitliches Eintreten und seinen Ablauf nach Intensität und Wiederholungsmöglichkeiten vorausschauend wissen. Die Schutzmaßnahmen bestehen im rechtzeitigen Verlassen des gefährdeten Gebietes oder in entsprechenden Maßnahmen, so daß die Spannungsauslösung ungefährlich verläuft. Man kann sagen, daß ein Bergwerk für die Seismologie ein brauchbares Experimentiermodell im kleinen darstellt. Demnach dürften die in der Seismologie entwickelten apparativen Hilfsmittel und theoretischen Vorstellungen in entsprechend abgewandelter Form zum Studium der Gebirgsschläge gut geeignet sein. Ähnlich den nichtfühlbaren Erdbeben (Microtremors) können auch die Eigenimpulse und künstliche Fremdimpulse für die Auslösung durch natürlichen oder künstlichen Gebirgsdruck für praktische Prognosezwecke herangezogen werden. Selbstverständlich liegen auf dem Gebiete der Erdbebenerforschung schon früher Versuche vor, etwa um den ersten Weltkrieg, in Bergbaugebieten (Ruhrgebiet, Aachener Revier, Oberschlesien) seismometrisch stärkere Gebirgsschläge registrierend zu beobachten. In den letzten Jahrzehnten sind wesentliche Meßfortschritte erzielt worden. Dadurch erhielt eine solche seismische Arbeitsweise neue Impulse.

Genau so, wie man vor 1900 die Seismizität der Erde *ohne* Instrumente nur aus den sicht- und fühlbaren Erscheinungen an Bauwerken, Geländeveränderungen und entsprechenden Bebenwahrnehmungen feststellen konnte, lassen sich die makroseismischen Skalen als recht brauchbarer Behelf benutzen, um den Ort an der Oberfläche (Epizentrum) anzugeben (Genauigkeit unter 1 km), die Größe des Schüttergebietes zu ermitteln und aus der Intensität der Isoseisten die Größenordnung der Energie abzuschätzen. Auch eine ungefähre Tiefenangabe läßt sich noch mit vertreten. Es ist erstaunlich, wie im Laufe der Zeit die seismischen Skalen und ihre Technik in der Makroseismik entwickelt worden sind. Es ist eigentlich kein allzu schweres Problem für die Gebirgsschlagforschung, dieses Hilfsmittel gut angepaßt der Praxis mit dienstbar zu machen.

In dem Bild 1 sind die makroseismischen Beobachtungen des Gebirgsschlages von Krügershall am 24. Mai 1940 wiedergegeben. Gleichzeitig liegen in den Stationen: Eisleben, Herdentfernung 17 km, Collm, Herdentfernung 87 km, und Jena, Herdentfernung 61 km, seismische fortlaufende Registrierungen der Bodenbewegung vor. Aus diesen Seismogrammen geht hervor, daß um $21^{h}05^{min}$, bereits 4 min vor dem Hauptschlag um $21^{h}09^{min}$, einige Salzpfeiler zusammengebrochen sind. Der fast vollständige Einsturz des Grubengebäudes auf einer Fläche von 300×200 m $= 0{,}6$ km^2 erfolgte beim Hauptschlag. Innerhalb von 26 min erfolgten noch sechs weitere geringere Schläge, so daß ohne die sonst üblichen Nachbeben der „Gebirgsschlag" als abgeschlossen gelten kann. Im Gegensatz zu der bergmännischen

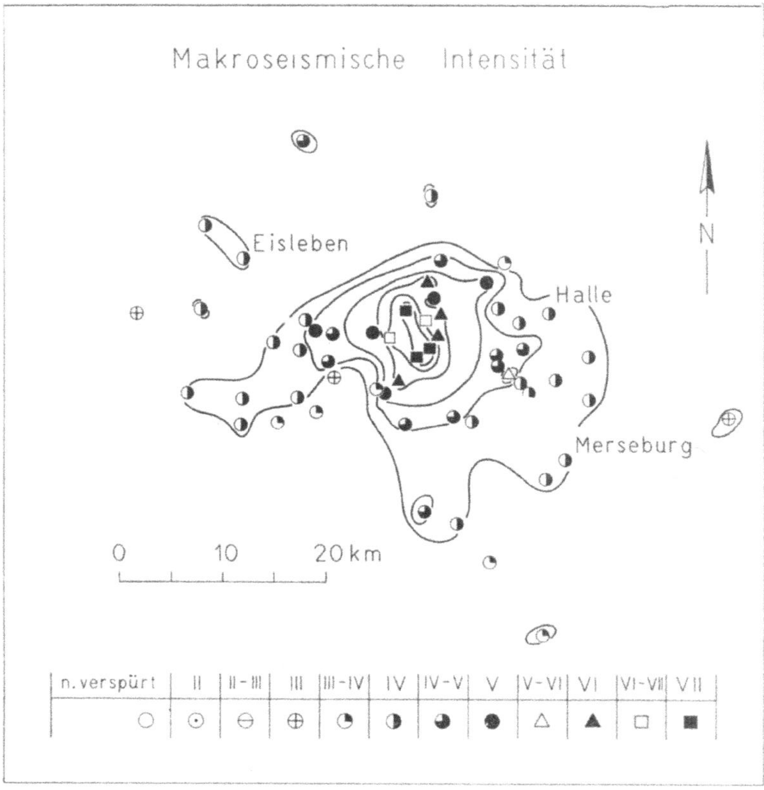

Bild 1. Isoseistenkarte von Krügershall vom 24. Mai 1940, nach [1] umgezeichnet

Untersuchung sind leider die seismologischen Gegebenheiten noch nicht voll ausgewertet worden. Eine neuzeitliche Anleitung für makroseismische Beobachtungen ist in [2] angegeben.

Für eine fortlaufende Beobachtung von Gebirgsschlägen und für eine lückenlose statistische und den Ursachen nachspürende Erklärung bietet die *instrumentelle Seismologie* alle Möglichkeiten. Sie kann sich wie eine Art „Nahbebenseismik" vom Herd der Entstehung bis in weitere Entfernung allen Gegebenheiten der Gebirgsschlagforschung nach Frequenzbereich und Empfindlichkeit bequem anpassen. Da in Herdnähe bzw. im Herd die Wellenlängen $L = v \cdot T = v/n$ (L — Wellenlänge, v — Fortpflanzungsgeschwindigkeit longitudinal bzw. transversal, T — Bodenperiode bzw. n — Bodenfrequenz) relativ kurz sind (Größenordnung von cm am Herd bis zu km), braucht man Seismometer mit Perioden um 1 s und kann die Vergrößerung V je nach örtlichem Störspiegel von 1000- bis 10000fach wählen. Die Registrierungen ergeben die verschiedenen Welleneinsätze, die Amplituden und Wellenperioden. Daraus lassen sich relativ die Herdlage, weitgehend auch der Herdmechanismus und die Gesamtenergie abschätzen. Neuere Überlegungen streben entsprechend der markscheiderischen Konvergenzmessung räumliche Punktverschiebungen mit äußerster Genauigkeit ($10^{-4} \cdots 10^{-5}$ mm auf Länge von 10 bis 25 m) an [6]. Eine Kombination mit Neigungsregistrierungen könnte in Verbindung mit Extensometern eine „säkulare" Bewegungsüberwachung gewährleisten. Beobachtungen über kurzzeitige Veränderungen im Gebirge gewährleisten

Seismometerregistrierungen und ständige Geschwindigkeitsmessungen [4], die die Klüftigkeitsänderungen zu messen gestatten, wie von Herrn Rotter nach eigenen Messungen im Teil B ausgeführt wird.

Zur Erläuterung im besonderen sei auf die 1964 in Moskau [3] herausgegebene Seismotektonische Karte von Europa hingewiesen, die einen allgemeinen Überblick über die Seismizität gibt. Im einzelnen liegen regionale und auch lokale Seismizitätskarten vor.

Bild 2. Seismotektonische Karte von Europa [3]

Diesem „seismischen Störspiegel" überlagern sich die Gebirgsschläge. Zur Erfassung solcher Gebirgsschläge im Werragebiet und in der Mansfelder Mulde besteht seit Jahrzehnten ein Netz von über- und untertägigen seismischen Registrierstationen seitens des Instituts für Geodynamik, Jena.

Die Aufzeichnungen werden mit den bergbaulichen Erscheinungen (z. B. Wassereinbruch), den Senkungsvorgängen und in Verbindung mit komplexgeophysikalischen Messungen insbesondere statistisch verarbeitet. Die seismische Energie (E) ist in Erdeborn (Bild 4a) mit den

Bild 3. Das seismische Stationsnetz in der DDR. Zentralstation Moxa, Kreise mit ⚒ Bergbaustationen

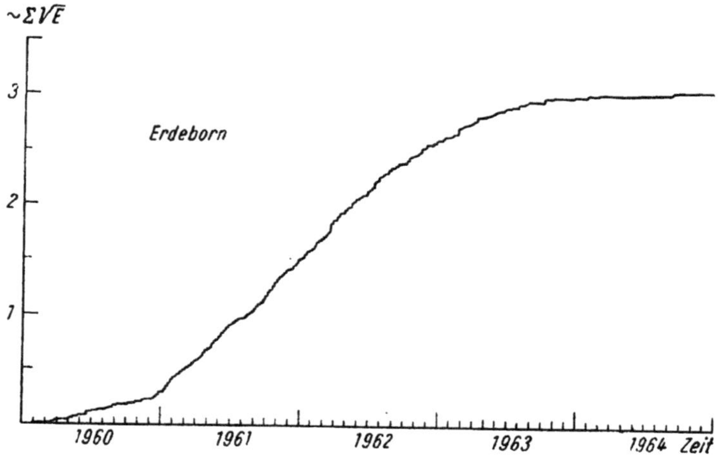

Bild 4a. Verlauf der seismischen Energie in Erdeborn (*a*) und

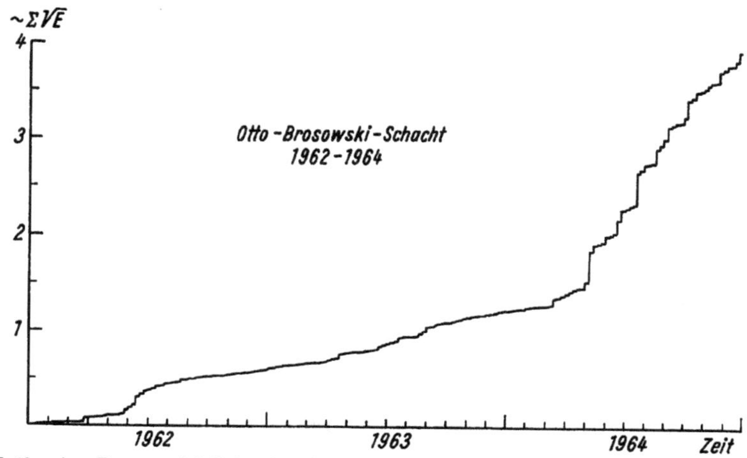

Bild 4b. im Brosowski-Schacht (*b*) in den letzten Jahren, nach Neunhöfer

Senkungsbeobachtungen (bis 20 mm/je Monat Bodensenkungsgeschwindigkeit) eng verbunden, während die Gebirgsschläge des Brosowski-Schachtes (Bild 4b) mit einem Wassereinbruch Ende 1963 korrelieren. Auch die Temperaturverhältnisse im Gebirge [5] zeigen über geringe örtliche und zeitliche Schwankungen Wärmespannungen an (Bild 5). Den Einfluß der Wärmedeformation zeigt nach [6] in Bild 6 über ein Extensometer die horizontale Änderung zweier 25 m entfernter Punkte in Schloß Freudenstein, Freiberg.

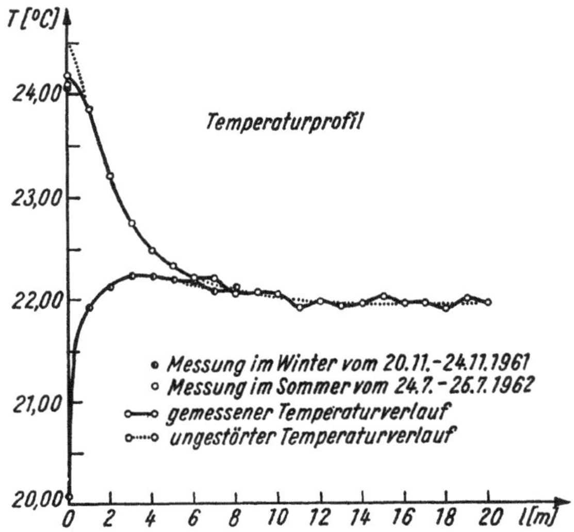

Bild 5. Geothermische Messungen im Brosowski-Schacht Flachbohrung 3, 7. Sohle (Südstoß; 20 m Endteufe), nach K. SCHUSTER

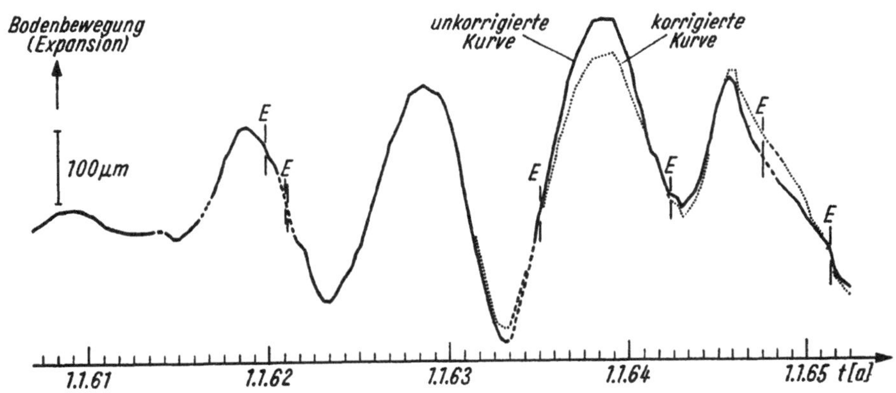

Bild 6. Langzeitige horizontale Bodenbewegung zweier Punkte im Abstand von 25 m vom 1. 9. 1961 bis 31. 3. 1965, E = Eichung

Die bisher vorliegenden Messungen über Gebirgsschläge haben statistisch nach zeitlichem Ablauf und nach ihrer Intensität gewisse Korrelationen mit dem Bergbaubetrieb ergeben. Eine weitere Korrelation mit dem Einfluß der Tektonik ist wahrscheinlich, eine Abhängigkeit von meteorologischen Faktoren und den Erdgezeiten ist noch nicht voll überzeugend erwiesen.

Trotz der seismologischen und geophysikalischen Fortschritte in einer wesentlich verbesserten Meß- und Überwachungsmeßtechnik ist das Ziel einer einigermaßen zuverlässigen Gebirgsschlagprognose nach Ort und Zeit ein erst noch erstrebenswertes Fernziel.

Es liegt hier für die nächste Zeit ein Gebiet vor, das dringend einer intensiven Bearbeitung mit geophysikalischer Meßtechnik seitens der Bergleute bedarf.

Im Teil B wird Herr D. Rotter über seine weiteren grundlegenden Vorarbeiten selbst berichten.

Teil B

Im folgenden sollen zwei Methoden behandelt werden, die neben den rein seismologischen Methoden für Zwecke der Gebirgsschlagforschung angewandt werden können. Es ist einmal die Eigenimpulsmethode oder die seismo-akustische Methode und zum anderen die schlagseismische oder Fremdimpulsmethode. Das Wesen der Eigenimpulsmethode besteht darin, daß die bei Rißbildungen im Gestein entstehenden elastischen Wellen geringerer oder größerer Energie durch geeignete Seismometer aufgenommen und einem Speichergerät zugeführt werden. Eine anschließende Analyse im Labor kann nach Häufigkeit, Schwingungsbild, Energie oder Frequenz erfolgen. Mit Hilfe dieser Methode lassen sich Aussagen über den Mechanismus von Bruchvorgängen, also auch über den Mechanismus von Gebirgsschlägen treffen.

Man kann die infolge Spannungsänderung entstehenden Gesteinszerstörungen entsprechend der freiwerdenden relativen Energie einteilen, wobei Submikrorisse im Bereich der Atomabstände die kleinste und Erdbeben die stärkste Energie besitzen. Bei dieser Einteilung wird, wie eingangs schon erwähnt, nur der Teil der Energie berücksichtigt, der im Gebirge sich ausbreitende elastische Wellen hervorruft. Aus den verschiedensten Gründen läßt sich dieser Energieanteil z. Z. allerdings meist nicht eindeutig quantitativ erfassen.

Alle natürlich oder künstlich hervorgerufenen Bruchvorgänge haben ihre Besonderheiten. Es gibt aber auch Gemeinsamkeiten, die zulassen, daß man von einer kontinuierlichen Kette der Bruchvorgänge vom Mikro- bis zum Makrozustand sprechen kann. Es zeigte sich bei Untersuchungen der Beziehung zwischen der Energie und der Häufigkeit von Erdbeben, daß eine Beziehung der Funktion: $\lg \Sigma N = \gamma \cdot \lg \Sigma W$ vorhanden ist, wobei unter ΣN die Anzahl der Erdbeben für einen bestimmten Bereich der Maximal-Amplituden und unter ΣW die Summenenergie dieser Beben zu verstehen ist. Im doppellogarithmischen Maßstab ergibt sich, wie aus der Gleichung ersichtlich, für diesen Fall eine Gerade. Diese Beziehung wurde erstmals von Benioff [7] abgeleitet.

Es ist nun von Interesse zu untersuchen, ob diese Beziehungen auch für Zerstörungsvorgänge kleinerer Größenordnung als bei Erdbeben bestehen. Zu diesem Zwecke haben wir in einem Steinkohlenflöz des Döhlener Beckens durch eine hydraulische Druckvorrichtung der Kohle künstliche Spannungen bis zum Bruch eingeprägt und haben die dabei entstehenden Mikrorisse, ausgedrückt durch die elastischen Impulse, untersucht, und zwar auch hinsichtlich dieser erwähnten Beziehung. Die relative Energie wurde hierbei proportional den Amplitudenquadraten der registrierten Schwingungen angesetzt. Die beim Durchgang durch das Gestein vorhandene Dämpfung konnte vernachlässigt werden, da mit Hilfe der Druckvorrichtung eindeutige Herdbedingungen geschaffen wurden, und der Abstand Herd—Geber während der Versuche daher keinen Veränderungen unterworfen war [8].

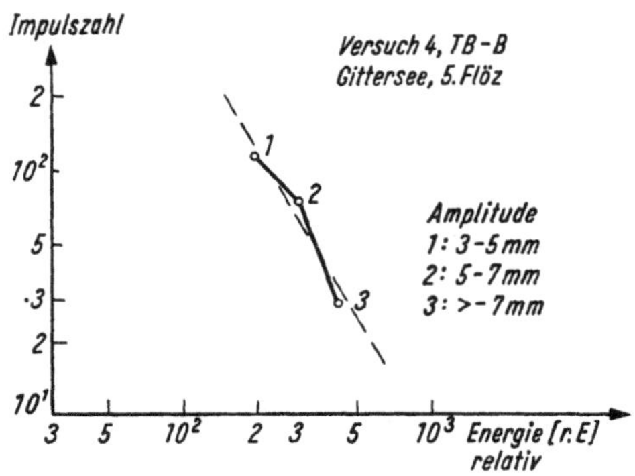

Bild 7. Abhängigkeit der Energie und Impulshäufigkeit während eines Druckversuches in situ. Steinkohle

Ein Ergebnis vermittelt Bild 7. Es zeigt sich auch hier die eingangs erwähnte lineare Abhängigkeit im doppellogarithmischen Maßstab zwischen Häufigkeit und Summenenergie. Ähnliche Untersuchungen wurden auch in der Sowjetunion mit gleichen Ergebnissen durchgeführt [9]. Es läßt sich daraus schlußfolgern, daß im Grunde genommen auch bei Zerstörungsvorgängen, die relativ geringen Umfangs sind, dieselben Abhängigkeiten bestehen wie bei großen Zerstörungen. In der Regel ist es so, daß bei einem beliebigen Zerstörungsvorgang der überwiegende Teil der Rißbildungen nur einen geringen Teil der aufgespeicherten Energie verbraucht, und die erwähnten Risse oder Diskontinuitäten im Vergleich zum Bereich der Zerstörungszone geringe Ausmaße besitzen. Nur einige wenige Risse, die auch die größten Dimensionen besitzen müssen, setzen den überwiegenden Teil der potentiellen Energie in kinetische um. Man kann folglich davon sprechen, daß Analogieschlüsse bei der Betrachtung solcher Vorgänge untereinander möglich sind, daß man z. B. Ergebnisse der Erdbebenforschung für Untersuchungen von Bruchvorgängen im bergmännisch interessierenden Bereich verwenden kann. Umgekehrt lassen sich Ergebnisse z. B. von Gebirgsschlagbeobachtungen für Modellvorstellungen zur Untersuchung des Erdbebenmechanismus verwenden.

Im gleichen Revier, in welchem die oben erwähnten Druckversuche durchgeführt wurden, konnten mit der gleichen seismo-akustischen Apparatur auch Entspannungsschläge registriert werden, die zum Teil schon gebirgsschlagähnlichen Charakter hatten, sich aber in der Hauptsache nur durch sehr starke Knalle bemerkbar machten. Die bei Bruchvorgängen geringer Ausdehnung registrierten Eigenimpulse wurden mit diesen Entspannungsschlägen hinsichtlich ihrer Energie, dem Schwingungsbild, der Zeitdauer und dem Frequenzspektrum verglichen. Gegenüber den „normalen" Eigenimpulsen, die durch Miniaturbruchvorgänge eintreten, bestehen nach unserer Feststellung erhebliche Unterschiede.

Die Unterschiede in der frei werdenden Energie können mehrere Zehnerpotenzen betragen. Sie würden im Sinne des eingangs Erwähnten auf dem extrem rechts befindlichen Teil der Geraden liegen. Es zeigen sich ferner Unterschiede in der Schwingungsform, in der Zeitdauer und im Frequenzspektrum. Im folgenden soll dies durch einige Beispiele kurz belegt werden.

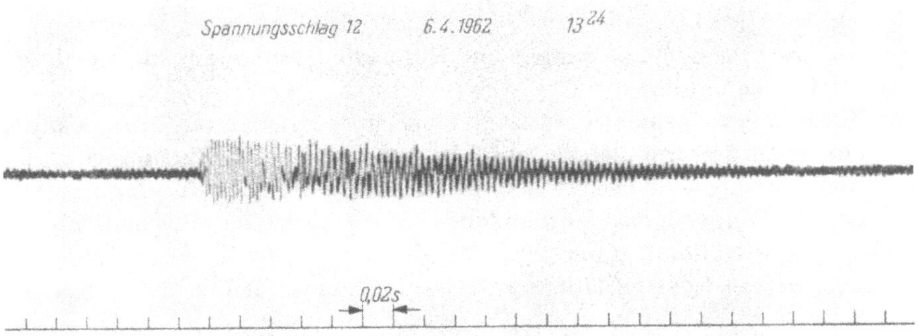

Bild 8. Oszillogramm eines Spannungsschlages. Registriert von H. MEHLHORN in einem Steinkohlenflöz [4]

Bild 8 zeigt einen Entspannungsschlag. Im unteren Teil der Abbildung ist die Zeitmarke angebracht. Es zeigte sich, daß ein Schlag, der im Verhältnis zu Gebirgsschlägen noch eine relativ geringe Energie besitzt, in der Regel eine ungefähre Zeitdauer von ein bis zwei Sekunden aufweist, während „normale" Eigenimpulse ungefähr in einer Größenordnung von 0,02 Sekunden liegen. Bild 9 zeigt zum Vergleich Schwingungsformen typischer Eigenimpulse bei Druckversuchen in diesem Revier. Unterschiede in der Schwingungsform bei Eigenimpulsen werden von sowjetischen Forschern [9] als Merkmale für die Unterscheidung von Gleit- und Trennrissen angenommen. Es ist jedoch auch so, daß sowohl durch Einschwingvorgänge als

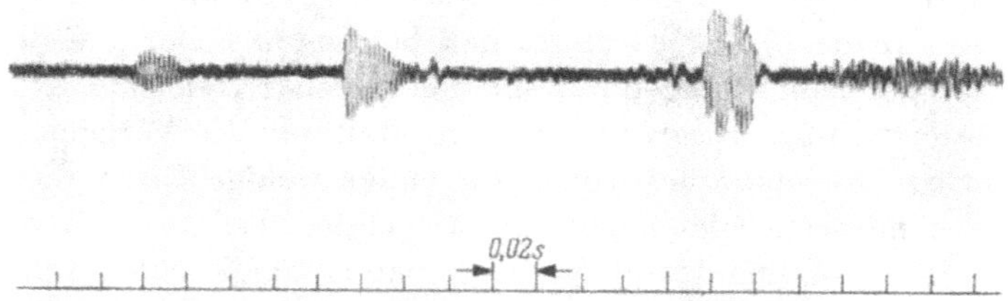

Bild 9a

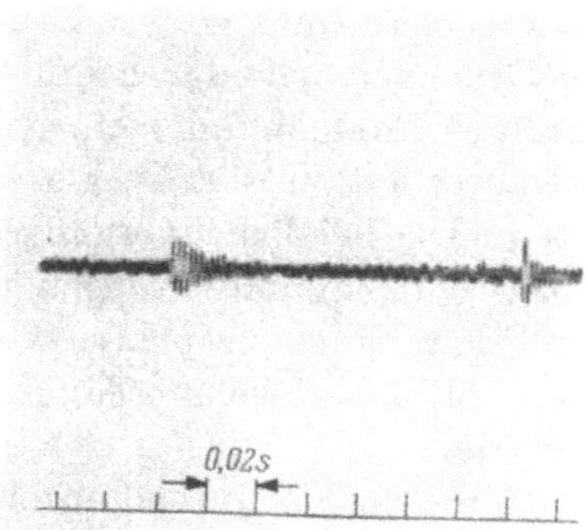

Bild 9b

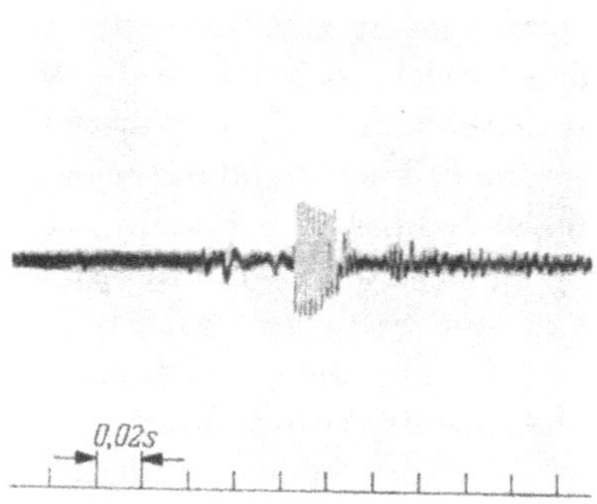

Bild 9c

Bild 9a—c. Schwingungsformen typischer Eigenimpulse bei Druckversuchen in situ. Steinkohle

auch infolge des Laufweges Verzerrungen im Impulsbild auftreten, die nicht vorhandene Unterschiede vortäuschen können.

Nicht nur Eigenimpulse, sondern auch die von uns registrierten Entspannungsschläge weisen Unterschiede in der Impulsform auf. Bild 10 zeigt einen Spannungsschlag, der ein etwas anderes Schwingungsbild besitzt als der im Bild 2 dargestellte. Man sieht, daß hier eine ganze Reihe von Impulsfolgen vorhanden sind, die akustisch durchaus als ein einheitliches Klanggebilde auftreten können. Ein Vergleich der allerdings relativ geringen Zahl der von uns registrierten Schläge läßt die Aussage zu, daß sich in der Regel die Schläge

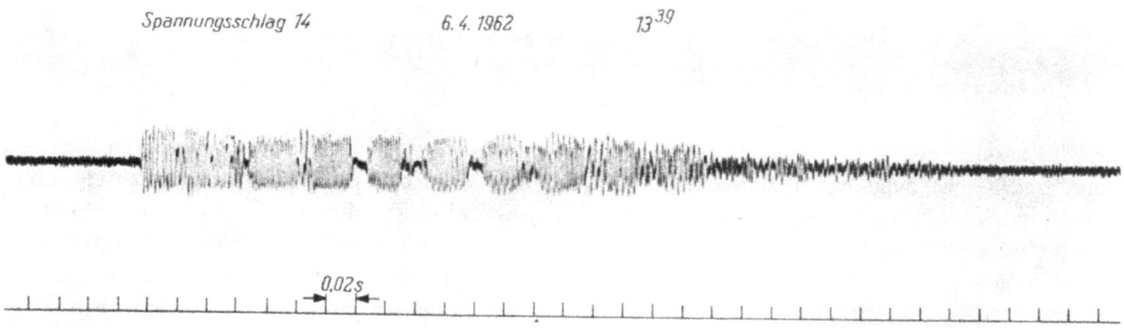

Bild 10. Oszillogramm eines Spannungsschlages. Registriert von H. Mehlhorn in einem Steinkohlenflöz [4]

diesen 2 Typen zuordnen lassen. Untersuchungen, die wir mit Schüssen unterschiedlicher Entfernung durchgeführt haben, zeigen, daß offensichtlich ein solcher Spannungsschlag vom Typ 2 (Bild 10) dem Geophon näherliegt als ein Spannungsschlag von dem Typ, der in Bild 8 dargestellt ist [10].

Zeitdauer und Energie elastischer Wellen gestatten also qualitative Aussagen über den Umfang der Zerstörungszonen, die sich bei genauer Kenntnis der Herdlage in quantitative Aussagen ummünzen lassen. Hieraus folgt, daß das Auffinden von eindeutigen Kriterien zur Herdbestimmung wichtige Zielsetzung weiterer Forschung sein muß. Hinsichtlich der Impulsform sind z. Z. eindeutige Zuordnungen zu bestimmten Bruchtypen nur mit Vorbehalt möglich. Bei statistisch hinreichend großer Anzahl von Registrierungen aus dem gleichen Gebiet erscheint aber aus der Impulsform eine Abschätzung der ungefähren Herdlage im Bereich des Möglichen.

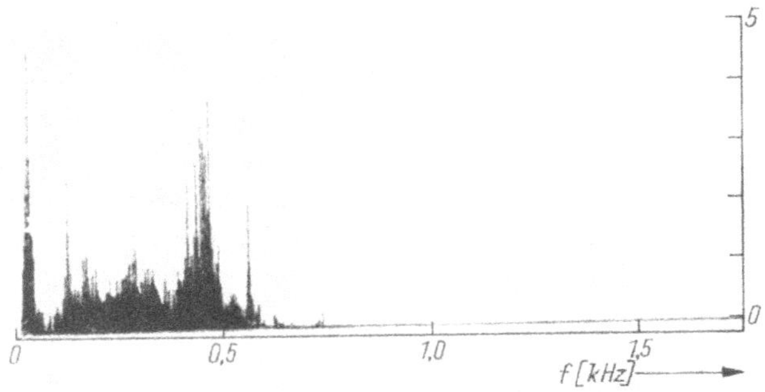

Bild 11. Frequenzverteilung eines Eigenimpulses aus der Kohle

Anschließend einige Worte zur Frequenzanalyse. Solche Analysen sind heute mit modernen elektronischen Hilfsmitteln möglich [13]. Bild 11 zeigt ein typisches Frequenzbild für Eigenimpulse aus der Kohle. Auf der Ordinate ist die Amplitude aufgetragen und auf der Abszisse die entsprechende Frequenzverteilung von 0 bis ungefähr 1,5 kHz. Untersuchungen an unterschiedlichen Gesteinen zeigten, daß bei Eigenimpulsen für jeden Gesteinstyp offensichtlich bestimmte Vorzugsfrequenzen vorhanden sind [8]. Ferner ist bekannt, daß die Wellenlänge L mit der Ausbreitungsgeschwindigkeit v und der Frequenz n durch die Beziehung $L = v/n$ verbunden ist. Eine Untersuchung der Frequenzverteilung auch im Hinblick auf Oberwellenanteile ließe bei bekannter Ausbreitungsgeschwindigkeit Rückschlüsse auf die auftretenden Wellenlängen zu. Dies würde wesentliche zusätzliche Erkenntnisse über den Mechanismus von Zerstörungsvorgängen liefern. Da bei Zerstörungsvorgängen im Bereich der Korngrenzen Wellenlängen kleinster Ordnung auftreten werden, hieße dies apparativ eine Erweiterung des oberen Frequenzbereiches bis in Größenordnungen von einigen MHz.

Im Augenblick ist es so, daß man in erster Linie die Häufigkeit von Erschütterungen registriert. Es sind vielseitige Versuche bekannt, aus dieser Häufigkeitsverteilung Prognosemöglichkeiten dynamischer Erscheinungen des Gebirgsdrucks abzuleiten. Man darf dabei jedoch folgende Gesichtspunkte nicht außer acht lassen: Es ist praktisch so, daß ein großer Unterschied in der zeitlichen Verteilung der Impulse in Abhängigkeit von der aufgebrachten Last und in Abhängigkeit von der Belastungsgeschwindigkeit besteht. Wir haben im Verlaufe mehrfacher Untersuchungen beispielsweise auch große Sandsteinproben mit Hilfe einer hydraulischen Druckvorrichtung belastet und haben die Änderungen in der Impulsfolge untersucht. Über einige Ergebnisse wurde bereits auf dem 4. Ländertreffen von uns berichtet [11]. Man kann rein qualitativ feststellen, daß Unterschiede in der Häufigkeitsverteilung bei geringer und bei großer Belastungsgeschwindigkeit bestehen. Wir stellten fest, daß bei einer hohen

Belastungsgeschwindigkeit die Rißbildung erst unmittelbar vor dem Bruch einsetzt, während bei einer geringen Belastungsgeschwindigkeit die Rißbildungsprozesse schon relativ zeitig beginnen. Analog dazu ist natürlich zu sagen, daß bei einer niedrigen Belastungsgeschwindigkeit ein Teil der eingeprägten Energie bereits vorher verbraucht wird, und der Bruchvorgang eine geringere absolute Energie aufweist als bei höherer Belastungsgeschwindigkeit. In letzter Zeit wurden von uns auch Versuche unter Wechsellast an großen Sandsteinproben durchgeführt, die diese Feststellung erhärteten [12].

Man kann nach unseren Feststellungen sagen, daß es allgemein so zu sein scheint, daß dynamischen Zerstörungsvorgängen größeren Energiegehalts, also beispielsweise von Gebirgsschlägen, ein allgemeines Anwachsen des Häufigkeitspegels vorausgeht, daß aber unmittelbar vor dem Schlag oft ein Minimum vorhanden ist.

Bild 12 zeigt für ein Zeitintervall die Häufigkeitsverteilung registrierter Impulse in einem Steinkohlenflöz, in welchem Entspannungsschläge auftraten. Die aufgetretenen Spannungsschläge sind durch einen Pfeil angedeutet. Es ist die angeführte Tendenz, wenn auch nicht immer sehr klar, durchaus zu erkennen. Ferner lag die Häufigkeitsrate in diesem Revier bedeutend höher als bei Registrierungen in einem anderen Abbau des gleichen Revieres, in dem keine Spannungsschläge auftraten [13].

Wählt man eine andere Darstellungsform, dann ist die Ausbildung des erwähnten Minimums besser sichtbar (Bild 13). Allerdings reicht dies alles für eine Prognose noch nicht aus. Abge-

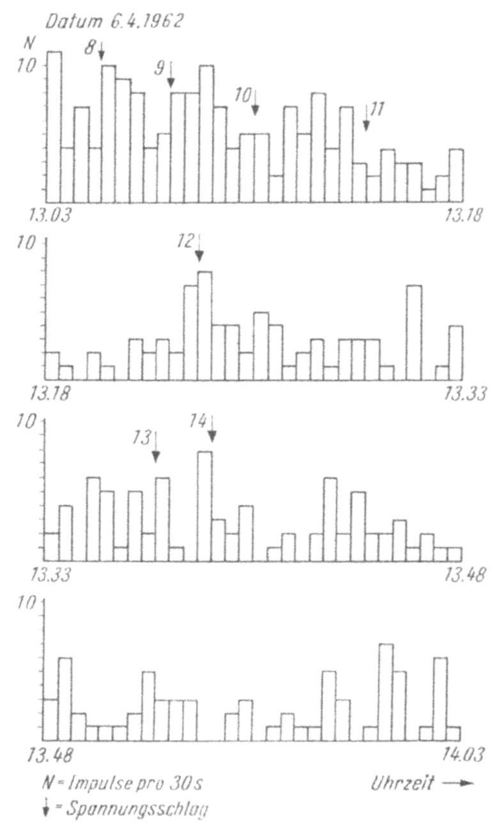

Bild 12. Eigenimpulsverteilung und zeitliche Lage von Entspannungsschlägen. Registriert von H. Mehlhorn in einem Steinkohlenflöz [4]

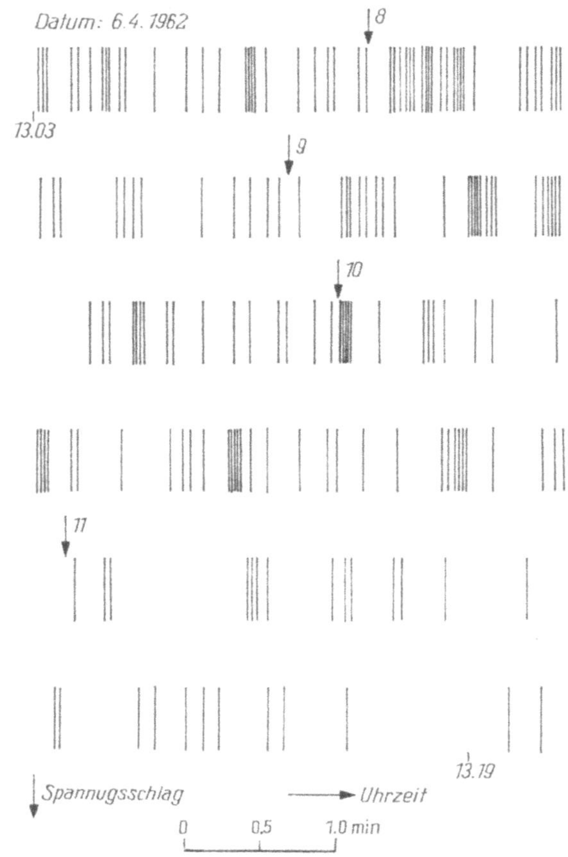

Bild 13. Erster Teil des Zeitintervalls. Bild 12 in anderer Darstellungsform

sehen davon, daß das Zeitintervall vom Auftreten dieser starken Häufigkeitsschwankungen bis zum Schlag zu gering sein kann, ist nämlich durchaus der Fall möglich, daß das erwähnte Minimum ein Zeichen für das allmähliche Abklingen eines Prozesses ohne schlagartiges Freiwerden von Energie ist. Dies alles rät im Hinblick auf sichere Prognosen noch zur Vorsicht.

Unserer Meinung nach ergeben sich aus dem Gesagten zwei wichtige Schlußfolgerungen:

1. Wir brauchen noch mehr hinreichend statistisch gesichertes Material, um über eine genaue Kenntnis des Bruchmechanismus zu einer Prognose zu kommen.
2. Im gegenwärtigen Zeitpunkt erscheint es verfrüht, ausschließliche Häufigkeitsbetrachtungen anzustellen.

Wir haben nun, um diese Prozesse weiter untersuchen zu können, nach Möglichkeiten gesucht, um eine verbesserte Station zu bauen, mit deren Hilfe eine anschließende allseitige, reproduzierbare Analyse nach Häufigkeitsverteilung, Impulsform, Zeitdauer, Energie, Amplitude und Frequenzverlauf möglich ist.

Über den Aufbau und die apparativen Details einer solchen Station wurde bereits auf der letzten Sitzung der Arbeitsgruppe 2 des IBG in Katowice vorgetragen [14]. Da diese Station im internationalen Gerätekatalog des IBG beschrieben ist, kann darauf verwiesen werden. Gegenwärtig befindet sich diese Station im Untertageeinsatz, und wir hoffen, zu gegebener Zeit darüber berichten zu können.

Eine weitere Möglichkeit, gebirgsmechanische Prozesse in situ mit geophysikalischen Methoden zu untersuchen, bietet die Hammerschlagseismik. Wir können mit der Hammerschlagseismik u. a. recht gute Aussagen über die Klüftigkeitsverhältnisse und deren Änderung, z. B. in der Nähe von Grubenbauen, machen. Ausgangspunkt ist die Bestimmung der Laufzeit elastischer Wellen. Aus diesen Laufzeiten lassen sich interessierende Geschwindigkeiten und nach der Zeitmittelgleichung die Klüftigkeitskoeffizienten bestimmen [4].

Stellt man sich einen Einheitskörper vor, der die Länge l besitzt, und nimmt man an, daß dies ein realer Körper sei, der ausgebildete Klüfte aufweist; bezeichnet man ferner die Geschwindigkeit elastischer Wellen im Kluftmedium mit V_{Kl} und analog die Geschwindigkeit im ungestörten Gestein mit V; sei weiterhin der Anteil der Klufterstreckung an der Gesamtlänge des Einheitskörpers k und die verbleibende Länge des ungestörten Gesteins $l - k$, dann kann man für die mittlere Laufzeit $t_n = t_1 + t_2$ der elastischen Wellen eine Beziehung folgender Art ableiten:

$$\frac{l}{V} = \frac{l-k}{V_g} + \frac{k}{V_{Kl}} .$$

Es bedeuten: t_n — mittlere Laufzeit im gestörten Realkörper;
t_1 — Laufzeit im ungestörten Gestein;
t_2 — Laufzeit im Kluftmedium;
V_g — Geschwindigkeit elast. Wellen im gestörten Realkörper.

Aus dieser Beziehung läßt sich der Klüftigkeitskoeffizient k ableiten. Er ist

$$k = \frac{V_{Kl}}{V} \frac{(V_g - V)}{(V_g - V_{Kl})} .$$

Wir haben im Mansfelder Kupferschieferbergbau, der geomechanisch insofern sehr interessant ist, weil dort praktisch nur ein Flöz vorhanden ist und keine Vorzerstörungen durch irgendwelche anderen Flöze eintreten können, Untersuchungen im Abbauvorfeld eines Bogenstrebes durchgeführt. Die Messungen wurden von einem Aufhauen aus durchgeführt, das dem Abbau vorauseilte.

Bild 14 zeigt die Anordnung einiger Meßpunkte. Wir haben insgesamt vier Bohrlöcher mit einer Tiefe von ca. 10 m hergestellt, hammerschlagseismisch durch Mehrfachmessungen

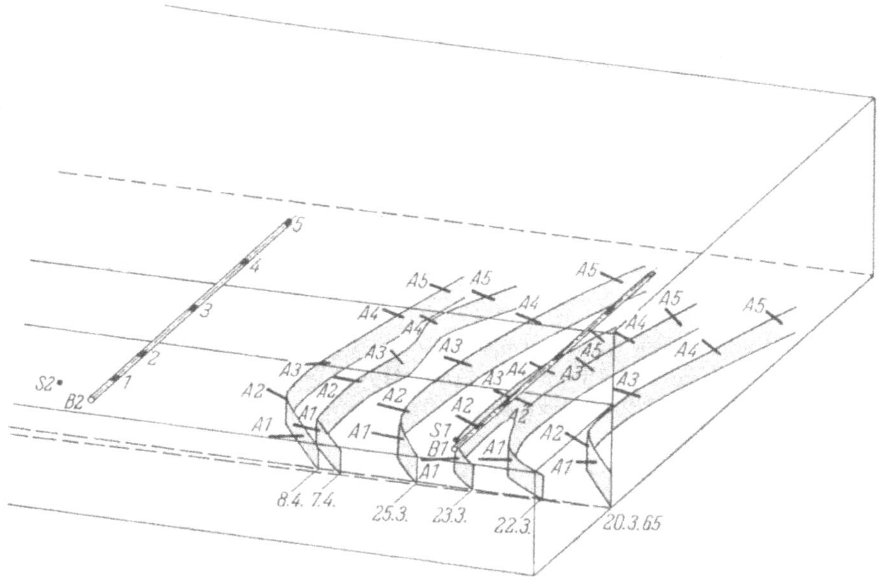

Bild 14. Schlagseismische Messungen im Kupferschieferbergbau. Meßpunktanordnung mit zeitlicher Abbaustellung für Bohrloch *1* und *2*

A — Schlagpunkt im Streb; *B* — Bohrloch; *S* — Schlagpunkt im Flachen; *3* — Geophonstellung im Bohrloch; Längenmaßstab 0 0,5 1 m: Höhenmaßstab 0 1 2 m

über einen Zeitraum von ca. 2 Monaten in unterschiedlicher Bohrlochtiefe Laufzeitmessungen durchgeführt und daraus die Intervallgeschwindigkeiten und Klüftigkeitsprofile abgeleitet [15].

Bild 15 vermittelt zunächst die Wiedergabe eines Schlagimpulses, den wir mit Hilfe eines 2-Strahloszillographen photographisch registriert haben. Die Auslösung des Schlages ist mit dem Start des Elektronenstrahles identisch. Es ist besonders gut die große Zeitauflösung zu erkennen, die man auf elektronischem Wege erzielen kann. Die Zeitmarke beträgt 1000 Hz.

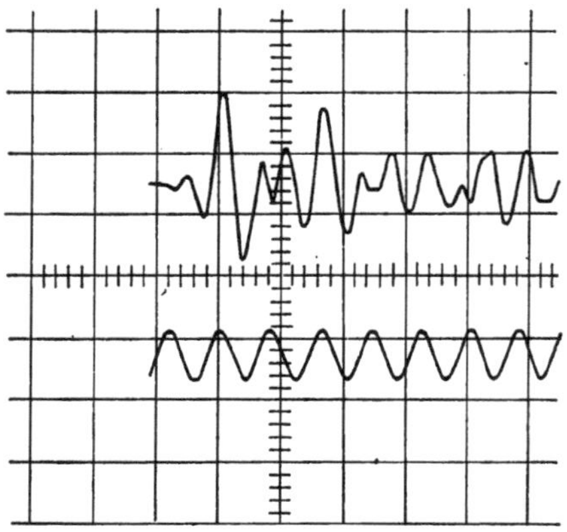

Bild 15. Aufnahme eines Schlagimpulses bei seismischen Messungen in situ. Kupferschieferbergbau

Bild 16 zeigt die ermittelten Laufzeitkurven für Bohrloch 2. Aus diesen Kurven lassen sich zwei wesentliche Merkmale ableiten:

1. Mit zunehmender Bohrlochtiefe ist eine Geschwindigkeitszunahme zu verzeichnen.
2. Mit Verringerung des Abstandes Bohrloch—Abbau werden von einer bestimmten Entfernung an die Laufzeitkurven steiler, d. h., es tritt eine Verringerung der Intervallgeschwindigkeiten ein. Besonders auffällig ist die krasse Veränderung im Hangendverhalten am 8. 4., d. h. bei einer mittleren Abbauentfernung von ca. 2 m.

Bild 17 zeigt die zugehörigen Klüftigkeitsprofile. Legt man an die Kurven im linken steil abfallenden und im rechten flachen Teil 2 Tangenten, dann lassen sich 3 Bereiche feststellen:

a) Ein stark zerklüfteter Bereich in der Umgebung des Aufhauens, der sich durch das Herannahen des Abbaus in den Stoß hinein erweitert.
b) Ein Übergangsbereich mit abnehmender Zerklüftung.

c) Ein „quasi unzerklüfteter" Bereich im tiefsten Teil des Bohrlochs bei hinreichender Entfernung des Abbaus vom Bohrloch. Bei Näherung des Abbaus an das Bohrloch nimmt auch in diesem Bereich die Zerklüftung zu.

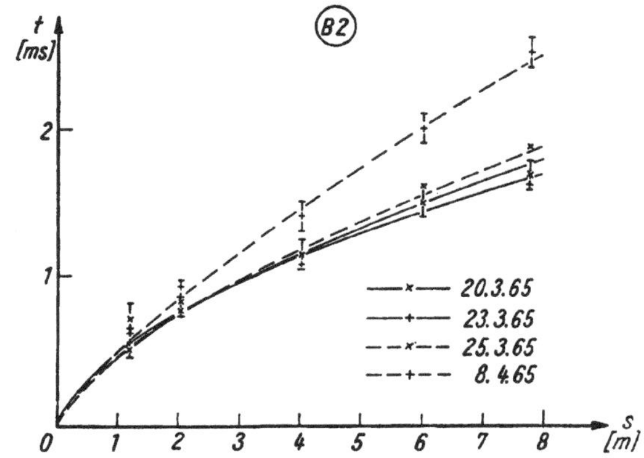

Bild 16. Laufzeitkurven für Bohrloch 2. Ausgewertet von H. Lutze [15]

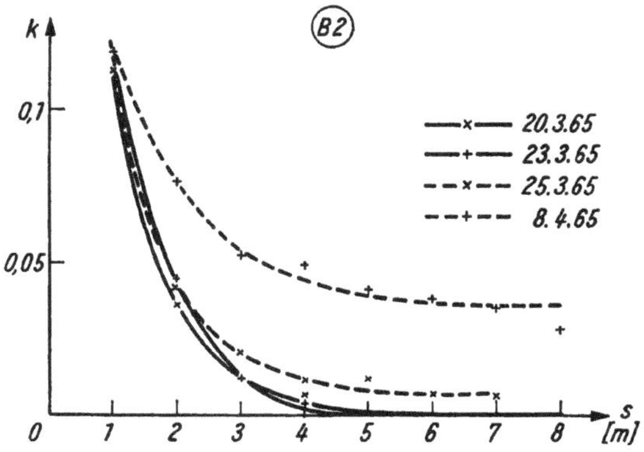

Bild 17. Klüftigkeitsprofile für Bohrloch 2. Ausgewertet von H. Lutze [15]

Nähere Analysen der Ergebnisse aus Messungen an den übrigen Bohrlöchern zeigen, daß von einer Entfernung von ca. 5 m vor dem Abbaustoß an für diesen Fall die Zerklüftung des Hangenden als Folge der Abbaudynamik einsetzt.

Eine Wiederholungsmessung läuft im gegenwärtigen Zeitpunkt, deren Abschluß abgewartet werden muß, um über die hier mitgeteilten vorläufigen Ergebnisse hinaus generelle Aussagen machen zu können. Wir glauben aber, daß diese kurzen Mitteilungen schon demonstrieren, wie mit relativ einfachen und billigen Methoden Untersuchungen in situ angestellt werden können, deren weitere Durchführung auch für die Gebirgsschlagforschung von Bedeutung sein kann.

Literatur

[1] Berichte aus den Akten des Instituts für Geodynamik, erstattet von A. Sieberg, über den Gebirgsschlag „Krügershall 1940". Vgl. auch Sponheuer, W.; Gerecke, F.; Martin, H., „Seismische Untersuchungen zum Gebirgsschlag von Merkers/Rhön am 8. Juli 1958". Freiberger Forsch.-H. C 81 (1960), S. 64—79.

[2] Sponheuer, W.: Bericht über Weiterentwicklung der seismischen Skala. Veröffentl. d. Inst. f. Geodynamik Jena 8 (1965) S. 21.

[3] Beloussov, V. V., Sorsky, A. A. und Bune, V. I.: Die Seismotektonische Karte von Europa. Zusammengestellt im Institut für Physik der Erde, Akademie der Wissenschaften der UdSSR, Moskau 1964. Maßstab 1:500000.

[4] Oelsner, Chr.: Schlagseismische Untersuchungen unter Tage zur Bestimmung physikalischer Eigenschaften des Gebirges in situ. Freiberger Forsch.-H. C 178, Leipzig (1965), 128 S.

[5] Meisser, O.: Die Bedeutung von sehr genauen geothermischen Messungen unter Tage. Bergbauwissenschaften, Goslar **11** (1964) 9/10, S. 214—216.

[6] Harwardt, H.: Fortlaufende Fernregistrierung von Bodendeformationen durch ein Invardrahtextensometer. Dissertation, Freiberg (1965), 76 S.

[7] Benioff, H.: Earthquakes and rock creep. Bull. Seism. Soc. Amer. **41** (1951) 1.

[8] Rotter, D.: Über die Anwendung einer seismoakustischen Methode (Eigenimpulsmethode) zur Lösung gebirgsmechanischer Probleme am Beispiel eigener Messungen. Dissertation, Bergakademie Freiberg 1964, unveröffentlicht.

[9] Šamina, O. C.: Elastische Impulse bei der Zerstörung von Gesteinsproben. Izv. Akad. nauk SSSR, Ser. Geofiz. (1965), 5, S. 513—518.

[10] Mehlhorn, H.: Seismoakustische Untersuchungen bei Anwendung eines hydraulischen Polsters. Diplomarbeit Angewandte Geophysik, unveröffentlicht, Bergakademie Freiberg, 1962.

[11] Rotter, D.: Diskussionsbeitrag auf dem 4. Ländertreffen. Abh. d. Kl. f. Bergbau, Hüttenwesen und Montangeologie der DAW. Akademie-Verlag 1963, S. 243–248.

[12] Rotter, D.: Die Eigenimpulsmethode, ein geophysikalischer Beitrag zur geomechanischen Forschung. Monatsber. Dtsch. Ak. d. Wiss. Berlin.

[13] Kundorf, W. und Rotter, D.: Eine Untersuchung über die Anwendung der Methode natürlicher hochfrequenter seismischer Felder (Eigenimpulsmethode) im Steinkohlen- und Erzbergbau. Freiberger Forsch.-H. C 120, 76 S.

[14] Meisser, O. und Rotter, D.: Geophysikalische Meßtechnik unter Tage. Vortrag auf der 2. Sitzung der AG 2, des IBG, Katowice, Februar 1965, unveröffentlicht.

[15] Lutze, H.: Geophysikalische Untersuchungen der Zerklüftung vor dem Abbaustoß. Diplomarbeit des Inst. f. Angew. Geophysik der BA Freiberg 1965, unveröffentlicht.

[16] Vinogradov, S. D.: Elastische Impulse, die im Gestein unter Druckeinwirkung entstehen. Izv. Akad. nauk SSSR, Ser. Geofiz. (1959) 2, S. 296–300.

Ergebnisse experimenteller Untersuchungen über den Mechanismus der Gebirgsschläge in der Provence

von J. Fine, Ch. Jaeger und E. Tincelin, Paris

Dieser Bericht hat das Ziel, die Ergebnisse der experimentellen Untersuchung von Gebirgsschlägen in den Gruben des Steinkohlenbeckens der Provence zusammenzufassen.

Die Untersuchung gestattete es, das Deformationsgesetz einer Strecke genauer festzulegen. Dieses Deformationsgesetz sowie die verschiedenen Beobachtungen und Mitteilungen über die Gebirgsschläge haben es schließlich ermöglicht, bestimmte Hypothesen über den Gebirgsschlagmechanismus entweder auszuschalten oder sie zu bestätigen.

Insbesondere haben wir eine Arbeitshypothese angenommen, die uns dazu führt,

> das Suchen nach warnenden Anzeichen auf der Grundlage der extensometrischen Meßtechniken, die während der experimentellen Untersuchung eingesetzt wurden, als vergeblich zu betrachten;
> vielmehr Mittel zur Einwirkung auf Gebirgsschläge vorzuschlagen.

Durchgeführte Messungen

Angenommen wurde ein Querschnitt einer Strecke, die in dem Kohlenflöz angelegt ist.

Wir haben die Variationen der folgenden Größen in Abhängigkeit von der Zeit untersucht (Bild 1):

1. $T_m M_m$; T_m und M_m sind hierbei 2 Punkte im Hangenden und im Liegenden, die im Mittelpunkt des Stollens plaziert sind.
   Dies ist die *Konvergenz*messung (Genauigkeit 1 mm).

2. $tt' - t't$ und tt'; t, t' und t'' sind hierbei 3 Punkte des Hangenden, die als gleichseitiges Dreieck angelegt sind ($tt' = 30$ cm).
   Dies ist die *Deformations*messung des *Hangenden* (Genauigkeit 1/200 mm).

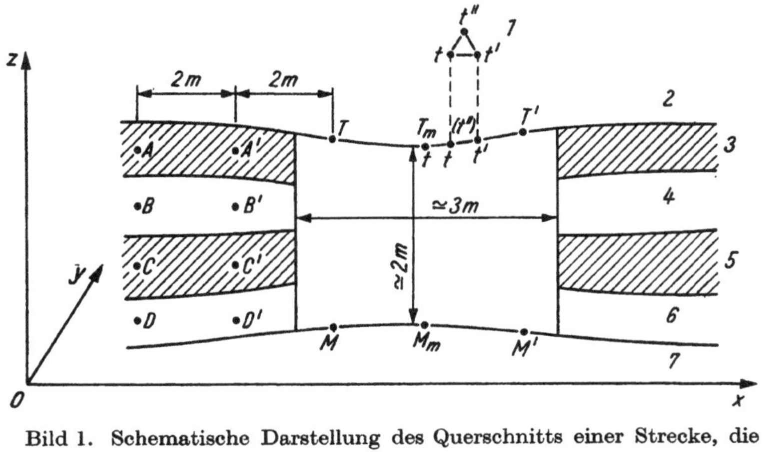

Es bedeuten:
1 — Rosetten zur Messung von Deformationen;
2 — Hangendes;
3 — Kohle;
4 — Gestein;
5 — Kohle;
6 — Gestein;
7 — Liegendes

Bild 1. Schematische Darstellung des Querschnitts einer Strecke, die im Kohleflöz aufgefahren ist.

3. Komponente entsprechend O_x, O_y und O_z der Wanderung des Punktes M im Verhältnis zum Punkt T.
   Das ist die Messung der *relativen Wanderung* des Hangenden im Verhältnis zum Liegenden (Genauigkeit 2 mm).
4. Komponente entsprechend O_x der relativen Wanderung der Punkte A', B', C' oder D' im Vergleich zu Punkt T.
   Dies ist die Messung der *relativen Bewegung* des Flözes im Verhältnis zum Hangenden (Genauigkeit 2 mm).
5. Entfernung AA', BB', CC' oder DD' (Genauigkeit 1/100 mm).
   Dies ist die Messung der *inneren Ausdehnung* (Expansion) des Flözes.

Ferner wurden durchgeführt:

6. Messungen der Krümmung und Neigung von TT'.
7. Aufzeichnungen der seismischen Tätigkeit des Flözes während der Sprengungen.
8. Messung in Laboratorien:

   Bestimmung der Mohrschen Umhüllungskurve von Gesteins- und Kohlenproben.
   Analyse der Geräuschfrequenzen während des Zerdrückens einer Kohlenprobe.

Deformationsschema einer Strecke

Wiederholen wir die wesentlichen Schlußfolgerungen, die aus jeder Messung gezogen worden sind:

1. Die Messungen hinsichtlich der inneren Ausdehnung geben uns folgende Hinweise:
   Wenn es sich um ein Flöz handelt, das fortschreitend belastet wird (dies ist der Fall bei der Grundstrecke eines Strebs in Gros Rocher und das war nur teilweise der Fall bei der Strecke 22 in Grande Mine Nord), beobachtet man eine stärkere Entspannung in den unteren Schichten des Flözes als in den oberen Schichten (Bild 2).

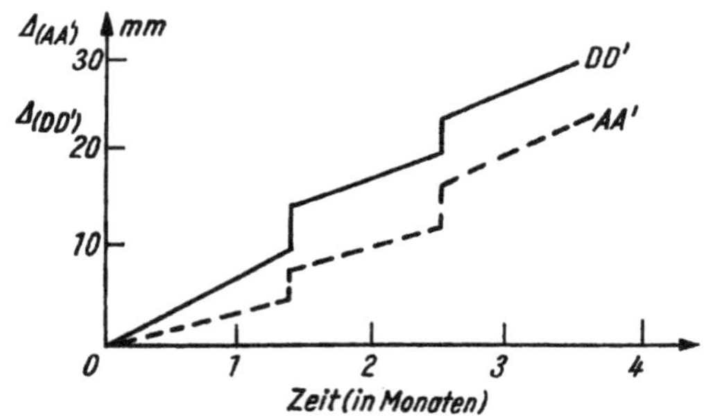

Bild 2. Zeitliche Verformung einer Strecke

Diese innere Ausdehnung darf nicht einer elastischen oder plastischen Deformation des Flözes zugeschrieben werden, da ihre Größenordnung zu bedeutend ist (2 bis 10 cm in 4 Monaten).
Sie wird folglich durch ein vertikales Lösen der Schicht hervorgerufen.
Handelt es sich um ein Flöz, das seit zu langer Zeit einer Gebirgslast ausgesetzt ist (der Fall einer Strecke am Rand des Alten Mannes oder am Rand eines bereits unter Belastung stehenden Pfeilers), so ist die Entlastung dieses Flözes zu unregelmäßig, um daraus allgemeine Gesetze ableiten zu können.
In allen Fällen kann diese Entlastung sowohl in kontinuierlicher als in unregelmäßiger Form, in kleinen Stößen, vor sich gehen.

2. Die Deformationsmessungen des Hangenden — sowohl in Gros Rocher als auch in Grande Mine — zeigen uns, daß das Hangende dieser Schichten sich nur sehr wenig deformiert. Es läßt sich mit der Platte einer Presse vergleichen, die das Gebirge unter Druck setzt (Größenordnung 0,3 mm/m).
3. Die Krümmungsmessungen des Hangenden bestätigen diese Schlußfolgerung.

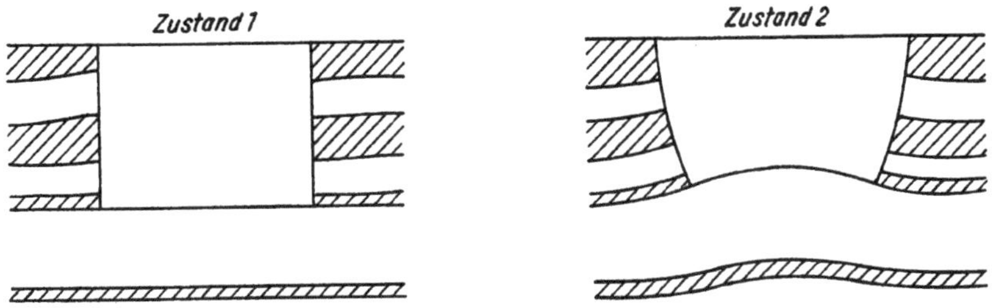

Bild 3. Schematische Darstellung der aufgestellten Arbeitshypothesen für das Flöz und das Liegende

4. Die Messungen des relativen Wanderns Hangendes-Liegendes zeigen uns, daß das Liegende sich nach dem Hohlraum hin entspannt. Diese Entspannung ist sehr bedeutend. Sie hat die gleiche Größenordnung wie die Bewegung der unteren Schichten des Flözes im Verhältnis zum Hangenden (2 bis 3 cm in 2 Monaten).
Diese Schlußfolgerungen führen folglich zu dem Deformationsschema, das in Bild 3 dargestellt ist.
Der Übergang vom Zustand 1 zum Zustand 2 geschieht entweder fortschreitend oder durch kleine Stöße.

Hypothese des Mechanismus des kleinen Gebirgsschlages

Das Deformationsschema der Strecken und verschiedene Angaben und Beobachtungen, die während der experimentellen Untersuchung gemacht wurden, führen uns dazu,

eine gewisse Zahl von Hypothesen über die Ursache des kleinen Gebirgsschlages auszuschalten;
neue Hypothesen zu formulieren und andere für ungültig zu erklären.

Es sind alle diejenigen Hypothesen zu verwerfen, die eine Konzentration von Spannungen im Hangenden und ihre gewaltsame Entspannung betreffen, sowie die Hypothese, die einen Gebirgsschlag im Flöz selbst auf Vorgänge im Hangenden zurückführt.

Dagegen sind diejenigen Hypothesen zu bestätigen, die die Ursache des Gebirgsschlages im Flöz oder im Liegenden suchen.

Insbesondere stellen wir folgende Arbeitshypothese auf:

Die Bänke, die das Flöz und das Liegende bilden, gehen vom Zustand 1 in den Zustand 2 über (Bild 3).

Es wirken also auf den Berührungsflächen zwischen den Bänken beträchtliche Reibungskräfte, die durch im Labor durchgeführte Messungen der Transversaldeformationen $\frac{\Delta\Phi}{\Phi}$ zylindrischer Proben, die Axialspannungen ausgesetzt wurden, klar herausgestellt worden sind. Diese Verformungen $\frac{\Delta\Phi}{\Phi}$ sind in Wirklichkeit in der Kohle viel größer als im Kalkstein. Wenn die Reibungskräfte überwunden sind, entspannt sich die Schicht in kleinen Gebirgsschlägen.

Stellen wir den Mohrschen Kreis (C) der Spannungen dar, die auf ein Volumen V im Inneren des Massivs wirken. Dieser Kreis hat als Durchmesser n_1 und n_2; n_1 ist die Vertikalspannung, n_2 ist die Seitenverdrückung.

Bei einer Entspannung bleibt n_1 konstant, aber n_2 wird gewaltsam anulliert. Der Mohrsche Kreis geht in den Kreis C_1 über. Nach dem Mohrschen Bruchkriterium resultiert daraus, daß das Material gewaltsam brechen muß.

Das Problem besteht darin zu wissen, welches die Berührungsflächen zwischen den Bänken sind, die die Ursache für die Unregelmäßigkeit der Bewegung der Schichten zum Hohlraum hin sind. Unseren Beobachtungen und Messungen zufolge scheint es so zu sein, daß diese Berührungsflächen zwischen Bänken im unteren Teil des Flözes Gros Rocher (unteres Liegendes und Liegendes) liegen.

Untersuchungsperspektiven

Die oben formulierte Hypothese zeigt uns, daß es sehr schwierig ist, eine mechanische Meßmethode zu finden, die Voraussage besonders verdächtiger Zonen ermöglicht oder vor einem bevorstehenden Gebirgsschlag warnt.

In Wirklichkeit sind die Reibungen zwischen den Bänken wahrscheinlich von einem Punkt zum anderen sehr verschieden, und zwar infolge der Verschiedenartigkeit dieser Bänke hinsichtlich der mechanischen Eigenschaften. Unter diesen Bedingungen können uns die im Flöz oder im Liegenden gemessenen Verformungen nicht davon benachrichtigen, ob diese Reibungen im Begriff sind, überwunden zu werden.

Diese Hypothese erlaubt uns dagegen, Mittel zur Einwirkung auf das Flöz und auf das Liegende vorzuschlagen.

Was die Mittel zur Einwirkung auf das Liegende betrifft, so sind zwei Lösungen vorzumerken:

entweder das Liegende zu verfestigen — dies wurde von den Bergbaubetrieben durch Bergerippen und Versatz erreicht —
oder es vollständig und regelmäßig zu entlasten, indem die laufenden Entspannungsvorgänge durch verschiedene Techniken, die zu erproben und zu vergleichen sind, begünstigt werden:

Torpedieren,
Tränken,
Geometrie der Gewinnung.

Was die Mittel zur Einwirkung auf das Flöz betrifft, wenn man das gewaltsame Abbrechen des Flözes bei Verschiebungen der Bänke verhindern will, ist es natürlich notwendig, das Flöz zu entspannen, damit es kontinuierlich zu Bruch gehen kann. Das Bohren großer Löcher ist eine Technik, die erprobt werden könnte. Der Einfluß des Einspritzens von Wasser auf die mechanischen Eigenschaften der Kohle selbst ist ein Problem, das noch ungeklärt ist, das es aber verdient, näher untersucht zu werden.

Vorgeschlagenes Forschungsprogramm

1. Untersuchungen in situ

Diese Messungen führen uns zu der Überlegung, daß jetzt folgendes zu untersuchen ist:

ein Mittel zur Einwirkung auf die Gebirgsschläge;
Kontrollmessungen dieses Einwirkungsmittels.

Wir schlagen daher einen Tränkversuch mit Wasser und Vergleich zwischen dem Einfluß des Tränkens und dem des Erschütterungsschießens vor.

Das Tränken könnte im Streb Gros Rocher in der Kopfstrecke versucht werden, und zwar entweder in der unteren Kohlenschicht oder in der oberen Schicht oder eventuell in beiden gleichzeitig.

Das Tränken wird von der Kopfstrecke her vorgenommen. Diese Versuche könnten mit unterschiedlichen Tiefen und Einspritzdrücken vorgenommen werden. Es sieht von vornherein so aus, daß in einer Tiefe von 2 bis 10 m getränkt werden müßte.

Die Kontrollmittel für den Einfluß des Tränkens und des Einflusses des Erschütterungsschießens sind folgende:

Das mikroseismische Abhören der Geräusche während einer Minute nach dem Erschütterungsschießen. Es gestattet uns die Feststellung, ob eine anormale seismische Tätigkeit während des Schießens zu beobachten ist.

Die Verformung des Liegenden in der Kopfstrecke und die des unteren Liegenden im Streb während des Schießens.

Die Messung besteht darin, die Verformungen des Liegenden und des unteren Liegenden mittels „Rosetten" zu messen, die denen entsprechen, die es ermöglichen, die Verformungen des Hangenden in Strecken zu messen.

Man mißt die zum Zeitpunkt des Schießens aufgetretenen Verformungen, indem man eine Messung vor und eine nach dem Schießen vornimmt (Bild 4).

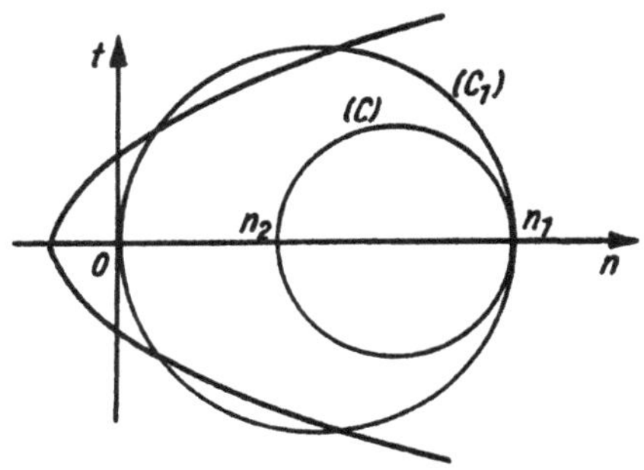

Bild 4. Schaubild der MOHRschen Spannungskreise

Wir beabsichtigen,

3 Rosetten im Streb über die ersten 20 Meter,
3 Rosetten in der Strecke, ebenfalls über die ersten 20 Meter, zu verteilen.

Die Organisation der Untersuchung könnte im Groben folgendermaßen sein:

Untersuchung des Erschütterungsschießens allein (Seismoakustik und Deformationen);
Tränkung und Untersuchung des Einflusses des Erschütterungsschießens.

Im Anschluß an diese Versuche könnte man sehen, ob das Erschütterungsschießen beizubehalten ist.

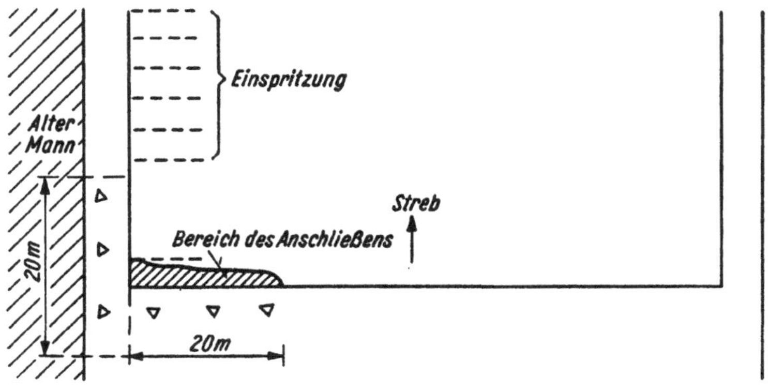

Bild 5. Schema der Meßstellenanordnung

2. Laboruntersuchungen

Es wäre sehr nützlich, die Untersuchung der Erscheinung im Laboratorium fortzuführen,

indem die bereits durchgeführten Versuche (Umhüllungskurve und Querdehnungszahl des Hangenden und des Liegenden) vervollständigt werden;

indem die Reibungskoeffizienten zwischen den Schichten gemessen werden, um die Merkmale der Berührungsflächen zwischen den Schichten zu bestimmen;

indem die Untersuchung der Frequenz der Geräusche, die während des Zerbrechens einer Probe ausgesandt werden, fortgeführt wird.

Zum 7. Ländertreffen des Internationalen Büros für Gebirgsmechanik vorgelegte Arbeiten

Erfahrungen über die Gebirgsschlagbekämpfung in Jugoslawien

von M. Osmanagić, Zenica

In Jugoslawien kommen Gebirgsschläge im Steinkohlenbergwerk Rascha und im Braunkohlenbergwerk Zenica vor.

In dem im nordwestlichen Teil Jugoslawiens, in Istrien, liegenden Bergwerk Rascha hat sich in den letzten Jahren die Gebirgsschlaggefahr verringert. Als Schutzmaßnahme wird die Methode des Schutzflözabbaus mit Versatz angewendet.

Im Bergwerk Zenica waren früher die Gebirgsschläge nur wenig bekannt. In den letzten Jahren aber wurden sie so zahlreich und auch ihre Intensität nahm so zu, daß dieses Bergwerk zu einem der gebirgsschlaggefährdetsten Kohlenbergwerke wurde. In dem Zeitabschnitt von nur drei Jahren (1962—1964) wurden in einem Abbaurevier, in einem zu Gebirgsschlägen neigenden Kohlenflöz, 390 Gebirgsschläge von verschiedener Intensität aufgezeichnet, wovon zwei den Tod mehrerer Arbeiter verursachten. Aus diesem Grund sollen in der vorliegenden Arbeit die Erfahrungen eben aus diesem Bergwerk geschildert und eingehender besprochen werden.

Das Abbaugebiet des Bergwerkes Zenica erstreckt sich im nordwestlichen Bereich des großen mittelbosnischen Braunkohlenbeckens, einschließend Sarajevo, der Hauptstadt der Republik Bosnien und Herzegowina. Dieses 900 km^2 umfassende Kohlengebiet, mit seiner geographisch zentralen Lage, ist in bezug auf die hochwertigen Braunkohlenreserven das wichtigste in Jugoslawien.

Die Kohlenbecken sind in dem Süßwasserkomplex der oligomiozänen Sedimentschichten eingebettet. Das Bergwerk Zenica baut auf dem bestentwickelten Kohlenmassiv des Bassins, in dem neun Flöze von 1,5 bis 20 m Mächtigkeit verschiedener Qualität bestehen.

Die Kohlengewinnung im mittelbosnischen Bassin erfolgt in den vier Bergwerken Kakanj, Breza, Zenica und Bila.

Zur Zeit treten die Gebirgsschläge nur im Bergwerk Zenica auf, und zwar hauptsächlich im Hangendflöz, das gleichzeitig auch das erste abgebaute Flöz darstellt. Im Bereich, wo das Hangendflöz nicht abgebaut wird, treten die Gebirgsschläge auch in dem 40—50 m unter dem Hangendflöz liegenden Hauptflöz auf.

Im Zeitabschnitt vom 4. November 1954 bis 1. Januar 1962 wurden im Hangendflöz der Alten Grube (Stara jama) 65 Gebirgsschläge aufgezeichnet. Nach einer groben Klassifikation des Autors (Bestimmung der Gebirgsschlagintensität ihrer Folgen nach) sind sie eingeordnet in

16 Gebirgsschläge von schwacher Intensität,
25 Gebirgsschläge von mittlerer Intensität,
21 Gebirgsschläge von starker Intensität,
3 Gebirgsschläge von stärkster Intensität.

In bezug auf die Örtlichkeit der Auswirkung entstanden

17 Gebirgsschläge beim Pfeilerbruchbau,
14 Gebirgsschläge beim Strebbruchbau,
34 Gebirgsschläge bei den Vorrichtungsarbeiten.

Vom 1. Januar 1962 bis 1. Januar 1965 wurde im Hangendflöz nur ein Streb in der Länge von 100 bis 150 m abgebaut. Die Neigung des Flözes betrug 10°, und die abgebaute Mächtigkeit lag zwischen 1,8 bis 3 m. Es wurde Bruchbau mit Reibungsstempeln und Stahlkappen durchgeführt. In diesem Zeitabschnitt wurde im Strebbau eine Kohlenflözfläche von insgesamt 71 370 m² abgebaut. Dabei kam es zu 390 Gebirgsschlägen, die ihrer Intensität nach als

95 Gebirgsschläge von schwacher Intensität,
186 Gebirgsschläge von mittlerer Intensität,
84 Gebirgsschläge von starker Intensität,
25 Gebirgsschläge von stärkster Intensität

bezeichnet werden können.

Zu den stärksten gehört auch der Gebirgsschlag vom 20. Januar 1962, als drei Bergleute den Tod fanden, und jener vom 25. November 1964, der fünf Opfer forderte.

In der erwähnten Zeit wurden umfangreiche Grubenmessungen vorgenommen und Untersuchungen über die die Gebirgsschläge verursachenden Faktoren durchgeführt. Gleichzeitig wurden verschiedene technische Schutzmaßnahmen zur Verminderung der Gebirgsschlaggefahr erprobt und vervollständigt.

Die Ursachen des außerordentlich gespannten Kohlenflözes

Die nur für ein Abbaurevier angeführte große Gebirgsschlagzahl beweist, daß es sich hier um eine äußerst eigenartige Kohlenflözspannung handelt.

Ein plötzlicher Kohlen- und Gesteinsbruch — als eine ständige Charakteristik bei Gebirgsschlägen —, gleichviel ob diese in Steinkohlen-, Steinsalz- oder in Erzlagerstätten erfolgen, weist auf die Wichtigkeit der Materialfestigkeit als einer Charakteristik der physikal-mechanischen Gesteinseigenschaften hin. Ebenso betrachtet man derzeit als eine allgemein geltende Bedingung des Gebirgsschlagsauftretens die Anwesenheit von bestimmten Gesteinen entweder in der unmittelbaren Nähe des Flözes oder im Flöz selbst. Die Gesteine müssen die Fähigkeit besitzen, große elastische Energiemengen anzuhäufen, um sie dann mit zerstörender Gewalt freizugeben.

Das Hangendflöz (Bild 1), dessen Kohle eine Festigkeit von 150—290 kg/cm² hat, besitzt mehrere Gesteinszwischenmittel aus mergeligem Kalkstein (Festigkeit 900—1100 kg/cm²) und aus Kohlenschiefer (Festigkeit 750—870 kg/cm²). Eine derartige Kohlenstruktur ist wie geschaffen, eine Anhäufung und eine ungleichmäßige Verteilung der elastischen Energie herbeizuführen.

Das gleiche gilt auch für die Nebengesteine des Hangendflözes. Sie sind sowohl im unmittelbaren Hangenden als auch im Liegenden aus Kalksteinplatten (Festigkeit 500 bis 700 kg/cm²) und mergeligem Kalkstein (Festigkeit 900—1100 kg/cm²) zusammengesetzt. Dazwischen sind dünne weiche Mergelstreifen eingebettet. Im tieferen Liegenden bestehen auch mehrere dickere Platten aus härterem Mergel.

In einer Höhe von 7 m über dem Kohlenflöz befindet sich eine 8,5 m dicke, stets über dem abgebauten Hohlraum abbrechende monolitische feinkörnige Sandsteinplatte (Bild 2). Deswegen bildet sich beim Fortschreiten des Abbaues eine große Konsolenbelastung im Kohlenflöz.

Trotzdem liegt die Ursache der Spannungsanhäufung im Kohlenflöz nicht nur in den physikalisch-mechanischen Eigenschaften der Kohle und der Nebengesteine sowie in der bergmännischen Tätigkeit, sondern auch in der geologischen Ausbildung der Lagerstätte, in ihrer Tektonik und in der seismischen Aktivität des Gebietes.

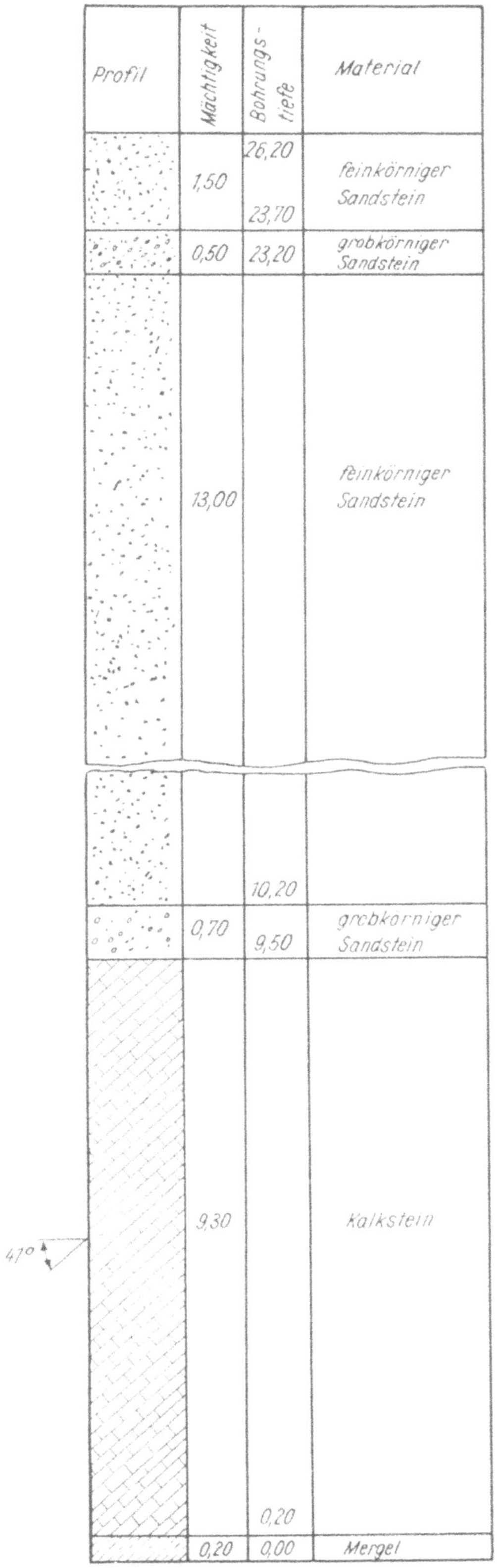

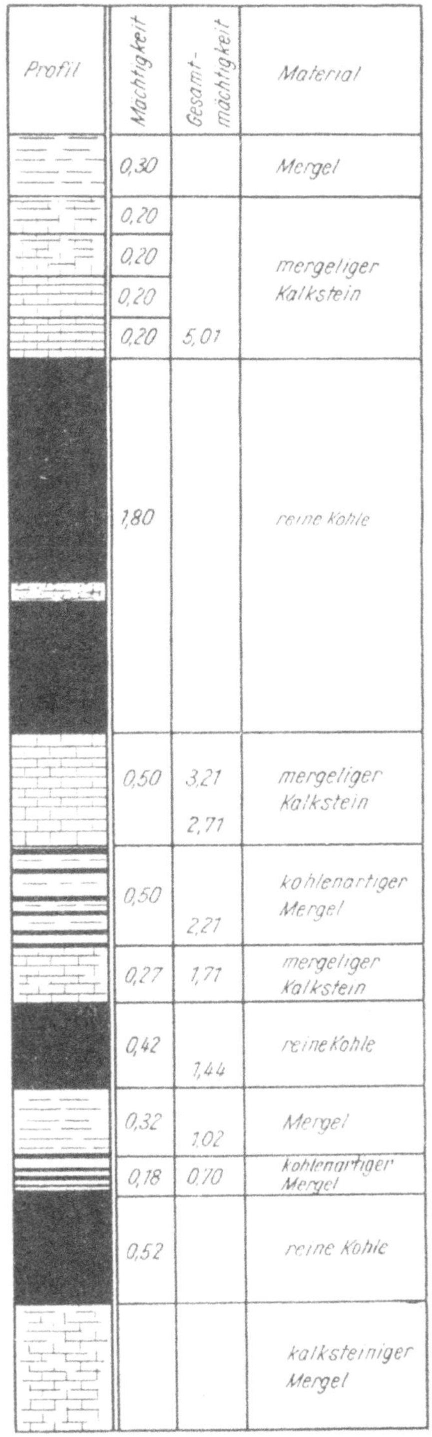

Bild 1b. Profil der Dachschichten des Hangendflözes

Bild 1a. Hangendflözprofil

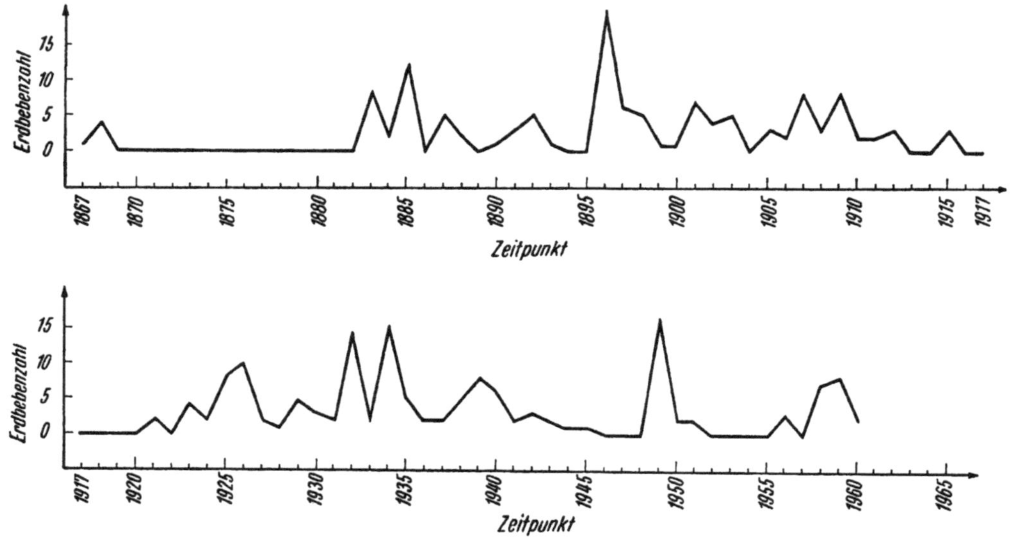

Bild 2. Erdbebenhäufigkeit im Mittelbosnischen Bassin Zenica—Sarajevo in der Zeit von 1867—1960

Die Angaben über die Erdbeben bestätigen uns, daß dieses Gebiet eines der unruhigsten seismischen Gebiete in Jugoslawien darstellt. In den letzten 93 Jahren (Bild 3) wurden im mittelbosnischen Bassin 251 Erdbeben verzeichnet, davon in der Stadt Zenica 31 und in der nur 19 km entfernten Stadt Travnik 105. Das waren gewöhnlich Erdbeben, die nach der Mercalli-Cancani-Skala als Erdbeben vom III. oder IV. Stärkegrad bezeichnet werden.

Der große Unterschied in der Erdbebenzahl zwischen Zenica und dem relativ nahen Travnik spricht für die Annahme, daß die Erdbeben größtenteils mit der Busovača-Verwerfung in Verbindung zu bringen sind (südwestliches Randgebiet) und daß es meistens Dislokationserdbeben waren. Travnik befindet sich im Randgebiet der großen Busovača-Verwerfung, wo das Absenken des Bassinbodens am intensivsten ist. Daher entstehen hier zahlreiche Dislokationserdbeben.

Obwohl auf Grund der Analyse statistischer Angaben über die Gebirgsschlag- und Erdbebenerscheinungen nicht festgestellt worden war, daß die Erdbeben die unmittelbaren Urheber der Gebirgsschläge waren, darf man doch nicht ihren Einfluß auf die Spannungserhöhung in der Erdrinde mit einer so komplizierten tektonischen Struktur, wie der in der Alten Grube des Bergwerkes Zenica, außer acht lassen. Eine solche Struktur erleichtert nämlich die Gebirgsschlagerscheinungen.

Die Alte Grube (Stara jama) des Zenicer Bergwerkes ist der Konvergenzpunkt mehrerer, verschiedenartiger tektonischer Einflüsse: der großen Busovača-Verwerfung gegen Westen und des Grundgebirges am Südwest- und Nordrand des Zenicer Bassins. Der Zentralteil der Alten Grube, mit dem in der Nähe der Bohrung 6 liegendem Abbaugebiet des Hangendflözes mit Gebirgsschlagerscheinungen, ist von mehreren Seiten von mächtigen Verwerfungen eingespannt. Hier in der Nähe befindet sich auch der Boden eines tektonischen Grabens der Zenicer Mulde, deren Achse einseitig vom nordöstlichen Grundgebirgsrand zur Mitte des Beckens herabsinkt und von Querverwerfungen durchschnitten ist. Das ist, vom seismischen Standpunkt aus betrachtet, das empfindlichste Gebiet von Mittelbosnien.

Nach der Meinung des Autors schließt solch eine tektonische Ausbildung in sich auch Reste von orogonetischen Spannungen ein, die hauptsächlich in den festen kalkigen Serien des Hangend- und Hauptflözes zum Ausdruck kommen.

Das geologische Schichtengefüge der Kohlenlagerstätte (Bild 3) ermöglicht in der Erdrinde eine ungleichmäßige Aufteilung der elastischen Energie. Diese Unterschiede in der

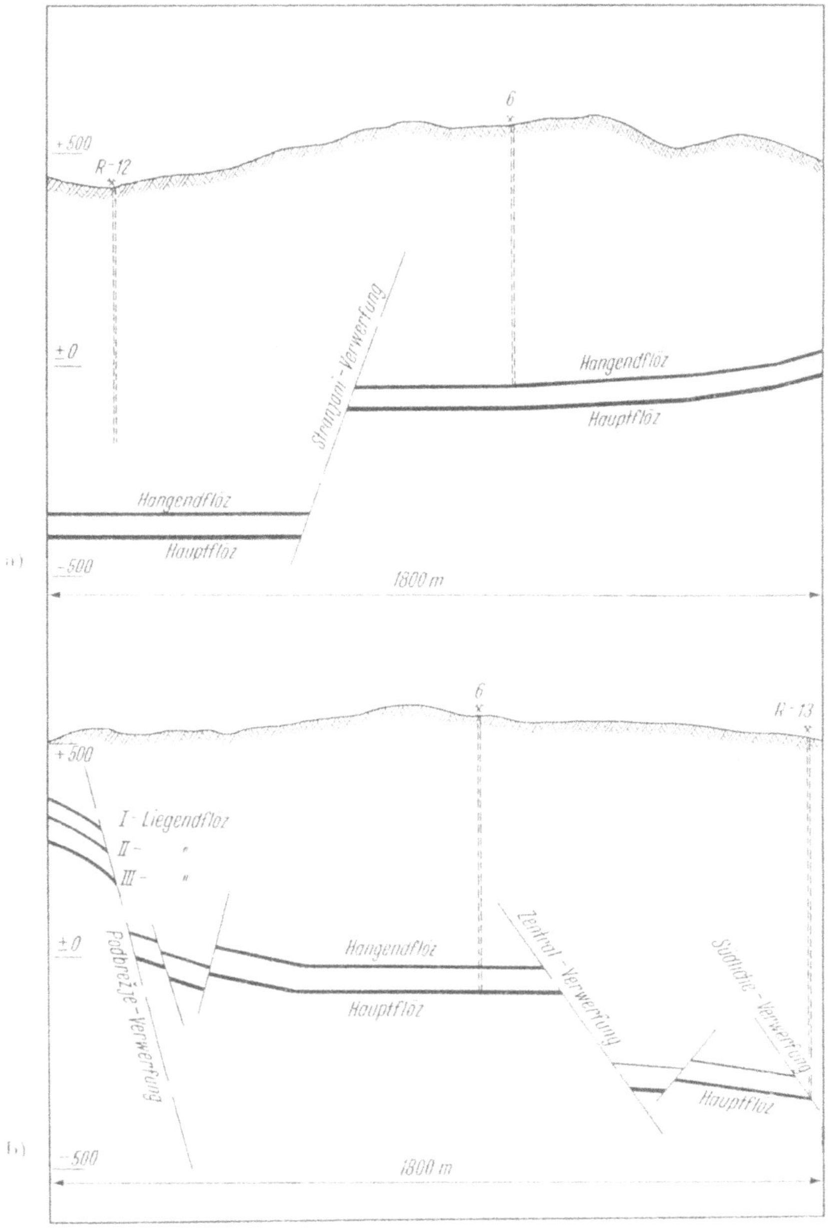

Bild 3a. „Ost—West“-Profil durch die „Alte Grube“ zwischen den Bohrungen 6 und R—12
Bild 3b. „Nord—Süd“-Profil durch die „Alte Grube“ zwischen den Bohrungen 6 und R—13

elastischen Energieaufteilung können bei der heutigen Teufe der Bergbauarbeiten von etwa 450—500 m nicht beseitigt werden, obwohl die Wirkung des Zeitfaktors auf die Gesteinsfestigkeit berücksichtigt wird. Die berechnete Vertikalspannung genügt, um in den höheren Hangendschichten das hydrostatische Gleichgewicht der Tonsteine zu erlangen, sie reicht aber nicht aus, um das Gleichgewicht auch in der kalkigen Serie des Hangend- und Hauptflözes zu erreichen. Die seismische Aktivität ruft ihrerseits in der Lagerstätte oft eine Umgruppierung der elastischen Energie hervor. Davon wird das Paket der elastischen, festen, plattigen, kalkigen Schichten mit dem Hangendkohlenflöz, das sich zwischen den mächtigen, nachgiebigen, plastischen Schichten der tonigen Mergel und der Tonerde eingeschichtet befindet, am meisten betroffen.

Diese urwüchsige Anordnung und die Neigung des Hangendflözes zu Gebirgsschlägen lassen sich nicht vermeiden. Deswegen kann man die Gebirgsschlagerscheinung auch bei besonders vorsichtig geführter Kohlengewinnung nicht beseitigen. Sind uns jedoch die Ursachen der Aktivierung und der Verstärkung dieser Erscheinungen bekannt, dann kann man ihre Zahl herabsetzen und ihre Intensität vermindern.

Gebirgsschläge in den Vorrichtungsbauen

Ein gewaltiges Aufbrechen des Liegenden ist eine der Hauptcharakteristiken bei Gebirgsschlägen in den Vorrichtungsbauen des Kohlenbergwerkes Zenica. Die Stöße werden nur wenig beschädigt; das Hangende der Strecke bleibt manchmal unversehrt, obwohl es schon von früher her etwas zerstört war. Gewöhnlich kommen auch Verbrüche aus dem Hangenden als sekundäre Begleiterscheinungen vor.

Als Beispiel können wir das Auswirken eines Gebirgsschlags anführen: Das Liegende wurde nur etwas zerstört, das Hangende jedoch sehr verbrochen. Ein starker elastischer Stoß, diagonal aus dem Liegenden kommend, hat die Fördergleise an den oberen (schwebenden) Stoß geworfen und vor Ort umgestoßen, so daß die Schwellen auf den Schienen lagen. Auch der untere Stoß wurde längs der Gebirgsschlagwirkung zerstört.

Aus Versuchsgründen wurden in diese Strecke im Hangenden zwischen dem Holzausbau mehrere Reihen von Ankern eingebaut. Dort, wo die Anker eingebaut waren, verursachte der Gebirgsschlag keine bedeutendere Brüche des Hangenden, sondern es entstanden nur Zerrüttungen der Anker und eine Zerstörung des Hangenden am unteren Stoß.

Diese Erscheinungen und die Zerstörungen des unteren Stoßes durch Gebirgsschläge — was sehr oft vorkommt — weisen auf einen großen Spannungsunterschied an den einzelnen Streckenstellen hin; namentlich verschieden sind die Spannungen zwischen dem Ober- und Unterstoß der Strecke. Die Entspannungszone um den Grubenhohlraum herum hat in der Regel nur geringen Umfang. Das beweisen auch die an der Oberseite der Strecke vorkommenden Erscheinungen von strahlartigem Abplatzen der Kohle. Diese Erscheinung sagt aus, daß die Hochspannungszone bis zum Stoß der Strecke gesunken ist. Im unteren Stoß zieht sich die Entspannungszone tiefer in das Grubenmassiv hinein (Flözneigung 10°). Während die Schlechtenbildung der Kohle im oberen Stoß der Strecke abgeschlossen und die Kohle nur schwer gewinnbar ist, zerspringt die Kohle im unteren Stoß in eine Reihe dünner, sich gegen die Streckenmitte zudrehender Platten, deren Bewegung man vom unteren Stoß zur freien Oberfläche — nach dem Abtun der Schüsse — mit freiem Auge verfolgen kann. Etwas Ähnliches geht auch beim Zerschlagen der ersten Steinplatte in der Streckensohle mit der Kohle vor.

Gebirgsschläge werden durch anormal große Spannungsanhäufungen an einzelnen Streckenstellen bedingt. Beim rechteckigen Streckenprofil sind diese Stellen an seinen Ecken. Sind die Streckenprofile schräg, so kommt es zu einer noch unregelmäßigeren Spannungsaufteilung. Obwohl diese Spannungshäufungen an den Streckenecken — im Verhältnis zur Urspannung des noch unberührten Massives — mehrfach erhöht sind, scheinen sie doch nicht so gewaltig zu sein, um Gebirgsschläge zu verursachen. Das Auftreten von Gebirgsschlägen wäre sonst eine tägliche Erscheinung bei den Vorrichtungsarbeiten; sie sind dagegen Ausnahmeerscheinungen.

Die für eine Gebirgsschlagerscheinung in der Strecke ausschlaggebende Ursache ist — nach der Meinung des Autors — ein erhöhter Spannungszustand in dem sich in urwüchsiger Lage befindenden Kohlenflöz. Der Grund dafür könnten der Einfluß des Abbaudruckes oder die zurückgebliebenen orogenetischen Spannungen in der Kohlenlagerstätte sein.

Bewegungen des Haupthangenden

Die im Bergwerk Zenica durchgeführten Beobachtungen ergaben, daß für das Auftreten von Gebirgsschlägen nicht nur die elastische Serie von Dachschichten im Hangenden des Strebes wichtig ist, sondern auch die Struktur der Schichten des Haupthangenden und die darin entstehenden Veränderungen. Um die Bewegungen im Haupthangenden zu erforschen, wird jetzt eine neue mittelbare Methode angewendet. In einem längeren Zeitraum, und zwar nach bestimmten Linien in der Vortriebsrichtung des Strebes, werden zahlreiche durchlaufende Messungen der Konvergenz von Stahlstempeln durchgeführt. Es wurde eine regelmäßig auftretende Veränderung der Konvergenz von Stahlstempeln mit einem ausgeprägten Maximum und Minimum festgestellt. Auch ein sprunghafter Übergang vom Minimum zum Maximum konnte nachgewiesen werden (Bild 4).

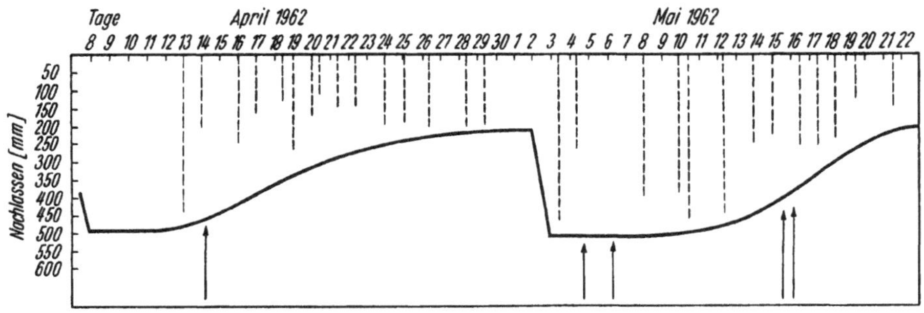

Bild 4. Diagramm des Nachlassens der Stahlstempel im Streb, Reihe „B"
— — — Nachlassen der Stahlstempel; → Gebirgsschläge
Kurve: Idealisierte Kurve der Bewegung des Haupthangenden über dem Streb

Die beschriebenen Feststellungen sind ein Beweis der großen Veränderungen im Haupthangenden. Der Autor ist der Meinung, daß das nur ein Ausdruck des periodischen Durchbrechens der vorläufigen Hangendgewölbe über dem Abbauraum ist.

Zur Zeit des maximalen Stahlstempelnachlassens erreichte in der Regel auch das Gebirgsschlagauftreten sein Maximum. Aus zahlreichen, jahrelang durchgeführten Messungen ist das Ineinanderwirken der drei Maxima im regelmäßigen Abbaufeld zu erkennen. Die Maxima der Gebirgsschläge im Streb stehen mit den Maxima des Abbaudruckes und mit den Maxima der Stahlstempelkonvergenz in Verbindung.

In zukünftigen Untersuchungen soll diese Gesetzmäßigkeit ausgewertet werden, um eine praktische Methode zur Überwachung der Bewegungen im Haupthangenden auszuarbeiten und um die erhöhte Gebirgsschlaggefahr voraussagen zu können; beides jedenfalls nur in Verbindung mit anderen Methoden.

Veränderungen vor dem Streb

Die Meßangaben über die Konvergenz des Hangenden und des Liegenden in den Strebstrecken weisen auf das Bestehen eines Gebietes hin, wo es zu elastischen Schwankungen vor dem Auftreten, zur Zeit des Auftretens und nach dem Auftreten von Gebirgsschlägen kommt. Dieses Gebiet befindet sich 100 bis 200 m vor dem Streb. Im Gebiet von 20 bis 100 m vor dem Streb herrschen elastisch-plastische Deformationen vor, doch innerhalb der Zone vor der Abbaufront treten große pseudo-elastische Deformationen, als Ausdruck einer Veränderung im Kohlenpfeiler selbst, auf. Dieses dem Streb am nächsten liegende Gebiet ist gleichzeitig auch vom Abbaudruck am stärksten belastet. Abhängig von der Größe und der Geschwindigkeit der Belastung und der Deformation können in diesem Gebiet drei Zonen (Bild 5) unterschieden werden:

Die Zone der milden, kontinuierlichen Konvergenz und der kontinuierlichen Veränderung der Belastung. Sie erstreckt sich zwischen 20 und 10 m vor dem Streb.

Die Zone der schnellen, sprunghaften Konvergenz und der starken sprunghaften Veränderung der Belastung. Sie erstreckt sich zwischen 10 und 3 m vor dem Streb. Das ist die Auflagerdruckzone, wo sich auch die maximale Spannungskonzentration in dem Kohleflöz befindet.

Die Zone der maximalen und kontinuierlichen Konvergenz mit einer Spannungsverminderung bis Null. Sie erstreckt sich zwischen 3 und 0 m vor dem Streb.

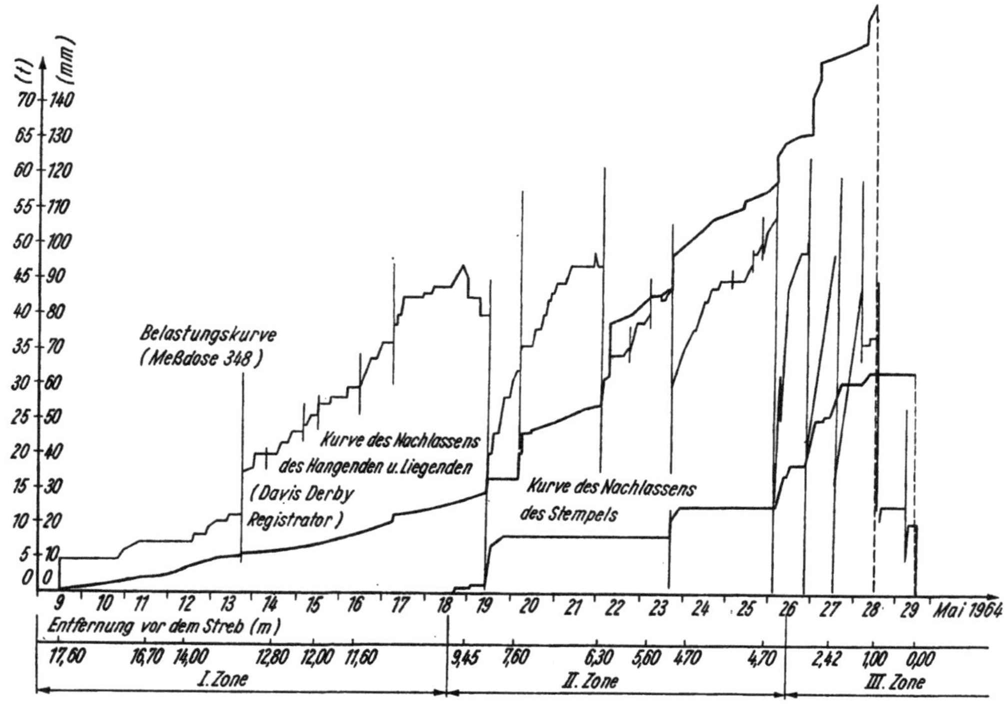

Bild 5. Diagramm der Belastung und des Nachlassens des Hangenden und Liegenden an der Meßstelle 4a in der Wetterstrecke des Strebes

Die Reichweite der angeführten Gebiete und Zonen verändert sich fortwährend, jedoch die wesentliche Aufteilung ist beständig.

Die Instrumente registrieren die Gebirgsschläge am stärksten in der Zone des maximalen Auflagedruckes. Hier können die mit dem Auftreten der Gebirgsschläge verbundenen Veränderungen im Kohlenflöz am leichtesten erforscht werden (Bild 5).

Die Gebirgsschlaggefahr erstreckt sich jedoch über das ganze Gebiet vor dem Streb, überall wo die elastischen Schwankungen des Hangenden und des Liegenden vorhanden sind.

Veränderungen hinter dem Streb

Wie aus dem Diagramm auf Bild 6 ersichtlich ist, können im Alten Mann hinter dem Streb drei Zonen unterschieden werden:

Die Zone des Hereinbrechens der Hangendschichten, die sich bis 20 m hinter dem Abbauraum erstreckt. Das ist die unruhigste Zone, deren Veränderung unmittelbar das Auftreten von Gebirgsschlägen verursacht.

Die Zone der Auflagerung des Haupthangenden auf den Bruchraum, die sich von 20 bis 40 m hinter dem Streb in den Alten Mann hinein erstreckt. Diese Zone ist von einem schnellen Anwachsen des Gebirgsdruckes im Alten Mann gekennzeichnet.

Die Zone der Verdichtung des Bruches, die sich 40 m hinter dem Streb in der Tiefe des Alten Mannes befindet. Ihr Kennzeichen ist ein mildes und stetiges Anwachsen des bereits hohen Druckes im Bruch.

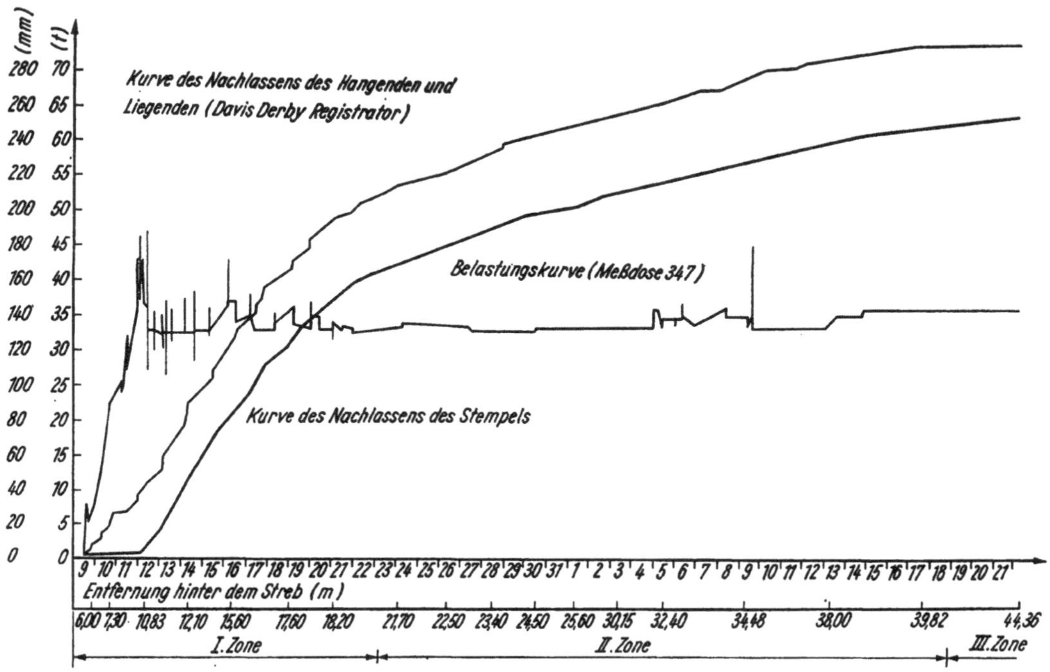

Bild 6. Diagramm der Belastung und des senkrechten Nachlassens zum Hangenden und Liegenden an der Meßstelle 1a in der Grundstrecke des Strebes

Die Haupthangendschichten müssen die Spannweite zwischen dem Stoß des Strebs und dem Beginn seiner Auflagerung im Alten Mann überbrücken, wobei sich ein vorläufiges Gewölbe des labilen Gleichgewichtes dieser Schichten bildet. Zusammen mit den Konsolenbelastungen dieser hangenden Schichten löst dieses Gewölbe auf den Kohlenpfeiler einen Zusatzdruck aus. Die Ermittlung von Methoden, um diese Zone der Strebüberbrückung und der Konsolenbelastung zu verringern, ist auch einer der Wege, der zur wesentlichen Verminderung der Gebirgsschlaggefahr führt.

In der Förderstrecke neben dem Alten Mann, hinter dem Streb, wurde kein Auftreten von Gebirgsschlägen aufgezeichnet, da sich die Strecke in jenem Gebiet befindet, wo das Grubenmassiv seine physikalisch-mechanischen Eigenschaften verändert hatte.

Veränderungen im Streb

Das Diagramm in Bild 7 zeigt die Belastung und die Konvergenz des Meßstempels im Streb, ermittelt mit Hilfe der Meßdose Typ Wöhlbier. Der Meßstempel befand sich am unteren Ende des Strebs, 10 m von der Förderstrecke entfernt.

Die wichtigste Tatsache, die bei diesem und bei einer ganzen Reihe anderer Meßvorgänge an verschiedenen Stellen des Strebes festgestellt wurde, ist die Erscheinung von plötzlichen

Veränderungen der Belastung, die in Form eines Vibrierens und wellenartiger Bewegung zum Ausdruck kommt. Solche plötzlichen Belastungsveränderungen üben einen wesentlichen Einfluß auf das Kohlenflöz vor dem Streb aus; sie bereiten das Gebirgsschlagauftreten vor und können dessen Urheber sein, wenn die Begleitbedingungen gegeben sind.

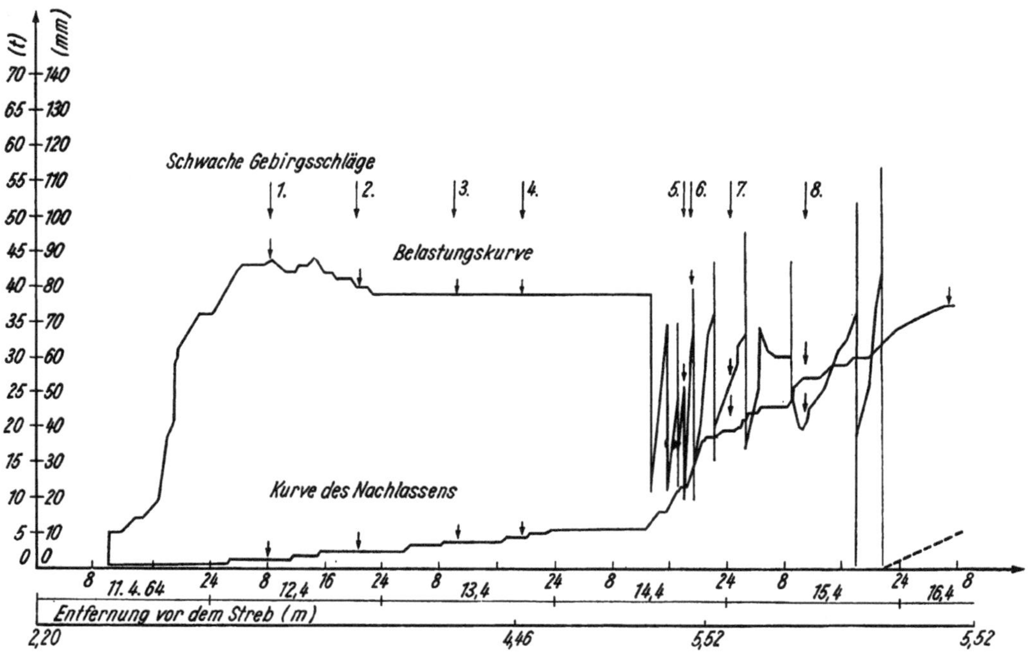

Bild 7. Diagramm der Belastung und des Nachlassens des Meßstempels an der Meßstelle 1 (Meßdose 347 und Meßstempel 1)

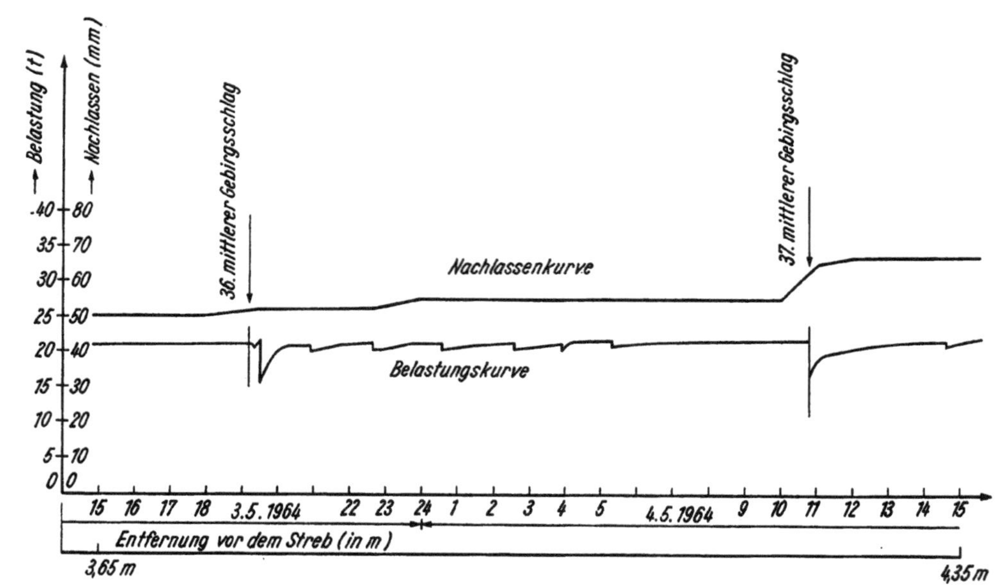

Bild 8. Diagramm der Belastung und des Nachlassenes des Meßstempels 4 — Dowty hydraulischer Dynamometer (Ausschnitt von 3,5 — 15^h bis 4,5 — 16^h)

Die Belastungsschwingungen auf dem erwähnten Diagramm begannen in einer bestimmten Entfernung von der Abbaufront und dauerten bis zur Zerlegung des Meßstempels.

Es wurde eine direkte Abhängigkeit zwischen dem Produktionsprozeß im weiteren Sinne und der vibrierenden Belastung im Grubenmassiv im Strebgebiet festgestellt. Während eines längeren Abbaustillstandes waren die vibrierenden Belastungen nicht vorhanden. Die Belastungsschwingungen erfolgten in unmittelbarer Verbindung mit dem Hereinbrechen des Hangenden bzw. mit den Veränderungen im Haupthangenden.

Solche Belastungsschwingungen wurden auch durch ein hydraulisches Dynamometer Dowty aufgezeichnet (Bild 8), so daß ein Bedenken hinsichtlich des eventuellen Einflusses des mechanischen Reibungsstempels wegfällt, obwohl dessen Einwirkung gewissermaßen besteht.

Eine augenblickliche Belastungsänderung begleitet auch den Gebirgsschlag. Das kann man auch aus dem Diagramm im Bild 8 entnehmen. Die Messungen erfolgten mittels eines Dowty-Dynamometers, das im Streb den 36. und 37. Gebirgsschlag aufzeichnete. Beide Gebirgsschläge waren von mittlerer Intensität.

Der 36. Gebirgsschlag ereignete sich im Streb zwei Tage nach einer Betriebseinstellung. 16 Stunden vor dem Gebirgsschlagauftreten zeigten die Instrumente weder eine Belastungsveränderung noch eine Schichtenbewegung an. Während des Gebirgsschlages verzeichneten die Instrumente eine augenblickliche Überlastung und eine augenblickliche Entlastung, jedoch ohne das Nachgeben des Meßstempels.

Der 37. Gebirgsschlag trat 10 Minuten nach dem Abtun der Schüsse im Streb auf, jedoch die Instrumente registrierten auch noch die vorhergehenden Schichtenbewegungen.

Auch bei einer Reihe anderer Gebirgsschläge stellte man augenblickliche Belastungsveränderungen fest, so daß die Belastungsänderung beim Gebirgsschlagauftreten ein wesentliches Element darstellt (unter dem Begriff „augenblickliche Belastungsänderung" versteht man einen so kurzen Zeitabschnitt, den die verwendeten Instrumente nicht auflösen konnten).

Die augenblickliche Belastungsänderung ist der eigentliche Initiator der Gebirgsschläge. Sie entsteht durch:

Schießen,
Erdbeben,
plötzliche Veränderung der Größe und Richtung des Abbaudruckes.

Gebirgsschläge werden durch die Vereinigung von drei Hauptfaktoren verursacht; es sind

die Fähigkeit der Schichten, große Mengen elastischer Energie anzuhäufen;
die große Spannungskonzentration um den Grubenraum herum;
die augenblickliche Belastungsänderung.

Methoden zur Beseitigung oder Verminderung der Gebirgsschlaggefahr müssen die Beseitigung oder Verminderung der Größe aller drei Faktoren anstreben.

Über den Mechanismus der Gebirgsschläge im Streb

Die am meisten auffallende Tatsache beim zerstörenden Gebirgsschlag vom 25. November 1964 im Streb des Bergwerkes Zenica stellt die furchtbare Auswirkung der horizontalen Kraftkomponente des Gebirgsschlages dar. Sie verursachte die größten Brüche, die starken Zerstörungen des Stahlausbaues und an den hölzernen Wanderkästen in der Richtung des Alten Mannes, was aus dem Bild 9 ersichtlich ist. Das angewendete Ausbausystem erwies sich als ungenügend beständig und widerstandsfähig gegen solch eine horizontale stoßförmige Belastung.

Das mechanische Kräftesystem unmittelbar vor dem Gebirgsschlagausbruch nach der Vorstellung des Autors zeigt Bild 9.

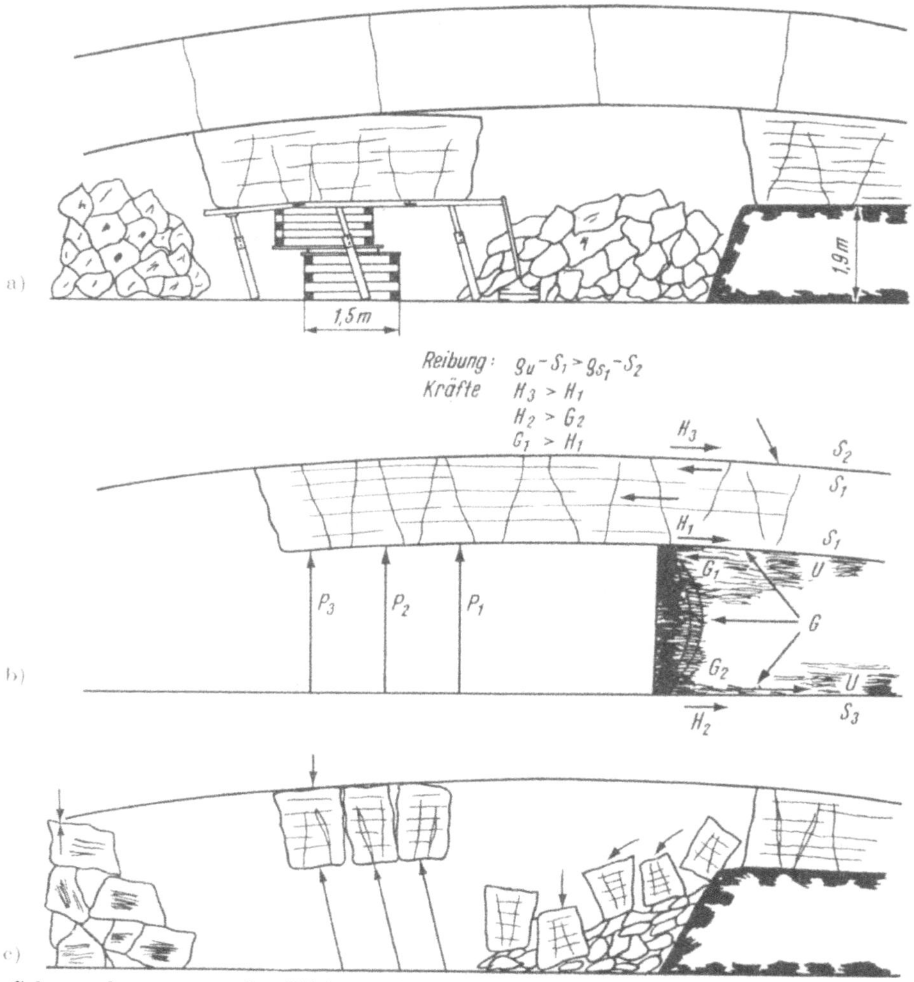

Bild 9. Schema der zerstörenden Wirkung der horizontalen Kraftkomponente des Gebirgsschlages vom 25. 11. 1964 im Streb

a) Gleiten des Ausbaus gegen den Alten Mann und der entstandene Verbruch

b) Mechanisches System der Gebirgsschlagkräfte

c) Dynamik der Bewegungen der unmittelbaren Dachschichten während der Gebirgsschlagwirkung

Die befreite Potentialenergie des Kohlenflözes verwandelt sich plötzlich in die kinetische Energie des Wegschleuderns der Kohlenhangendschicht, wobei die Gesteine des unmittelbaren Hangenden einbezogen und in die Richtung des Alten Mannes geschoben werden.

Bild 9 zeigt eine schematische Darstellung der Dynamik der Gesteinsbewegungen der Dachschichten während des Gebirgsschlages.

Damit diese Dynamik zum Verbruch der Dachschichten führt, müssen folgende Bedingungen erfüllt werden:

1. daß die Reibung zwischen der Kohle und den Dachschichten (Pus,) größer als die Reibung zwischen den Dachschichten und dem Haupthangenden (Ps, s_2) ist. Das heißt:
2. daß folgende Ungleichmäßigkeit der Kräfte gebildet wird:

   a) die horizontale Reaktion im Haupthangenden (H_3) ist größer als die horizontale Reaktion des Gebirgsschlages (H_1) in den Dachschichten;

b) die horizontale Reaktion in den Dachschichten (H_2) ist größer als die horizontale Komponente der Gebirgsschlagkräfte im Liegenden des Flözes (G_2);
c) die horizontale Komponente der Gebirgsschlagkräfte im Hangenden des Flözes (G_1) ist größer als die horizontale Reaktion (H_1) in den Dachschichten.

Das heißt:

$$H_3 > H_1$$
$$H_2 > G_2$$
$$G_1 > H_1 .$$

Das ist das vereinfachte mechanische System der Kräfte, aber es genügt, um aus seinen Bedingungen und Ungleichheiten die Wege zur Bekämpfung und Verhinderung der zerstörenden Auswirkungen der horizontalen Gebirgsschlagkomponente (G_1) ersehen zu können.

Das sind:

Die Verminderung der Kraft (G), die eigentlich eine Konzentration des mechanischen Druckes auf den Kohlenpfeiler in der Nähe des Abbaustoßes darstellt.

Die Vergrößerung der horizontalen Reaktion (H_1), die von der Tragfähigkeit und der Stabilität des Ausbausystems, ferner von der Festigkeit der Dachschichten und deren Auflage auf den Verbruch im Alten Mann abhängt.

Die Verringerung der Kohleneinpressung, die durch die Auflage des Haupthangenden und die Hebung des Liegenden im Abbauraum des Strebs erfolgt.

Die letzte Bedingung verweist auf den eventuellen Einfluß der Richtungsänderung des Abbaufortschrittes des Strebs bei veränderlicher Flözmächtigkeit auf das Zustandekommen der Gebirgsschläge. Sind auch alle anderen Faktoren gleich, so vergrößert sich nach den im Kohlenbergwerk Zenica gewonnenen Erfahrungen die Intensität der Gebirgsschläge, wenn die Flözmächtigkeit in der Abbaurichtung zunimmt.

Eine hinlängliche Ungleichmäßigkeit im mechanischen System Kohlenflöz/Hangendes/Liegendes im Streb als notwendige Voraussetzung für einen Gebirgsschlag bildet sich durch die plötzlichen Veränderungen in diesem System. Diese Veränderungen werden durch verschiedene Faktoren — die wichtigsten sind eine große Veränderung der Abbaudruckgröße und der Abbaudruckrichtung — hervorgerufen.

Bekämpfung der Gebirgsschläge

Im vergangenen Jahrzehnt erreichte man im Kohlenbergwerk Zenica einen merkbaren Fortschritt sowohl in der Erforschung der Gebirgsschlagursachen als auch in der Ermittlung von Methoden, die zur Erhöhung der Betriebssicherheit in den bedrohten Grubengebieten führen sollen. Zu diesem Fortschritt haben ihrerseits auch die im Weltmaßstab erzielten Erfolge im Kampf gegen die Gebirgsschläge beigetragen. Das bedeutendste Ergebnis bezieht sich auf die Betriebssicherheit bei der Ausführung der Vorrichtungsarbeiten.

Bis 1962 waren die Gebirgsschläge in den Vorrichtungsbauen das schwerste Problem. Hier war ihr Auftreten am häufigsten und ihre Wirkung am zerstörendsten.

Mit der Einführung der nachgiebigen Stahlrundbögen von besonderer Konstruktion — sie haben sich gegen die zerstörende Macht der Gebirgsschläge als hinreichend widerstandsfähig erwiesen — war das Problem der Betriebssicherheit bei den Vorrichtungsarbeiten im Hangendflöz gelöst. Das Bild 10 zeigt den Entwurf eines solchen Stahlbogens.

Das zweite bedeutende Ergebnis in der Gebirgsschlagbekämpfung ist die Vervollkommnung der gesamten Abbaumethode. Nach dieser Methode „rückt der Streb streichend zu Felde", ohne irgendwelche Vorrichtungsarbeiten im Kohlenpfeiler vor dem Streb auszuführen. Die

Förder- und Wetterstrecke werden im Alten Mann aufgefahren, ohne Schutzpfeiler zu hinterlassen. Beide Strecken werden mit den erwähnten Stahlbögen ausgebaut. Auf diese Weise sind die Ursachen und die Gefahren der Gebirgsschläge im Abbaurevier wesentlich verringert worden (Bild 11).

Es verblieb noch ein Problem — der Abbauraum des Strebs. Auch hier wurde eine Reihe von Maßnahmen für die Sicherheitserhöhung bei der Arbeit getroffen.

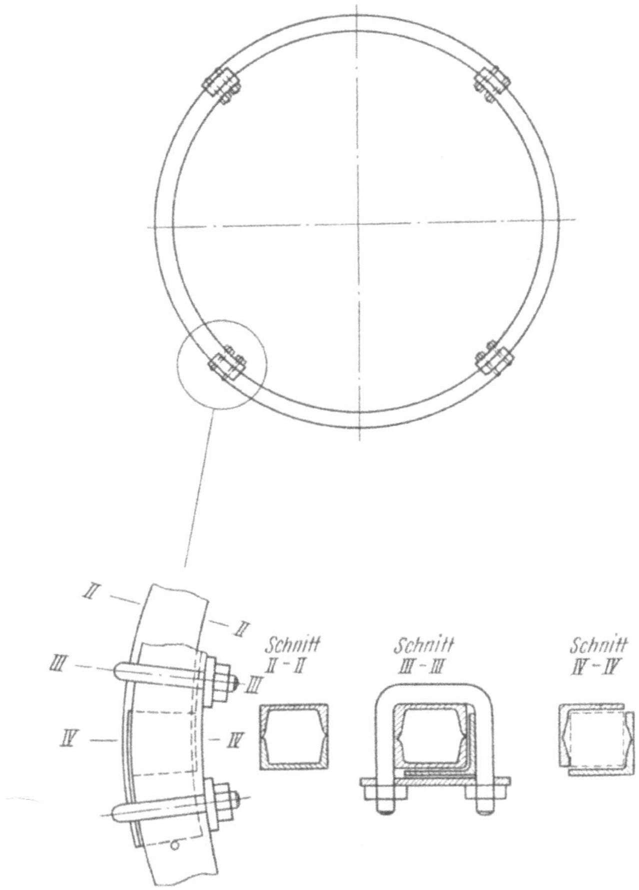

Bild 10. Vierteiliger nachgiebiger Stahlbogenausbau, widerstandsfähig gegen Gebirgsschläge (Patent M. OSMANAGIĆ)

Im Ausbausystem des Strebs mit Reibungsstahlstempeln, Stahlkappen für die freie Front, mit doppelter Reihe von Stahlstempeln längs der Bruchlinie, provisorischen Stempeln am Kohlenstoß und Wanderkästen aus Eichenholz ist die maximale Dichte und Tragfähigkeit des Ausbaus erreicht.

Derzeit werden Versuche des mechanisierten Kohlenabbaus mittels Pulthobel der Firma Westfalia—Lünen durchgeführt. Der Hobel (Bild 12) hat im Vergleich mit anderen Arten der komplexen Mechanisierung die kleinste Schnittiefe, was zu einer stufenartigen Entspannung im Kohlenpfeiler und zu ihrer gleichmäßigen Aufteilung längs der Abbaufront beitragen soll.

Durch die Einführung des „Pulthobels" wurde die Betriebssicherheit wesentlich erhöht. Es sind dennoch einige wichtige Probleme offen geblieben.

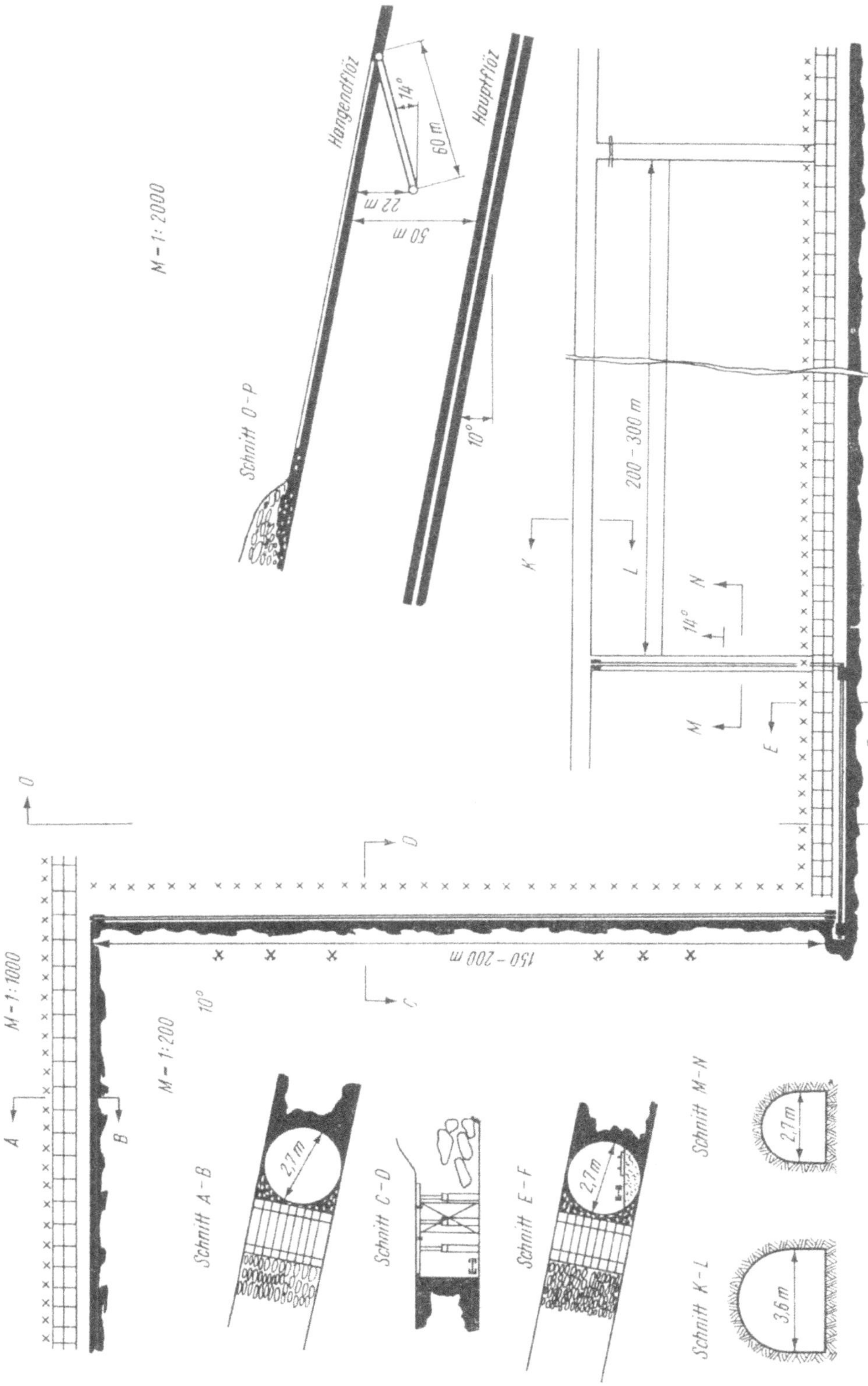

Bild 11. Abbaumethode im Hangendflöz der „Alten Grube“, günstig für Gebirgsschlaggebiete

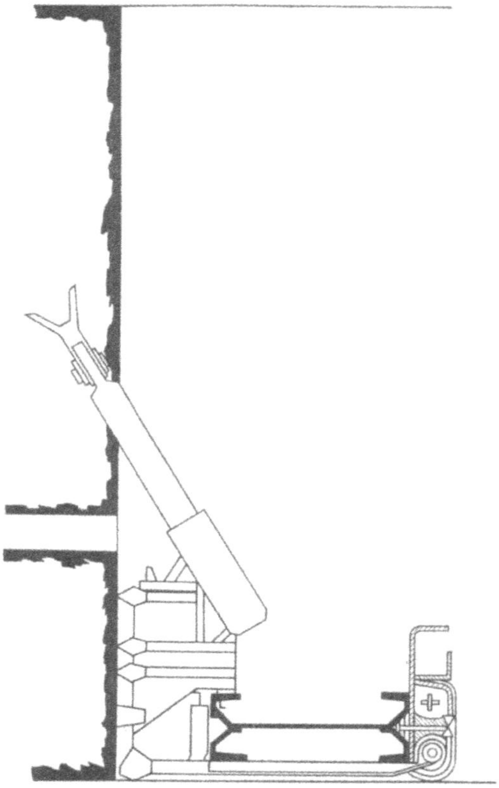

Bild 12. Mechanisierte Kohlengewinnung im Streb mit Pulthobelanlage

Die Kohle unter dem Hangenden ist sehr zähe, was bei der Arbeit mittels „Pulthobel" Schwierigkeiten macht. Von Zeit zu Zeit muß man Schießarbeiten, obwohl nur in einem geringen Umfang, durchführen. Ferner treten Gebirgsschläge doch noch auf, besonders im oberen Drittel des Strebs, neben der Wetterstrecke, und rufen dabei Brüche der Dachschichten vor den Stahlkappen hervor.

Bei der Arbeit mit dem Pulthobel wird die schachbrettartige Anordnung des Stahlausbaus mit einem Schritt von 0,6 m im Streichenden des Flözes verwendet. Die Wanderkästen aus Eichenholz sind auch in diesem System beibehalten.

Um die Intensität und Häufigkeit der Gebirgsschläge zu vermindern, wurden Versuche zur Auflockerung des Kohlenflözes unternommen. Es wurden zwei Verfahren angewendet:

Schießen längs der Abbaufront mit Bohrungen von 2 bis 3 m Tiefe und einem Durchmesser von 42 mm;

bis 30 m lange Bohrungen mit einem Durchmesser von 100 mm, die aus der oberen Wetterstrecke schräg durch das Kohlenflöz in der Richtung der Abbaufront führen, mit zusätzlicher Tränkung in den Bohrlöchern.

Keines von diesen zwei Verfahren konnte bis zu Ende erfolgreich durchgeführt werden, weil die gewöhnlichen Bohrgarnituren durch die Zone der maximalen Spannungskonzentration nicht durchbohren konnten.

In der letzten Zeit versuchte man den trockenen Rippenversatz im Alten Mann entsprechend dem Strebfortschritt. Die Rippen haben eine Breite von 4 m und ihr Zwischenabstand beträgt 20 m. Diese Rippen sollen eine stufenartige Biegung des Haupthangenden und ein besseres Verhalten der Dachschichten im Abbauraum des Strebs ermöglichen.

Von diesen Maßnahmen erwartet man eine Verminderung der Intensität und der Häufigkeit der Gebirgsschläge, da die vibrierenden Belastungen des Kohlenpfeilers verringert werden, jedoch die maximale Druckkonzentration wird etwas weiter in seine Tiefe übertragen.

Durch diese Methode erwirkt man auch eine Verminderung des Kohlenflözeinpressens zwischen dem Hangenden und Liegenden im Abbaustoß, wodurch vielleicht auch der Kohlenabbau mit Hilfe des Pulthobels erleichtert wird.

Mit dem System der Führung des Hangenden mit Hilfe der Rippen wird vielleicht die Verhiebsgeschwindigkeit im Streb wesentlich erhöht werden, ohne dabei die Gebirgsschlaggefahr zu vergrößern. Schon die Anwendung der Komplexmechanisierung verlangt eine höhere Geschwindigkeit beim Fortschritt der Abbaufront.

Ein weiteres Projekt sieht die Einführung eines selbstschreitenden hydraulischen Ausbaus vor. Die Bedingungen in der Gebirgsschlagzone verlangen, daß bei einem solchen Ausbau die Tragfähigkeit der einzelnen hydraulischen Stempel im Pfeiler je 40 t ausmacht und daß sie gelegentlich der plötzlichen, durch den Gebirgsschlag verursachten, horizontalen Bewegungen der Dachschichten standhalten.

Das gerade und feste unmittelbare Hangende, ferner das gerade und feste unmittelbare Liegende bilden günstige Bedingungen für die Anwendung des selbstschreitenden hydraulischen Ausbaus im Streb des Hangendflözes. Mit diesem Ausbau kann der Abbauraum rechtzeitig und regelmäßig ausgebaut werden, ohne daß die Belegschaft an den bedrohten Stellen anwesend sein muß. Schwierigkeiten für seine Anwendung könnten auftauchen, wenn die Gebirgsschläge auch weiterhin Brüche am Stoß des Kohlenpfeilers, jedoch vor dem Ausbau, verursachen würden.

Die Gefahr des Hereinbrechens des unmittelbaren Hangenden wird beim schnelleren Fortschritt der Abbaufront mit der verstärkten und gleichmäßigeren Aufteilung der Ausbautragfähigkeit, nebst gleichzeitiger Anwendung des trockenen Rippenversatzes, bestimmt wesentlich vermindert werden.

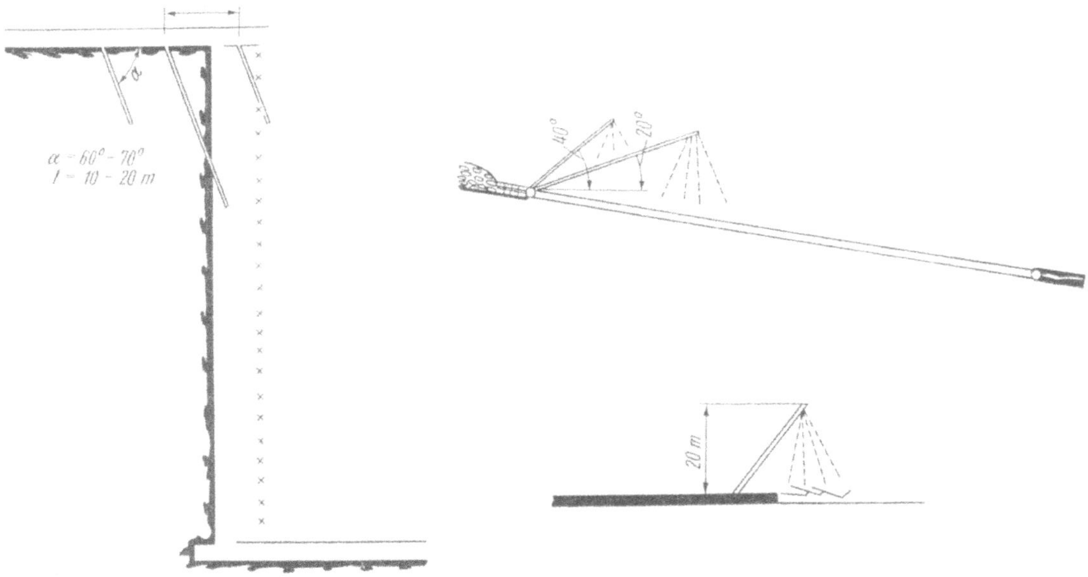

Bild 13. Bohrungen zum Wassereinspritzen ins Hangende, um seine Plastizität zu erhöhen

Letzte Projektlösung, die eine Sicherheitsverbesserung beim Fortschritt der Abbaufront, wenn auch ohne trockenen Rippenversatz, ermöglichen soll, ist die Anwendung der Vollmechanisierung im Streb, und zwar nach der Methode des leichteren Hereinbrechens des Hangenden im Alten Mann durch Tränkung der Hangendschichten über dem Streb. Diese Methode ist auf Bild 13 dargestellt. Die Druckwassereinspritzung in das Grubenmassiv, in die Gewölbegrenze des labilen Schichtengleichgewichtes, soll durch ein Bohrlochsystem von der oberen Wetterstrecke durchgeführt werden.

Auf diese Weise wird das Gleiten zwischen den Blöcken und Platten sowie auch ein schnelleres Hereinbrechen des ganzen statisch unbestimmten mechanischen Systems beschleunigt, das sich zwischen den Bruchperioden kurzfristig im Gleichgewicht und in ständiger Spannungsvergrößerung entsprechend dem Strebfortschritt befindet.

Endlich werden auch die Vorbereitungen für die Erprobung des Schutzflözabbaues durchgeführt. Obwohl diese Methode in der Praxis sehr verbreitet ist und sich als am wirkungsvollsten herausgestellt hat, war bis jetzt ihre praktische Ausführung im Hangendflöz des Bergwerkes Zenica mit großen Schwierigkeiten verbunden. Das Hangendflöz muß nämlich als Schutzflöz des tiefer liegenden Hauptflözes mit einer Mächtigkeit von 9 m als erstes abgebaut werden. Auch in dem Hauptflöz kommen Gebirgsschläge vor, sofern das Hangendflöz nicht früher abgebaut wird. Zwischen dem Hangend- und Hauptflöz befinden sich ungefähr 15 m mächtige elastische Schichten von Kalkmergel.

Eine derartig ausgeführte und vorgezeichnete Entwicklung in der Anwendung verschiedener Formen der Bekämpfung der Gebirgsschläge einerseits und ein fortwährender Kampf für die Verbesserung der Produktion und der Betriebssicherheit andererseits werden zu neuen Erfahrungen führen, die die Auswahl der besten technischen Lösungen hinsichtlich der Sicherheit und der Wirtschaftlichkeit des Abbaues von gebirgsschlaggefährdeten Kohlenflözen ermöglichen werden.

Die Mechanik von Gebirgsschlägen in der Steinkohle und Vorschläge zu ihrer Verhütung[1])

von F. Mohr, Essen

Die Gefahr von Gebirgsschlägen in Flözen mit mächtigem Sandsteinhangenden, besonders in Flöz Dickebank, ist bekannt. In letzter Zeit sind mehrere aufgetreten. Die Ursachen sind nicht geklärt. Es muß aber feststehen, ob durch die Abbauführung die Entstehung eines Gebirgsschlages beeinflußt werden kann, wenn eine Abbauplanung praktischen Wert haben soll. Daher ist zumindest der Versuch zu machen, die Möglichkeit einer solchen Beeinflussung zu klären.

Unter Gebirgsschläge im Bergbau versteht man meist mit lautem Knall verbundene Erschütterungen des Gebirges, bei denen häufig Gebirgsteile in den freien Hohlraum geschleudert werden. Der Gebirgsschlag erfolgt schlagartig, ohne vorherige Ankündigung, und zeigt Erscheinungen, wie sie bei Explosionen auftreten. Gebirgsschläge in Strecken, die in festem Gebirge aufgefahren sind, verursachen häufig Abplatzen von Schalen, meist der Stöße. Sie sind zum Teil mit gewaltigem Luftstoß verbunden. In geschichtetem Gebirge des Karbons wird hierbei zum Teil die Sohle bis in die Firste explosionsartig hochgepreßt, in Streben Kohle oder Nachfall hereingeschleudert.

Die Gebirgsschläge entstehen durch Druckhäufungen. Sie können im wesentlichen hervorgerufen werden durch Erhöhung des Druckes auf den Kohlenstoß, durch Vergrößerung der Spannweiten des Stützgewölbes, Kerbwirkung an scharfen Begrenzungsspitzen des Kohlenstoßes, Restpfeiler und Einwirkungen alter Baue [1], [2]. Sofern sich die betriebstechnischen Bedingungen nicht plötzlich ändern, ändern sich auch die Drücke nicht plötzlich, so daß unter den eben genannten Verhältnissen nur ein allmählicher Druckanstieg zu erwarten ist. Da der Gebirgsschlag schlagartig, explosionsartig erfolgt, müssen noch andere Erscheinungen für das Auftreten wesentlich sein.

Der wachsende Druck erzeugt eine wachsende Spannung im Gebirge. Wenn sie die Druckfestigkeit des Gebirges — etwa der Kohle — erreicht hat, müßte die Kohle zerbrechen wie etwa ein in der Druckpresse zu untersuchender Probewürfel. Der plötzliche Spannungsausgleich beim Gebirgsschlag erfolgt aber mit einer explosionsartigen Gewalt. Sie ist nur dadurch zu erklären, daß im Gebirge (Kohle) vor dem Gebirgsschlag ein *labiler Gleichgewichtszustand* mit hohen Spannungen besteht, etwa wie in einem Stab, der mittig hoch belastet ist und kurz vor dem Ausknicken steht, oder wie in einem kreisrunden Rohr, das von außen mit zentrischem Druck über seine Knickfestigkeit hinaus hoch belastet ist. Ein kleiner Zusatzdruck, eine Erschütterung, kann plötzlich und mit hoher Kraftwirkung das Ausknicken herbeiführen.

---

[1]) Wörtlicher Ausschnitt aus einem Gutachten über Abbau eines Sicherheitspfeilers vom 8. Januar 1952. Stark gekürzt veröffentlicht durch Vortrag auf dem Clausthaler Hochschultag in Essen am 8. März 1952 und durch gedrucktes Manuskript unter dem Titel ‚Gebirgsdruck und Ausbau, insbesondere Schachtausbau, Glückauf 1952‘. Ausführlicher vorgetragen in der erweiterten Vorstandssitzung des Ringes ehemaliger Bergschüler e. V. am 29. Januar 1954 in Essen und veröffentlicht in Bergbau, Heft 8, Aug. 1954, auch in Mine & Quarry Engineering April, Mai, Juni 1956, die die Vorträge beinhalten, die vom Verfasser im November 1955 in Leeds (England) gehalten wurden.

Das plötzliche Emporschießen der Sohle in einer Strecke wird nur auf diese Weise verständlich. Bedingung hierfür sind nicht zu mächtige feste Schichten, die hohe Spannungen aufnehmen können. Bei sehr milden Schichten — sehr milder Schiefer — würde das Gebirge mit steigendem Druck mehr und mehr in den Hohlraum hineinquellen.

Wie aus Bild 1 zu erkennen ist, erzeugt der erhöhte Druck in den Liegendschichten einen „Querdruck", der auf die Schichtenpakete ähnlich wirkt wie die axiale Belastung eines Stabes (einer Platte). Der Sand nimmt dadurch eine hohe Spannung an. Zwischengelagerte Schieferpacken übernehmen den erhöhten Druck. In der Spannungsellipse, die sich ausbilden will, ergeben sich zum Rande der Fließzone steigende Radialkräfte. Wenn die Spannung im Sandstein ein hohes Maß erreicht hat, kann er durch irgendwelche Einwirkungen plötzlich ausknicken, unterstützt durch die Radialkräfte und den senkrecht zur Schichtfläche wirkenden Druck der stark gestauchten Schieferschichten. Die Wucht der „Explosion" muß stärker sein, wenn die Sandsteinschichten größere Mächtigkeit haben, weil sie größere Energie

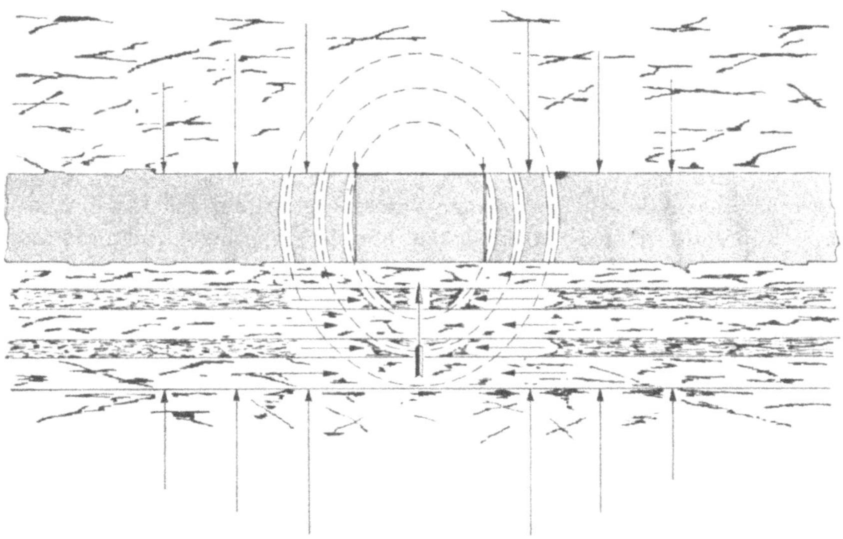

Bild 1. Spannungen im Gebirge

aufspeichern können und die Auslösung daher auch um so stärker erfolgt[1]). Andererseits aber wird dann auch die Gefahr der Auswirkung dieser Schichten in dieser Form geringer, während die Gefahr des Herausschleuderns der Kohle größer wird. Auch hier werden Querspannungen erzeugt, die hohe Werte annehmen können. Wenn die Schubfestigkeit zwischen Kohle und Hangendem bzw. die Scherfestigkeit der Kohle überschritten wird, kann sich diese Querspannung durch Herausschleudern der Kohle entladen.

Ähnlich sind die Erscheinungen im Strebraum mit Sandsteinhangendem und -liegendem. Das Hangende biegt sich elastisch (pseudoelastisch) durch. Die Kohle erhält den üblichen Zusatzdruck, der eine hohe Querspannung erzeugt. Im Kohlenstoß kann sich eine Stützfläche ausbilden (s. Bild 2), deren Aufrechterhaltung von der Schubfestigkeit zwischen Kohle einerseits und Hangendem und Liegendem andererseits abhängig ist sowie auch von der Scherfestigkeit der Kohle. Diese Stützfläche wird begünstigt durch die Verringerung der Flözmächtigkeit am Kohlenstoß wegen der Ausbiegung von Hangendem und Liegendem. Wenn die Spannung R durch irgendeine Erschütterung verringert wird (durch Auskohlen

[1]) Ist abhängig von der Biegesteifigkeit $E \cdot J$, bei gleichem Material also von J bzw. von der Mächtigkeit (in der 3. Potenz).

des Flözes), so entlädt sich die Spannung Q explosionsartig. Sie schleudert die Kohle heraus, ohne daß das Hangende sich zu setzen oder das Liegende sich zu heben braucht (mit Ausnahme der elastischen Reaktion), denn das Setzen bzw. Anheben, das zur Spannungserzeugung in der Kohle notwendig war, ist ja schon vorher erfolgt. Es sind verhältnismäßig

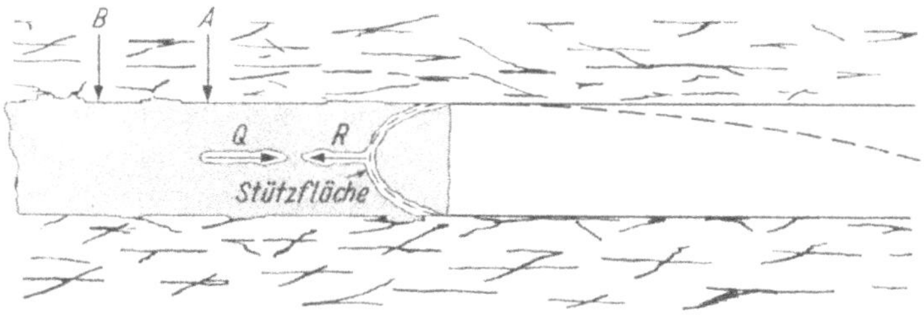

Bild 2. Querspannung in der Kohle, begünstigt durch die Absenkung des Hangenden

geringe Senkungen des Hangenden bzw. Hebungen des Liegenden nötig, um hohe Spannungen zu erzeugen. (Abgeschätzt $\sigma = E \cdot \varepsilon$. Mit $E = 50000$, $\varepsilon = 0{,}02$ ergibt sich $\sigma = 50000 \cdot 0{,}02 = 1000\ \mathrm{kg/cm^2}$ — wenn die Kohle vorher nicht bricht. Die Querspannung könnte sich etwa in der Größenordnung bewegen von

$$\sigma = E\,\frac{\varepsilon}{m} = 50000 \cdot \frac{0{,}02}{4} = 250\ \mathrm{kg/cm^2}\,,$$

also sehr hoch!)

Im Augenblick des Gebirgsschlages wird das Auflager von A nach B verlegt. Die dadurch bedingte Umlagerung der Spannung im Sandstein und in der Kohle könnte den starken Knall verursachen, der mit dem Gebirgsschlag verbunden ist, wobei Haarrisse durch Überschreitung der Zugfestigkeit im Sandstein auftreten können, die weder tief hineinreichen

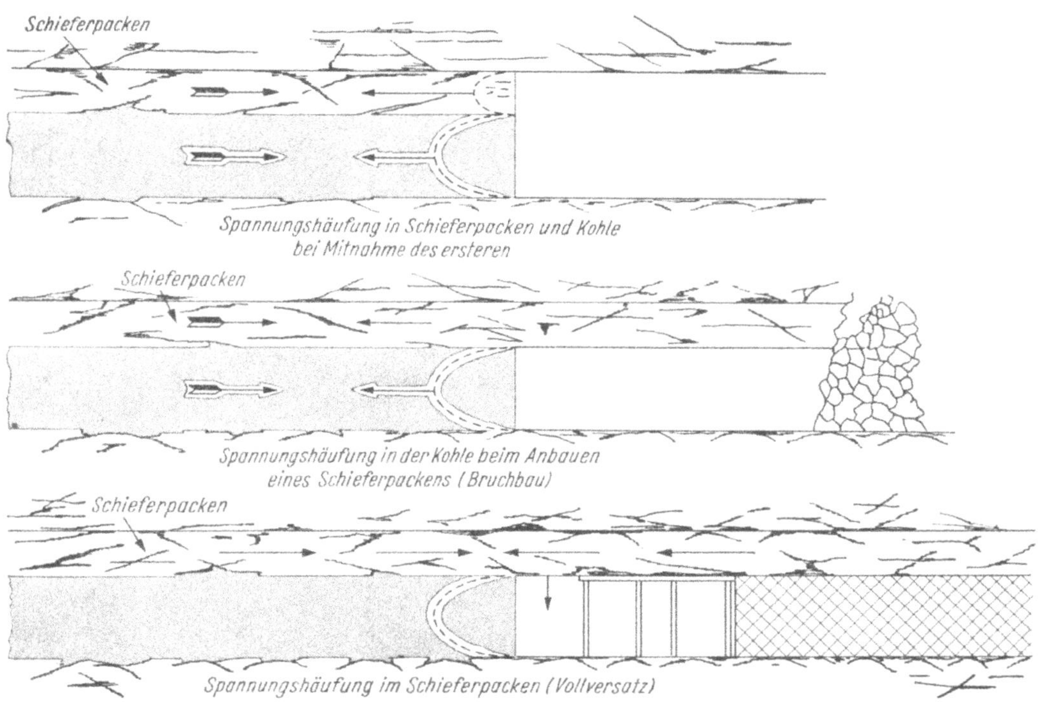

Bild 3. Spannungserscheinungen in Kohle und Schieferpacken

noch sichtbar zu werden brauchen. (Es sei an die Knalle erinnert, die beim Auftreten von Haarrissen in Tübbingen entstehen.) Auch die plötzliche Überschreitung der Schub- oder Scherfestigkeit kann solche Geräusche hervorbringen.

Wenn das unmittelbare Hangende oder Liegende aus einem Schieferpacken besteht, kann ein Herausschleudern des Schieferpackens statt der Kohle erfolgen, sofern der Reibungswinkel in der Kohle größer und die Ausbildung einer Reaktionskraft im Schieferpacken möglich ist (Bild 3). Dieser Fall ist im allgemeinen seltener. Er gewinnt aber an Bedeutung, wenn eine größere Spannungshäufung im Schieferpacken dadurch möglich wird, daß die Reaktionskraft größere Werte annehmen kann, zum Beispiel beim Abbau mit Vollversatz. In diesem Falle hängt die Reaktionskraft nicht nur von der Schubfestigkeit zwischen Schieferpacken und Hangendem ab, sondern auch von der zwischen Schieferpacken und Versatz. Wir wissen, daß bei derartigen Vorgängen eine geringe Erhöhung der Reaktion eine erhebliche Steigerung der Spannungshäufung möglich macht [3].

Die Auslösung eines Gebirgsschlages in derartigen Schichten ist zunächst eine reine Knickerscheinung des Packens über dem offenen Strebraum, dann aber verbunden mit einem Auswurf des Packens oberhalb der Kohle in den Hohlraum. Aus den Bildern 4 und 5 ist zu erkennen, daß nur in dem Teil die Auswirkung eintrat, in dem Vollversatz eingebracht war.

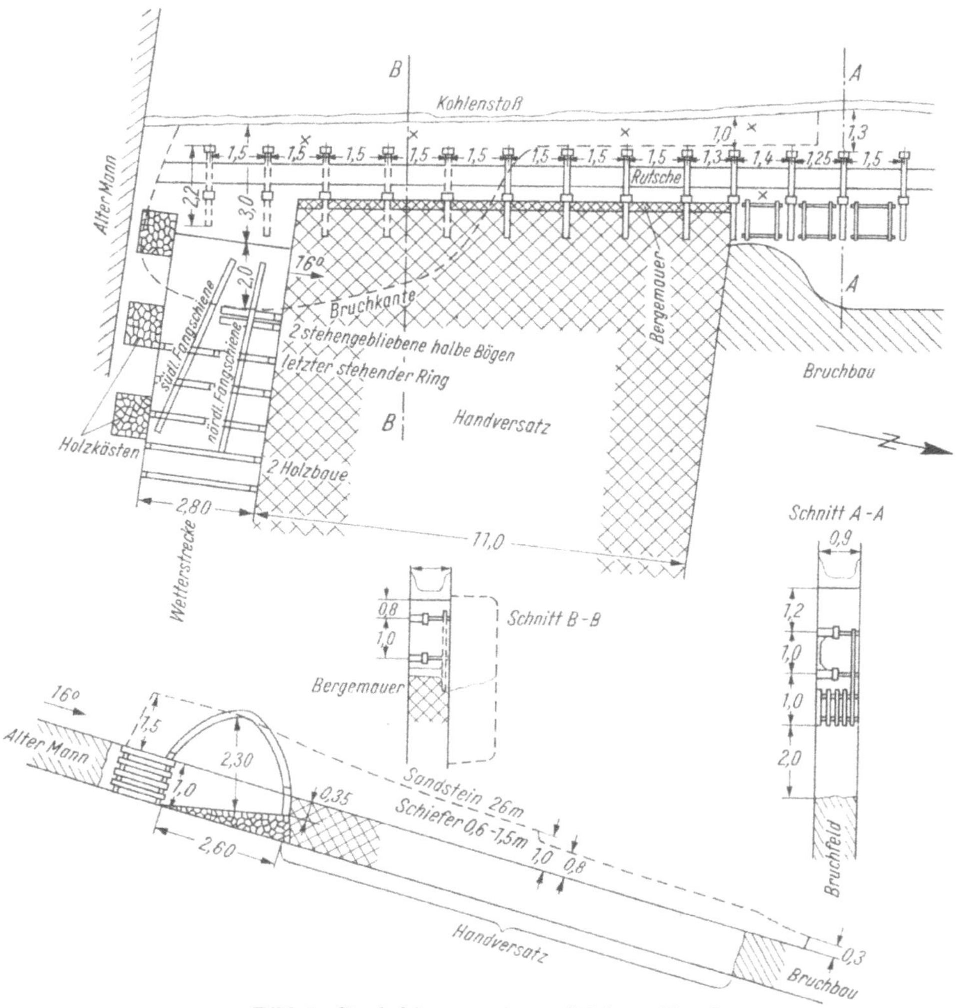

Bild 4. Strebskizze zu einem Gebirgsschlag I

Ein gutes Beispiel für den Spannungszustand des Gebirges beim Gebirgsschlag zeigen manche eisernen Wanderkästen. Beim Versuch, sie zu rauben — zum Teil auch schon vorher—, explodieren sie. Sie fliegen auseinander, weil durch den senkrechten Druck der Grenzzustand zwischen der Reibung der Ruhe und der der Bewegung erreicht ist (wie im Gebirge in den Schichtflächen Kohle—Gestein), sie sich also in einem labilen Gleichgewichtszustand befinden, der bei Erschütterungen zerfällt. Diese Erscheinung ist jedem Bergmann, der damit gearbeitet hat, bekannt, und hat dazu geführt, seine Benutzung einzuschränken oder zu vermeiden.

Die Ursache der Gebirgsschläge scheint somit ein durch hohen senkrechten Gebirgsdruck hervorgerufener *Gebirgsquerdruck im druckbelasteten Gebirge (Kohle) zu sein, der hohe Spannungen darin erzeugt, die sich in labilem Gleichgewicht befinden.*

Als Folge dieser Erkenntnis würde sich ergeben, daß Gebirgsschläge vermieden werden können, wenn

1. eine zulässige Druckerhöhung nicht auftreten kann;
2. das labile Gleichgewicht, falls unzulässige Druckerhöhung aufgetreten ist, sich nicht einstellen kann;

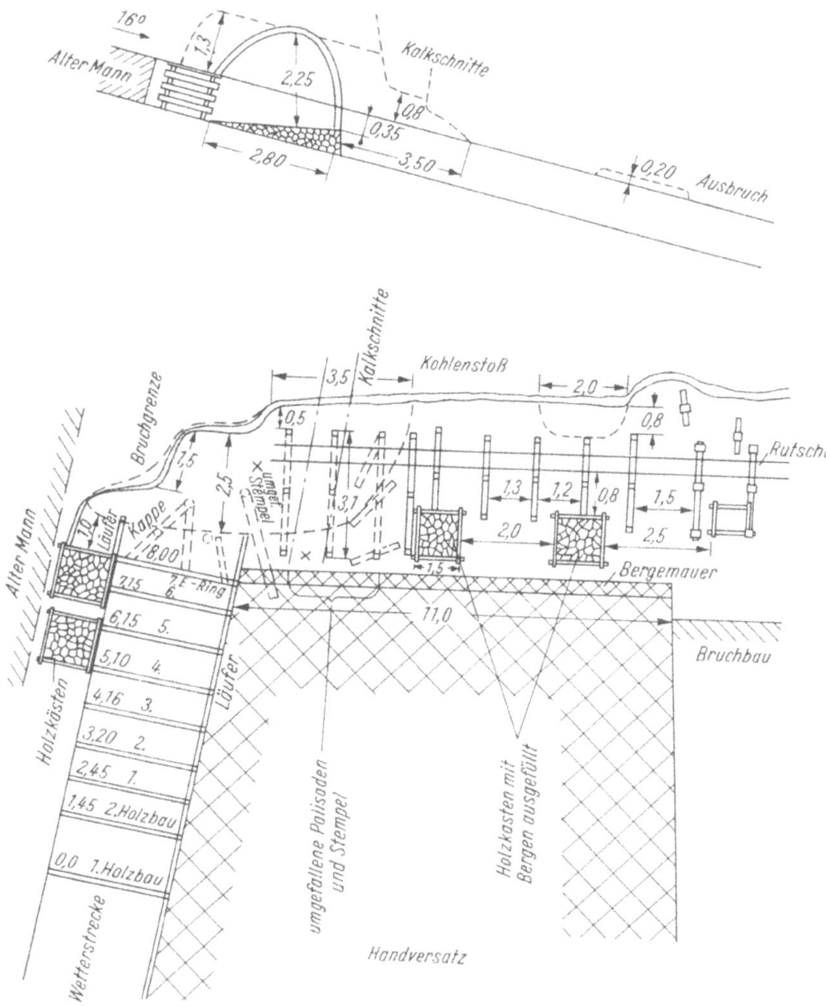

Bild 5. Strebskizze zu einem Gebirgsschlag II

3. das labile Gleichgewicht, falls es vermutet werden muß oder besteht, ohne Gefahr zerstört wird.

Zu 1: Unzulässige Druckerhöhung.

Allgemein kann beim Entstehen unzulässiger Druckerhöhung festgestellt werden:

1. *Bei gleichbleibenden Betriebsverhältnissen* in einem Streb oder einer Strecke, gleichen Gebirgsverhältnissen und gleichbleibendem Anschneiden der Gebirgsschichten (z. B. Nachreißen des Hangenden oder Liegenden in einer Strecke gegenüber solcher ohne Nachnehmen des Nebengebirges) muß ein Zusatzdruck aufgetreten sein (von außen her), der nicht durch die Schaffung dieses Hohlraumes verursacht ist.
2. *Bei gleichbleibendem Druck von außen her* müssen Änderungen in den Betriebsverhältnissen, der Gebirgsverhältnisse, der Art des Anschneidens der Gebirgsschichten die Ursache sein.
3. Sowohl Zusatzdrücke von außen her als auch Änderungen der sonstigen in 2. genannten Umstände können die Ursache der unzulässigen Druckerhöhung sein.

Eine dieser genannten Erscheinungen unter 1. bis 3. muß auch die letzte Ursache der Gebirgsschläge in Flöz Dickebank gewesen sein. Ein Zusatzdruck von außen her — entsprechend 1. — könnte aufgetreten sein durch

a) die Annäherung an den Strebstoß in Flöz Voß. Die Annahme ist nicht unwahrscheinlich. Beim Überfahren des Strebstoßes von Flöz Sonnenschein durch Dickebank trat in der Kurve des Querschlages 1 West, 4. Sohle ebenfalls ein Gebirgsschlag in der Strecke auf;
b) die Annäherung an die westliche Störung. Die Annahme ist unwahrscheinlich, da in den anderen Flözen und südlichen Strecken von Flöz Dickebank die Beobachtung nicht gemacht wurde;
c) die Annäherung an den westlichen Strebstoß 4. Sohle Flöz Wilhelm und Johann. Diese Annahme ist die wahrscheinlichste. Zwar hat eine solche Annäherung auch schon früher stattgefunden. Aber in diesen Streben ist Flöz Johann im Bruchbau gebaut worden, und es ist anzunehmen, daß infolge der starken Sandsteinbank im Hangenden von Flöz Johann noch starke Druckhäufungen (Gewölbebildungen) vorhanden sind. Bild 6 läßt die wahrscheinliche Einwirkung auf Dickebank erkennen. Bei einem Einwirkungswinkel

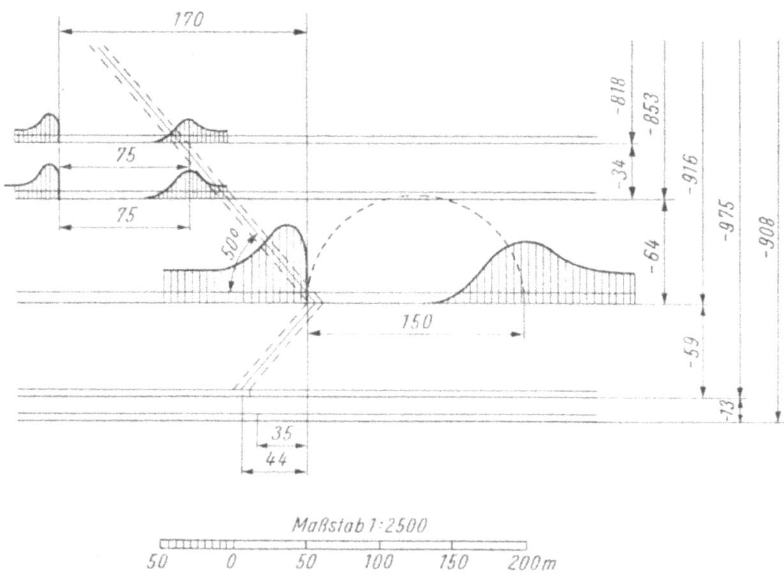

Bild 6. Druckeinwirkung der Streben in Flöz Wilhelm und Johann auf den Streb in Flöz Dickebank

von 50° erhält der Kohlenstoß in Flöz Dickebank einen Zusatzdruck vom Versatz — „Kämpferdruck“ — des Flözes Wilhelm und besonders des Flözes Johann, wenn im alten Streb Flöz Johann noch ein Gewölbe von ca. 76 m Spannweite besteht. Beim Bruchbau und der starken Sandsteinbank von ca. 25 m Mächtigkeit im Hangenden ist eine solche Ausnahme ohne weiteres berechtigt. Die nachgewiesenen zum Teil großen Nachwirkungen alter Baue [4] sind wohl meistens durch die Erhaltung des Gewölbes stillgelegter Streben zu erklären.

Gleichzeitig zeigt die Abbildung die Möglichkeit der Einwirkung des Strebes in Flöz Voß.

Eine Druckerhöhung durch Änderung des Betriebes oder der Gebirgsverhältnisse entsprechend 2. könnte eingetreten sein durch

a) die Gebirgsverhältnisse. Sie haben sich jedoch nicht geändert, so daß hieraus keine Ursachen abzuleiten wären;

b) den Übergang von Blasversatz auf Bruchbau. Die Änderung wurde etwa 150 m hinter dem Kohlenstoß zur Zeit der Gebirgsschläge vorgenommen. Die Möglichkeit, daß der Druck auf den Kohlenstoß von da ab bis zur Zeit des Gebirgsschlages ständig zunahm, ist durchaus gegeben. Wahrscheinlich ist sogar, daß er sein Maximum noch nicht erreicht hatte. Bei der starken Sandsteinüberlagerung dürfte das Druckgewölbe eine noch größere Spannweite erreichen. Aber es ist nicht wahrscheinlich, daß der dadurch hervorgerufene Druck auf den Kohlenstoß allein die Ursache der Spannungsauslösung ist, denn in den anderen Streben von Flöz Dickebank ist der Bruchbau über weit längere Strecken geführt worden als 150 m.

Es ist somit wohl anzunehmen, daß der für den Gebirgsschlag entscheidende Zusatzdruck durch die Annäherung an die Begrenzung des Abbaues in Flöz Wilhelm und Johann hervorgerufen und durch die Annäherung an den Strebstoß in Flöz Voß begünstigt wurde. Die hieraus zu ziehenden Folgerungen für die geplante Abbauweise wären:

1. Keine betrieblichen Änderungen im laufenden Streb vornehmen.
2. Kohlenstoß stumpfwinklig zur Kopfstrecke setzen (Bild 7).
3. Hangendes Flöz Johann mit Blasversatz bauen, falls Dickebank bis zur westlichen Störung abgebaut werden soll.

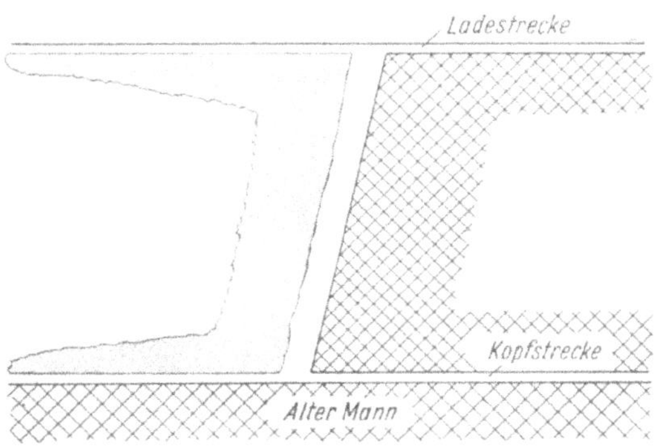

Bild 7. Stumpfwinkliger Strebstoß an der Kopfstrecke

4. Mindestens 250 m von Kohlenstoß in Flöz Johann und Voß bzw. Sonnenschein mit dem Abbau in Flöz Dickebank entfernt bleiben.
5. Flöz Dickebank mit Blindortversatz bauen.

Trotz dieser geplanten Maßnahmen zur Verhinderung unzulässiger Druckerhöhung wird das Flöz aber gebirgsschlaggefährdet bleiben, da nicht mit Sicherheit eine zulässige Druckerhöhung vermieden werden kann.

Zu 2.: Verhinderung der Bildung eines labilen Gleichgewichtes.

Der labile Gleichgewichtszustand braucht und kann nur in geringer Erstreckung vom offenen Strebraum (oder Streckenraum) vermieden werden, so daß er selbst bei plötzlicher Auslösung nicht mehr gefährlich ist, d. h., er muß weit genug im Vorfeld liegen. Wenn man die Reaktionskräfte (s. Bilder 2 und 3) weitgehend schwächt bzw. ausschaltet (auch im Hangendpacken), so kann sich die Spannung nicht bis zum gefährlichen Maximum steigern.

Bruchbau ist somit günstiger als Vollversatz, da im hangenden Schieferpacken eine horizontale Stauchungsspannung kaum auftreten kann oder nur in weit geringerem Maße. Alle Gebirgsschläge sind daher auch nur im Strebteil aufgetreten, der Vollversatz hatte. Der Auswurf an Kohle war dabei sehr gering. Im wesentlichen war es ein Ausknicken des Schieferpackens. Beim Bruchbau sollte daher Vollversatz unterhalb der Kopfstrecke vermieden werden. Es darf jedoch nicht übersehen werden, daß andererseits der Bruchbau an sich einen höheren Stützdruck auf den Kohlenstoß hervorruft als Vollversatz (größere Gewölbeweite, da kein Versatz eingebaut wird). Aus dem Grund wäre vielleicht zu empfehlen, mit Blindortversatz zu arbeiten, der den Nachteil des Bruchbaues mildert (großer Stützdruck), andererseits aber auch den des Vollversatzes (unverritztes Abfangen des Hangendpackens) und dem Packen durch teilweises Nachreißen die Spannung nimmt.

Um die Bildung eines labilen Gleichgewichtes in der Kohle zu verhindern, wäre es zweckmäßig, sie zu schrämen, und zwar — wenn überhaupt möglich — so tief, daß der Schram jeweils mindestens 1 m dem Abbaufortschritt vorauseilt. Voraussetzung hierfür ist, daß sich der Hangendpacken dadurch nicht absetzt.

Zu 3.: Zerstörung des labilen Gleichgewichtes.

Wenn trotz allem ein labiler Gleichgewichtszustand eintritt oder zu befürchten ist, muß er zerstört werden. Die einfachste Methode ist das Erschütterungsschießen in der Kohle, wodurch in fast allen Fällen die hohen Spannungen zur Auslösung kommen dürften. Auch im Falle Flöz Dickebank würde es zu empfehlen sein.

Literatur

[1] Niemczyk, O.: Bergschadenkunde. Verlag „Glückauf", Essen 1949.
[2] Kegel, K.: Bergmännische Gebirgsmechanik. Verlag Wilhelm Knapp, Halle 1950.
[3] Mohr, F.: Gebirgsdruck und Ausbau. Verlag „Glückauf", Essen 1956.
[4] Mohr, F.: Einfluß des Abbaues auf das hangende Gebirge mit besonderer Berücksichtigung der Einwirkungen auf Schächte. Bergbauarchiv 12 (1951), Heft 1, Bd. 14.

Die Bedeutung der Querkräfte und Querverformungen für die Erkenntnis des Mechanismus von Gebirgsschlägen

von F. Mohr, Essen

Bei der Beurteilung der Auswirkungen des Gebirgsdruckes wird meist nur von Druck- und Biegungserscheinungen gesprochen. Auswirkungen des Querdruckes infolge einer senkrechten Belastung bzw. Zusatzbelastung werden nur allzuwenig berücksichtigt. Sie erscheint jedoch in vielen Fällen sehr wichtig und erklärt eine Reihe von Beobachtungen besonders bei Gebirgsschlägen.

In einem Streb des Flözes Dickebank trat ein Gebirgsschlag auf, der sich nur im Strebteil mit Vollversatz auswirkte, während im unteren Strebbruchbauteil keinerlei besondere Erscheinungen auftraten. Eine Erklärung hierfür kann man nicht darin finden, daß man wie üblich annimmt, daß der Sandstein oberhalb des Flözes plötzlich gerissen war und den Gebirgsschlag dadurch auslöste. Er hätte sich dann eher im Bruchbauteil auswirken müssen. Die sich infolge des hohen Zusatzdruckes auf den Kohlenstoß auswirkenden Querkräfte erzeugen in der Kohle eine Reaktionskraft, die durch die Scherfestigkeit innerhalb der Kohle und den Reibungswiderstand zwischen Kohle und Hangendem bzw. Liegendem ausgebildet werden kann. Diese gleichen Kräfte treten auch im Hangendpacken auf, besonders wenn er im Streb mit Vollversatz angebaut wird. Am Umfang des offenen Strebraumes zeigen sich dabei hohe Spannungen in Richtung vom Kohlenstoß und Versatz, die ganz ähnlich wirken wie die Belastung eines dünnen Stabes in axialer Richtung. Sie können so hoch werden, daß die eigentliche Knickfestigkeit weit überschritten ist, so daß ein labiles Gleichgewicht innerhalb dieser Schichten vorhanden ist. Durch weiteres Herausnehmen der Kohle und Freilegen dieses Hangendpacken vor Einbringen des Ausbaus kann sich diese hohe Spannung plötzlich auswirken und den Packen explosionsartig in den noch nicht ausgebauten Strebraum schleudern.

Bei dem vorerwähnten Gebirgsschlag war tatsächlich lediglich der Schieferpacken selbst beteiligt.

Die Ursache dieses Gebirgsschlages ist also nicht ein Zerreißen des hangenden Sandsteinpackens infolge zu hoher Spannungen, sondern die Auswirkung des Querdruckes infolge erhöhter vertikaler Belastung auf den Kohlenstoß [1].

Die Erkenntnisse führten zu dem Entschluß, nähere Untersuchungen über die Auswirkung des Querdruckes vorzunehmen und Schlüsse daraus für Theorie und Praxis zu ziehen. Sie wurden in der Zeit von 1952 bis 1957 in großer Zahl durchgeführt. Die Ergebnisse wurden in einem Vortrag auf dem Clausthaler Hochschultag in Essen am 24. 5. 1957 mitgeteilt unter dem Titel :„Kann man aus experimentell gefundenen Scherflächen im Gestein Rückschlüsse auf die praktische Gebirgsmechanik ziehen?"

Wie aus den Ausführungen von Herrn Gimm hervorging, waren auch diese Forschungsergebnisse auf der Tagung unbekannt. Es scheint zweckmäßig, sie in Kürze hier anzuführen.

Die Versuche sollten idealisiert den Spannungszustand nachahmen, unter dem eine Schicht im Hangenden oder Liegenden einer Strecke oder eines Abbauraumes bei dem üblich auftretenden vertikalen Stoßdruck steht. Speziell sollte der Spannungszustand bei einem Gebirgsschlag herzustellen versucht werden.

Eine genau gearbeitete Gesteinsprobe wurde zu diesem Zweck in eine dazu passende Druckform eingelassen und mit einem Druckstempel auf eine Stahlunterlage gepreßt, der die Probe

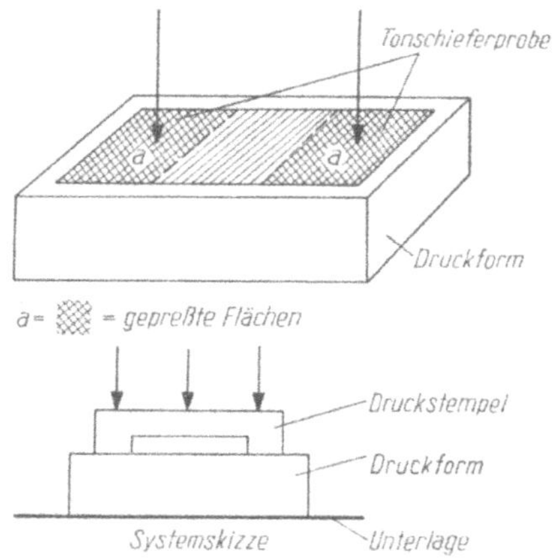

Bild 1. Anordnung eines Druckversuchs an einer Tonschieferprobe

nur auf Flächen an den Seiten belastete (siehe Bild 1). Außerdem wurden Versuche an Proben angestellt, bei denen auch die Stahlunterlage auf dem Mittelteil wie beim oberen Druckstempel ausgenommen war, so daß oben und unten Bewegungsmöglichkeit für die Probe bestand. Das Belastungsschema durch die äußeren Kräfte für die ersten Versuche zeigt Bild 2.

Die Mechanik eines Gebirgsschlages in der Steinkohle ist nach Obigem folgende.

Wenn benachbarte Baue keinen oder keinen wesentlichen Einfluß auf den Hohlraum, in dem der Gebirgsschlag eintritt, ausüben und tektonische Auswirkungen ausgeschaltet sind, so wird durch den Hohlraum selbst die vertikale Belastung des Überlagerungsdruckes gegenüber dem Zustand vor Herstellen des Hohlraumes — bei der sie gleichmäßig über eine horizontale Fläche verteilt ist — um ihn herum geändert.

In Strecken nimmt sie ein Mehrfaches über den Stößen an, im Abbauraum wird zum mindesten über dem Kohlenstoß ebenfalls ein Mehrfaches davon auftreten. Die Firste in den Strecken sowie das Hangende in den Abbauräumen werden vom Überlagerungsdruck weitgehend entlastet.

Die Erhöhung des Überlagerungsdruckes ist die Voraussetzung für den Gebirgsschlag; die Erhöhung des Querdruckes, die in den Schichten des unmittelbaren Hangenden und Liegenden sowie in denen des Stoßes dadurch auftritt bzw. die plötzliche Auslösung der Wirkung des Querdruckes ist seine Ursache.

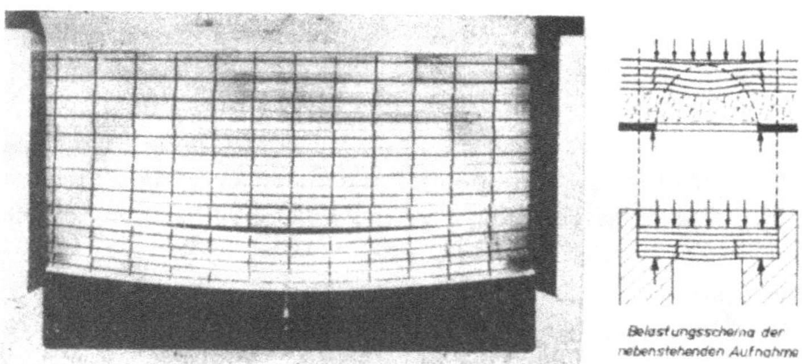

Bild 2. Knickungsvorgang in einem „Schichtenpaket" (Plexiglas), das ähnlich wie beim Abbau infolge Gewölbewirkung belastet ist. Die „Scherknicke" sind unten rechts und links an den vor der Belastung senkrechten Linien zu erkennen

Die Gesteinsprobe ist also eine unmittelbare Firstenschicht bzw. Hangendschicht oder eine unmittelbare Sohlenschicht bzw. Liegendschicht und, wenn auf beiden Seiten die Druckplatten ausgenommen sind, eine Schicht im Stoß, die gewissermaßen durch die Strecke geht (Bild 3). Sie läßt durch ihre Erscheinungsformen bei der Belastung einen sehr weitgehenden Einblick auf das Verhalten einer Gebirgsschicht im Stoß und das der Kohle im Stoß zu.

1. Das Verhalten der Schichten im Stoß

a) Je nach Höhe des Elastizitätsmoduls und der Poissonschen Konstanten übt der Querdruck eine Kraft senkrecht zum Überlagerungsdruck aus. In den Modellversuchen gehen die Schichten von einem zum anderen Stoß durch (Bild 3). Dadurch ist die Wirkung im freien

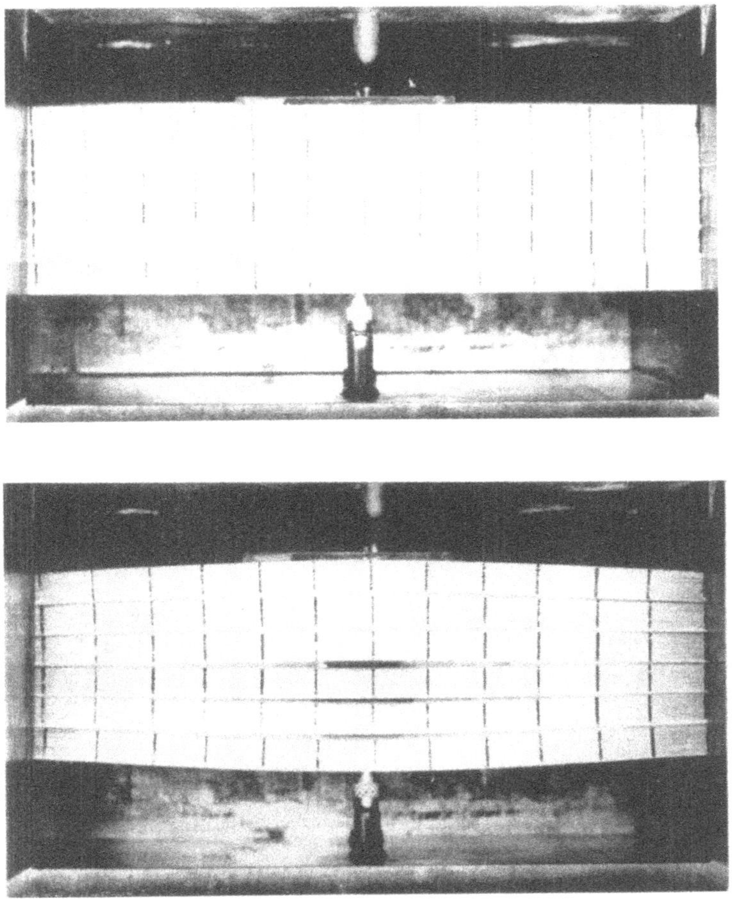

a)

b)

Bild 4. Querstauchung in einem Paket Plexiglasplatten

a) bei nur geringer Vertikalbelastung von rd. 32 kg/cm²

b) bei starker Vertikalbelastung von rd. 1100 kg/cm²

Tafel 7

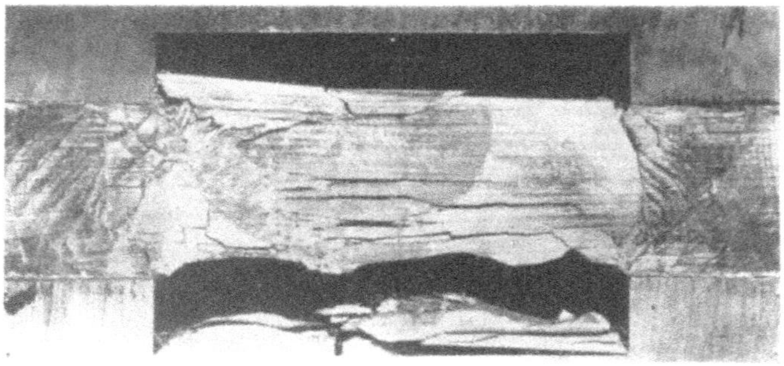

a)

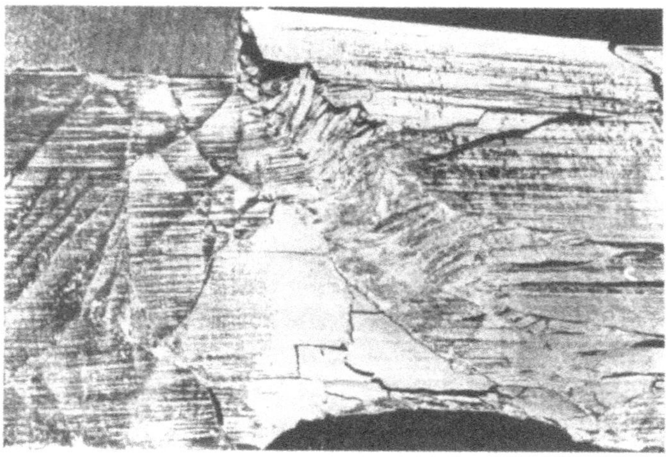

b)

c)

Bild 5. Starke Stauchung einer Schicht durch Querkräfte aus den Stößen (künstliche Überschiebung)

a) ungeankerte Schicht
b) Ausschnitt aus Bild unter a)
c) geankerte Schicht

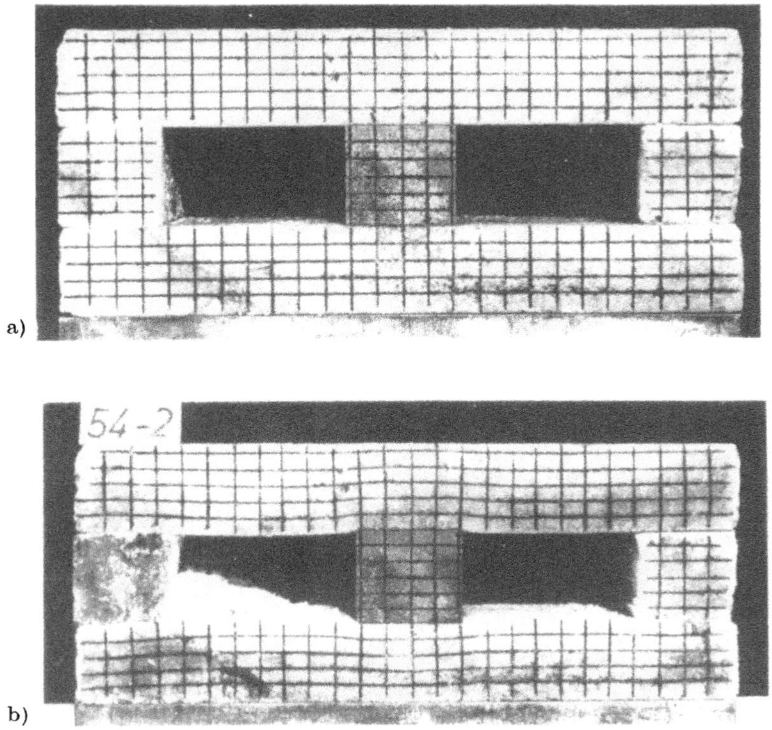

Bild 6. Herausschleudern von Hartsalz aus dem Stoß durch Querspannung

a) Hartsalzprobe vor dem Versuch
b) Probe nach dem Versuch. Herausgeschleudertes Hartsalz aus dem linken Stoß der linken Kammer

Bereich qualitativ hier gut durch die Stauchungswirkung innerhalb der Schichten zu erkennen (Bild 4).

In spröden Gesteinen können die Kraftwirkung und die Verformung quantitativ abgeschätzt werden. Die Stauchungsfestigkeit wird bei einer bestimmten Höhe der Vertikalspannung

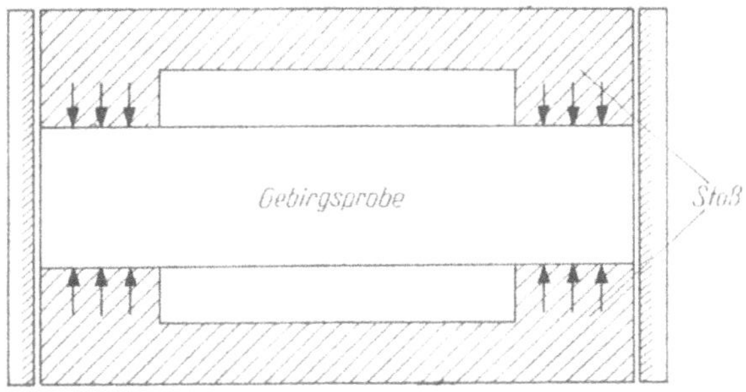

Bild 3. Belastung einer Gebirgsschicht im Stoß, die gewissermaßen durch die Strecke geht

überschritten, und es bilden sich Überschiebungen, wofür je nach Art des Gebirges eine relativ hohe Kraft erforderlich ist (Bild 5) [2].

Im Hartsalz wird durch den Querdruck das Salz in die Kammer geschleudert (Bild 6).

b) Die Querverformung schreitet im allgemeinen nicht gleichmäßig mit steigender Vertikalbelastung fort, sondern erfolgt ruckartig, wie etwa ein Körper auf unebener Unterlage unter der Wirkung einer Schubkraft. Dieser Vorgang erscheint jedoch stark unterschiedlich entsprechend der Art des Gebirges. Wesentliche Faktoren sind dabei insbesondere die Mächtigkeit der beeinflußten Schichten und die Reibungsfestigkeit auf den Schichtfugen, die Zähigkeit und der Elastizitätsmodul des Gesteins, die innere Reibungsfestigkeit.

Bei zähem Material mit geringer Elastizität ist die Verformung gleichmäßig (Bild 7), bei sprödem wie Tonschiefer ungleichmäßig (Bild 8). Die Ungleichmäßigkeit zeigt sich darin,

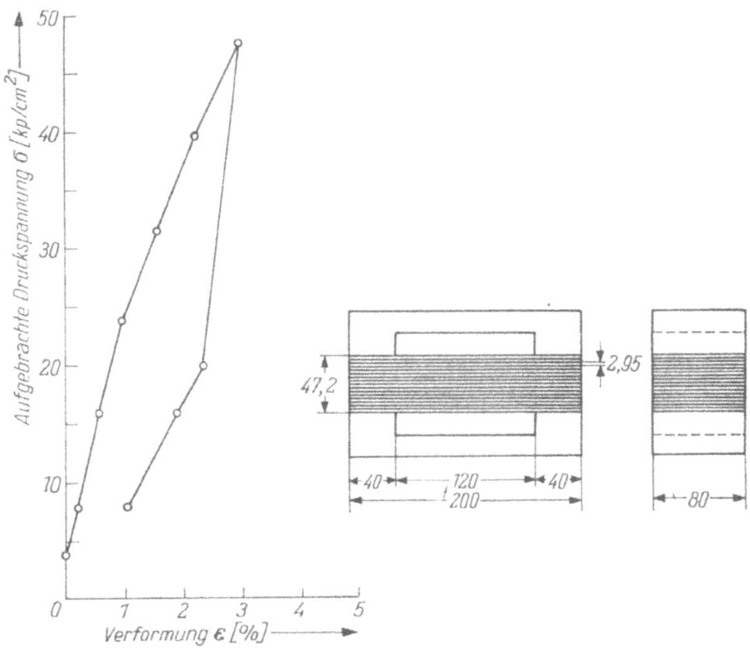

Bild 7. Verlauf der Verformung bei steigender Belastung in zähem Material mit geringem E-Modul (Vulkollanplatten)

daß bei gleichbleibender Belastung eine plötzliche Formänderung — eine Verformung in Richtung der Querkraft — oder bei Erhöhung der Vertikalkraft zunächst keine Verformung auftritt. Erst später, ohne erkenntlichen Grund, erfolgt sie plötzlich.

Es steht außer Zweifel, daß diese Ungleichmäßigkeit einen Vorgang anzeigt, der nicht mehr elastisch ist, sondern die Auswirkung von plötzlichen Strukturänderungen darstellt, die örtlich auftreten, wahrscheinlich aber auch örtlich auf geometrischen Flächen gerichtet sind [3]. Sie stellt somit eine innere, örtlich begrenzte Zerstörung des Gesteins dar, die auf Scherflächen vor sich geht. Ist sie erfolgt, so sinkt die Spannung in der unmittelbaren Umgebung dieses Vorganges, und damit die Gesamtspannung in der weiteren Umgebung, und steigt wieder mit wachsender Querkraft und vertikaler Belastung zwischen den Druckflächen, dem Hangenden

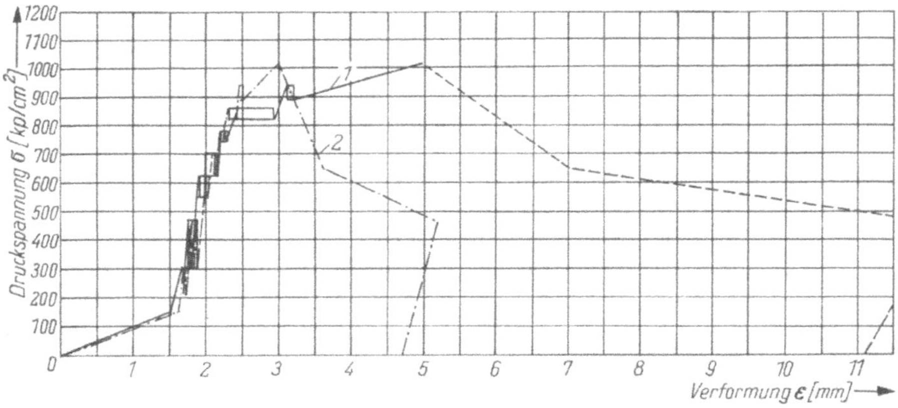

Bild 8. Verlauf der Verformung bei steigender Belastung in sprödem Gebirge (Tonschiefer)
1 — Verformung im freien Bereich der Probe;
2 — Zusammendrückung unter den Druckflächen

und Liegenden bzw. der Firste und Sohle an, bis wieder eine solch plötzliche, örtlich begrenzte Zerstörung erfolgt. Tritt diese letztere nicht — planmäßig mit wachsender Belastung — ein, so akkumuliert sich eine Spannung, die so groß werden kann, daß dann plötzlich größere Mengen des Gesteins in größerem örtlichen Verband zerstört werden. Das wäre dann ein Gebirgsschlag.

Umgekehrt müßte man also auch folgern können, daß kein Gebirgsschlag zu erwarten ist, wenn ständig und in bekannten Intervallen eine Bewegung nach dem Hohlraum ruckweise erfolgt, bis diese Bewegung ihre übliche Grenze erreicht hat. Es wäre also diese übliche Grenze für jeden besonderen Fall zu ermitteln, oder eine andere Größe, die sie in der Wirkung ersetzen kann. Von dieser Sicht ist auch die Untersuchung Tincelins zu sehen.

Das Problem, den Gebirgsschlag zu verhindern, wäre also darauf zurückzuführen, für eine ruckweise oder gleichmäßige Bewegung mit etwas größerer Intensität zu sorgen.

Da die Bewegung um so leichter erfolgen kann, je geringer der Winkel der inneren Reibung der Gesteinsschicht oder einer Gesteinsschicht ist, je geringer die Schubfestigkeit zwischen den Schichten und je geringer die Kohäsion ist, so könnte durch Verringerung dieser Faktoren in allen oder in einer Schicht die Ursache für einen Gebirgsschlag behoben werden [3]. Die gleiche Wirkung, jedoch praktisch einfacher, ist dadurch zu erzielen, daß die Gegenwirkung gegen die Bewegung, beispielsweise die, die sich in der durchgehenden Liegendschicht aufbaut, verringert oder beseitigt wird. Das kann dadurch geschehen, daß die unmittelbare Liegendschicht oder Liegendschichten geschlitzt oder zum Teil herausgenommen werden [3].

Die Geräusche, die häufig vor einem Gebirgsschlag auftreten, sind auch in den Modellversuchen zu hören.

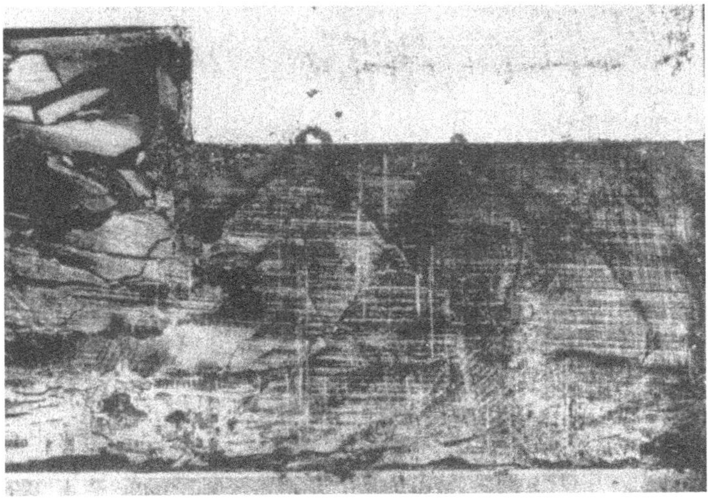

a)

b)

Bild 9. Gleitlinien unter einem Auflager im Tonschiefer — 6. Versuch

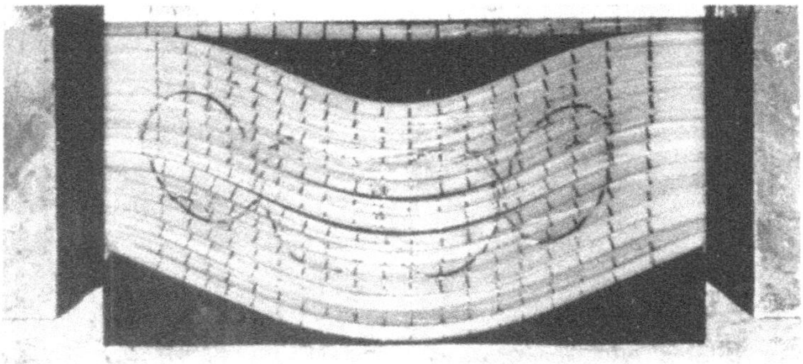

a)

b)

Bild 10. Ausknicken eines Schichtenpaketes durch Querdruck

a) Vulkollanplatten

b) milder, dünnbankiger Schiefer (nach Beyl)

a) 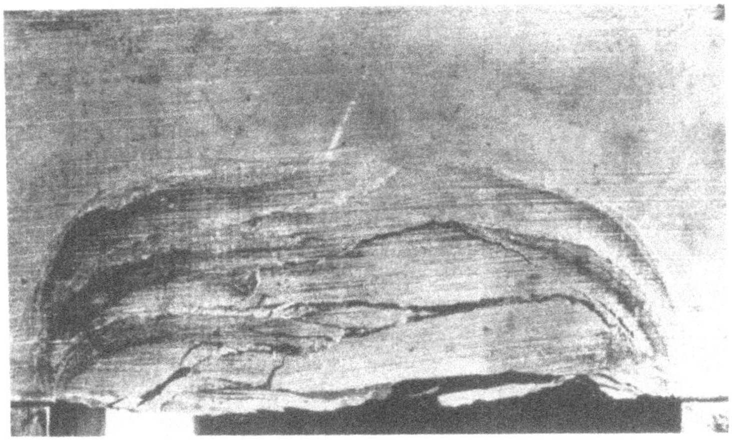

b) 

Bild 11. Tonnenförmige Gewölbelinien im Tonschiefer — 15. Versuch

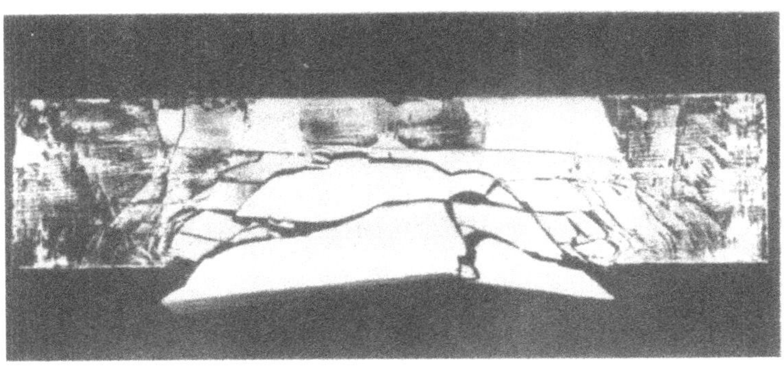

Bild 12. Gewölbeausbildung im Tonschiefer — 8. Versuch

2. Das Verhalten der Hangend- bzw. Liegendschichten

a) Die unmittelbaren Hangend- und Liegendschichten lassen unter der vorgenommenen Belastung zwei Zonen verschiedener Reaktionen erkennen, und zwar die Druckzone, die unmittelbar unter dem Druckstempel liegt (die mit *a* bezeichneten Druckflächen in Bild 1), d. h. die Stellen außerhalb der Streckenweite, auf die der erhöhte Zusatzdruck wirkt, oder der Kohlenstoß im Abbau und die Entlastungszone, die zwischen beiden liegt, in denen sich die Querdehnung auswirkt.

In den Druckzonen wird sprödes Material unter der Wirkung des Zusatzdruckes in Richtung des letzteren gestaucht und sucht senkrecht dazu auszuweichen. Es überträgt diese Querkraft auf den in der Entlastungszone liegenden Gesteinsteil. Dabei bilden sich Scherflächen aus, auf denen das Gebirge bei weiterer Beanspruchung schließlich abgeleitet und zerstört wird (Bild 9).

Die Entlastungszone, die zwischen den beiden Druckzonen liegt, ist dadurch charakterisiert, daß sie einen Teil der durchgehenden Gebirgsschicht darstellt, die nach beiden Seiten im Druckzonenbereich liegt und sich darüber hinaus in den normal belasteten Teil ausdehnt.

Sie ist nach dem freien Strecken- oder Abbauraum zu nicht belastet, nach der Gebirgsseite ist sie ebenfalls nicht belastet, aber die Bewegung senkrecht zur Schichtfläche ist verhindert. Eine äußere Belastung erfolgt nur in Richtung der Schichtung von den seitlichen Druckzonen her in der gleichen Schicht. Diese Belastung ist die seitliche Reaktionskraft der vertikalen Zusatzbelastung. Denkt man sich einen Stab in Kraftrichtung aus der Gesteinsprobe herausgeschnitten, so erkennt man leicht, daß er eine Belastung erfährt, die völlig der einer Knickung entspricht. Wird die Belastung ausreichend hoch, so knickt der Stab aus. Das gleiche ist natürlich auch bei Platten der Fall. Liegen mehrere Gebirgsschichten aufeinander, so folgt bei entsprechender Höhe der Belastung ein Ausknicken der Schichten in den freien Raum (Bild 10).

Man erkennt, daß die äußere Erscheinung des Ausknickens der Erscheinungsform der Biegung sehr ähnelt, und dennoch ist die Mechanik völlig voneinander verschieden. Bei der Biegung erfolgt die Belastung senkrecht zur Balkenachse, bei der Knickung in Balkenachse. Bei der Biegung ergeben sich Auflagerkräfte entsprechend den senkrechten Lasten auf den freien Balken, bei der Knickung ist die Stauchung an den „Einspannenden“ quer zum Balken die Ursache der axialen Belastung und daher ganz anders geartet.

Der wesentlichste Unterschied aber liegt darin, daß das Vermeiden einer Durchbiegung bei der Biegung eine erhebliche Kraft, entsprechend der unmittelbar dagegenwirkenden Last, erfordert, während eine Kraft zur Vermeidung einer Ausknickung erheblich geringer ist. Das ist der Grund dafür, daß trotz starken Druckes die Firste bei entsprechendem Ausbau häufig leicht zu halten ist (man darf es nicht mit plastischem Gebirge vergleichen) und weshalb ein Versatz im Kammerpfeilerbau von geringer Höhe schon eine große Erhöhung der Standsicherheit hervorruft.

Die Durchbiegung hängender Schichten in Strecken ist fast immer keine Biegung, sondern Knickung infolge der Querdehnung. In der Praxis wird auch heute noch häufig die Knickung mit der Biegung verwechselt. Die Erkenntnis ist jedoch von großer Bedeutung und läßt erst die Erscheinungen in spröden Gesteinsschichten, mit denen wir es meist zu tun haben, verstehen.

In spröden Hangend- und Liegendschichten zeichnen sich die Beanspruchungen lange vor dem Bruch durch Fließfiguren ab [4]. Es sind im großen gesehen gewölbeförmige Linien bzw. Flächen, die sich von einer zur anderen Druckzone hinziehen (Bild 11). Bei weiterer Belastungästeln sich diese ursprünglich klar verlaufenden Linien auf. Auf ihnen erfolgt dann später der Bruch.

Die Gleitflächen bzw. Gleitlinien verlaufen im großen völlig entsprechend den theoretischen Erwartungen bei nur vertikaler Beanspruchung in der vorgenommenen Form, wenn auch durch Inhomogenität im kleinen abweichend (Bild 12), d. h., in den Druckzonen zeigen sich die Gleitflächenpaare des aktiven, in der Entlastungszone die des passiven „Erddruckes" [3].

Der Bruch erfolgt in sprödem Material auf Gleitflächen. Die wirkungsvollsten sind die radialen und die resultierenden, die die Form logarithmischer Spiralen haben und sich zu Gewölbelinien ausbilden. Bei festeren Schichten werden gröbere, bei milden kleinere Gebirgsblöcke aus dem Liegenden oder Hangenden herausgequetscht. Bei zwei übereinander liegenden Schichten gleicher Art, beispielsweise Tonschiefer im Hangenden oder im Liegenden, wird diejenige, die unmittelbar am offenen Strecken- oder Abbauraum liegt, mehr zerstört als die anliegende, dennoch wird letztere auch stark gestaucht.

Die Zerstörung beginnt bei zwei Schichten eher (1100 kg/cm² Vertikalspannung) als bei einer Schicht (1200 kg/cm² Vertikalspannung). Bei drei Schichten der gleichen Art wird die am weitesten vom Hohlraum entfernte weniger zerstört als die beiden anderen. Bei zwei Schichten, von denen die innere aus Tonschiefer, die äußere aus Sandstein besteht, wird insbesondere die Tonschieferschicht zerstört. Die Sandsteinschicht erhält nur wenige Gleitflächen. Es ist noch einmal zu betonen, daß die Hauptgleitflächen immer solche sind, die gewölbeartig von einer zur anderen Druckzone verlaufen. Das Stichmaß der Gewölbeflächen ist nach Art und Festigkeit verschieden.

b) Wie die Verformungen im Stoß gehen auch die im Hangenden und Liegenden ruckartig, keineswegs gleichmäßig vor sich (Bild 13). Die dabei auftretenden Geräusche lassen den Beginn örtlich begrenzter Ausbildung von Scherflächen erkennen.

Die Belastung in vertikaler Richtung, d. h. der vertikale Zusatzdruck, muß einen erheblichen Betrag annehmen, wenn die Querdehnung zu einem Stauchungsbruch führen soll. Ihre Größenordnung liegt bei 1100 kg/cm² bis 1200 kg/cm² bei einem Schiefer, dessen Druckfestigkeit etwa 710 kg/cm² beträgt.

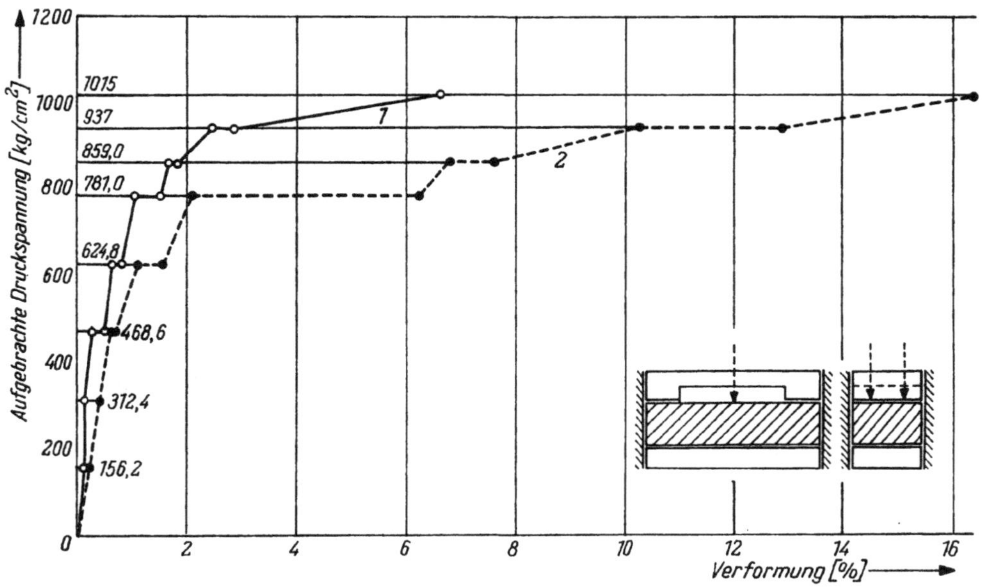

Bild 13. Spannungs-Dehnungsdiagramm für den 8. Tonschiefer-Druckversuch

1 — Verformung zwischen den Druckplatten;
2 — Verformung im freien Bereich

Der Beginn der Ausbildung von Gleitflächen (Fließfiguren) liegt jedoch bereits bei ~470 kg pro cm² Vertikalbelastung, die eine vertikale Verformung in der entlasteten Zone von 4 bis 6‰ hervorruft. Er ist zu erkennen an dem Beginn der stufenweisen Verformung (s. Bild 13).

Es geht daraus hervor, daß

a) die Belastbarkeit des Gebirges unter den vorliegenden Bedingungen mehr als das 1,5fache der Druckfestigkeit beträgt, ehe ein Gleitbruch erfolgt,
b) der Beginn der Ausbildung von Gleitflächen, von Fließfiguren, bereits bei einer vertikalen Belastung von 70% der Druckfestigkeit eintritt und
c) die Zerstörung der Hangend- bzw. Liegendschichten in einem Schiefer, wie er hier benutzt wurde, durch die Auswirkung des Querdruckes erst in einer Teufe von mindestens 900 m erfolgen kann.

Erfolgt ein Gebirgsschubbruch oberhalb dieser Teufe aus der Firste oder der Sohle heraus, so liegt ein anderes Gebirgsmaterial vor, das gegen Querdruck empfindlicher ist. Ist das nicht der Fall, so ist die Auswirkung oder Entstehung des Gebirgsschlages ein Herausschleudern der Stoßschichten infolge des Querdruckes.

Die Ergebnisse der Modellversuche bestätigen somit die vor vielen Jahren aufgestellte Mechanik der Gebirgsschläge in Steinkohlenflözen und Salzabbauen, die auf der Auswirkung des Querdruckes auf Gleitflächen beruht.

Aus der Erkenntnis dieser Mechanik folgen die Maßnahmen zur Verhütung der Gebirgsschläge [3] und von hier ausgehend muß auch die Möglichkeit zum frühzeitigen Erkennen der Gefahr gesucht werden.

Literatur

[1] MOHR, F.: Auszug aus einem Vortrag, der am 29. 1. 1954 in Essen gehalten wurde, später veröffentlicht: Die Erforschung des Gebirgsdruckes als wichtigste Aufgabe des Bergbaus. „Bergbau" Aug. 1954.
[2] MOHR, F.: Planung von Gebirgsdruckmessungen in Kaligruben. Bergbauwissenschaften 1954, Heft 4.
[3] MOHR, F.: Gebirgsmechanik. H. Hübner Verlag, Goslar 1963, S. 363, Bild 299.
[4] MOHR, O.: Abhandlungen aus dem Gebiet der technischen Mechanik. 2. Auflage, Ernst & Sohn, Berlin 1914.

Die Gefügeanisotropie als mechanisch wirksamer Faktor beim Gebirgsschlag

von H. K. Helfrich, Boliden

Der Fels wird in seinem Festigkeitsverhalten durch tektonisch hervorgerufene, aber eingefrorene Verformungsenergien beeinflußt. Das Auftreten von Gebirgsschlägen in an sich gutartigem Gebirge und in geringer Teufe sind Zeugen dafür. Durch tektonische Prozesse werden stoffliche Inhomogenitäten mechanisch wirksam. Zusammen mit den tektonischen Raumdaten kommen sie in Teilbereichen verschiedener Größenordnung sowohl im Mega- als auch im Mikrogefüge zum Ausdruck und werden erneut mechanisch wirksam, wenn im Fels ein Eingriff vorgenommen wird, wie beispielsweise die Öffnung eines Grubenraumes.

Seit B. Sander [8] werden gefügeanalytische Methoden zur Bestimmung der Gefügecharakteristik durchgeführt und der Versuch unternommen, anhand der Verformungsbilder auf den Kraftansatz zurückzuschließen. Für das Felsverhalten stellen die Gesteine im Proben- bzw. Handstückbereich integrierende Bestandteile dar, deren Festigkeitsanalyse an definierten Probekörpern durchgeführt wird. Der Sprung zum Fels fordert auch im Bereich stark anisotroper inhomogener Teilkörper verschiedener Größenordnung quantitative Bestimmungsmethoden. Großversuche in situ sind im Bergbau, wo die Standzeit der Grubenräume die Lebenszeit der Lagerstätte oder bestimmter Teilbereiche nicht überschreiten soll, noch zu kostspielig. Eine Festigkeitsklassifizierung des Gebirges muß, was die Auflösung gebirgsmechanischer Vorgänge betrifft, wie beispielsweise die Gebirgsschläge, auf die quantitativ-statistischen Möglichkeiten der Gefügeanalyse zurückgreifen.

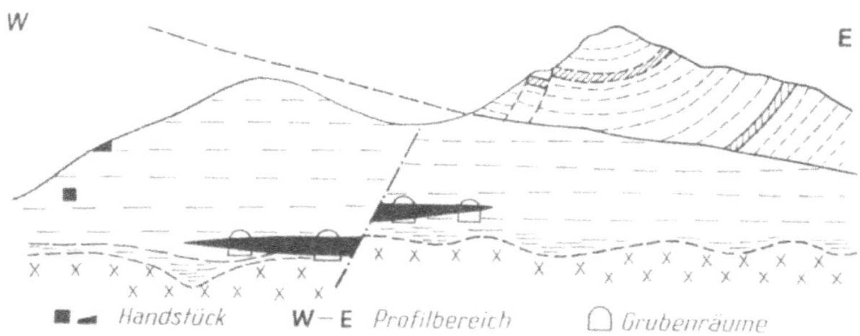

Bild 1. Schematische Gegenüberstellung von verschiedenen Bereichen

Das Flächen- und Achsengefüge ist statistisch zu erfassen als geordnete Beschreibung typischer Raumdaten unter Bezugnahme auf den betrachteten Bereich. Während für den Feldgeologen der Handstück- bis Profilbereich zur Diskussion steht, sind es für den Gebirgsmechaniker die Felsbereiche um offene Grubenräume und in Bergfesten, die aber nur als zeit- und raumabhängig einem Großverband (tektonische Einheiten) zugehörig aufgefaßt werden dürfen. Grundsätzlich ist dabei die Forderung, daß bei einer Analyse der genetische Rahmen nicht gesprengt wird.

In der Gefügestatistik wird von der Belegdichte einer Flächenschar gesprochen (Häufigkeit/Flächeneinheit). Das Endergebnis ist ein Dichteplan mit entsprechenden Belegzahlen. Die

Einführung des SANDERschen Koordinatensystemes ermöglicht eine lage- und raumgetreue Erfassung aller Gefügedaten mit dem Ziel, aus der Gefügesymmetrie eines deformierten Gebirgskörpers auf die Kinematik schließen zu können.

Die Analyse des Schaubildes hinsichtlich seiner Regelung und Besetzung [5], [8] zeigt die Bevorzugung oder Verkümmerung gewisser Gefügedaten auf. Dazu kommt der Einfluß störender Faktoren, wie vagabundierender Raumdaten, oder solche, die oft erst embryonal im Korngefüge angelegt sind, aber unter dem Einfluß gerichteter Kräfte mechanisch wirksam werden können.

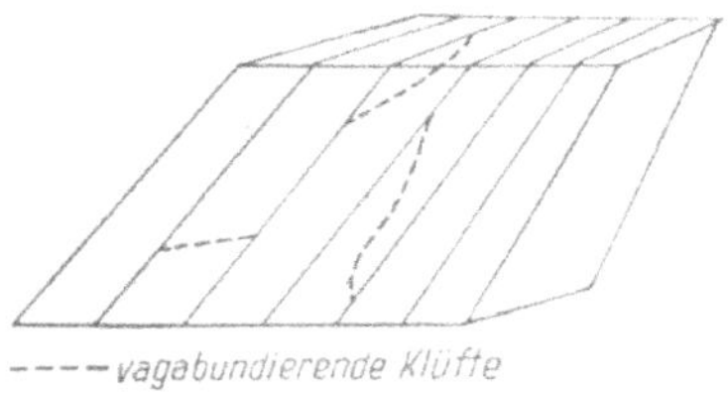

Bild 2a. Darstellung eines Kluftsystems mit vagabundierenden Klüften

Bild 2b. Korngefüge mit embryonal angelegten Diskontinuitäten

Da diese Daten der Ausdruck geologischen Geschehens in Zeit und Raum sind, befinden sich im Fels gegenüber den ansetzenden Außenkräften physikalische Anisotropien, die wesentlich die Verformungscharakteristik des Gebirges bestimmen. Das gilt in verstärktem Ausmaße für Felskörper, die mehrmals verformt wurden, besonders dann, wenn neue Deformationspläne mit anderen Richtungen einwirken. Stets sind es in jedem Teilstadium vorgezeichnete Raumdaten einer unrückläufig endlichen Verformung, im Zeitablauf außerdem unkontrollierbar unstetig. Es ist daher verständlich, daß ein Gebirge mit verschiedener Gefügegenität und -tropie auf gleiche Beanspruchung unter ähnlichen Bedingungen eine unterschiedliche Deformationscharakteristik aufweisen wird. Das führt zur Bildung von neuen Teilgefügen, die beispielsweise durch die Sprengeinwirkung (Sprengtektonik) entstehen können.

Ein empfindlicher Indikator für Deformationen ist das Korngefüge. Die Regelung des Korngefüges kann mit den Hauptspannungsrichtungen im Gebirge korrespondieren [2]. Die Festigkeitseigenschaften des Gebirges werden durch das ihm aufgeprägte Korn-, Flächen- und Achsengefüge modifiziert. Es können auch sich einander zeitlich und räumlich überprägende Gefügeelemente die Festigkeit mehrfach verändern, was bedeutet, daß auch der Verformungscharakter entsprechenden Änderungen unterworfen ist.

Das Gefüge des Gebirges wird einen nicht zu unterschätzenden Einfluß auf den Mechanismus der Gebirgsschläge haben. Es wird Gebirgsschläge fördern oder diesen entgegenwirken können.

Stark geklüftete Gebirge können günstig sein (Goldbergbau Südafrika), geschieferte Gebirge, wenn das bevorzugte gedreht und damit tektonisch gespannt ist, ungünstig in Erscheinung treten [3].

Die Gefügeanalyse in der Gebirgsmechanik muß, wenn man aus den Resultaten die mechanische Wirksamkeit des Gefüges ableiten will [9], nicht nur vom Deformationsplan, sondern auch vom Spannungsplan ausgehen, d. h. den Hauptspannungsrichtungen im aktuellen Teilbereich gegenübergestellt werden. Dazu ist natürlich eine Analyse über die statistische Verteilung der Hauptspannungen innerhalb der zu untersuchenden Teilbereiche mehrfach im selben Punkte durchzuführen, da die Spannungen durch den bergbaulichen Eingriff Veränderungen der Größe und Richtung nach ausgesetzt sind. Wenn beispielsweise Festigkeitsuntersuchungen an Probenkörpern durchgeführt werden, so müssen diese *orientiert* aus einem bestimmten Teilbereich entnommen und „orientiert" Festigkeitsuntersuchungen unterworfen werden, die dem natürlichen Kraftansatz analog sind [6].

Genauso, wie das IBG Normen für die Bestimmung der Gesteinsfestigkeit herausgegeben hat, muß auch eine genormte gefügekundliche Arbeitsweise durchgeführt werden. Der Weg vom Schaubild zum quantitativen „Gefügefaktor" führt über eine Datenverarbeitung des Gefügeanalysenmateriales, eventuell vorerst mit Hilfe eines Lochkartensystemes.

Wie sehr der Gefügedanke im gebirgsmechanischen Denken Platz gegriffen hat, sieht man aus Arbeiten der jüngsten Zeit. So hat unter anderem A. Watznauer [9] auf die Bedeutung des Porengefüges für die Bruchbereitschaft eines Gesteines hingewiesen, L. Hansagi [1] durch die Einführung eines Gefügefaktors, den man besser Kernfaktor nennen möchte, Rückschlüsse aus der Gesteins- auf die Gebirgsfestigkeit gezogen, nicht zuletzt sollen aber die Ansätze zur experimentellen Tektonik erwähnt sein, wie sie beispielsweise von R. Kvapil [4] und H. Ramberg [7] aufgezeigt wurden. Ein weiterer Weg ist möglicherweise der Gedanke über ein Studium der Diskontinuitäten in den natürlichen Kristallen, um die Genetik des Wachstums- und des tektonischen Raumgefüges analysieren zu können. Vielleicht kann eine solche Analyse zur Klärung gebirgsschlagmechanischer Vorgänge beitragen. Es scheint mir, daß im Korngrenzenproblem zumindest ein Teil der Lösung gebirgsmechanischer Fragen verborgen liegt.

Literatur

[1] Hansagi, I.: Numerical determination of mechanical properties of rock and of rock masses. Int. J. Rock Mech. Mining Sci. Vol. 2 pp. 219—223, Pergamon Press 1965.

[2] Helfrich, H. K.: Zur Gefügeanisotropie des Granites der Bleierzlagerstätte Laisvall und deren Beziehung zu den horizontalen Hauptspannungsrichtungen. Felsmechanik und Ingenieurgeologie, Vol. III, 1965.

[3] Helfrich, H. K.: Geologiska synpunkter på bergarternas och bergets hållfasthet med exempel från gruvor i Skelleftefältet (Geologische Gesichtspunkte über die Gesteins- und Gebirgsfestigkeit mit Beispielen von Gruben aus dem Skelleftefeld). Bergmekanik IVA-meddelande **142**, Stockholm 1965.

[4] Kvapil, R.: Tektonische Experimente an natürlichen Gesteinen. Felsmechanik und Ingenieurgeologie Vol. I/1 1963.

[5] Müller, L.: Der Felsbau. Bd 1. Enke, Stuttgart 1963.

[6] Pforr, H. und Rosetz, G. P.: Kritischer Vergleich von Methoden zur Zugfestigkeitsbestimmung an Gesteinen. Bergakademie **17**, Heft 9, Sept. 1965.

[7] Ramberg, H.: Experimental study of gravity tectonics by means of centrifuged models. The Bull. of the Geol. Inst. Uppsala. Vol. XLII, 1963.

[8] Sander, B.: Einführung in die Gefügekunde geologischer Körper. Teil I und II, Springer, Wien 1948/50.

[9] Watznauer, A.: Gebirgsmechanische Probleme in gefügeanalytischer Sicht. Ber. 5. Ländertreffen d. Int. Büro f. Gebirgsmechanik (Leipzig 1963), Berlin 1964.

Eine praktische Methode der Gebirgsklassifizierung

von I. Hansági, Kiruna

Es ist wohlbekannt, daß die Festigkeitseigenschaften des Gebirges mit den Festigkeitseigenschaften des Gesteins nicht identisch sind und eine von den Kluftkörperverbänden abhängende Beziehung zwischen ihnen existiert. Darum ist man bestrebt, einen sogenannten Felsmodul festzustellen. Diese Bestrebungen erfordern aber kostspielige und durchaus nicht einfache Untersuchungen.

Die Gebirgsverhältnisse und auch die Gebirgsdruckverhältnisse sind in Kiruna bekanntlich günstig. Es gibt keine größeren Schwierigkeiten beim Auffahren in der Vor- und Ausrichtung, und der Ausbau in Abbaustrecken ist beinahe unbekannt. Das Hangende und Liegende der riesigen Magnetit-Lagerstätte besteht aus Quarz- bzw. Syenitporphyr. Diese Gesteine sehen ganz homogen aus, doch gibt es beträchtliche Festigkeitsunterschiede zwischen den einzelnen Revieren. Es wurde darum eine praktische Berechnungsmethode in Kiruna eingeführt, um nicht nur die Gesteinsfestigkeit (mittels Probekörper), sondern auch die Gebirgsfestigkeit zu bestimmen.

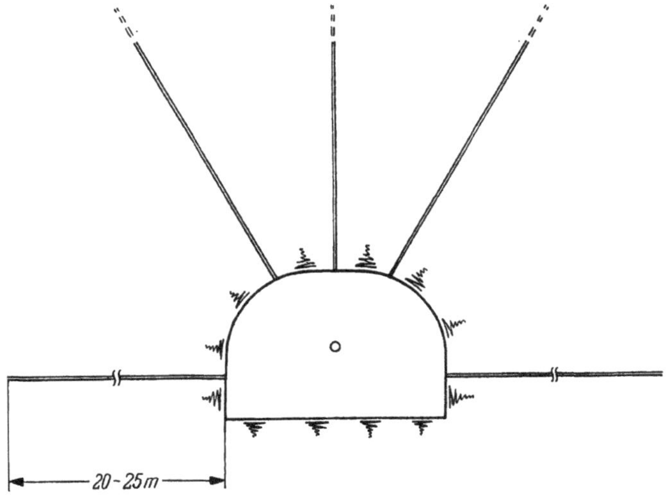

Bild 1. Streckenprofil mit Bohrlochanordnung zur Probenentnahme aus Bohrkernen

Die Gesteinsfestigkeit — richtiger die Festigkeit des Probekörpers — hängt u. a. von der Mineralzusammensetzung und von der Gesteinsdichtigkeit ab. Bei ungünstigerem Kluftkörperverband ergibt sich eine ganz niedrige Gebirgsfestigkeit, obwohl die Gesteinsfestigkeit vielleicht ganz hoch ist — und umgekehrt.

Um nun die Gebirgsverhältnisse vom Gesichtspunkt des Auffahrens und des Ausbaus in verschiedenen Grubenrevieren, aber in denselben Gesteinen, vergleichen zu können, wurden 20—25 m lange Bohrlöcher in der Umgebung der Strecken nach Bild 1 mit Diamantbohrung aufgefahren. Die Bohrkerne wurden mit einem Durchmesser von 42 mm — entsprechend der Empfehlung vom IBG — hergestellt.

Falls man die Gebirgseigenschaften auf zwei oder mehreren Plätzen vergleichen will, muß man natürlich alle Bohrlöcher mit derselben Bohrmaschine und möglicherweise mit derselben Mannschaft auffahren, um die vergleichungsstörenden Maschineneigenschaften und die menschlichen Faktoren auf ein Minimum zu beschränken. Diese Bestrebung gelingt aber nie vollständig, darum muß man den Einfluß dieser Fehlerquellen durch Massenbeobachtungen verringern.

Die erhaltenen Bohrkerne wurden nach ihren Längen in verschiedene Klassen eingereiht. Die Klassengrenzen wurden in Intervallen von 10 cm gewählt. Da viele Bohrkernstücke unter 10 cm fallen, und es ganz unwahrscheinlich ist, daß man zahlreiche Probekörper mit einer Höhe von 42 mm aus diesen aussägen könnte, wurden die Bohrkernstücke unter 10 cm aus der Berechnung ausgeschlossen, und die Klasseneinteilung beginnt von 10 cm aufwärts. Die Mittellängen der Klassen — d. h. 15, 25, 35 cm usw. — wurden mit $k_1, k_2, k_3, \ldots, k_n$ bezeichnet.

Es ist selbstverständlich, daß die Kernstückzahlen in den Klassen von den Bohrlochlängen abhängig sind, darum muß man auf eine Einheit (ein Meter) reduzieren. Falls die Kernstückzahlen eines Bohrloches mit $x_1^v, x_2^v, \ldots, x_n^v$ bezeichnet werden und die Länge des Bohrloches mit s, werden die auf ein Meter reduzierten Bohrkernstücke $\frac{x_1^v}{s}, \frac{x_2^v}{s}, \ldots, \frac{x_n^v}{s}$ erhalten, und diese werden mit $x_1, x_2, \ldots, x_n$ bezeichnet.

Diese reduzierten Bohrkernstückzahlen kann man auch in einem Blockdiagramm veranschaulichen. Das Aussehen dieses Diagrammes ist natürlich charakteristisch, doch gibt es uns keine zahlenmäßige Erklärung über die Gebirgseigenschaften.

Man kann weiterhin den Mittelwert der klasseneingereihten und auf einen Meter reduzierten Kernstücke ausrechnen, und er ist schon zahlenmäßig charakteristisch für die Gebirgseigenschaften.

Der Mittelwert ist:

$$\bar{k} = \frac{x_1 \cdot k_1 + x_2 \cdot k_2 + \cdots + x_n \cdot k_n}{x_1 + x_2 + \cdots + x_n} .$$

Man kann diesen Mittelwert mit einem idealisierten Zustand vergleichen, wenn ein ideales ganz rißfreies Gebirge vorausgesetzt wird. In einem solchen idealen Gebirge würde man im idealisierten Fall (unabhängig von der Bohrmaschine und von den menschlichen Faktoren) ein einzelnes unbeschädigtes Bohrkernstück gewinnen, das genau so lang wäre, wie das Bohrloch selbst. Es ist auch klar, daß man 6,66 Kernstücke mit einer Länge von 15 cm, 4 mit 25 cm, 2,86 mit 35 cm usw. aus einem Meter theoretisch gewinnen könnte. Man kann natürlich den theoretischen Mittelwert auch ausrechnen. Dieser theoretische Mittelwert wird wie folgt :

$x_1 = 6{,}66$ Stück/Bohrmeter $k_1 = 15$ cm
$x_2 = 4{,}00$ Stück/Bohrmeter $k_2 = 25$ cm
$x_3 = 2{,}86$ Stück/Bohrmeter $k_3 = 35$ cm
$x_4 = 2{,}22$ Stück/Bohrmeter $k_4 = 45$ cm
$x_5 = 1{,}82$ Stück/Bohrmeter $k_5 = 55$ cm
$x_6 = 1{,}54$ Stück/Bohrmeter $k_6 = 65$ cm
$x_7 = 1{,}35$ Stück/Bohrmeter $k_7 = 75$ cm
$x_8 = 1{,}18$ Stück/Bohrmeter $k_8 = 85$ cm
$x_9 = 1{,}05$ Stück/Bohrmeter $k_9 = 95$ cm

$$\bar{k}_i = 39{,}712$$

Bild 2 zeigt die Kurve des Idealgesteins und zwei charakteristische Kurven von zwei Bestimmungen.

Die Kurve C 576 enthält 5 Bohrlöcher nach Bild 1, die Kurve Y 41,5 wurde dagegen nur auf 2 Bohrlöcher gegründet. Dies ist ein klarer Beweis, daß 5 Bohrlöcher für eine Bestimmung der Gebirgsfestigkeitseigenschaften notwendig sind.

Wenn dieser Idealwert ($\bar{k}_i$) mit dem früheren Mittelwert ($\bar{k}$) verglichen wird, wird ein Korrekturfaktor erhalten, und er ist schon charakteristisch und vergleichbar zwischen den verschiedenen Gebirgseigenschaften. Der Wert dieses Korrekturfaktors (C_1) kann immer kleiner als 1 sein, d. h. $C_1 = \bar{k}/\bar{k}_i < 1$.

Es ist möglich, weitere Korrekturfaktoren zu ermitteln, die von den Rissen des Gebirges abhängig sind. Die Anzahl der aussägbaren Probestücke ist z. B. auch charakteristisch für die Gebirgseigenschaften. Wenn die Höhe des Probestückes mit h, die Anzahl der ausgesägten Probestücke mit p und die Länge des Bohrloches mit s bezeichnet wird, so erhält man:

$$p_m = h \cdot p/s .$$

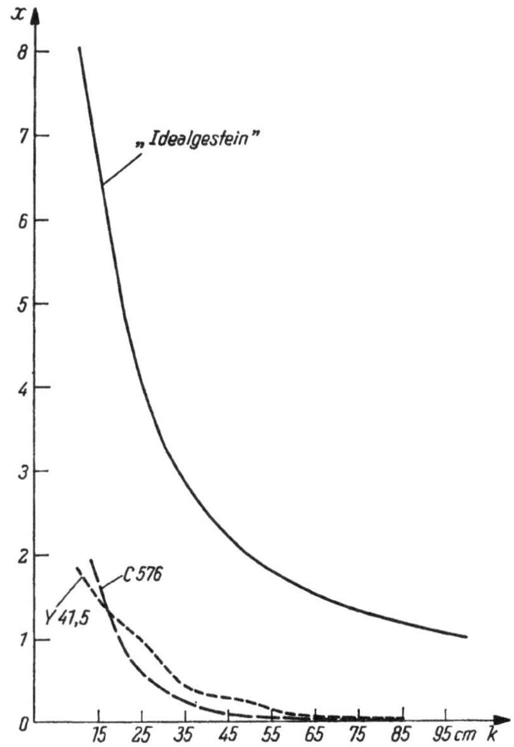

Bild 2. Diagramm der Abhängigkeit der Kornstückzahlen von der Klassenlänge

Dieser Wert ist auch charakteristisch, und er sagt aus, wieviele Probestücke auf 3 m Bohrloch fallen. Wird wieder ein ideales Gebirge vorausgesetzt, so wird p_i — auf 1 m reduzierte Probestücke — gewonnen. Es lautet:

$$p_i = 1/h .$$

Falls p_m mit p_i verglichen wird, so erhält man einen weiteren Korrekturfaktor, d. h.:

$$C_2 = p_m/p_i .$$

Nach den gesammelten Erfahrungen wird empfohlen, diesen Korrekturfaktor (C_2) zu modifizieren, weil die aussägbaren und die ausgesägten Anzahlen der Probestücke nicht identisch sind. Auf Grund der Gebirgsrissigkeit gelingt es praktisch nie, so viele unbeschädigte Probestücke herzustellen, wie nach dem Aussehen der Kernstücke geplant wurden. Dieser Korrekturkoeffizient hängt natürlich vom Zustand und von der Art der Gesteinssäge sehr ab. Bei unveränderten Umständen werden doch die erhaltenen Angaben vergleichbar, und man kann den Korrekturfaktor C_2 mit Hilfe des Koeffizienten C_3 modifizieren. Er lautet:

$$C_3 = p_a/p ,$$

wobei p_a die Anzahl der ausgesägten und für die Festigkeitsuntersuchungen angemessenen Probestücke und p die Anzahl der vorausgesetzten Probestücke nach dem Aussehen des Bohrkernes sind. Mit Hilfe des Koeffizienten C_3 wird der Korrekturfaktor C_4 erhalten:

$$C_4 = C_3 \cdot C_2 .$$

Der Korrekturfaktor C_4 hat die gleichen Eigenschaften wie der Faktor C_1, und darum ist es erlaubt, ihre mathematischen (oder geometrischen) Mittelwerte zu bilden und einen endgültigen Faktor — C_g — zu bestimmen. Dieser Faktor ist charakteristisch für das Gebirge in der größeren Umgebung der aufgefahrenen Bohrlöcher und wird Gefügefaktor genannt.

$$C_{gm} = \frac{C_1 + C_4}{2} < 1$$

oder

$$C_{gg} = \sqrt{C_1 \cdot C_4} < 1 \,.$$

Wenn C_1 und C_4 kleiner als 0,5 sind, wird der geometrische Mittelwert wegen der größeren Sicherheit verwendet.

Wenn die im Labor bestimmten Druck- und Zugfestigkeitswerte des Gesteins mit σ_d und σ_z bezeichnet werden, kann man diese Werte mit dem ausgerechneten Korrekturfaktor reduzieren und erhält neue Festigkeitswerte, die als Gebirgsfestigkeit betrachtet werden können.

Diese ausgerechneten Gebirgsfestigkeitswerte sind:

$$\sigma_{d_g} = \sigma_d \cdot C_g \qquad \text{und} \qquad \sigma_{z_g} = \sigma_z \cdot C_g \,,$$

wobei C_g der mathematische oder geometrische Gefügefaktor ist.

Diese Festigkeitswerte stehen wahrscheinlich den praktischen Festigkeitseigenschaften näher als die Laborwerte der Gesteinsfestigkeit. Nach unseren Erfahrungen in Kiruna sind diese Werte in den verschiedenen Grubenrevieren vergleichbar. Diese Werte geben wenigstens einen mathematisch ausdrückbaren Begriff für die Verschiedenartigkeit des Gebirges. Die Gesteine, die ziemlich niedrige Festigkeitseigenschaften haben, können aus praktischen bergmännischen Gesichtspunkten als sehr günstiges Gebirge mit einem ziemlich hohen ausgerechneten C_g-Faktor angesehen werden. Diese Beziehung ist natürlich auch umgekehrt gültig. Es wurde nämlich in Kiruna festgestellt, daß die Gewinnbarkeit und die Ausbauumstände bei Gesteinsarbeiten in einer regelmäßigen Beziehung mit den durch den C_g-Faktor ausgerechneten Gebirgsfestigkeitseigenschaften stehen, es wurde aber keine so klare Gesetzmäßigkeit zwischen den im Labor bestimmten Gesteinsfestigkeiten beobachtet.

Tabelle 1 zeigt einige Gesteinsfestigkeitswerte von Kiruna. Diese Festigkeitswerte sind bekanntlich sehr günstig.

Tabelle 1. Gesteinsfestigkeit

Liegendes von Kiruna (Syenitporphyr)

Revier	Teufe m	Druckfestigkeit			Zugfestigkeit		
		Proben-anzahl	kp/cm²	Standard-abweichung	Proben-anzahl	kp/cm²	Standard-abweichung
C 276 (1—9)	150	726	1777	±28%	735	110	±38%
C 576 (1—6)	450	702	2106	±26%	700	139	±37%

Eisenerz von Kiruna

Revier	Teufe m	Druckfestigkeit			Zugfestigkeit		
		Proben-anzahl	kp/cm²	Standard-abweichung	Proben-anzahl	kp/cm²	Standard-abweichung
Y 41,5—370	270	341	961	±42%	364	66	±42%
Y 15,0—370	130	362	839	±45%	352	56	±43%

Tabelle 2 zeigt dagegen die mit dem beschriebenen Verfahren ausgerechneten Gebirgsfestigkeitswerte zwischen zwei Revieren und außerdem ihre Gesteinsfestigkeitswerte. Es geht aus den Tabellen hervor, daß die Gesteinsfestigkeitswerte im untersuchten Revier nur mit 13—15% ungünstiger wären als im Referenzrevier. Es ist aber klar, daß die Gebirgseigenschaften im untersuchten Revier sehr ungünstig sind und der Unterschied zwischen ihnen weitaus mehr als 13—15% beträgt.

Tabelle 2 zeigt, daß ein Unterschied von mindestens 41—42% vorhanden ist, und diese niedrigeren Gebirgsfestigkeitswerte stehen schon näher zu den praktischen Beobachtungen als die Gesteinsfestigkeitswerte.

Tabelle 2. Gebirgsfestigkeit (Eisenerz)

Revier	Erfahrungsmäßige Beschaffenheit des Gebirges	Gesteinsfestigkeit				Gefügefaktor		Gebirgsfestigkeit			
		Druckfestigkeit		Zugfestigkeit				Druckfestigkeit		Zugfestigkeit	
		kp/cm²	%	kp/cm²	%	Größe	%	kp/cm²	%	kp/cm²	%
Y 41,5—370 (Referenzrevier)	Sehr gut. Kein Ausbau	961	100	66	100	0,69	100	663	100	45,5	100
Y 15,0—370	Nicht gut. Ausbau ist erforderlich	839	87	56	85	0,47	68	394	59	26,3	58

Man ist bestrebt, nun mehrere „Referenzfestigkeitswerte“ in verschiedenen Revieren zu bestimmen. Wenn die Bohrkerne, die durch die beschriebenen Untersuchungsbohrungen oder durch die Schürfungsarbeiten gewonnen wurden, zur Verfügung stehen, kann man die ausgerechnete Gebirgsfestigkeit mit den Referenzrevieren vergleichen und weitgehende praktische Folgerungen für die Planungs- und Betriebsarbeit von neuen oder noch nicht wohlbekannten Revieren oder Gruben finden.

Eine Untersuchung der Verformung einiger Arten von zerklüfteten Gesteinsformationen und die Bestimmung ihrer rheologischen Eigenschaften in situ

von Tan Tjong-Kie, Wuhan

Zusammenfassung

Es ist eine gut bekannte Tatsache, daß es schwierig ist, Versuchsergebnisse zu erhalten, die als repräsentativ für zerklüftete Gesteinsformationen angesehen werden können. Der Verfasser schlägt deshalb vor, ein vereinfachtes mechanisches Bild der Formation zu ersinnen (Mittel von global durchschnittlichen Eigenschaften), so daß seine wesentlichsten Eigenschaften berücksichtigt werden können. Die Prüfung kann dann zur getrennten Bestimmung der mechanischen Quantitäten des festen Gesteins und der Klüfte vereinfacht werden; wenn diese Moduln bestimmt werden können, dann können die gemischten Moduln der zerklüfteten Formation durch Berechnung erhalten werden. Dieser Gedanke wird veranschaulicht mit Hilfe des Beispiels eines zerklüfteten Gebirgskörpers, dessen mechanische Eigenschaften hauptsächlich durch eine Schar von parallelen Klüften geregelt werden. Diese Spannungs-Dehnungs-Beziehungen für diesen transversal isotropen Fall werden abgeleitet, und eine Lösung für die Spannungsverteilung um einen kreisförmigen Tunnel wird vorgestellt. Abschließend werden einige Methoden zur Messung der rheologischen Parameter im Feld vorgeschlagen.

Eine Analyse der Prüfung von Gebirgsformationen

In der täglichen Praxis befassen sich die Ingenieure gewöhnlich mit Materialien, von welchen angenommen wird, daß sie makroskopisch homogen sind. Vom Festkörper wird angenommen, daß er aus Volumenelementen besteht, die sehr klein im Vergleich mit den unter Spannung stehenden Bereichen sind. Vom mikroskopischen Gesichtspunkt ist sein inneres Gefüge selbstverständlich heterogen. Beim Prüfen von Materialien sind wir an kleine Proben mit Abmessungen, die einige zehn Zentimeter nicht überschreiten, gewöhnt. Die Prüfung von Gesteinsproben von ähnlichen Abmessungen kann uns im besten Falle nur einige Daten hinsichtlich des Materials des Gesteins liefern, kann uns jedoch kaum einen Begriff von den Eigenschaften des Gebirgskörpers als Ganzes geben. Die mechanischen Eigenschaften einer Formation beruhen nicht nur auf der Qualität des Gebirgsmaterials selbst, sondern in einem großen Umfange auch auf der relativen Beweglichkeit der Blockelemente entlang ihrer Grenzen; dieser Mechanismus wird umgekehrt durch die Art des Netzes von Störungen, kontinuierlichen und diskontinuierlichen Klüften, bestimmt. Dieses wichtige Konzept wurde einwandfrei durch Stini, Müller und Clar verteidigt und hat sich als korrekt erwiesen, wie wir von örtlichen Befunden wissen. Genaue Messungen der relativen Bewegung der Blockelemente, die durch unser Institut ausgeführt worden sind, zeigen deutlich, daß die Formänderung eines Gebirgskörpers unter dem Einfluß von Spannungswellen auf Grund der Schießarbeit hauptsächlich das Ergebnis des Gleitens dieser Blockelemente entlang des dreidimensionalen Netzes von Störungen und Klüften ist.

Besonders seit 1958 wurde eine große Zahl von örtlichen Versuchen in unserem Lande über verschiedene Arten von Gebirgsformationen durchgeführt; viele Arten von Scherversuchen, Formänderungsversuche mit Hilfe von Druckkissen und hydraulischen Hebeböcken; radiale Formänderungsversuche in Bohrungen mit Hilfe von Druckmessern (1 m

Durchmesser und größer); Ausdehnungsversuche in Versuchstunneln und hydraulischen Kammern. In vielen Fällen wurden nicht nur ausgedehnte geologische Untersuchungen ausgeführt, sondern auch eine eingehende geomechanische Forschung, um das vollständige Bild der Formänderung, Klüftebildung, Störungsbildung und Spaltenbildung zu erklären und um ein gewisses Bild von der möglichen Verteilung der Restspannungen zu erhalten.

Der Zweck jedes Versuches sollte sein, ausreichend repräsentative Daten der verformten Bereiche des Gebirgskörpers zu erhalten. Die Unregelmäßigkeiten von Gebirgen führen uns direkt zur Prüfung von Proben von verhältnismäßig großen Abmessungen (Größenordnung von Metern); so empfiehlt Müller, Proben mit einer Größe von mindestens dem Einhundert- bis Zweihundertfachem des durchschnittlichen Spaltabstandes zu prüfen, um statistische Durchschnittsergebnisse zu erhalten. Befestigungsschwierigkeiten bei Versuchen und Analysen ergaben sich unmittelbar, wenn größere Spaltenabstände angetroffen werden. Die Prüfung von Proben, die groß genug sind, um den Einfluß des Netzes von Klüften wiederzugeben, wird in der Regel unmöglich. Wie in der folgenden Analyse gezeigt wird, können die Schwierigkeiten in Sonderfällen durch getrennte Prüfung der Klüfte und des Gebirgsmaterials überwunden werden, und dann können die mechanischen Quantitäten der gesamten Formation mathematisch abgeleitet werden. Die Schwierigkeit des Problems besteht darin, ein vereinfachtes mechanisches Bild der Formation zu entwerfen, so daß ihre wesentlichsten Eigenschaften berücksichtigt werden können und das Problem besser behandelbar für die mathematische Behandlung wird. Die Aufgabe wird dann darauf zurückgeführt, dieses Medium von durchschnittlichen globalen Eigenschaften in Versuchen und Berechnungen wiederzugeben. Rocha scheint ebenfalls in ähnlichen Richtungen zu denken, wenn er empfiehlt, die Schereigenschaften der Formation über Laboratoriumsversuche mit Modellen, wo die Geometrie von Klüften und ihre mechanischen Eigenschaften wiedergegeben werden, abzuschätzen. Obgleich Gebirgskörper auf den ersten Blick ziemlich unregelmäßig sein mögen, können sie sich mit ziemlich regelmäßigen Eigenschaften zeigen, wenn sie von einem geeignet großen Maßstab betrachtet werden. Wenn die verformten Bereiche groß im Vergleich mit den einzelnen Blockelementen sind, können die Gesetze der kontinuierlichen Mechanik angewandt werden. Wenn diese Elemente weiter beinahe identisch sind, dann kann dieses Medium in einem großen Maßstab als homogen angesehen werden. Je nach den geologischen Bedingungen kann eine Teilung der Formation in verschiedene homogene Bereiche mit eigenen Eigenschaften notwendig sein; natürlich benötigt jedes Problem seine besondere Behandlung. Der obige Gesichtspunkt kann am besten durch einige Beispiele veranschaulicht werden. Sedimentgesteine treten häufig in Schichten von wenigen Metern Dicke auf, die gegenseitig durch dünne Verkittungsschichten von verwitterten Kristallen, Ton, Gips usw. getrennt sind. Außerdem sind die Schichten geschnitten und verwoben durch andere Reihen von Zerklüftungsebenen und -spalten. Es ist zuerst notwendig, eine Analyse der Rolle dieser Zerklüftungsreihen in der Formänderung der Formation durchzuführen, wobei die Hauptunterschiede in Störungen, kontinuierlichen und diskontinuierlichen Klüften und der Beitrag eines Netzes von feinen Spalten entsprechend berücksichtigt werden sollten. Wenn die Schlußfolgerung gezogen werden kann, daß die Verkittungsschichten die wesentlichste Rolle spielen, und wenn weiter der Bereich, welcher unter Spannung kommen wird, eine Größe des mehreren Zehnfachen oder besser noch Hundertfachen der durchschnittlichen Schichtendicke hat, dann kann der Körper als homogenes, transversal isotropes, kontinuierliches Medium angesehen werden. In diesem Falle wird es genügen, die Klüfte und die Blöcke getrennt zu prüfen, und die anisotropen Parameter können nach Formeln berechnet werden (8). Für Stabilitätsberechnungen können wir hier einen plastischen oder plastisch-viskosen Körper mit Langzeitfestigkeitsparametern C'_m und φ'_m annehmen, mit Ausnahme in einer Richtung parallel zu dünnen Schichten, wo sie durch die entsprechend niedrigeren Werte C'_j und φ'_j der Klüfte ersetzt werden sollten. Wenn die Schlußfolgerung gezogen werden sollte, daß mehr Reihen von parallelen Zerklüftungsebenen berücksichtigt werden sollten, dann wird das Problem weit mehr komplizierter, und eine allgemeine anisotrope Näherung ist notwendig. Die Behandlung ist vollkommen verschieden, wenn der unter Spannung stehende Bereich nicht groß im Vergleich mit den Blöcken ist, und das Konzept eines Mediums mit statistisch durchschnittlichen Eigenschaften liegt außerhalb der Betrachtung. Dann sollte das Problem der Verschiebung und des Zubruchgehens einer Gruppe von sich verformenden Blöcken, die sich entlang bestimmter gleitender Grenzen bewegen, untersucht werden.

Theoretische Untersuchung der Formänderung von Gesteinsmaterialien und einer besonderen Art zerklüfteter Gebirgsformationen

Von dreiachsigen Versuchen, Langzeitdrillungsversuchen, lokalen Versuchen mit Proben von verschiedenen Gesteinsarten haben wir beobachtet, daß ihre Spannungsreaktion aus den folgenden Komponenten zusammengesetzt ist:

1. elastische Formänderung (auf Grund elastischer Formänderung der Kristalle), welche augenblicklich und reversibel ist;
2. Kriechen, eine sich mit der Zeit erhöhende Formänderung, welche reversibel ist und auf die Verzerrung der Kristallgitter und des gegenseitigen Gleitens der Kristalle zurückzuführen ist;
3. Fließen, eine nichtreversible Formänderung, welche auf die Fortpflanzung und Bildung von Rissen in dem polykristallinen Gefüge zurückzuführen ist; dieses Fließen kann sowohl augenblicklich als auch zeitabhängig dauernde Formänderungen zeigen;
4. gesunde Gesteinsproben zeigen eine bestimmte Linearität in der Spannungs-Dehnungs-Beziehung; für makroskopisch gespaltene Proben wurden jedoch beträchtliche dauernde Formänderungen und Abweichungen von der Linearität in der Spannungs-Dehnungs-Beziehung beobachtet;
5. bei größeren Werten der Spannung, die eine bestimmte Fließgrenze überschreiten, herrschen die dauernden und zeitabhängigen Formänderungen vor und können zum Bruch führen. Dieser vollständige Zusammenbruch kann einige Millisekunden (spröder Bruch) bis zu einigen Jahren nach der Lastanwendung je nach den mechanischen Eigenschaften der Probe und der Belastungsintensität auftreten.

Die einfachste Gleichung, welche bis zu einem gewissen Grade die oben erörterten Gebirgseigenschaften beschreiben kann, vorausgesetzt, daß die Abweichungen von der Linearität nicht viel größer als der experimentelle Fehler sind und daß weiter die Spannungen unter der Fließgrenze bleiben, ist die folgende:

$$\dot{\varepsilon}_{ij}(t) = \frac{1}{2G}\left(\sigma_{ij}(t) - \sigma(t)\,\varrho_{ij}\right) + \frac{\sigma(t)}{\Theta}\,\delta_{ij} + \frac{1}{2G}\int\limits_{-\infty}^{t} \Psi\,(t-\Theta)\,\frac{d}{d\Theta}\left\{\sigma_{ij}(\Theta) - \sigma(\Theta)\,\delta_{ij}\right\}\,\mathrm{d}\Theta$$

$$+\frac{d_{ij}}{\Theta}\int\limits_{-\infty}^{t} \Phi\,(t-\Theta)\,\frac{d}{d\Theta}\,\sigma(\Theta)\,d\Theta\,. \tag{1}$$

Sie drückt aus, daß die Gesamtdehnung eine Summierung der augenblicklichen und zeitabhängigen Teile der hydrostatischen und abweichenden Dehnungen ist, wobei $\Phi(\Theta)$ und $\Psi(\Theta)$ Kriechfunktionen für hydrostatischen Druck und Abscherung sind; G = augenblicklicher Schubmodul; Θ = augenblicklicher Druckmodul, σ = hydrostatische Spannung, δ_{ij} = KRONECKER-Symbol.

Wenn wir die Aufmerksamkeit auf Probleme beschränken, für welche die Spannungsentwicklung des Gebirges vor $t = 0$ außer acht gelassen werden kann, erhalten wir nach Anwendung der LAPLACE-Transformation

$$\bar{f}(s) = \int_0^t e^{-st} f(t)\, dt \tag{2}$$

und nach der Anwendung des Faltungslehrsatzes die folgenden Beziehungen:

$$\bar{\varepsilon}_{ij} - \bar{\varepsilon}\,\delta_{ij} = \frac{1}{2\,\bar{\psi}}\,(\bar{\sigma}_{ij} - \bar{\sigma}\,\delta_{ij})\,; \quad \bar{\varepsilon} = \bar{\sigma}/\bar{\Theta}\,. \tag{3}$$

Hierbei sind:

$$\bar{\psi} = G/(1 + s\,\bar{\Psi}) \quad \text{und} \quad \bar{\Theta} = \Theta/(1 + s\,\bar{\Phi})$$

der transformierte Schub- bzw. Druckmodul. Die letzte Formel (3) kann in der Form

$$\bar{\varepsilon}_x = \frac{1}{\bar{E}}\{\bar{\sigma}_x - \bar{\nu}\,(\bar{\sigma}_y + \bar{\sigma}_z)\}\;; \quad \bar{\tau}_{xy} = 2\,\bar{\psi}\,\bar{\varepsilon}_{xy}\,(\text{zykl.}) \tag{4}$$

und

$$\bar{\sigma}_{ij} = \bar{\lambda}\,\bar{\varepsilon}\,\delta_{ij} + 2\,\bar{\psi}\,\bar{\varepsilon}_{ij} \tag{5}$$

geschrieben werden infolge der folgenden Beziehungen zwischen den transformierten Moduln und Koeffizienten:

$$\left.\begin{aligned} \bar{E} &= 2\,\bar{\psi}\,(1 + \bar{\nu}) = (3\,\bar{\lambda} + 2\,\bar{\psi})\,\bar{\psi}/(\bar{\lambda} + \bar{\psi})\,;\\ \bar{\lambda} &= \bar{\nu}\,\bar{E}/(1 + \bar{\nu})\,(1 - 2\,\bar{\nu})\,;\\ \bar{\Theta} &= \bar{\lambda} + 2\,\bar{\psi}/3 = \bar{E}/(1 - 2\,\bar{\nu}) \end{aligned}\right\}. \tag{6}$$

Wenn wir der gleichen Beweisführung wie für den isotropen Fall folgen, können wir die folgende transformierte Spannungs-Dehnungs-Beziehung für transversal isotrope Gesteinsmaterialien ableiten, die wir häufig sowohl in Erstarrungs- als auch in Sedimentgesteinsformationen angetroffen haben (TAN 1959):

$$\begin{vmatrix} \bar{\sigma}_x \\ \bar{\sigma}_y \\ \bar{\sigma}_z \\ \bar{\tau}_{xy} \\ \bar{\tau}_{yz} \\ \bar{\tau}_{xz} \end{vmatrix} = \begin{vmatrix} \bar{\varphi}_{11} & \bar{\varphi}_{12} & \bar{\varphi}_{13} & & & \\ \bar{\varphi}_{12} & \bar{\varphi}_{11} & \bar{\varphi}_{13} & & & \\ \bar{\varphi}_{13} & \bar{\varphi}_{13} & \bar{\varphi}_{33} & & & \\ & & & \bar{\varphi}_{44} & & \\ & & & & \bar{\varphi}_{44} & \\ & & & & & \bar{\varphi}_{66} \end{vmatrix} \cdot \begin{vmatrix} \bar{\varepsilon}_x \\ \bar{\varepsilon}_y \\ \bar{\varepsilon}_z \\ \bar{\varepsilon}_{xy} \\ \bar{\varepsilon}_{yz} \\ \bar{\varepsilon}_{xz} \end{vmatrix} \tag{7}$$

Alle diese Gleichungen wurden für das Gesteinsmaterial abgeleitet; auf der Grundlage der ihr zugrunde liegenden Annahme kann ihre Anwendung auf idealisierte Körper von angemessenen gesunden Gebirgen ausgedehnt werden (z. B. haben unsere Forschungsgruppen in scheinbar „isotropen" gesunden granitischen Körpern einen Anisotropiegrad gemessen, der sich auf 3 belief). Im Falle von zerklüfteten und gestörten Gebirgsformationen sollte ihre Anwendung jedoch auf einzelne Blockelemente beschränkt und sicherlich nicht auf die ganze Formation ausgedehnt werden. Wie es durch STINI beschrieben wurde, kann ein Gebirgskörper als eine komplexe Mauerwerksstruktur angesehen werden, wobei die Blöcke teilweise oder vollständig durch ein schwächeres Material miteinander verkittet sind. Theoretisch kann diese von einem passend großen Maßstab betrachtete Spannungs-Dehnungs-Beziehung für diese Mauerwerksstruktur durch Ausgehen von den Gleichungen (5) oder (7) für jeden einzelnen Block und für das Verkittungsmaterial (im allgemeinen mit ziemlich unterschiedlichen rheologischen Parametern) und durch Berücksichtigung der Kontinuitätsbedingungen entlang jeder Grenze der Blöcke abgeleitet werden. In der Praxis werden solche Berechnungen nur nach einigen rigorosen Vereinfachungen behandelbar; diese Manipulationen sollten jedoch vom physikalischen Gesichtspunkt gerechtfertigt sein.

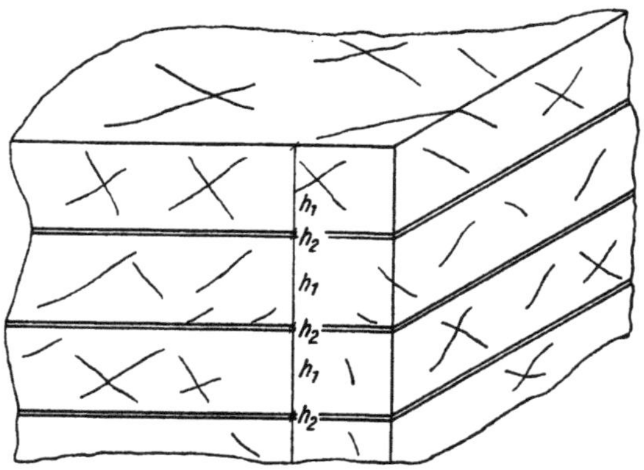

Bild 1. Schematische Darstellung einer Gebirgsdeformation mit einer Schar von parallelen Klüften

In dem einfachsten Falle von parallelen Gebirgsschichten, von der Dicke h_1, getrennt durch Verkittungsschichten von der Dicke h_2, (Bild 1) können die folgenden transformierten gemischten, anisotropen Moduln abgeleitet werden:

$$\left.\begin{aligned}
\bar{\varphi}_{11} &= \{(h_1 + h_2)^2 (\bar{\lambda}_1 + 2\,\bar{\psi}_1)(\bar{\lambda}_2 + 2\,\bar{\psi}_2) + 4\,h_1\,h_2\,(\bar{\psi}_1 + \bar{\psi}_2) \\
&\qquad [(\bar{\lambda}_1 + \bar{\psi}_1) - (\bar{\lambda}_2 + \bar{\psi}_2)]\}/\bar{\Delta}; \\
\bar{\varphi}_{12} &= \{(h_1 + h_2)^2\,\bar{\lambda}_1\,\bar{\lambda}_2 + 2\,(\bar{\lambda}_1\,h_1 + \bar{\lambda}_2\,h_2)(\bar{\psi}_2\,h_1 + \bar{\psi}_1\,h_2)\}/\bar{\Delta}; \\
\bar{\varphi}_{13} &= \{(h_1 + h_2)\,[\bar{\lambda}_1\,h_1\,(\bar{\lambda}_2 + 2\,\bar{\ }_2) + \bar{\lambda}_2\,h_2\,(\bar{\lambda}_1 + 2\,\bar{\psi}_1)]\}/\bar{\Delta}; \\
\bar{\varphi}_{33} &= \{(h_1 + h_2)^2 (\bar{\lambda}_1 + 2\,\bar{\psi}_1)(\bar{\lambda}_2 + 2\,\bar{\psi}_1)\}/\bar{\Delta}; \\
\bar{\varphi}_{44} &= (h_1 + h_2)\,\bar{\psi}_1\,\bar{\psi}_2/(h_1\,\bar{\psi}_2 + h_2\,\bar{\psi}_1); \\
\bar{\varphi}_{66} &= (\bar{\varphi}_{11} - \bar{\varphi}_{12})/2 = (\bar{\psi}_1\,h_1 + \bar{\psi}_2\,h_2)/(h_1 + h_2); \\
\bar{\Delta} &= (h_1 + h_2)\,[h_1\,(\bar{\lambda}_2 + 2\,\bar{\psi}_2) + h_2\,(\bar{\lambda}_1 + 2\,\bar{\psi}_1)],
\end{aligned}\right\} \tag{8}$$

wobei $\bar{\lambda}_1$, $\bar{\psi}_1$ und $\bar{\lambda}_2$, $\bar{\psi}_2$ die transformierten isotropen Moduln des Gebirgsmaterials bzw. der Verkittungssubstanz sind. In der Ableitung wird die Kontinuität der Verschiebungen angenommen. Die Formel (8) gilt für mehrschichtige Körper mit willkürlichen Werten für h_1 und h_2, vorausgesetzt, daß sie sehr klein im Vergleich mit den Abmessungen der verformten Bereiche sind. Diese Formel gilt auch für Formationen mit kontinuierlichen Klüften und halbkontinuierlichen Klüften, wodurch der gegenseitige Kluftabstand in den Diskontinuitäten d (nicht zu verwechseln mit der Schichtdicke h_1) klein im Vergleich mit der Ausdehnung der ununterbrochenen Klüfte ist. Diese Ausdrücke werden einfacher, wenn die Breite der Klüfte h_2 klein im Vergleich mit der Schichtdicke h_1 ist und wenn diese Klüfte weiter mit einer weichen Substanz gefüllt werden.

Transversal isotrope und isotrope Probleme werden durch (7) bzw. (3) in Verbindung mit den Spannungsgleichungen:

$$\frac{\partial \bar{\sigma}_{ij}}{\partial x_j} + \bar{X}_j = 0, \tag{9}$$

den Verträglichkeitsbedingungen:

$$\bar{\varepsilon}_{ij} = -\frac{1}{2}\left(\frac{\partial \bar{u}_i}{\partial x_j} + \frac{\partial \bar{u}_j}{\partial x_i}\right) \tag{10}$$

und den genäherten Grenzbedingungen beschrieben. In der Volumenkraft X_j können der Gradient des Grundwasserdruckes $\partial\bar{\sigma}_w/\partial x_j$ und die Trägheitskräfte $p\, s^2\, \bar{u}_j$ eingeschlossen werden. Transformationen sollten für alle diese Gleichungen und Bedingungen angewendet werden. Vorausgesetzt, daß genaue Lösungen im transformiertem Zustand gefunden werden können, muß das Spannungs- oder Dehnungsfeld als eine Funktion der Zeit durch Umkehrung erhalten werden:

$$f(t) = \frac{1}{2\pi i}\int_{c - i\infty}^{c + i\infty} e^{wt}\, \bar{f}(w)\, dw\,. \tag{11}$$

In der Praxis können die Materialkonstanten nicht genau bestimmt werden, und außerdem ist die Anzahl von Versuchsplätzen normalerweise sehr begrenzt. Demzufolge ist eine hohe Genauigkeit in den Berechnungsergebnissen nicht notwendig, und genäherte Lösungen sind ausreichend. Bei ebener Deformation können beträchtliche Vereinfachungen durch Anwendung der affinen Transformation erhalten werden, so daß das transversal isotrope Problem auf das entsprechende isotrope Problem zurückgeführt wird (Tan 1961). Eine weitere Vereinfachung kann durch Annahme eines geeigneten Ausdruckes für den Scherungsparameter (Wolf 1935) erhalten werden. Für ziemlich komplizierte Grenzbedingungen bei ebener Deformation sind jedoch mühselige zahlreiche Berechnungen unvermeidlich, und dann können wir direkt von der rheologischen Grundgleichung (1) ausgehen. In Bild 2 wird der einfache Fall eines kreisförmigen Tunnels gezeigt, der durch die Hauptspannungen σ_1 und σ_2 belastet wird, wodurch die Anisotropiehauptachse einen Winkel von 45 Grad mit der Richtung von σ_1 und $\sigma_1 = 2\,\sigma_2$ bildet.

Nach Heim (1878) sollte der Spannungszustand in Gebirgskörpern bei ausreichend großen Tiefen hydrostatisch sein. Dieses klassische Konzept hat viel Beachtung erregt, und sogar Messungen wurden zur Unterstützung dieser Hypothese durchgeführt. Auf irgendeine Art sind im Falle von Gebirgskörpern Zweifel über das elastische Konzept in der Bodenmechanik

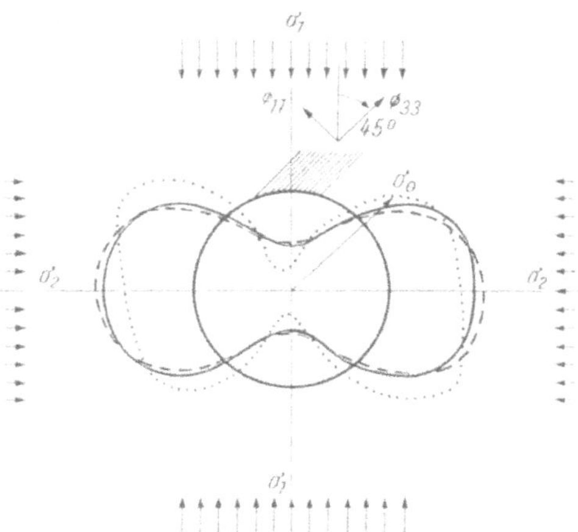

Bild 2. Tangentialspannungsverteilung σ_Θ um einen kreisförmigen Hohlraum:
——— isotroper elastischer Fall
— — — transversal isotrop viskoelastischer Fall für $t = 0$
······· dasselbe für $t = \infty$;

die Schichtendicke soll klein im Vergleich zum Stollendurchmesser sein; der Anisotropiegrad erhöht sich von 1,3 für $t = 0$ auf 2,3 für $t = \infty$. Im isotropen Fall gilt: $\sigma_{\Theta\,\max} = 2{,}5\,\sigma_1$; $\sigma_{\Theta\,\max} = 0{,}5\,\sigma_1$

aufgetreten, daß die horizontale Spannung nur ein Teil der vertikalen Spannung in Abhängigkeit von der POISSONschen Konstante ist. Aus den Gleichungen (7) wird offensichtlich, daß ein hydrostatischer Spannungszustand nur möglich ist, wenn die folgenden zwei Bedingungen erfüllt werden:

$$\bar{\varphi}_{11} = \bar{\varphi}_{12} = \bar{\varphi}_{13} = \bar{\varphi}_{33} \to \bar{\bar{\lambda}} \qquad \text{und} \qquad \bar{\varphi}_{44} = \bar{\varphi}_{66} = 2\,\bar{\bar{\psi}}_{s \to 0} \to 0\,,$$

wobei diese Ausdrücke physikalisch bedeuten, daß der Gebirgskörper in großer Tiefe isotrop sein sollte, und weiter, daß der Schubmodul sich mit der 0 für $t \to \infty$ (d. h. $s \to 0$) nähernden Zeit verringern sollte, d. h., das unter Scherung stehende Material sollte Zeitformänderungen zeigen, welche sich mit der Zeit über die Grenze erhöhen. Die Fließ-Kriech-Zeitkurve kann logarithmisch, hyperbolisch, linear sein, kurz gesagt, jede unbegrenzt mit der Zeit zunehmende Kurve ist zulässig. Eine ähnliche Analyse wurde auch für Tone (TAN 1961) angegeben, und tatsächlich wurde ein hydrostatischer Spannungszustand um die Tunnel der Untergrundbahn in London gemessen (GLOSSOP). In der Gebirgsformation kann die horizontale Formänderung der Erdkruste vorherrschend sein; das kann beträchtliche horizontale Spannungen und Restspannungen verursachen, wie es häufig gemessen wurde.

Bestimmungen der rheologischen Parameter von Gebirgsformationen in situ

Die Methoden der lokalen Prüfung werden durch die folgenden Faktoren bestimmt: geologische Bedingungen, technische Erfordernisse und vorhandene Mittel. Bis jetzt wurde von einer großen Vielzahl von Versuchen berichtet; viele Male wird ein ziemlich komplizierter Spannungszustand angewandt, welcher in einigen Fällen unvermeidlich zu sein scheint. Solch eine Prüfungsart hat den Nachteil, daß es kompliziert oder sogar unmöglich ist, eine unzweifelhafte Auslegung der Versuchsdaten zu geben. Es ist demzufolge wünschenswert, den Spannungszustand so einfach wie möglich zu halten, und wenn es tatsächlich nicht ausführbar ist, dann sollte man auf irgendeine Weise Gebrauch von Spannungsfeldern machen, welche im voraus ausreichend bekannt sind, besonders wenn die Messung von zeitabhängigen Größen erforderlich ist. Mit Ausnahme dessen, daß Vorkehrungen getroffen werden sollten, um statistische Durchschnittsergebnisse zu gewährleisten, wie es richtig durch MÜLLER empfohlen wird, ist es nach des Verfassers Meinung weiterhin notwendig, den Proben eine solche richtige Größe und Form zu geben, daß von den Ergebnissen erwartet werden kann, daß sie frei vom Einfluß der Probeabmessungen sind.

Es mag daran erinnert werden, daß die Bestimmung der gemischten transversal isotropen Moduln der idealisierten Gebirgsformation mit parallelen Hauptklüften auf die Bestimmung von $\bar{\lambda}_1$, $\bar{\psi}_1$ des festen Gesteins und $\bar{\lambda}_2$, $\bar{\psi}_2$ der verkitteten Klüfte reduziert werden kann. Wenn wir in Stollen und Strecken prüfen, müssen wir berücksichtigen, daß die Umfangsspannungsverteilung eine komplizierte unbekannte Wirkung auf unsere Versuchsergebnisse haben kann. Um mit bekannten und einfachen Spannungsfeldern zu arbeiten, ist es empfehlenswert, die Proben von wechselwirkenden Spannungen und Restspannungen zu entlasten. Auf der Grundlage dieser Beweisführung in situ sind dreiachsige oder einachsige Versuche in einem richtigen Maßstab den üblichen Methoden der Bestimmung des Formänderungsmoduls mit Hilfe von Hebeböcken in Strecken vorzuziehen.

Da die Formänderungs- und Festigkeitseigenschaften der Formation in einem großen Umfange durch die Eigenschaften der Klüfte geregelt werden, wird jetzt der Bestimmung von $\bar{\lambda}_2$ und $\bar{\psi}_2$ große Beachtung geschenkt. Das Schema der Versuchsvorrichtung wird in den Bildern 3a und 3b gezeigt. Die Prüfung wird in den folgenden zwei Stufen ausgeführt:

1. Anlegen der Spannungen σ_1 und σ_2 und Konstanthaltung derselben bei einem festen Wert σ_0; nach unseren Erfahrungen sind Druckkissen sehr geeignet zu diesem Zweck,

da der Druck durch verhältnismäßig einfache Mittel konstant gehalten werden kann. Beobachtung der Verschiebung u vertikal zur Schicht während einer solchen Langzeitperiode, daß die Kriecheigenschaften befriedigend untersucht werden können (Größenordnung von einigen Wochen und länger).

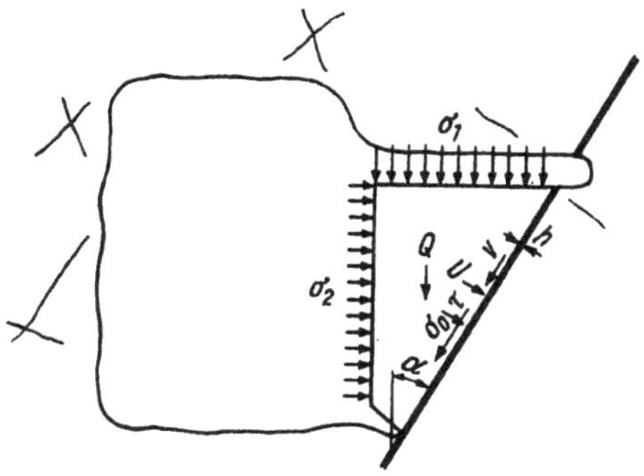

Bild 3a. Schematische Versuchsvorrichtung für die Bestimmung der rheologischen Parameter bei geneigten Klüften in Strecken

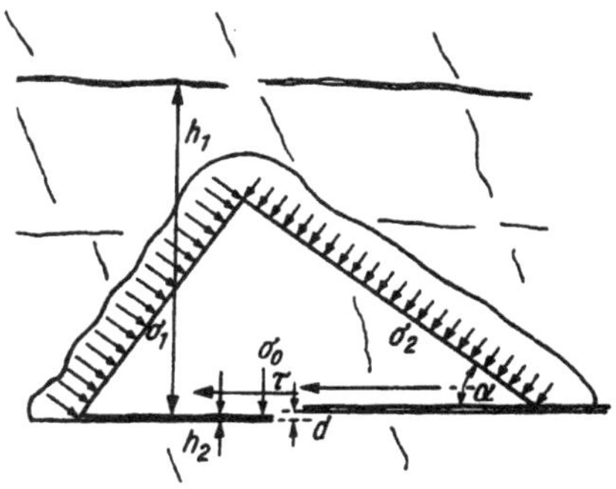

Bild 3b.

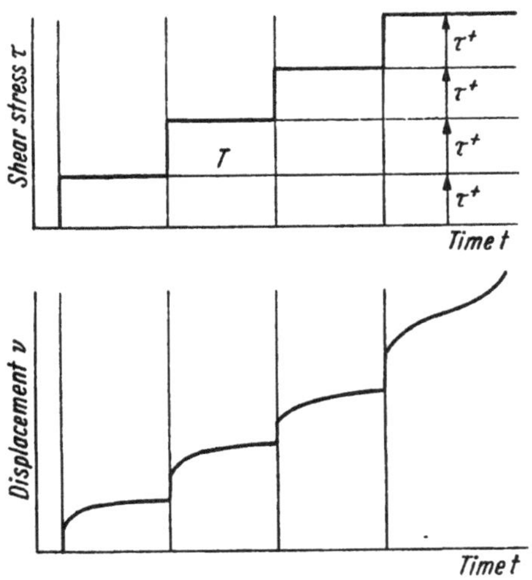

Bild 3c. Stufenweise Erhöhung der Scherspannung in der Zeit und tangentiale Verschiebung v als Funktion der Zeit

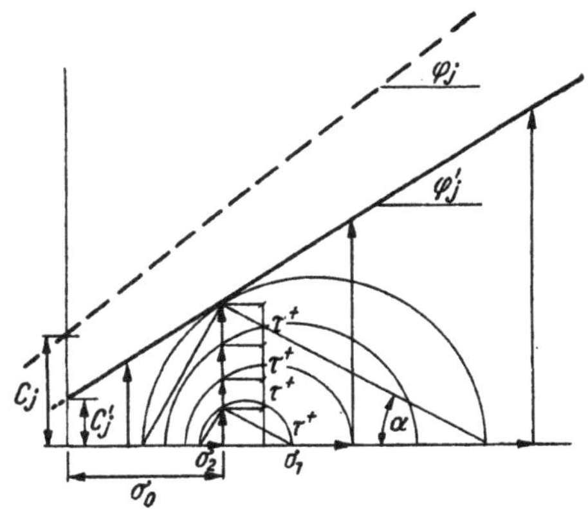

Bild 3d. Bruch für schnelle, ungesättigte (C_j, φ_j) und gesättigte Dauerstandproben (C_j', φ_j') entwickelt; $\sigma_0 = \text{const}$; τ^* erhöht nach Bild 3c

2. Während der gesamten Dauer der zweiten Stufe sollte die Normalspannung $\sigma_0 = \sigma_1 - (\sigma_1 - \sigma_2) \cos^2 \alpha$ konstant gehalten werden, jedoch zusätzlich eine abweichende Spannung $\tau^+ = (\sigma_1 - \sigma_2) \sin \alpha \cos \alpha$ entsprechend der Stufenfunktion angelegt werden. Das kann verwirklicht werden durch Erhöhung von σ_1 mit einem Betrag $\tau^+ \cot \alpha$ und gleichzeitige Verringerung von σ_2 mit einem Betrag $\tau^+ \tan \alpha$ am Beginn jeder neuen Stufe. Beobachtung der tangentialen Verschiebung v während jedes Belastungsintervalls T, welches so lang genommen werden sollte, daß die Kriech–Fließ-Erscheinungen mit ausreichender Genauigkeit gemessen werden können. Die Prüfung sollte bis zum Bruch fortgesetzt werden (Bild 3c) (siehe auch TAN 1964).

Auf diese Weise ist es möglich zu bestimmen:

a) die Spannungs-Dehnungs-Beziehung; b) die Kriechfunktion $\Phi(\Theta)$ und $\Psi(\Theta)$ und somit $\overline{\lambda}_2$ und $\overline{\psi}_2$; die Dauerstandfestigkeit für einen gegebenen Wert von σ_0; wenn das Prüfverfahren auf mindestens drei weitere Proben angewandt wird, können die Moduln in Abhängigkeit von σ_0 und die Dauerstandfestigkeitsparameter C_j' und φ_j' bestimmt werden (Bild 3d). In allen diesen Fällen sollten Vorkehrungen getroffen werden, daß die Proben vollständig mit Grundwasser gesättigt gehalten werden. Falls notwendig, können zusätzliche Versuche zur Untersuchung des Beitrages der Diskontinuitäten im halbkontinuierlichen Falle ausgeführt werden; auf diese Weise wird es möglich sein, Korrekturfaktoren für die Moduln $\overline{\lambda}_2$, $\overline{\psi}_2$ und die Festigkeitsparameter C_j' und φ_j' zu erhalten. Es mag hier nachdrücklich betont werden, daß Schnellprüfungen mit ungesättigten Proben ziemlich irreführende Ergebnisse geben können; die Versuche entsprechend dem oben empfohlenen Programm ergeben allgemein niedrigere Werte der Festigkeitsparameter; Verringerung in der Größe von 30 Prozent in C_j' und 20 Prozent in φ_j' wurden gemessen.

Ein ähnliches Prüfungsprogramm kann für die Bestimmung der Kriechfunktionen des harten Gesteins benutzt werden, und dann können $\overline{\lambda}_1$ und $\overline{\psi}_1$ bestimmt werden. Wo immer möglich, sind lokale dreiachsige und einachsige Versuche mit Proben von geeigneten Abmessungen vorzuziehen. Die Längs- und Querdeformationen können gleichzeitig mit der Zeit registriert werden; das Zeitintervall kann jedoch jetzt von der Größe einiger Monate sein. Da gewöhnlich keine Einrichtungen für solch ein experimentelles Verfahren bestehen, wird der Verfasser das folgende vereinfachte Programm für die lokalen Versuche mit gesättigten Proben empfehlen:

1. Bestimmung der Spannungs-Dehnungs-Beziehung an Versuchen von verhältnismäßig kurzer Dauer durch Anwendung des Belastungsschemas Bild 4;
2. Bestimmung der Kriechfunktionen nur unter den maximalen Spannungsverhältnissen, wie deren Auftreten in der Zukunft erwartet wird;
4. Bestimmung der Festigkeitsparameter C_m und φ_m von Scherversuchen.

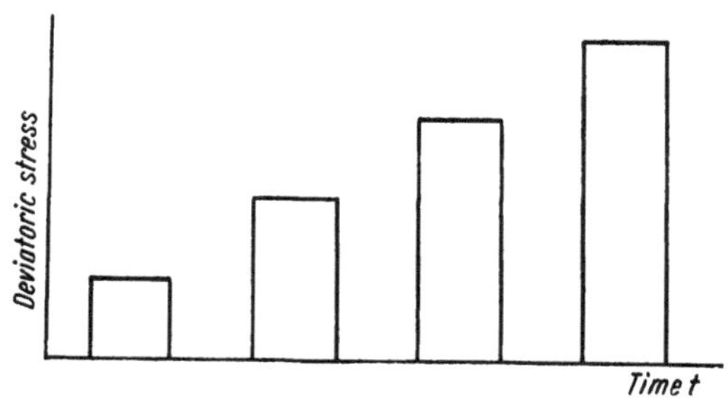

Bild 4. Belastungsschema zur Bestimmung der Spannungs-Dehnungs-Beziehungen für hartes Gestein

In dem Spezialfall von verhältnismäßig gesundem Gebirge können Laboratoriumsversuche (Dauerstandtorsion, dreiachsige und einachsige Kriechversuche) ausgeführt werden. Obgleich die Ergebnisse dieser Versuche nicht vollkommen repräsentativ für das feste Gestein sind, können sie helfen, wenn wir dabei sind, das Dauerstandverhalten des Gebirgsmaterials aus den Ergebnissen von lokalen Versuchen vorauszubestimmen.

Literatur

CLAR, E.: Gebirgsdrucktagung Leoben 1950, S. 165; Felsmech. u. Ing. geol. **28**, 2, 4, 1963.

GLOSSOP, R.: Geotechnique, I, 1950.

MÜLLER, L.: Geol. u. Bauw.: **15**, H. 3, 96, 1943; **18**, H. 1, 57, 1950; **24**, H. 1, 4, 1958.

ROCHA, E.: Felsmech. u. Ing. geol. Suppl. 1964.

STINI, J.: Technische Gesteinskunde 1929; Geol. u. Bauw. **20**, H. 1, 34, 1953; **19**, H. 1, 31, 1952.

TAN TJONG-KIE: Einige fundamentale Differentialgleichungen für die Formänderung und das Kriechen von Gesteinen. Int. rep. 1959; Neue Gesichtspunkte in der Gebirgsmechanik, All China Cong., Academia Sinica, Shanghai 1961; Proc. 5th Int. Conf. Soil Mech. Found. Eng. 1, 63, 367. Paris, 1961; IUTAM Symp. „Rheologie und Bodenmechanik", Grenoble, 1964.

WOLF, K.: Z. Ang. Math. Mech. **15**, 249, 1953.

Untersuchungen über die Gebirgsmechanik in der Bergbauindustrie der Volksrepublik China

von Wu Lei-po und Liu Pao-schen, Peking

Die Gebirgsmechanik in der chinesischen Bergbauindustrie ist ein vollkommen neuer Untersuchungszweig, der erst im Jahre 1956 mit einer Dauer von weniger als zehn Jahren begann. Die Zahl der Forschungskräfte ist noch klein. Unter der Führung der Chinesischen Kommunistischen Partei mußte diese wissenschaftliche Forschung stets der Produktion dienen, die Entwicklung der Untersuchung der Gebirgsmechanik war stets eng mit der Tätigkeit des Kohlenbergbaues verbunden. Während des ersten Fünf-Jahr-Planes erhöhte sich die chinesische Kohlenförderung um 86%, im zweiten Fünf-Jahr-Plan war die Erhöhung noch größer. Diese Erhöhungen förderten eine entsprechende Entwicklung der Forschung über die Gebirgsmechanik. In den vergangenen zehn Jahren wurden Forschungsarbeiten hauptsächlich auf den folgenden Gebieten durchgeführt:

1. Gebirgsschläge

In den vergangenen Jahren sind Gebirgsschläge unterschiedlicher Art und Größe in verschiedenen älteren Kohlenbergbauen, wie z. B. Fušun, Myntaogou und Datun, und einigen Erzgruben und einigen Tunnelbauarbeiten aufgetreten. In der Myntaogou-Grube zerstörte ein Gebirgsschlag von beträchtlicher Zerstörungskraft 800 m Förderstrecke unter Tage. In einer der Gruben in Fušun sind die jährlichen Reparaturleistungen der Förderstrecken auf Grund von Gebirgsschlägen auch beträchtlich. Unter bestimmten schwierigen Bedingungen beträgt die zum Vortreiben von 1 m Gesteinsstrecke verbrauchte Holzmenge bis zu 2 m³. Sowohl Förderung als auch Sicherheit werden somit ernstlich gehemmt. Die Tiefe des Abbaubetriebs in Datun beträgt nur 100 m, der plötzliche Bruch des harten Sandsteinhangenden verursacht oft große Erschütterungen, Erdbeben und kräftige Luftausbrüche mit großer Zerstörungskraft. Im Kohlenfeld von Myntaogou wird der Blasversatz anstelle des Prellinselverfahrens angewandt, um Gesteinsschläge im Hangenden zu verringern. Im Datun-Kohlenfeld wird der künstliche Hangendbruchbau anstelle des Kohlenbeinsprengens zur Kontrolle des Zubruchbauens von massiven Hangendenflächen angewandt. Myntaogou und Datun sind Regionen von etwas intensiver tektonisch-seismischer Tätigkeit. Die Beziehungen zwischen Erdbeben und Gesteinsschlägen sind ein Problem, das weitere Untersuchungen erfordert.

Laboratoriumsuntersuchungen über die Gebirgsschlageigenschaften von Kohle wurden zur Untersuchung des Mechanismus der Gebirgsschläge ausgeführt. Die Gebirgsschlagzahl, die Gebirgsschlagseigenschaften von Kohlen von verschiedenen Kohlenfeldern im Verhältnis zur Größe der Prüfkörper, Feuchtigkeit, und Formänderungsbedingungen wurden untersucht. Beobachtungen wurden über die Formänderung, Mikroakustik und seismische Wirkungen während des Zerstörungsprozesses gemacht und einige vorläufige Ergebnisse erhalten.

2. Böschungsstabilisierung in Tagebauen

China hat viele große Kohlen- und Erztagebaue. Der Eisenbahnbau in den Gebirgsregionen entwickelt sich auch schnell. Die Böschungsstabilität ist ein Problem, das eine Lösung erfordert. In einigen Kohlentagebauen sind die Erdrutsche ernst. Sie treten normalerweise auf der nichtabgebauten Böschung auf, gleiten entlang schwachen Zwischenmittelschichten (z. B. dünnen Kohlenflözen) in der Sohle; die Gleitebenenneigung ist normalerweise klein (15°). In einem großen Kohlentagebau zerstörte zum Beispiel ein Erdrutsch im Jahre 1964 vollständig ein Fabrikgebäude am Rande des Tagebaues; das Gesamtvolumen des Erdrutsches betrug etwa 1000000 m^3. Auf Grund der rechtzeitig getroffenen Vorsichtsmaßnahmen gab es keine weiteren Unglücksfälle. Die Untersuchungen der Böschungsstabilität beruhen hauptsächlich auf lokalen Messungen unter Anwendung gewöhnlicher Vermessungsverfahren und der Beobachtung der Spannung und Dehnung des Gesteins in situ, um den Spannungszustand zu untersuchen, um die Ursachen der Erdrutsche zu suchen und um vorbeugende Maßnahmen zu entwickeln.

3. Spannungsmessungen des Gesteins in situ und die Laboratoriumsuntersuchung der Gesteine

Um die unmittelbar mit der Förderung verbundenen Probleme zu lösen, wurden die Verfahren, die Einrichtungen und die Methoden zur Spannungs- und Verformungsmessung des Gesteins in situ entsprechend entwickelt. Einrichtungen und Meßverfahren zur Untersuchung des Dehnungsbildes in Tiefbohrlöchern, des Oberflächendehnungsbildes und der Scherfestigkeit und Rheologie des Gesteins in situ wurden festgelegt. Wir haben bei der Entwicklung von Feldinstrumenten, wie zum Beispiel dem Dreikanalschreiber für Geophone, akustischem Spannungsmeßgerät, spannungsoptischer Schicht, Stempelbelastungsmeßzelle und Spannungsmesser mit schwingenden Saiten, Erfolg gehabt. Im Laboratorium hat die Anwendung von spannungsoptischen Modellen für die Untersuchung der Bodenpressung und der Bewegung der umgebenden Schichten in Kohlenstößen befriedigende Ergebnisse erzielt. Arbeiten über die äquivalente Nachbildung von Schichten- und Oberflächenabsenkungen haben auch begonnen. Verschiedene Forschungsinstitute haben guteingerichtete Gesteinsmechaniklaboratorien aufgebaut und sind in der Lage, verschiedene Versuche über die physikalischen und mechanischen Eigenschaften der Gesteine auszuführen. Das Institut für Bergbau und Metallurgie der Chinesischen Akademie hat eine driaxiale Spannungsprüfmaschine für 500 t Axialbelastung, ein Rheologieprüfgerät (Biegung, Druck, Spannung und Torsion) für Boden- und Gesteinsproben und ein Ultraschallprüfgerät zum Messen der elastischen Gesteinsparameter entwickelt.

4. Bodenpressung und Ausbau in Strecken und Stößen

Der enorme Verbrauch an Holz ist ein ernstes Problem. Die je 1000 t geförderter Kohle verbrauchte Menge Holz erreichte 24,2 m^3, wovon 18,7 m^3 den Kohlenstößen und 5,5 m^3 den Strecken zuzurechnen sind. Die Steigerung in der Holzerzeugung kann die Bedürfnisse der sich entwickelnden Kohlenindustrie nicht decken. Demzufolge ist der Ersatz des Holzes durch ein anderes Material zu einem wichtigen Problem der Praxis geworden.

a) Bodenpressung und Ausbau in Kohlenstreben

In Zusammenhang mit der Verwendung von Metallstempeln in Kohlenstreben wurde eine Reihe von Versuchsarbeiten über die Probleme der Bodenpressung in Kohlenstreben durchgeführt sowie über die Gesetze, welche das Absinken des Hangenden in Kohlenstreben bestimmen, über die Belastung mit Metallstempeln und über die Wechselwirkung zwischen Streckenausbau und Hangendem mit dem Ziele der Feststellung der Art des Ausbaues, die für jeden Bereich geeignet ist, und der Schaffung der theoretischen Grundlagen für die Verbesserung und Konstruktion der neuen Ausbauarten. Laboratoriumsuntersuchungen wurden mit Modellen aus äquivalentem Material im Maßstab 1:100 und 1:50 zum Vervollständigen der Felduntersuchungen ausgeführt. Verschiedene Arten von Metallstempeln sind gegenwärtig weitverbreitet. In hochmechanisierten Streben haben wir begonnen, hydraulische Stempel zu verwenden.

b) Rationelle Grubenanlage und Streckenausbau

Die rationelle Anordnung der Strecken zur Verringerung der Bodenpressung und der Pfeilerverluste ist ein wichtiges Problem. Vorläufige Ergebnisse wurden mit der Anwendung der ebenen, spannungsoptischen Modellverfahren bei der Bestimmung der richtigen Streckenanordnung und bei Feldversuchen erreicht. Die Verwendung von vorgestauchten hölzernen Ankerbolzen zum Streckenausbau hat einen vorläufigen Erfolg gebracht; diese Art Ankerbolzen wird jetzt in großem Maßstab hergestellt. Forschungsarbeiten werden über die Verwendung von vorgefertigten Betonblockkonstruktionen und Spritzbeton für den Streckenausbau durchgeführt. In Verbindung mit Forschungen über den Streckenausbau erfolgten lokale Beobachtungen über die Bewegung der umgebenden Schichten und ihren Druck auf den Ausbau.

5. Abbau unter Gebäuden und Flüssen

Die Kohlenfelder in China haben im allgemeinen ungeheure Reserven; die Notwendigkeit der Gewinnung von Sicherheitspfeilern ist zur Zeit nicht vorhanden. In einigen Kohlenfeldern mit langer Geschichte und einer ausgedehnten Fördertätigkeit ist der Abbau unter Gebäuden und Flüssen ein akutes Problem. In Fušun belaufen sich zum Beispiel die Kohlenreserven, die unter einer Fabrik liegen, auf mehr als 100 Millionen Tonnen, die Mächtigkeit der Kohle beträgt dabei 80 m. Im Penši-Kohlenfeld belaufen sich die Kohlenreserven unter der Stadt, unter Industriegebäuden, unter dem Fluß und der Eisenbahnbrücke auf zehn Millionen Tonnen. Die Fälle, wo Kohle unter Treibsand, Gemeinwesen und Eisenbahnnebenlinien liegt, sind noch häufiger. Es gibt viele Kohlenfelder mit Hunderten von Millionen Tonnen.

Um den Forderungen des Abbaues unter Gebäuden und Flüssen gewachsen zu sein, werden systematisch die theoretischen Gesetze untersucht, welche die Oberflächen- und Schichtenbewegung auf Grund des Abbaues bestimmen. Unter Anwendung der Wahrscheinlichkeitsmethoden wurden solche Gegenstände, wie zum Beispiel der Elementarabsenkungstrog, der Abbau von horizontalen und geneigten Kohlenflözen und die Zeitabhängigkeit des Schichtenabsenkens untersucht. Eine Reihe von anwendbaren Ergebnissen wurde erhalten und durch Beobachtungen der Oberflächenabsenkungen in den chinesischen Kohlengruben bestätigt.

a) Abbau unter Eisenbahnnebenstrecken

In der Chiaoshi-Steinkohlengrube im Chiaotso-Kohlenfeld erfolgte der Abbau eines 7-m-Flözes durch das Bruchbauverfahren unter der Grubenbahn. Die Durchschnittstiefe des Abbaues war 95 m, die Absenkung des Planums betrug 7,482 mm, die maximale Absenkungsgeschwindigkeit war 166 mm/Tag. Auf Grund der getroffenen Maßnahmen wurde der Eisenbahnverkehr nicht beeinträchtigt. Gegenwärtig ist der Abbau unter Eisenbahnstrecken in Kohlenbergbaugebieten sehr gebräuchlich geworden.

b) Abbau unter Industriegebäuden und Städten

Geplanter Abbau unter Städten begann im Jahre 1962. Im Penši-Kohlenfeld wurde der Abbau unter Blöcken von ein- bis dreigeschossigen Gebäuden, wie zum Beispiel Krankenhäusern, Wohnhäusern usw., durchgeführt. Nach der Gewinnung von zwei Flözen zeigten sich bei vielen Gebäuden keine bedeutende Wirkung, ein Krankenhausgebäude jedoch mußte verstärkt werden. Außerdem wird der Abbau unter Industriegebäuden und einem kleinen Gemeinwesen durchgeführt.

c) Abbau unter wasserführenden Schichten und Flüssen

In vielen Kohlenfeldern wurde der Abbau sicher unter jahreszeitlichen Strömen ausgeführt. Im Huainan-Kohlenfeld ist der Abbau unter wasserführenden Sanden seit vielen Jahren mit vorläufigem Erfolg im Gange.

Einleitende Untersuchungen über den Einfluß der Feuchtigkeit auf die Sandsteinfestigkeit

von A. KIDYBINSKI, Katowice

Einführung

Die III. Arbeitsgruppe des Internationalen Büros für Gebirgsmechanik hat in ihren Arbeiten zur Standardisierung der Bestimmungsmethoden von Festigkeitsparametern an Gesteinen wie auch in den auf diesem Gebiet ausgearbeiteten Richtlinien die wesentliche Rolle des Wassergehalts und dessen Einfluß auf eine Reihe physiko-mechanischer Gesteinseigenschaften hervorgehoben. Während der Tagung in Sofia (Juni 1964) wurde von der III. Arbeitsgruppe ein diesbezügliches Untersuchungsprogramm aufgestellt. Danach sollten von verschiedenen Institutionen, die durch die einzelnen Gruppenmitglieder vertreten sind, Vergleichsuntersuchungen angestellt werden mit dem Ziel, den Einfluß der Feuchtigkeit verschiedener Gesteine auf deren Festigkeitseigenschaften möglichst vielseitig zu untersuchen. Ein Teil dieser Untersuchungen wurde vom Autor im Glówny Instytut Górnictwa in Katowice durchgeführt. Gegenstand der Untersuchungen war der Einfluß der Feuchtigkeit auf die Druckfestigkeit möglichst verschiedenartiger Sandsteinarten (von den schwächsten bis zu den festesten) wie auch Versuche einer analytischen Darstellung der Untersuchungsergebnisse.

Untersuchungsmethode

Die Untersuchungen wurden an schwachen Sandsteinen aus den Kościeliskie-Schichten (Dogger aus den Gegenden von Częctochowa, flache untertägige Eisenerzgruben) wie auch an verschiedenen Sandsteinen des Oberschlesischen Karbons durchgeführt. Die Kościeliskie-Sandsteine sind eigentlich konsolodierte Quarzsande mit eisenhaltigem und tonigem Bindemittel. Die Druckfestigkeit in trockenem Zustande schwankt ungefähr zwischen 3—30 kp/cm², bei natürlichem Feuchtigkeitsgehalt dagegen zwischen 2—8 kp/cm². Die Gesteinsproben wurden aus frisch aufgefahrenen Streckenstößen und, in dem Maße wie der Trocknungsvorgang voranschritt, wiederum an den gleichen Stellen entnommen. Die würfelförmigen Proben mit einer Masse von einigen kg wurden am Entnahmeort untertage paraffiniert und ins Laboratorium überwiesen. Nach anschließender Zerkleinerung stellte man von Hand Würfel mit ungefähr 5 cm Kantenlänge für die Bestimmung der Druckfestigkeit her. Gleichzeitig wurden aus dem gleichen Gesteinsmaterial Proben zur Bestimmung des Feuchtigkeitsgehalts derart vorbereitet, daß man diese zerkleinerte, trocknete und anschließend ihr Gewicht bestimmte.

In Hinsicht auf den langwierigen Trocknungsvorgang, große Zusammenhaltbarkeit und auch aus technischen Gründen, da ja in Gesteinsstrecken hinter dem Ringausbau Streckenverzug und ein Teil des hereingewonnenen Gesteins eingebracht werden, wandte man beim karbonischen Sandstein eine andere Methode der Probenentnahme an. Die Proben wurden einmalig in großer Anzahl (bis zu einigen hundert kg) entnommen, mit flüssigem Paraffin begossen und ins Laboratorium überwiesen. Anschließend wurden solche Gesteinsproben in kleinere Partien aufgeteilt und ein Teil sofort den Festigkeits- und Feuchtigkeitsuntersuchungen unterzogen, die anderen dagegen wurden allmählich bis zum Sättigungsgrad befeuchtet, wobei man aller paar Tage Festigkeit und Feuchtigkeitsgehalt ermittelte. Einen anderen Teil der Gesteinsprobe ließ man in zerkleinertem Zustande in Zimmertemperatur austrocknen, wobei gleichfalls aller paar Tage Festigkeits- und Feuchtigkeitsuntersuchungen durchgeführt wurden. Die Druckfestigkeit der karbonischen Sandsteine wurde in Übereinstimmung mit den Richtlinien für Festigkeitsuntersuchungen des IBG vom Oktober 1963 ermittelt, die Feuchtigkeit durch Trocknung einer zermahlenen Probe bis zu einem konstanten Gewicht in einer Temperatur von 105 °C bestimmt.

Die Feuchtigkeit bestimmte man in Gewichtsprozent als:

$$W = \frac{C_w - C_s}{C_s} \cdot 100 ,$$

wobei C_w — Gewicht der feuchten Probe ,
C_s — Gewicht der trockenen Probe.

Untersuchungsergebnisse

Für verschiedene Arten von weichem Sandstein aus den Kościeliskie-Schichten konnte mit voranschreitender Austrocknung der Streckenstöße eine bedeutende Zunahme der Druckfestigkeit festgestellt werden. In Bild 1 sind die experimentell erfaßten Abhängigkeiten der Festigkeit von der Feuchtigkeit für die Sandsteine aus den Kościeliskie-Schichten in einem Diagramm zusammengestellt. Wie sich aus diesem Bild ergibt, tritt bei Abnahme der Feuchtigkeit für verschiedene Sandsteine von 18—24% bis auf 4—10% ein 2- bis 3facher Festigkeitsanstieg ein.

Für die karbonischen Sandsteine, Bild 2, die sowohl im Hinblick auf die petrographische Zusammensetzung (Körnung, Art des Bindemittels) wie auch auf die Festigkeit (von ungefähr 100 kp/cm² bis rund 1300 kp/cm²) sehr unterschiedlich sind, konnten mehrmals be-

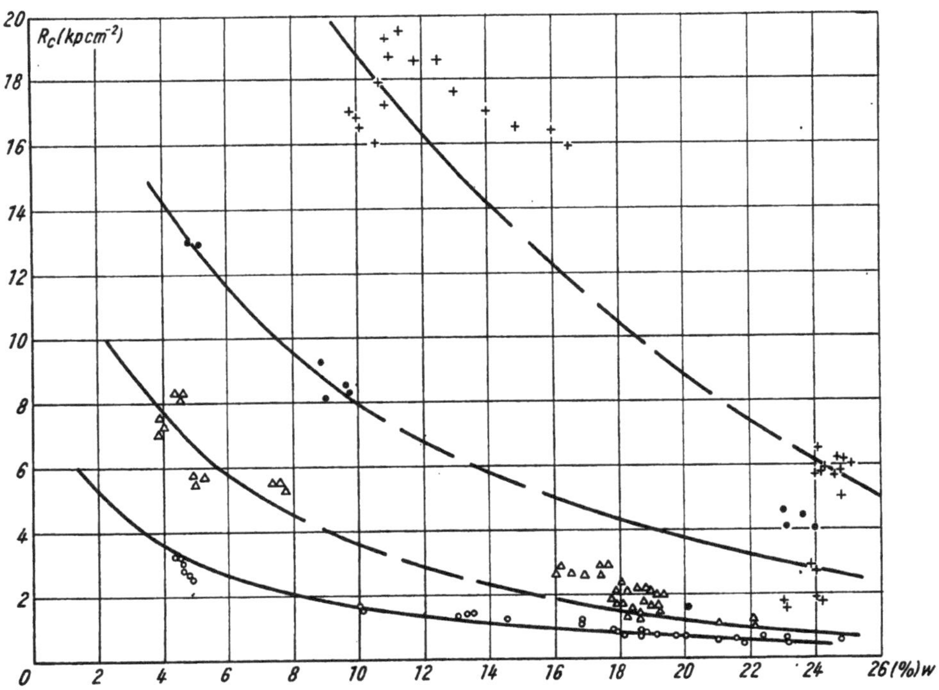

Bild 1. Abhängigkeit der Festigkeit der Koscieliskie-Sandsteine von der Feuchtigkeit (nach GIG, Abt. Czectochowa)

deutende Festigkeitsabnahmen bei ansteigender Feuchtigkeit beobachtet werden. Diese Abhängigkeit konnte jedoch nur bei verhältnismäßig geringen Feuchtigkeitsunterschieden, in der Regel nicht mehr als 1—5%, verfolgt werden, da ja die festeren Sandsteinarten eine kleinere Wasseraufnahmefähigkeit aufweisen. Dabei beobachtet man, daß die mit der Feuchtigkeit eintretende Festigkeitsabnahme bei den grobkörnigen Sandsteinarten gewalt-

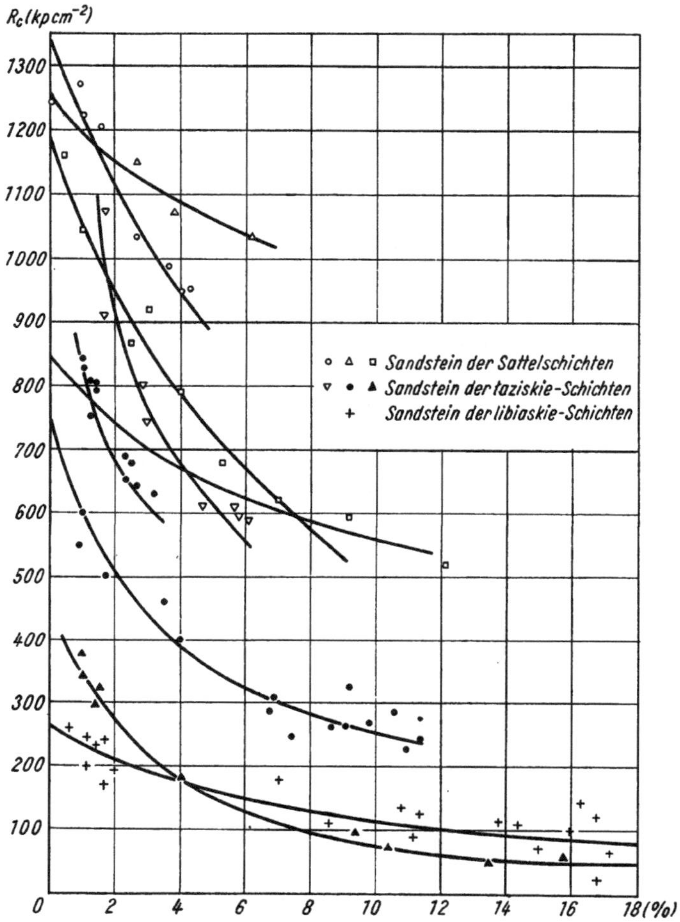

Bild 2. Der Einfluß der Feuchtigkeit auf die Festigkeit der Sandsteine aus dem Oberschlesischen Karbon

samer verläuft als bei den mittel- und feinkörnigen Sandsteinen. Sicher spielt hier die quantitative und qualitative Art des Bindemittels eine Rolle. Exakte petrographische Beobachtungen wurden jedoch in dieser Hinsicht nicht angestellt.

Wie aus Bild 2 erkennbar ist, weisen die Sandsteine der einzelnen stratigraphischen Gruppen des Karbon eine ansteigende Tendenz im Festigkeitsdiagramm auf. Die geologisch ältesten Sandsteine der Sattelschichten (Nebengestein der Kohlenflöze aus der Gruppe 500) zeigen in fast trockenem Zustande Festigkeiten von ungefähr 1000—1300 kp/cm², die jüngeren Sandsteine der Laziskie-Schichten (Gruppe 200) — ungefähr 300—900 kp/cm², dagegen die jüngsten Sandsteine der Libiaskie-Schichten (Gruppe 100) — ungefähr 200 kp/cm².

Gleichungen der empirischen Kurven

Mit dem Ziel, empirische Gleichungen aufzustellen, führte man die Anamorphose im Koordinatensystem

$$x = A^2$$

$$y = W \qquad \text{durch,}$$

wobei W — Feuchtigkeit, %,
A — $R_0 - R$,
R — Druckfestigkeit, kp/cm^2,
R_0 — theoretischer Wert R bei Nullfeuchtigkeit, kp/cm^2.

Man erhielt die Gleichung

$$R = R_0 - B\sqrt{W}\,,$$

worin der Wert B für die vier Arten der Kościeliskie-Sandsteine der Reihe nach 6, 13, 25 und 63 betrug, für die karbonischen Sandsteine dagegen — 220.

Anschließend führte man die Anamorphose der Kurve (R_0, B) durch und erhielt dabei folgende Gleichungen:

für weniger feste Sandsteine:

$$B = 7{,}5\left(\sqrt{R_0} - 1{,}5\right),$$

für feste Sandsteine ($R_0 \geqq 200$ kp/cm^2):

$$B = 7{,}1\sqrt{R_0}\,.$$

Endgültig nehmen also die Gleichungen folgende Gestalt an:

allgemein:

$$R = R_0 - 7{,}5\left(\sqrt{R_0} - 1{,}5\right)\sqrt{W}\,.$$

Die vereinfachte Gleichung für feste Sandsteine lautet dann:

$$R = R_0 - 7{,}1\sqrt{R_0}\cdot W\,.$$

Richtlinien weiterer Untersuchungen

Zur vollen Klärung des Feuchtigkeitseinflusses auf die Gesteinsfestigkeit wird es notwendig sein, petrographische und physikalische Studien über den Einfluß von Wasser auf die Konsistenz verschiedener Bindemittel durchzuführen. Außerdem kann sich für poröses Gestein, wie zum Beispiel Sandsteine, ein exakterer Kennwert als die waagemäßig bestimmte Feuchtigkeit anbieten, und zwar das Verhältnis des Feuchtigkeitsvolumen zur Porosität (Sättigungsgrad). Endlich wäre es angebracht, eingehende Untersuchungen des Wassereinflusses auf die Festigkeit toniger Gesteine (Tonschiefer, Illite), Sandschiefer u. a. anzustellen, da diese in der Regel das Liegende in den Steinkohlengruben bilden. Dieses Gestein beginnt bei der Berührung mit den Grubenwässern zu quellen und geht in plastischen Zustand über. Erhebliche Schwierigkeiten in der Grubenbauunterhaltung und der damit verbundene bedeutende Kostenanstieg sind die Folge dieser Erscheinung.

Wassergehalt und Gesteinsfestigkeit

von F. MARTOS, Budapest

Auf der letzten Sitzung in Sofia — zwischen dem 22. und 26. Juli 1964 — des Arbeitsausschusses Nr. III „Festigkeitsprüfungen“ des Internationalen Büros für Gebirgsmechanik wurde anhand einiger vorheriger informativer Aufsätze beschlossen, verschiedene Forschungsstellen aufzufordern, solche Untersuchungen systematisch vorzunehmen, die den Einfluß des Feuchtigkeitsgehaltes der Gesteine auf ihre Festigkeit festzulegen ermöglichen. Die Ergebnisse dieser Untersuchungen lassen sich in Zukunft als Ausgangspunkt für die Erarbeitung von Empfehlungen betrachten, die die Weiterentwicklung der bereits vorher besprochenen Richtlinien für Festigkeitsprüfungen [1] ermöglichen.

Der Sitzung in Sofia wurden außer dem schriftlich zugesandten Informationsbericht von P. S. B. COLBACK und B. L. WÜD (Südafrikanische Union) vorherige Untersuchungsergebnisse von E. TINCELIN (Frankreich), J. KIDYBINSKI (Polen) und dem Verfasser dieses Berichtes unterbreitet. Obgleich die Untersuchungen an recht verschiedenen Gesteinen angestellt worden sind, ist im allgemeinen festzustellen, daß sich die Veränderungen des Wassergehaltes in erheblichem Maße auf die Festigkeit auswirkt, infolgedessen soll sie bei der Auswertung von Ergebnissen verschiedener Prüfungen über die Gesteinsfestigkeit in Kauf genommen werden. Die Zunahme des Wassergehaltes führt normalerweise zur Abnahme der Festigkeit. Die Richtigkeit dieser Festlegung haben bereits nicht nur einachsige Prüfungen auf Druck- bzw. Zugfestigkeit, sondern auch dreiachsige Prüfungen bestätigt.

Die Untersuchungen vorerwähnter Verfasser eignen sich dafür, die Beziehungen zwischen der Festigkeit und dem Wassergehalt auch quantitativ aufschließen zu können, obwohl sie alle wegen des komplexen Charakters der realen Beziehungen weitere Untersuchungen als notwendig ansehen.

Im nachstehenden werden die Ergebnisse der in Ungarn über die Beziehungen zwischen Wassergehalt und Gesteinsfestigkeit angestellten Untersuchungen erörtert. Die Beobachtungen und Messungen sind in Ungarn noch nicht abgeschlossen, so daß die erhaltenen Resultate nicht als endgültig betrachtet werden dürfen. Ihre Veröffentlichung läßt sich nur dadurch begründen, daß man auf diese Weise die Aufmerksamkeit der Interessierten auf diese auch praktisch wichtige Frage lenken kann.

Vor allem soll man darauf hinweisen, daß diese Untersuchungen in Ungarn von einer größeren Wichtigkeit als durchschnittlich anderswo sind, weil die hiesigen Mineralvorkommen größtenteils wassergefährdet sind, was bedeutet, daß die Gebirge, die ohnehin jüngeren geologischen Alters, also niedriger Festigkeit sind, nicht einmal unter die Wirkung unterirdischer Wassermengen geraten. Die Durchfeuchtung dieser Gesteinsschichten ruft in vielen Hinsichten Schwierigkeiten für den Bergbau hervor [2]. Es ist also wichtig, entsprechende Kenntnisse über die Wirkung der Änderungen im Wassergehalt auf die materiellen Eigenschaften zu haben, die den Zustand des Gebirges entscheidend festlegen.

Die Veränderung des Wassergehaltes beeinflußt die Festigkeit auch von verhältnismäßig sehr festen Gesteinen. Darauf weisen die obenerwähnten südafrikanischen Prüfungen hin, die mit quarzithaltigen Tonschiefern und Sandsteinen durchgeführt wurden. Was die in Ungarn vorgenommenen Untersuchungen anbelangt, so berichtet LÁSZLÓ PALOTÁS [3]

Tabelle 1. Physikalisch-mechanische Kennwerte für die Nebengesteine einiger Flöze im Borsoder Kohlenbecken

Grube	Benennung der Schicht		$\sigma_{ny\perp}$	$\sigma_{ny\parallel}$	γ	n	W_0	P	F
1	2		3	4	5	6	7	8	9
Lyukó	Hangendes des Flözes IV	Dunkelgrauer Ton	70,0	64,0	1,95	34,5	14,5	48,0	94,0
		Grünlichgrauer Ton	128,0	124,0	2,20	21,0	10,5	15,5	45,0
			128,0	124,0	2,15	27,5	12,0	15,5	47,5
		Grünlichgrauer Sandton	149,0	104,0	2,13	26,5	13,0	12,5	39,0
		Grünlichgrauer grobkörniger Ton	90,0	86,0	1,96	34,5	11,0	20,0	51,0
		Kalkton	132,0	117,0	2,16	30,0	11,5	15,0	59,0
		Kalkton	106,0	95,0	2,23	28,0	13,2	26,0	59,0
			106,0	95,0	2,23	28,0	13,2	17,0	48,0
		Kalkton	120,0	94,0	2,66	32,5	14,0	13,0	44,0
		Kalkton	162,0	164,0	2,30	23,5	12,0	13,5	43,5
			120,5	104,0	2,20	31,5	13,5	16,0	48,0
	Liegendes des Flözes IV	Sandton	82,0	69,0	2,02	34,5	18,0	17,0	55,5
		Sandton	84,0	83,0	2,00	37,0	20,8	30,8	71,5
		Grauer Sand	14,0	10,0	1,80	38,5	11,0	11,0	37,0
		Grünlichgrauer Ton	102,0	—	2,00	31,0	21,0	43,5	89,0
		Verschieferter grauer Ton	133,0	83,0	1,93	34,5	19,0	36,0	75,5
		Schieferton	76,0	—	2,00	32,5	16,5	36,0	72,5
		Sandton	63,0	62,0	2,00	31,5	17,5	35,0	74,0
		Grünlichgrauer Ton	76,0	73,0	2,40	32.5	16,6	33,5	71,5
Szuhakálló Schacht II	Hangendes des Flözes IV	Tonmergel	62,0	67,0	1,82		28,0	39,5	90,0
		Fossiltonmergel	35,0	21,0	1,98		28,0	15,5	26,0
	Liegendes des Flözes IV	Brauner mürber Ton	—	—	1,96		29,3	37,0	42,0
		Sandton	18,0	30,0	2,17		17,5	27,0	30,5
Schacht VI Ormosbánya	Hangendes des Flözes V	Sandmergel	76,5	81,0	2,15	29,0	16,0	—	—
		Fossilton	95,0	78,5	2,10	30,0	18,0	—	—
		Tonmergel mit Sandstreifen	72,0	88,0	1,81	28,0	19,0	8,5	44,5
		Tonmergel	76,5	25,0	2,40	43,0	23,0	28,2	67,0
	Zwischen-lagerung	Sandmergel	15,0	11,5	2,17	29,5	16,3	10,0	36,0
	Liegendes des Flözes V	Grünlich, kohlenhaltiger Ton	19,5	26,0	2,1	37,5	23,0	19,0	58,6
		Tonmergel	14,5	13,5	2,00	38,5	25,6	12,5	61,0
	sein Hang.	Ostreaton	—	—	2,15	24,3	13,0	—	—
	Zwischenlag.	Sandton	14,5	11,5	2,15	30,0	16,0	10,0	36,0
	sein Liegendes	Kohlenhaltiger Ton	19,5	26,5	2,08	37,5	23,0	18,5	58,5
		Tonmergel	14,5	13,5	2,00	38,5	25,5	12,5	61,0
Schacht I Ella	Hangendes des Flözes V	Fossilton	100,0	124,0	2,10	28,5	15,5	18,5	51,0
		Kohlenhaltiger Ton	170,0	121,0	2,18	29,0	15,5	17,5	49,0
	Liegendes des Flözes V	Rhyolithtuff	94,0	98,0	2,08	30,0	16,5	18,5	47,0
		Tuffitton	71,0	44,0	2,00	31,5	18,5	21,5	51,5
Schacht II Ella	Hangendes des Flözes IV	Tonmergel	105,0	78,0	2,00	37,0	23,0	20,0	61,7
		Fossilmergel	57,0	38,0	2,18	29,5	15,5	—	—
	sein Liegendes	Ton	42,0	47,0	2,15	29,5	16,0	26,5	57,0

Tabelle 1 (Fortsetzung)

Grube	Benennung der Schicht		$\sigma_{ny\perp}$	$\sigma_{ny\parallel}$	γ	n	W_0	P	F
1	2		3	4	5	6	7	8	9
		Tonsand	37,0	8,0	2,15	29,0	16,0	—	—
			52,5	55,0	2,20	27,5	12,5	—	—
	Hangendes		2,0	1,5	1,96	39,6	20,5	—	—
Erenyö	des		2,5	2,5	2,10	37,8	21,5	—	—
	Flözes III		2,5	3,0	1,97	40,0	21,5	—	—
			38,5	34,5	2,20	31,5	15,0	—	—
			4,5	3,0	2,00	41,0	23,5	—	—
			2,0	9,5	2,15	35,0	19,0	—	—
	Hangendes des Flözes III. Mergel		92,0	124,0	2,05	33,0	19,0	—	—
			162,0	164,0	2,12	31,0	16,0	—	—
	Tonmergel		71,0	94,0	2,01	39,5	24,0	—	—
			57,0	50,0	2,01	46,0	30,5	—	—
Erenyö	Liegendes des Flözes III		23,0	53,0	2,12	39,5	26,3	—	—
			48,5	51,0	2,00	39,8	23,0	—	—
			74,0	102,5	2,16	31,5	19,5	—	—
			40,0	73,0	2,15	29,3	14,0	—	—
	Tonsand		161,0	126,5	2,14	39,5	14,0	—	—
			5,0	6,0	1,97	48,5	18,2	—	—
	Mergel		85,0	84,5	1,86	39,0	17,2	—	—

darüber, daß die Druckfestigkeit eines Probekörpers aus Tályaer Andesit im wassergesättigten Zustand um 10% niedriger lag als die eines ausgetrockneten Probekörpers aus dem gleichen Material. Ein Probekörper aus Siklóser ausgetrocknetem dichtem Kalkstein besitzt eine Druckfestigkeit von 1820 kp/cm², im luftfeuchten Zustand 1723 kp/cm² und wassergesättigt 1632 kp/cm². Auch in diesem Fall ergibt sich eine totale Festigkeitsverminderung von 10%.

Nach Versuchen des Ungarischen Forschungsinstitutes für Bergbau hatte ein Probekörper aus Oroszlányer grauem Liegendton, bei einem natürlichen Wassergehalt von $w_0 = 3\%$, eine Festigkeit von $\sigma_{ny} = 175$ kp/cm² und bei einem Wassergehalt von $w_0 = 5\%$ nur eine Festigkeit von 110 kp/cm². Während die Erhöhung des Wassergehaltes bei 67% liegt, beträgt die Verminderung der Druckfestigkeit nur 37%. Ein Várpalotaer bräunlichgrauer Ton mit $w_0 = 26\%$ Wassergehalt wies eine Zugfestigkeit von $\sigma_h = 3{,}2$ kp/cm² auf, während ein ganz ähnlicher, aber grünlichgrauer Probekörper mit $w_0 = 60\%$ Wassergehalt nur $\sigma_h = 2{,}8$ kp/cm² ergab. Im Besitz einer großen Zahl solcher und ähnlicher Angaben wurde es als begründet angesehen, gewisse Prüfungen in mehr systematischer Form durchzuführen und die Ergebnisse *statistisch* auszuwerten.

Aus dem Material der seit einigen Jahren vorgenommenen gebirgsmechanischen Versuche wurden in erster Linie die Kennwerte für die Nebengesteine einiger Miozänflöze im Borsoder Bezirk ausgewählt, und zwar deshalb, weil sich der Naturwassergehalt für die Gebirge dieser verhältnismäßig jungen geologischen Formation in breiten Grenzen verändert und sie für erste Versuche als geeignet erscheinen. Die Angaben sind in Tabelle 1 enthalten, und die dort angewendeten Bezeichnungen sind:

$\sigma_{ny\perp}$ = einachsige Druckfestigkeit senkrecht zu den Schichten, kp/cm²,
$\sigma_{ny\parallel}$ = einachsige Druckfestigkeit parallel zu den Schichten, kp/cm²,
γ = Volumengewicht, Mp/m³,
n = Porenvolumen, %,
w_0 = Naturwassergehalt, %,
P = plastische Grenze, %,
F = Fließgrenze, %.

Der vollständigen Eindeutigkeit halber wird bemerkt, daß F den Wassergehalt bei der Fließgrenze — nach CASAGRANDE — und P den Wassergehalt der plastischen Grenze bei Ausrollversuchen bedeuten.

Die Bilder 1 bis 6 teilen die Angaben in entsprechende Gruppen ein:

Bild 1 zeigt die Beziehung zwischen dem Wassergehalt und der zur Schichtung senkrechten einachsigen Druckfestigkeit für gegebene Gesteinsarten. Zwischen Punkten, die die Ergebnisse einzelner Messungen darstellen, wurde — auf Grund einer graphischen Ausgleichung — nach Gesteinsarten und bezogen auf die gesamte Punktmenge auch die Kurve eingezeichnet, die den wahrscheinlichsten Ablauf der Änderung veranschaulicht.

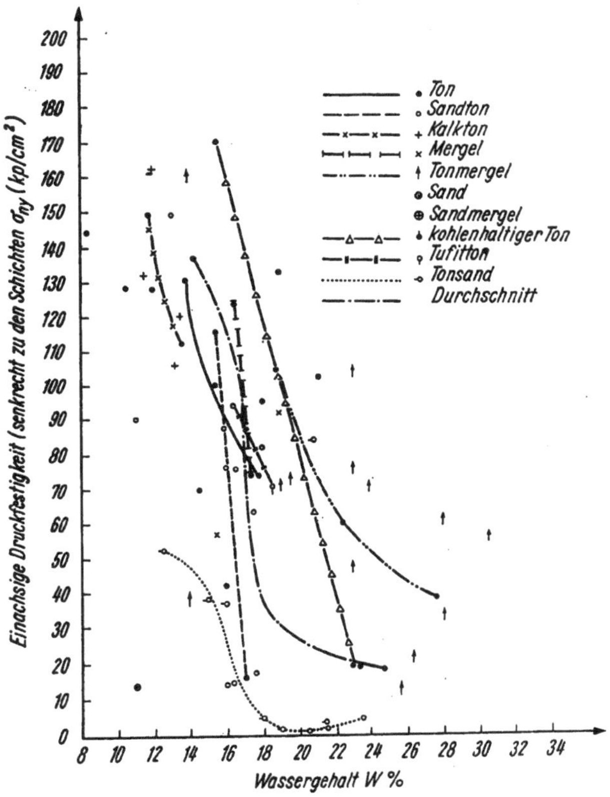

Bild 1. Die Abhängigkeit der einachsigen Druckfestigkeit vom Wassergehalt

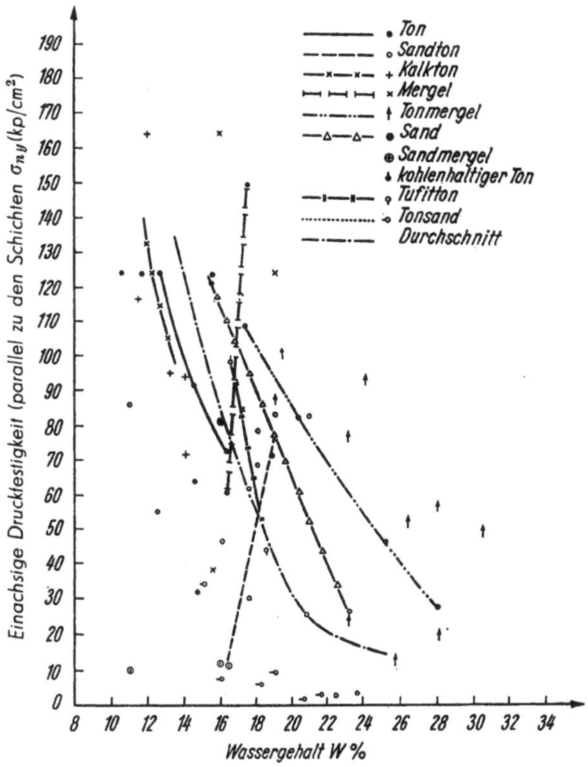

Bild 2. Die Abhängigkeit der einachsigen Druckfestigkeit vom Wassergehalt

Bild 2 läßt auf die gleiche Weise die Beziehungen zwischen dem Wassergehalt und der einachsigen Druckfestigkeit parallel zur Schichtung erkennen.

Die Bilder 3 und 4 stellen die Festigkeitsänderungen in Abhängigkeit vom Porenvolumen dar.

Bild 5 spiegelt die Beziehungen zwischen Porenvolumen und Wassergehalt und endlich Bild 6 die zwischen Porenvolumen und Volumengewicht wider.

Wie es den Angaben bzw. Bildern zu entnehmen ist, ergibt sich für die Werte eine ziemlich erhebliche Streuung. Das ist selbstverständlich (auf die Ursachen wird noch zurückgekommen) und wird durch die mittels elektronischer Rechenanlage berechneten Regressionsfunktionen

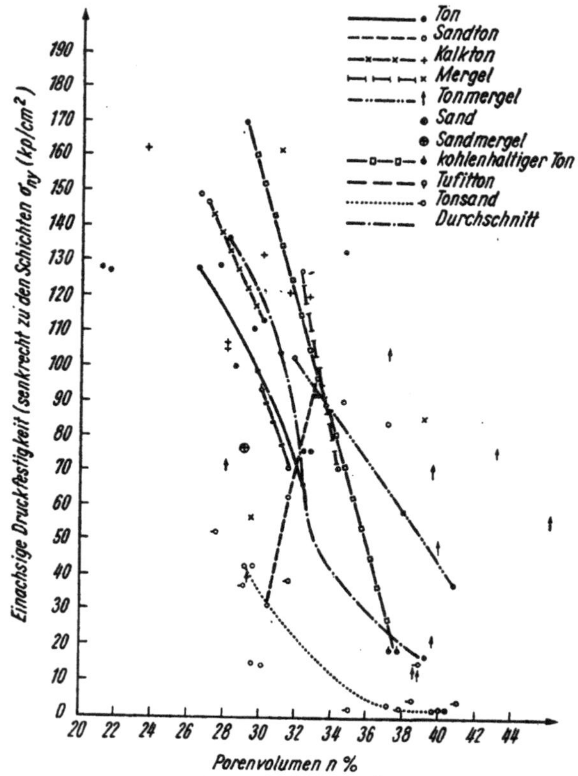

Bild 3. Die Abhängigkeit der einachsigen Druckfestigkeit vom Porenvolumen

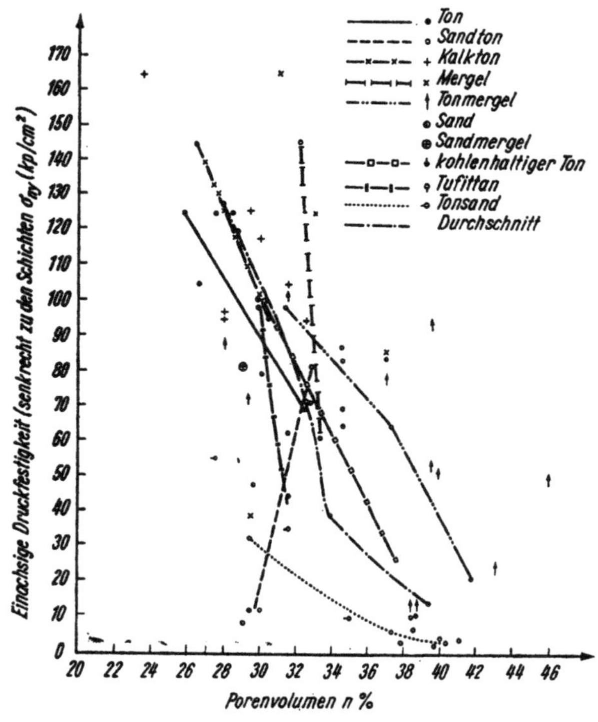

Bild 4. Die Abhängigkeit der einachsigen Druckfestigkeit vom Porenvolumen

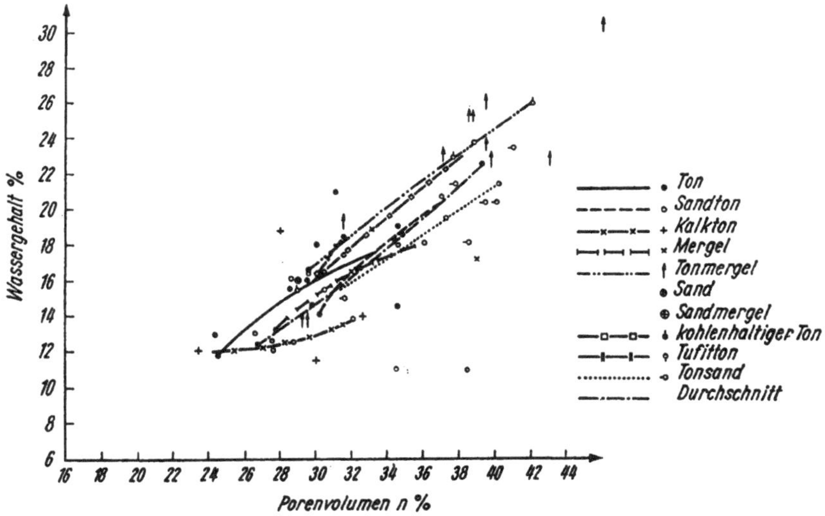

Bild 5. Die Abhängigkeit des Wassergehaltes vom Porenvolumen

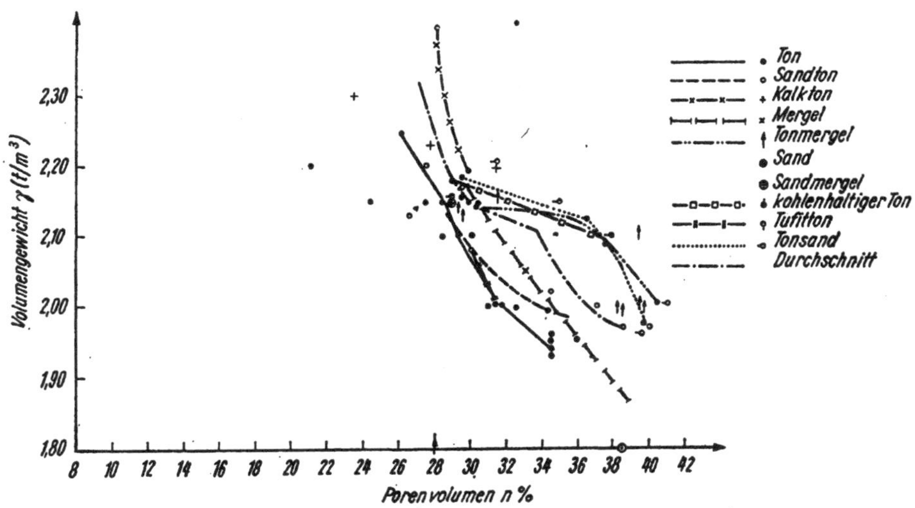

Bild 6. Die Abhängigkeit des Volumengewichts vom Porenvolumen

sowie die dafür charakteristischen Kennwerte wie Korrelationsindex (R), Streuung (S) und relativer Fehler (H_r) bewiesen:

1. $\sigma_{ny\perp} = -5{,}24\, w_0 + 164$
   $R = 0{,}48$
   $S = 42{,}8$ kp/cm²
   $H_r = 60{,}0\%$

2. $\sigma_{ny\parallel} = -4{,}49\, w_0 + 146$
   $R = 0{,}44$
   $S = 39{,}7$ kp/cm²
   $H_r = 59{,}8\%$

3. $\sigma_{ny_{\perp}} = -5{,}06\,n + 239$
$R = 0{,}53$
$S = 41{,}3$ kp/cm²
$H_r = 57{,}9\%$

4. $\sigma_{ny_{\parallel}} = -4{,}80\,n + 226$
$R = 0{,}55$
$S = 36{,}9$ kp/cm²
$H_r = 55{,}5\%$

5. $w_0 = 0{,}685\,n - 5{,}05$
$R = 0{,}78$
$S = 2{,}85\%$
$H_r = 16{,}1\%$

6. $\gamma = -0{,}0106\,n + 2{,}45$
$R = 0{,}35$
$S = 0{,}14$ Mp/m³
$H_r = 6{,}5\%$

Beziehungen mit mehreren Variablen ergeben eine kaum bessere Näherung oder höhere Glättung. Als Beispiel werden einige Funktionen dieses Charakters angeführt.

Die Festigkeit in Abhängigkeit vom Wassergehalt und Porenvolumen bzw. von diesen beiden und dem Volumengewicht ist:

$\sigma_{ny_{\perp}} = -1{,}80\,w_0 - 3{,}83\,n + 230$
$R = 0{,}53$
$S = 41{,}3$ kp/cm²
$H_r = 57{,}9\%$

bzw.

$\sigma_{ny_{\perp}} = -1{,}81\,w_0 - 3{,}41\,n + 39{,}0\,\gamma + 135$
$R = 0{,}52$
$S = 41{,}4$ kp/cm²
$H_r = 58{,}0\%$

weiterhin ist

$\sigma_{ny_{\parallel}} = -0{,}448\,w_0 - 4{,}50\,n + 224$
$R = 0{,}54$
$S = 37{,}2$ kp/cm²
$H_r = 56{,}0\%$

bzw.

$\sigma_{ny_{\parallel}} = -0{,}451\,w_0 - 4{,}40\,n + 9{,}47\,\gamma + 201$
$R = 0{,}53$
$S = 37{,}6$ kp/cm²
$H_r = 56{,}6\%$

In diesen linearen Beziehungen führt also die Anwendung mehrerer Veränderlicher zu keiner besseren Glättung, deren Ursachen in den Beziehungen zwischen den als unabhängig angesehenen Veränderlichen liegt. Da die Beziehung zwischen Wassergehalt und Porenvolumen ziemlich stramm ist, bringt die Einführung einer neueren Veränderlichen (z. B. außer w_0 auch n) keine weitere Information über die Veränderung der Festigkeit. Hierbei ist zu bemerken, daß die Einführung der zweiten und dritten Potenz der Veränderlichen auch nicht wesentlich die Genauigkeit der Näherung erhöht.

Des weiteren wurden auch Ausgleichungen in Richtung x bzw. normaler Richtung anstatt der Ausgleichung in Richtung y in Betracht gezogen, die zu den folgenden Ergebnissen führten.

Statt der Gleichungsgruppe (1) ist die neue lineare Näherung:

$$w_0 = -0{,}0459\ \sigma_{ny_\perp} + 20{,}98$$

bzw. geordnet der früheren Form nach:

$$\begin{aligned} \sigma_{ny_\perp} &= 21{,}79\ w_0 + 457{,}2 \\ R &= 0{,}48 \\ S_w &= 3{,}928\% \\ H_r &= 22{,}2\ \% \end{aligned}$$

Die Gleichung der Näherungsgerade ist nach Minimalisierung der Summe der Abweichungen in normaler Richtung:

$$\sigma_{ny_\perp} = -21{,}65\ w_0 + 454{,}6,$$

deren Gültigkeitsintervall zwischen:

$$10{,}5 \leqq w_0 \leqq 30{,}5; \quad w_0[\%]$$

$$2 \leqq \sigma_{ny_\perp} \leqq 170; \quad \sigma_{ny_\perp}[\mathrm{kp/cm^2}]$$

liegt.

Ähnlicherweise hat man parallel zu den Schichten statt der Gleichungsgruppe (2)

$$w_0 = -0{,}047242\ \sigma_{ny_\parallel} + 20{,}86$$

bzw. geordnet:

$$\begin{aligned} \sigma_{ny_\parallel} &= -21{,}086\ w_0 + 439{,}9 \\ R &= 0{,}44 \\ S_w &= 3{,}998\% \\ H_r &= 22{,}57\% \end{aligned}$$

Ausgeglichen in normaler Richtung:

$$\sigma_{ny_\parallel} = -20{,}91\ w_0 + 436{,}7\ .$$

Gültigkeitsintervalle:

$$10{,}5 \leqq w_0 \leqq 30{,}5; \quad w_0\ [\%]$$

$$1{,}5 \leqq \sigma_{ny_\parallel} \leqq 164; \quad \sigma_{ny_\parallel}[\mathrm{kp/cm^2}]\ .$$

Für den letzteren Fall stellt Bild 7 die drei Geraden dar. Einstweilen kann man für die Praxis die in Bild 7 mit III bezeichnete Näherung annehmen.

Es kann aber die Frage gestellt werden, ob es möglich wäre, die Glättung der Korrelation geprüfter Faktoren auf irgendwelche Weise (z. B. durch die Vergrößerung der Anzahl für die Messungen) zu verbessern? Das kann kaum möglich sein, da die Festigkeit der Gesteinsprobekörper außer von den hierbei berücksichtigten physikalischen Kennwerten — in erster Linie dem Naturwassergehalt — auch von einer Reihe von Faktoren anderen Charakters abhängig ist. Es wird in diesem Zusammenhang genügen, auf die mineralogische Zusammensetzung, Kornstruktur, Mikrotektonik, Form, Abmessungen des Probekörpers und die Prüfmethode usw. hinzuweisen. Insbesondere gewinnt es an Bedeutung bei Gebirgen jüngeren Alters und niedriger Festigkeit. Um diese Festlegungen klarzustellen, wird man in Zukunft zweckmäßigerweise Versuche durchführen müssen, bei denen außer dem Wassergehalt auch die Wirkung von Faktoren anderen Charakters berücksichtigt wird (z. B. die Reibung der Endflächen usw.).

Die oben beschriebenen Beziehungen zwischen Naturwassergehalt und Gesteinsfestigkeit sind durch die Prüfung geologisch im wesentlichen einheitlicher, tatsächlich jedoch verschiedener Gesteinsproben festgestellt worden. Wie Tabelle 1 zu entnehmen ist, rühren die Proben

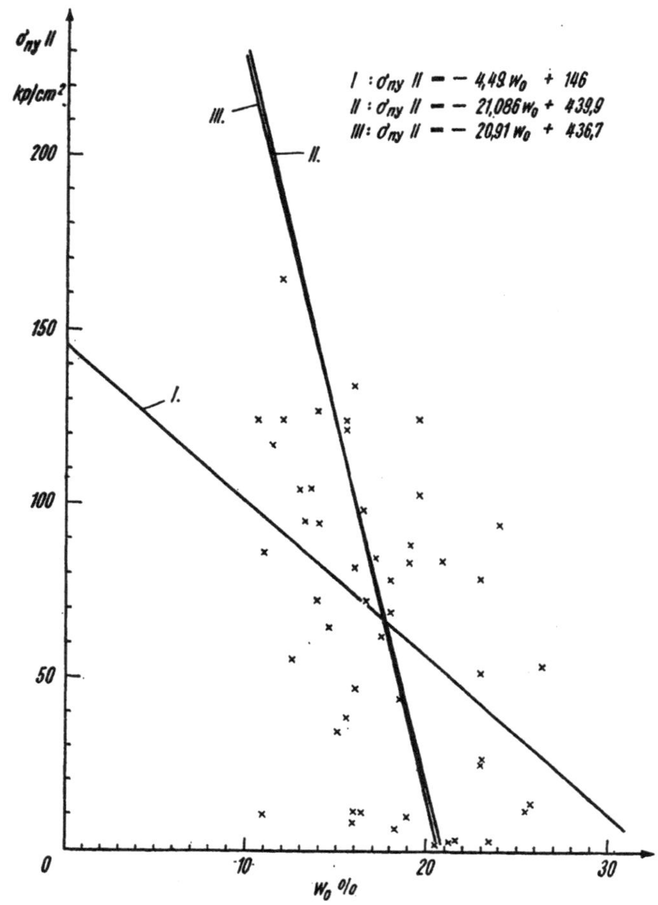

Bild 7. Abhängigkeit der einachsigen Druckfestigkeit vom Wassergehalt — Korrelation

von einigen Grubenbetrieben des Borsoder Beckens her, und es handelt sich um verschiedene Sand-, Kalksteine, Mergel und Tone. Ihr einziger gemeinsamer Zug ist, daß sie alle Miozänsedimentgesteine aus der gleichen kohleführenden Schichtenreihe darstellen.

Weiterhin hat man die ähnlichen Angaben auch für 7 Proben, die aus ein und demselben grauen Hangendtonmergel entnommen werden, ausgewertet.

Den Ort der Probeentnahme zeigt Bild 8, außerdem sind auch die Prüfergebnisse dargestellt. Die Probekörper sind aus Mustern aus den in dem Bild bezeichneten Punkten einer 3 m mächtigen grauen Tonmergelschicht oberhalb des Flözes IV im Bau des Borsoder Stollens „Terv" entnommen worden. In Richtung des Flözes nimmt der Wassergehalt der Schicht stufenweise zu. Innerhalb dieser insgesamt 3 m Schichtendicke erhöht sich der Naturwassergehalt von 10% auf 20%. Diese Feuchtigkeitszunahme führt zu einer erheblichen Abnahme der Festigkeit. Die diesbezüglichen Angaben lassen sich vom Bild ablesen, und die Näherungsgerade kann in der Form:

$$\sigma_{ny} = -20\, w_0 + 430$$

aufgeschrieben werden. Diese Korrelation (die übrigens nicht anhand ausgleichender Berechnung, sondern nur unter Anwendung analytisch-geometrischer Methoden abgeleitet wurde) liegt bei der für das ganze „Miozän-Haufwerk" durch Ausgleichung in normaler Richtung erhaltenen Regressionsfunktion recht nahe (Bild 7, Gerade Nr. III).

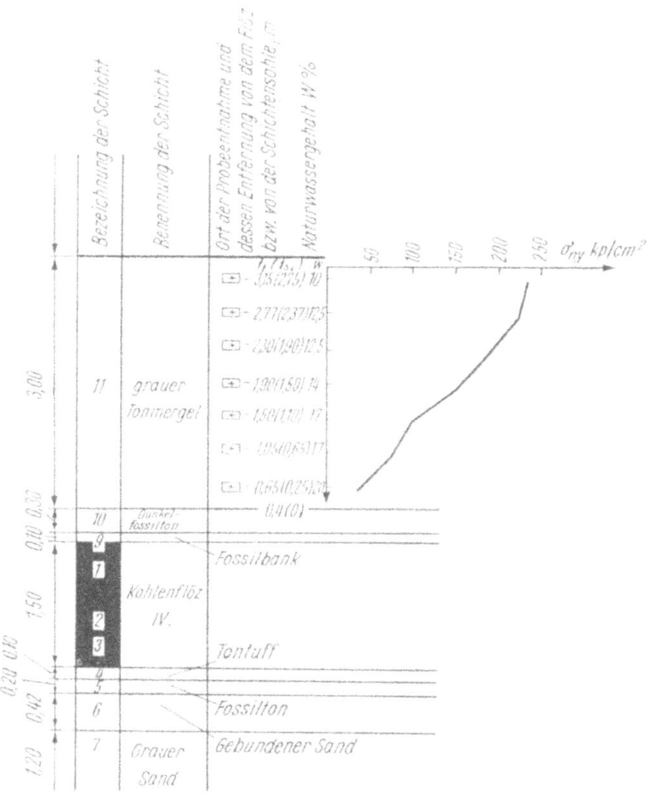

Bild 8. Schnitt durch die Hangendschichten des Flözes IV im Borsoder Kohlenbecken

Alle diese Prüfungen wurden an Probekörpern durchgeführt, in denen es sich um den Gehalt an Naturwasser der Gesteine handelte. Daneben sind auch Versuche vorgenommen, wobei der Wassergehalt des Probekörpers durch Außeneingriff verändert worden ist. Hierbei hat man an Probekörpern aus demselben Gesteinsstück sowohl bei Naturwassergehalt als auch nach dem Austrocknen bei verschiedener Zeitdauer die Druckfestigkeit gemessen. Die erhaltenen Ergebnisse sind aus Bild 9 ersichtlich. Die Probekörper waren aus dem in Bild 8 dargestellten grauen Hangendtonmergel des Flözes IV im Borsoder Kohlenbecken angefertigt. Die diesbezüglichen numerischen Werte enthält auch Tabelle 2. Daraus ist abzulesen, daß z. B. ein Probekörper mit $w_0 = 10\%$ eine niedrigere Festigkeit ($\sigma = 115$ kp/cm²) hat als ein anderer, dessen ursprünglicher Naturwassergehalt z. B. $w_0 = 14\%$ war ($\sigma = 180$ kp/cm²). Die Druckfestigkeit des Gesteins mit einem ursprünglichen Naturwassergehalt von $w_0 = 10\%$ wurde als $\sigma = 230$ kp/cm² festgestellt. Diesen Wert konnte aber keines der Gesteine, die auf diesen Wassergehalt abgetrocknet wurden, aber ursprünglich einen höheren Gehalt besaßen, erreichen.

Aus dem oben Gesagten folgt, daß der Wassergehalt in erheblichem Maße die Gebirgsfestigkeit beeinflußt; deshalb ist es erforderlich, beim Angeben der Festigkeitswerte auch auf den gemessenen Wassergehalt hinzuweisen.

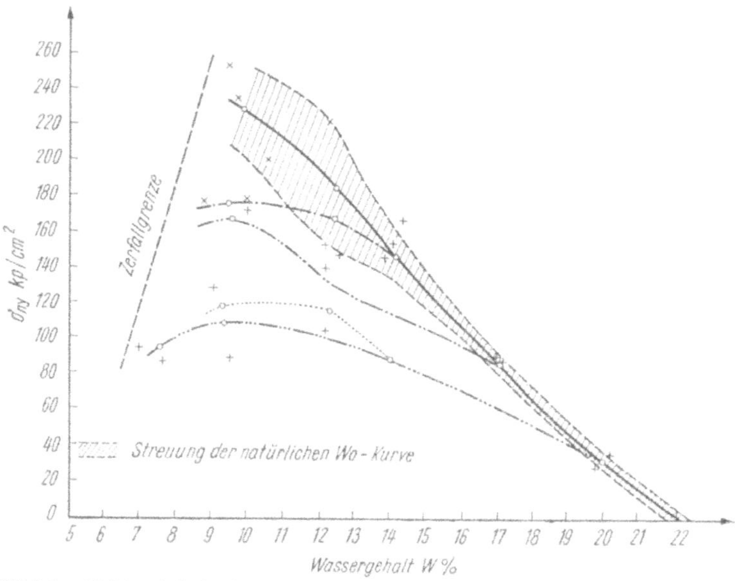

Bild 9. Abhängigkeit der einachsigen Druckfestigkeit vom Wassergehalt bei unterschiedlichem Austrocknungsgrad

Bei der Projektierung wichtiger Grubenanlagen ist die Kenntnis aller physikalisch-mechanischen Kennzahlen für das Gebirge von Wichtigkeit, insbesondere kann man auf die numerischen Werte von statistisch auswertbaren Kennzahlen, die den Zustand des Materials und sein Verhalten bei äußeren Beanspruchungen so entscheidend zu beeinflussen vermögen, nicht verzichten.

Von diesen Kennzahlen gehört der die Festigkeit beeinflussende Wassergehalt zu den wichtigsten.

Tabelle 2. Die Veränderung der Festigkeit für Miozäntonmergel in Abhängigkeit vom Wassergehalt (kp/cm²)

Wassergehalt %						
Nach Trocknung	Naturwassergehalt					
	10,0	12,5	14,0	17,0	20,0	22,5
10,0	230	—	180	170	115	0
12,5	—	190	170	130	95	0
14,0	—	—	150	120	90	0
17,0	—	—	—	90	65	0
20,0	—	—	—	—	30	0
22,5	—	—	—	—	—	0

Literatur

[1] MARTOS, F.: Irányelvek néhány közetmechanikai vzsgálat végrehajtasának egységesitéséhez (Richtlinien zur Vereinheitlichung der Durchführung einiger gebirgsmechanischen Prüfungen). Bányászati Kutató Intézet Közleményei. IX. évf. 1. sz. 1964.

[2] MARTOS, F.: A karsztvizveszély és a fejtési technológia néhány kapcsolatáról. (Hozzászólás Bakk László és Láng József elöadásaihoz) IV. Karszthidrológiai Konferencia Tatabánya 1963. BKI.-Kiadvany (178—186 old.) (Über die Beziehungen zwischen Karstwassergefahr und Abbautechnologie. Beitrag zum Vortrag von LÁSZLÓ BAKK und JÓZSEF LÁNG. IV. Karsthydrologische Konferenz, Tatabánya). Mitteilungen des Forschungsinstituts für Bergbau, S. 178—186.

[3] PALOTÁS, L.: Épitöanyagok II. kötet (35—36. old.) Akadémiai Kiadó. 1962. (Baustoffe. Bd. II., S. 35—36). Akademischer Verlag, 1962.

Spannungen und Deformationen um einen zylindrischen Hohlraum in einem visko-elastisch-plastischen Medium. Theorie und numerische Auswertung

von G. P. TEN BRINK und J. M. HERMES, Limburg

Zweck

Das Erkennen der Druck- und Bewegungserscheinungen im Gebirge um zylindrische Hohlräume, um dadurch zu optimalen Ausbaumethoden zu gelangen.

Durchführung

Die von Prof. SALUSTOWICS [1] entwickelte Theorie, welche später von IR. LOONEN [2] weiter ausgebaut wurde, wird hier aufs neue in kurzgefaßter Form dargestellt. Auf der Basis dieser Theorie hat man eine große Anzahl Berechnungen durchgeführt, zum Teil mit Hilfe des Gamma-E.T.-Rechners und zum anderen Teil mit Hilfe des Univac III. Die Ergebnisse dieser Berechnungen sind in Diagrammen verarbeitet, um diese Theorie gleichsam bildlich darzustellen. Ein Vergleich mit bestehenden Messungen wird hier nicht gemacht.

Schlußfolgerungen

A. Eigenschaften (insbesondere die Festigkeitseigenschaften) des Gebirges in situ

1. Die Theorie vermag nur dann einen Einblick in das Verhalten des limburgischen Karbongesteins zu vermitteln, wenn besonders für die Druckfestigkeit des Gesteins in situ Werte festgesetzt werden, welche um einen Faktor 10 bis 100 kleiner sind als die Druckfestigkeit, welche bei gut erhaltenen Gesteinsproben im Labor festgestellt wird.
2. Die Konvergenz- und Druckwirkung, der der Ausbau von Querschlägen usw. unter Tage ausgesetzt ist, ist an den meisten Stellen in unseren Zechen derart, daß u. E. zur Darstellung dieser Konvergenz- und Druckerscheinungen nur eine Theorie in Betracht kommen kann, welche im wesentlichen der Plastizität (oder Pseudo-Plastizität) Rechnung trägt, was bei obiger Theorie der Fall ist. Dies bestätigt, unter Berücksichtigung von Schlußfolgerung 1, die Einsicht, daß das Gebirgsmassiv in situ weit schwächer sein muß, als sich aus Messungen an Proben ergeben würde. Diese Einsicht ist in den letzten Jahren Gemeingut geworden, was auch mit den jüngsten Katastrophen mit Talsperren (Fréjus, Vaillont) im Zusammenhang steht.
3. Diese deutlich geringere Festigkeit ist auf die Rissigkeit des Gesteins zurückzuführen und stellt sich ein, wenn der mittlere Rißabstand im Vergleich zu den Streckenausmaßen klein ist. Auch indirekt kann die Rißbildung im Gebirge eine Schwächung des Gesteins herbeiführen, und zwar durch Verwitterung nach Kontakt mit Luft und Feuchtigkeit. Außer der Druckfestigkeit σ_d können beim Gestein in situ auch der Winkel der inneren Reibung und andere Größen niedriger sein als die bei Gesteinsproben im Labor gefundenen Werte.

B. Anwendbarkeit der Theorie auf die Praxis

1. Trotz der stark einschränkenden Annahmen, von denen die Theorie ausgeht (ebenes rotationssymmetrisches Problem mit hydrostatischem Spannungszustand in großer Entfernung vom Hohlraum, zylindrischer Hohlraum, welcher augenblicklich über die volle Länge aufgefahren wird und an einem anderen Augenblick, wieder gleichzeitig über die volle Länge, unterstützt wird, homogenes und isotropes Gestein, keine Volumenänderung bei plastischem Fließen usw.) gibt es noch eine große Anzahl Parameter, welche die auf den Ausbau wirksamen Konvergenz- und Druckerscheinungen entscheidend beeinflussen. Diese sind:

   der Teufendruck p_0,
   eine Anzahl Eigenschaften des Gebirges in situ, und zwar
   die Druckfestigkeit σ_d,
   der Winkel der inneren Reibung φ,
   der Gleitmodul G,
   die Viskosität η,
   mehrere mit dem Ausbau zusammenhängende Faktoren, nämlich:
   der Zeitpunkt des Einsatzes t_2 oder die an diesem Augenblick bereits aufgetretene Konvergenz K_2,
   die elastische Steifigkeit A bei einem elastischen Ausbau oder der Ausbaudruck P_i bei einem nachgiebigen Ausbau.

   Von keiner dieser Größen darf der Einfluß auf den Verlauf und die Größe der auf den Ausbau wirksamen Konvergenz und Belastung als vernachlässigbar betrachtet werden.

2. Es sind eine Anzahl Erscheinungen und Einflüsse zu nennen, welche eine Gegenüberstellung der Theorie mit den Ergebnissen von unter Tage durchgeführten Formänderungs- und Belastungsmessungen in bedeutendem Maße verhindern.
   Die wichtigsten sind:
   a) der sogenannte Einfluß des Streckenvortriebs (Ortseinfluß), d. h. der Einfluß der *endlichen* Vortriebsgeschwindigkeit des Hohlraums;
   b) die Volumenvergrößerung bei plastischem Fließen;
   c) die Kriecheigenschaften von Beton, falls dieser als Ausbau verwendet wird;
   d) die Verwitterung des Gesteins, besonders bei bogenförmigem Ausbau, wo das Gestein in offener Berührung mit der Wetterluft ist.

   Erscheinung b) bewirkt eine starke Vergrößerung der Konvergenz. Durch a), c) und d) werden besonders der Verlauf der Konvergenz in der Zeit sowie die Zeitdauer, worüber sich der merkbare Konvergenzverlauf erstreckt, weitgehend beeinflußt.

3. Dadurch ist es jetzt noch nicht möglich, aus den gefundenen Meßwerten die Festigkeitseigenschaften des Gesteins in situ herzuleiten. Die Unbekanntheit dieser Eigenschaften des Gesteins verhindert einstweilen eine quantitative Anwendung der Theorie auf die unter Tage festgestellten Phänomene.

4. Trotz der Tatsache, daß eine quantitative Anwendung der Theorie auf die Praxis noch nicht möglich ist, hat diese Theorie die Einsicht in das Verhalten des Gesteins unter Tage beträchtlich erweitert, nicht zuletzt durch den Umstand, daß allerhand aus der Praxis bekannte Erscheinungen jetzt besser in ihrem gegenseitigen Zusammenhang erkannt werden können, wodurch man sich der gemachten Erfahrungen positiv bewußt wird und diese somit besser in Worte fassen und auch nutzen kann.
   Die Erfahrungen sind demnach eine wertvolle Stütze zum richtigen Verstehen von Problemen, welche sich in Zukunft geltend machen werden.

5. Obwohl für die Theorie mehrere einschränkende Faktoren gelten (siehe Punkt 2), hat sie dennoch den Anstoß zu neuen Messungen gegeben, welche darauf abzielen, diese Faktoren (z. B. Ortseinfluß und Einfluß von Schießarbeiten) besser kennenzulernen.

C. Wichtige Schlußfolgerungen aus der Theorie

1. Ein Hohlraum in einem elasto-plastischen Medium wird von einer ,,entspannten Zone" und diese wiederum von einer ,,tragenden Zone" umgeben. Zum ,,Offenlassen" des Hohlraums steuert das Gestein in der ,,tragenden Zone" am meisten bei.
2. Die Funktion eines Ausbaus besteht im wesentlichen darin, der Gesteinsintegration Einhalt zu tun, d. h. die entspannte, desintegrierte (sogenannte plastische) Zone und somit die Konvergenz möglichst einzuschränken.
3. Zur völligen Vermeidung jeglicher Konvergenz wäre ein Ausbaudruck erforderlich, welcher dem ursprünglichen Druck der Teufe p_0 gleichkommt. Sobald aber eine geringe Konvergenz zugelassen ist, läßt sich mit einem relativ niedrigen Ausbaudruck ein weiteres Fortschreiten der Konvergenz verhindern, auch wenn, ohne jeglichen Gegendruck, noch eine große Konvergenz auftreten würde.
4. Die Konvergenzgeschwindigkeit oder die Geschwindigkeit der Drucksteigerung des Ausbaus sind dem momentanen ,,Manko" an Ausbaudruck direkt proportional. Hierunter ist derjenige Druck zu verstehen, um den der bestehende (gegebenenfalls Null betragende) Ausbaudruck zu erhöhen ist, um an einem bestimmten Augenblick ein Gleichgewicht, die Ruhelage, zu erreichen. Ferner stehen die genannten Geschwindigkeiten in umgekehrtem Verhältnis zu der Viskosität 0 des Gesteins.
5. Die sogenannte Relaxationszeit des Gesteins $T = \eta/G$ bildet an sich keinen ausreichenden Maßstab für die ,,Dauer" des Konvergenzvorgangs und der Zunahme der Ausbaubelastung.
6. Sowohl für den Fall eines nicht ausgebauten Hohlraums als auch für elastisch ausgebaute und nachgiebig ausgebaute Hohlräume lassen sich einfache Größen herleiten, τ^*, $\tau^*_{\text{e. a.}}$ bzw. $\tau^*_{\text{n. a.}}$ genannt (e.a. = elastischer Ausbau; n.a. = nachgiebiger Ausbau), welche einen guten Zeitmaßstab für die ,,Dauer" des Konvergenzvorgangs bzw. des Drucksteigerungs- und Einschiebungsprozesses darstellen. Bereits bei relativ schwachem Ausbau können die Werte $\tau^*_{\text{e. a.}}$ bzw. $\tau^*_{\text{n. a.}}$ um viele Male geringer sein als der Wert τ^*, der sich bei nicht ausgebautem Gestein einstellen würde (τ ist ein relatives, von $\tau = t/T$ dargestelltes Zeitmaß).
7. Die Kurve, welche den Verlauf der Konvergenz des nicht unterstützten Hohlraums als Funktion der Zeit darstellt, hat eine große Ähnlichkeit mit einer Hyperbel: $K = \frac{a\,t}{b + c\,t}$ mit a, b, und c als Konstanten.
8. Besonders bei schlechteren Gesteinsarten und bei Anwendung niedriger Ausbaudrücke übt die Teufe einen merklichen Einfluß auf die Konvergenz aus.

Richtlinien für weitere Untersuchungen

1. Untersuchung des sogenannten Ortseinflusses, d. h. des Einflusses der Verlängerung des zylindrischen Hohlraums

Diese Vortriebsgeschwindigkeit ist nicht unendlich groß, wie in der Theorie angenommen wurde, und kann eine *vorherrschende* Rolle spielen beim Zeitverlauf der auf den Ausbau wirksamen Konvergenzbewegungen und Druckbelastungen. Von Einfluß ist dabei das Verhältnis zwischen der ,,eigenen Zeit" des Gebirges und der Zeit, welche zum Vortrieb über eine dem Durchmesser der Strecke entsprechende Länge erforderlich ist.

Über den Einfluß des Streckenvortriebs, infolgedessen es sich nicht um ein ebenes rotationssymmetrisches Problem, sondern um ein räumlich bedingtes axial-symmetrisches Problem handelt, ist außer bei rein elastischem Material theoretisch nichts bekannt.

Auch der Fall eines quasi-statischen Streckenvortriebs, d. h. einer Vortriebsgeschwindigkeit, welche im Vergleich zu der „Eigenzeit“ des Gebirges sehr klein ist, wobei das Gestein als ein elasto-plastisches (d. h. nicht mehr viskoses) Material betrachtet werden darf, ist nicht bekannt. Dieser Fall dürfte die besten Möglichkeiten für eine theoretische Näherung bieten, falls der Hohlraum als ein Rotationsellipsoid betrachtet wird, dessen lange Achse allmählich größer wird.

2. Untersuchung des Einflusses der Ungleichheit der Hauptspannungen im Gebirgsmassiv in großer Entfernung vom Hohlraum

Für den ebenen (zweidimensionalen) Fall ist jetzt im Prinzip der Weg zur Ermittlung der Spannungsverteilung in der *Gleichgewichtslage* gefunden.

3. Untersuchung des Einflusses des momentan-elastischen Verhaltens von Gestein

Das benutzte rheologische Modell gestattet im Prinzip keine plötzlichen Formänderungen. Dazu müßte das Modell mit einer sogenannten Serienfeder ausgestattet werden. Dies bedeutet allerdings eine merkliche Komplikation der theoretischen Ableitungen. Für das ebene rotationssymmetrische Problem ist, falls $\varphi = 0$, jetzt im Prinzip der Weg zu einer Lösung dieses Problems gefunden.

4. Untersuchung des Einflusses der Volumenvergrößerung des Gesteins in der (pseudo)-plastischen Zone

Bisher wurde angenommen, daß sich bei plastischen Deformationen keine Volumenänderung einstellt. Gerade für das (pseudo)-plastische Fließen des Gesteins erscheint dies aber als unzulässig, vermutlich spielen die dabei auftretenden Volumenvergrößerungen eine sehr große Rolle bei den unter Tage gemessenen Konvergenzen. Im Falle einer sprunghaften Vergrößerung des Volumens beim Eintritt des (pseudo)-plastischen Zustandes wird eine theoretische Berechnung nicht auf große Schwierigkeiten stoßen.

5. Untersuchung des Einflusses des Kriechverhaltens von Beton auf die auftretenden Formänderungen und Druckbeanspruchungen des Ausbaus

Dies ist von Bedeutung bei einem Formsteinausbau. Soweit das Verhalten des Betons von einem einfachen rheologischen Modell dargestellt werden kann, erscheint eine Lösung für den Fall eines ebenen rotationssymmetrischen Problems möglich.

6. Untersuchung des Einflusses einer Verwitterung des Gesteins durch Kontakt mit Luft und Feuchtigkeit

Hierdurch können die Festigkeitseigenschaften (σ_d, φ) des Gesteins in der zerrissenen Zone im Verlaufe der Zeit nachlassen. Eine diesbezügliche Untersuchung hat in erster Linie auf experimentellem Wege zu erfolgen.

7. Untersuchung des Einflusses eines stoßweisen Streckenvortriebs (mittels Schießen) auf die Rißbildung im Gestein und die auf den Ausbau wirkenden Konvergenzbewegungen und Druckbelastungen

Auch diese Untersuchung hat man zunächst auf experimentellem Wege in Angriff zu nehmen.

8. Untersuchung der Anwendbarkeit der Theorie bezüglich eines visko-elastisch-plastischen Mediums auf Kunststoffe und Metalle bei hohen Temperatur- und Druckverhältnissen, besonders mit Rücksicht auf die praktische Verwertung in Konstruktionen u. dgl.

Bis auf heute beschränkte sich der Nutzen der sogenannten rheologischen Modelle im wesentlichen auf eine phänomenologische Beschreibung der Eigenschaften eines Materials bei sehr einfachen Belastungszuständen, wie man sie z. B. bei der Materialprüfung vorfindet. Die hier dargestellte Theorie kann als Ausgangspunkt für quantitative Berechnungen bezüglich der Anwendung dieser Werkstoffe in Konstruktionen u. dgl. bei nicht zu komplizierten Belastungsfällen dienen.

Literatur

[1] Salustowics, A.: Neue Anschauungen über den Spannungs- und Formänderungszustand im Gebirge in der Nachbarschaft bergmännischer Hohlräume. Internationale Gebirgsdrucktagung 1958 Leipzig.

[2] Theoretische berekening van de spannings- en bewegingstoestand rondom een cilindrische holruimte in een visco-elastisch-plastisch medium. Rapport C. P. 1443, dd. 12 juni 1961.

Theoretische Berechnung von Spannungen und Bewegungen um einen Hohlraum unter Tage in einem visko-elastisch-plastischen Medium mit momentan-elastischem Verhalten

von G. P. TEN BRINK, Limburg

Zweck

Zweck der vorliegenden, an den Bericht Nr. 1633 C.P./'65 anschließenden Berechnung ist, zu prüfen, welchen Einfluß eine Berücksichtigung des momentan-elastischen Verhaltens des Gebirges auf die Konvergenz- und Druckerscheinungen ausübt.

Durchführung

Das mathematisch-mechanische Modell, auf das sich die Berechnungen im Bericht Nr. 1633 C.P./'65 stützen, wurde mit einer sogenannten Serienfeder erweitert, wodurch dieses Modell auch ein Gestein, das eine momentan-elastische Reaktion aufweist, zu beschreiben vermag. Der Effekt der Serienfeder wird zuerst für ein visko-elastisches Gestein und anschließend für ein visko-elastisch-plastisches Gestein untersucht. Im letzteren Fall hat eine vollständige Ausarbeitung der Theorie über den Zeitverlauf der Phänomene nur Erfolg in dem Fall, wo $\varphi = 0$ (φ = Winkel der inneren Reibung), und außerdem beschränkt sie sich auf den nicht-unterstützten Hohlraum. Die Endlagen von Konvergenz und Druck lassen sich aber in *allen* Fällen auf einfache Weise ermitteln.

Schlußfolgerungen

1. Die wichtigsten Größen des Gesteins sind: G_{eff} (effektiver Gleitmodul) und $T_{\text{eff}} = \dfrac{\eta}{G_{\text{eff}}}$.
   G_{eff} wird dabei definiert durch die Beziehung:

   $\dfrac{1}{G_{\text{eff}}} = \dfrac{1}{G_s} + \dfrac{1}{G_p}$, in der: G_s = Gleitmodul der Serienfeder,
   G_p = Gleitmodul der Parallelfeder.

   (Die Berechnung im Bericht 1633 C.P. gilt also in dem Fall daß $G_s = \infty$.)
   T_{eff} ist eine charakteristische „eigene" Zeit des Gesteins. Für die Darstellung des Zeitverlaufs der Erscheinungen läßt sich vorteilhaft ein dimensionsloses Zeitmaß $\tau = \dfrac{t}{T_{\text{eff}}}$ benutzen.
2. Bei nicht-ausgebautem Hohlraum und mithin auch bei Verwendung eines nachgiebigen Ausbaus mit konstantem Einschiebungswiderstand wird die Gleichgewichtslage (Endlage) nur durch G_{eff} und nicht durch das Verhältnis $\dfrac{G_s}{G_p}$ bedingt. Bei Anwendung eines elastischen Ausbaus, der am gleichen Moment τ_2 eingesetzt wird, verringert sich bei gleichem G_{eff} des Gesteins die Druckbelastung des Ausbaus in der Endlage in dem Umfange, wie auch $\dfrac{G_s}{G_p}$ kleiner wird. (In Schlußfolgerung 5 wird hierauf noch näher eingegangen.) Die Serienfeder wirkt also druckverringernd. Diese Erscheinung wird darauf zurückgeführt, daß bei niedrigerem G_s-Wert am gleichen Augenblick τ_2 sich bereits ein großer Teil der Konvergenzwirkung vollzogen hat.

3. Für nicht zu geringe Werte von τ ($\tau \gg 1$) zeigt sich, daß der Konvergenzverlauf bei einem nicht-ausgebauten Hohlraum für endliche Werte von G_s (Serienfeder) völlig dem in Bericht 1633 C.P. festgestellten Verlauf bei $G_s = \infty$ entspricht, und durch eine kleine Verschiebung in der Zeit ($\Delta\tau$ = maximal von der Größenordnung 2) werden beide Kurven nahezu zusammenfallen. Für größere Werte von τ ist der Unterschied in der Konvergenz beim Gestein mit momentan-elastischem Verhalten und Gestein ohne ein solches Verhalten zu vernachlässigen. Für niedrige τ-Werte (also kurz nach Herstellung des Hohlraums) kann — in Abhängigkeit vom G_s/G_p-Verhältnis — die beim Gestein mit der Serienfeder auftretende Konvergenz jedoch merklich größer sein als beim Gestein mit $G_s = \infty$.

   Mit Ausnahme eines Gesteins von sehr guter Beschaffenheit — wo also im nicht-unterstützten Fall nur eine kleine plastische Zone entsteht — beträgt die dann aufgetretene Konvergenz allerdings nur einen Bruchteil der endgültigen Konvergenz. (Bei einem Gestein von schlechterer Beschaffenheit ist, wie sich aus Bericht 1633 C.P. ergeben hat, die „Dauer" des merkbaren Konvergenzvorgangs weit länger.)
4. Es zeigt sich, daß es für nicht allzu niedrige τ-Werte bei Gesteinsarten mit unterschiedlichen G_s/G_p-Verhältnissen (jedoch mit gleichem G_{eff}) ein fast *konstantes Verhältnis* gibt zwischen den an einem beliebigen Zeitpunkt im nicht-ausgebauten Hohlraum noch zu erwartenden Konvergenzbewegungen (= Abstände zur Asymptote, welche die Endkonvergenz darstellt.)

   Dies läßt sich aus dem Umstand erklären, daß die Kurven selbst durch waagerechte Verschiebungen fast zusammenfallen, während die Gestalt der Kurve (für nicht zu niedrige τ-Werte) gut durch eine e-Potenz mit negativer Komponente beschrieben werden kann. Weil (außer bei einem sehr guten Gestein) die anfängliche Konvergenz gering ist im Vergleich zu der endgültigen Konvergenz, beträgt dieses Verhältnis nahe 1.
5. Bei Anwendung eines elastischen, an einem bestimmten Moment τ_2 gesetzten Ausbaus wird bei einem Gestein mit Serienfeder im Vergleich zum Fall, wo $G_s = \infty$, der Enddruck in einem bestimmten *Verhältnis* verringert. Dieser Reduktionsfaktor ist nahezu unabhängig vom Zeitpunkt τ_2 und beträgt gewöhnlich nahe 1.

   Geringere Abweichungen davon gibt es im Falle eines starren, sehr kurz nach Herstellung des Hohlraums gesetzten Ausbaus; Reduktionsfaktoren, welche deutlich kleiner sind als 1, treten nur bei sehr gutem Gestein auf. (Obiges läßt sich durch den Umstand erklären, daß die ($p_{in} - K_n$)-Kurve über einen großen Teil fast linear verläuft, wodurch der Enddruck der am Zeitpunkt τ_2 noch zu erwartenden Konvergenzzunahme, falls der Hohlraum nicht ausgebaut würde, proportional ist.)
6. Bezüglich des *Zeitverlaufs* der auf den Ausbau wirkenden Druckbelastung darf — in Anbetracht von Schlußfolgerung 2 — erwartet werden, daß der Druckanstieg bei einem Gestein mit Serienfeder (abgesehen von den in Schlußfolgerung 5 genannten Ausnahmen) nahezu der Druckzunahme bei einem Gestein mit $G_s = \infty$ entspricht, wobei der Ausbau kurze Zeit später ($\Delta\tau_2$ = maximal von der Größenordnung 2) gesetzt wird.
7. Zusammenfassend kann bemerkt werden, daß — außer bei sehr gutem Gestein, wo sich im nicht-ausgebauten Fall nur eine kleine plastische Zone einstellt — das momentan-elastische Verhalten des Gesteins (beschrieben durch eine Serienfeder) nur einen untergeordneten Einfluß auf die Konvergenz- und Druckwirkung ausübt.

Richtlinien für weitere Untersuchungen

1. Streng genommen ist die Theorie bezüglich des *Zeitverlaufs* der Erscheinungen nur für den nicht-ausgebauten Hohlraum ausgearbeitet, so daß Schlußfolgerung 6 nicht von den Berechnungen erfaßt wird. In Anbetracht der übrigen Schlußfolgerungen hat eine weitere Ausarbeitung dieser Theorie nur noch wenig Bedeutung.

2. Weiter beschränkt sich die Theorie für das visko-elastisch-plastische Fließverhalten des Gesteins mit Serienfeder nur auf den Fall, wo $\varphi = 0$. Der Fall $\varphi > 0$ hat für die Praxis aber größere Bedeutung.

   Die Art der gefundenen Unterschiede mit und ohne Serienfeder und die Bekanntheit mit der Endlage berechtigt aber auch hier zu der Erwartung, daß diese Unterschiede bei $\varphi > 0$ sowohl qualitativ als auch mehr oder weniger quantitativ gegenseitig übertragbar sein werden.
3. Eine weitere Untersuchung wäre deshalb zunächst auf die übrigen, im Bericht 1633 C.P. unter ,,Richtlinien für weitere Untersuchung" bezeichneten Punkte zu richten.

WISSENSCHAFTLICHE AUSSPRACHE

DISKUSSIONEN ZUM RAHMENTHEMA

DISKUSSIONEN

Diskussionsleiter Herr HOFFMANN

Ich erfülle den Wunsch unseres Vorsitzenden und übernehme die Diskussionsleitung an diesem Vormittag. Meine Aufgabe sehe ich in folgenden Punkten: Erst einmal werde ich dafür sorgen, daß nicht alle Herren gleichzeitig sprechen, sondern nacheinander. Zum anderen bitte ich um eine offene, freimütige Aussprache, bei der eine sachliche, möglichst aufbauende Kritik an den bis jetzt gehaltenen Vorträgen durchaus gestattet ist. Ich bitte, sich dabei an unser Gesamtthema zu halten, also zum Mechanismus der Gebirgsschläge zu sprechen. Meine Hauptaufgabe wird es sein, die Diskussion auf zehn Minuten zu beschränken. Ich bitte Sie herzlich, meine Herren, diese Zeit nicht zu überschreiten, mit Rücksicht darauf, daß auch die anderen noch zu Wort kommen wollen, denn die Diskussion soll auf dieser Arbeitstagung ebenso wie bei den vorangegangenen Arbeitstagungen mindestens genau so eindrucksvoll und wertvoll sein wie die Vorträge selbst.

Herr DREYER

Ich möchte mit meinem Diskussionsbeitrag zu dem Mechanismus der Auflockerung durchbewegter Gesteinsmassen Stellung nehmen und eine Brücke schlagen von dem heutigen Rahmenthema zu dem Problem der Dilatanz, welches beim 6. Ländertreffen vor einem Jahr zwischen Herrn Professor MENCL und Herrn Professor KUZNEČOV diskutiert wurde. Die damaligen Feststellungen waren auf rein einaxiale Beanspruchungszustände beschränkt, die im Gebirgsmassiv fast nie zu verwirklichen sind und sollten notwendig auf mehrachsige Beanspruchungszustände erweitert werden.

Die Feststellung, daß bei schneller Belastung nur ein bis zwei Bruchflächen auftreten, während bei langsamer Belastung bei ca. 50—70% der Bruchlast eine lebhafte Rißbildungstätigkeit einsetzt, wurde von G. N. KUZNEČOV bei verschiedenen Gesteinen festgestellt und von D. ROTTER bei seismoakustischen Messungen mit der Eigenimpulsmethode an Sandsteinproben nachgewiesen.

Die im Mineralogisch-petrographischen Institut der Bergakademie Clausthal unter Leitung von Herrn Professor BORCHERT durchgeführten Verformungsmessungen, die ich hier ganz kurz skizzieren darf, erfolgten an Calcit-Marmoren unter rotationssymmetrischer und echt dreiachsiger Beanspruchung. Gefügekundliche Untersuchungen zeigten, daß die angelieferten Marmorproben von Auerbach fast völlig regellos waren und nach der triaxialen Beanspruchung typische Regelungserscheinungen aufwiesen.

Bei der in Bild 1 wiedergegebenen Prüfanlage läßt sich die Prüfkraft in drei zueinander senkrechten Richtungen unabhängig voneinander bis zu je 100 Mp feinstufig steuern, wobei sowohl Kurzzeit- als auch Dauerstandsmessungen möglich sind.

Bild 2 zeigt die eigentliche Druckkammer mit dem vorderen Horizontal-Druckzylinder und das Widerlager.

Die Triaxial-Anlage arbeitet mit drei Meßbereichen von 20, 50 und 100 Mp und ist mit einer Konstanthalte-Vorrichtung für Dauerstandsversuche ausgerüstet. Steuerbare Rollen-

Bild 1. Dreiachsige Presse mit Prüfstand

Bild 2. Ansicht der Druckkammer

Bild 3. Einbau des Marmorprüfwürfels

Bild 4. Endmontage

lager gestatten in engen Grenzen eine Fixierung des Körperschwerpunktes während der dreiachsigen Verformung. Die Registrierung der Formänderung der Probe erfolgt in den drei Lastrichtungen mechanisch mit Hilfe von Meßuhren, in Sonderfällen auch mit elektronischen Gebern.

Bild 3 wurde während der Montage des zweiten Prüfwürfels der Serie Nr. 5 aufgenommen. Die in der Druckkammer befindlichen Druckstempel sind an den Preßflächen konisch ausgebildet und bestehen aus hochwertigem Stahl. Die Kantenlänge der quadratischen Preßflächen betrug einheitlich 20 bzw. später 40 mm, während die Kantenlänge der würfelförmigen Marmorproben zu 22 bzw. 44 mm gewählt wurde. Die Kantenlänge der Prüfkörper mußte notwendig etwas größer als die der Preßstempel ausgeführt werden, um einen gegenseitig ungehinderten Vorschub der Stempel zu gewährleisten. Die während des Verformungsvorgangs einsetzende Abscherung der Prüfkörperkanten wirkt sich auf den hinreichend homogenen Spannungs- und Verformungszustand im Kern der Probewürfel, aus welchen später zur Gefügeanalyse drei achsenorientierte Dünnschliffe entnommen werden, nicht merklich aus. Es entsteht auf diese Weise ein idealer Buchheim-Körper mit Kurz-Armen erhöhter Festigkeit. Der für die gefügekundliche Auswertung der Schliffbilder notwendige Nachweis eines hinreichend großen homogenen Spannungsfeldes im Innern der triaxial beanspruchten Gesteinsproben wurde durch R. Kvapil spannungsoptisch geführt.

Bild 4 zeigt die Endmontage des — bis auf die Kantenbereiche — allseits ummantelten Prüfwürfels.

Die ersten sieben Versuchsreihen erfolgten gemäß Tabelle 1 bei rotationssymmetrischer Beanspruchung, die restlichen vier Versuchsreihen 8—11 dagegen echt dreiachsig. Erst vom fünften Versuch ab wurde die Vertikalverformung ε_1 in Abhängigkeit von der Auflast σ_1 registriert.

Tabelle 1. Vertikal-Belastungsgeschwindigkeit und triaxiales Spannungsverhältnis aller insgesamt 11 Untersuchungsserien

Versuch Nr.	Vertikal-Belastungsgeschwindigkeit v_1 kp/cm² · min	maximale Vertikalspannung σ_1 kp/cm²	maximale Horizontalspannung σ_2 kp/cm²	maximale Horizontalspannung σ_3 kp/cm²	Spannungsverhältnis $\sigma_1:\sigma_2:\sigma_3$
1	67	4000	2000	2000	2:1:1
2	208	12500	6250	6250	2:1:1
3	833	25000	12500	12500	2:1:1
4	35	12500	4170	4170	3:1:1
5	13	4500	1500	1500	3:1:1
6	13	5000	2500	2500	2:1:1
7	13	4500	2250	2250	2:1:1
8	13	4500	3000	1500	3:2:1
9	13	4500	2250	750	6:3:1
10	13	4500	2250	563	8:4:1
11	13	4500	2250	450	10:5:1

Die Belastungssteigerung erfolgte gleichzeitig in allen drei Druckrichtungen jeweils bis zu der in Tabelle 1 angegebenen Höchstlast. In Tabelle 2 sind neben der Belastungsgeschwindigkeit v_1 in vertikaler Richtung auch die beiden Belastungsgeschwindigkeiten v_2 und v_3 in horizontaler Druckrichtung sowie die Gesamtdauer T des Triaxialversuchs angegeben, wobei sich der Zusammenhang zwischen diesen Größen aus der Beziehung

$$v_i = \frac{\sigma_i}{T}$$

ergibt.

Tabelle 2. Belastungsgeschwindigkeit in allen drei Druckrichtungen sowie Angabe der Gesamtdauer des jeweiligen Triaxialversuchs

Versuch Nr.	Vertikal-Belastungs-geschwindigkeit v_1 kp/cm² · min	Horizontal-Belastungs-geschwindigkeit v_2 kp/cm² · min	Horizontal-Belastungs-geschwindigkeit v_3 kp/cm² · min	Gesamtdauer des Versuches T h
1	67	33	33	1
2	208	104	104	1
3	833	417	417	0,5
4	35	12	12	6
5	13	4	4	6
6	13	7	7	6
7	13	6	6	6
8	13	8	4	6
9	13	6	2	6
10	13	6	1	6
11	13	6	1	6

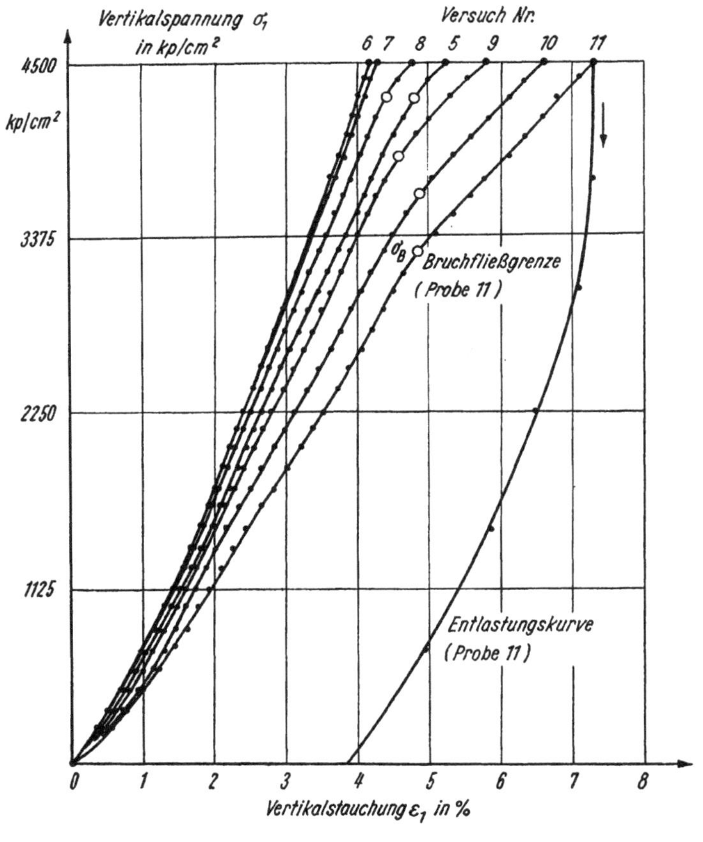

Bild 5. Abhängigkeit der Vertikalstauchung von der Vertikalspannung der bei 24 °C mehrachsig beanspruchten Marmorprüfkörper Nr. 6 bis Nr. 11

Von der fünften Versuchsserie ab wurde zugleich auch die Vertikalstauchung ε_1 registriert, wobei das gesamte Meßsystem einschließlich der Widerlager geeicht und ihre lastabhängige Dehnung bestimmt werden mußte. Dieser Dehnwert wurde bei der Angabe der Vertikalstauchung stets mit berücksichtigt, so daß es sich bei den in Tabelle 3 mitgeteilten Zahlenwerten um die unverfälschten Verformungsdaten des Prüfkörpers handelt. Die Prüftemperatur betrug in allen Fällen 24 °C.

Tabelle 3. Abhängigkeit der Vertikalstauchung von der aufgebrachten Vertikalspannung

Vertikal-spannung σ_1 kp/cm²	Vertikalstauchung ε_1 %						
	5	6	7	8	9	10	11
0	0,00	0,00	0,00	0,00	0,00	0,00	0,00
125	0,18	0,16	0,12	0,17	0,24	0,30	0,28
250	0,42	0,31	0,31	0,35	0,48	0,55	0,50
375	0,55	0,53	0,52	0,51	0,62	0,77	0,73
500	0,65	0,75	0,71	0,66	0,78	0,97	1,00
625	0,85	0,83	0,80	0,87	0,98	1,13	1,23
750	1,00	0,97	1,03	0,99	1,14	1,31	1,41
875	1,25	1,11	1,13	1,20	1,27	1,45	1,58
1000	1,40	1,26	1,26	1,28	1,43	1,60	1,77
1125	1,51	1,36	1,46	1,45	1,56	1,76	1,94
1250	1,68	1,50	1,57	1,53	1,71	1,90	2,09
1375	1,77	1,63	1,68	1,64	1,83	2,03	2,26
1500	1,97	1,76	1,85	1,80	1,98	2,17	2,45
1625	2,06	1,95	1,95	1,94	2,12	2,30	2,64
1750	2,23	2,08	2,03	2,08	2,28	2,49	2,85
1875	2,39	2,19	2,14	2,18	2,40	2,68	3,06
2000	2,46	2,31	2,22	2,27	2,52	2,82	3,24
2125	2,58	2,38	2,34	2,40	2,68	3,01	3,39
2250	2,70	2,54	2,45	2,52	2,81	3,11	3,57
2375	2,79	2,59	2,54	2,64	2,93	3,28	3,71
2500	2,90	2,64	2,64	2,75	3,08	3,45	3,87
2625	3,04	2,71	2,74	2,87	3,23	3,61	4,02
2750	3,19	2,82	2,86	2,99	3,34	3,75	4,20
2875	3,30	2,92	2,95	3,10	3,50	3,90	4,38
3000	3,44	3,04	3,06	3,22	3,59	4,04	4,46
3125	3,58	3,14	3,15	3,33	3,77	4,19	4,63
3250	3,71	3,27	3,28	3,45	3,85	4,37	4,82
3375	3,87	3,38	3,35	3,56	4,00	4,50	5,07
3500	4,00	3,49	3,44	3,67	4,12	4,68	5,32
3625	4,11	3,56	3,55	3,77	4,23	4,84	5,57
3750	4,19	3,63	3,64	3,85	4,41	5,05	5,82
3875	4,35	3,70	3,73	4,00	4,53	5,33	6,12
4000	4,50	3,82	3,84	4,12	4,75	5,58	6,33
4125	4,64	3,91	3,92	4,23	5,02	5,80	6,54
4250	4,78	4,02	4,05	4,41	5,29	6,11	6,78
4375	5,00	4,09	4,16	4,56	5,56	6,32	7,05
4500	5,14	4,18	4,25	4,76	5,82	6,64	7,30
3750							7,28
3000							7,06
2250							6,54
1500							5,83
750							4,91
0							3,84

Die Werte von Tabelle 3 sind in Bild 5 diagrammatisch dargestellt. Bei Versuch Nr. 11 ist auch die Entlastungskennlinie mit eingetragen worden. Die durch einen Kreis hervorgehobenen Punkte kennzeichnen den Beginn des „Bruchfließens“ der Marmorproben und damit das Einsetzen von Rißbildungen. Bei den Verformungskennlinien der rotationssymmetrisch beanspruchten Proben Nr. 6 und Nr. 7 zeigte sich bis zur maximalen Lasthöhe von 4500 kp/cm² kein erkennbares Bruchfließen.

Wie aus Tabelle 4 zu entnehmen ist, nimmt die Verformung der Marmorproben mit steigender Schubspannung

$$\tau = \frac{\sigma_1 - \sigma_3}{2}$$

zu. Entsprechend erniedrigen sich die Werte des beginnenden Bruchfließens mit steigender Schubbeanspruchung.

Tabelle 4. Zusammenhang zwischen der wirksamen Schubspannung und der bei 4500 kp/cm² registrierten Vertikalstauchung sowie Angabe der Bruchfließ-Grenze

Versuch Nr.	Schubspannung τ kp/cm²	Vertikalstauchung ε_1 bei 4500 kp/cm² Vertikalspannung %	Bruchfließ-Grenze σ_B kp/cm²
7	1125	4,25	—
6	1250	4,18	—
8	1500	4,76	4300
5	1500	5,14	4300
9	1875	5,82	3900
10	1969	6,64	3600
11	2025	7,30	3300

Das Volumen der Marmorwürfel wurde vor der Druckbeanspruchung registriert sowie auch das Volumen nach der Verformung. So zeigte beispielsweise ein Prüfwürfel der Serie 11 eine einheitliche Kantenlänge von 43,8 mm und damit ein Volumen von 84028 mm² vor der Verformung.

Nach der Beanspruchung entstand ein Quader von (im Mittel) 41,4 mm Höhe. Die Kantenabmessung betrug in Richtung der kleinsten Hauptspannung im Mittel 47,0 mm und in Richtung der mittleren (horizontalen) Hauptspannung 44,6 mm. Das Volumen nach der Verformung betrug somit 86783 mm³, wobei noch das Volumen der Substanz der abgescherten Kanten, welches aus der Gewichtsdifferenz zu 480 mm³ bestimmt wurde, hinzuzuzählen ist. Aber auch ohne diesen Zuschlag zeigt sich hier eindeutig eine Volumendilatanz nach der Schubverformung, welche auf die Entstehung von Mikrorissen hindeutet.

Das Auftreten von Rißbildungen in Körpern unterschiedlicher Verfestigungstendenz wurde bereits im Jahre 1938 von W. Schmidt und H. W. Lindley in einer Studie über die Scherung eingehend begründet.

In Tabelle 5 sind die an den 11 Proben ermittelten Dilatanz- bzw. Kontraktanzwerte wiedergegeben. Daraus ist zu ersehen, daß bei den rotationssymmetrischen Kurzzeitversuchen Nr. 1 und Nr. 3 eine — wenn auch geringe — Kontraktanz zu verzeichnen ist, deren Höhe von der Belastungsgeschwindigkeit abzuhängen scheint. Der Einfluß der Belastungsgeschwindigkeit ist beim Vergleich von Versuch Nr. 4 und Nr. 5 erkennbar, wobei nach einer Versuchsdauer von sechs Stunden Dilatanz erzielt werden konnte. Während bei der Belastungsgeschwindigkeit von 35 kp/cm² · min (Versuch Nr. 4) nur ein sehr niedriger Dilatanzwert von 0,20% resultiert, zeigt die gleiche Marmorprobe bei der Belastungsgeschwindigkeit von 13 kp/cm²

Tabelle 5. Ermittlung der Volumenänderung nach der Verformung

Versuch Nr.	Volumenänderung bezogen auf das Anfangsvolumen $\Delta V/V$ %	Kontraktanz bzw. Dilatanz	Vertikal-Belastungs-geschwindigkeit v_1 kp/cm² · min	Spannungs-verhältnis $\sigma_1:\sigma_2:\sigma_3$	Gesamtdauer des Versuchs T h
1	0,62	Kontraktanz	67	2:1:1	1
2	—	—	208	2:1:1	Abbruch
3	0,36	Kontraktanz	833	2:1:1	0,5
4	0,20	Dilatanz	35	3:1:1	6
5	1,55	Dilatanz	13	3:1:1	6
6	0,29	Dilatanz	13	2:1:1	6
7	0,25	Dilatanz	13	2:1:1	6
8	1,82	Dilatanz	13	3:2:1	6
9	2,03	Dilatanz	13	6:3:1	6
10	2,31	Dilatanz	13	8:4:1	6
11	3,85	Dilatanz	13	10:5:1	6

× min (Versuch Nr. 5) bereits eine Dilatanz von 1,55%. Bei dieser Belastungsgeschwindigkeit zeichnet sich in der in Bild 5 gezeigten Kennlinie der Probe Nr. 5 bereits auch schon ein Bruchfließen ab. Bei den rotationssymmetrisch mit dem Spannungsverhältnis 2:1:1 beanspruchten Proben sind Dilatanzwerte auch bei längerer Versuchsdauer vergleichsweise gering.

Je größer aber der Unterschied zwischen der maximalen Hauptspannung σ_1 und der minimalen Hauptspannung σ_3 ist, um so höher ist auch der Dilatanzwert. Dies zeigt ein Vergleich der Dilatanzwerte der Suite Nr. 8 bis 11 besonders deutlich. Wie bereits dargelegt, nimmt in gleichem Maß bei zunehmender Schubbeanspruchung die Höhe der Bruchfließ-Grenze gesetzmäßig ab.

Bei niedriger Bruchfließ-Grenze σ_B setzt schon frühzeitig die Bildung von Mikrorissen ein, welche sich in der dann einsetzenden Dilatanz merklich auswirkt. Auf die Möglichkeit von Dilatanzeffekten im Bereich der Scherzone haben V. Mencl und A. Paseka im Rahmen des 5. Ländertreffens des Internationalen Büros für Gebirgsmechanik aufmerksam gemacht.

Da die Dilatanz außer von der Einspannung der Probe auch von der Beanspruchungshöhe bzw. der Versuchsdauer abhängt, läßt sich im Freiluftversuch ($\sigma_1 = -p$, $\sigma_2 = \sigma_3 = 0$) trotz der günstig hohen Schubbeanspruchung meist keine große Dilatanz erreichen, weil bereits vorzeitig Bruch einsetzt. Mit abnehmender Belastungsgeschwindigkeit und entsprechend längerer Versuchsdauer ließen sich aber auch hier höhere Dilatanzwerte erzielen.

Hohe Dilatanzwerte zeigen auch Pfeilermodelle, deren Formfaktor unterhalb der kritischen „Brikettiergrenze" liegt. Der im Pfeilerkern sich ausbildende dreiachsige Spannungszustand sorgt hier für eine günstige Einspannung des auf Scherung beanspruchten Materials. Dies ist der Grund, weshalb sich für Dilatanz-Untersuchungen mehrachsige Beanspruchungsarten besser eignen als der Freiluftversuch.

Leider reichte die Kraftreserve unserer 100 Mp-Anlage nicht aus, um auch größere Prüfkörperbereiche zu testen. Daher sei mir der Hinweis gestattet, daß im Institut für Grubensicherheit in Leipzig unter der Leitung von Herrn Dr. Höfer ein leistungsfähigeres Triaxialgerät aufgestellt wurde, welches die Bestimmung von Gesteinseigenschaften unter hohen Drücken ermöglicht. Bei einem Prüfraumvolumen von 20 cm Kantenlänge läßt sich die Prüfkraft stufenlos bis zu einer Vertikallast von 600 Mp und in den beiden horizontalen Prüfrichtungen unabhängig voneinander bis zu 300 Mp steuern. Mit diesem neuen Gerät wird es zweifellos auch möglich sein, Dilatanz-Untersuchungen an gröberkristallinen Materialien durchzuführen. Ich möchte Herrn Dr. Höfer und sein Institut zu dieser Leistung beglückwünschen und danke für Ihre Aufmerksamkeit.

Herr Hoffmann

Ich danke Herrn Dr. Dreyer für seinen Beitrag. Bemerkenswert ist die Vervollkommnung des Versuchsstandes. Er erlaubt es, triaxialen Druck zu variieren. Außerdem ist die Untersuchung des Gefügeeinflusses im Hinblick auf die Gebirgsschlaggefahr bestimmt sehr lohnend.

Herr Kvapil

Die Probleme des Gebirgsschlages sind so kompliziert, daß es vielleicht auch notwendig wäre, in dieser Frage etwas zu vereinfachen. Denn es scheint, daß eine Vereinfachung dann solche Voraussetzungen bringt, durch die wir die Behandlung des Gebirgsschlages aus der Position des Gebirges analysieren können.

Für die Natur der Gesteine ist der Gebirgsschlag nichts Besonderes. Mit der plötzlichen Zerstörung einer gewissen Gesteinszone, die sich im Schwebezustand befindet, reagiert das Gebirge auf einen für das Gebirge ungünstigen Eingriff, den wir durch Bergarbeiten verursacht haben, es reagiert auf die Störung des ursprünglichen Gleichgewichtszustandes. Er ist also ein plötzlicher Sprödbruch, welcher eine kräftige seismische Wirkung hervorruft und der im Unterschied zum Erdbeben durch menschlichen Eingriff verursacht wird.

Als eine notwendige Bedingung für den Gebirgsschlag ist zu nennen, daß das Gestein sich im spröden Zustand befindet. Dadurch ist aber nicht gesagt, daß das Gestein ständig spröde sein muß, sondern es muß betont werden, daß es genügt, wenn der spröde Zustand des Gesteins im kritischen Augenblick auftritt.

Was den Spannungszustand des Gebirges beim Gebirgsschlag betrifft, so muß das Spannungsniveau genügend hoch sein, damit der plötzliche Sprödbruch auch eine kräftige seismische Wirkung hervorruft. Das bedeutet, daß das Gestein zuerst fähig sein muß, eine große Menge der Spannungsenergie zu akkumulieren. Die Fähigkeit des Gesteins, die Spannungsenergie zu akkumulieren, ist nicht konstant, sondern sie ist abhängig von verschiedenen Bedingungen. Zusammenfassend können wir sagen, daß sie abhängig ist von der Deformation, welche durch diese oder jene Belastungsart und Belastungsgeschwindigkeit hervorgerufen wird. Zu jeder Deformationsart gehört nur eine gewisse maximale Menge der Spannungsenergie, die das Gestein akkumulieren kann.

Alle denkbaren Deformationsarten können wir nach der Akkumulationsfähigkeit des Gesteins in zwei prinzipielle Gruppen einteilen,

1. in positive Deformation, bei welcher sich die Fähigkeit des Gesteins, die Spannungsenergie zu akkumulieren, vergrößert, und
2. in negative Deformation, bei welcher sich die Fähigkeit des Gesteins, die Spannungsenergie zu akkumulieren, verkleinert.

Für die Vorbereitung eines Gebirgsschlages, bei welchem sich im Gestein zuerst eine große Menge der Spannungsenergie akkumulieren muß, ist gerade die positive Deformation charakteristisch. Die Bedingungen zur Erfüllung dieser Voraussetzung können verschiedenartig sein, sowohl vom Standpunkt der Belastungsart als auch vom Standpunkt der Belastungsgeschwindigkeit. Die erste Phase des Mechanismus des Gebirgsschlages ist also durch die große Menge der Spannungsenergie gekennzeichnet, was durch die positive Deformation des Gesteins ermöglicht wird. Die plötzliche Auflösung ist nicht willkürlich, sondern hat ihre bestimmten Ursachen. Während diese plötzliche Zerstörung die letzte, also die dritte Phase des Gebirgsschlagmechanismus charakterisiert, repräsentieren die Ursachen dieser Zerstörung die wichtigste, die zweite Phase des Mechanismus des Gebirgsschlages. Wir können im Mechanismus des Gebirgsschlages drei Hauptphasen unterscheiden, erste Phase, zweite Phase und dritte Phase. Vereinfacht können wir sagen: Die erste Phase ist die Phase der Vorbereitung, die zweite Phase die Phase der Ursachen des Gebirgsschlages und die dritte Phase die der Nachwirkung.

In der ersten Phase handelt es sich um die Akkumulation der Spannungsenergie. Bei der zweiten Phase handelt es sich um die Änderung der Bedingungen, sowohl der Belastungsart als auch der Belastungsgeschwindigkeit; bei der dritten Phase um die plötzliche Auflösung der Spannungsenergie.

Für die erste Gruppe ist eine positive Deformation charakteristisch, für die zweite eine negative Deformation. Das verursacht einen vollständigen spröden Zustand des Gesteins. Im ersten Falle ist das Gestein natürlich in der Lage, eine große Menge der Spannungsenergie zu akkumulieren. Im zweiten Falle ändern sich durch Änderung der Bedingungen auch die Eigenschaften. Das Gestein ist vollständig spröde. Das hat natürlich als Resultat einen Gebirgsschlag.

Was die Zeit betrifft, so kann die erste Phase Jahre, natürlich auch Monate dauern. Im zweiten Falle handelt es sich um Tage oder Stunden, und in der dritten Phase handelt es sich um Sekunden.

Was die erste Phase betrifft, so haben wir eine Prognose. Die zweite Phase ist durch die Signalisation und die dritte nur durch eine Konstatierung gekennzeichnet.

Der wichtigste Akt des ganzen Gebirgsschlagmechanismus spielt sich gerade zwischen der ersten und zweiten Phase ab. Hier ist der Generalstab des ganzen Gebirgsschlages. Hier bereitet sich alles zum zukünftigen plötzlichen Ausfall vor, welcher vom Standpunkt der Natur kein Angriff, sondern eine Verteidigung gegen unsere fehlerhaften Eingriffe ist. Hier beginnt die Änderung der Bedingungen sowohl in der Belastungsart als auch in der Belastungsgeschwindigkeit. Hier beginnt die Änderung der Festigkeitseigenschaften. Hier beginnt die vollständige Sprödigkeit des Gesteins, und hier wird die Menge der Spannungsenergie für die plötzliche Auflösung vorausbestimmt.

Aus der Gliederung dieser Tabelle geht hervor, daß der Gebirgsschlag und seine Intensität Ergebnis des Energieunterschiedes sind, welcher im Gestein durch die Änderung der positiven zur negativen Deformation hervorgerufen wird. Je höher das Spannungsniveau in der ersten Phase und je größer und schneller die Änderung der positiven zur negativen Deformation in der zweiten Phase werden, desto kräftiger wird die dritte Phase, also der Gebirgsschlag.

Eine plötzliche spröde Zerstörung des Gesteins kann verschiedenartig hervorgerufen werden, weil man den spröden Zustand auf verschiedene Art erzielen kann. Eine der Möglichkeiten ist die schnelle Belastung bei derselben oder ziemlich derselben Belastungsart. Von einer gewissen kritischen Belastungsgeschwindigkeit an ist das Gestein vollständig spröde. Natürlich ist bei verschiedenen Gesteinen und verschiedenen Belastungsarten eine unterschiedliche Belastungsgeschwindigkeit als kritisch zu bezeichnen. Je größer die beanspruchte Gesteinszone ist, eine desto relativ kleinere Belastungsgeschwindigkeit kann schon kritisch wirken und den kräftigen Sprödbruch, den Gebirgsschlag, hervorrufen. An harten Gesteinen können auch langsame Belastungen kritisch sein und darum an solchen Gesteinen leicht Gebirgsschläge auftreten.

Herr Hoffmann

Herr Kvapil hat auf die Bedeutung der Akkumulation von Spannungen und weiterhin auf die Belastungsgeschwindigkeit und die damit verbundenen Spannungsänderungen aufmerksam gemacht. Von diesen drei Einflüssen ist die Speicherung der Spannungen, für sich allein betrachtet, nicht ausschlaggebend.

Wir können ein Gestein mit 2000 und mehr Atmosphären allseitig belasten, ohne daß etwas passiert. Aber die Spannungsänderungen — ich habe früher einmal Spannungsgefälle gesagt — können zu einem Gebirgsschlag führen und zwar dann, wenn das Spannungsgefälle nach dem Hohlraum hin recht steil ist. Dagegen ist ein flaches Spannungsgefälle ungefährlich.

Herr Pforr

Gestatten Sie mir einige Bemerkungen zur Prognose von Gebirgsschlägen im Kalibergbau.

Vor dem Beginn von plötzlichen Zusammenbrüchen in Form von Gebirgsschlägen wurden im Kalibergbau einige auffallende gebirgsmechanische Beobachtungen gemacht, die zu der Vermutung Anlaß geben, daß Gebirgsschläge im Kalibergbau nicht generell ohne Vorwarnung auftreten. Solche abnormalen Erscheinungen wurden makroskopisch oder akustisch wahrgenommen, z. B. als kleinere Spannungsauslösungen in Form von knallartigen oder knisternden Geräuschen oder in Form stärkerer Zerstörungen um die Grubenhohlräume, ganz besonders beispielsweise bei der nachträglichen Verkleinerung des tragenden Pfeilerquerschnittes.

Die Zeiträume, in denen solche Beobachtungen gemacht wurden, waren sehr verschieden lang. In einem Falle hatten diese Wahrnehmungen zwei Tage vor einem Gebirgsschlag ein solches Ausmaß angenommen, daß die Belegschaft rechtzeitig in Sicherheit gebracht werden konnte. In einem anderen Fall wurden die genannten Beobachtungen bereits einige Wochen vor dem Gebirgsschlag gemacht, ohne daß mit einem katastrophenartigen Zusammenbruch der Pfeiler gerechnet wurde. Bei diesem Gebirgsschlag kam fast die gesamte Grubenbelegschaft ums Leben.

An diesen beiden Beispielen wollte ich zeigen, daß die vor Gebirgsschlägen makroskopisch und akustisch bisher wahrgenommenen Erscheinungen sowohl als Warnsignal als auch als Normalerscheinung betrachtet werden können. Daß es sich hierbei also nicht um sichere Prognosenmerkmale handelt, wird weiterhin durch die Tatsache unterstrichen, daß ähnliche Wahrnehmungen auch in solchen Gruben gemacht wurden, in denen bisher niemals Gebirgsschläge aufgetreten sind.

Um zu einer sicheren Prognose zu kommen, ist es erforderlich, eindeutige Prognosemerkmale zu finden. Es wurde in unserem Vortrag bereits erwähnt, daß die positiven Erfahrungen aus dem Kohlen- und Erzbergbau im Hinblick auf den Bohrtest und die seismoakustische Impulshäufigkeit vorläufig auf den Kalibergbau nicht übertragbar sind.

Neuere markscheiderische Meßergebnisse von Hottewitz sowie einige an der Arbeitsstelle für Geomechanik in Freiberg erhaltene Ergebnisse von gesteinsmechanischen Laborversuchen an Salzgestein scheinen einen Weg zu zeigen, der vielleicht zu einer besseren Prognose führen kann.

Als Parameter wird dabei das Verhältnis von Pfeilerstauchung und Pfeilerquerdehnungsgeschwindigkeit oder auch das Verhältnis von Konvergenz und Pfeilerquerdehnungsgeschwindigkeit zugrunde gelegt. In einem gebirgsschlagverdächtigen Gebiet in einer Kaligrube, in dem die eingangs erwähnten makroskopischen und akustischen Sondererscheinungen festgestellt worden waren, lag dieses Verhältnis von Konvergenz und Pfeilerquerdehnungsgeschwindigkeit in Zeiten mit starker Beanspruchung der Abbaue bzw. der Pfeiler bei 1:0,8 bis 1:1,1. In Zeiten mit geringer abbaudynamischer Einwirkung auf die Grubenbaue war ein anderes Verhältnis vorhanden, und zwar lag es bei 1:1,5 bis 1:2,2.

Ich betrachte in diesem Falle einen Carnallititpfeiler als einen kontinuierlichen Gebirgsteil. Interessant ist es nun, diese an Carnallititpfeilern gemessenen Verhältniszahlen mit den Zahlen von Carnallititgesteinsproben zu vergleichen. So wurde bei hoher Belastungsgeschwindigkeit, und zwar bei 100 kp/cm² und Sekunde, ein Verhältnis von Stauchung und Querdehnung der Probekörper von 1:0,8; bei langsamer Belastungsgeschwindigkeit in der Größenordnung von 0,02 kp/cm² und Sekunde dagegen ein Verhältnis von 1:2,2 erreicht.

Die bei hoher Belastungsgeschwindigkeit erhaltenen Werte decken sich also größenordnungsmäßig mit den an abbaudynamisch stark beanspruchten Pfeilern gemessenen Verformungsverhältnissen, während die bei langsamer Belastungsgeschwindigkeit erreichten Werte etwa mit abbaudynamisch gering beanspruchten Pfeilern verglichen werden können.

Wir hoffen, daß durch die laufende meßtechnische Kontrolle der genannten Verformungs parameter von Carnallititpfeilern eine günstige Möglichkeit zur Prognose von Gebirgsschlägen beim Kammerbau im Kalibergbau geschaffen werden kann.

Herr Hoffmann

Ich danke für den Beitrag. Durch ihn wurde noch einmal die Bedeutung der Belastungsgeschwindigkeit herausgestellt, allerdings mit der auch von Herrn Professor Neubert vertretenen Einschränkung, daß mikro-akustische Werte wohl mit der Belastungsgeschwindigkeit zunehmen, aber nicht unbedingt zu einem Gebirgsschlag führen müssen.

Herr Hansági

Das Eintreten eines Gebirgsschlages hängt nicht nur vom Spannungszustand, hauptsächlich von den Gebirgsspannungsveränderungen ab, sondern auch von den Gesteins- und Gebirgseigenschaften. Eine Gebirgsklassifizierung kann also eine wichtige Rolle bei der Erforschung der Ursachen von Gebirgsschlägen spielen.

Eine Gesteinsklassifizierung auf Grund der Bestimmung der Gesteinsfestigkeitseigenschaften gibt schon einen gewissen Aufschluß über die Erscheinungen der Gebirgsschläge. Diese Festigkeitswerte schließen in sich jedoch leider keine geologischen Einwirkungen (Risse, Gefüge usw.) ein. Diese sind aber gleich wichtig, vielleicht wichtiger, als die Gesteinsfestigkeit selbst.

Die eingeführte Gebirgsklassifizierung in Kiruna zeigt, daß die Variation des sogenannten Gefügefaktors viel breiter ist als die der Gesteinsfestigkeitswerte. Dieses Verfahren gründet sich auf 20 m lange Bohrlöcher mit Kernbohrungen in der Umgebung der bergmännischen Hohlräume. Es ist klar, daß die Ergebnisse dieses Verfahrens 40—50 m große Gesteinsblöcke repräsentieren, wodurch man diese großen Gesteinsblöcke als Gebirge auffassen kann.

Eine Gebirgsklassifizierung kann folgendermaßen ausgeführt werden:

In den verschiedenen Grubenrevieren werden sogenannte Referenzstellen ausgewählt. In diesen Referenzstellen werden nicht nur die Gesteinsfestigkeiten, die Gefügefaktoren und die berechneten Gebirgsfestigkeitswerte bestimmt, sondern auch alle bergbautechnischen Angaben und Beobachtungen gesammelt. Tabelle 1 zeigt ein Beispiel für die Zusammenstellung der charakteristischen Angaben von einer Referenzstelle. Es geht aus der Tabelle hervor, daß die bergbauwirtschaftlichen Angaben ebenso wie die geologischen Beobachtungen eine wichtige Rolle bei der Beurteilung der Gebirgseigenschaften spielen.

Tabelle 1. Gebirgsfestigkeitsuntersuchung

Referenzstelle Nr.	Gesteinsfestigkeit (Druck) kp/cm²	Gefügefaktor	Gebirgsfestigkeit (Druck) kp/cm²	Gebirgsklasse	Beobachtungen
1.	2200	0,70	1540	1500—1600	Gesteinsart. Einige mineralogische und geologische Kennzeichen. Ausbauart. Leistungsangaben der Auffahrung. Betriebskosten usw.
2.	1700	0,60	1020	1000—1100	Wie oben
3.	2600	0,50	1040	1000—1100	Wie oben

Es scheint auch als wahrscheinlich, daß die Gebirge mit geringwertigem Gefügefaktor gegen Gebirgsschläge viel empfindlicher sein können, als die mit hohem Gefügefaktor.

Daß die Veränderungen des Gefügefaktors ganz entgegengesetzt sein können wie die der Gesteinsfestigkeitswerte, wird mit folgenden Meßwerten bewiesen:

Auf einer Referenzstelle im Granitporphyr wurden bestimmt:

die durchschnittliche Druckfestigkeit des Gesteins von 1832 kp/cm^2,
der Gefügefaktor von 0,39 und
die ausgerechnete Gebirgsfestigkeit von 714 kp/cm^2.

Auf einer anderen Referenzstelle im Eisenerz wurden

die Gesteinsdruckfestigkeit von 1109 kp/cm^2,
der Gefügefaktor von 0,62 und
die ausgerechnete Gebirgsfestigkeit von 688 kp/cm^2

festgestellt.

Dies bedeutet, daß die Gesteinsfestigkeitswerte mit etwa 40% abnehmen und die Größe des Gefügefaktors sich gleichzeitig um 59% steigert. Diese gegensätzlichen Veränderungen haben zur Folge, daß die Werte der Gebirgsfestigkeit keine größeren Unterschiede zeigen.

Dieses Beispiel beweist, daß das Einführen einer Gebirgsklassifizierung nach dem beschriebenen Verfahren die Forderungen der Gebirgsschlagerscheinungen auch befriedigt, weil die Gebirgsfestigkeitswerte nicht nur die Gesteinsfestigkeit, sondern auch die geologischen Rißbildungen einschließen.

Zum Abschluß kann man noch bemerken, daß diese Gebirgsfestigkeitswerte an den Markscheiderissen dargestellt werden können. In diesem Fall kann man sofort ablesen, wo die Gebirgsfestigkeitsverhältnisse sich ändern. Bild 1 zeigt die Festigkeitsangaben in einem Bohrloch. Es geht sofort daraus hervor, daß die Gebirgsverhältnisse im Kontaktbereich nahe zum Eisenerz nicht günstig sind und eine zukünftige Strecke ohne Ausbau in diesem Bereich wahrscheinlich nicht stehenbleiben kann.

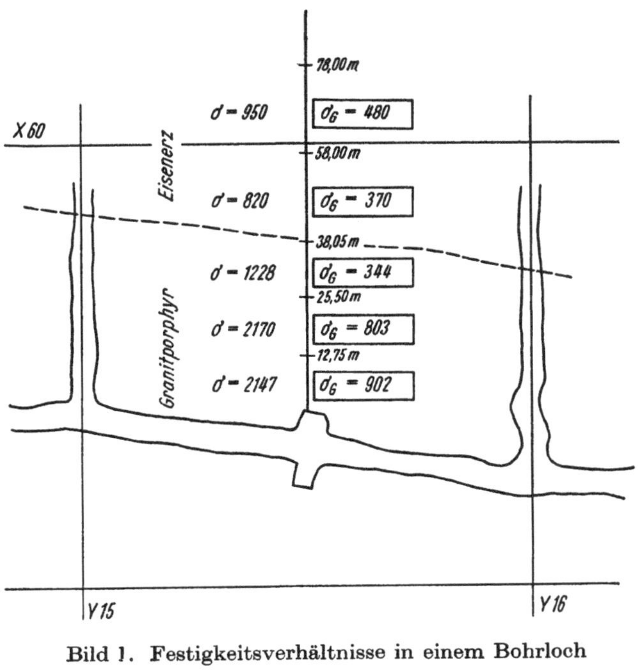

Bild 1. Festigkeitsverhältnisse in einem Bohrloch

Herr HOFFMANN

Wir danken für den Beitrag. Es ist begrüßenswert, daß das Problem der Gebirgsfestigkeit hier angeschnitten worden ist. Wir wissen ja, daß die Gebirgsfestigkeit erheblich kleiner ist als die Gesteinsfestigkeit. Die Beziehungen zwischen Gesteinsfestigkeit und Gebirgsfestigkeit zu untersuchen, ist bestimmt eine sehr dankbare Aufgabe.

Herr NEUBERT

Die Erfassung kleinster Veränderungen des vom Bergbau beeinflußten Gebirges nach Lage und Höhe an einwandfrei markierten Punkten scheiterte bisher, da die Genauigkeit in der Bestimmung der Lage und deren Veränderungen meist nicht ausreichte, so daß eine zuverlässige Voraussage für den Eintritt eines Gebirgsschlages nur in seltenen Fällen auf Grund meßtechnischer Feststellungen möglich war.

Markscheiderische polygonometrische Messungen kommen infolge ungünstiger Fehlerfortpflanzung in den meisten Fällen nicht in Betracht. Beachtliche Fortschritte sind jedoch bei Beobachtungsmethoden an Talsperren im vergangenen Jahr festzustellen. Hier bestand die Aufgabe, Lageveränderungen von Schwergewichtsmauern mit einer absoluten Genauigkeit von 0,1 mm mit Sicherheit anzugeben. Unter Verwendung einer modernen Aligniervorrichtung mit einer festen Mire und mehreren beweglichen Miren in Zwangszentrierung kann dieser Forderung entsprochen werden. Verbesserungsfähig sind noch die konischen Setzkegel in Verbindung mit der Freiberger Kugel oder der Zeißschen Steckhülse.

Untersuchungen mit dieser Zielsetzung brachten zufriedenstellende Resultate. Die verbesserte Meßeinrichtung für Untertage angewendet, um die sich anbahnenden Gebirgsschläge rechtzeitig vorhersagen zu können, setzt voraus, daß die Punkte durch Nachbarpunkte mit unterschiedlichen Vermarkungstiefen einwandfrei ins Gebirge eingebracht werden. Invardrähte in Verbindung mit der neuen Aligniervorrichtung garantieren den gewünschten Genauigkeitsgrad und gestatten deshalb, bedrohliche Spannungsgefälle rechtzeitig erkennen zu können.

Unter Einbeziehung der relativen Feststellungen der Verklemmung von Bohrern und der Ermittlung der Erhöhung der Bohrkleinmenge pro laufenden Meter nach Dr. JAHNS, die im Steinkohlenbergbau mit Erfolg durchgeführt wurden, im Kalibergbau betr. Bohrkleinmenge jedoch versagten, bietet die neue vermessungstechnische Anordnung mit dem auch höchsten Ansprüchen genügenden Aligniergerät des VEB Freiberger Präzisionsmechanik zuverlässige Möglichkeiten zur Erfassung kleinster Bewegungsgrößen.

Herr HOFFMANN

Ich danke für den Beitrag. Ich hebe den Wert der von Herrn Prof. NEUBERT erwähnten Messungen nicht deswegen hervor, weil Prof. NEUBERT ebenso wie ich das Fachgebiet Markscheidewesen vertritt. Wir beide wissen, daß wir mit unseren herkömmlichen Meßverfahren nicht mehr weiterkommen, sondern daß wir Methoden finden müssen, die mit zehntel und hundertstel Millimeter Genauigkeit zu messen gestatten. Es freut mich, daß Freiberg bereits durch ein Alignierverfahren einen Weg gefunden hat, um sehr kleine Bewegungen noch zu erfassen. Ich gebe der Hoffnung Ausdruck, daß die Markscheider sich mit diesen Dingen in erster Linie befassen, denn sie sind ja die Fachleute des Messens.

Herr RICHTER

Ich möchte hier einige Hinweise zum Zubruchgehen eines Hohlraumes bringen, wo prinzipiell zwei Möglichkeiten bestehen, und zwar eine begrenzte und eine unbegrenzte. Ich glaube, daß die Gebirgsschläge auch unbegrenzte Prozesse sind und so die Ähnlichkeit vorhanden ist.

Es ist bekannt, daß Gestein gegen Zugbeanspruchungen einen wesentlich geringeren Widerstand zu entfalten vermag als gegen Druckbeanspruchungen. Bei einem Teilverbruch kommt der Bruchvorgang zum Stillstand, bevor noch der Hohlraum von den Trümmern ganz ausgefüllt wird, während gleichzeitig die Profilform des Hohlraumes eine Änderung erfährt: Es kommt nämlich ein solches Gleichgewichtsprofil zustande, bei welchem die in seiner Umgebung erwachsenden Spannungen für das Gestein offensichtlich tragbar sind.

Bei einem Totalverbruch erfolgt das Hereinbrechen des Gesteins mit wachsender Intensität, und erst die Reaktion, die das den Hohlraum ausfüllende Gestein auf die noch nicht verbrochenen Hohlraumflächen ausübt, bringt den angelaufenden Prozeß zum Stillstand.

Bei der Untersuchung des Zubruchgehens zum Beispiel von kreisförmigen Hohlräumen genügt es daher nicht, nur die dabei auftretenden Spannungen mit den Gesteinsfestigkeiten zu vergleichen, sondern es müssen auch jene Veränderungen in Betracht gezogen werden, die durch den Ausfall der zerstörten Zone als lasttragendes Element in der Spannungsverteilung verursacht werden.

Die charakteristischen Zerstörungstypen beweisen, daß die entstehende neue Profilform gut angenähert werden kann mit einer Ellipse, deren Achsenmaße sich gemäß den Zerstörungszonen ändern. Bezeichnen wir das Maß der in die Richtung der größeren Primärspannung fallenden Ellipsenachse mit a und die dazu senkrechte Achse mit b, dann ist $\alpha = a/b$ die Charakteristik der Ellipse. Ein durch Druck in den Seitenpunkten erfolgender Bruch ergibt ein Sinken des α-Wertes, während ein in dem Firstenpunkt, und zwar als Folge von Zugbeanspruchungen einsetzender Bruch ein Steigen des α-Wertes bewirkt. Die Intensität der im Firstenpunkt des ellipsenförmigen Hohlraumprofils auftretenden elastischen Tangentialspannung wurde für verschiedene Werte von k mit gestrichelter Linie dargestellt, k ist dabei ein Verhältnis der Primärhauptspannungen (Bild 1).

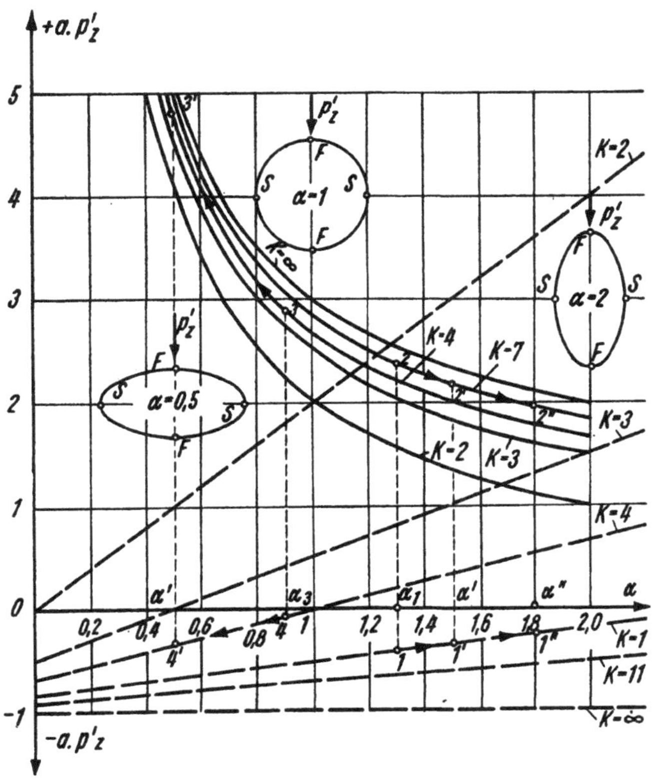

Bild 1. Tangentialspannungsverteilung um kreis- bzw. ellipsenförmigen Hohlraum

Die Intensität der in den Seitenpunkten des ellipsenförmigen Hohlraumprofils auftretenden Tangentialspannung wurde in der Abbildung für verschiedene Werte von k mit ausgezogener Linie dargestellt.

Im Falle, wo $k > 2$ ist, kann ein Bruch durch Zugwirkung nur im Scheitelpunkt eintreten, zum Beispiel in dem durch Punkt 1 repräsentierten Fall beim Profil α_1. Diese Zerstörung ist aber mit einer Erhöhung von α, und zwar von α_1 auf α' verbunden, was wiederum sowohl in den Scheitelpunkten wie auch in den Seitenpunkten ein Sinken der Tangentialspannungen bewirkt.

Der anlaufende Vorgang ist daher begrenzt. Die Zerstörung verursacht nur die Bildung einer neuen, der Gesteinsfestigkeit entsprechenden Gleichgewichts-Hohlraumform α' oder α'' und hört dann auf.

Das bei dem Vorgang in der Umgebung des Scheitelpunktes verbrochene Gesteinsmaterial fällt auf die Sohle oder lastet an seiner ursprünglichen Stelle auf dem Ausbau, wird aber zur Aufnahme beträchtlicherer Tangentialspannungen unbrauchbar und spielt weiter bei der Gestaltung des Spannungszustandes des den Hohlraum umgebenden Gebirges keine Rolle.

Die Zerstörung durch Druckbeanspruchung äußert sich in den Seitenpunkten, zum Beispiel in dem durch Punkt 3 repräsentierten Fall bei der Profilform α_3. Die Zerstörung ist von einem Sinken des α-Wertes begleitet. Daher besitzt die Tangentialspannung in den Seitenpunkten α' des neuentstehenden Profils eine steigende Tendenz. Der anlaufende Prozeß ist prinzipiell unbegrenzt, und es besteht keine Aussicht auf das Entstehen eines neuen Gleichgewichtsprofils. Dabei erscheinen im Scheitelpunkt des ständig sich verbreiternden Hohlraumes stets größere Zugbeanspruchungen, und mit den zunehmenden Firstenbrüchen wird der Hohlraum mit Gesteinstrümmern ausgefüllt. Das heißt, der von dem sich immer stärker verdichtenden Vorrat auf die Hohlraumoberfläche ausgeübte Druck setzt schließlich dem angelaufenen „unbegrenzten" Prozeß ein Ende.

Herr Hoffmann

Ich danke Herrn Prof. Richter für seinen Beitrag. Er hat sich mit der Spannungsverteilung in unmittelbarer Nähe von Hohlräumen befaßt, eine Angelegenheit, die hier noch wenig im Hinblick auf den Mechanismus der Gebirgsschläge zum Ausdruck gekommen ist. Deshalb ist das hier vorgetragene Ähnlichkeitsproblem begrüßenswert.

Herr Everling

Die Ursachen für den Unterschied zwischen Gesteinsfestigkeit (strength of the rocks) und Gebirgsfestigkeit (strength of the ground mass) sind Thema des 5. Ländertreffens gewesen. Es sind im wesentlichen die Klüfte und Trennfugen.

Die heute wiederholt geäußerte Frage, wie die Gebirgsfestigkeit festgestellt werden kann, wird beim Steinkohlenbergbauverein seit langem bearbeitet. Der Steinkohlenbergbauverein hat Richtlinien zur Aufnahme des Kluftgefüges im Gebirge aufgestellt (Brentrup, F.-K., und F. Heine: Richtlinien für die Aufnahme von Trennfugen im Gebirgsverband. Mitt. Markscheidewes. 72 (1965) S. 198/212). Diese Richtlinien sind zugeschnitten auf die Bedürfnisse des westdeutschen Steinkohlenbergbaus und werden deshalb vielleicht nicht den Bedürfnissen aller hier vertretenen Formen des Bergbaus genügen.

Ich habe den hier anwesenden Mitgliedern der Arbeitsgruppe III des IBG je einen Sonderdruck der Richtlinien übergeben, und ich schlage vor, daß sich diese Arbeitsgruppe in einer ihrer nächsten Sitzungen mit diesen Richtlinien zur Aufnahme des Kluftgefüges im Gebirge beschäftigt und erforderlichenfalls Änderungen oder Erweiterungen ausarbeitet.

Herr Hoffmann

Ich hatte vorhin schon darauf hingewiesen, daß die Bestimmung der Gebirgsfestigkeit ein sehr wesentlicher Punkt für die Gebirgsmechanik ist. Wir begrüßen es, daß wir Richtlinien in die Hand bekommen werden, die uns sicherlich weiterhelfen. Der wechselseitige Gedankenaustausch zwischen uns und dem Steinkohlenbergbauverein ist sicherlich sehr nützlich.

Herr Fettweis

Wenn ich Sie richtig verstanden habe, Herr Hansági, haben Sie in Kiruna bereits eine Methode entwickelt, um quantitativ die Gebirgsfestigkeit aus der Gesteinsfestigkeit und der Gefügeaufnahme abzuleiten. Offen gestanden, kenne ich diese Methode nicht, und ich wollte Sie fragen, ob Sie uns vielleicht ganz kurz das Wesen dieser Methode erklären können (s. S. 209 dieses Bandes).

Herr Hoffmann

Die Methode der Bestimmung der Gebirgsfestigkeit in Schweden ist doch wohl nur mit erheblichen Einschränkungen auf unsere Lagerungsverhältnisse übertragbar. Sie haben ja in erster Linie Massegesteine, Porphyre, Granite, während wir mit Sedimentgestein rechnen müssen.

Mein persönlicher Eindruck von den Vorträgen und der Diskussion ist folgender: Wir sind aus dem Stadium des Tastens auf der Grundlage der Erfahrung herausgekommen, und alle die Herren, die sich hier wissenschaftlich mit Gebirgsdruckproblemen befassen, arbeiten planvoll und systematisch. Das ist ein großer Fortschritt. Und wir versuchen, diese planmäßigen, systematischen Messungen auch mathematisch auszuwerten.

Ich glaube, das ist der einzig richtige Weg, um weiterzukommen. Die ersten Erfolge haben sich bereits insofern eingestellt, als wir tatsächlich bereits Prognosen stellen können, die uns in etwa die Gebirgsschlagsgefahr angeben. Eine allgemeingültige Theorie werden wir niemals finden, aber wir werden auf diesem Wege weitere Erfolge haben, und wir danken Herrn Prof. Bilkenroth dafür, daß er uns immer wieder Gelegenheit gibt, hier zusammenzukommen, unsere Erfahrungen auszutauschen und auf den Erfahrungen anderer aufzubauen.

Ich habe mir einige Stichworte aus den Vorträgen herausgeschrieben. In dem ausgezeichneten Vortrag von Herrn Denkhaus steht, daß Gebirgsschläge nicht Brüche schlechthin sind. Das ist bestimmt eine Meinung, die wir hundertprozentig vertreten. Er spricht aber auch von Bruchzonenschlägen.

Frage: Was versteht er unter Bruchzonenschlägen? Wir unterscheiden — und das tut Herr Denkhaus auch — zwischen einem Festkörper und der Zone, die zwischen dem Festkörper und dem Hohlraum liegt, der Bruchzone. Ist es nun so, daß die Bruchzonenschläge aus diesem zerrütteten Gebirge kommen, oder ist es so, daß der Herd des Gebirgsschlages im Festkörper liegt und die Bruchzone beim Gebirgsschlag lediglich vorgeschoben wird? Ich glaube, auch Herr Denkhaus neigt der zuletzt genannten Auffassung zu.

Zweitens sagt er: Eine hohe Verhiebsgeschwindigkeit ist nicht immer die sicherste Vorbeugungsmaßnahme. Ich glaube, daß wir diesen Satz ergänzen können, indem wir sagen: Wir müssen bei Gebirgsschlaggefahr möglichst langsam abbauen, denn wir müssen dem Gebirge Zeit lassen, die Spannungsunterschiede auszugleichen.

Denkhaus spricht weiter von Spannungserhöhungen an geologischen Störungen. Dieses Thema hat auch Herr Averšin angeschnitten, und er meint, daß Abbaue im stehengebliebenen Teil der Verwerfung gefährdeter sind, als solche im abgesunkenen Teil der Lagerstätte. Wie erklärt sich das? Warum sind solche Störungen einmal gefährlich und einmal harmlos?

Weiterhin ist die kritische Teufe angeschnitten worden. Herr JAHNS nannte eine Zahl ab 300 m, die er von anderen Bergbaugebieten her kennt, und der chinesische Kollege hat sogar von 200 m gesprochen.

Frage: Haben wir noch weitere Unterlagen, um diesen Horizont etwas einzuengen?

Weiterhin hat Herr AVERŠIN die Ausbaubelastungen angesprochen, die einen Einfluß auf die Gebirgsschlaggefahr ausüben sollen. Ich glaube nicht daran. Ich möchte Herrn AVERŠIN bitten, sich darüber noch etwas eingehender zu äußern.

Können die Konvergenzmessungen allein etwas bestimmtes über die Gebirgsschlaggefahr aussagen? Ich glaube, daß die Konvergenzen nicht allein abhängig sind von dem Gebirge, sondern auch von der Abbaugeschwindigkeit und dem Ausbauwiderstand, so daß wir also hier mehrere Einflußgrößen haben, die uns das Bild verwischen.

Schutzwirkungen bei steiler Lagerung sind auch angesprochen worden, und es hieß: man weiß nicht genau, wie man den Abbau im hangenden und liegenden Schutzflöz legen soll, damit er wirklich einen Schutz ausübt. Baut man so, daß die Bauhöhe bankig liegt zu dem gebirgsschlaggefährdeten Flöz, oder muß sie etwas oberhalb oder unterhalb liegen?

Auch ist der Abstand des Schutzflözes noch nicht gut zum Ausdruck gekommen. Wie groß muß der Abstand sein, damit ein Schutzflöz tatsächlich auch als ein solches gelten kann?

Herr HELFRICH

In einer Frage an Herrn MEISSER kam zum Ausdruck, daß man in der Geophysik unter Mikroseismik etwas anderes versteht als unter dem Begriff „mikroseismische Messungen“, der in jüngster Zeit sehr verbreitet wurde. Es erübrigt sich daher meine Anfrage, ob die mikroseismische Bodenunruhe die mikroseismischen Meßresultate, die es ermöglichen, einem Zerstörungsprozeß im Gebirge folgen zu können, stören kann. Offenbar muß hier in der Begriffsfrage eine Klärung geschehen, damit solche Mißverständnisse unterbleiben können.

Herr MEISSER

Die mikroseismische Unruhe bei 2—1 Hz hat eine Amplitude von 1/1000 bis 1/10000 mm, die übliche kontinentale Mikroseismik um eine Periode um 6 s kann bis fast 1/100 mm ansteigen. Trotz dieser Größe glaube ich, daß wegen ihrer Wellenlänge diese Mikroseismik nicht Gebirgsschlag auslösend ist.

Demgegenüber sind die Deformationen der Erde infolge der wechselnden Anziehungskräfte von Mond und Sonne (Gezeiten der festen Erde) und infolge der Belastungsschwankungen durch den wechselnden Luftdruck in einer Größenordnung, die bei einem vorgespannten Gebirge spannungsauslösend wirken können. Die bisher vorliegenden Untersuchungen geben noch keine eindeutige Korrelation.

Experimentell kann man geophysikalisch die Anisotropie der Spannungen in größeren regionalen Bezirken noch nicht sicher feststellen. Entsprechende Versuche von Prof. HAST, Stockholm, sind lokal recht interessant, aber für größere Gebiete noch nicht voll überzeugend.

Herr SERAFIM

Das Problem von schweren Gebirgsschlägen und von hohen inneren Spannungen in Gebirgskörpern ist im allgemeinen nicht sehr wichtig für den Bau von unterirdischen Wasserkraftwerken, hydraulischen Tunneln im Gebirge und Fundamenten von großen Betonstaudämmen. Bis heute sind keine größeren Schwierigkeiten bei diesen Arbeiten auf Grund dieser Ursache angetroffen worden. Wenn jedoch die Täler sehr tief sind, verdienen einige Erscheinungen Beachtung. Ein gutes Beispiel dafür ist in dem internationalen Abschnitt des Duoro-Flußtales in der Iberischen Halbinsel zu finden. Fünf große Wasserkraftunternehmen mit bedeutenden unterirdischen Werken wurden durch Portugal oder Spanien in engen Schluchten entlang dieses Abschnittes des Flusses gebaut. Auch Staudämme wurden in den gleichen Schluchten gebaut. Das Tal ist eine tiefe Aushöhlung in der Erdkruste. Es wurde sehr schnell nach der Tertiärzeit in sehr harten Graniten, Gneis und Schiefern, welche das Iberische Plateau bilden, ausgehöhlt. In einigen der Schluchten, wo die Staudämme gebaut wurden, beträgt die Tiefe des Tales gegenwärtig etwa 600 m. Unzweifelhaft erzeugte die Form des Tales große Spannungskonzentrationen auf Grund der tektonischen Kräfte in den Gebirgen des Bodens, welche wahrscheinlich fast horizontale Klüfte verursachten (Bild 1). Übrigens zeigen beide Böschungen des Tales fast horizontale Klüfte, welche sich auf beiden Seiten zur Mitte des Tales herab-

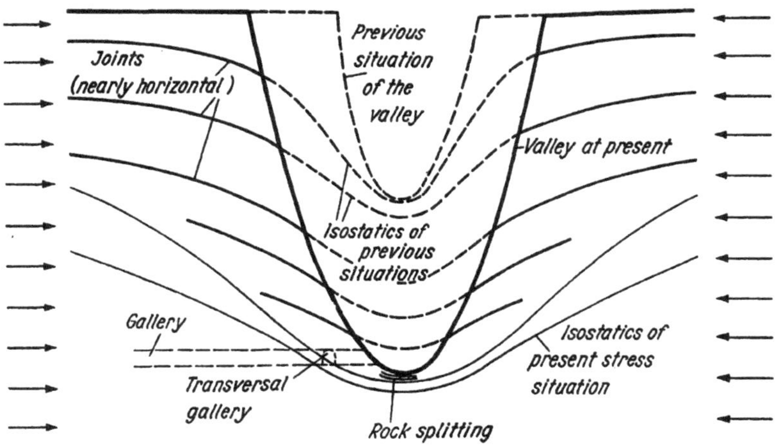

Bild 1. Schematische Darstellung der Trennlinien und des Spannungsfeldes in einem Teil im harten Gebirge

lassen. Einige unstabile Situationen wurden während der Ausbaggerungsarbeiten für das Fundament von zwei dieser Staudämme festgestellt, welche sich in harten Graniten befinden. Ein Spalten des Gebirges wurde am Boden nahe der Wände des Tales festgestellt, und es wurde erst beendet, nachdem der Beton gegossen war. Auch in einigen der Stollen, die zu den Hohlräumen der Kraftwerke führen, und in den Hohlräumen selbst wurden geringere Gebirgsschläge beobachtet. Im allgemeinen beeinflußten sie nur die Ecken an Firste und Sohle der Strecken. Einige Beobachtungen führten zu dem Eindruck, daß nahe der Verbindung von zwei Stollen (wo die Spannungen theoretisch vierfach konzentriert sind), die Gebirgsschläge häufiger stattfinden.

Die Beobachtung einer Wanddurchbiegung zum Tal und entsprechend zu einer Stufe etwa fünfzehn Meter hoch im Boden des Flusses zeigten die Art und Weise, in welcher sich die Klüfte der zwei Böschungen am Flußbett verbinden (Bild 2). Diese Beobachtungen deuteten an, wie es in Hinweis 1 angezeigt wird, daß einige Klüfte im Gebirgskörper wahrscheinlich die Folge des Bruches sind, der durch orogenetische Kräfte erzeugt wird, welche in den Tälern konzentriert sind. Solche Klüfte erleichtern die Erosion und verursachen neue Spaltbrüche. Wenn dies annehmbar ist, kann gesagt werden, daß solche Klüfte ungefähr die Isostatik des Spannungsfeldes darstellen, welches in einem gegebenen Moment und für eine bestimmte Situation in der Erdkruste in der Nähe des Tales vorhanden ist (Bild 1). Eine solche Schlußfolgerung scheint wichtig und sie steht in Übereinstimmung mit dem, was während dieser Tagung durch Herrn Averšin über die Brüche nahe den Ecken von tiefen Strecken in Gruben im harten Gestein berichtet wurde. Es stimmt auch mit einigen Beobachtungen des Spaltens von Gesteinen während schwerer Gebirgsschläge überein (vgl. auch Serafim, J. L.: Strecken mit inneren Spannungen. R 1 — Siebenter Kongreß über große Staudämme. Rom 1961).

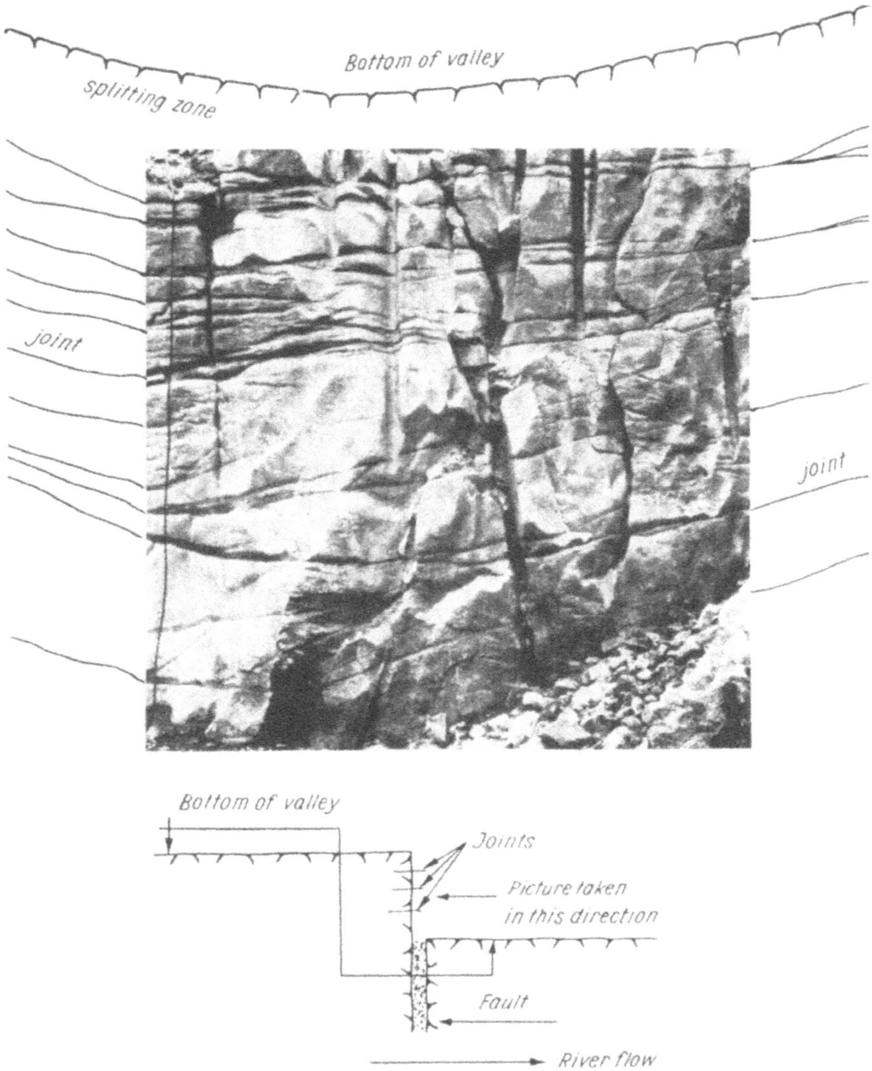

Bild 2. Anordnung der Trennfugen an einem kluftbedingten Absatz im Flußbett

Das muß berücksichtigt werden. Es muß auch berücksichtigt werden, daß die isotropen Spannungszustände durch die bereits bestehenden Unregelmäßigkeiten und auch durch die Anisotropie der Gebirge selbst gestört werden (siehe auch Serafim, J. L.: Überlegungen über die Gebirgsmechanik bei der Konstruktion von Betonstaudämmen. Internationale Konferenz über den Spannungszustand in der Erdkruste. The Rand Corp. Santa Monica, Calif. 1963).

Wir haben im Jahre 1961 Messungen von bestehenden inneren Spannungen im Gestein von zwei unterirdischen Kraftwerken in Portugal veröffentlicht. In einem derselben (im Duoro-Fluß) wurden die Messungen während der ersten Stufe der Ausbaggerung entsprechend dem Dach des Kraftwerkes (Bild 3) durchgeführt. Wie es aus dieser Abbildung gesehen werden kann, waren die Spannungen in der Bergseite beträchtlich höher als die Spannungen in der Talseite. Diese Differenz wurde dem Vorhandensein einer Störung fast parallel zum Kraftwerk entlang seiner Talseite zugeschrieben.

In diesem Kraftwerk konnte beobachtet werden, daß während der Ausbaggerung des unteren Teils sich die Schienen für die Kräne, welche vor dem Ausbaggern gelegt worden waren, einwärts bewegten. Die talseitige Schiene bewegte sich etwa 1 cm und die bergseitige etwa 3 cm. Messungen wurden auch im Beton des Daches mit Hilfe von eingebetteten

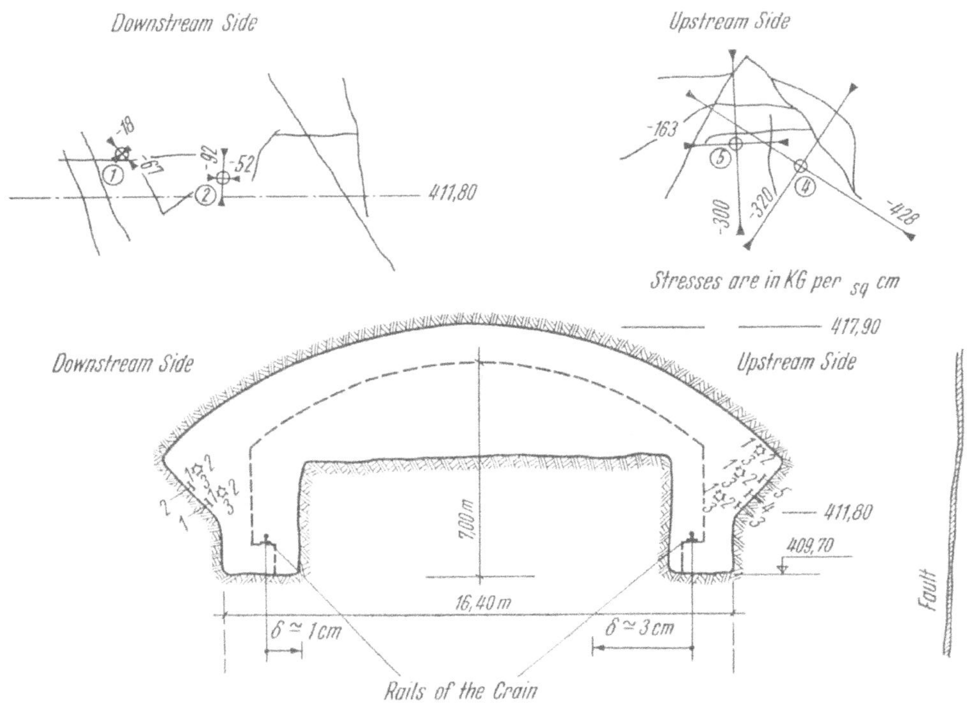

Bild 3. Kavernenkraftwerk — innere Spannung im Gebirge

Spannungsmessern durchgeführt. Die in Bild 4 dargestellten Diagramme zeigen die während der Ausbaggerungsperiode des unteren Abschnittes des Kraftwerkes beobachteten Spannungen. Wie aus dem Diagramm gesehen werden kann, hat der Spannungsmesser an der Leibung des Daches in der Bergseite sehr hohe Spannungen angezeigt. Da diese Tatsache als sehr störend angesehen wurde, versuchte man herauszufinden, ob die Messung einwandfrei war und ob der Beton einer solchen sehr hohen Beanspruchung ausgesetzt war. Die Spannung wurde durch das Reliefverfahren gemessen, indem ein großes Loch in einige Abschnitte des Daches getrieben wurde. Solche Prüfungen zeigten, daß tatsächlich die bestehenden Beanspruchungen im Beton sehr hoch und nahe den durch die Meßdosen angezeigten waren. Es wird erwartet, daß das National Civil Engineering Laboratory in Lissabon einen vollständigen eingehenden Bericht dieser Feststellungen veröffentlichen wird.

Zum Abschluß möchte ich noch etwas über das Problem der Anisotropie des Gebirges erörtern, worüber in interessanten Forschungsarbeiten durch unsere deutschen Freunde Dr. Dreyer und Dr. Höfer berichtet wurde. Meine Bemerkung betrifft die hier gemachten Hinweise über Kriechverformungsmessungen in solchen Gebirgen und Kriechversuche, die an Probekörpern bei Druckbeanspruchung ausgeführt wurden.

Im Falle von isotropen porösen Körpern gleich Beton kann gesagt werden, daß ein Kriechgesetz oder eine einzelne Kriechmessung bei einachsigem Druck nicht ausreicht zur Beschreibung der Rheologie des Materials, und das ist besonders wichtig, wenn die Spannungs-

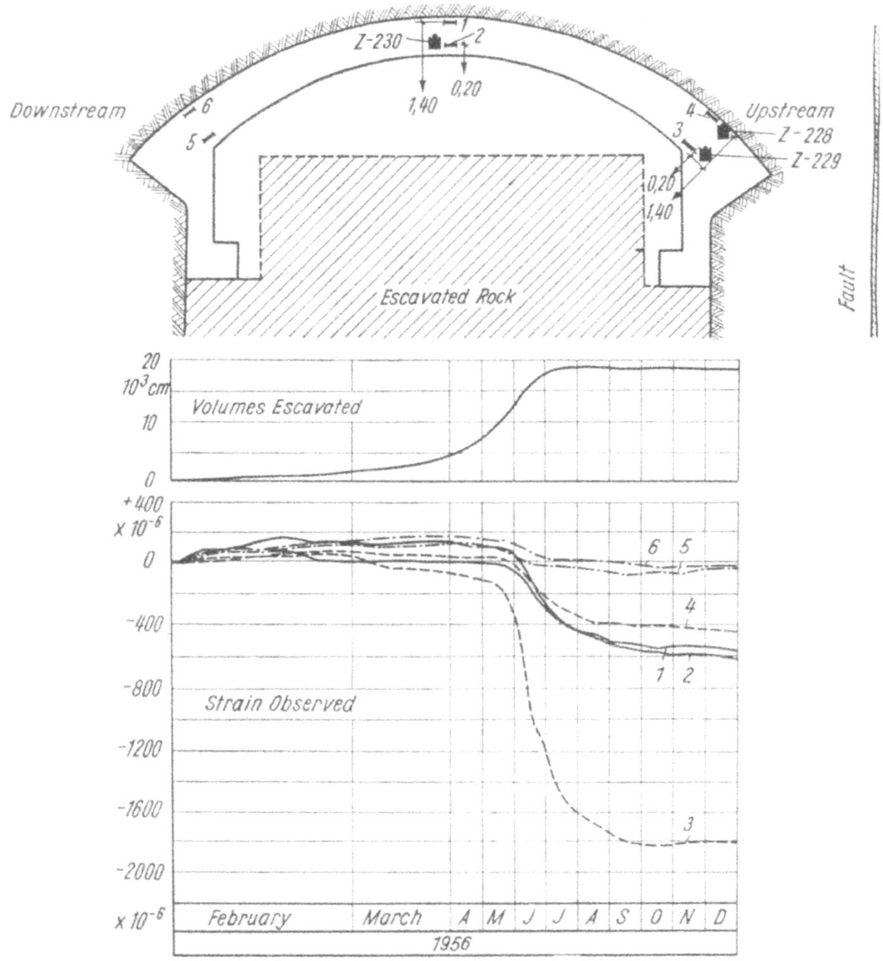

Bild 4. Kavernenkraftwerk — Dehnungen im Betongewölbe während der Kavernenauffahrung

zustände dreiachsig sind. Tatsächlich zeigen solche isotropen porösen Körper (und die meisten der natürlichen Gesteine sind porös) zwei getrennte und unabhängige Kriecherscheinungen, das Volumenkriechen und das Scherungskriechen. Im Falle des visko-elastischen Körpers können wir sagen, daß es ein Gesetz für das Kriechen, bezogen auf den Elastizitätsmodul B für Druck, und ein anderes, bezogen auf den Scherungsmodul G, gibt. Das erste wird nicht allgemein linear, sondern asymptotisch sein, und das zweite wird linear sein, zumindestens für niedrige Spannungen. Um diese zwei Gesetze zu finden, haben wir zwei Reihen getrennter und verschiedener Experimente durchgeführt. Im Falle von monotropen (auch transversal-isotrop genannt) Körpern scheint es zweckmäßig zu sein, die Möglichkeit zu berücksichtigen, daß wir fünf verschiedene Kriechgesetze entsprechend den Zeitfunktionen von fünf „elastischen Konstanten" haben:

$$E'(t)\,,\quad E''(t)\,,\quad G'(t)\,,\quad G''(t) \quad \text{und} \quad B(t)\,.$$

Es wird angenommen, daß jede dieser „Konstanten" einem verschiedenen Kriechverhalten entspricht.

Herr FETTWEIS

Ich möchte an die Reihe der sehr interessanten Fragen anschließen, die Herr Prof. HOFFMANN genannt hat, und damit einen kurzen Diskussionsbeitrag verbinden, zu dem ich mich verpflichtet fühle. Dieser Beitrag bringt keine neuen Erkenntnisse, aber er rundet vielleicht das Bild der Vorträge von gestern und heute morgen ab, das ja nahezu die gesamte Problematik erfaßt hat.

In den Vorträgen — und dies hat Herr Prof. HOFFMANN eben wieder herausgestellt — ist mehrfach die Frage der Teufengrenze oder der kritischen Teufe angesprochen worden. Dieses Ansprechen der kritischen Teufe geht an sich von der Annahme aus, daß die ruhende Last, also die Überlagerung, in erster Linie für die Gebirgsschlaggefahr maßgebend ist.

Ich möchte demgegenüber fragen, ob es überhaupt möglich ist, eine kritische Teufe zu definieren, und zwar aus zwei Gründen: Einmal ist selbst für den Fall, daß die Überlagerung allein maßgebend ist, der zweite maßgebende Faktor, nämlich die Gebirgsfestigkeit, auf Grund der außerordentlichen Mannigfaltigkeit der geologischen Erscheinungen überall anders. Zum anderen — und das wollte ich vor allem zum Ausdruck bringen — hat Herr Dr. TSCHERNIG bereits in den 30er Jahren auf Grund außerordentlich sorgfältiger Auswertungen der Gebirgsschlagerscheinungen im Bergbau der Bleiberger Bergwerksunion in Kärnten darauf hingewiesen, daß neben der Überlagerung auch tektonische Erscheinungen — lokale Tektonik, aber auch großräumige gebirgsbildende Kräfte — in gleicher Weise für die Gebirgsschlaggefahr maßgebend sein können wie die Überlagerung. Herr Dr. TSCHERNIG konnte nachweisen, daß auch im gleichen Gebirgskörper, d. h. in einem ziemlich kompakten Kalkmassiv, auf Grund der noch vorhandenen gebirgsbildenden Kräfte in geringer Teufe zum Teil eine wesentlich stärkere Gebirgsschlaggefahr vorlag als in größeren Teufen. Er faßte seine Untersuchungen daher auch dahingehend zusammen, daß nicht nur die Tiefe eines Bergwerkes und die Größe seiner offenstehenden Baue für das Auftreten von Gebirgsschlägen maßgebend sind, sondern daß Gebirgsschläge auch um so eher zu erwarten sind — und das ist ganz interessant definiert, je gestörter die tektonischen Verhältnisse sind (vgl. dazu TSCHERNIG, E.: „Über Gebirgsschläge in den Kärntner Blei-Zinkerzlagerstätten", Berg- und Hüttenmännisches Jahrbuch 1932, S. 79 und 117, Springer-Verlag Wien 1932. — TSCHERNIG, E.: „Bergschläge in Bleiberg und ihre Beziehung zur jugendlichen Tektonik", Festschrift zum Leobener Bergmannstag 1937, Springer-Verlag, Wien 1937. — TSCHERNIG, E.: „Über Gebirgsschläge in den alpinen Blei-Zinkerzlagerstätten unter besonderer Berücksichtigung der Verhältnisse in Kreuth bei Bleiberg", 97 S., Selbstverlag, Klagenfurt 1950). Es ist vielleicht sinnvoll, der Frage weiter nachzugehen, ob tatsächlich eine verstärkte Tektonik bei im übrigen gleichbleibenden Verhältnissen die Gebirgsschlaggefahr erhöht.

Insgesamt ergibt sich aber daraus, daß eine kritische Teufe wahrscheinlich nur lokal gegeben ist, eine Tatsache, die auch dadurch bestätigt wird, daß Gebirgsentspannungen, Spannungsschläge laufend noch in den alpinen Steinbrüchen direkt an der Oberfläche vorkommen.

Herr MOHR

Ich darf an die letzten Worte von Herrn Professor HOFFMANN anknüpfen, der sagte, daß es auffallend sei, mit welcher großen Systematik die Bearbeitung der anstehenden Probleme vorgenommen wäre. Die systematischen Arbeiten auf diesem Gebiet haben wohl auch dazu geführt, daß eigentlich alle Vorträge mehr oder weniger dieselben Gliederungen oder dieselben Ziele in der Tätigkeit der hier anwesenden Forscher erkennen lassen. Das gibt jedem die Genugtuung, von einer solchen Tagung mit dem Bewußtsein zurückkehren zu können, daß er im Prinzip auf dem richtigen Wege ist und es nur notwendig erscheint, einige Korrekturen in den Plänen anzubringen.

In bezug auf unser Thema kann man kurz zusammengefaßt sagen, daß die Gebirgsschläge auch heute noch ein Problem darstellen, das gelöst werden muß.

Ich möchte hier die Arbeiten, insbesondere die von Herrn Dr. JAHN ausschließen, die zu dem Standpunkt führen können, daß zumindest im wesentlichen die Frage der Gebirgsschlaggefahr beim Abbau der Kohle im Ruhrgebiet gelöst ist.

Die Mechanik der Gebirgsschläge ist im großen und ganzen erkannt. Es ist erfreulich, daß wir uns geschlossen von der Vorstellung einer schlagenden Schicht als alleiniger Grundlage eines Gebirgsschlages abgewandt haben. Für das Auftreten notwendig ist vielmehr ein Hohlraum, dessen unmittelbar angrenzendes tragendes Gebirge vom äußeren Gebirge her eine Spannung aufgezwungen bekommt. Diese Spannung akkumuliert in dem tragenden Gebirgsteil eine hohe Energie, die im allgemeinen um den Hohlraum herum verschieden groß ist. Wird die Grenze der Tragfähigkeit überschritten, so tritt ein schlagartiger Bruch ein.

Die Grundlage des Schlages ist also die Möglichkeit der Akkumulierung von hohen Energien. Daraus folgt die Notwendigkeit, die Akkumulierungsmöglichkeiten des in Frage stehenden Gebirges festzustellen — ich möchte es der Einfachheit halber mit dem inneren Komplex bezeichnen —, und weiterhin die Notwendigkeit, die Möglichkeit der Anhäufung hoher Spannungen um den Hohlraum zu ermitteln, was ich als äußeren Komplex bezeichnen möchte. Die Möglichkeiten der Verhinderung der Schläge möchte ich nicht aufzählen.

Wenn ich hier einen kleinen Beitrag zu den Problemen geben möchte, dann nur insoweit, als es mir zweckmäßig erscheint, die hierbei anzustellenden Betrachtungen in nicht zu engen örtlichen Grenzen abzustecken. Das schließt nicht aus, daß diese Fragen teilweise schon in dem einen oder anderen Vortrag angeklungen sind, wobei ich besonders den von Herrn Professor GIMM nennen möchte.

Ich beziehe mich zunächst auf den sogenannten äußeren Komplex, wie ich ihn soeben bezeichnet habe. Die Umgebung des Hohlraums oder des Pfeilers, der zu vermessen ist, darf örtlich nicht zu eng begrenzt werden. Zum Verständnis möchte ich zwei Beispiele anführen.

In ein und demselben Streb traten kurz nacheinander drei starke Gebirgsschläge auf. Sie zeigten sich jedoch nur im oberen Teil, nämlich dort, wo mit Vollversatz gearbeitet wurde. Im unteren Teil dieses Strebs jedoch, in dem mit Bruchbau gearbeitet wurde, trat der Gebirgsschlag nicht ein.

Um zu sicheren, allgemeingültigen Erkenntnissen zu kommen, müssen also der gesamte Abbauraum bis zum endgültigen Aufliegen des Versatzes, das gesamte Hangende bis zutage, das Liegende, soweit es beeinflußt ist und die in der Nähe liegenden Abbaue in die Betrachtungen einbezogen werden.

Aus einem großen Forschungsprogramm, das zur Zeit läuft und über dessen Ergebnisse noch nichts gesagt werden kann, lassen sich schon jetzt einige Erkenntnisse ableiten.

Es kam vor, daß von einer Reihe von Pfeilern, die beobachtet wurden, nur zwei Erscheinungen zeigten, die auf die Gefahr eines Gebirgsschlages hindeuteten. Die dabei aufgetretenen Spannungen waren hoch. In den Meßpunkten des Hangenden und Liegenden der angrenzenden Kammern wurden entsprechende Bewegungen gemessen, die in der Größenordnung der Bruchverformung lagen.

Es zeigte sich dabei, daß die Länge der Bohrungen, in denen die Verformungen ermittelt wurden, noch nicht ausreichend war, um die volle Wirkung der Spannungsänderungen um einen Hohlraum herum zu erfassen.

Ein Charakteristikum eines Gebirgsschlages ist die Ausbildung der Art der maximalen Spannungen außerhalb des eigentlichen Hohlraumes, worauf auch Prof. AVERŠIN schon hinwies. Ich bitte zu entschuldigen, wenn ich das eine oder andere seiner Ausführungen nicht ganz verstanden habe.

Wir wissen, daß die Spannungen ein Maximum in der Nähe des Hohlraumes haben und daß sie in Stoßnähe etwa in der in Bild 1 dargestellten Form verlaufen.

Wenn irgend möglich, sollte man bei Beobachtung der Kriterien von Gebirgsschlägen auch diese Spannungen feststellen. In dem vorerwähnten Forschungsprogramm werden sie in den Pfeilern genauestens vermessen. Es ist meines Erachtens für die Auswirkung eines

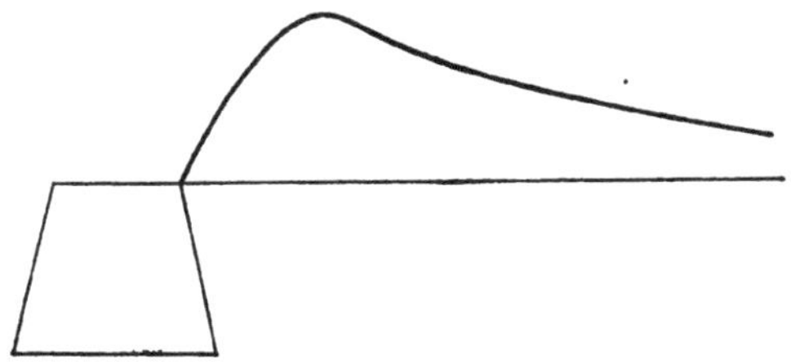

Bild 1. Spannungsverteilung in der Nähe eines Hohlraumes

Schlages wichtig, ob sie in der einen oder anderen Form des nachfolgend dargestellten Bildes 2 zeigen.

Da die Fließzonen b mit der maximalen Spannung in ursächlichem Zusammenhang stehen, so kann ihre Größe für einen evt. Gebirgsschlag von entscheidender Bedeutung sein.

In Verbindung hiermit möchte ich kurz die Bezeichnung Bruchzone und Festzone im Vortrag Denkhaus erwähnen, von denen Prof. Hoffmann schon bemerkte, daß sie nicht klar definiert seien.

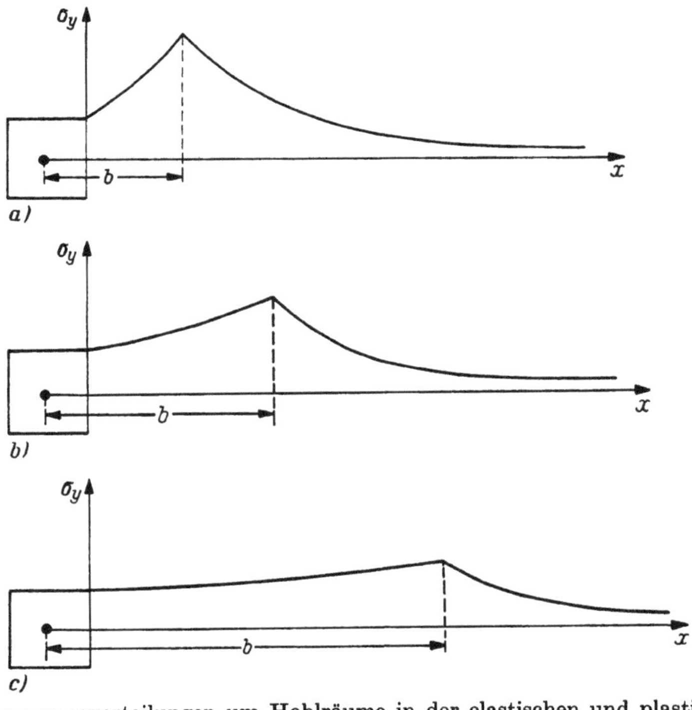

Bild 2. Spannungsverteilungen um Hohlräume in der elastischen und plastischen Zone

Ich habe im Vortrag Denkhaus eine Zeichnung gesehen, die darauf hindeutet, daß diese Bezeichnungen nur andere Ausdrücke für die im Bergbau geläufigen Bezeichnungen „plastische und elastische Zone“ um einen Hohlraum herum darstellen, entsprechend der obigen Skizze.

Nur auf diese Weise läßt es sich erklären, daß ein Gebirgsschlag auftreten kann. Das Zentrum bzw. die Ursache des Gebirgsschlages kann nicht in der plastischen, sondern muß in der elastischen Zone, und zwar gerade an der Grenze zwischen beiden liegen, wo die größten Spannungen auftreten.

Bei der Untersuchung von Spannungsänderungen auf Kaliwerken zum Zwecke der Feststellung der Gebirgsschlagempfindlichkeit hat sich gezeigt, daß besondere Vorsicht bei der Auswertung von Spannungen und Verformungen dann geboten ist, wenn die Abbaue nicht sehr weit von einem Salzhang entfernt sind. Es ist dann mit Verformungen tektonischen Ursprungs und dementsprechend mit rezenten Spannungen zu rechnen, die sich denen bergmännischen Ursprunges überlagern können.

Um zu brauchbaren Werten zu kommen, ist es in solchen Fällen stets notwendig, die Möglichkeit des Auftretens derartiger Verformungen und Spannungen zu ermitteln. Zutreffendenfalls sind sie aus den Ergebnissen durch Spezialmessungen zu eliminieren.

Es wurde verschiedentlich der Abbau von Schutzflözen zur Vermeidung von Gebirgsschlägen erwähnt. Dr. JAHNS meinte, daß er sehr wohl in bezug auf die Lage der Abbaufronten zueinander ausgewogen werden müsse, damit nicht etwa die Gefahr erhöht würde, anstatt sie abzuschwächen oder zu verhüten. Ich glaube beobachtet zu haben, daß beim Abbau einiger Schutzflöze, die nicht als solche gedacht waren, starke Beeinflussungen auf das gebirgsschlagempfindliche Flöz auftraten. Sie waren nicht bankrecht gerichtet, sondern verliefen unter einem Winkel, der kleiner als der zu erwartende Bruchwinkel war und sich dem Grenzwinkel näherte.

Deshalb bin ich mit Dr. JAHNS der Überzeugung, daß es in gebirgsschlaggefährdeten Gebieten zweckmäßig wäre, genauere Erkenntnisse darüber zu sammeln, wie im einzelnen die Einwirkung eines Schutzflözes nach oben und unten hin verläuft.

Ich darf in diesem Zusammenhang eine Frage an Herrn Prof. GIMM richten. Kann man aus Ihren Untersuchungen eine Beziehung zwischen der eigentlichen Konvergenz im Abbauraum und der Absenkung übertage ableiten? Da es sich nach bergmännischem Begriff nicht um eine Vollfläche handelte, wird es wahrscheinlich recht schwer sein, eine derartige Beziehung aufzustellen.

Zu dem inneren Komplex, den ich eingangs im Gegensatz zu dem äußeren Komplex erwähnte und dessen Probleme ich bisher betrachtete, möchte ich nur noch zu bedenken geben, daß es bei den weitgehenden Untersuchungen des Gesteins auf seine Fähigkeit, Energie zu akkumulieren, nicht unterlassen werden sollte, die Mineralien, also auch die Kohle selbst mit einzuschließen. Sofern einzelne Kohlenflöze diese Fähigkeit nicht besitzen, könnten die Gefahrenzonen schon eingeschränkt werden.

Wenn Sie mir noch einige Minuten gestatten, möchte ich einige Fragen zu dem Vortrag von Herrn TINCELIN stellen. Ich bitte um Verzeihung, falls ich hier und da infolge sprachlicher Schwierigkeiten etwas nicht richtig aufgefaßt habe.

Die Untersuchungen von Prof. TINCELIN beziehen sich auf die Vermessung der Verformungen, und er kommt zu dem Schluß, daß die Hypothesen oder Theorien, die davon ausgehen, daß der Gebirgsschlag aus dem Hangenden komme, nicht richtig seien. Ich nehme dabei an, daß es sich um die Beurteilung der speziellen, örtlichen Verhältnisse handelt.

Die Messungen bezogen sich im wesentlichen auf Entfernungsänderungen von Körperteilchen am Umfang des Raumes und innerhalb der Kohle bzw. des Nebengesteins. Dabei ergab sich eine große Verformung im Liegenden, während das Hangende sich nur sehr wenig nach innen bewegte.

Die ermittelte Art der Bewegung entspricht eigentlich nicht der Mechanik eines Gebirgsschlages. Während vor einem Gebirgsschlag im wesentlichen elastische Formen zu beobachten sind, zeigt sich hier eine nicht unerhebliche plastische Verformung im Liegenden.

Sie müßte weitgehend dazu beitragen, die Spannungshäufungen zu verringern, so daß, wenn Gebirgsschläge wirklich auftreten, sie nur von sehr geringer Intensität sein könnten.

Derartige Überlegungen sind so lange nicht überzeugend, als die Elastizitätsmoduln der Hangend- und Liegendschichten nicht berücksichtigt werden; denn es ist möglich, daß bei geringer Verformung, aber hohem Elastizitätsmodul trotzdem eine nicht unerhebliche Spannung auftritt.

Nun ist bei Beurteilung der Verformung des Hangenden oder der Firste in einer Strecke nicht zu übersehen, daß ihre Größe schlechthin in den allerwenigsten Fällen als ein Maß der Spannung angesehen werden kann. Die Absenkung der Firste stellt nur selten eine Biegeerscheinung dar. Überwiegend ist es die Auswirkung einer Stauchung. Die Stauchungsspannung wird bei einem so gering erscheinendem „Biegepfeil" einen hohen Betrag ausmachen, wesentlich höher, aber auch anders geartet als bei einer Biegung.

Ich wäre dankbar zu hören, ob Betrachtungen dieser Art bei Beurteilung der Untersuchungsergebnisse eine Rolle gespielt haben.

Zum Schluß hätte ich gern die Frage gestellt, ob Bohrungen in das Hangende gestoßen wurden, um mögliche Gleitflächen festzustellen, die für das Auftreten von Gebirgsschlägen von größerer Bedeutung sind, und welche mechanische Wirkung im einzelnen von dem Tränken des Liegenden erwartet wird. Eine wirkungsvolle Entspannung bringt das Schlitzen des Liegenden oder des Hangenden.

Herr Hoffmann

Ich möchte nur ganz kurz auf das Beispiel eingehen, das Herr Professor Mohr angeführt hat in bezug auf einen Gebirgsschlag, der im oberen Teil eines Strebs stattgefunden hat, und zwar in dem Teil, der mit Vollversatz gebaut worden ist. Ich darf ganz kurz einmal die Situation anzeichnen, die bei einer normalen Abbaufolge im Ruhrgebiet eingehalten wird (Bild 1).

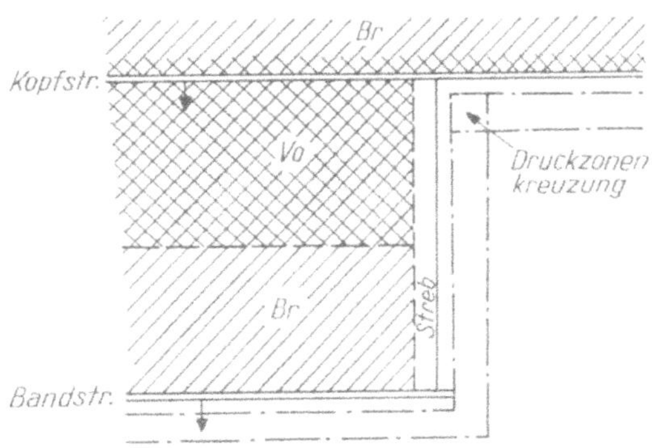

Bild 1. Schematische Darstellung einer normalen Abbaufolge im Ruhrgebiet

Wir bauen also von oben nach unten, und die Hälfte des Strebs soll mit Vollversatz abgebaut sein. Herr Prof. Mohr hat den Verdacht, daß eventuell der Vollversatz irgendwie einen Einfluß auf die Gebirgsschlaggefahr gehabt haben könnte, wenn ich Sie richtig verstanden habe.

Bekanntlich haben wir, meine Herren, im Ruhrgebiet sehr oft Gebirgsschläge, die gerade im oberen Teil des Strebs stattfinden, und zwar wegen des Abbauverfahrens von oben nach unten. Wie die Abbildung zeigt, haben wir eine Zone des Zusatzdrucks, die parallel zur Abbaufront dem Abbau voraus im Festkörper liegt, und dann noch eine solche feststehende parallel zum Alten Mann. Beide Zusatzdruckzonen überlagern sich im oberen Strebdrittel.

Nicht der Vollversatz ist m. E. die Ursache für diese Gebirgsschläge, sondern die Druckzonenüberlagerung infolge des Abbauverfahrens von oben nach unten.

Wenn ich noch zwei Minuten Zeit habe, möchte ich noch auf die Frage von Herrn Prof. Fettweis eingehen. Herr Prof. Fettweis sagt ganz berechtigt, daß es sehr schwer sein wird, überhaupt eine kritische Teufe anzugeben, und zwar deshalb, weil wir ja auch horizontale Kräfte haben können, die tektonischen Ursprungs sind und die sich an der Tagesoberfläche eher auswirken müssen als in tiefen Schichten. Das stimmt sicherlich für ganz bestimmte Gebiete, z. B. für das Alpenvorland. Es stimmt aber wohl nicht für das Ruhrgebiet. Wir können eine derartige Unterstellung für das Ruhrgebiet nicht machen, weil dort keine Anhaltspunkte auf tektonische Restspannungen hindeuten. Eine Zerreißung der Schichten — so meinten Sie, Herr Prof. Fettweis — könnte unter Umständen eine Erhöhung der Gebirgsschlaggefahr bedeuten. Ich glaube nicht daran, denn je stärker das Gebirge zerstört ist, um so größer und um so zahlreicher sind die Gleitflächen, und die Gleitflächen sorgen dafür, daß sich die Spannungsunterschiede in Form von Bewegungen auf den Gleitflächen abbauen können. Ich meine nicht die Störungen, die in Südafrika vorhanden sind. Dort sind die Basaltgänge stark mit dem Quarzit verzahnt. Das sind keine Schwächezonen, sondern das sind Zonen, die noch eine ganz erhebliche größere Elastizität haben und deswegen auch eine erhöhte Spannungskonzentration auf diesen Zonen ermöglichen.

Ich vergaß zu erwähnen, daß uns vielleicht die Geophysiker durch die Methode, die heute früh Herr Prof. Meisser erklärt hat, tektonische Restspannungen angeben können. In einem Seismogramm läßt sich doch vielleicht ablesen, ob wir noch Spannungen haben, die sich durch die Tektonik ergeben, oder ob das nicht der Fall ist. Vielleicht können uns die Geophysiker auf diesem Gebiet weiterhelfen.

Beziehungen zwischen Konvergenz und Senkungen über Tage: Diese Beziehungen sind anhand der Modellversuche, die wir in Aachen gemacht haben, weitgehend geklärt. Wir haben sie sogar in mathematische Formeln kleiden können und können also sagen, was über Tage passiert, wenn wir unter Tage eine Senkung bei einer bestimmten Abbaubreite, einer bestimmten Abbaurichtung und bei einem bestimmten Abbaufortschritt haben.

Herr Mohr

Ich wollte ganz kurz bemerken, daß wir die Seismik gar nicht bemühen müssen. Es genügen markscheiderische Messungen. Die Verformungen sind so groß, daß letztere ohne weiteres genügen.

Herr Vigier

Die „Mines Domaniales de Potasse d'Alsace" (MDPA) werden von Gebirgsschlägen aus dem Liegenden heimgesucht.

Seit Jahren führen wir Untersuchungen auf diesem Gebiet durch. Die zahlreichen ermittelten Ergebnisse wurden bisher noch nicht veröffentlicht, da sie nicht vollständig sind.

Ich möchte Ihnen einige Elemente nennen, die mir ein Beitrag zu allen hier genannten, sehr interessanten Entwicklungen zu sein scheinen.

Legen wir zuerst fest, daß die Gewinnung im Bruchbau erfolgt.

1. Die Gebirgsschläge aus dem Liegenden erfassen das Flözliegende bis zu 6—7 m.
   Dieses Liegende setzt sich auf einer Mächtigkeit von 8 Metern aus Steinsalzen zusammen.
   Wir konnten 10 stratigraphische Horizonte feststellen.
   Daran anschließend finden wir eine sehr mächtige Anhydritschieferschicht vor, die Grubengas führt.

2. Mechanische Festigkeit. Es wurden mehr als 10000 Steinsalz- und Sylvinitprobekörper untersucht. Bei den Messungen sollten bestimmt werden:

Druckfestigkeit,
Zugfestigkeit,
Scherfestigkeit.

Sie waren Gegenstand statistischer Untersuchungen.

Nachfolgend einige Schlußfolgerungen:

2.1. Abscherung. Die Untersuchungen wurden nach mehreren Verfahren durchgeführt. Die Ergebnisse waren statistisch vergleichbar. In der Hauptsache wurde nach der von Prof. PROTODJAKONOV beschriebenen Methode gearbeitet.

Wichtige Ergebnisse:

— Es existiert eine Ebene von 75° auf der Senkrechten zur Kraftrichtung mit einem stark ausgeprägten Festigkeitsminimum von 40 kp/cm² anstelle der 270 bei beispielsweise 45°, 116 kp/cm² bei 60° und 166 bei 90°.
— Bestätigung der Isotropie der mechanischen Steinsalzeigenschaften (Unabhängigkeit der Kraftrichtung von der Schichtung).

2.2. Gesamtheit der Ergebnisse. Die mechanischen Festigkeitswerte erreichen auf dem achten stratigraphischen Horizont ein deutliches Minimum — es handelt sich hierbei um das Gebiet, in dem die Liegendschläge entstehen, während die ersten und letzten Schichten eine maximale Festigkeit zeigen (es handelt sich um eine „weiche Ausbauchung" zwischen harten Lagen).

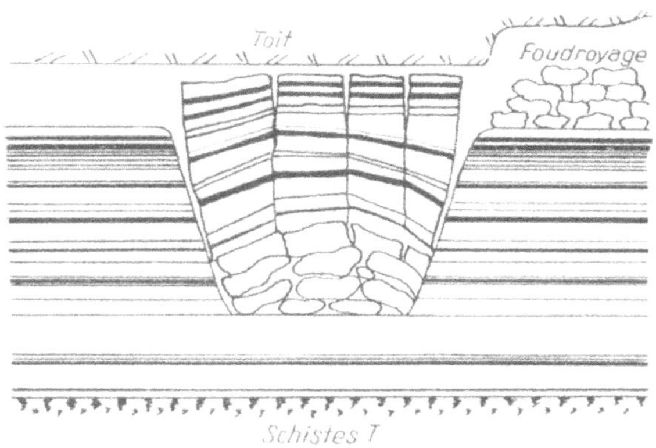

Bild 1. Schematische Darstellung eines Liegendschlages

Dadurch können die Kraterform (Bild 1) und der Entstehungsort der Gebirgsschläge aus dem Liegenden erklärt werden (Bild 2).

2.3. Bei Beanspruchung durch triaxiale Spannungen entspricht das Salz dem Tresca-Kriterium. Es ist dehnbar.

3. Gebirgsbewegungen im Flözliegenden. Wir haben bereits dargelegt[1]), daß es bei den Gebirgsbewegungen sog. Phasen gibt. Von uns wurden diesbezüglich einige Charakteristika ermittelt.

[1]) s. VIGIER, G. und PANCZUK, T.: Vortrag auf dem Gebirgsdruckkongreß in Paris, 1960.
s. VIGIER, G. und MICHEL, B.: Vortrag auf dem Gebirgsdruckkongreß in New-York, 1964.

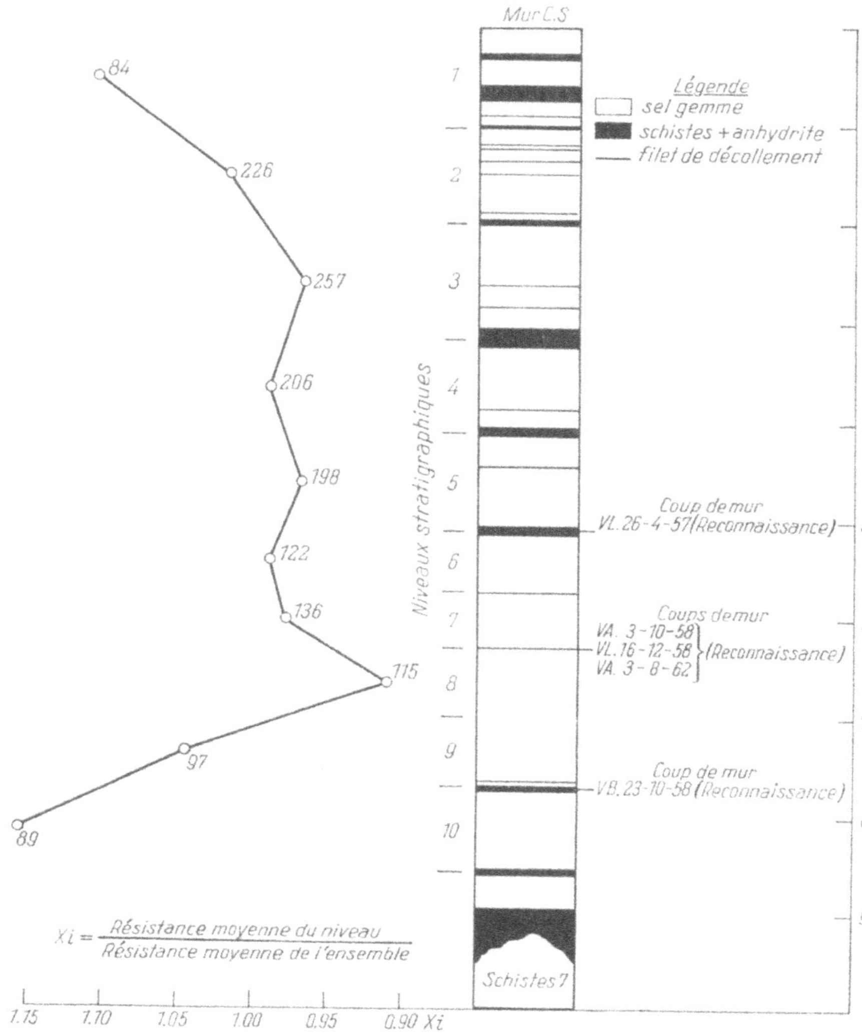

Bild 2. Stratigraphische Formation im Bereich der Liegendschläge, beim Vortrieb erkundete und nach Horizonten verglichene Festigkeitswerte

Gebirgsschläge aus dem Liegenden scheinen teilweise an den Umstand gebunden zu sein, daß:

- Übergangszustände existieren, die Dauerzuständen bei Gebirgsbewegungen vorangehen;
- ein Dauerzustand seinen Charakter durch Veränderung der Gewinnungsbedingungen (Geometrie, Geschwindigkeit, Unfälle usw.) verlieren kann;
- der Gebirgsschlag aus dem Liegenden an den Übergangszustand gebunden zu sein scheint.

Wir mußten diese Angaben präzisieren.

Wir haben versucht, durch Nivellieren des Flözliegenden und durch Absenkungsmessungen dahin zu gelangen. Wir haben die Kurven als Funktion der Zeit untersucht, um die dynamischen Kennwerte der Gebirgsbewegung kennenzulernen.

Schlußfolgerungen

3.1. Die Liegendschichten bewegen sich im Verband. Es gibt kein Lösen, mit Ausnahme der ersten Schichten, die quellen können.

3.2. Die graphische Analyse und die nach einem bereits von mir beschriebenem Verfahren[1]) erfolgte Berechnung scheinen zu bestätigen, daß der Augenblick der Erreichung des Ortsstoßes dem Beschleunigungsmaximum entspricht (Bild 3).

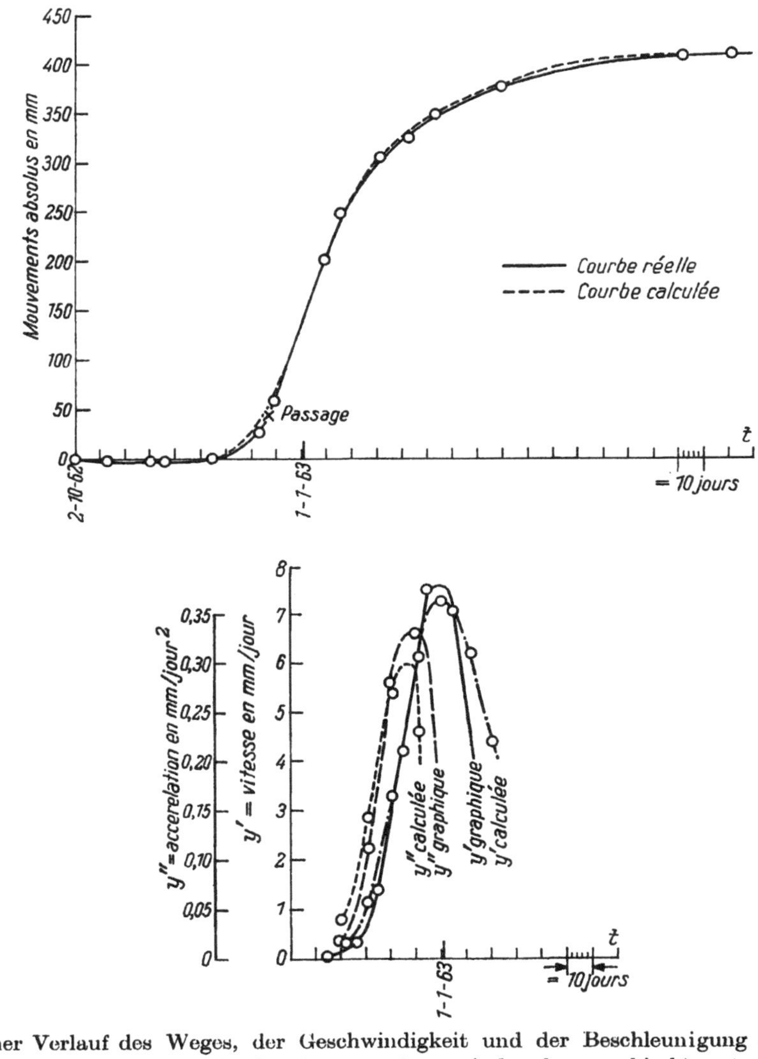

Bild 3. Zeitlicher Verlauf des Weges, der Geschwindigkeit und der Beschleunigung der Bewegungen. Entsprechend der jeweiligen Art der Bestimmung (numerisch oder graphisch) unterscheiden sich die Werte für y' und y''. Ein wichtiger Punkt tritt jedoch zutage: Die Maxima liegen äußerst dicht beieinander

3.3. Die in der Schieferschicht durchgeführten Gasdruckmessungen haben gezeigt, daß der Gasdruck im gleichen Augenblick sein Maximum erreicht (Bild 4).

Diese beiden Punkte sollte man sich merken, da sie zu der Überlegung führen, daß:

— der mittlere sphärische Spannungstensor in der Nähe des Abbaustoßes sein Maximum erreicht;

— die durch die Entspannung und Schwerkraft wirkenden Kräfte dynamische Effekte schaffen, deren Analyse nicht einfach ist, die jedoch eine Analogie mit Impulseffekten aufweisen.

---

[1]) s. Vigier, G.: Revue Industrie Minérale, Oktober 1963.

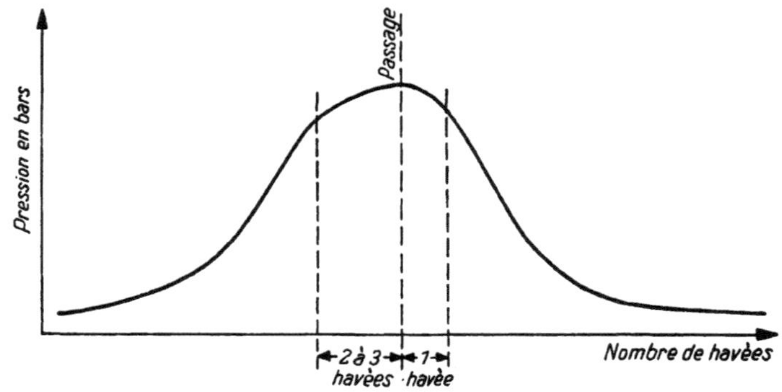

Bild 4. Änderung des Gasdruckes in der Schieferbank 8 m im Liegenden

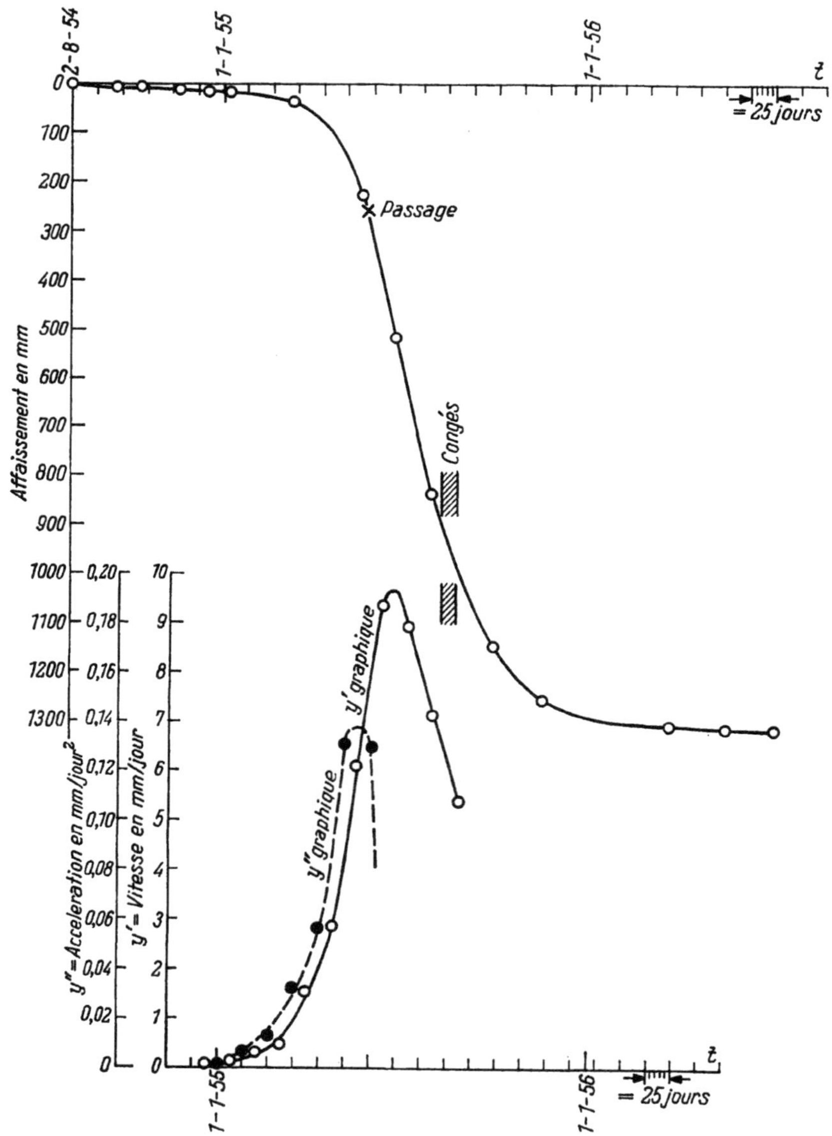

Bild 5a. Zeitlicher Verlauf des Weges, der Geschwindigkeit und der Beschleunigung der Absenkungen

4. Gebirgsbewegungen an der Tagesoberfläche. Eine graphische Analyse der Absenkungskurven zeigt, daß die Beschleunigung ihr Maximum im Augenblick der Strebpassage erreicht, d. h. am Stoß der Meßstelle, wenn sich ein bleibendes Gebirgsbewegungsregime herausgebildet hat. Vor der Entstehung dieses Regimes ist das nicht festzustellen (Bild 5a und 5b).

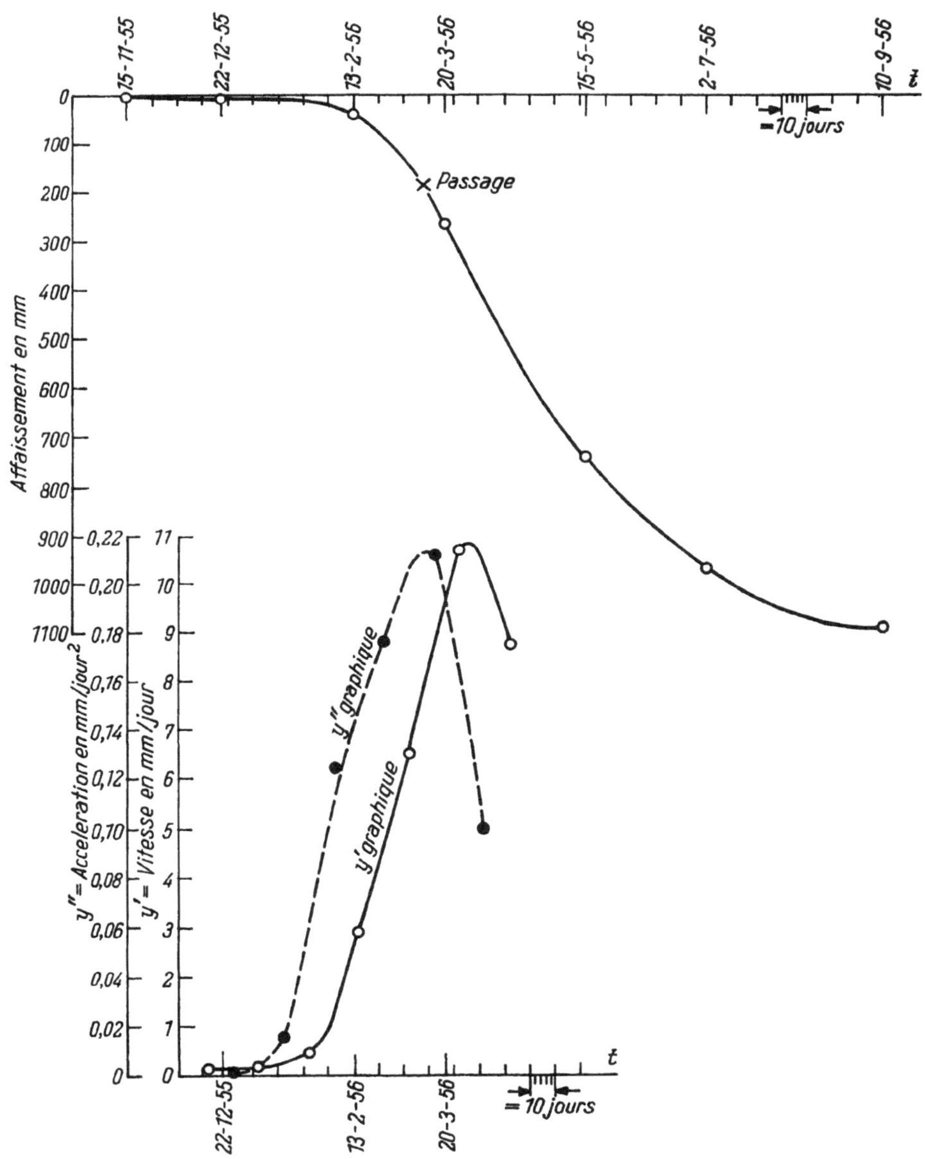

Bild 5b. Zeitlicher Verlauf des Weges, der Geschwindigkeit und der Beschleunigung der Absenkungen

Bei einigen Gebirgsschlägen aus dem Liegenden scheint das jedoch nicht der Fall zu sein. Es hat mehr den Anschein, als ob eine Veränderung bei den Gewinnungsarbeiten den Verlauf der Absenkungskurven verändert (Bild 6).

Es handelt sich hierbei zwar um interessante Anzeichen, sie sind jedoch nicht präzise genug, da der Kurvenverlauf von der Anzahl der durchgeführten Nivellements bestimmt wird.

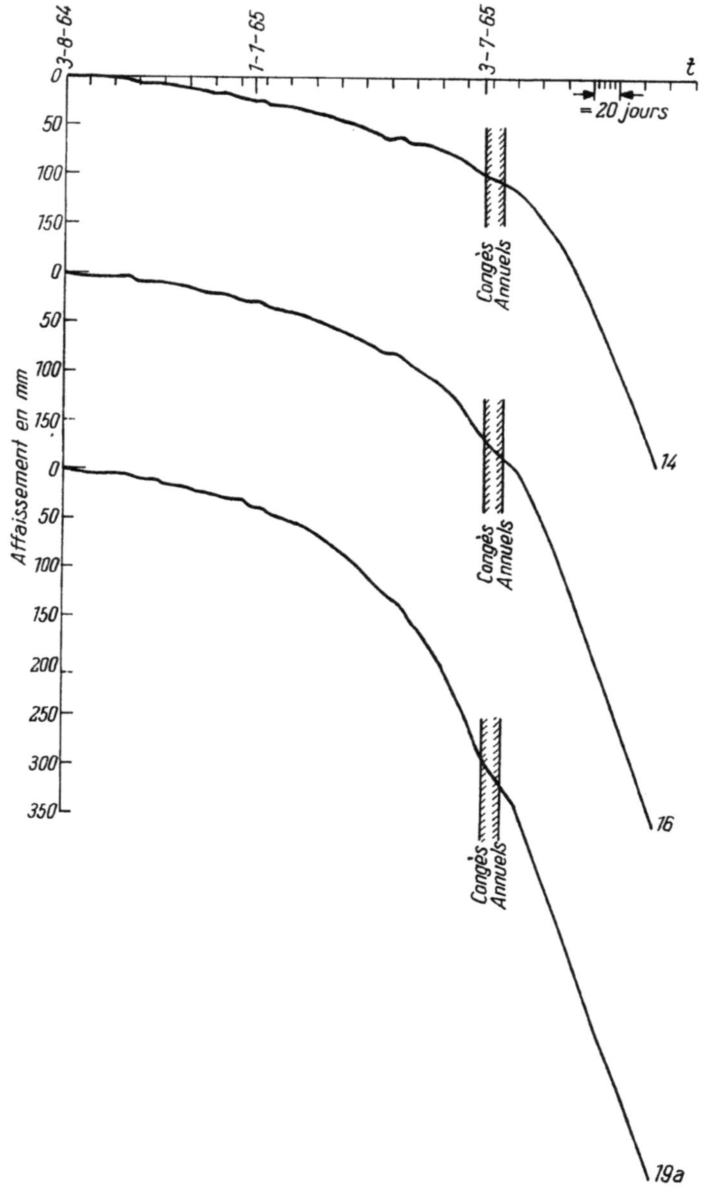

Bild 6. Absenkungen und Verhiebsfortschritt, Einfluß eines Stillstandes auf den Verlauf der bei täglichen Präzisionsnivellements erhaltenen Kurve

Wir haben die Wirkung eines längeren Stillstandes untersucht, der von einer Wiederaufnahme der Gewinnungsarbeiten abgelöst wurde. Dies geschah mit Hilfe täglicher Präzisionsnivellements.

Sie haben den Beweis erbracht (Bild 7)

4.1. daß sich die Förderpause unmittelbar an der Tagesoberfläche bemerkbar macht. Das Hangende verschiebt sich in einem Block;

4.2. daß die Wiederaufnahme der Arbeiten zu einer erneuten Beschleunigungsphase der Gebirgsmasse führt.

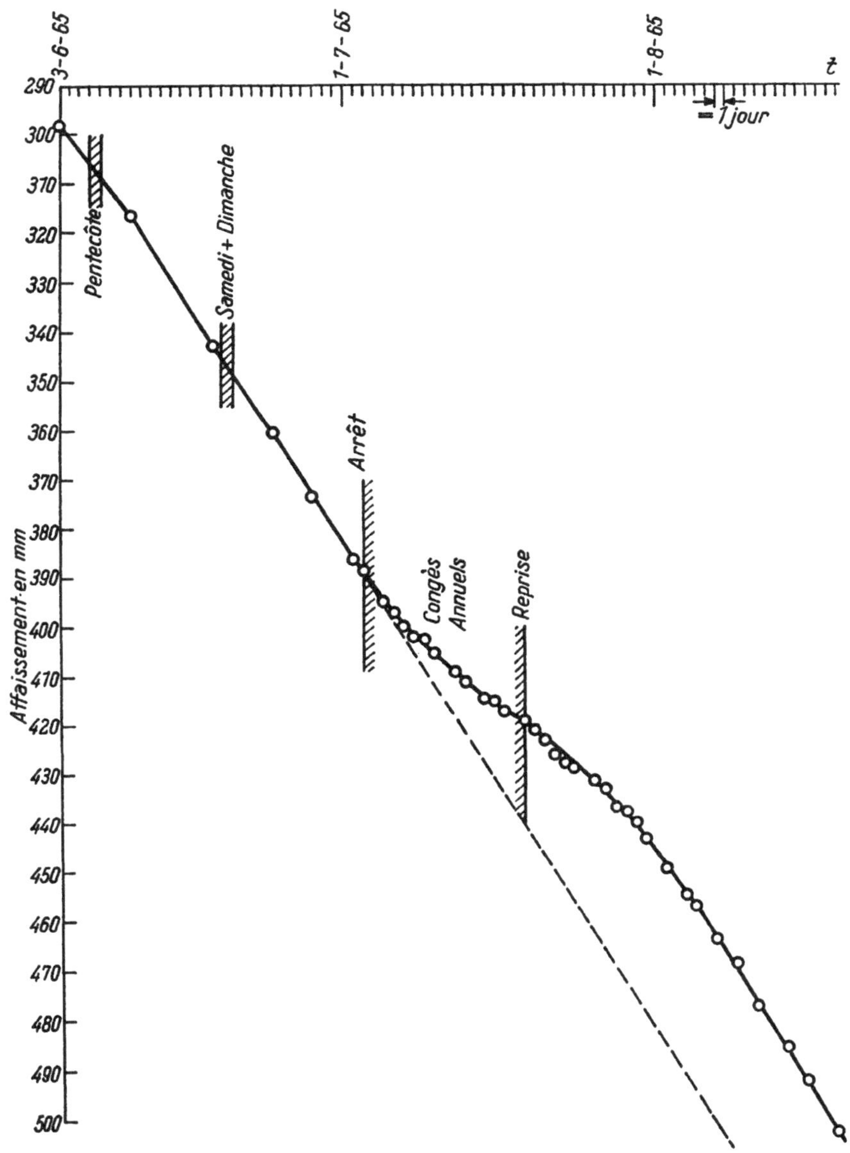

Bild 7. Einfluß von Stillstand und Wiederaufnahme der Gewinnung auf die Absenkungen

Sieben unserer letzten Liegendschläge erfolgten nach einem Stillstand der Gewinnungsarbeiten bzw. nach einer stark ausgeprägten Änderung der Abbaugeschwindigkeit, was die gleiche Wirkung nach sich zieht.

Man ist im Begriff, diese Feststellungen zusammenzustellen.

5. Seismische Untersuchungen. Diese Analysen werden in kurzen Zeitabschnitten, 10 bis 20 sec, unter Tage durchgeführt.

Ich spreche von den Schüssen beim Restpfeilerbruchbau, die das Zubruchgehen verursachen, da sie vor den Schlägen aus dem Liegenden ausgelöst werden.

Die Untersuchung der Intensität der befreiten Energie als Funktion der Belastung zeigt zwei unterschiedliche Regime bei der Energiebefreiung (Bild 8).

Das zweite tritt erst dann in Erscheinung, wenn mehr als 40 m mit mehr als 75 kg Sprengstoff gleichzeitig zu Bruch geworfen werden.

Das scheint die günstigste Bedingung für Erschütterungssprengungen zu sein.

Im übrigen wird normalerweise keine Hangendbewegung registriert, mit Ausnahme — so scheint es — bestimmter Zeitabschnitte, in denen sie auf die Schüsse folgen, die das Gebirge zu Bruch werfen; die im Gebirge angehäufte Energie befreit sich im allgemeinen stufenweise und nur gelegentlich durch Erschütterungsschußserien.

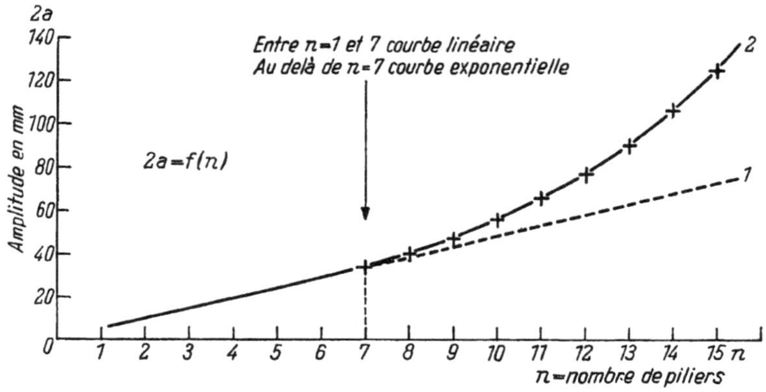

Bild 8. Amplitude in Abhängigkeit von der Zahl der Pfeiler

Man hat festgestellt, daß der Bruch in diesen Fällen bei 55% unmittelbar nach dem Abtun der Schüsse erfolgt, während das gewöhnlich nur bei 11% der Fall ist. Ist das ein warnendes Vorzeichen?

Während dieses Zeitabschnittes, in welchem Gebirgsbewegungen im Hangenden verzeichnet werden, sind die graphischen Darstellungen der zum Bruch führenden Sprengschüsse gestört.

Gegenwärtig untersuchen wir die Frequenzspektren der Aufzeichnungen. Wir müssen zu diesem Zweck die ersten 50 Glieder der Fourier-Reihe berechnen, und das ist viel.

Diese Arbeit scheint zu beweisen, daß sich das Spektrum in Richtung der niedrigen Frequenzen verschiebt, was ein anderes Vorzeichen sein könnte.

6. Zusammenfassung. Wir befinden uns vor der Anhäufung folgender Elemente:

a) Die Liegendschichten sind gekennzeichnet durch das Vorhandensein stratigraphischer Horizonte, deren mechanische Festigkeit bedeutend geringer ist als diejenige der umgebenden Gebirgsschichten.

   Die Scherfestigkeit ist in einer Ebene mit einer Neigung von 15° zur Kraftrichtung sehr gering.

b) Der Mittelwert des im Gebirge herrschenden Druckes scheint in der Nähe des Abbaustoßes sein Maximum zu erreichen.

c) Die dynamische Untersuchung des Gebirges führt zu der Annahme, daß die Verschiebungsphasen mit der Herausbildung eines dynamischen Zustandes in Zusammenhang stehen, dessen Permanenz von Bedeutung ist.

   Es könnte eine Verbindung zwischen diesem physikalischen Aspekt und den Gewinnungskennwerten (Geometrie, Geschwindigkeit) bestehen.

d) Die seismische Untersuchung führt zu der Erkenntnis, daß die gespeicherte Energie nur in bestimmten Augenblicken einen Wert annehmen kann, bei welchem sie sich stoßartig befreit.

e) Bei der Auslegung des Bruches spielen Viskoplastizität und Verformbarkeit des Salzes eine Rolle.

Wir befinden uns vor einer Anhäufung von Elementen, die noch keine Erklärung des Mechanismus von Gebirgsschlägen aus dem Liegenden geben, jedoch die Vermutung zulassen, zu einer solchen zu gelangen. Die Elemente sind auch für sich gesehen von Interesse. Es bedarf noch einer umfangreichen Untersuchungsarbeit, um jeden der hier aufgeworfenen Punkte zu erforschen und zu präzisieren.

Herr Averšin

Alle Faktoren, die irgendwie mit den Gebirgsschlägen verbunden sind, stehen im engen Zusammenhang mit den Spannungsverhältnissen und den Verformungen. Man muß jeden Faktor deshalb von der Richtung einschätzen, inwieweit er auf den Spannungszustand einwirkt.

Wenn man zum Beispiel von der Tektonik spricht, so habe ich schon darauf hingewiesen, daß die tektonischen Störungen um sich herum ein Feld zusätzlichen Druckes schaffen können. Man muß annehmen, daß sich innerhalb großer Zeiträume diese Spannungen und Kräfte ausgeglichen haben. Es ist allen bekannt, daß aber tektonische Störungen einen bedeutenden Einfluß auf die Entstehung von Gebirgsschlägen haben.

Worin bestehen die Ursachen dieser Einflüsse?

Ich habe, als ich über die Ursachen sprach, drei genannt. Die erste Ursache: Wenn der Abbau im Bereich solcher Störungen durchgeführt wird, dann führen die Bewegungen, die in Verbindung mit dem Abbau entstehen, zu einer gewissen Aufblätterung und zu gewissen Spannungen. Speziell habe ich darauf verwiesen, daß es bei uns Fälle gab, daß sich ein Abbau in dieser Form einer tektonischen Störung näherte. Es entstand einerseits ein Gebirgsschlag vor dem Abbau, und andererseits entstand ein Gebirgsschlag in der Kopfstrecke, im Pfeiler.

Ich erkläre das damit, daß dort, wo wir diese Störungen unterbaut haben, eine Aufblätterung begann, und es wurde die Verbindung mit dem gesamten anderen Massiv gestört. Das heißt, es erfolgte eine Umverteilung der Belastung vor dem Abbau, und dies erfolgte ziemlich schnell. Damit konnten auf Grund von Spannungskonzentrationen auch Gebirgsschläge entstehen.

Auf der gleichen Schachtanlage wurden Abbauarbeiten auch in dieser Richtung durchgeführt. Wir hatten fast die Konditionsgrenze erreicht. Aber aus irgendwelchen Ursachen heraus kam es zu keinem Gebirgsschlag.

Ich habe speziell nur über solche Verhältnisse gesprochen. Es ist möglich, daß in anderen Fällen diese Dinge nicht ausreichend sein werden.

Die zweite Ursache des Einflusses von tektonischen Störungen auf die Entstehung von Gebirgsschlägen ist folgende: Ich habe gezeigt, daß im Bereich von tektonischen Störungen die Gesteinsfestigkeit stark herabgesetzt ist. Ich habe einen Fall genannt, daß man sich bei bergmännischen Arbeiten einer Störungszone, die mit Granit angefüllt war, näherte. Die Teufe war eigentlich sehr gering. Es waren ungefähr 200 m. Für Granit ist das sehr wenig. Und im Bereich dieses Abbaus waren keine anderen Abbaue, die irgendwie einen Einfluß ausüben konnten. Es erfolgte ein Gebirgsschlag ungefähr in einem Abstand von 4 bis 5 m vor dieser Störung, wobei zwei Menschen ums Leben kamen. Es zeigte sich, daß in dieser Zone von ungefähr 6 m vor der eigentlichen Störung die Festigkeit des Granits stark herabgesetzt war. Aber seine Verformungseigenschaften waren erhalten geblieben, d. h., der Granit war ausreichend elastisch.

Zuletzt der dritte Faktor: Wir kennen Ebbe-und-Flut-Erscheinungen. Wir kennen weiterhin Rotationsprozesse, die auf Grund einer ungleichmäßigen Rotation innerhalb der Erdkruste entstehen. Wir wissen, daß Rotationsprozesse einen gewissen Einfluß auf die Entstehung von Erdbeben besitzen. Diese Prozesse können natürlich auch einen bedeutenden Einfluß auf tektonische Störungsbereiche ausüben, und es können zusätzliche Spannungen entstehen.

Den Einfluß der tektonischen Störung auf den Spannungszustand des Massivs kann man nur unter dem Aspekt betrachten, daß diese Erscheinungen, speziell die Ebbe-und-Flut-Erscheinungen, gegenwärtig erfolgen. Auf die Gestörtheit des Massivs in diesem Bereich haben insbesondere die zusätzlichen Belastungen einen großen Einfluß. Weiterhin entstehen innerhalb dieser tektonischen Bereiche einzelne Bereiche mit herabgesetzten Festigkeiten, und weiterhin haben auf die Spannungsverhältnisse in diesen tektonischen Bereichen die Ebbe-und-Flut-Erscheinungen Einfluß. Das sind doch aber praktisch gegenwärtig verlaufende Prozesse. Das sind aber nicht die Spannungserscheinungen, die in früheren Zeiten, in früheren geologischen Epochen entstanden.

Über die kritische Teufe: Es ist bekannt, daß auf die kritische Teufe eine große Menge von Einflußfaktoren wirken. Die Frage der kritischen Teufe hat eine bestimmte praktische Bedeutung. Wir bauen öfter Kohlenflöze ab, wo keine größere Gestörtheit vorliegt. Wir fahren öfter auch Grubenbaue außerhalb der Einflußzone von Vorrichtungsbauen auf. In den meisten Fällen entstehen unter diesen Bedingungen dann Gebirgsschläge, wenn das Gestein unter einachsigem Spannungszustand zerstört wird. Deshalb ist die kritische Teufe unter diesen Bedingungen für diese Fälle mit einer bestimmten Gesteinsfestigkeit verbunden. Die Belastungen unter diesen Bedingungen werden durch die Teufe bestimmt.

Für diese Verhältnisse habe ich schon gezeigt, daß man die Teufe mit der Zugfestigkeit und einem Koeffizienten, der mit Gamma multipliziert wird, in Verbindung bringen kann. Dieser Koeffizient beträgt ungefähr 0,085.

$$H_K = \frac{\sigma_s}{\alpha \gamma}.$$

Es ist natürlich klar, daß diese Formel aus einer Reihe von Hypothesen abgeleitet wurde und daß die Formel deshalb auch nicht streng sein kann.

Unter anderen Bedingungen können wir natürlich auch andere Werte für die kritische Teufe erhalten, wenn wir beispielsweise eine Reihe von Grubenbauen aufgefahren haben oder wenn wir einen Pfeiler anfahren usw. Trotzdem ist es für uns sehr oft wichtig, daß wir ungefähr die Größe der kritischen Teufe abschätzen können, wenigstens unter den Bedingungen, von denen ich gesprochen habe.

Ich möchte wenigstens noch Professor HOFFMANN antworten. Es ist möglich, daß ich mich nicht ganz klar ausgedrückt habe und daß Sie nicht alles so ganz mitbekommen haben. Ich habe einen derartigen Ausbau dargestellt, der auf diese Art und Weise belastet wurde. Ich habe, wie es die Zeichnung an der Tafel auch ausdrückt, den Einfluß des Ausbaues auf die Entstehung von Gebirgsschlägen nicht betrachtet. Ich habe folgende Aufgabe behandelt, nach dieser Zeichnung hier: An dieser Grenze, von dieser Seite her wirkt eine bestimmte Masse, die durch einen Gebirgsschlag hinausgeworfen wird und auf den Ausbau wirkt. Diese Masse besitzt bestimmte kinetische Energien von der Größe K. Von der anderen Seite her wirkt eine bestimmte Reaktion. Diese Reaktion muß gewissermaßen diese Energie in einem bestimmten Abstand — Abstand gleich S — liquidieren. Das ist gewissermaßen die Arbeit, die geleistet werden muß, um die Kraft — Kraft gleich K — aufzubringen. Wenn wir den Wert K beispielsweise kennen, und dem Ausbau können wir eine Nachgiebigkeit vom Wert S verleihen, dann können wir sagen, welche Festigkeit der Ausbau besitzen muß. Also, das kann man aus der Energiemengengleichung ableiten.

Es entstehen natürlich große Probleme bei der Bestimmung des Wertes K. In meinem Vortrag habe ich versucht, den Wert M, die Masse, zu bestimmen. Ich habe in meinem Vortrag davon gesprochen, daß das nur eine Idee ist, aber noch keine exakte wissenschaftliche Grundlage.

Herr MILLER und Herr KRISHNAMURTHY

Wir möchten Herrn Professor HOFFMANN in einigen Punkten antworten, und zwar auf Grund von Arbeiten, die in Südafrika und in Kolar in Indien ausgeführt worden sind.

Dr. COOK hat seismische Beobachtungen in Südafrika für einen Zeitraum von sechs Monaten ausgeführt, um das Zentrum und den Energiegehalt der Gebirgsschläge festzustellen. Er hat festgestellt, daß die Gebirgsschläge direkt in der Nähe des Abbaufeldes auftreten. (Die Genauigkeit der Bestimmung betrug ± 20 ft.) Von den 187 Gebirgsschlägen, von denen jeder mehr als 10^5 ftlb Energie freigegeben hat, wurden nur 7 von den Bergleuten gemeldet. (1 lb Dynamit hat einen Energiegehalt von ungefähr 1000 ftlbs.)

In Kolar beobachtet man seit 60 Jahren auf seismographischem Wege die Beben, die von Gebirgsschlägen erzeugt werden. Die Beobachtungen von dort sind in Übereinstimmung mit denen, die von Dr. COOK veröffentlicht waren, und zwar in der Beziehung, daß viele seismographisch festgestellte Gebirgsschläge von den Bergleuten nicht beobachtet wurden. Es ist merkwürdig, daß auch dort 60% der gesamten freigelassenen Energie der 40000 Beben nur auf 214 Beben (0,5% der Gesamtheit) fielen.

Es ist deshalb wichtig, zwischen Gebirgsschlägen zu unterscheiden, die häufig vorkommen, aber nur gering sind, und denen, die von Zusammenbrüchen von großen Abbaufeldern erzeugt werden. Die kleineren Schläge hängen von lokalen Spannungen ab und die großen Schläge von Bewegungen größerer Gebirgsmassen, z. B. Zusammenstürzen des Hangenden und Liegenden.

Zur Betrachtung des Energiegehaltes unter vollkommener Zwangsbedingung erhalten wir von PHILLIPPS die folgende sehr brauchbare Gleichung (siehe: Trans. Inst. Min. Eng. **104** (1944—1945), P. 55—84)

$$W = \frac{1}{2E}\left\{P_1^2 + 2\left(\frac{P_1}{m-1}\right)^2 - \frac{2}{m}\left[\frac{2P_1^2}{m-1} + \left(\frac{P_1}{m-1}\right)^2\right]\right\},$$

wo W = der Energiegehalt, E = der Elastizitätsmodul,
m = die POISSONsche Zahl, P_1 = die Hauptspannung.

Wenn $m = 2$, dann $\rightarrow W = 0$,

im Falle von Schiefer ist $m = 5$, $\rightarrow$ dann $W = 0{,}45\ P_1^2/E$;

im Falle von Quarz ist $m = 10$, $\rightarrow$ dann $W = 0{,}49\ P_1^2/E$.

Man konnte durch Versuche feststellen, daß Quarz bei einem höheren einachsigen Druck zu Bruch geht und dabei mehr Energie freigibt als Schiefer.

Wenn man Quarz aus Kolar mit Quarz aus Südafrika vergleicht, dann kann man es behaupten, daß die Gewalt der Zerstörung im Falle von Quarz aus Kolar viel größer war als von Quarz aus Südafrika. In der Tat hat die Intensität den von den Südafrikanern für ihre eigenen Experimente willkürlich gewählten Maßstab zweimal übertroffen.

Wir haben ja nun einige Deutungen, wo wir die Energiequellen, die große Gebirgsschläge verursachen, suchen müssen. Bild 1 zeigt den Grundriß der 96. Etage im Glen-Ore-Shoot und zeigt die Änderungen in den Dimensionen des Querschlages, welche von einem Gebirgsschlag verursacht wurden. (Siehe auch Bild 5 im Hauptartikel.)

Der Querschlag gegenüber dem Zentrum der Spannweite wurde mit 0,2 ins. zusammengedrückt, und er blieb trotzdem unbeschädigt. Der Querschlag gegenüber dem Abbauorte dagegen wurde gedehnt und war schwer beschädigt. Es wurde auch im Hauptartikel beschrieben, wie das Hangende gegen das Liegende 1 Zoll näher rückte.

Wenn wir nun die alte Dom-Theorie in Anspruch nehmen, dann kann man behaupten, daß die Energiequelle sich nicht im intradorsalen Bereich befand, weil die größten Änderungen sich gegenüber dem Abbauorte ereigneten, jedoch dieser Bereich hat sich wie ein Hammer benommen, der einen heftigen Schlag an der Kämpferdruckzone ausübte und dadurch die Freigabe der aufgespeicherten Energie ermöglicht wurde.

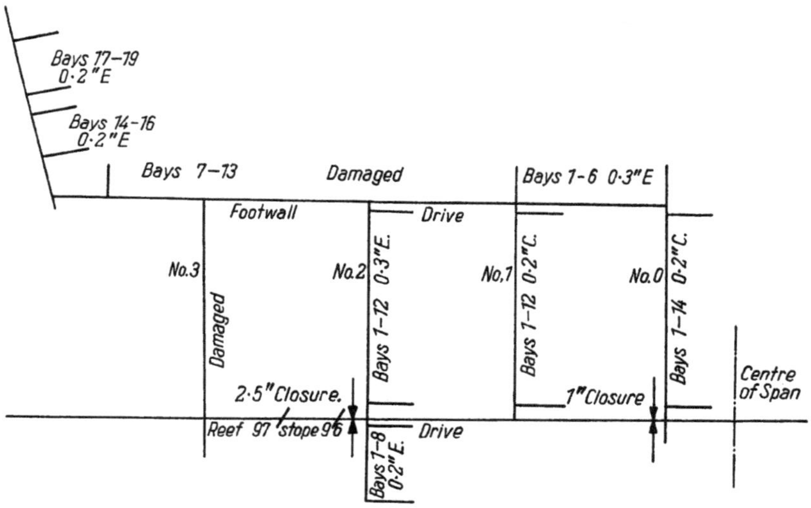

Bild 1. Grundriß der 96. Sohle im Glen-Ore-Shoot

Man kann also die folgenden Schlußfolgerungen ziehen: Unter solchen Bedingungen, wie sie im Kolar existieren, können die Gebirgsschläge nicht verhindert werden, ungeachtet dessen, was für Versatz in die zurückgelassenen Hohlräume nach dem Abbau eingebracht wird.

Der Zeitpunkt des Gebirgsschlages hängt von den geologischen Verhältnissen des Hangenden und des Liegenden, von der Ausdehnung des Abbaufeldes und von der Art des Versatzes ab.

Vom praktischen Standpunkt her bedeutet das soviel, daß, wenn große Flächen abgebaut werden müssen, dann die Gebirgsschläge mit geringerer Heftigkeit vom Bergmann selbst ausgelöst werden müssen.

Wenn auch das nicht erreicht wird und doch die großen Gebirgsschläge verhindert werden sollen, dann erscheint der streichende Strebbau mit breitem Blick als die günstigste Abbaumethode, wobei die Abbaufelder durch so große Pfeiler voneinander getrennt sein sollten, die nie zerstört werden können.

Herr Shepherd

In Großbritannien steht das Problem der Gebirgsschläge nicht so im Vordergrund wie in Südafrika und Indien. So neigt in Südwales ein kleiner Teil des Anthrazitreviers zu Kohlenausbrüchen und in anderen britischen Kohlenrevieren können Pfeilerschüsse sich ereignen, sobald der Pfeilerbau fortgeschritten ist (oder: in der Teufe umgeht).

Firstschläge sind jedoch immer dort möglich, wo das Kohlenflöz von massivem Sandstein überlagert wird, der nicht leicht bricht. Ein Beispiel dafür gibt das Parkgate-Flöz von Süd-Yorkshire.

Im Hinblick auf den Abbau von Flözen mittels Strebbaumethoden möchte ich anhand eines angenommenen Falles ein Problem aufwerfen: ein 200 m langer Kohlenstoß steht in einem 1,5 m mächtigen Flöz, das von sehr massiven Sandsteinen überlagert wird. Entspannungsschläge traten häufig zusammen mit den von Dr. JAHNS in einem seiner Bilder aufgezeigten Folgen auf; dieses besonders im Bereich des Streckenpfeilers. Ich möchte die Anwesenden fragen, ob sie der Meinung sind, daß ein mechanisierter Ausbau dem Dach eine bessere Standfestigkeit verleiht als ein einfacher Stempel- und Kappenausbau. Und würde ein höherer Abbaufortschritt, sagen wir bis zu 20 m je Tag, unter solchen Bedingungen die Konvergenzgeschwindigkeit oder aber die Häufigkeit und Härte der Bergschläge erhöhen?

Herr HELFRICH

Gestatten Sie mir, zur Frage des Einflusses tektonischer Strukturen auf die Gebirgsschläge drei Bilder zu zeigen.

Das erste Bild zeigt eine tektonische Strukturskizze aus dem Skelleftefeld in Nordschweden. Es handelt sich um einen Ausschnitt aus dem Grundgebirge, einer von Granit eingerahmten Sediment-Vulkaniteinheit. Sie wird durchschnitten von einem Dioritporphyritgang, Im

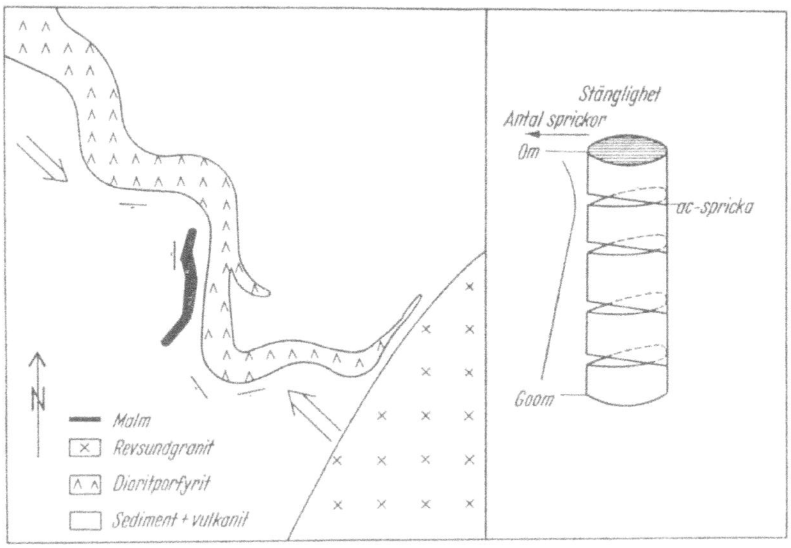

Bild 1. Tektonische Strukturskizze aus dem Shelleftefeld in Nordschweden — Schlingentektonik

Druckschatten des Ganges liegt eine Sulfidlagerstätte. Die Charakteristik einer Schlingentektonik mit deutlicher Stengelbildung kommt im Feld eindeutig zum Ausdruck.

Im zweiten Bild ist zu sehen, daß die Schieferungsflächen der Teufe gewissen Streichschwankungen unterworfen sind, womit sie tektonisch gespannt erscheinen. An solche Zonen waren Gebirgsschläge gebunden, die vorwiegend im Tiefbauschacht zwischen 600 und 750 Meter Teufe auftraten.

Das dritte Bild (3) zeigt *ac*-Klüfte, die ihre Lage und Besetzungsdichte verändern, wobei das eine Mal deutlich zwei Kluftsysteme auftreten, während in anderen Fällen eine Homogenisierung einzutreten scheint, die für die speziellen Verhältnisse sicher von Bedeutung ist.

Wir können aus dem oben Angeführten den Schluß ziehen, daß im Falle des vertikalgestellten *s*-Gefüges gespanntes, im Falle der *ac*-Klüfte bereits einmal entspanntes Gebirge die lokalen Verhältnisse modifizieren.

Daraus ist zu ersehen, daß die Teilgefüge entsprechend ihrer verschiedenen Anlage Ausdruck typischen geologischen Geschehens sind und wir äußerst vorsichtig mit Verallgemei-

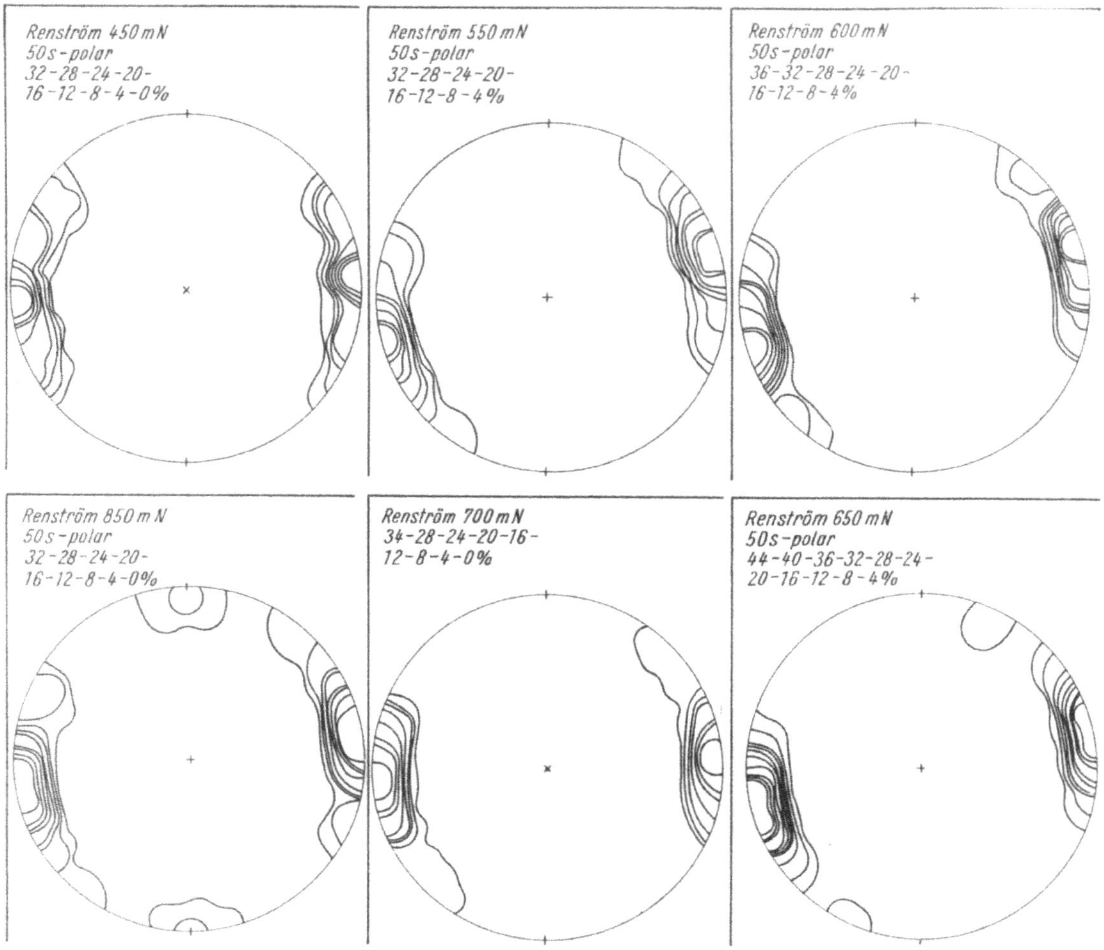

Bild 2. Darstellung der Schieferungsflächen

nerungen sein müssen. Gleiches gilt natürlich auch für die sogenannte kritische Teufe, die für jeden Teilbereich eine andere sein wird.

Ich möchte abschließend noch an die Ausführungen von Herrn MILLER anknüpfen: es ist interessant, daß eine große Anzahl der Gebirgsschläge in den Goldgruben bei Johannesburg, die nicht beobachtet werden konnten, auf Grund seismischer Untersuchungen bis 1500 m oberhalb vom abgebauten Reef lokalisiert werden konnten.

Herr PFORR

Ich möchte einen kurzen Beitrag zur Frage der kritischen Teufe bei Gebirgsschlägen beim Kammerbau bringen und dabei daran erinnern, daß mehrere Faktoren im Komplex wirken können. Bei Gebirgsschlägen im Kalibergbau dürften das vor allen Dingen folgende Faktoren sein:

1. Die Teufe,
2. die Baufeldgröße,

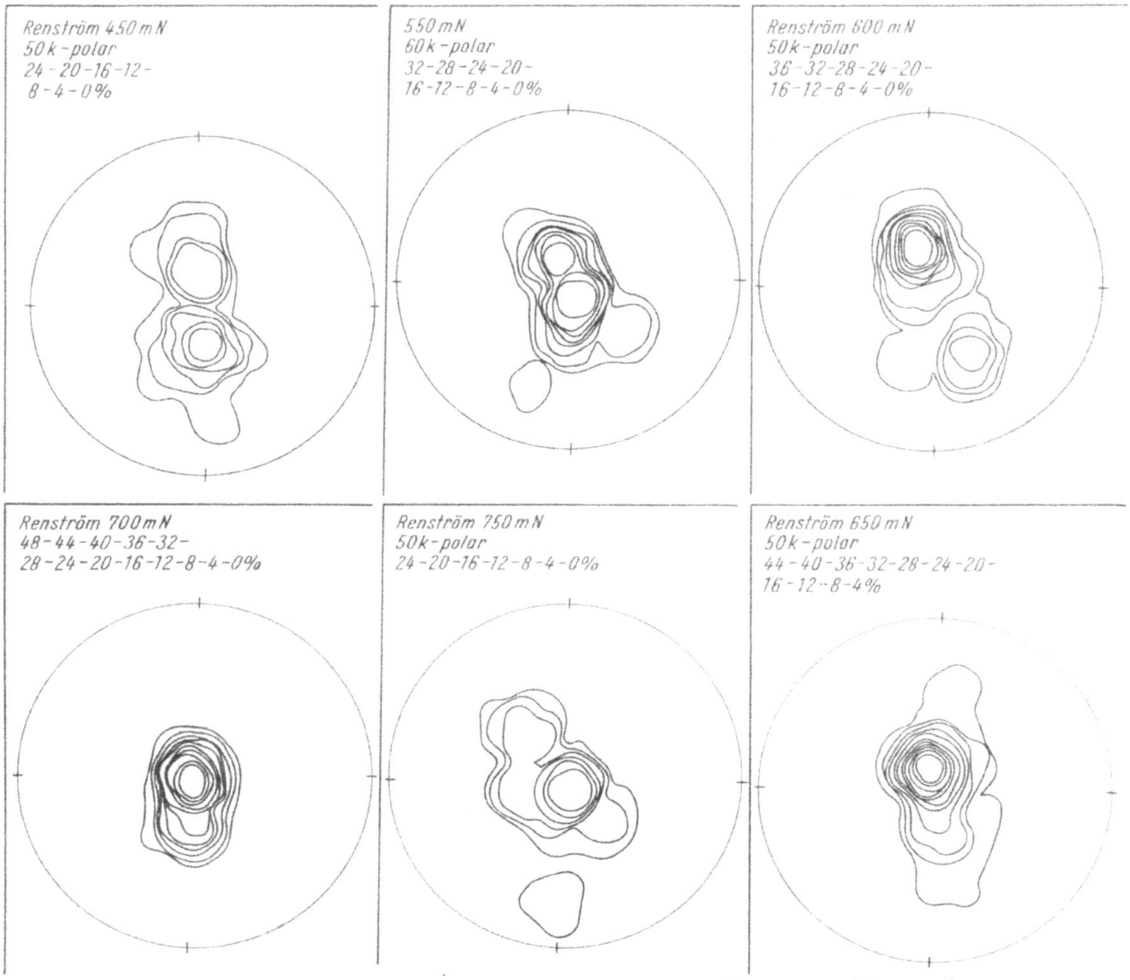

Bild 3. Darstellung von *ac*-Klüften, die ihre Lage und Besetzungsdichte ändern

3. die Standfestigkeit der Pfeiler, die z. B. von der Geometrie der Pfeiler, von der Gesteinsart sowie der Neigung dieses Gesteins zu Gebirgsschlägen abhängig sein kann,
4. der Einfluß der Abbaudynamik und
5. die Biegesteifigkeit des Hangenden.

Infolge dieser im Komplex wirkenden Faktoren dürfte es schwierig sein, die absolute Mindestgröße eines einzigen Faktors, in dem Falle der Teufe, anzugeben.

Aus Messungen von Hottewitz im Werra-Kalirevier ist z. B. bekannt, daß bei vergleichbaren Verhältnissen die Deformationen in den Kammern bzw. in Pfeilern von der Teufe abhängig sind, indem die Geschwindigkeiten von Pfeilerquerdehnung und Konvergenz in Teufen von 500 bis 600 Metern sehr stark zunehmen. Diese für besonders starke Deformationen kritische Teufe kann natürlich auch kleiner sein, wenn z. B. die Standfestigkeit der Pfeiler durch schwächere Dimensionierungen verringert wird.

Ich möchte also Herrn Professor Fettweis grundsätzlich beipflichten, daß es nicht möglich ist, eine allgemeingültige kritische Teufe anzugeben, selbst dann nicht, wenn es sich um ein und dasselbe Gebirgsschlagrevier handelt.

Herr GROSVENOR

Die folgenden Bemerkungen dienen zur Bekräftigung des Berichtes von Professor TINCELIN. Die folgenden Messungen wurden in einem Eistunnel gemacht, der 200 ft. unter der Oberfläche getrieben worden war (Bild 1).

Die Zahlen 2.07′, 2.38′, 2.33′ und 2.03′ sind vertikale Querschnittsminderungsverhältnisse in ft. je Jahr für die Jahre 1957—1958.

Die oben gezeigte Skizze ist typisch für die in rechteckigen Öffnungen vorgefundene Querschnittsverminderung. Man kann sehen, daß es hier eine gewisse Krümmung im Hangenden und an der Sohle gibt, die zusätzlich zur Verkürzung der Wände auftritt. Es wurde

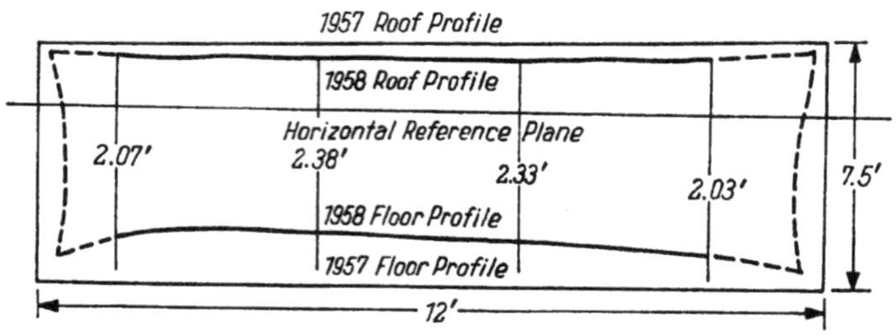

Bild 1

festgestellt, daß keine wahrnehmbare Durchbiegung oder Krümmung der flachen Firste auftrat, jedoch daß die Durchbiegung hauptsächlich an der Sohle der Öffnung auftritt. Diese Formänderung bildet einen solchen Spannungszustand, daß, wenn ein Rohr in die Firste, die Sohle oder die Wände getrieben wird, ein großes scheibenförmiges Stück mit großer Heftigkeit freibrechen wird.

Herr HOFFMANN

Herr SHEPHERD brachte gestern ein Beispiel von Gebirgsschlägen, die sich bei folgender Situation ereigneten: Er zeichnete eine Grundstrecke, von dieser Grundstrecke ist ein Streb entwickelt worden.

Die Bauhöhe betrug 200 Meter, die Baulänge 850 Meter. Die Gebirgsschläge haben sich merkwürdigerweise links dieser mitgeführten Strecke ereignet. Es handelt sich hier also wohl um einen Abbau in sehr flacher Lagerung. Das Einfallen des Flözes war in dieser Richtung etwa 5 Grad. Es handelte sich um ein jungfräuliches, unverletztes Feld, das nicht durch Abbau im Hangenden und Liegenden beeinflußt ist.

250 Meter können keine wesentliche Rolle mehr spielen. Es ist verwunderlich, daß die Schläge nur hier an einem Streckenstoß eingetreten sind und nicht auch auf der anderen Seite. Die Situation ist ja an sich die gleiche. Außerdem sollte man annehmen, daß durch fortschreitenden Abbaustoß einige Schläge in diesem Strebraum eintreten müßten.

Ich halte es nicht für ausgeschlossen, daß hier die Klüftung, die Richtung der Klüfte und das Einfallen der Klüfte die Lage dieser Schläge bestimmt hat. Es ist vielleicht einmal notwendig, diesem Fragenkomplex der Klüftung nachzugehen. Herr SHEPHERD hat vorgeschlagen, hier einen neuen Streb anzusetzen, diesen mit mechanischem Ausbau zu versehen, und ich glaube und hoffe, daß es sich um einen vollmechanisierten, ferngesteuerten Ausbau handelt, denn bei dieser Situation müssen Sie auch wiederum Schläge in Kauf nehmen, die jetzt hier an diesen Stellen entstehen müssen, und zwar werden diese Schläge sicherlich stärker sein als vorher, weil das Abbaufeld größer geworden ist.

Die Bohrlöcher, die Sie hier zur Untersuchung des anstehenden Gebirges getrieben haben, sind sicherlich sehr wichtig für die Grundlagenforschung. Ich glaube aber nicht, daß die

Ergebnisse der Bohrlochuntersuchungen bereits Rückschlüsse auf die Abbauführung ermöglichen. Das kommt später, denn Sie haben keine Vergleichszahlen, das heißt, die Verformungen in den Bohrlöchern können Sie sicherlich messen, Sie wissen nur nicht, wie groß die Geschwindigkeit der Verformungen ist, Sie haben keinen Maßstab für diese Verformungen. Infolgedessen glaube ich nicht, daß Sie hier bereits praktische Ergebnisse durch diese Untersuchungen erzielen. Ich halte es für möglich, daß durch eine andere Stellung des Strebstoßes mit Berücksichtigung der Klüfte die gefährlichen Erscheinungen in einem unverritzten Feld etwas zurückgehen würden.

Herr Jahns

Dem Vorschlag, unmittelbar neben dem wegen Gebirgsschlaggefahr stillgelegten Streb den nächsten Streb anzusetzen, möchte ich zustimmen, besonders da im Vorfeld des Strebs die Möglichkeit besteht, die Stärke der Bewegungen und vielleicht auch der Drücke zu messen.

Auf Grund der Erfahrungen im Ruhrgebiet empfehle ich zwei Vorversuche:

Erstens sollte man versuchen, durch Bohrteste Aufschluß über die Spannungen zu bekommen, die in dem neu anzusetzenden Streb herrschen. Dazu müßte man in den Flözstoß in Abständen von 6:6 Metern Löcher von 40 mm bohren, dabei den Bohrstaub absaugen und feststellen, ob und in welcher Bohrlochtiefe an den einzelnen Punkten die Bohrstaubmenge den Wert von 6 l/m überschreitet. Im Ruhrgebiet gilt es als Anzeichen für eine bestehende Gebirgsschlagneigung, wenn dieser Grenzwert (6 l/m) schon in Bohrlochtiefen von 4 m oder noch weniger erreicht wird.

Da meiner Meinung nach die Flözverhältnisse in England und im Ruhrgebiet in dieser Hinsicht keine wesentlichen Unterschiede aufweisen, ist zu hoffen, daß der Bohrtest dort ein ähnliches Ergebnis haben wird.

Als *Zweites* würde ich versuchen, dort, wo dieser Bohrtest zeigt, daß die 6 l/m-Grenze zu dicht am Strecken- oder Strebraum liegt, durch Hochdrucktränken eine Entspannung nach Art des „Schubladeneffektes" herbeizuführen.

Erst wenn diese beiden Vorversuche Erfolg gehabt haben, kann man — wenigstens nach den Erfahrungen im Ruhrgebiet — die Gebirgsschläge zu Zeitpunkten, an denen sich niemand im Streb aufhält, in kleinen Portionen auslösen und damit die Gefahr beseitigen.

Herr Dreyer

Meinen Diskussionsbeitrag zu dem Vortrag von Herrn Dr. Denkhaus, den zu referieren ich die Ehre hatte, möchte ich mit der Feststellung einleiten, daß sich in Hinblick auf den Mechanismus der Gesteinszerstörung die Ansichten der Forscher weitgehend decken. Die Bruchfestigkeit ist in der Tat allein noch keine Kenngröße für die Gebirgsschlagneigung eines Gesteins, und wir stimmen mit H. G. Denkhaus darin überein, daß die Gebirgsschlagneigung entscheidend durch die Energiemenge mitbestimmt wird, die beim Bruch frei wird. So kennzeichnet insbesondere R. Kvapil die Gesteinszerstörung bei Gebirgsschlägen durch die Auslösung der „Akkumulationskapazität" des Gesteins an potentieller Spannungsenergie, welche infolge Schnellbelastung bei oder oberhalb der kritischen Geschwindigkeit einsetzt. Für den Prozeß der Zersplitterung des Gesteins wird hierbei die Arbeitsumwandlung der ganzen potentiellen Spannungsenergie herangezogen. W. Gimm und H. Pforr definieren bei ihren Untersuchungen über das Bruchverhalten von Salzgesteinen bei Gebirgsschlägen und Gasausbrüchen das Verhältnis der frei werdenden Energie zur Druckfestigkeit (bezogen auf den Maximalwert des Gesteins) als „Schlaggefährlichkeitsgrad", wobei auch der Einfluß der Belastungsgeschwindigkeit mit berücksichtigt wird. — In Hinblick auf die beschränkte Diskussionszeit bitte ich um Nachsicht, wenn ich nur diese beiden Arbeiten anführe; sie können nur stellvertretend für die beispielhaft durchgeführten Untersuchungen über den Mechanismus der Gebirgsschläge aller an diesem Treffen beteiligten Länder sein.

Die von H. G. Denkhaus in den gebirgsschlagreichen südafrikanischen Goldgruben durchgeführten statistischen und durch modellmechanische Überlegungen ergänzten Gebirgsschlaguntersuchungen ließen Gesetzmäßigkeiten erkennen, welche im Prinzip eine Übertragung auch auf andere Lagerverhältnisse gestatten. Lediglich die quantitative Verteilung der einzelnen Energiepositionen wird bei der zur Diskussion gestellten Energiebilanz von Grube zu Grube verschieden sein. Die künftige Weiterentwicklung dieser wichtigen Forschungsrichtung liegt nunmehr in der quantitativen Präzisierung der im Prinzip von allen Teilnehmern des 7. Ländertreffens anerkannten Energiebilanz, die als das Kernstück der grundlegend wichtigen Arbeit von H. G. Denkhaus bezeichnet werden muß.

Von Bedeutung ist auch der auf Beobachtungen gestützte Hinweis, daß Gebirgsschläge sowohl in der Fest- als auch Bruchzone ihren Ursprung haben können. Inwieweit jedoch das Auftreten der Bruchzonen-Schläge auf die speziellen Verhältnisse der untersuchten südafrikanischen Gruben beschränkt ist, bedarf noch der Klärung. Wenn auch in diesem Punkt die Übertragung auf andere Lagerstätten noch recht problematisch ist, so wird man andererseits der Tatsache voll zustimmen, daß die Bruchzonen-Schläge im allgemeinen weniger heftig sind als die Festzonen-Schläge. Neuartig ist auch der Hinweis auf die dämpfende Wirkung des Bruchzonengürtels, welcher den Hohlraum vor tiefer liegenden Festzonen-Schlägen zu schützen vermag, wenn die Bruchzone eine bestimmte Ausdehnung erreicht hat.

Herr Jahns

Ich glaube, es ist ein positives Ergebnis unseres Treffens, daß wir — wie auch Herr Professor Hoffmann feststellte — über die Gebirgsschlagmechanik im allgemeinen der gleichen Ansicht sind, trotz großer Unterschiede der bergmännischen und geologischen Voraussetzungen in den von uns bearbeiteten Bergbaurevieren.

Wie steht es aber mit den Methoden der Bekämpfung? Hier zeichnen sich deutlich verschiedene Erscheinungsformen des Gebirgsschlages aus, die wahrscheinlich auch verschiedene Gegenmaßnahmen erfordern.

Im Ruhrgebiet liegt eine verhältnismäßig einfache Form der Gebirgsschlaggefahr vor. Sie betrifft Flöze mit deutlich markierten Grenzen am Hangenden und Liegenden, diese bestimmen die Schlagrichtung und dadurch werden die Gegenmaßnahmen außerordentlich erleichtert.

In anderen Fällen — ich denke z. B. an die Kolargrube in Indien — fehlen solche Leitflächen, und es entsteht die Frage, ob und in welcher Form die im Flözbergbau erprobten Gegenmaßnahmen auch dort anwendbar sind.

Ich möchte daher anregen, daß wir als Vorarbeit für die Erprobung der Gegenmaßnahmen in jedem Bergbaurevier prüfen, welches die dort der Bekämpfung entgegenstehenden oder sie besonders erleichternden Voraussetzungen sind. Das müßte jeweils ein Experte machen, der die Verhältnisse des betreffenden Reviers gut kennt. Eine Zusammenstellung dieser Revier-Beurteilungen ergibt vielleicht eine Grundlage für eine Einteilung der Gebirgsschläge nach der Möglichkeit der Bekämpfung, zumindest wird sie spätere Unterhaltungen über die Möglichkeit dieser Bekämpfung erleichtern.

Herr Liegeois

Die Herren Gimm, Pforr und Krausse erwähnen in ihrem Vortrag den Mißerfolg der Bohrungen bei der Bekämpfung von Gebirgsschlägen, von denen einige Salzgruben heimgesucht werden.

Herr JAHNS sprach von erfolgreichen Schutzbohrungen in einer Kohlenschicht, die im Ruhrgebiet abgebaut wird. Herr DENKHAUS beabsichtigt die Anwendung der Bohrtechnik vor der Abbaufront.

Nach Meinung von Herrn DENKHAUS könnte durch diese Technik die Zone, die er „Bruchzone" nennt, vergrößert werden. Man würde somit gewisse örtliche Energieanhäufungen vermeiden, die Gebirgsschläge entstehen lassen. Die bei der Verhütung plötzlicher Kohlen- und Gasausbrüche angewendete Bohrtechnik wurde in den letzten fünf Jahren in Belgien von Herrn VANDELOISE, Ingenieur am Institut National de l'Industrie Charbonnière, unter der Leitung von Herrn P. STASSEN, ausführlich untersucht.

Schutzbohrungen wurden und werden auch in Zukunft in solchen Betriebspunkten niedergebracht, die als gefährlich gelten und in denen es vor diesen Bohrungen häufig — ohne Warnzeichen — zu heftigen Kohlenausbrüchen von einigen -zig Tonnen gekommen ist.

Bei Entzündungs- bzw. Explosionsgefahr wird das Sprengen immer mehr vom Bohren verdrängt.

Ich halte es für zweckmäßig, die Aufmerksamkeit auf die verschiedenen Aspekte zu lenken, die auftreten können bei

— einem Gebirgsschlag in einer Goldlagerstätte in Indien (Kammerbau),
— einem Gebirgsschlag aus dem Liegenden des Kalknebengesteins der Lignite in der Provence oder bei einem Gebirgsschlag aus dem Hangenden in den Eisenbergwerken Schwedens, den Kaligruben Kontinentaleuropas bzw. den Steinkohlengruben des Vereinigten Königreiches Groß-Britannien.

Jeder Einzelfall wird charakterisiert durch die Gesteinsart (Flöz, Nebengestein), die Lagerstättengenese und das Abbauverfahren. Das Zusammentreffen ähnlicher Erscheinungen, die gemeinhin mit „Gebirgsschlag" bezeichnet werden, unter so verschiedenen Bedingungen hat uns veranlaßt, diese Erscheinungen nicht nur dem Maßstab von „hand-specimen" oder selbst für eine Gesteinsschicht, sondern für den gegebenen geologischen Komplex zu erforschen.

Wenn die Gebirgsschläge in starren und elastischen geologischen Formationen erfolgen, so weisen die auf dem Ländertreffen angeführten Beispiele darauf hin, daß es sich hierbei um eine relative und nicht absolute Starrheit handelt. Aus diesem Grunde kann man bei einer energetischen Untersuchung der „Gebirgsschlag" genannten Erscheinungen die weniger heftig auftretenden Erscheinungen, die ebenfalls unweigerlich zu einem vollständigen Verschluß bergmännischer Hohlräume führen, nicht außer acht lassen.

In allen Fällen ist der Bergmann bestrebt, sich den natürlichen Bedingungen anzupassen, indem er Vortriebs- und Ausbauverfahren anwendet, die den Gebirgsreaktionen am besten Rechnung tragen. In dieser Hinsicht ist das vergangene Ländertreffen, meiner Meinung nach, sehr reich an Erkenntnissen gewesen, und ich möchte den Wunsch aussprechen, daß dies in Form eines Informationsaustausches zwischen den Mitgliedern fortgesetzt wird. Deshalb möchte ich eine Liste von Veröffentlichungen des INICHAR beifügen, die sich in der Hauptsache auf plötzliche Kohlen- und Gasausbrüche und den Gebirgsdruck beziehen.

Ich möchte die Gelegenheit wahrnehmen, um dem Internationalen Büro für seine bis zum heutigen Tage geleistete Informationsarbeit zu danken und mein großes Interesse an unserem Ländertreffen zum Ausdruck zu bringen.

Literatur

STASSEN, P. und VANDELOISE, R.: Die Verhütung plötzlicher Ausbrüche in Flözstrecken durch Entlastungsbohrungen. INICHAR, Bull. Techn. „Mines" Nr. 73, (Juli 1960) S. 1511—1526.

STASSEN, P. und VANDELOISE, R.: Die Verhütung plötzlicher Ausbrüche im Streb durch Entlastungsbohrungen in der Grubenanlage Ste-Marguérite der „Charbonnages de Centre", INICHAR, Bull. Techn. „Mines" Nr. 83 (Oktober 1961) S. 1788—1824, 34 Abbildungen.

STASSEN, P. und VANDELOISE, R.: Versuch der Verhütung plötzlicher Ausbrüche durch hydraulisches Ausspülen eines Flözes vor seinem Abbau von einer Gesteinsstrecke aus — in der Grubenanlage Ste.-Marguerite der „Charbonnages de Centre". INICHAR, Bull. Techn. „Mines" Nr. 88.

VANDELOISE, R.: Übersicht über die neuen Lösungen auf dem Gebiet der plötzlichen Ausbrüche. Annales des Mines de Belgique (Februar 1965) S. 197—231, 27 Abb.

VANDELOISE, R.: Die Verhütung normaler Grubengasaustritte durch Gewinnungsbohrungen und plötzlicher Ausbrüche durch Entlastungsbohrungen. 14 Seiten, 10 Abb., III. Internationaler Bergbaukongreß, Thema V, Salzburg, 15—21. Sept. 1963.

VANDELOISE, R.: Überblick über die neuen Lösungen auf dem Gebiet der plötzlichen Ausbrüche in Belgien. Wirtschaftskommission für Europa, Komitee für Kohle, Unterkomitee „Bergmännische Probleme", Nîmes, 24.—27. Nov. 1964 (in Vorbereitung).

Herr GIMM

Die Gebirgsschläge sind in vielen Bergbaurevieren der Welt ein sehr wichtiges, schwieriges und komplexes Problem. Dieses Problem konnte bisher weder in seinen theoretischen Grundlagen noch in seiner praktischen Bekämpfung vollkommen und befriedigend gelöst werden. Herr BILKENROTH hat in seinen einleitenden Worten die Hoffnung ausgesprochen, daß unsere diesjährigen Arbeitstagung nützliche Beiträge zur Verbesserung unserer Erkenntnisse und der praktischen Maßnahmen erbringen möge. In meinem Schlußwort möchte ich nun untersuchen, ob und in welchem Umfang die von Herrn BILKENROTH geäußerte Hoffnung erfüllt werden konnte.

Die Auswahl der mir besonders wesentlich erscheinenden Fakten, Thesen und Methoden aus der überwältigenden Fülle des gebotenen Materials kann jedoch hier nur subjektiv und vorläufig sein. Ich bitte deshalb um Nachsicht, wenn ich nicht alles näher behandeln kann.

Von den zehn Vorträgen behandelten fünf Vorträge Gebirgsschläge im Kohlenbergbau, drei Vorträge Gebirgsschläge im Erzbergbau, ein Vortrag Gebirgsschläge im Kalibergbau und ein Vortrag seismologische Probleme und Methoden. In den meisten Vorträgen wurde außer über praktische Erfahrungen eingehend über theoretische Probleme und Prognosemethoden berichtet. Im folgenden möchte ich kurz auf die einzelnen Referate eingehen, wobei die gewählte Reihenfolge und Auswahl keine Rangordnung sein kann und sein darf.

Der recht klare und übersichtliche Vortrag von Herrn JAHNS gab einen umfassenden Überblick über die allgemeinen Voraussetzungen für Gebirgsschläge im Ruhrgebiet sowie über die möglichen zusätzlichen Einflüsse, die Maßnahmen und Prognosemethoden, die dort angewandt werden. Bei den beiden letzteren Punkten wurde jeweils die praktische Anwendbarkeit kritisch untersucht. Besonders aussichtsreich für die Prognose erscheint die im Ruhrgebiet entwickelte Methode von Bohrtesten. Die dabei gewonnenen Erkenntnisse sind meines Erachtens von allgemeingültiger Bedeutung. Auch die von HANSAGI im Eisenerzbergbau und von uns im Kalibergbau entwickelten anderen Methoden des Bohrtests zeigen, daß solche Teste ein einfaches und sicheres Mittel sind zur Erfassung von kritischen Zuständen im Massiv. Eine allgemeine Weiterentwicklung solcher Bohrteste kann deshalb empfohlen werden. Dabei werden die Zielsetzung und die Technologie im einzelnen natürlich recht verschieden sein können. Fast alle Gebirgsschläge des Ruhrgebiets erfolgten in Flözen mit unmittelbarer Überlagerung durch ein festes, biegungssteifes Sandsteinhangendes. Nur in drei beschriebenen Fällen war das Hangende Schieferton. Diese Ausnahmen wurden von Herrn JAHNS hauptsächlich zurückgeführt auf den Einfluß der Form des Hohlraumes.

Der anschließende Vortrag der Herren WU und LIU zeigte uns jedoch am Beispiel der Gebirgsschläge im Kohlenbecken von Fušun, daß auch in Flözen mit weichem Nebengestein zahlreiche Gebirgsschläge stattfinden können. In der Volksrepublik China ereigneten sich Gebirgsschläge in verschiedenen Kohlenrevieren bei sehr unterschiedlichen geologischen und technischen Bedingungen. Die dabei gewonnenen vielseitigen Erfahrungen sind für uns sehr interessant, da sie einmal eine nützliche Ergänzung der in anderen Ländern gesammelten

Erfahrungen sind und zum anderen gerade wegen ihrer Vielseitigkeit allgemeingültige Anregungen für zukünftige Arbeiten geben können.

Der Vortrag von Herrn Znanski beschäftigte sich mit einigen allgemeinen theoretischen Grundlagen der Gebirgsschlagprobleme und beschrieb die komplexen Untersuchungen, die in den letzten Jahren recht systematisch im polnischen Steinkohlenbergbau durchgeführt wurden. Gerade aus diesem Vortrag kann die Schlußfolgerung gezogen werden, daß nur eine komplexe Untersuchung mittels verschiedener Methoden im Labor und in situ die tatsächlichen Ursachen und mitwirkenden Faktoren objektiv und umfassend klären kann.

Der Schwerpunkt des Vortrages von Herrn Averšin lag bei einer analytischen Untersuchung der Probleme. Im einzelnen wurden vor allem Fragen der Spannungsänderung und deren möglicher Einfluß auf die Gebirgsschlaggefahr und Fragen der Energiebilanz ausführlich behandelt. Interessant war die Klassifikation der Flöze nach Festigkeit und Struktur und die daraus abgeleitete Einschätzung der unterschiedlichen Gebirgsschlagneigung. Obwohl die beschriebenen Analysenmethoden nach meiner Meinung noch keine vollkommene Lösung der Problematik sind, eröffnen sie doch gerade wegen ihres grundlegenden Charakters neue Wege zur weiteren wissenschaftlichen Durchdringung des Problems der Gebirgsschläge.

Die Herren Tincelin und Fine berichteten über Messungen und geplante praktische Versuche im Kohlenbecken von Fuveau in der Provence, also um Arbeiten in dem gleichen Kohlenbecken, in dem vor fast 40 Jahren Jarlier die erste Gebirgsschlaghypothese entwickelt hat. Die wichtigsten Erkenntnisse der Arbeiten von Tincelin und Fine sind:

Die Verformungen des Liegenden sind unter den örtlichen Verhältnissen stärker als die des Hangenden. Die Querdeformationen im Flöz sind größer als die entsprechenden Deformationen des Nebengesteins (Kalksteine). Letzten Endes ist es deshalb von den Reibungsverhältnissen abhängig, ob diese relativ größeren Bewegungen des Flözes normal, das heißt stetig ablaufen oder ob sie sich als Gebirgsschlag äußern. In diesem Zusammenhang erinnere ich an frühere Ausführungen von Herrn Hoffmann über den wichtigsten Einfluß der Reibung. Überhaupt halte ich es für zweckmäßig, künftig den Einfluß der Reibung auf die Gebirgsschlaggefahr mehr zu beachten. Die Gebirgsschläge werden jetzt aufgefaßt als Explosionen des Flözes. Die These Jarliers von Schlägen in einem Sandsteinhangenden wurde offenbar aufgegeben. Wenn man einmal das empirische Herangehen an die Probleme, wie es zur Zeit Jarliers üblich war und damals wahrscheinlich auch gar nicht anders möglich war, mit den jetzt vorliegenden, sehr systematischen und komplexen Untersuchungen unserer französischen Kollegen vergleicht, dann kann man schon an diesem einen Vortrag den großen Fortschritt in der Erforschung der Gebirgsschläge erkennen.

Die Vorträge aus dem Erzbergbau beschreiben fast ausnahmslos Gebirgsschläge in festen Lagerstätten und festen Nebengesteinen in großen und sehr großen Teufen. Meines Erachtens darf man aber aus diesen geologischen Tatsachen, die von allen drei Autoren aus dem Erzbergbau besonders betont wurden, keinesfalls die Schlußfolgerung ziehen, daß Gebirgsschläge immer nur bei solchen extremen geologischen Bedingungen stattfinden können.

Vor allem die Vorträge der chinesischen Kollegen und der Vortrag von Pforr, Krausse und Gimm lassen erkennen, daß Gebirgsschläge auch in solchen Lagerstätten stattfinden können, die an sich eine recht geringe Festigkeit haben und außerdem gar nicht in sonderlich biegungssteife Nebengesteine eingebettet sind. Die Gebirgsschläge lassen sich eben nur erklären durch ein komplexes Zusammenwirken mehrerer geologischer und technischer Faktoren. Im übrigen ist aus früheren Berichten von Herrn Tincelin und Herrn Sinou bekannt, daß auch im Erzbergbau, und zwar in Lothringen, schwere Gebirgsschläge in einem Gebirge mittlerer Festigkeit möglich sind.

Der Vortrag von Herrn Denkhaus wurde in dessen Abwesenheit in klarer und kritischer Weise von Herrn Dreyer interpretiert. Die Abwesenheit von Herrn Denkhaus, der bekanntlich einer der führenden Pioniere der Gebirgsschlagforschung ist, wird von uns allen sicherlich sehr bedauert. Wegen der überaus großen Zahl der Gebirgsschläge im südafrikanischen Goldbergbau konnten dort mittels der empirisch-statistischen Methode sehr wesentliche und allgemeingültige Erkenntnisse über die Voraussetzungen von Gebirgsschlägen gewonnen werden. Auch die physikalisch-mechanischen Untersuchungen in Südafrika haben allgemeingültige Erkenntnisse vermittelt, die andere Länder, z. B. auch uns in Freiberg, wesentlich anregen konnten. Sehr interessant ist der Versuch einer Energiebilanz der elastischen und plastischen Vorgänge, welche durch die Auffahrung eines Hohlraumes im Gebirge, in der Lagerstätte und im Nebengestein verursacht werden. Diese Energiebilanz bietet zusammen mit den analytischen Untersuchungen von Herrn Averšin zum gleichen Thema eine erste und nützliche Grundlage für die Entwicklung einer vollkommenen, im Prinzip einheitlichen Energiebilanz. Selbstverständlich wird dabei der größenordnungsmäßige Anteil der einzelnen Energiearten in einzelnen Revieren verschieden sein können. Sehr wesentlich und allgemeingültig ist offenbar auch die von Denkhaus betonte Tatsache, daß unschädliche plötzliche Spannungsauslösungen im Massiv, d. h. in größerer Entfernung von den Grubenbauen, viel häufiger sind als zerstörende Gebirgsschläge in den Grubenbauen. Diese Tatsache sollte vor allem von den Geophysikern beachtet werden bei der unbedingt notwendigen Vervollkommnung der seismo-akustischen Prognose der Gebirgsschläge. Es ist notwendig, geophysikalische Verfahren zu entwickeln zur exakten Bestimmung des Ortes der erfaßten Eigenimpulse, möglichst auf den Meter genau. Dies ist m.E. eine unerläßliche Voraussetzung für die praktische Anwendbarkeit jeder seismo-akustischen Prognosemethode.

Bei aller Anerkennung des Wertes der von Herrn Denkhaus dargestellten Ergebnisse möchte ich jedoch an dieser Stelle einige kritische Bemerkungen zu einigen wenigen Punkten machen. Herr Denkhaus unterscheidet Gebirgsschläge im Festen, d. h. im Massiv, und Gebirgsschläge in der zerklüfteten Bruchzone. Wahrscheinlich gibt es bei den extremen geologischen Bedingungen und der großen Teufe in Südafrika tatsächlich solche Schläge in der Bruchzone. Für normale Bedingungen, wie sie in den meisten anderen Gebirgsschlagrevieren vorherrschend sind, erscheinen mir heftige Schläge in der Bruchzone jedoch etwas unwahrscheinlich. Herr Denkhaus hat außerdem festgestellt, daß über den Einfluß des Kriechens in Verbindung mit Gebirgsschlagsfragen noch wenig bekannt ist. Tatsächlich haben wir keine exakten Zahlen über diese Rolle des Kriechverhaltens. Man kann aber meiner Meinung nach mit gewisser Vorsicht heute schon einige Vermutungen über qualitative Zusammenhänge aussprechen. Das Kriechen von Gesteinen, d. h. eine rheologische Verformung ohne weitere Erhöhung der Last, scheint grundsätzlich die Gebirgsschlaggefahr nicht zu beseitigen.

Als vorläufige Beweise für diese Vermutung führe ich hier folgendes an: Im Kalibergbau haben alle Gebirgsschläge im Carnallit stattgefunden. Der Carnallit neigt nun wie andere Salzgesteine zum Kriechen, wie wir aus den grundlegenden Arbeiten von Höfer wissen. Es ist unwahrscheinlich, daß den im Carnallit stattgefundenen Gebirgsschlägen nun keinerlei Kriechvorgänge vorausgegangen sein sollen. In Südafrika und anderen Revieren, in denen die Gewinnung ausschließlich durch Sprengarbeit stattfindet, sind viele Gebirgsschläge wohl an dem Ort eingetreten, wo gesprengt wurde, aber sie sind mit einer gewissen Verzögerung von einigen Stunden oder gar Tagen eingetreten. Meines Erachtens kann man diese Verzögerung am einfachsten durch ein in der Zwischenzeit stattgefundenes Kriechen erklären. Dabei hat das Kriechen vielleicht die durch das Sprengen hervorgerufenen Spannungsänderungen rheologisch weiter verändert, bis schließlich ein kritischer Zustand erreicht wurde, der zum Schlag führte.

Auch aus dem Vortrag von Herrn Averšin kann man eine grundsätzliche Bestätigung dieser Ansicht entnehmen.

Herr Sibek erörterte hauptsächlich Mechanismus und Prognose von Gebirgsschlägen in den tiefen Gangerzgruben von Příbram. Die Ausführungen über die mechanischen und die seismo-akustischen Vorgänge sowie die dargelegten Modellvorstellungen sind m. E. von allgemeingültiger Bedeutung. Die von Herrn Šimane, einem Mitarbeiter von Herrn Sibek, durchgeführten seismo-akustischen Arbeiten haben einen grundlegenden Beitrag zur Klärung des Mechanismus der Vorphase, der Hauptphase und der Nachphase von Gebirgsschlägen geliefert. Ich bin jedoch vorläufig nicht davon überzeugt, daß diese geophysikalische Methode schon heute eine für die Praxis brauchbare Prognose ermöglicht. Für die Praxis ist ja eine Prognose nur dann brauchbar, wenn sie in jedem Fall ja oder nein sagt.

Der Vortrag der Herren Krishnamurthy, Miller und Potts über die Gebirgsschlaguntersuchungen im indischen Kolar Gold Field gab insbesondere eine wertvolle Ergänzung zum Vortrag Denkhaus. Der Unterschied besteht darin, daß hier Gebirgsschläge in steiler Lagerung behandelt wurden. Interessant waren die Ausführungen über die Änderung der Abbauverfahren zur Minderung der Gebirgsschlaggefahr im Kolar Gold Field. Meines Erachtens besteht aber bei dem neuen Vorschlag eines kombinierten Abbaues vielleicht doch die Möglichkeit, daß die für den späteren Magazinbau vorgesehenen Flächen als Restpfeiler wirken können. Ich möchte deshalb den englischen und indischen Kollegen empfehlen, die neuen Abbauverfahren im Revier von Příbram zu studieren, die vielleicht auch für das Kolar Gold Field geeignet sind. Die begonnenen Spannungsmessungen in situ werden zukünftig zweifellos nützliche Erkenntnisse über die Vorgänge im Massiv bringen und damit eine gewisse Prognose ermöglichen.

Die von Pforr, Krausse und Gimm diskutierten Gebirgsschläge im Kali-Bergbau nehmen eine gewisse Ausnahmestellung ein, ähnlich wie die von Tincelin und Sinou beschriebenen Gebirgsschläge im lothringischen Eisenerzbergbau. Im Gegensatz zu den meisten anderen Gebirgsschlagrevieren der Welt handelt es sich hier um sehr wenige, jedoch um sehr intensive und großräumige Gebirgsschläge. Wegen der beschränkten Möglichkeit der statistisch-empirischen Methode bei der Untersuchung der Gebirgsschläge waren wir deshalb gezwungen, die Erfahrungen anderer Bergbauzweige auszuwerten. Ferner haben wir Versuche in der physikalisch-genetischen Richtung begonnen. Als allgemeingültige Beiträge zu Gebirgsschlagproblemen sehen wir dabei an: Die Entwicklung einer Methode zur Bestimmung der Gebirgsschlagneigung von Gesteinen und die Nachahmung von Gebirgsschlägen mittels Modellen aus äquivalenten Materialien. Besonders wichtig erscheint uns hier der Nachweis, daß ein gebirgsschlaggefährliches Gestein nicht unbedingt ein Gestein großer Festigkeit sein muß. Entscheidend sind vielmehr das Verformungsverhalten und die Fähigkeit der Speicherung und Freigabe der elastischen Energie bei besonderen Bedingungen. Kritisch muß bemerkt werden, daß wir vorläufig keine Methode zur exakten Prognose von Gebirgsschlägen im Kalibergbau besitzen. Die in der Diskussion von Herrn Pforr erwähnten Deformationsmessungen eröffnen wohl gewisse Aussichten, die aber noch weiter verfolgt werden müssen, wobei das Endergebnis meines Erachtens heute noch nicht abzusehen ist.

Die Herren Meisser und Rotter gaben uns einen anschaulichen Überblick über seismologische Methoden zur Erforschung von Gebirgsschlägen, wobei besonders Herr Meisser den Zusammenhang mit Erdbeben und den allgemeinen säkularen Bewegungen der Erdkruste erwähnte. Aus diesen Vorträgen eröffneten sich außerdem gewisse Aussichten zur weiteren Verfeinerung der seismologischen Methode zur Prognose von Gebirgsschlägen. Die Geophysik hat bisher bereits recht nützliche Beiträge zur Erforschung des Gebirgsschlagproblems geliefert. Meines Erachtens hat bisher der Schwerpunkt bei der Entwicklung verbesserter Apparaturen und bei der Erfassung des Mechanismus der Gebirgsschläge im Massiv gelegen. Wir Bergleute sind natürlich sehr daran interessiert, daß die Geophysiker in absehbarer Zeit tatsächlich exakte, d. h. hundertprozentig zutreffende Methoden zur Prognose von Ort und Zeit von Gebirgsschlägen entwickeln können.

Wir sind uns selbstverständlich darüber im klaren, Herr Meisser, daß das eine Forderung ist, die wir stellen müssen, die aber nicht einfach zu erfüllen ist.

Ich bin am Schluß meiner Ausführungen angelangt. Ich möchte hier darauf verzichten, die Diskussion im einzelnen auszuwerten. Eigentlich müßte ich nun nach dem Vorbild von Herrn JAHNS einen systematischen Überblick über Ursachen, mitwirkende Faktoren, Mechanismus, Forschungsmethoden und Prognose sowie praktische Maßnahmen geben. Der leidige Faktor Zeit, der in der Gebirgsmechanik ja oft als störend und verwirrend empfunden wird, verbietet mir das jedoch. Für die Sache ist es zweifellos nützlicher, wenn wir dem Vorschlag von Herrn JAHNS folgen und jeder für sich zu Hause in Ruhe einige dieser Probleme noch einmal durchdenkt und die Vorträge und Diskussionen dementsprechend auswertet.

Ich möchte zusätzlich zu der sehr nützlichen Anregung von Herrn JAHNS noch einige allgemeine Anregungen geben für die weitere Behandlung der Gebirgsschlagprobleme im Rahmen des Internationalen Büros für Gebirgsmechanik.

Wir haben aus verschiedenen Vorträgen leider eines feststellen müssen: Es gibt eine ganze Zahl von Begriffen — im Deutschen sprechen wir beispielsweise von Gebirgsschlägen, von Spannungsauslösungen, Spannungsschlägen usw. —, und es wäre notwendig, wenn man diese Begriffe einmal gegeneinander abwägen und klar definieren würde. Meines Erachtens wäre das eine nützliche Aufgabe der Arbeitsgruppe „Begriffsbestimmung".

Die Arbeitsgruppe „Gerätetechnik" könnte sich dagegen mit Verfahren zur Prognose von Gebirgsschlägen beschäftigen. Die Arbeitsgruppe „Festigkeitsuntersuchungen" könnte die Verfahren zur Bestimmung der Gebirgsschlaggefährlichkeit von Gesteinen und Gebirgskörpern weiter entwickeln, auch die noch junge Gruppe „Analytische Gebirgsmechanik" hätte zweifellos große und dankbare Aufgaben auf dem Gesamtgebiet der Gebirgsschläge.

Abschließend möchte ich feststellen, daß unsere Arbeitstagung die von Herrn BILKENROTH gestellte Aufgabe — nämlich nützliche Beiträge zur Problematik der Gebirgsschläge zu liefern — im wesentlichen erfüllt hat. Der größte Nutzen unserer Tagung besteht darin, daß wir unsere Erfahrungen, die bei sehr verschiedenen geologischen Verhältnissen gesammelt wurden, offen und freimütig austauschen konnten. Dabei haben sich nützliche Anregungen ergeben, die weit über das hinausgehen, was in meinem unvollkommenen Schlußwort zum Ausdruck gebracht wurde. Die Entwicklung bei der Erforschung der Gebirgsschläge hat uns doch folgendes gelehrt:

Mechanismus und gewisse Grundvoraussetzungen von Gebirgsschlägen sind im Prinzip überall einheitlich und können deshalb mit gewisser Berechtigung als Gesetzmäßigkeiten aufgefaßt werden. Darüber hinaus gibt es aber eine Vielzahl geologischer und technischer Faktoren, welche die Gebirgsschlagneigung entweder begünstigen oder verringern können oder auch bei der Auslösung des Schlages als entscheidendes Zünglein an der Waage fungieren können.

Zahl, Art und Größe dieser Faktoren können aber in den einzelnen Revieren sehr unterschiedlich sein. Infolgedessen gibt es auch gewisse Unterschiede zwischen den Gebirgsschlägen in verschiedenen Revieren, vor allem hinsichtlich des Ortes — bezogen auf die Lagerstätte und die Grubenbaue —, hinsichtlich des Zeitpunktes, bezogen auf die Zeit der Gewinnung — und auch hinsichtlich der Größe und der Gefährlichkeit.

In manchen Revieren sind nun die geologischen Verhältnisse einigermaßen einheitlich. Das gilt zum Beispiel für das Kohlenbecken von Fuveau und für die oberschlesischen Kohlengebiete. Diese lokalen, einheitlichen Verhältnisse haben uns in der Vergangenheit dazu verführt, solche bestimmten Faktoren übermäßig zu betonen und daraus einseitige Hypothesen abzuleiten. Ich erinnere in diesem Zusammenhang an die früher von uns allen anerkannte These, wonach Gebirgsschläge immer identisch sein sollten mit Schlägen aus einem festen, elastischen Hangenden. Solange sich jeder von uns nur mit den Verhältnissen im eigenen Gebirgsschlagrevier beschäftigt, besteht nun einmal die große Gefahr, daß wir zu einer einseitigen Betrachtung der Dinge kommen und damit einseitige oder sogar völlig falsche Hypothesen aufstellen können. Deshalb ist der Austausch der Erfahrungen auf dieser Tagung wie auch auf anderen Veranstaltungen des Internationalen Büros für Gebirgsmechanik für uns alle so außerordentlich nützlich. Er bewahrt uns vor einseitigen theoretischen Deutungen der Beobachtungen und vor Irrtümern.

Insgesamt darf ich wohl im Namen aller Teilnehmer der Leitung des Internationalen Büros für Gebirgsmechanik für die hervorragende Vorbereitung und Durchführung dieses Ländertreffens unseren herzlichen Dank und unsere Anerkennung aussprechen. Eine weitere und noch intensivere Zusammenarbeit im Rahmen des Internationalen Büros ist für alle nützlich. Sie erhöht das Niveau unserer Arbeiten, vergrößert das Tempo des wissenschaftlichen Fortschritts und dient letzten Endes der Sicherheit der Bergleute, für die wir uns ja alle mit verantwortlich fühlen.

Herr Denkhaus

Ich möchte Herrn Gimm für die ausgezeichnete Zusammenfassung meines Referates über Gebirgsschläge in Südafrika danken und auch bei dieser Gelegenheit meinen Dank aussprechen an Herrn Dreyer, daß er sich der Mühe unterzogen hat, mein Referat in meiner Abwesenheit vorzutragen. Jedermann weiß, wie schwierig es ist, sich in die Gedankengänge eines anderen einzuarbeiten und dann noch diese anderen Gedanken in überzeugender Weise den Zuhörern darzulegen. Aus Herrn Gimms treffender Zusammenfassung muß ich schließen, daß Herr Dreyer sich dieser Aufgabe meisterhaft entledigt hat.

Ich freue mich besonders über die kritischen Bemerkungen Herrn Gimms zu Frage der Schläge aus der Bruchzone und zur Rolle des Kriechverhaltens. Geben diese Bemerkungen mir doch die Gelegenheit, abrundend zu diesen Fragen Stellung zu nehmen.

In den südafrikanischen Goldgruben großer Teufe im Quarzit (und in anderen Revieren mit ähnlichen Bedingungen) nimmt die Bruchzone ein erhebliches Volumen ein und stellt darum eine Masse dar, in der (schon allein wegen ihres Eigengewichts) potentielle Energie gespeichert ist, die zu Schlägen führen kann. Zahlreiche Gebirgsschläge lassen sich in der Tat nur als „aus der Bruchzone kommend" erklären. Bei solchen Klassifizierungen spielt natürlich auch die Definition des Gebirgsschlages eine Rolle. Wie ich dargelegt habe, definiere ich jeden plötzlichen, unbeabsichtigten Einbruch von Gestein in den Hohlraum als Gebirgsschlag, z. B. auch das unbeabsichtigte Einbrechen (nicht beim Bruchbau natürlich) einer Gesteinsbank im Hangenden. Diese weitgefaßte Definition erscheint mir notwendig und praktisch, denn solch ein Einbruch ist ja schließlich eine Gefahr für Leben und Material und es würde dem Bergmann wenig helfen, wollte der Forscher diese Erscheinungen „wegdefinieren" und damit nicht in seine Untersuchungen einbeziehen.

Diese Bemerkungen schließen natürlich nicht aus, daß in anderen Revieren, wo die Bruchzone klein ist, Schläge aus der Bruchzone unwahrscheinlich sind. Man kann aber auch den Spieß umdrehen und die zunächst überraschende These aufstellen, daß die anderen Reviere (möglicherweise sogar die Mehrzahl) nur in einer „Bruchzone" liegen und keine „Festzone" haben: Dies ist mehr als ein Spiel mit Worten, wenn man sich klarmacht, daß wir die „Bruchzone" so genannt haben, weil sich in diesem Gebirgsteil die Zerklüftung als Folge des Abbaus verstärkt hat im Vergleich zur „Festzone", die ja durchaus auch mehr oder weniger „natürlich zerklüftet" sein kann. Der Unterschied zwischen Bruchzone und Festzone ist daher einer des Grades der Zerklüftung. Wenn man sich demnach an den Benennungen „Bruchzone" und „Festzone" nicht stört, kann es wohl so sein, daß andere Reviere denselben Zerklüftungsgrad (von der Natur gegeben) wie die Bruchzonen (vom Abbau induziert) in gewissen südafrikanischen Goldrevieren haben, also (von Südafrika aus gesehen) „in einer Bruchzone liegen".

Zum Kriechverhalten sagt Herr Gimm: „Das Kriechen . . . scheint grundsätzlich die Gebirgsschlaggefahr nicht zu beseitigen". Diese Stellung kann ich nicht annehmen; sie ist wohl auch nicht so gemeint. Kriechen als plastische (besser: nicht-umkehrbare) Verformung vermindert ohne Zweifel die potentielle Energie (eben durch Umwandlung in nicht-umkehrbare Verformung) und damit die Gebirgsschlaggefahr. Wohlgemerkt: Vermindern heißt nicht beseitigen. Auch das Kriechen im Carnallit vermindert m. E. die Gebirgsschlaggefahr, was nicht bedeutet, daß nicht doch Schläge auftreten, eben weil trotz des Kriechens noch genügend potentielle (gefährliche) Energie übrig bleiben kann, um einen Gebirgsschlag auszulösen. Man kennt ja das sogenannte Bruchkriechen (letzte Phase des Kriechens bei hohen Spannungen), wo der plötzliche, vielleicht sogar heftige Bruch einem Kriechvorgang folgt. Mit anderen Worten: Ich wage zu behaupten, daß weitaus mehr Schläge im Carnallit auftreten würden als es jetzt der Fall ist, wenn der Carnallit nicht kriechen würde.

Ich hoffe, mit diesen Bemerkungen einen weiteren Beitrag geliefert zu haben, und bin der Meinung, daß Herr Gimm und ich völlig übereinstimmen und daß gerade durch diese Fragen und Antworten Unklarheiten beseitigt werden. Dies ist eine Tatsache, die wieder einmal den ungeheuren Wert solcher Treffen in kleinem Kreise, wie sie durch das IGB organisiert werden, beweist.

BERICHTE
ÜBER DIE ARBEIT DES INTERNATIONALEN BÜROS
FÜR GEBIRGSMECHANIK UND SEINER ARBEITSGRUPPEN
IM JAHRE 1965

Bericht über die Tätigkeit des Internationalen Büros für Gebirgsmechanik im Jahre 1965

von K.-H. Höfer

Das im Vorjahr beschlossene Arbeitsprogramm des Internationalen Büros für Gebirgsmechanik für das Jahr 1965 wurde planmäßig erfüllt. Das Büro erarbeitete zwei Literaturinformationen und übersandte bzw. überreichte sie den Mitgliedern des Internationalen Büros für Gebirgsmechanik. Das sechssprachige Wörterbuch wurde im ersten Quartal dieses Jahres fertiggestellt, wurde seitdem vertrieben und ist Ihnen hier übergeben worden.

Ich kann Ihnen sagen, daß dieses Wörterbuch einen sehr großen Anklang gefunden hat und daß inzwischen ein erster und zweiter Nachdruck erfolgen mußte, obwohl es — wie alle Beteiligten selbst wissen — noch einige kleine Mängel und Schwächen hat, die aber bei weiteren Bearbeitungen ausgemerzt werden sollen.

Die Vorbereitung des 7. Ländertreffens verlief nicht ganz planmäßig, da die zum 1. 7. dieses Jahres erbetenen Referate — mit einer Ausnahme — nicht pünktlich erschienen. Demzufolge waren wir nicht in der Lage, unseren ursprünglichen Plan so durchzuführen, daß die Referate etwa vier Wochen vorher den Mitgliedern des Büros zugestellt werden konnten, so daß wir uns hier mit den Vorträgen hätten kürzer fassen können und wir mehr Zeit für die Diskussion zur Verfügung gehabt hätten.

Andererseits ist es erforderlich, daß gemäß unserer Planung vom vorigen Jahr praktisch alle die Länder, an die wir im vorigen Jahr gedacht haben — mit Ausnahme von Kanada — Beiträge zum Rahmenthema geliefert haben.

Die Vorbereitung des Berichtes über das 6. Ländertreffen verlief planmäßig. Der Bericht wurde in gedruckter Form als immer größer werdender Band überreicht.

Einen wesentlichen Anteil an der Arbeit des Büros hatte die Tätigkeit der Arbeitsgruppen. Da die Arbeitsgruppen anschließend selbst Berichte geben, brauche ich Ihnen nur kurz mitzuteilen, daß die Arbeitsgruppe 1 „Begriffsbestimmungen“ im Mai dieses Jahres eine Arbeitstagung in Belgrad durchgeführt hat, wo der deutsche Entwurf ausgiebig diskutiert wurde.

Die Arbeitsgruppe 2 führte bereits im Februar in Katowice eine Tagung durch. Von den Herren Borecki, Gočman und Bilinski ist ein ausführlicher Bericht erarbeitet worden, der Ihnen gedruckt vorliegt. Herr Gočman wird in Vertretung von Herrn Borecki über die Tätigkeit der Arbeitsgruppe berichten.

Die Arbeitsgruppe 3 unter Leitung von Dr. Kvapil führte im Juni in Kiruna in Nordschweden, 140 km nördlich des Polarkreises, eine sehr intensive Arbeitstagung durch, um Vorarbeiten für das Projekt der Gebirgsklassifikation zu leisten.

Schließlich ist — last not least — noch die wertvolle Arbeit der Arbeitsgruppe 4 zu erwähnen, die ihre Arbeitstagung im September in Bukarest unter Leitung von Professor Averšin durchgeführt hat und dort eine sehr gute wissenschaftliche Arbeit leistete zum Problem der Spannungsverteilung um Hohlräume in einem nichtelastischen Gebirge.

Ich darf damit meinen kurzen Bericht schließen, da ja die Arbeitsgruppenleiter noch sehr eingehend berichten werden.

Begriffsbestimmungen im Jahre 1965

von F. Mohr

Das zum 5. Ländertreffen vorgelegte erste Projekt ist von der deutschen Arbeitsgruppenkommission programmgemäß in den Jahren 1964 und 1965 erarbeitet worden. In einer ersten Teilsitzung der Arbeitsgruppe in Leipzig wurden zunächst die vorgelegten Definitionen der Buchstaben A und B als Muster durchgearbeitet und anschließend die Richtlinien für die weitere Bearbeitung des Entwurfes aufgestellt. Das Ziel dieser Richtlinien war es, durch eine stärkere Konzentration des Wortschatzes auf die hauptsächlich den praktischen Bedürfnissen der gebirgsmechanischen Forschung dienenden Begriffe den fachlichen Charakter des Lexikons stärker in Erscheinung treten zu lassen, durch Verbesserung der Präzision des Ausdruckes den Wert der Texte zu erhöhen, durch Kürzung der Formulierungen die Lesbarkeit der Texte zu erleichtern.

Allen diesen Maßnahmen lag das Bestreben zugrunde, dem Benutzer ein stofflich konzentriertes, durch Kürze der Texte übersichtliches und eine schnelle Orientierung ermöglichendes Fachwörterbuch an die Hand zu geben, das den Umfang eines bequemen Handbuches nicht überschreitet.

Im Zuge der stofflichen Konzentration sind bei der Bearbeitung insbesondere zahlreiche bergmännische Begriffe ausgeschieden worden, deren Definitionen ohne Schwierigkeit aus vorhandenen Fachwörterbüchern des Bergbaus entnommen werden können.

Um die Bearbeitung zu beschleunigen, wurden die Definitionen auf beide deutsche Gruppen aufgeteilt. Die Clausthaler Gruppe übernahm die Bearbeitung der Stichworte mit den Anfangsbuchstaben A bis E, die Gruppe in Leipzig die übrigen Stichworte.

Die Aufteilung der Definitionen machte nach Abschluß der Bearbeitung eine Abstimmung zwischen den beiden Gruppen erforderlich. Diese wurde für das II. Quartal 1964 in Aussicht genommen und in Clausthal durchgeführt. Die Entwurfsteile wurden vereinigt und für die Herausgabe des neuen Entwurfs koordinierend überarbeitet.

Gegenüber dem ersten Entwurf mit über 2000 Stichworten wies der neue nach seiner Fertigstellung im Frühjahr 1965 nur 1406 Begriffsbestimmungen auf. Durch die Ausscheidung zahlreicher Begriffe, vor allem aber durch die zum Teil sehr erhebliche Kürzung der Definitionstexte ist der neue Entwurf seinem Umfang nach auf etwa die Hälfte des alten Entwurfes reduziert worden. Die offizielle Vorlage des Entwurfes erfolgte auf der Tagung der Arbeitsgruppe in Belgrad im Mai 1965.

Zu Beginn der Tagung erstatteten die französischen Mitarbeiter Bericht über ihre Arbeit. Anschließend legte Herr Höfer eine Zusammenstellung neu eingeholter Definitionsvorschläge zu Grundbegriffen vor. Neben deutschen hatten sich vor allem französische, amerikanische, englische und jugoslawische Mitarbeiter an der Lieferung der Beiträge beteiligt. Die neuen Vorschläge bezogen sich hauptsächlich auf die Begriffe Gebirgs-, Geo-, Gesteins- und Felsmechanik sowie Baugrund- und Bodenmechanik.

In der Diskussion über die einzelnen Vorschläge wurden wertvolle Erkenntnisse über die als maßgebend anzusehenden Unterscheidungsmerkmale der einzelnen Begriffe und die zwischen den verschiedenen Begriffen bestehenden Beziehungen gewonnen.

Einen besonders breiten Punkt in der Diskussion nahm die Frage der Beziehung der Gebirgsmechanik zu den anderen Zweigen der geowissenschaftlichen Forschung und die in diesem Zusammenhang für den Begriff Gebirgsmechanik vorgeschlagenen neuen Formulierungen ein.

Eine Entscheidung für die eine oder andere der zahlreichen in der Aussprache behandelten Formulierungen des Begriffes Gebirgsmechanik wurde in der Sitzung nicht getroffen.

Ich bin hier absichtlich etwas ausführlich geworden, weil Sie sich vorstellen können, daß es sonst nicht ganz leicht ist zu erklären, wie es kommt, daß man für die einfache Zusammenstellung eines derartigen Wörterbuches soviel Zeit benötigt.

Nach der Belgrader Tagung gingen in Berlin die von Herrn Kuznečov, Leningrad, zusammengestellten Beiträge der sowjetischen Mitarbeitergruppe in den neuen Lexikonentwurf ein. Es handelte sich dabei um Ergänzungs- und Änderungsvorschläge zu etwa 300 Begriffen des neuen Entwurfes. Diese Beiträge der sowjetischen Gruppe sind inzwischen übersetzt worden. Weitere Vorschläge zu dem neuen Entwurf wollte Herr Kuznečov zum Ländertreffen vorlegen.

Die bisher eingegangenen neuen Vorschläge müssen miteinander abgestimmt werden. Im Anschluß an diese Abstimmung werden die Arbeiten zur Fertigstellung des Lexikons fortgesetzt und die Übersetzungsarbeiten aufgenommen. Dem von Mitgliedern der deutschen Gruppe auf der Tagung in Belgrad gemachten Vorschlag, die inzwischen durchgeführte Änderung der Zeichen zahlreicher mathematischer und physikalischer Begriffe in dem Lexikon zu berücksichtigen, wird bei der Schlußbearbeitung entsprochen werden. Die neuen Zeichen sollen nach Möglichkeit auch in die Texte eingearbeitet werden, sonst aber in Form einer Liste an passender Stelle im Lexikonanhang untergebracht werden, in dem bereits die wichtigsten technischen und physikalischen Maßnahmen übersichtlich zusammengestellt sind.

In der Zwischenzeit sind uns in der letzten Woche von der französischen Gruppe die Unterlagen zur Verfügung gestellt worden zur Vervollständigung bzw. Überarbeitung der russischen, deutschen und französischen Texte. Ich möchte an dieser Stelle der französischen Delegation meinen besonderen Dank für die außerordentlich schnelle Arbeit in der letzten Zeit aussprechen. Ich glaube, nicht fehl zu gehen in der Annahme, daß dieser Dank ganz besonders Herrn Liegeois ausgesprochen werden muß, dem ich persönlich dankbar bin.

Es werden darin auch gewisse Vorschläge für die weitere Bearbeitung innerhalb der Arbeitsgruppe in bezug auf die Koordinierung der Arbeit mit der russischen, französischen und deutschen Delegation gemacht, die wir selbstverständlich sehr gern zur Kenntnis genommen haben.

Ich machte schon darauf aufmerksam, daß es vielleicht nicht ganz verständlich ist, wenn sich die endgültige Fertigstellung über eine gewisse Zeit hinzieht. Dennoch glaube ich, daß wir bei der Fülle der Einzelarbeiten die Pflicht haben, dem Internationalen Büro für Gebirgsmechanik unseren ganz besonderen Dank für seine Arbeit auszusprechen. Dieses Internationale Büro führt nicht nur einen großen Teil der Einzelarbeiten, nämlich die Feststellung der Definitionen, selbst aus, sondern übernimmt sämtliche Arbeiten der notwendigen Übersetzungen, der Koordinierung, der Schreibarbeiten und der Organisation der Zusammentreffen, die insgesamt gesehen eine außerordentliche Fülle von Arbeit darstellen.

In diesem Zusammenhang möchte ich besonders Herrn Professor Bilkenroth, Herrn Professor Wöhlbier und Herrn Dr. Höfer für ihre ständige Arbeit während der ganzen Zeit danken.

Bericht über die Tätigkeit der Arbeitsgruppe II

Gerätetechnik für Untertagemessungen im Jahre 1965

von M. Borecki

Die allmähliche Beherrschung und Kontrolle des Gebirgsdruckes und besonders seiner mit der Bewegung der Gebirgsschichten in Richtung der Grubenräume verbundenen Erscheinungen führt dazu, daß die gebirgsmechanischen Untertageforschungen in immer größerem Maße auf exakt wissenschaftlichen Grundlagen basieren. Ein wichtiger Beitrag hierzu ist die Entwicklung neuzeitlicher Meßgeräte und Meßmethoden, welche die mit den schwierigen Bedingungen der Untertagemessungen zusammenhängenden Anforderungen erfüllen.

Eine Beschleunigung dieser gebirgsmechanischen Arbeiten kann nur auf Grund einer weit umfassenden Diskussion und Information im Bereich der Gerätekonstruktionen und Meßmethoden erzielt werden. Das Internationale Büro für Gebirgsmechanik bei der Deutschen Akademie der Wissenschaften stellte deshalb einen Erfahrungsaustausch der bisher auf diesem Gebiete erlangten Errungenschaften als Voraussetzung seiner Tätigkeit. Besonders die im Jahre 1960 gebildete Arbeitsgruppe ,,Gerätetechnik für Untertagemessungen" soll auf Grund ihrer Arbeiten eine schnellere Weiterentwicklung neuer und besserer Meßmethoden und Meßgeräte anstreben. In diesem Sinne fanden bis jetzt drei Sitzungen der Arbeitsgruppe II statt, und zwar im Jahre

1961 in Krakow/VR Rolen,

1962 in Budapest/VR Ungarn sowie in der Zeit vom

10.—13. 2. 1965 in Katowice/VR Polen.

Die diesjährige Sitzung, auf Einladung des Glowny Instytut Górnictwa in Katowice/VR Polen, befaßte sich im weiteren mit den der Arbeitsgruppe gestellten Aufgaben, im besonderen mit dem gegenwärtigen Stand der Arbeiten und der weiteren Handlungsweise zwecks Herausgabe eines ,,Kataloges gebirgsmechanischer Meßgeräte". Dieser internationale Katalog soll zu einer Unifikation der in den einzelnen Bergbauländern angewandten gebirgsmechanischen Meßgeräte führen, wodurch die in der Praxis erhaltenen Meßergebnisse vergleichbar wären.

Während der bisherigen Sitzungen der Arbeitsgruppe wurde eine Musterseite für ein einzelnes Gerät sowie eine Erläuterung zu deren Ausfüllung ausgearbeitet. Diese Musterseiten wurden zur Grundlage eines Rundschreibens an 33 Personen und Institutionen in 18 verschiedenen Bergbau treibenden Ländern. In einem die Sitzung einleitenden Vortrag wurden die als Ergebnis dieses Rundschreibens für den Katalog angemeldeten Meßgeräte besprochen und weiterhin ein Klassifikationsvorschlag dargestellt. Die anschließende Diskussion führte zur Feststellung, daß die Klassifikation des Kataloges nach dem dargestellten polnischen Vorschlag einzuhalten sei und während des gegenwärtigen Ländertreffens vorgelegt wird. Dieser Vorschlag, der gleichzeitig alle für den Katalog angemeldeten gebirgsmechanischen Meßgeräte umfaßt, ist im Vortrag ,,Meßgeräte für gebirgsmechanische Untertageforschungen" dargestellt. Weiterhin wurde beschlossen, daß der Katalog in loser Blattform in der Originalsprache gedruckt und veröffentlicht wird. Diese Herausgabeform des Kataloges soll eine ständige weitere Ergänzung der Meßgeräte ermöglichen.

Als zweites Problem der Arbeitsgruppensitzung wurden Informationen über den Stand wissenschaftlicher Arbeiten zu Fragen neuer Meßmethoden und Meßgeräte in der Gebirgsmechanik und Geotechnik untertage ausgetauscht. Es wurden insgesamt 7 Vorträge aus der ČSSR, DDR, Großbritannien und Polen gehalten. Ein genauer Tagungsablauf mit dem Wortlaut aller gehaltenen Vorträge und Diskussionen wird als „Bericht über das 3. Treffen der Arbeitsgruppe Gerätetechnik für Untertagemessungen des IBG, Katowice, 10.—13. Februar 1965“ vervielfältigt erscheinen und den Mitgliedern der Arbeitsgruppe sowie der Leitung des IBG übersandt.

Anschließend wurde den Teilnehmern der Arbeitsgruppensitzung die Möglichkeit geboten, die gemeinsam durch das Védecko-Výzkumný Úhelný Ustav in Ostrava-Radvanice/ČSSR und Główny Instýtut Górnictwa in Katowice/VR Polen geführten gebirgsmechanischen Untertagemessungen in der Steinkohlengrube „Miechewiece“ in Bytom/VR Polen zu besichtigen. Diese Messungen werden im Rahmen einer technisch-wissenschaftlichen Zusammenarbeit der beiden genannten Institute durchgeführt und berücksichtigten die neuesten Errungenschaften auf dem Gebiete der gebirgsmechanischen Untertageforschungen.

Verzeichnis der Vorträge, die auf der 3. Sitzung der Arbeitsgruppe „Gerätetechnik für Untertagemessungen“ vom 10.—13. 2. 65 gehalten wurden:

1. M. Borecki, R. Gočman, A. Kidybiński/VR Polen
Stand der Arbeiten zum internationalen Katalog gebirgsmechanischer Meßgeräte.
2. R. Shepherd/Großbritannien
Petroskop für das Gebirge
3. O. Meisser, D. Rotter/DDR
Geophysikalische Meßtechnik untertage.
4. J. Bujok/VR Polen
Isotopenmessungen in der Gebirgsmechanik.
5. V. Sibek, L. Siska/ČSSR
Überblick über die neuesten Errungenschaften gebirgsmechanischer Meßmethoden und Meßgeräte in der ČSSR.
6. A. Kidybiński/VR Polen
Apparatur für Untersuchungen der Gebirgsbeanspruchung.
7. J. Gustkiewicz/VR Polen
Information über die Anwendung von Dehnungsmeßstreifen für Untersuchungen der Bodendeformation.
8. E. Romanowicz/VR Polen
Messungen von Gebirgsbewegungen beim Abbau eines Schachtsicherheitspfeilers.

Festigkeitsuntersuchungen

von R. Kvapil

Die 5. Sitzung der Gruppe III „Festigkeitsuntersuchungen“ des IBG fand durch die Gastfreundschaft der Luossavaara-Kiirunavaara AB (LKAB) in der Zeit vom 8. bis 12. Juni 1965, nördlich vom Polarkreis in Kiruna (Schweden) statt.

Die organisatorische Durchführung für diese Arbeitssitzung hatte die Direktion der Grube LKAB-Kiruna übernommen.

Laut Arbeitsprogramm wurden folgende Fragen bearbeitet:

1. Vorläufige Richtlinien zur Anwendung des Prallhammers. Die Richtlinien wurden diskutiert und gebilligt. Es wird empfohlen, die Prallhammerwerte mit Hilfe einer Umrechnungstabelle als Prallhammerfestigkeit in kp/cm² anzugeben.
2. Einfluß der Feuchtigkeit auf die Gesteinsfestigkeit. Für dieses Thema wurden die Referate von Herrn A. Kidybinski und F. Martos eingereicht. Auf Grund der Diskussion wurde die praktische Durchführung der Feuchtigkeitsuntersuchungen bestimmt.

Durchführung der Feuchtigkeitsuntersuchung:

1. Die Untersuchung wird durchgeführt an Bohrkernen
2. Der Kern wird an Ort und Stelle in Paraffin getränkt
3. Die Durchführung erfolgt im Laboratorium. Hierbei wird der Bohrkern so zugeschnitten, daß der Mittelteil die für den Druckversuch (siehe Richtlinien über Druckfestigkeit) vorgeschriebene Abmessung besitzt
4. Die Endstücke werden analysenfein gepulvert[1]) und bei 105 °C bis zur Gewichtskonstanz getrocknet
5. Der Gewichtsverlust entspricht dem Wassergehalt

3. Klassifizierung der Gesteine und des Gebirges für die Gebirgsmechanik.

Dieses Thema wurde als Schwerpunkt der 5. Sitzung der AG III behandelt. Die Klassifizierung ist für die praktische Lösung der gebirgsmechanischen Probleme eine der wichtigsten Bedingungen, weil sie die ersten technischen Angaben über die Eigenschaften und über das Verhalten des Gebirges bieten.

Die Aussprache mit zahlreichen Diskussionen, welche an die Arbeit von Herrn D. F. Coates und an die schriftliche Stellungnahme von W. Dreyer und G. Everling anknüpfte, hat im Resultat ermöglicht, das erste Schema für die Klassifizierung der Gesteine und des Gebirges ausarbeiten.

Auf diesem Gebiet wurden Beiträge von Herrn I. Hansagi (LKAB-Kiruna) über eine praktische und zahlenmäßige Bestimmung der Beziehung zwischen der Gesteins- und Gebirgsfestigkeit und von Herrn B. Hall (LKAB-Malmberget) über Gebirgsfestigkeit eingereicht.

Die 24 Stunden langen Sonnentage haben es ermöglicht, die Exkursionen in Kiirunavaara, Luossavaara und Svappavaara durchzuführen.

[1]) Die Zerkleinerung erfolgt an Stücken, welche von Paraffin befreit sind. (Kontrolle durch UV-Bestrahlung).

Als Arbeitsprogramm für die 6. Sitzung der AG III des IBG wurde festgelegt: „Präzisierung des Schemas für die Klassifizierung von Gesteinen und Gebirge".

Die 6. Sitzung der Gruppe III des IBG wird vom 26.—30. 8. 1966 in Clausthal stattfinden.

Schema der Klassifizierung

I. Gebirgsverband

- Lockergestein
  - rollig
  - bindig
- Festgestein
  - Gefüge
    - festigkeitsisotrop
    - festigkeitsanisotrop
      - homogen
      - inhomogen
        - S-Tektonit
        - B-Tektonit
        - F-Tektonit

Die Untergliederung soll quantitativ erfolgen, entsprechend und in Anlehnung an die Vorschläge von G. EVERLING (nach Potenzreihe z. B. 10^{215}).

II. Kennwerte

II.1. von Gesteinen

A. Verformungscharakter
- A.1. $\sigma - \varepsilon$ (elastisch)
- A.2. $\sigma - \varepsilon$ (plastisch)
- A.3. $\varepsilon - t - \sigma$

B. Bruchcharakteristik
- B.1. Bruchspannung
- B.2. Spröd oder zäh

II.2. des Gebirges
- A. Verformungscharakteristik
- B. Bruchcharakteristik
- C. Permeabilität

Bericht über die Tätigkeit der Arbeitsgruppe IV

Analytische Gebirgsmechanik im Jahre 1965

von S. G. Averšin

Durch die großzügige Unterstützung des Ministeriums für Bergbau der Sozialistischen Republik Rumänien war es möglich, die 2. Sitzung unserer Arbeitsgruppe vom 1. bis 5. September 1965 in Bukarest durchzuführen. Die Organisation der Sitzung lag in den Händen von Herrn Dr. Fodor, dem ich an dieser Stelle noch einmal den Dank der Gruppenmitglieder aussprechen möchte. An der Sitzung nahmen 12 Gruppenmitglieder sowie als Gäste 6 Bergbauspezialisten aus Rumänien teil.

Das Rahmenthema unserer Tagung war die Berechnung der Spannungen und Verformungen um kreisförmige Hohlräume unter Berücksichtigung des Zeitfaktors. Entsprechend der Thematik wurden Referate gehalten, die in folgende Gruppen eingeteilt werden können:

a) Themen, die experimentelle Probleme im Labor und in situ behandelten, und
b) Themen, die vorwiegend analytischen Charakter hatten.

Zu a) gehörten die Vorträge der Herren Bräuner, Ganev und Richter. Sie behandelten die Gültigkeit einiger der Theorie zugrunde liegenden Voraussetzungen, sowie die Übertragbarkeit der im Labor ermittelten Parameter auf den Gebirgsverband.

In die zweite Gruppe sind die Vorträge der Herren Hermes, Averšin, Berry und Döring einzuordnen. Sie behandelten die numerische Auswertung spezieller rheologischer Modellvorstellungen für achsensymmetrische Probleme sowie die Einführung allgemeiner viskoelastischer Spannungs—Dehnungs-Beziehungen in Form von Differential- bzw. Integralgleichungen.

Die Untersuchungen von rheologischen Problemen sind relativ neu in der Gebirgsmechanik. Dabei spielt die Frage der Aufstellung einer rheologischen Zustandsgleichung für das Gebirge die größte Rolle. Diesem Fakt widmete unsere Tagung größte Aufmerksamkeit. Im Ergebnis der Vorträge und Diskussionen entsprechend dem gegenwärtigen Stand unseres Wissens konnten folgende Schlußfolgerungen gezogen werden.

Die allgemeinste rheologische Gleichung, die die Beziehungen zwischen den Spannungen, den Verformungen, den Charakteristiken der Gesteinseigenschaften und solchen Parametern wie der Zeit, der Temperatur u. a. zum Ausdruck bringt, hat die Form

$$F(E, G, \ldots \sigma, \dot{\sigma}, \ddot{\sigma}, \ldots, \varepsilon, \dot{\varepsilon}, \ddot{\varepsilon}, \ldots, t, T) = 0 . \tag{1}$$

Wenn man diese allgemeine rheologische Gleichung in der Gebirgsmechanik anwenden will, so muß man von vornherein einige vereinfachende Annahmen treffen. Eine solche Vereinfachung der Aufgabe besteht z. B. darin, daß wir in der Zustandsgleichung nur Ableitungen erster Ordnung verwenden, weil sonst der mathematische Apparat viel zu kompliziert wird. Deshalb sind wir der Meinung, daß es in erster Näherung ausreichend ist, eine rheologische Gleichung in folgender Form anzuwenden:

$$a_0 \varepsilon + a_1 \dot{\varepsilon} = b_0 \sigma + b_1 \dot{\sigma} . \tag{2}$$

Für diese spezielle Form der Zustandsgleichung, die für das sogenannte Modell nach Poynting Thomson gilt, wurde bereits der physikalische Sinn der Koeffizienten a_i und b_j geklärt, und die Gleichung (2) schreibt man gewöhnlich so:

$$\sigma + \tau \dot{\sigma} = E \varepsilon + E_1 \tau \dot{\varepsilon} , \tag{3}$$

wobei τ die Relaxationszeit, E der gewöhnliche Elastizitätsmodul und E_1 der dynamische Elastizitätsmodul sind. Wir sind der Meinung, daß z. B. zur Beschreibung des Gesteinszustandes um einen kreisrunden Grubenbau eine derartige Zustandsgleichung ausreicht.

Unter diesen Voraussetzungen erhalten wir die Spannungen und Verformungen als Zeitfunktionen.

In den gehaltenen Vorträgen wurden Wege und Methoden aufgezeigt, wie man Aufgaben bei Berücksichtigung dieser und ähnlicher Zustandsgleichungen (Maxwell, Kelvin, Burgers, Salustowicz) lösen kann. Größere Möglichkeiten bieten sich dann, wenn man das Gesteinsmassiv als ein Medium mit linearem „Gedächtnis" ansehen kann. Der Verformungsprozeß wird in einem solchen Medium durch die Integralgleichung von Volterra beschrieben:

$$\varepsilon(t) = \frac{1}{E} \left[\sigma(t) + \int_0^t K(t - \tau)\, \sigma(\tau)\, d\tau \right] , \tag{4}$$

in welcher der erste Summand die Anfangsdeformation darstellt und der zweite die Deformation, die sich infolge des Kriechens in der Periode $0 - t$ bei der Wirkung der sich verändernden Spannungen $\sigma(\tau)$ einstellt. Das Gesetz der zeitlichen Veränderung bringt die Funktion $K(t - \tau)$ zum Ausdruck, die den Kern dieser Integralgleichung darstellt, der entweder ein Kern des Kriechens oder der elastischen Nachwirkungen sein kann. Für einen Kern in Form einer Abelschen Funktion

$$K(t - \tau) = \delta (t - \tau)^{-\alpha} ,$$

wobei δ und α Fließparameter des gegebenen Gesteins sind, wurden bereits einfache ingenieurtechnische Lösungen gefunden.

In den Vorträgen und anschließenden Diskussionen hat sich gezeigt, daß der mathematische Apparat zur Lösung von rheologischen Problemen schon ganz gut ausgearbeitet ist, d. h., daß für viele Probleme die Berechnung der Spannungen und Verschiebungen in Abhängigkeit von der Zeit theoretisch möglich ist. Natürlich kann man nur von Näherungslösungen sprechen, aber für die Belange der Praxis reicht das größtenteils aus. Ernsthafte Schwierigkeiten bestehen aber noch bei der Ermittlung der in die Berechnungen eingehenden rheologischen Kennwerte, speziell bei der Bestimmung der Relaxationszeit, des Viskositätskoeffizienten und des Plastizitätsbeiwertes (Fließgrenze). Diese Feststellung macht es nach Meinung der Mitglieder der Arbeitsgruppe IV notwendig, die Zusammenarbeit mit der Arbeitsgruppe III „Festigkeitsuntersuchungen" zu verstärken, um die Bestimmung zweckentsprechender Bruch- und Verformungsparameter gemeinsam zu erarbeiten. Das ist eine sehr schwierige Aufgabe, die aber gelöst werden muß, da wir sonst nicht in der Lage sind, weitere Aufgaben mit Berücksichtigung des Zeitfaktors zu lösen und die theoretischen Ergebnisse in die Praxis übertragen zu können.

Da die Methoden der Wahrscheinlichkeitsberechnung und mathematischen Statistik auch in der theoretischen und angewandten Gebirgsmechanik immer mehr Bedeutung gewinnen, war der letzte Teil der Arbeitstagung diesen Problemen gewidmet, wobei Herr Kohoutek ein grundlegendes Referat zu dieser Thematik hielt.

Alle Beiträge wurden schriftlich eingereicht und sind dem Büro zur Verfügung gestellt worden.

Das Thema der 3. Arbeitstagung, die voraussichtlich Ende März 1966 in Budapest stattfinden wird, lautet: „Die Berechnung der Pfeiler und Firsten beim Kammerbau."

Anhang
zu den Berichten des Internationalen Büros für Gebirgsmechanik

Vorläufige Richtlinien zur Anwendung des Prallhammers [1])

von J. Leonhardt

1. Allgemeines

Der Prallhammer ist ein Meßinstrument, das zur Bestimmung von Festigkeits- und Elastizitätseigenschaften verwendet wird. Ein auf der Prüffläche ausgeführter Schlag bringt ein Hammergewicht zum Rückprall. Ein Teil der Schlagenergie wird in plastische Formänderungsarbeit umgesetzt. Die Restenergie wird als Rückprallweg angezeigt.

Im Handel sind drei Hammertypen L, N und M, deren Schlagenergien sich wie 1:3:40 verhalten. Die Hämmer und der zugehörige Eichamboß sind von der Süddeutschen Spannbeton GmbH. Augsburg zu beziehen.

Die vorliegenden vorläufigen Richtlinien beziehen sich auf die Hammertypen N und L.

2. Eichen, Reinigen und Justieren des Gerätes

2.1. Temperatureinfluß

Die Rückprallwerte sind infolge der Viskosität des verwendeten Öls, mit dem die Laufstange geölt wird, temperaturabhängig. Die nachfolgend angegebenen Korrekturen beziehen sich auf eine Ölmenge von 2 Tropfen harzfreien Paraffinöls bekannter Viskosität[2]) (Abb. 1).

Für jede Rückprallmessung ist die Temperatur zu ermitteln.

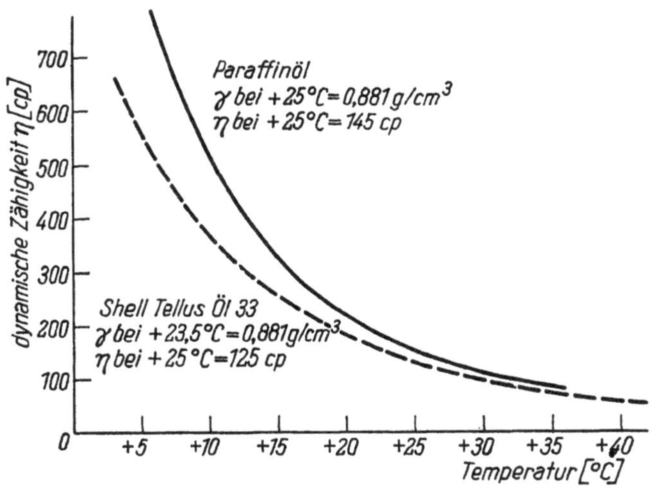

Bild 1. Kennlinien zweier Öle mit sehr ähnlicher Viskosität. Viskosität und Dichte wurden von der Bergbau-Forschung GmbH Essen-Kray bestimmt

[1]) Aus „Mitteilungen aus dem Markscheidewesen“ **72** (1965) H. 3.

[2]) Untersuchungen über den Einfluß verschiedener Viskosität des Öls auf den Rückprallwert werden z. Z. durchgeführt.

Alle gemessenen Rückprallwerte werden auf eine Soll-Temperatur von +20 °C bezogen. Bevor mit Rückprallwerten gerechnet wird, sind diese bei Temperaturen, die von +20 °C abweichen, wie folgt zu korrigieren:

Die Verbesserung beträgt bei Hammer N für eine Abweichung von der Soll-Temperatur (+20 °C) nach unten +0,2 Skalenteile/°C und nach oben bis zu 30 °C —0,2 Skalenteile/°C. Bei höheren Temperaturen als 30 °C beträgt die Korrektur konstant —2,0 Skalenteile.

Bei Hammer L betragen die entsprechenden Korrekturen

von 15 °C bis 20 °C +0,4 Skalenteile/°C,
von 20 °C bis 25 °C —0,4 Skalenteile/°C,
von 25 °C bis 35 °C —0,5 Skalenteile/°C,
ab 35 °C —7,0 Skalenteile (gegenüber $t = +20$ °C).

2.2. Voreichung

Vor jeder Messung ist eine Voreichung auf dem Prüfamboß vorzunehmen. Vorher werden ca. 20 Schläge ausgeführt. Hierdurch wird das auf der Laufstange befindliche Öl gleichmäßig verteilt. Anschließend werden 20 Schläge auf dem Prüfamboß durchgeführt und als Eichung notiert. Aus diesen 20 Schlägen wird das arithmetische Mittel gebildet. Dieses soll nach Berücksichtigung der Korrektur infolge abweichender Temperatur von +20 °C, bezogen auf den Soll-Eichwert, nach oben nicht mehr als um 5, nach unten nicht mehr als um 3 Rückpralleinheiten differieren. Die Differenz zum Soll-Eichwert wird rechnerisch berücksichtigt.

Die Soll-Eichwerte der Prallhammertypen betragen:

Prallhammer L 75,
Prallhammer N 80.

Zur Beurteilung der Brauchbarkeit einer Eichung (20 Schläge) berechnet man den mittleren Fehler des arithmetischen Mittels M'.

$$M' = \sqrt{\frac{v_1^2 + v_2^2 + v_3^2 + \cdots + v_{20}^2}{n \cdot (n-1)}} = \sqrt{\frac{[v_i^2]}{n\,(n-1)}},$$

v_i = Verbesserung = arithmetisches Mittel der Rückprallwerte aller Schläge minus gemessener Rückprallwert,

n = Anzahl der Einzelschläge.

Da bei jeder Eichung 20 auswertbare Schläge ausgeführt werden, wird $n\,(n-1) = 20 \cdot 19 = 380$.

Der mittlere Fehler des Mittels M' darf $\pm 1{,}0$ Einheit nicht übersteigen (Beispiel s. S. 325).

2.3. Nacheichung

Nach jedem Tag, an dem Prallhammermessungen durchgeführt wurden, sind die Prallhämmer nachzueichen, bevor sie erneut unter Tage eingesetzt werden. Der Eichvorgang ist dabei derselbe wie bei der Voreichung. Die Berechnung des arithmetischen Mittels und der Streuung geschieht unmittelbar, um sofort beurteilen zu können, ob die Messung brauchbar ist.

Die Differenz des arithmetischen Mittels zwischen Vor- und Nacheichung soll nach Berücksichtigung der Temperaturkorrektur <6 sein. Außerdem muß der mittlere Fehler des Mittels aus Vor- und Nacheichung

$$M = \sqrt{M'^2 + M''^2} < 1{,}5$$

sein.

Sind diese Bedingungen nicht erfüllt, so sind alle Messungen, die zwischen Vor- und Nacheichung liegen, zu verwerfen.

Beispiel:

$t = +20\ ^\circ C$

Schlag	Rückprallwert x_i	$v_e = \bar{x} - x_i$ +	−	v_i^2
1	73	+1	–	1
2	74	–	–	–
3	74	–	–	–
4	73	+1	–	1
5	75	–	−1	1
6	74	–	–	–
7	74	–	–	–
8	75	–	−1	1
9	73	+1	–	1
10	74	–	–	–
11	73	+1	–	1
12	74	–	–	–
13	75	–	−1	1
14	76	–	−2	4
15	73	+1	–	1
16	74	–	–	–
17	74	–	–	–
18	73	+1	–	1
19	75	–	−1	1
20	74	–	–	–
Sa.	1480	+6	−6	14
$\bar{x}$	74,0	$\sum = 0$		v_i^2

Beispiel:

$$\bar{x} = \frac{x_1 + x_2 + \cdots x_{20}}{20} = \frac{1480}{20} = 74{,}0 = \text{arithm. Mittel}$$

$$M' = \pm \sqrt{\frac{[v_i^2]}{380}} = \pm \sqrt{\frac{14}{380}} = \underline{M' = \pm\ 0{,}19}$$

Erläuterung des Rechenganges:

1. Summe aller n gemessenen Rückprallwerte x_i bilden $= [x_i]$;
2. Berechnung des arithmetischen Mittels $\bar{x} = \frac{[x_i]}{n}$;
3. Berechnung der Verbesserungen $v_i = \bar{x} - x_i$;
4. Rechenkontrolle: Die Summe *aller* Verbesserungen muß Null sein, wenn das arithmetische Mittel $\bar{x}$ richtig gebildet wurde;
5. Quadrieren der v_i und Bilden der Summe $[v_i^2]$;
6. Einsetzen in die Formel $M' = \pm \sqrt{\frac{[v_i^2]}{380}}$.

2.4. Berechnung der Eichkorrektur

Um verschiedene Prallhammermessungen miteinander vergleichen zu können, bezieht man die Rückprallwerte auf eine Soll-Temperatur und einen Soll-Eichwert. Nach Angabe der Herstellerfirma [1]) werden gemessene Rückprallwerte im gleichen Verhältnis verfälscht, wie die Abweichung des auf dem Prüfamboß gemessenen Rückprallwertes vom Soll-Eichwert.

[1]) Gebrauchsanleitung zum Betonprüfhammer Schmidt, Type N, Seite 11.

Solange keine andersartigen Erkenntnisse vorliegen[1]), wird die Einhaltung dieser Rechenvorschrift empfohlen.

Dies sei an einem Beispiel erläutert:

Für Prüfhammer L (Soll-Eichwert = 75) sei ermittelt worden:

arithmetisches Mittel der Voreichung bei $t = +16\ °C = 78{,}14 \pm 0{,}36$,
arithmetisches Mittel der Nacheichung bei $t = +27\ °C = 77{,}62 \pm 0{,}57$.

Korrektur auf Soll-Temperatur (+20 °C)

$$\left.\begin{array}{l} 78{,}14 + 4 \cdot 0{,}4 = 79{,}74 \\ 77{,}62 - 5 \cdot 0{,}4 - 2 \cdot 0{,}5 = 74{,}62 \end{array}\right\} \text{Mittel aus Vor- und Nacheichung: } 77{,}18 \approx \mathbf{77{,}2}$$

Prüfung auf Verwendbarkeit der Messung:

a) Voreichung: $(S - \bar{x}) = 75 - 79{,}74 = -4{,}74 > -5$, *zulässig,*

b) $M_{x_V} = \pm 0{,}36 < 1$, *zulässig,*

c) Nacheichung: $|d| = |\bar{x}_V - \bar{x}_N| = |79{,}74 - 74{,}62| = 5{,}12 < 6$, *zulässig,* und schließlich

d) $\sqrt{(M_{\bar{x}_V})^2 + (M_{\bar{x}_N})^2} = \sqrt{0{,}36^2 + 0{,}57^2} = \pm 0{,}67 < 1{,}5$, *zulässig.*

Nach der Beziehung $\frac{\text{Soll} - \text{Eichwert}}{\text{Ist} - \text{Eichwert}} = \text{Korrekturfaktor}$ ergibt sich $\frac{75{,}0}{77{,}2} = 0{,}97$.

Mit dem Faktor 0,97 müssen alle zwischen diesen beiden Eichungen ermittelten auf $t = +20\ °C$ bezogenen Rückprallwerte multipliziert werden.

Allgemein ist zu merken: Ist-Eichwert < Soll-Eichwert = Faktor > 1,
Ist-Eichwert > Soll-Eichwert = Faktor < 1.

2.5. Reinigen und Justieren des Gerätes

Erst *nach* der ausgeführten Nacheichung ist der Prallhammer — sofern erforderlich — zu reinigen. Der Schlagbolzen ist stets sauber zu halten. Die Laufstange des Prallkörpers ist mit zwei Tropfen Paraffinöl von bekannter Viskosität zu ölen. Die Zeigerstange muß fett- und ölfrei bleiben. Es ist zweckmäßig, die Dichtungsfilzscheibe, die unter einer abschraubbaren Kappe um den Schlagbolzen liegt, häufig zu erneuern.

Nach erfolgter Reinigung ist der Hammer neu zu eichen.

Wenn der (berechnete) Ist-Eichwert die angegebene zulässige Abweichung vom Soll-Eichwert überschreitet oder die Streuung unzulässig groß wird, ist eine Justierung des Gerätes vorzunehmen.

Liegt der Rückprallwert konstant niedrig oder streut er sehr stark, so liegt fast immer Verschmutzung, zu starke oder zu geringe Schmierung der Hammerlaufstange vor. Zwischen Hammer (Prallkörper) und Schlagbolzen darf sich niemals eine dämpfende Ölschicht ansammeln. Wird auch bei gesäubertem Hammer und ordnungsgemäßer Ölung keine Verbesserung des Eichwertes erzielt, so ist das auf dem Hammer angebrachte Fenster zu entfernen, der Zeiger von Hand bis Anzeige 90 zurückzuschieben und der Schlag auszulösen. Dies muß bei Anzeige 100 erfolgen. Ist das nicht der Fall, so ist die am Deckel des Gerätes angebrachte Schraube entsprechend zu verstellen und durch die Gegenmutter zu sichern. Ein fehlerhafter Eichwert kann auch durch unrichtig eingestellte Reibung des Zeigers an der Zeigerstange bedingt sein. Die Zeigerreibung muß betragen:

bei Hammer L 30 bis 60 g,
bei Hammer N 50 bis 80 g.

Sie ist durch Anhängen von Gewichten oder mittels Briefwaage gelegentlich zu prüfen.

[1]) Untersuchungen hierüber werden z. Z. durchgeführt.

Wird beim Spannen des Prallkörpers der Zeiger sofort mitgenommen, so springt er nach ausgeführtem Schlag auf Rückprallwert 100. Hier liegt die Ursache bei der als Blattfeder ausgebildeten Mitnehmerfeder des Zeigers, die zu weit abgebogen ist. Wenn jedoch der Prallkörper erst bei der zweiten Schwingung den Zeiger mitnimmt, wird eine zu niedrige Anzeige, nämlich statt R der Wert $(R/10)$ bewirkt (statt z. B. 80 also 64). In diesem Fall kann die Mitnehmerfeder zurechtgebogen werden, und zwar so, daß der Zeiger nach vorheriger Einstellung auf den Skalenwert 50 oder weniger vom Hammergewicht nicht mitgenommen wird. Erst bei einer vorherigen Einstellung des Zeigers auf den Skalenwert 80 (oder höher) muß das Hammergewicht beim Spannen des Prallhammers die am Zeiger angebrachte Blattfeder mitnehmen.

Die vordere Befestigung der Schlagfeder muß so reguliert werden, daß der Zeiger bei vertikal nach oben gerichtetem Schlagbolzen und mit dem Knopf arretierter Scheibe im Bereich des dicken Striches der Skala (<9) anstößt, wenn man ihn mit einem Draht vorschiebt. Ist das nicht der Fall, so ist die wirksame Lösung der Feder durch Verstellen in der Hülse (ein Loch entspricht 0,4 mm) zu verändern.

Ein weiterer Grund für eine fehlerhafte Rückprallanzeige kann das Herausspringen des Zeigers aus seiner Führung sein. In diesem Falle gehen die Rückprallwerte stark zurück. Dieser Defekt ist von außen her sichtbar. Man kann den Zeiger nach vorherigem Öffnen des Gerätes und Einstellen des Zeigers auf den Skalenwert 50 wieder in die Führung zurückdrücken.

3. Prallhammermessungen unter Tage

3.1. Vorarbeiten

Der Stoß, an dem Prallhammermessungen ausgeführt werden, muß zwei Bedingungen genügen, nämlich frisch freigelegt und fest sein. Durch Schießarbeit entstandene Risse und Auflockerungen infolge von Gebirgsbewegungen können das Meßergebnis stark verfälschen. Die Abstände zu geöffneten Rissen und Klüften sollten deshalb möglichst groß gehalten werden, aber wenigstens 20 cm betragen. Um diesen Bedingungen zu genügen, muß in der Regel der Stoß abgetrieben oder besser mit der Kohlensäge[1]) freigeschnitten werden, bis beim Anschlagen mit dem Geologenhammer ein typisch fester Klang hörbar ist. Auch Hangendes und Liegendes dürfen nicht hohl klingen.

Nach Durchführung einer geologischen Aufnahme wird in jede petrographisch verschiedenartige Schicht, die mächtiger als 5 cm ist, ein Prallhorizont gelegt. In ein und dieselbe petrographische Schicht von mehr als 30 cm Mächtigkeit sollen, je nach Unterschied der Rückprallwerte, mindestens zwei Prallhorizonte gelegt werden.

In jedem Prallhorizont werden zwei Schlagserien ausgeführt, die einen Schutz vor groben Fehlern bieten können und einen Einblick in die mögliche Aussagesicherheit geben. Die Schlagstellen sollen wenigstens 20 cm voneinander entfernt sein.

Nachdem der feste Stoß mit dem Geologenhammer begradigt ist, werden an jeder Schlagstelle 20 aufeinanderfolgende Schläge[2]) ausgeführt, wobei der Schlagbolzen möglichst nicht von der Gesteinsoberfläche abgehoben werden soll.

Die ermittelten Rückprallwerte werden zweckmäßigerweise sofort in ein Formular eingetragen (Abb. 2). In diesem Formular stellt die Ordinate die Rückprallwerte (0 bis 80) und die Abszisse die Anzahl der Schläge dar. Rückprallwerte <9 sind nicht ablesbar. Um die

[1]) Z. B. preßluftbetriebene Kohlensäge „Neuenburg“ der Firma Henry Neuenburg, Maschinenbau, Recklinghausen-Süd, Kärntener Straße 30, Preis 1859 DM.

[2]) Die optimale Schlagzahl wird zur Zeit ermittelt; wichtig ist, daß stets die gleiche Anzahl von Schlägen ausgeführt wird.

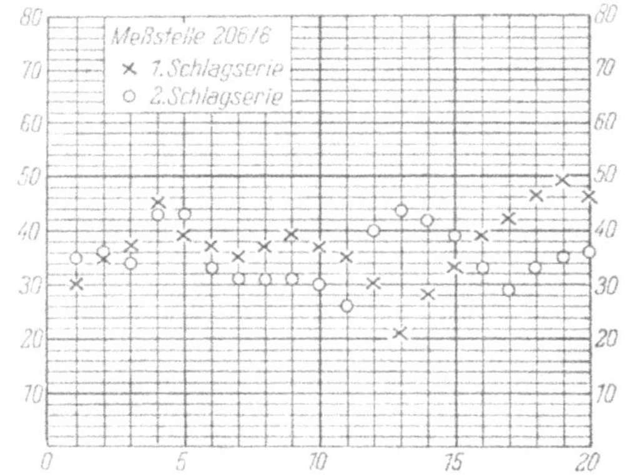

Bild 2. Meßstelle 206/8: × = 1. Schlagserie; ○ = 2. Schlagserie

hierdurch entstehende Unsicherheit klein zu halten, wird empfohlen, für Werte <9 den Rückprallwert 5 ins Formular einzutragen. Die zusammengehörigen Doppelmessungen werden im gleichen Formular verschiedenartig gekennzeichnet.

Statt des Formulars kann auch eine an dem Prallhammer angebrachte automatische Registriervorrichtung (Gebrauchsmuster Nr. 1873799) verwendet werden[1]. Zu den gemessenen

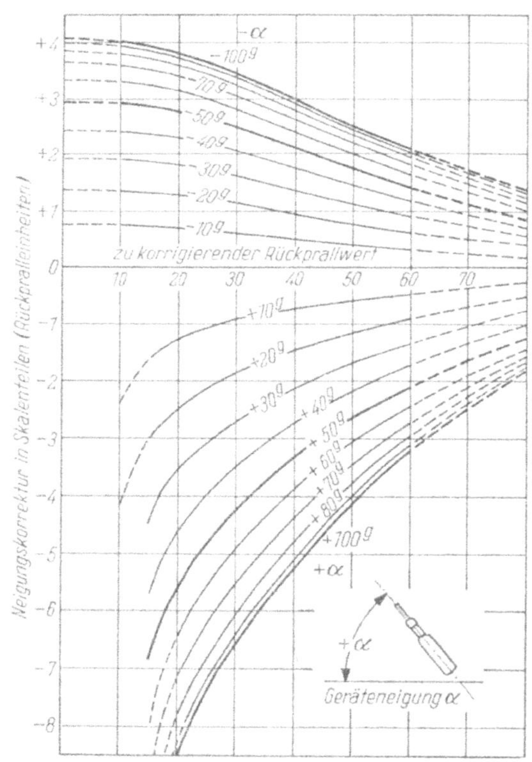

Bild 3. Neigungskorrektur für Prallhammer, Typ L

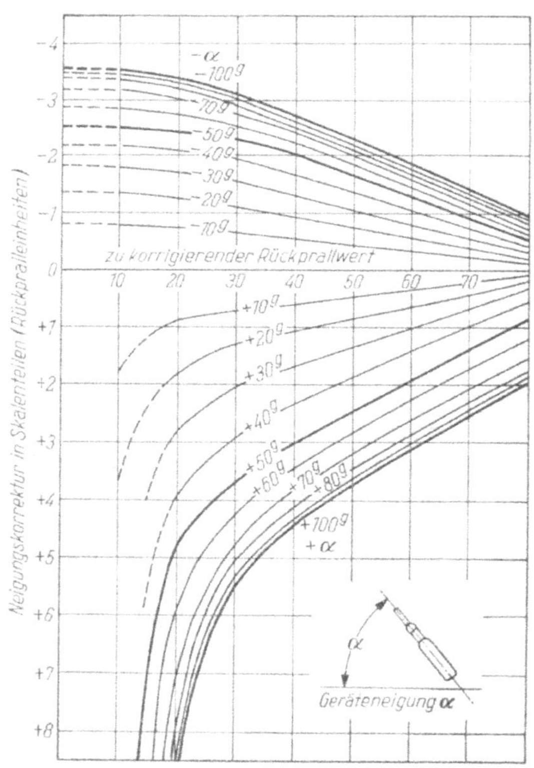

Bild 4. Neigungskorrektur für Prallhammer, Typ N

[1]) Serienmäßige Fertigung wird vom Hersteller des Prallhammers ausgeführt; erste Auslieferung soll im 1. Halbjahr 1965 möglich sein.

Rückprallwerten sind einige ergänzende Angaben zu machen: Die Temperatur ist festzustellen. Da der angezeigte Rückprallwert von der Geräteneigung abhängt, ist sie zu bestimmen.

Wenn der Schlag nach oben erfolgt, ist die Geräteneigung positiv. Horizontal ausgeführte Schläge bedürfen keiner Neigungskorrektur. Die Größe der anzubringenden Neigungskorrektur kann aus den Abb. 3 und 4 entnommen werden.[1]) Die Korrektur ist negativ, wenn der Prallhammer bei der Messung nach oben gerichtet war.

Bei der Messung ist darauf zu achten, daß der Schlagbolzen im Augenblick der Auslösung des Schlages senkrecht auf der Oberfläche (Stoß) aufsitzt.

Im folgenden soll auf einige Unregelmäßigkeiten eingegangen werden, die während der Messung auftreten können.

Sollte nach einer Anzahl von Schlägen der Schlagbolzen des Prallhammers so weit in den Stoß eingedrungen sein, daß das äußere Gehäuse zum Aufsitzen kommt, so wird ausnahmsweise das Gerät abgesetzt und das um die Schlagstelle herum anstehende Gestein mit dem Geologenhammer vorsichtig entfernt, ohne die Schlagstelle selbst zu beschädigen. Die Schlagserie wird dann auf derselben Stelle fortgesetzt.

Ist die Schlagstelle jedoch versehentlich beschädigt worden, so ist an anderer Stelle im gleichen stratigraphischen Horizont eine neue Messung auszuführen.

Besonders bei schwachsandigem Material, seltener bei Kohle, kommt es vor, daß der Stoß beim Prallen im Prallhorizont schichtparallel und oder schräg zur Schichtung aufreißt. Die Folge ist, daß die Rückprallwerte stark abfallen. Zeigen Messungen im gleichen Horizont an anderer Stelle die gleiche Erscheinung, so daß eine auswertbare Prallhammermessung unmöglich wird, so ist das Gestein nach anderen Verfahren zu untersuchen.

4. Prallhammermessungen über Tage

Messungen mit dem Prallhammer Typ L können auch über Tage an Gesteins- und Kohleproben ausgeführt werden. Aus jeder petrographisch verschiedenen Schicht, mindestens jedoch im bankrechten Abstand von 30 cm[2]), sind Gesteinsproben zu entnehmen. Die Proben werden entweder mit einem Gesteinsmeißel, mit einem Abbauhammer oder (bei Kohle) besser mit einer Kohlensäge hereingewonnen. Die Proben sind eindeutig und haltbar zu kennzeichnen.

Um die Gesteinsproben vor Beschädigung, Verwechslung und atmosphärischen Einflüssen (Feuchtigkeit usw.) zu schützen, ist es vorteilhaft, sie in Plastikbeuteln zu transportieren. Die Proben sollen in kürzester Zeit nach ihrer Entnahme zur Bearbeitung weitergeleitet werden.

Die Größe der Proben soll in Schlagrichtung > 10 cm, rechtwinklig dazu $> 20 \times 20$ cm^2 betragen[3]), weil sonst zu niedrige Rückprallwerte angezeigt werden. Die Probe wird hierzu in einer mit Sand gefüllten Kiste von möglichst großer Abmessung gelagert. 20 Schläge werden vertikal nach unten ausgeführt; gleiches ist auf der Rückseite der Probe zu wiederholen.

Die Schlagstellen müssen mindestens 7 cm vom Rand entfernt liegen. Probendimension und Randabstände sind stets anzugeben, desgleichen ist die Temperatur zu vermerken.

---

[1]) Die Ermittlung erfolgte gemeinsam mit Herrn Dr. EVERLING, Forschungsstelle für Grubenausbau und Gebirgsmechanik, dem für seine Unterstützung an dieser Stelle gedankt sei.

[2]) Der Probenahmeabstand hängt vom Zweck der Messung ab; für die Beurteilung der Schneidbarkeit ist der bankrechte Abstand kleiner zu wählen (<10 cm).

[3]) Untersuchungsergebnisse über den Einfluß von Probengröße und Randabstand werden zur Zeit ausgewertet.

5. Berechnung des Rückprallwertes

Die Berechnung des Rückprallwertes einer petrographischen Schicht geschieht wie folgt:

1) Prüfen der zugehörigen Vor- und Nacheichungen zur Beurteilung, ob die zwischen diesen ausgeführten Prallhammermessungen brauchbar sind (vgl. Abschnitt 2.4);
2) Berechnen des arithmetischen Mittels der Höchstwerte[1]) beider Schlagserien;
3) Anbringen der Temperaturverbesserung;
4) Berechnung der Eichkorrektur (vgl. Abschnitt 2.4) und Berücksichtigung derselben;
5) Anbringen der Neigungskorrektur.

[1]) Von den auf einfachste Weise zu ermittelnden Werten aus gleich langen Schlagserien weist der Höchstwert geringe Streuung auf. Eine Ermittlung des endgültig in Betracht kommenden „Bestwertes" und der Anzahl der Schläge pro Schlagstelle wird zur Zeit durchgeführt.

ARBEITSPROGRAMM FÜR 1966
UND SCHLUSSWORT

Arbeitsprogramm
des Internationalen Büros für Gebirgsmechanik für das Jahr 1966

1. Tätigkeit der Arbeitsgruppen

1.1 Die Arbeitsgruppe I „Begriffsbestimmungen" setzt die Bearbeitung des mehrsprachigen Lexikons der Gebirgsmechanik fort und bemüht sich, zu einem Abschluß des Projektes zu kommen.

Hierzu sollen Arbeitsbesprechungen mit den verschiedenen Sprachgruppen durchgeführt werden. Eine Sitzung der Arbeitsgruppe wird voraussichtlich im März 1966 in Lüttich durchgeführt.

1.2 Die Arbeitsgruppe II „Gerätetechnik für Untertagemessungen" stellt den Meßgerätekatalog fertig und liefert ihn gedruckt möglichst 1966 aus. Zum vorläufigen Abschluß der Arbeit wird eine Arbeitsgruppensitzung im Februar 1966 in der DDR durchgeführt.

1.3 Die Arbeitsgruppe III „Festigkeitsuntersuchungen" setzt die Arbeiten zum Projekt der Gebirgsklassifikation fort. Sie bereitet die Aussprache durch schriftlichen Meinungsaustausch vor und erarbeitet auf ihrer Arbeitstagung vom 25. bis 30. August 1966 in Clausthal-Zellerfeld einen Vorschlag zur Gebirgsklassifikation.

1.4 Die Arbeitsgruppe IV „Analytische Gebirgsmechanik" befaßt sich im Jahre 1966 mit der Berechnung von Festen, bereitet zu dieser Frage wissenschaftliche Beiträge vor und führt voraussichtlich eine Arbeitsgruppensitzung in der Zeit vom 29. März bis 1. April 1966 in Budapest durch.

1.5 Zur Vervollkommnung der Arbeiten in der Gebirgsschlagforschung werden die Autoren der im Protokoll genannten Vorträge von H. Jahns gebeten, Angaben über die bereits angewandten und noch zu erprobenden Maßnahmen gegen die Gebirgsschlaggefahr und über ihre Brauchbarkeit zu machen.

Antworten werden auf einem vom IBG demnächst zu versendenden Formblatt bis zum 1. Juli 1966 erbeten.

2. Arbeit des Büros

2.1 IBG-Informationen.

Das IBG erarbeitet Informationen über neueste gebirgsmechanische Arbeiten und versendet die Informationshefte an seine Mitglieder.

2.2 Sechssprachiges Wörterbuch.

Erweiterung in Ausdruck und Sprache.

2.3 Tagungskalender.

Mit Unterstützung seiner Mitglieder erarbeitet das IBG einen Tagungskalender und versendet ihn an die Mitarbeiter des IBG.

2.4 Das IBG bearbeitet die Veröffentlichung der Vorträge und Diskussionen des 7. Ländertreffens und liefert den 7. Band der IBG-Berichte zum 8. Ländertreffen aus.

2.5 Das IBG bereitet die Durchführung des 8. Ländertreffens für die Zeit vom 1. bis 5. November 1966 vor.

Als Rahmenthema wird behandelt:

„Gebirgsmechanische Vorgänge bei mehrachsiger Beanspruchung".

Vortragsmeldungen werden bis zum 1. Mai 1966 erbeten. Der volle Wortlaut der Vorträge soll bis zum 1. September 1966 in mindestens 4facher Ausfertigung eingereicht werden.

Schlußwort

Das über den Tagungsablauf des 7. Ländertreffens des Internationalen Büros für Gebirgsmechanik angefertigte Protokoll wurde von den Teilnehmern gebilligt und unterzeichnet.

Die Schlußworte sprachen Herr Prof. Dr. HOFFMANN, der den Dank der Teilnehmer am 7. Ländertreffen gegenüber den Organisatoren zum Ausdruck brachte, und der Präsident des Internationalen Büros für Gebirgsmechanik, Herr Prof. Dr. BILKENROTH, der die Arbeitstagung schloß.

Herr HOFFMANN

Sehr geehrte Herren!

Das 7. Ländertreffen steht dicht vor seinem Abschluß. Ich darf wohl sagen, daß alle Teilnehmer ihre hochgespannten Erwartungen erfüllt sahen. Deshalb bitte ich Sie, meine Herren, in Ihrem Namen, dem Vorsitzenden des Internationalen Büros für Gebirgsmechanik, Herrn Prof. Dr. BILKENROTH und allen seinen Mitarbeiterinnen und Mitarbeitern aufrichtig Dank zu sagen für die Mühe und für die Arbeit, die dieses Büro gehabt hat, um der Tagung auch diesmal wieder zu einem vollen Erfolg zu verhelfen.

Ich erinnere mich noch gut an das Jahr 1958, in welchem wir anläßlich der Gebirgsdrucktagung in Leipzig auf Anregung sowjetischer Wissenschaftler — darunter Herr PANOV, der nun leider verstorben ist — in einem kleinen Kreis zusammensaßen und den Gastgeber baten, einen internationalen Arbeitskreis für Gebirgsmechanik ins Leben zu rufen.

Das Internationale Büro für Gebirgsmechanik unter Leitung von Herrn Professor BILKENROTH hat diese Aufgabe in glänzender Weise gelöst. Aus dem neugeborenen Kind ist inzwischen ein junger Mann geworden, der sich seinen älteren Genossen gegenüber durchzusetzen versteht, und von dem wir noch viel Gutes für die Zukunft erhoffen dürfen.

Was zeichnet nun die Ländertreffen in Leipzig besonders aus? Warum kommen erfreulicherweise in jedem weiteren Jahr immer wieder neue Länder dazu, die heute bereits praktisch die ganze Welt umspannen?

Ich glaube, weil die Vorträge im wesentlichen die Grundlage für die wichtigere offene Aussprache sind. Diese kann nicht ins Uferlose geraten, weil ein festumrissenes Rahmenthema vorhanden ist. Die Mitglieder, die einen Arbeitskreis bilden, ergänzen sich mit ihrem Fachwissen. Einer kann bisweilen dem anderen helfen, und alle nehmen viele neue Anregungen mit nach Hause. Man erkennt deutlich den völkerverbindenden Charakter der Wissenschaft. Nicht zuletzt sind die straffe Organisation und die Gastfreundschaft zu nennen, die es ermöglichen, auch die rein menschlichen Kontakte zu vertiefen.

Ich habe den Eindruck gewonnen, daß wir immer mehr zu einer Gemeinschaft werden, die sich in Leipzig wohlfühlt, und stets gern nach hier zu neuer Arbeit zurückkehren wird, wenn uns Herr Professor Dr. BILKENROTH im nächsten Jahr wieder hierher einladet.

Lassen Sie mich nun schließen mit dem schönen deutschen Bergmannsgruß, der Hoffnung und Zuversicht in sich birgt, und in dem die Kameradschaft zwischen den Bergleuten aller Länder zum Ausdruck kommt:

Glück auf!

Herr Bilkenroth

Meine sehr verehrten Herren!

Ich danke Herrn Professor Dr. Hoffmann für seine schönen Worte und freue mich, daß er damit zum Ausdruck gebracht hat, daß wir auch in diesem Jahr wieder in arbeitsreichen Tagen einen Schritt vorwärts gekommen sind und daß sich unser gemeinsames Verhältnis von Mensch zu Mensch in der Arbeit immer weiter vertieft hat.

Herr Hoffmann hat meinen Mitarbeitern und mir gedankt. Ich freue mich darüber, daß alles so gut gelungen ist, und ich möchte noch besonders diejenigen erwähnen, die diese Tagung durchführbar machten. Ich danke insbesondere unseren fleißigen Dolmetschern, die, wenn wir mal etwas entspannt waren innerhalb eines Referates, doch immer wie die Luchse dasitzen mußten. Bei ihnen war die Entspannung während unserer Arbeit selten.

Und ich danke ebenfalls den technischen Mitarbeitern, die uns rundherum betreut haben, nicht zuletzt selbstverständlich den direkten Mitarbeitern unseres Büros.

Meine Herren!

Wenn Herr Hoffmann feststellen konnte, daß wir wiederum einen Schritt vorwärtsgekommen sind, so ist es dieses Bewußtsein, das uns neue Impulse für ein freudiges Weiterschaffen auf dem von uns gewählten und hier immer wieder besprochenen Gebiet gibt.

Und letztlich ist ja das freudige und freie wissenschaftliche Forschen die Grundlage, die uns das Gefühl gibt, mit unserer wissenschaftlichen Arbeit dem Wohle der menschlichen Gesellschaft zu dienen.

Ich danke Ihnen allen, meine Herren, daß Sie gekommen sind, aber noch viel mehr dafür, daß Sie so freudig hier mitgearbeitet haben. Und ich hoffe, daß das Verhältnis von uns allen zueinander und zu unserer Arbeit auch in Zukunft das gleiche bleibt.

Ich schließe damit das 7. Ländertreffen, wünsche Ihnen eine gute Heimreise und hoffe auf ein gesundes Wiedersehen zum 8. Ländertreffen im November 1966.

VERZEICHNIS DER TEILNEHMER AM 7. LÄNDERTREFFEN DES IBG VOM 3. BIS 6. NOVEMBER 1965 IN LEIPZIG

AVERŠIN, S. G.
Professor Dr.-Ing.
Mitglied der Akademie der Kirgisischen SSR, Markscheiderforschungsinstitut WNIMI, Leningrad

BERGER, H.
Professor Dipl.-Ing.
Direktor des Instituts für Grundbau und Baugrundmechanik der Hochschule für Bauwesen, Leipzig

BILKENROTH, G.
Professor Dr.-Ing., Dr. rer. oec. e.h.
Mitglied der Deutschen Akademie der Wissenschaften zu Berlin,
Leiter des Internationalen Büros für Gebirgsmechanik, Berlin

DREYER, W.
Dr. rer. nat.
Institut für Mineralogie, Petrographie und Lagerstättenkunde der Bergakademie Clausthal-Zellerfeld

EVERLING, G.
Dr.-Ing.
Steinkohlenbergbauverein
Forschungsstelle für Grubenausbau und Gebirgsmechanik, Essen-Kray

FETTWEIS, G.
Professor Dr.-Ing.
Montanistische Hochschule, Leoben

FINE, J.
Directeur-Assistant
Ecole des Mines, Paris

FODOR, J.
Dr.-Ing.
Technischer Direktor des Bergbauforschungsinstitutes IČEMIN, Bukarest

GANEV, I. CHR.
Professor Dipl.-Ing.
Lehrstuhl für Technische Mechanik an der Hochschule für Bergbau und Geologie, Sofia

GIMM, W.
Professor Dr.-Ing.
Direktor des Instituts für Bergbaukunde — Tiefbau — an der Bergakademie Freiberg/Sa, Leiter der Arbeitsstelle für Geomechanik der DAW

GOCMAN, R.
Dipl.-Ing.
Glowny Instytut Gornictwa, Katowice

GROSVENOR, N. E.
Professor of Mining Engineering
Colorado School of Mines, Golden/Colorado

HANSÁGI, I.
Dipl.-Ing.
Sektionschef an der Luossavaara-Kiirunavaare A. B., Kiruna

HELFRICH, H. K.
Dr. Dipl.-Geologe
Leiter der gebirgsmechanischen Arbeitsgruppe der Bolidens Gruveaktiebolag, Boliden

HÖFER, K. H.
Dr.-Ing.
Direktor des Instituts für Grubensicherheit, Leipzig
Wissenschaftlicher Sekretär des IBG.

HOFFMANN, H.
Professor Dr.-Ing.
Direktor des Lehrstuhls für Markscheidewesen der Technischen Hochschule, Aachen

JAHNS, H.
Dr.-Ing.
Markscheider, beratender Ingenieur, Essen

KIERSCH, G. A.
Professor of Engineering Geology and Chairman, Dept. of Geological Sciences Cornell University, Ithaca/New York

KOBLISKA, A. M.
Professor habil Dipl.-Ing.
Fakultät für Bergbau und Geologie der Universität Belgrad

KRISHNAMURTHY, R.
Officer in Charge, Rockburst Research Unit., Kolar Gold Mining Undertakings, Mysore State/Südindien

KVAPIL, R.
Dr.-Ing.
Staatliches Institut für Erzgrubenprojektierung, Rudny-Projekt, Kosice

LIEGEOIS, R.
Dipl.-Ing.
Institut Nationale de l'Industrie Charbonniere, Liège

LIU, PAO-SCHEN
Dr.-Ing.
Institut für Bergbau und Hüttenwesen bei der Chinesischen Akademie der Wissenschaften, Peking

MARTOS, F.
Dr.-Ing.
Hauptabteilungsleiter im Forschungsinstitut für Bergbau, Budapest

MEISSER, O.
Professor Dr. phil.
Mitglied der Deutschen Akademie der Wissenschaften zu Berlin,
Direktor des Instituts für Geodynamik, Jena

MENZEL, W.
Dipl.-Math.
Institut für Grubensicherheit, Leipzig

MILLER, E.
University of Newcastle upon Tyne, School of Mines, King's College, Newcastle upon Tyne

MOHR, F.
Professor Dr.-Ing. habil
Bergakademie Clausthal-Zellerfeld

NEUBERT, K.
Professor Dr.-Ing. habil
Direktor des Instituts für Markscheidewesen und Bergschadenkunde an der Bergakademie Freiberg/Sa

PARAŠKEVOV, R.
Dr.-Ing.
Hochschule für Bergbau und Geologie, Sofia

PFORR, H.
Dr.-Ing.
Wissenschaftlicher Arbeitsleiter in der Arbeitsstelle für Geomechanik der Deutschen Akademie der Wissenschaften zu Berlin, Freiberg/Sa

POPJORDANOV, H.
Professor Dipl.-Ing.
Rektor der Hochschule für Bergbau und Geologie, Sofia

RICHTER, R.
Professor Dr.-Ing.
Technische Hochschule für Schwerindustrie, Miskolc

ROTTER, D.
Dr.-Ing.
Institut für Geodynamik, Jena

SELDENRATH, TH. R.
Professor Dr.-Ing.
Technische Hochschule, Delft

SERAFIN, L.
Präsident of COBA, Consultant for Dams, Lissabon und Madrid

SHEPHERD, R.
Dr.-Ing.
National Coal Board, Research Establishment, Isleworth

SIBEK, V.
Dipl.-Ing. C. Sc.
Leiter der Abteilung Gebirgsmechanik im Bergbauforschungsinstitut der CSVA, Praha

TINCELIN, E.
Professor Dr.-Ing.
Ecole des Mines, Paris

VIGIER, G.
Directeur des Recherches Mines Domainiales de Potasse d'Alsace, Mulhouse

WATZNAUER, A.
Professor Dr. rer. nat.
Mitglied der Deutschen Akademie der Wissenschaften zu Berlin, Direktor des Geologischen Instituts an der Bergakademie Freiberg/Sa

WÖHLBIER, H.
Professor Dr.-Ing. habil
Direktor des Instituts für Bergbau der Bergakademie Clausthal-Zellerfeld

WU, LEI-PO
Professor Dr.-Ing.
Co-Direktor des Instituts für Geomechanik des Ministeriums für Geologie der VR China, Peking

ZNANSKI, J.
Professor Dr.-Ing.
Glowny Instytut Gornictwa, Katowice

www.ingramcontent.com/pod-product-compliance
Lightning Source LLC
LaVergne TN
LVHW081347011026
849161LV00013BB/3019